LEONHARDI EULE[RI OPERA OMNIA]

SUB AUSPICIIS SOCIETATIS SCIENTI[ARUM NATURALIUM HELVE]TICAE

EDENDA CURAV[ERUNT]

FERDINAND RUDIO · ADOLF KR[AZER · PAUL] STÄCKEL

SERIES I · OPERA MATHEMATICA · VOLUMEN XVII

LEONHARDI EULERI

COMMENTATIONES ANALYTICAE

AD THEORIAM INTEGRALIUM PERTINENTES

VOLUMEN PRIMUM

EDIDIT

AUGUST GUTZMER

LIPSIAE ET BEROLINI

TYPIS ET IN AEDIBUS B. G. TEUBNERI

MCMXV

LEONHARDI EULERI
OPERA OMNIA

LEONHARDI EULERI
OPERA OMNIA

SUB AUSPICIIS
SOCIETATIS SCIENTIARUM NATURALIUM
HELVETICAE

EDENDA CURAVERUNT

FERDINAND RUDIO
ADOLF KRAZER   PAUL STÄCKEL

SERIES PRIMA
OPERA MATHEMATICA
VOLUMEN SEPTIMUM DECIMUM

LIPSIAE ET BEROLINI
TYPIS ET IN AEDIBUS B. G. TEUBNERI
MCMXIV

LEONHARDI EULERI

COMMENTATIONES ANALYTICAE

AD THEORIAM INTEGRALIUM PERTINENTES

VOLUMEN PRIMUM

EDIDIT

AUGUST GUTZMER

LIPSIAE ET BEROLINI
TYPIS ET IN AEDIBUS B. G. TEUBNERI
MCMXIV

INDEX

THEOREMATA
CIRCA REDUCTIONEM FORMULARUM INTEGRALIUM
AD QUADRATURAM CIRCULI

Commentatio 59 indicis ENESTROEMIANI
Miscellanea Berolinensia 7, 1743, p. 91—129

LEMMA 1

1. *In circulo, cuius radius est* $=1$ *et semiperipheria* $=\pi$, *sit anguli cuiusvis s sinus* $=x$; *erit eadem quantitas x sinus omnium arcuum in hac serie infinita contentorum*

$$s, \quad \pi - s, \quad 2\pi + s, \quad 3\pi - s, \quad 4\pi + s, \quad 5\pi - s \quad etc.$$

Praeterea vero x erit sinus omnium arcuum negativorum in hac serie contentorum

$$-\pi - s, \quad -2\pi + s, \quad -3\pi - s, \quad -4\pi + s, \quad -5\pi - s \quad etc.$$

COROLLARIUM 1

2. Si igitur i denotet numerum quemcunque integrum affirmativum, erit tam arcuum omnium in hac expressione $\pm 2i\pi + s$ contentorum quam arcuum in hac expressione $\pm (2i+1)\pi - s$ contentorum idem sinus communis x.

COROLLARIUM 2

3. Cum angulorum negative sumtorum sinus fiant negativi, erit angulorum in hac forma $\pm 2i\pi - s$ contentorum sinus $= -x$ angulorumque in hac forma $\pm (2i+1)\pi + s$ contentorum sinus $= -x$, siquidem anguli s fuerit sinus $= +x$.

LEMMA 2

4. *In circulo, cuius radius* $= 1$ *et semiperipheria* $= \pi$, *sit anguli cuiusvis* s *cosinus* $= y$; *erit eadem quantitas* y *cosinus omnium angulorum affirmativorum in hac serie contentorum*

$$s, \quad 2\pi - s, \quad 2\pi + s, \quad 4\pi - s, \quad 4\pi + s, \quad 6\pi - s \quad etc.$$

pariterque eadem quantitas y *erit cosinus omnium angulorum negativorum in hac serie contentorum*

$$-s, \quad -2\pi + s, \quad -2\pi - s, \quad -4\pi + s, \quad -4\pi - s, \quad -6\pi + s \quad etc.$$

COROLLARIUM 1

5. Si igitur i denotet numerum quemcunque integrum affirmativum, erit omnium arcuum in hac expressione generali $\pm 2i\pi \pm s$ contentorum idem communis cosinus $= y$.

COROLLARIUM 2

6. Quoniam anguli duobus rectis seu arcu π aucti sive minuti cosinus fit negativus, erit omnium angulorum in hac forma $\pm (2i+1)\pi \pm s$ [contentorum] idem cosinus $= -y$, siquidem anguli s cosinus fuerit $= +y$.

LEMMA 3

7. *Iisdem positis si* t *sit tangens anguli* s, *erit quoque* t *tangens omnium angulorum tam affirmativorum quam negativorum in his duabus seriebus contentorum*

$$s, \quad \pi + s, \quad 2\pi + s, \quad 3\pi + s, \quad 4\pi + s, \quad 5\pi + s \quad etc.,$$

$$-\pi + s, \quad -2\pi + s, \quad -3\pi + s, \quad -4\pi + s, \quad -5\pi + s \quad etc.$$

COROLLARIUM

8. Denotante ergo i numerum quemcunque affirmativum, erit omnium angulorum in hac expressione $\pm i\pi + s$ contentorum eadem communis tangens $= t$; angulorum vero $\pm i\pi - s$ tangens erit $= -t$, siquidem anguli s tangens sit $= +t$.

PROBLEMA 1

9. *Invenire radices huius aequationis infinitae*

$$x = z - \frac{z^3}{1\cdot 2\cdot 3} + \frac{z^5}{1\cdot 2\cdot 3\cdot 4\cdot 5} - \frac{z^7}{1\cdot 2\cdot 3\dots 7} + \text{etc.}$$

SOLUTIO

Si z denotet arcum circuli radii $=1$, erit x ipsius sinus. Ponamus ergo arcum, cuius sinus sit $=x$, esse s; erunt infiniti ipsius z valores in his duabus seriebus contenti

$$s, \quad \pi - s, \quad 2\pi + s, \quad 3\pi - s, \quad 4\pi + s, \quad 5\pi - s \quad \text{etc.},$$

$$-\pi - s, \quad -2\pi + s, \quad -3\pi - s, \quad -4\pi + s, \quad -5\pi - s \quad \text{etc.}$$

Q. E. I.

COROLLARIUM 1

10. Si igitur aequatio proposita in hanc formam transmutetur

$$0 = 1 - \frac{z}{1\,x} + \frac{z^3}{1\cdot 2\cdot 3\,x} - \frac{z^5}{1\cdot 2\cdot 3\cdot 4\cdot 5\,x} + \frac{z^7}{1\cdot 2\dots 7\,x} - \text{etc.},$$

eius habebuntur factores numero infiniti sequentes

$$\left(1 - \frac{z}{s}\right)\left(1 - \frac{z}{\pi - s}\right)\left(1 + \frac{z}{\pi + s}\right)\left(1 + \frac{z}{2\pi - s}\right)\left(1 - \frac{z}{2\pi + s}\right)\left(1 - \frac{z}{3\pi - s}\right)\left(1 + \frac{z}{3\pi + s}\right) \text{etc.},$$

in quibus factoribus lex progressionis facile perspicitur.

COROLLARIUM 2

11. Cum igitur coefficiens termini secundi in producto aequetur summae coefficientium ipsius z in omnibus factoribus, erit

$$\frac{1}{x} = \frac{1}{s} + \frac{1}{\pi - s} - \frac{1}{\pi + s} - \frac{1}{2\pi - s} + \frac{1}{2\pi + s} + \frac{1}{3\pi - s} - \text{etc.} \quad .$$

COROLLARIUM 3

12. Sit $s = \frac{m}{n}\pi$, ita ut fiat $x = \sin.\mathrm{A}.\frac{m}{n}\pi$; erit serie per $\frac{\pi}{n}$ multiplicata

$$\frac{\pi}{nx} = \frac{1}{m} + \frac{1}{n-m} - \frac{1}{n+m} - \frac{1}{2n-m} + \frac{1}{2n+m} + \frac{1}{3n-m} - \text{etc.}$$

COROLLARIUM 4

13. Quoniam coefficiens ipsius z^2 in producto, qui est $= 0$, aequatur summae factorum ex binis coefficientibus ipsius z in factoribus, haec vero summa bis sumta aequalis est quadrato summae istorum coefficientium demta summa quadratorum eorundem, erit

$$\frac{1}{xx} = \frac{1}{ss} + \frac{1}{(\pi-s)^2} + \frac{1}{(\pi+s)^2} + \frac{1}{(2\pi-s)^2} + \frac{1}{(2\pi+s)^2} + \text{etc.}$$

COROLLARIUM 5

14. Posito ergo iterum $s = \frac{m}{n}\pi$, ut sit $x = \sin.\mathrm{A}.\frac{m}{n}\pi$, prodibit ista summatio

$$\frac{\pi\pi}{nnxx} = \frac{1}{m^2} + \frac{1}{(n-m)^2} + \frac{1}{(n+m)^2} + \frac{1}{(2n-m)^2} + \frac{1}{(2n+m)^2} + \text{etc.}$$

SCHOLION

15. Possem hoc modo ultra progredi atque summas altiorum potestatum determinare; quoniam vero hoc alibi[1]) iam feci atque ad institutum nostrum hae series sufficiunt, ulteriori investigationi supersedebo.

PROBLEMA 2

16. *Invenire radices huius aequationis infinitae*

$$y = 1 - \frac{z^2}{1\cdot 2} + \frac{z^4}{1\cdot 2\cdot 3\cdot 4} - \frac{z^6}{1\cdot 2\cdots 6} + \frac{z^8}{1\cdot 2\cdots 8} - \text{etc.}$$

---

1) Vide L. EULERI Commentationem 61 (indicis ENESTROEMIANI): *De summis serierum reciprocarum ex potestatibus numerorum naturalium ortarum dissertatio altera: in qua eaedem summationes ex fonte maxime diverso derivantur,* Miscellanea Berolin. 7, 1743, p. 172; LEONHARDI EULERI *Opera omnia,* series I, vol. 14.   A. G.

SOLUTIO

Si z denotet arcum in circulo, cuius radius $= 1$, erit y huius arcus cosinus. Quodsi ergo capiatur arcus s, cuius cosinus sit $= y$, continebuntur innumerabiles ipsius z valores in binis sequentibus seriebus

$$s, \quad 2\pi - s, \quad 2\pi + s, \quad 4\pi - s, \quad 4\pi + s \quad \text{etc.,}$$

$$-s, \quad -2\pi + s, \quad -2\pi - s, \quad -4\pi + s, \quad -4\pi - s \quad \text{etc.}$$

Q. E. I.

COROLLARIUM 1

17. Si igitur aequatio proposita in hanc formam transmutetur

$$0 = 1 - \frac{z^2}{1\cdot 2(1-y)} + \frac{z^4}{1\cdot 2\cdot 3\cdot 4(1-y)} - \frac{z^6}{1\cdot 2\cdots 6(1-y)} + \text{etc.,}$$

eius habebuntur factores numero infiniti sequentes

$$\left(1 - \frac{zz}{ss}\right)\left(1 - \frac{zz}{(2\pi-s)^2}\right)\left(1 - \frac{zz}{(2\pi+s)^2}\right)\left(1 - \frac{zz}{(4\pi-s)^2}\right)\left(1 - \frac{zz}{(4\pi+s)^2}\right) \text{ etc.}$$

COROLLARIUM 2

18. Cum igitur in producto coefficiens ipsius zz aequalis sit summae coefficientium ipsius zz in factoribus, habebitur sequentis seriei summatio

$$\frac{1}{2(1-y)} = \frac{1}{ss} + \frac{1}{(2\pi-s)^2} + \frac{1}{(2\pi+s)^2} + \frac{1}{(4\pi-s)^2} + \frac{1}{(4\pi+s)^2} + \text{etc.}$$

COROLLARIUM 3

19. Ponatur $s = \frac{m}{n}\pi$, ut sit $y = \cos. \text{A}.\frac{m}{n}\pi$ et $1 - y = 2\left(\sin.\text{A}.\frac{m}{2n}\pi\right)^2$; erit

$$\frac{\pi\pi}{2nn(1-y)} = \frac{\pi\pi}{4nn\left(\sin.\text{A}.\frac{m}{2n}\pi\right)^2}$$

$$= \frac{1}{mm} + \frac{1}{(2n-m)^2} + \frac{1}{(2n+m)^2} + \frac{1}{(4n-m)^2} + \frac{1}{(4n+m)^2} + \text{etc.,}$$

quae congruit cum § 14, si modo hic loco $2n$ scribatur n.

PROBLEMA 3

20. *Invenire radices ipsius z huius aequationis infinitae*

$$t = \frac{z - \frac{z^3}{1\cdot2\cdot3} + \frac{z^5}{1\cdot2\cdot3\cdot4\cdot5} - \frac{z^7}{1\cdot2\cdots7} + \text{etc.}}{1 - \frac{z^2}{1\cdot2} + \frac{z^4}{1\cdot2\cdot3\cdot4} - \frac{z^6}{1\cdot2\cdots6} + \text{etc.}}.$$

SOLUTIO

Si z denotet arcum circuli, cuius radius $=1$, erit t tangens huius arcus; si ergo sumatur arcus s in hoc circulo, cuius tangens sit $=t$, erunt infiniti ipsius z valores sequentes

$$s, \quad \pi + s, \quad 2\pi + s, \quad 3\pi + s, \quad 4\pi + s, \quad 5\pi + s \quad \text{etc.},$$
$$-\pi + s, \quad -2\pi + s, \quad -3\pi + s, \quad -4\pi + s, \quad -5\pi + s \quad \text{etc.}$$

Q. E. I.

COROLLARIUM 1

21. Reducatur aequatio proposita ad hanc formam

$$0 = 1 - \frac{z}{t} - \frac{z^2}{1\cdot2} + \frac{z^3}{1\cdot2\cdot3\,t} + \frac{z^4}{1\cdot2\cdot3\cdot4} - \frac{z^5}{1\cdot2\cdot3\cdot4\cdot5\,t} - \text{etc.}$$

eiusque factores simplices erunt sequentes

$$\left(1 - \frac{z}{s}\right)\left(1 + \frac{z}{\pi - s}\right)\left(1 - \frac{z}{\pi + s}\right)\left(1 + \frac{z}{2\pi - s}\right)\left(1 - \frac{z}{2\pi + s}\right)\left(1 + \frac{z}{3\pi - s}\right) \text{ etc.}$$

COROLLARIUM 2

22. Cum igitur coefficiens ipsius z in aequatione aequalis sit summae coefficientium ipsius z in singulis factoribus, erit

$$\frac{1}{t} = \frac{1}{s} - \frac{1}{\pi - s} + \frac{1}{\pi + s} - \frac{1}{2\pi - s} + \frac{1}{2\pi + s} - \frac{1}{3\pi - s} + \text{etc.}$$

COROLLARIUM 3

23. Ponatur $s = \frac{m}{n}\pi$, ut sit $t = \text{tang. A.}\,\frac{m}{n}\pi = \frac{x}{y}$, si sit $x = \text{sin. A.}\,\frac{m}{n}\pi$ et $y = \text{cos. A.}\,\frac{m}{n}\pi$, atque prodibit sequentis seriei summatio

$$\frac{\pi}{nt} = \frac{\pi y}{nx} = \frac{1}{m} - \frac{1}{n-m} + \frac{1}{n+m} - \frac{1}{2n-m} + \frac{1}{2n+m} - \frac{1}{3n-m} + \text{etc.}$$

COROLLARIUM 4

24. Summa quadratorum singulorum terminorum seriei § 22 aequalis est quadrato summae ipsorum $\frac{1}{tt}$ demta duplici summa factorum ex binis, hoc est -1; erit ergo summa quadratorum $= \frac{1}{tt} + 1 = \frac{yy}{xx} + 1 = \frac{1}{xx}$. Prodibit ergo uti in § 13 haec summatio

$$\frac{1}{xx} = \frac{1}{ss} + \frac{1}{(\pi-s)^2} + \frac{1}{(\pi+s)^2} + \frac{1}{(2\pi-s)^2} + \frac{1}{(2\pi+s)^2} + \text{etc.}$$

THEOREMA 1

25. *Denotante π semiperipheriam circuli, cuius radius $= 1$, si fuerit $x = \text{sin. A.}\,\frac{m}{n}\pi$, erit*

$$\frac{\pi(p+qy)}{nx} = \frac{p+q}{m} + \frac{p-q}{n-m} - \frac{p-q}{n+m} - \frac{p+q}{2n-m} + \frac{p+q}{2n+m} + \frac{p-q}{3n-m} - \frac{p-q}{3n+m} - \text{etc.}$$

DEMONSTRATIO

Si series § 12 inventa multiplicetur per p, erit

$$\frac{\pi p}{nx} = \frac{p}{m} + \frac{p}{n-m} - \frac{p}{n+m} - \frac{p}{2n-m} + \frac{p}{2n+m} + \text{etc.},$$

et si series § 23 multiplicetur per q, erit

$$\frac{\pi qy}{nx} = \frac{q}{m} - \frac{q}{n-m} + \frac{q}{n+m} - \frac{q}{2n-m} + \frac{q}{2n+m} - \text{etc.}$$

Addantur hae duae series prodibitque series proposita, cuius propterea summa est $= \frac{\pi(p+qy)}{nx}$. Q. E. D.

COROLLARIUM 1

26. Sumatur $p = q$; prodibit ista summatio

$$\frac{\pi(1+y)}{2nx} = \frac{1}{m} - \frac{1}{2n-m} + \frac{1}{2n+m} - \frac{1}{4n-m} + \frac{1}{4n+m} - \text{etc.};$$

at est $\frac{x}{1+y} = \text{tang. A.} \frac{m}{2n} \pi$, quae ergo posito n loco $2n$ congruit cum serie § 23 inventa.

COROLLARIUM 2

27. Si $q = -p$, prodit haec summatio

$$\frac{\pi(1-y)}{2nx} = \frac{1}{n-m} - \frac{1}{n+m} + \frac{1}{3n-m} - \frac{1}{3n+m} + \text{etc.};$$

at est $\frac{1-y}{x} = \text{tang. A.} \frac{m}{2n} \pi$ hincque

$$\frac{x}{1-y} = \text{tang. A.} \left(\frac{-m}{2n}\pi + \frac{1}{2}\pi\right) = \text{tang. A.} \frac{(n-m)}{2n}\pi,$$

quae series denuo scripto m loco $n - m$ ad praecedentem reducitur.

PROBLEMA 4

28. *Invenire summam huius seriei*

$$\frac{1}{m} + \frac{1}{n-m} - \frac{1}{n+m} - \frac{1}{2n-m} + \frac{1}{2n+m} + \frac{1}{3n-m} - \text{etc.}$$

per formulam integralem.

SOLUTIO

Tribuantur singulis fractionibus numeratores, qui sint potestates ipsius z, quarum exponentes denominatoribus aequentur, habebiturque haec series

$$\frac{z^m}{m} + \frac{z^{n-m}}{n-m} - \frac{z^{n+m}}{n+m} - \frac{z^{2n-m}}{2n-m} + \frac{z^{2n+m}}{2n+m} + \text{etc.},$$

quae facto $z = 1$ in illam abibit. Ponatur summa huius seriei $= s$ ac sumtis differentialibus erit

$$\frac{z\,ds}{dz} = z^m + z^{n-m} - z^{n+m} - z^{2n-m} + z^{2n+m} + z^{3n-m} - \text{etc.},$$

quae series composita est ex duabus geometricis, eritque ideo eius summa

$$= \frac{z^m}{1 + z^n} + \frac{z^{n-m}}{1 + z^n}.$$

Habemus ergo

$$\frac{z\,ds}{dz} = \frac{z^m + z^{n-m}}{1 + z^n} \quad \text{et} \quad ds = \frac{z^{m-1} + z^{n-m-1}}{1 + z^n}\,dz,$$

consequenter

$$s = \int \frac{z^{m-1} + z^{n-m-1}}{1 + z^n}\,dz;$$

huius itaque integralis valor casu, quo $z = 1$, dabit summam seriei propositae.[1] Q. E. I.

COROLLARIUM 1

29. Quoniam igitur seriei propositae summa est $\dfrac{\pi}{nx} = \dfrac{\pi}{n\sin. A. \frac{m}{n}\pi}$, erit

$$\frac{\pi}{n\sin. A. \frac{m}{n}\pi} = \int \frac{z^{m-1} + z^{n-m-1}}{1 + z^n}\,dz,$$

si post integrationem ponatur $z = 1$. Hoc ergo casu integrale formulae $\int \frac{z^{m-1} + z^{n-m-1}}{1 + z^n}\,dz$ ope circuli potest exhiberi.

COROLLARIUM 2

30. Ponendo ergo loco m et n numeros definitos habebuntur sequentes integrationes casu $z = 1$:

Si $m = 1$, $n = 2$, erit

$$\frac{\pi}{2} = \int \frac{2\,dz}{1 + zz};$$

si $m = 1$, $n = 3$, erit

$$\frac{2\pi}{3\sqrt{3}} = \int \frac{1 + z}{1 + z^3}\,dz = \int \frac{dz}{1 - z + zz};$$

---

1) Vide etiam p. 57. A. G.

si $m = 1$, $n = 4$, erit

$$\frac{\pi}{2\sqrt{2}} = \int \frac{1 + zz}{1 + z^4}\, dz;$$

si $m = 1$, $n = 6$, erit

$$\frac{\pi}{3} = \int \frac{1 + z^4}{1 + z^6}\, dz;$$

quae omnia integratione actu instituta veritati consentanea deprehenduntur.

PROBLEMA 5

31. *Invenire summam huius seriei*

$$\frac{1}{m} - \frac{1}{n-m} + \frac{1}{n+m} - \frac{1}{2n-m} + \frac{1}{2n+m} - \frac{1}{3n-m} + \frac{1}{3n+m} - \text{etc.}$$

per formulam integralem.

SOLUTIO

Coniungantur cum his fractionibus numeratores idonei, ut ante fecimus, ac ponatur

$$s = \frac{z^m}{m} - \frac{z^{n-m}}{n-m} + \frac{z^{n+m}}{n+m} - \frac{z^{2n-m}}{2n-m} + \frac{z^{2n+m}}{2n+m} - \text{etc.};$$

erit utique facto $z = 1$ valor ipsius s summa seriei propositae. Instituatur iam differentiatio ac prodibit

$$\frac{z\,ds}{dz} = z^m - z^{n-m} + z^{n+m} - z^{2n-m} + z^{2n+m} - \text{etc.};$$

cuius seriei summa quia exhiberi potest, habebitur

$$\frac{z\,ds}{dz} = \frac{z^m - z^{n-m}}{1 - z^n},$$

unde fit

$$s = \int \frac{z^{m-1} - z^{n-m-1}}{1 - z^n}\, dz.$$

Huius ergo formulae integralis valor casu $z = 1$ dabit summam seriei propositae.[1]) Q. E. I.

---

1) Vide etiam p. 61.   A. G.

COROLLARIUM 1

32. Per § 23 est seriei propositae summa $= \dfrac{\pi}{nt} = \dfrac{\pi y}{nx} = \dfrac{\pi \cos. \mathrm{A}.\,\frac{m}{n}\,\pi}{n \sin. \mathrm{A}.\,\frac{m}{n}\,\pi}.$ Quamobrem erit

$$\frac{\pi \cos. \mathrm{A}.\,\dfrac{m}{n}\,\pi}{n \sin. \mathrm{A}.\,\dfrac{m}{n}\,\pi} = \int \frac{z^{m-1} - z^{n-m-1}}{1 - z^n}\, dz$$

casu, quo post integrationem ponitur $z = 1$.

COROLLARIUM 2

33. Casus ergo simpliciores ita se habebunt:

Si $m = 1$, $n = 3$, erit

$$\frac{\pi}{3\sqrt{3}} = \int \frac{(1-z)\,dz}{1-z^3} = \int \frac{dz}{1+z+zz};$$

si $m = 1$, $n = 4$, erit

$$\frac{\pi}{4} = \int \frac{(1-z^2)\,dz}{1-z^4} = \int \frac{dz}{1+z^2};$$

si $m = 1$, $n = 6$, erit

$$\frac{\pi}{2\sqrt{3}} = \int \frac{(1-z^4)\,dz}{1-z^6} = \int \frac{(1+zz)\,dz}{1+zz+z^4};$$

quarum formularum congruentia cum veritate post integrationem actu institutam sponte patet.

SCHOLION

34. Si in binis seriebus nunc tractatis bini termini in unum colligantur, orientur sequentes summationes:

$$\frac{\pi}{n \sin. \mathrm{A}.\,\frac{m}{n}\,\pi} = \frac{1}{m} + \frac{2m}{n^2-m^2} - \frac{2m}{4n^2-m^2} + \frac{2m}{9n^2-m^2} - \frac{2m}{16n^2-m^2} + \text{etc.},$$

$$\frac{\pi \cos. \mathrm{A}.\,\frac{m}{n}\,\pi}{n \sin. \mathrm{A}.\,\frac{m}{n}\,\pi} = \frac{1}{m} - \frac{2m}{n^2-m^2} - \frac{2m}{4n^2-m^2} - \frac{2m}{9n^2-m^2} - \frac{2m}{16n^2-m^2} - \text{etc.}$$

His ergo ordinatis habebimus duas sequentes series notatu maxime dignas

$$\frac{\pi}{2\,mn\sin.\,\mathrm{A}.\,\frac{m}{n}\,\pi}-\frac{1}{2\,mm}=\frac{1}{n^2-m^2}-\frac{1}{4\,n^2-m^2}+\frac{1}{9\,n^2-m^2}-\frac{1}{16\,n^2-m^2}+\text{etc.},$$

$$\frac{1}{2\,mm}-\frac{\pi\cos.\,\mathrm{A}.\,\frac{m}{n}\,\pi}{2\,nm\sin.\,\mathrm{A}.\,\frac{m}{n}\,\pi}=\frac{1}{n^2-m^2}+\frac{1}{4\,n^2-m^2}+\frac{1}{9\,n^2-m^2}+\frac{1}{16\,n^2-m^2}+\text{etc.};$$

quae si invicem addantur, dabunt

$$\frac{\pi\left(1-\cos.\,\mathrm{A}.\,\frac{m}{n}\,\pi\right)}{4\,mn\sin.\,\mathrm{A}.\,\frac{m}{n}\,\pi}=\frac{\pi\sin.\,\mathrm{A}.\,\frac{m}{2\,n}\,\pi}{4\,mn\cos.\,\mathrm{A}.\,\frac{m}{2\,n}\,\pi}$$

$$=\frac{1}{n^2-m^2}+\frac{1}{9\,n^2-m^2}+\frac{1}{25\,n^2-m^2}+\frac{1}{49\,n^2-m^2}+\text{etc.}$$

Hasque series ante aliquot annos ex principiis longe diversis sum consecutus.[1]

THEOREMA 2

35. *Summa huius seriei quadratorum*

$$\frac{1}{m^2}-\frac{1}{(n-m)^2}-\frac{1}{(n+m)^2}+\frac{1}{(2\,n-m)^2}+\frac{1}{(2\,n+m)^2}-\frac{1}{(3\,n-m)^2}-\text{etc.}$$

est

$$=\frac{\pi^2\cos.\,\mathrm{A}.\,\frac{m}{n}\,\pi}{nn\left(\sin.\,\mathrm{A}.\,\frac{m}{n}\,\pi\right)^2}.$$

DEMONSTRATIO

In § 12 vidimus esse

$$\frac{\pi}{n\sin.\,\mathrm{A}.\,\frac{m}{n}\,\pi}=\frac{1}{m}+\frac{1}{n-m}-\frac{1}{n+m}-\frac{1}{2\,n-m}+\frac{1}{2\,n+m}+\frac{1}{3\,n-m}-\frac{1}{3\,n+m}-\text{etc.};$$

---

1) Vide L. EULERI Commentationem 130 (indicis ENESTROEMIANI): *De seriebus quibusdam considerationes,* Comment. acad. sc. Petrop. **12** (1740), 1750, p. 53, imprimis p. 64: LEONHARDI EULERI *Opera omnia,* series I, vol. 14.   A. G.

quae aequalitas cum semper habeat locum, quicquid sit m, differentialia quoque aequalia esse debent. Differentiemus ergo tam seriem quam ipsius summam posita m variabili eruntque differentialia quoque aequalia. Habebitur autem utrinque per dm diviso

$$\frac{-\pi^2 \cos. \mathrm{A}.\frac{m}{n}\pi}{nn\left(\sin. \mathrm{A}.\frac{m}{n}\pi\right)^2} = -\frac{1}{m^2} + \frac{1}{(n-m)^2} + \frac{1}{(n+m)^2} - \frac{1}{(2n-m)^2} - \frac{1}{(2n+m)^2} + \text{etc.}$$

Mutentur signa atque habebitur summa seriei quadratorum propositae. Q. E. D.

COROLLARIUM 1

36. Evolvamus aliquot casus simpliciores sitque $m = 1$, $n = 2$; erit

$$\sin. \mathrm{A}.\frac{m}{n}\pi = 1 \quad \text{et} \quad \cos. \mathrm{A}.\frac{m}{n}\pi = 0,$$

unde

$$0 = 1 - 1 - \frac{1}{9} + \frac{1}{9} + \frac{1}{25} - \frac{1}{25} - \frac{1}{49} + \text{etc.}$$

Sit $m = 1$, $n = 3$; erit

$$\sin. \mathrm{A}.\frac{m}{n}\pi = \frac{\sqrt{3}}{2} \quad \text{et} \quad \cos. \mathrm{A}.\frac{m}{n}\pi = \frac{1}{2},$$

unde

$$\frac{2\pi\pi}{27} = 1 - \frac{1}{4} - \frac{1}{16} + \frac{1}{25} + \frac{1}{49} - \frac{1}{64} - \frac{1}{100} + \text{etc.}$$

Sit $m = 1$, $n = 4$; erit

$$\sin. \mathrm{A}.\frac{m}{n}\pi = \cos. \mathrm{A}.\frac{m}{n}\pi = \frac{1}{\sqrt{2}},$$

unde

$$\frac{\pi\pi}{8\sqrt{2}} = 1 - \frac{1}{9} - \frac{1}{25} + \frac{1}{49} + \frac{1}{81} - \frac{1}{121} - \frac{1}{169} + \text{etc.}$$

COROLLARIUM 2

37. Multiplicemus seriem

$$\frac{2\pi\pi}{27} = 1 - \frac{1}{4} - \frac{1}{16} + \frac{1}{25} + \frac{1}{49} - \frac{1}{64} - \frac{1}{100} + \text{etc.,}$$

in qua quadrata per ternarium divisibilia desunt, per

$$\frac{9}{8} = 1 + \frac{1}{9} + \frac{1}{81} + \frac{1}{729} + \text{etc.},$$

ut omnia quadrata occurrant, eritque

$$\frac{\pi\pi}{12} = 1 - \frac{1}{4} + \frac{1}{9} - \frac{1}{16} + \frac{1}{25} - \frac{1}{36} + \frac{1}{49} - \text{etc.},$$

cuius veritas iam alibi a me est demonstrata.[1]

COROLLARIUM 3

38. Cum sit ex § 14

$$\frac{\pi\pi}{nnxx} = \frac{\pi\pi}{nn\left(\sin. A.\frac{m}{n}\pi\right)^2} = \frac{1}{m^2} + \frac{1}{(n-m)^2} + \frac{1}{(n+m)^2} + \frac{1}{(2n-m)^2} + \frac{1}{(2n+m)^2} + \text{etc.},$$

erit his seriebus additis

$$\frac{\pi\pi\left(1+\cos. A.\frac{m}{n}\pi\right)}{2nn\left(\sin. A.\frac{m}{n}\pi\right)^2} = \frac{1}{m^2} + \frac{1}{(2n-m)^2} + \frac{1}{(2n+m)^2} + \frac{1}{(4n-m)^2} + \frac{1}{(4n+m)^2} + \text{etc.},$$

quae series scribendo n loco $2n$ ad illam reducitur; est enim

$$\frac{1+\cos. A.\frac{m}{n}\pi}{\left(\sin. A.\frac{m}{n}\pi\right)^2} = \frac{1}{2\left(\sin. A.\frac{m}{2n}\pi\right)^2}.$$

SCHOLION

39. Summatio ergo in hac propositione demonstrata directe deduci potuisset ex summatione seriei § 14 datae. Cum enim sit

$$\frac{\pi\pi}{nn\left(\sin. A.\frac{m}{n}\pi\right)^2} = \frac{1}{m^2} + \frac{1}{(n-m)^2} + \frac{1}{(n+m)^2} + \frac{1}{(2n-m)^2} + \frac{1}{(2n+m)^2} + \text{etc.},$$

---

1) Vide notam p. 4.   A. G.

erit quoque scribendo $2n$ loco n

$$\frac{\pi\pi}{4nn\left(\sin.\mathrm{A}.\frac{m}{2n}\pi\right)^2}=\frac{\pi\pi\left(1+\cos.\mathrm{A}.\frac{m}{n}\pi\right)}{2nn\left(\sin.\mathrm{A}.\frac{m}{n}\pi\right)^2}$$

$$=\frac{1}{m^2}+\frac{1}{(2n-m)^2}+\frac{1}{(2n+m)^2}+\frac{1}{(4n-m)^2}+\frac{1}{(4n+m)^2}+\text{etc.};$$

a cuius duplo si illa subtrahatur, remanebit proposita

$$\frac{\pi\pi\cos.\mathrm{A}.\frac{m}{n}\pi}{nn\left(\sin.\mathrm{A}.\frac{m}{n}\pi\right)^2}=\frac{1}{m^2}-\frac{1}{(n-m)^2}-\frac{1}{(n+m)^2}+\frac{1}{(2n-m)^2}+\frac{1}{(2n+m)^2}-\text{etc.};$$

simili autem modo ex serie § 23, quae ob signa alternantia maxime videtur regularis, deduci potest series § 12 exhibita. Cum enim sit

$$\frac{\pi\cos.\mathrm{A}.\frac{m}{n}\pi}{n\sin.\mathrm{A}.\frac{m}{n}\pi}=\frac{1}{m}-\frac{1}{n-m}+\frac{1}{n+m}-\frac{1}{2n-m}+\frac{1}{2n+m}-\frac{1}{3n-m}+\text{etc.},$$

erit, si $2n$ loco n scribatur,

$$\frac{\pi\cos.\mathrm{A}.\frac{m}{2n}\pi}{2n\sin.\mathrm{A}.\frac{m}{2n}\pi}=\frac{\pi\left(1+\cos.\mathrm{A}.\frac{m}{n}\pi\right)}{2n\sin.\mathrm{A}.\frac{m}{n}\pi}=\frac{1}{m}-\frac{1}{2n-m}+\frac{1}{2n+m}-\frac{1}{4n-m}+\frac{1}{4n+m}-\text{etc.}$$

Ab huius duplo subtrahatur illa series eritque

$$\frac{\pi}{n\sin.\mathrm{A}.\frac{m}{n}\pi}=\frac{1}{m}+\frac{1}{n-m}-\frac{1}{n+m}-\frac{1}{2n-m}+\frac{1}{2n+m}+\text{etc.},$$

quae est ipsa series § 12 inventa.

Simili autem modo formulae integrales, quae pro his summis sunt inventae, ad se invicem reducuntur. Cum enim (§ 32) sit

$$\frac{\pi\cos.\mathrm{A}.\frac{m}{n}\pi}{n\sin.\mathrm{A}.\frac{m}{n}\pi}=\int\frac{z^{m-1}-z^{n-m-1}}{1-z^n}\,dz,$$

erit quoque

$$\frac{\pi\cos.\mathrm{A}.\frac{m}{2n}\pi}{2n\sin.\mathrm{A}.\frac{m}{2n}\pi}=\frac{\pi\left(1+\cos.\mathrm{A}.\frac{m}{n}\pi\right)}{2n\sin.\mathrm{A}.\frac{m}{n}\pi}=\int\frac{z^{m-1}-z^{2n-m-1}}{1-z^{2n}}\,dz;$$

ab huius duplo subtrahatur prior; erit

$$\frac{\pi}{n \sin. A. \frac{m}{n} \pi} = \int \frac{2 z^{m-1} - 2 z^{2n-m-1}}{1 - z^{2n}} \, dz - \int \frac{z^{m-1} - z^{n-m-1}}{1 - z^n} \, dz$$

$$= \int \frac{z^{m-1} - z^{n+m-1} + z^{n-m-1} - z^{2n-m-1}}{1 - z^{2n}} \, dz = \int \frac{z^{m-1} + z^{n-m-1}}{1 + z^n} \, dz,$$

quae est ipsa integratio § 29 inventa. Ex quibus perspicuum est omnia, quae hactenus sunt eruta, deduci potuisse ex hac summatione

$$\frac{\pi \cos. A. \frac{m}{n} \pi}{n \sin. A. \frac{m}{n} \pi} = \int \frac{z^{m-1} - z^{n-m-1}}{1 - z^n} \, dz$$

$$= \frac{1}{m} - \frac{1}{n-m} + \frac{1}{n+m} - \frac{1}{2n-m} + \frac{1}{2n+m} - \frac{1}{3n-m} + \frac{1}{3n+m} - \text{etc.}$$

Ex qua per differentiationem nascitur haec

$$\frac{\pi \pi}{nn \left(\sin. A. \frac{m}{n} \pi \right)^2} = \frac{1}{m^2} + \frac{1}{(n-m)^2} + \frac{1}{(n+m)^2} + \frac{1}{(2n-m)^2} + \frac{1}{(2n+m)^2} + \text{etc.},$$

quae § 14 iam est inventa.

PROBLEMA 5

40. *Invenire differentialia primi, secundi sequentiumque altiorum ordinum huius quantitatis*

$$\frac{\pi \cos. A. \frac{m}{n} \pi}{n \sin. A. \frac{m}{n} \pi}$$

posito m variabili.

SOLUTIO

Ponamus brevitatis gratia

$$\sin. A. \frac{m}{n} \pi = x \quad \text{et} \quad \cos. A. \frac{m}{n} \pi = y;$$

erit primo $y = \sqrt{(1 - xx)}$; tum vero erit

$$dx = \frac{\pi \, dm}{n} y = \frac{\pi y}{n} dm \quad \text{et} \quad dy = -\frac{\pi x}{n} dm.$$

Vocetur quoque quantitas proposita, cuius differentialia quaeruntur,

$$\frac{\pi \cos. A. \frac{m}{n} \pi}{n \sin. A. \frac{m}{n} \pi} = V;$$

erit $V = \frac{\pi y}{n x}$. Hinc ergo erit

$$dV = \frac{\pi (x\,dy - y\,dx)}{nxx} = \frac{-\pi\pi\,dm}{nnxx}$$

ob $xx + yy = 1$ ideoque

$$\frac{dV}{dm} = \frac{-\pi\pi}{nn} \cdot \frac{1}{xx};$$

huius porro sumatur differentiale eritque

$$\frac{ddV}{dm} = + \frac{\pi\pi}{nn} \cdot \frac{2\,dx}{x^3} = \frac{2\pi^3}{n^3} \cdot \frac{y\,dm}{x^3}$$

ideoque

$$\frac{d^2 V}{dm^2} = \frac{\pi^3}{n^3} \cdot \frac{2y}{x^3}.$$

Quodsi simili modo sequentia differentialia computentur, ita se habebunt:

$$V = + \frac{\pi}{nx} \cdot y,$$

$$\frac{dV}{dm} = - \frac{\pi^2}{n^2 x^2} \cdot 1,$$

$$\frac{ddV}{dm^2} = + \frac{\pi^3}{n^3 x^3} \cdot 2y,$$

$$\frac{d^3 V}{dm^3} = - \frac{\pi^4}{n^4 x^4}(4yy + 2),$$

$$\frac{d^4 V}{dm^4} = + \frac{\pi^5}{n^5 x^5}(8y^3 + 16y),$$

$$\frac{d^5 V}{dm^5} = - \frac{\pi^6}{n^6 x^6}(16y^4 + 88y^2 + 16),$$

$$\frac{d^6 V}{dm^6} = + \frac{\pi^7}{n^7 x^7}(32y^5 + 416y^3 + 272y),$$

$$\frac{d^7 V}{dm^7} = - \frac{\pi^8}{n^8 x^8}(64y^6 + 1824y^4 + 2880y^2 + 272)\,^{1})$$

$$\text{etc.}$$

1) Editio princeps: $\cdots + 2886y^2 + \cdots$ Correxit A. G.

Lex progressionis ita se habet, ut, si fuerit

$$\frac{d^\nu V}{dm^\nu} = \pm\, \frac{\pi^{\nu+1}}{n^{\nu+1}\,x^{\nu+1}}\,(\alpha y^{\nu-1} + \beta y^{\nu-3} + \gamma y^{\nu-5} + \delta y^{\nu-7} + \varepsilon y^{\nu-9} + \text{etc.}),$$

futurus sit sequens differentiationis ordo

$$\frac{d^{\nu+1} V}{dm^{\nu+1}} = \mp\, \frac{\pi^{\nu+2}}{n^{\nu+2}\,x^{\nu+2}}\left\{ \begin{array}{l} 2\alpha y^\nu + (4\beta + (\nu-1)\alpha)y^{\nu-2} + (6\gamma + (\nu-3)\beta)y^{\nu-4} \\ + (8\delta + (\nu-5)\gamma)y^{\nu-6} + (10\varepsilon + (\nu-7)\delta)y^{\nu-8} + \text{etc.} \end{array} \right\}.$$

Differentialia igitur cuiuscunque ordinis ex praecedentibus determinabuntur. Q. E. I.

PROBLEMA 6

41. *Invenire summam huius seriei*

$$\frac{1}{m^\nu} + \frac{1}{(m-n)^\nu} + \frac{1}{(m+n)^\nu} + \frac{1}{(m-2n)^\nu} + \frac{1}{(m+2n)^\nu} + \frac{1}{(m-3n)^\nu} + \text{etc.}$$

singulis terminis seriei § 23 *inventae ad dignitatem quamcunque elevatis.*

SOLUTIO

Si ponamus sin. A. $\frac{m}{n}\pi = x$, cos. A. $\frac{m}{n}\pi = y$ atque $\frac{\pi y}{nx} = V$, erit ex § 23

$$V = \frac{1}{m} + \frac{1}{m-n} + \frac{1}{m+n} + \frac{1}{m-2n} + \frac{1}{m+2n} + \frac{1}{m-3n} + \text{etc.}$$

Quodsi iam posito m variabili differentialia capiantur, prodibunt sequentes summationes:

$$- \frac{dV}{1\,dm} = \frac{1}{m^2} + \frac{1}{(m-n)^2} + \frac{1}{(m+n)^2} + \frac{1}{(m-2n)^2} + \frac{1}{(m+2n)^2} + \text{etc.},$$

$$+ \frac{ddV}{1\cdot 2\,dm^2} = \frac{1}{m^3} + \frac{1}{(m-n)^3} + \frac{1}{(m+n)^3} + \frac{1}{(m-2n)^3} + \frac{1}{(m+2n)^3} + \text{etc.},$$

$$- \frac{d^3 V}{1\cdot 2\cdot 3\,dm^3} = \frac{1}{m^4} + \frac{1}{(m-n)^4} + \frac{1}{(m+n)^4} + \frac{1}{(m-2n)^4} + \frac{1}{(m+2n)^4} + \text{etc.},$$

$$+ \frac{d^4 V}{1\cdot 2\cdot 3\cdot 4\,dm^4} = \frac{1}{m^5} + \frac{1}{(m-n)^5} + \frac{1}{(m+n)^5} + \frac{1}{(m-2n)^5} + \frac{1}{(m+2n)^5} + \text{etc.}$$

etc.

Erit ergo seriei gradus indefiniti propositae

$$\frac{1}{m^\nu} + \frac{1}{(m-n)^\nu} + \frac{1}{(m+n)^\nu} + \frac{1}{(m-2n)^\nu} + \frac{1}{(m+2n)^\nu} + \frac{1}{(m-3n)^\nu} + \text{etc.}$$

summa

$$= \frac{\pm\, d^{\nu-1} V}{1\cdot 2\cdot 3\cdots(\nu-1)\,dm^{\nu-1}}.$$

At problemate praecedente valorem ipsius $\frac{d^{\nu-1}V}{dm^{\nu-1}}$ exhibuimus; quamobrem quoque summae harum serierum potestatum poterunt definiri. Q. E. I.

PROBLEMA 7

42. *Sinum anguli cuiuscunque $\frac{m}{n}\pi$ per productum ex infinitis factoribus exhibere.*

SOLUTIO

Cum sit

$$\frac{\pi \cos. A. \frac{m}{n}\pi}{n \sin. A. \frac{m}{n}\pi} = \frac{1}{m} - \frac{1}{n-m} + \frac{1}{n+m} - \frac{1}{2n-m} + \text{etc.},$$

tractetur m uti quantitas variabilis ac multiplicetur ubique per dm; erit

$$\frac{\pi\, dm}{n}\cos. A. \frac{m}{n}\pi = d.\sin. A. \frac{m}{n}\pi$$

et hanc ob rem erit

$$\frac{\pi\, dm \cos. A. \frac{m}{n}\pi}{n \sin. A. \frac{m}{n}\pi} = \frac{d.\sin. A. \frac{m}{n}\pi}{\sin. A. \frac{m}{n}\pi} = \frac{dm}{m} - \frac{dm}{n-m} + \frac{dm}{n+m} - \frac{dm}{2n-m} + \frac{dm}{2n+m} - \text{etc.},$$

unde integratione utrinque absoluta erit

$$l \sin. A. \frac{m}{n}\pi = lm + l(n-m) + l(n+m) + l(2n-m) + l(2n+m) + \text{etc.} + C.$$

Constans C ita esse debet comparata, ut facto $m = \frac{1}{2}n$ logarithmus sinus fiat $= 0$, quippe quo casu habetur sinus totus. Hoc ergo modo constante C determinata erit

$$l \sin. A. \frac{m}{n} \pi = l\frac{2m}{n} + l\frac{2n-2m}{n} + l\frac{2n+2m}{3n} + l\frac{4n-2m}{3n} + l\frac{4n+2m}{5n} + \text{etc.}$$

Unde, si transeamus ad numeros, habebimus

$$\sin. A. \frac{m}{n} \pi = \frac{2m}{n} \cdot \frac{2n-2m}{n} \cdot \frac{2n+2m}{3n} \cdot \frac{4n-2m}{3n} \cdot \frac{4n+2m}{5n} \cdot \text{etc.}$$

Vel si binos factores in se ducamus, erit

$$\sin. A. \frac{m}{n} \pi = \frac{2m}{n} \cdot \frac{4nn-4mm}{3nn} \cdot \frac{16nn-4mm}{15nn} \cdot \frac{36nn-4mm}{35nn} \cdot \text{etc.}$$

Q. E. I.

COROLLARIUM 1

43. Si loco $2m$ scribamus m, habebimus

$$\sin. A. \frac{m}{2n} \pi = \frac{m}{n} \cdot \frac{2n-m}{n} \cdot \frac{2n+m}{3n} \cdot \frac{4n-m}{3n} \cdot \frac{4n+m}{5n} \cdot \text{etc.}$$

sive

$$\sin. A. \frac{m}{2n} \pi = \frac{m}{n} \cdot \frac{4nn-mm}{4nn-nn} \cdot \frac{16nn-mm}{16nn-nn} \cdot \frac{36nn-mm}{36nn-nn} \cdot \text{etc.}$$

COROLLARIUM 2

44. Quia est $\sin. A. \frac{m}{2n} \pi = \cos. A. \frac{(n-m)}{2n} \pi$, erit, si $n-m$ scribamus loco m, ex serie inventa

$$\cos. A. \frac{m}{2n} \pi = \frac{n-m}{n} \cdot \frac{n+m}{n} \cdot \frac{3n-m}{3n} \cdot \frac{3n+m}{3n} \cdot \text{etc.}$$

sive

$$\cos. A. \frac{m}{2n} \pi = \frac{nn-mm}{nn} \cdot \frac{9nn-mm}{9nn} \cdot \frac{25nn-mm}{25nn} \cdot \text{etc.}$$

COROLLARIUM 3

45. Quoniam est $\sin. A. \frac{m}{n} \pi = 2 \sin. A. \frac{m}{2n} \pi \cdot \cos. A. \frac{m}{2n} \pi$, si $\sin. A. \frac{m}{n} \pi$ dividamus per $2 \sin. A. \frac{m}{2n} \pi$, habebimus

$$\cos. A. \frac{m}{2n} \pi = \frac{2n-2m}{2n-m} \cdot \frac{2n+2m}{2n+m} \cdot \frac{4n-2m}{4n-m} \cdot \frac{4n+2m}{4n+m} \cdot \text{etc.}$$

et diviso $\sin. A. \dfrac{m}{n}\pi$ per $2\cos. A. \dfrac{m}{2n}\pi$ habebimus

$$\sin. A. \frac{m}{2n}\pi = \frac{m}{n-m}\cdot\frac{2n-2m}{n+m}\cdot\frac{2n+2m}{3n-m}\cdot\frac{4n-2m}{3n+m}\cdot\frac{4n+2m}{5n-m}\cdot \text{etc.}$$

COROLLARIUM 4

46. Duplices istae sinuum et cosinuum expressiones inter se aequatae dabunt

$$1 = \frac{nn}{nn-mm}\cdot\frac{4nn-4mm}{4nn-mm}\cdot\frac{9nn}{9nn-mm}\cdot\frac{16nn-4mm}{16nn-mm}\cdot\frac{25nn}{25nn-mm}\cdot \text{etc.}$$

COROLLARIUM 5

47. Si n capiatur infinitum seu m infinite parvum, erit $\sin. A. \dfrac{m}{2n}\pi = \dfrac{m}{2n}\pi$ hocque casu ex utraque serie nascitur idem valor ipsius π a WALLISIO[1]) datus

$$\pi = 2\,\frac{2\cdot2\cdot4\cdot4\cdot6\cdot6\cdot8\cdot8\cdot10\cdot10\cdot \text{etc.}}{1\cdot3\cdot3\cdot5\cdot5\cdot7\cdot7\cdot9\cdot\ 9\ \cdot11\cdot \text{etc.}}$$

LEMMA 4

48. *Valor huius producti ex infinitis factoribus constantis*

$$\frac{a(c+b)(a+k)(c+b+k)(a+2k)(c+b+2k)\ \text{etc.}}{b(c+a)(b+k)(c+a+k)(b+2k)(c+a+2k)\ \text{etc.}}$$

est

$$= \frac{\int z^{c-1}dz(1-z^k)^{\frac{b-k}{k}}}{\int z^{c-1}dz(1-z^k)^{\frac{a-k}{k}}},$$

si post utramque integrationem ponatur $z = 1$.[2])

---

1) I. WALLIS (1616—1703), *Arithmetica infinitorum*; *Opera*, t. 1, p. 469.   A. G.

2) Vide L. EULERI Commentationem 122 (indicis ENESTROEMIANI): *De productis ex infinitis factoribus ortis*, Comment. acad. sc. Petrop. **11** (1739), 1750, p. 3; *LEONHARDI EULERI Opera omnia*, series I, vol. 14.   A. G.

PROBLEMA 8

49. *Sinum anguli $\frac{m}{2n}\pi$ per formulas integrales exprimere.*

SOLUTIO

Cum sit

$$\sin. A. \frac{m}{2n}\pi = \frac{m}{n} \cdot \frac{2n-m}{n} \cdot \frac{2n+m}{3n} \cdot \frac{4n-m}{3n} \cdot \text{etc.}$$

per § 43, comparetur hoc productum infinitum cum lemmate praecedente eritque $a = m$, $b = n$, $k = 2n$ et $c + m = n$ vel $c + n = 2n - m$; utrumque dat $c = n - m$. Hinc igitur fiet

$$\sin. A. \frac{m}{2n}\pi = \frac{\int z^{n-m-1}dz\,(1-z^{2n})^{-\frac{1}{2}}}{\int z^{n-m-1}dz(1-z^{2n})^{\frac{-2n+m}{3n}}},$$

si post utramque integrationem ita institutam, ut integralia evanescant posito $z = 0$, ponatur $z = 1$.

Cum vero etiam sit per § 45

$$2\sin. A. \frac{m}{2n}\pi = \frac{2m}{n-m} \cdot \frac{2n-2m}{n+m} \cdot \frac{2n+2m}{3n-m} \cdot \frac{4n-2m}{3n+m} \cdot \text{etc.},$$

erit comparatione cum lemmate instituta $a = 2m$, $b = n - m$, $c = n - m$ et $k = 2n$, unde obtinebitur

$$2\sin. A. \frac{m}{2n}\pi = \frac{\int z^{n-m-1}dz(1-z^{2n})^{\frac{-n-m}{2n}}}{\int z^{n-m-1}dz(1-z^{2n})^{\frac{m-n}{n}}},$$

si post integrationes ponatur $z = 1$. Q. E. I.

COROLLARIUM 1

50. Sequentes ergo nanciscimur diversarum formularum integralium comparationes:

$$\sin. A. \frac{m}{2n}\pi \cdot \int \frac{z^{n-m-1}dz}{(1-z^{2n})^{\frac{2n-m}{2n}}} = \int \frac{z^{n-m-1}dz}{\sqrt{(1-z^{2n})}}$$

et

$$2\sin. A. \frac{m}{2n}\pi \cdot \int \frac{z^{n-m-1}dz}{(1-z^{2n})^{\frac{n-m}{n}}} = \int \frac{z^{n-m-1}dz}{(1-z^{2n})^{\frac{n+m}{2n}}}.$$

COROLLARIUM 2

51. Tum vero sine sinus ratione habita institui potest ista integralium comparatio

$$2\int \frac{z^{n-m-1}dz}{(1-z^{2n})^{\frac{n-m}{n}}} : \int \frac{z^{n-m-1}dz}{(1-z^{2n})^{\frac{2n-m}{2n}}} = \int \frac{z^{n-m-1}dz}{(1-z^{2n})^{\frac{n+m}{2n}}} : \int \frac{z^{n-m-1}dz}{\sqrt{(1-z^{2n})}}.$$

COROLLARIUM 3

52. Ponamus esse $m = 1$ et $n = 1$; erit $\sin. A. \frac{m}{2n}\pi = 1$ atque comparationes ita se habebunt

$$\int \frac{dz}{z\sqrt{(1-zz)}} = \int \frac{dz}{z\sqrt{(1-zz)}} \quad \text{et} \quad 2\int \frac{dz}{z} = \int \frac{dz}{z(1-zz)},$$

quarum aequationum posteriori duo spatia hyperbolica infinita inter se comparantur.

COROLLARIUM 4

53. Ponamus esse $m = 2$ et $n = 3$; erit $\sin. A. \frac{m}{2n}\pi = \frac{\sqrt{3}}{2}$, unde orientur sequentes comparationes

$$\frac{\sqrt{3}}{2}\int \frac{dz}{(1-z^6)^{\frac{2}{3}}} = \int \frac{dz}{\sqrt{(1-z^6)}} \quad \text{et} \quad \sqrt{3}\int \frac{dz}{(1-z^6)^{\frac{1}{3}}} = \int \frac{dz}{(1-z^6)^{\frac{5}{6}}};$$

ex his nascitur ista proportio

$$\frac{1}{2}\int \frac{dz}{(1-z^6)^{\frac{2}{3}}} : \int \frac{dz}{(1-z^6)^{\frac{1}{3}}} = \int \frac{dz}{(1-z^6)^{\frac{1}{2}}} : \int \frac{dz}{(1-z^6)^{\frac{5}{6}}}.$$

COROLLARIUM 5

54. Sit $m = 1$, $n = 2$, ut sit $\sin. A. \frac{m}{2n}\pi = \frac{1}{\sqrt{2}}$; erit

$$\frac{1}{\sqrt{2}}\int \frac{dz}{(1-z^4)^{\frac{3}{4}}} = \int \frac{dz}{(1-z^4)^{\frac{1}{2}}} \quad \text{et} \quad \sqrt{2}\int \frac{dz}{(1-z^4)^{\frac{1}{4}}} = \int \frac{dz}{(1-z^4)^{\frac{3}{4}}},$$

quae duae aequationes inter se congruunt.

COROLLARIUM 6

55. Sit $m = 1$, $n = 3$, ut sit $\sin. A. \frac{m}{2n}\pi = \frac{1}{2}$; erit

$$\frac{1}{2}\int \frac{z\,dz}{(1-z^6)^{\frac{5}{6}}} = \int \frac{z\,dz}{(1-z^6)^{\frac{1}{2}}} \quad \text{et} \quad \int \frac{z\,dz}{(1-z^6)^{\frac{2}{3}}} = \int \frac{z\,dz}{(1-z^6)^{\frac{2}{3}}},$$

quarum posterior est identica, prior autem dat

$$\int \frac{z\,dz}{(1-z^6)^{\frac{5}{6}}} = 2\int \frac{z\,dz}{\sqrt{(1-z^6)}}$$

posito post integrationem $z = 1$, quae conditio semper adiuncta est intelligenda.

PROBLEMA 9

56. *Expressiones infinitas, quas pro cosinu anguli $\frac{m}{2n}\pi$ invenimus, ad formulas integrales reducere.*

SOLUTIO

Primum § 44 invenimus esse

$$\cos. A. \frac{m}{2n}\pi = \frac{n-m}{n} \cdot \frac{n+m}{n} \cdot \frac{3n-m}{3n} \cdot \frac{3n+m}{3n} \cdot \text{etc.},$$

quae expressio cum lemmate § 48 comparata dat $a = n - m$, $b = n$, $c = m$ et $k = 2n$, quibus substitutis oritur

$$\cos. A. \frac{m}{2n}\pi = \frac{\int z^{m-1}dz(1-z^{2n})^{-\frac{1}{2}}}{\int z^{m-1}dz(1-z^{2n})^{\frac{-n-m}{2n}}}.$$

Deinde § 45 vidimus esse

$$\cos. A. \frac{m}{2n}\pi = \frac{2n-2m}{2n-m} \cdot \frac{2n+2m}{2n+m} \cdot \frac{4n-2m}{4n-m} \cdot \frac{4n+2m}{4n+m} \cdot \text{etc.},$$

qua expressione cum lemmate comparata reperietur $a = 2n - 2m$, $b = 2n - m$, $c = 3m$ et $k = 2n$, unde erit

$$\cos. A. \frac{m}{2n}\pi = \frac{\int z^{3m-1}dz(1-z^{2n})^{-\frac{m}{2n}}}{\int z^{3m-1}dz(1-z^{2n})^{-\frac{m}{n}}},$$

si post integrationem ponatur $z = 1$. Q. E. I.

COROLLARIUM 1

57. Hinc iterum sinus anguli $\frac{m}{2n}\pi$ exprimi potest ponendo $n - m$ loco m; prior quidem expressio dat eam ipsam, quam iam invenimus, at ex posteriori nascitur

$$\sin. A. \frac{m}{2n}\pi = \frac{\int z^{3n-3m-1}dz(1-z^{2n})^{\frac{-n+m}{2n}}}{\int z^{3n-3m-1}dz(1-z^{2n})^{\frac{-n+m}{n}}}.$$

COROLLARIUM 2

58. Quemadmodum tres expressiones pro sinu habemus, ita ad duas expressiones pro cosinu inventas tertia accedet ex secunda expressione sinus [§ 49], quae dabit

$$2\cos. A. \frac{m}{2n}\pi = \frac{\int z^{m-1}dz(1-z^{2n})^{\frac{-2n+m}{2n}}}{\int z^{m-1}dz(1-z^{2n})^{\frac{-m}{n}}}.$$

COROLLARIUM 3

59. Hinc igitur innumerabilia paria formularum integralium casu, quo $z = 1$, inter se comparari poterunt haeque comparationes pendebunt a multisectione anguli.

PROBLEMA 10

60. *Invenire expressiones integrales, quae casu $z = 1$ tangentem anguli $\frac{m}{2n}\pi$ exhibeant.*

SOLUTIO

Cum tangens anguli sit quotus ex divisione sinus per cosinum ortus, erit ex § 43 et 44

$$\tan g. A. \frac{m}{2n}\pi = \frac{m}{n-m}\cdot\frac{2n-m}{n+m}\cdot\frac{2n+m}{3n-m}\cdot\frac{4n-m}{3n+m}\cdot \text{etc.};$$

comparetur haec expressio cum lemmate § 48 eritque $a = m$, $b = n - m$, $c = n$ et $k = 2n$, unde orietur

$$\text{tang. A.}\;\frac{m}{2n}\,\pi = \frac{\int z^{n-1}\,dz\,(1-z^{2n})^{\frac{-n-m}{2n}}}{\int z^{n-1}\,dz\,(1-z^{2n})^{\frac{m-2n}{2n}}}$$

posito post utramque integrationem $z = 1$. Deinde ex § 45 elicitur pro tangente ista expressio

$$\text{tang. A.}\;\frac{m}{2n}\,\pi = \frac{m}{n-m}\cdot\frac{2n-m}{n+m}\cdot\frac{2n+m}{3n-m}\cdot\frac{4n-m}{3n+m}\cdot\text{etc.},$$

ex qua eadem expressio integralis quae ante invenitur. Q. E. I.

COROLLARIUM 1

61. Ponamus $m = 2$ et $n = 3$; erit $\text{tang. A.}\,\dfrac{m}{2n}\,\pi = \sqrt{3}$ hincque

$$\sqrt{3}\int\frac{zz\,dz}{(1-z^6)^{\frac{2}{3}}} = \int\frac{zz\,dz}{(1-z^6)^{\frac{5}{6}}};$$

si ponamus $z^3 = v$, erit $zz\,dz = \dfrac{1}{3}\,dv$ ac proinde

$$\int\frac{dv\sqrt{3}}{(1-v^2)^{\frac{2}{3}}} = \int\frac{dv}{(1-v^2)^{\frac{5}{6}}}.$$

COROLLARIUM 2

62. Si generaliter ponamus $z^n = v$, habebitur

$$\text{tang. A.}\;\frac{m}{2n}\,\pi = \frac{\int dv\,(1-vv)^{\frac{-n-m}{2n}}}{\int dv\,(1-vv)^{\frac{m-2n}{2n}}}$$

sive

$$\text{tang. A.}\;\frac{m}{2n}\,\pi\cdot\int\frac{dv}{(1-vv)^{\frac{2n-m}{2n}}} = \int\frac{dv}{(1-vv)^{\frac{n+m}{2n}}}.$$

COROLLARIUM 3

63. Sit $m = 1$, $n = 2$; erit $\text{tang. A.}\,\dfrac{m}{2n}\,\pi = 1$ hincque

$$\int\frac{dv}{(1-vv)^{\frac{3}{4}}} = \int\frac{dv}{(1-vv)^{\frac{3}{4}}},$$

quae aequatio identica inservit veritati calculi comprobandae.

SCHOLION

64. Plures huius generis comparationes institui poterunt, si in subsidium vocentur theoremata circa comparationes formularum integralium alibi a me demonstrata (Tom. Comment. XI)[1], unde quaedam instar lemmatum depromam.

LEMMA 5

65. *Si post integrationes ubique ponatur* $z = 1$, *erit*

$$\int \frac{z^{a-1}dz}{(1-z^b)^{1-c}} \cdot \int \frac{z^{a+bc-1}dz}{(1-z^b)^{1-\gamma}} = \int \frac{z^{a-1}dz}{(1-z^b)^{1-\gamma}} \cdot \int \frac{z^{a+b\gamma-1}dz}{(1-z^b)^{1-c}}.$$

LEMMA 6

66. *Si post integrationes ponatur* $z = 1$, *erit*

$$\frac{b+1}{c+1} = \frac{\int z^{b(\frac{1}{2}-k)-1}dz(1-z^b)^c \cdot \int z^{b(\frac{3}{2}+c-k)-1}dz(1-z^b)^{-\frac{1}{2}+k}}{\int z^{b(\frac{1}{2}-k)-1}dz(1-z^b)^b \cdot \int z^{b(\frac{3}{2}+b+k)-1}dz(1-z^b)^{-\frac{1}{2}-k}}.$$

LEMMA 7

67. *Si post integrationes ponatur* $z = 1$, *erit*

$$\frac{c}{a} = \frac{\int z^{a-1}dz(1-z^b)^{-\frac{1}{2}+k} \cdot \int z^{a+(\frac{1}{2}+k)b-1}dz(1-z^b)^{-\frac{1}{2}-k}}{\int z^{c-1}dz(1-z^b)^{-\frac{1}{2}-k} \cdot \int z^{c+(\frac{1}{2}-k)b-1}dz(1-z^b)^{-\frac{1}{2}+k}}.$$

LEMMA 8

68. *Si post integrationes ponatur* $z = 1$, *erit*

$$\frac{(a+1)(a-k+1)}{(c+1)(c+k+1)} = \frac{\int z^{b(1+k)-1}dz(1-z^b)^c \cdot \int z^{b(1-k)-1}dz(1-z^b)^{c+k}}{\int z^{b(1-k)-1}dz(1-z^b)^a \cdot \int z^{b(1+k)-1}dz(1-z^b)^{a-k}}.$$

---

1) Editio princeps: *Tom. Comment.* X. Dissertatio autem commemorata est L. EULERI Commentatio 122. Vide notam 2 p. 21.   A. G.

THEOREMA 3

69. *Si post integrationes ponatur* $z = 1$, *erit*

$$\cos. \mathrm{A}. \frac{m}{2n}\pi = \frac{\displaystyle\int \frac{z^{m-1}dz}{(1-z^{2n})^{\frac{1}{2}}} \cdot \int \frac{z^{n-1}dz}{(1-z^{2n})^{1-c}}}{\displaystyle\int \frac{z^{m-1}dz}{(1-z^{2n})^{1-c}} \cdot \int \frac{z^{m+2nc-1}dz}{(1-z^{2n})^{\frac{n+m}{2n}}}}.$$

DEMONSTRATIO

Si enim in Lemmate 5 ponamus $a = m$, $b = 2n$ et $\gamma = \frac{n-m}{2n}$, fit

$$\int \frac{z^{a-1}dz}{(1-z^{b})^{1-\gamma}} = \int \frac{z^{m-1}dz}{(1-z^{2n})^{\frac{n+m}{2n}}}.$$

At per § 56 est

$$\int \frac{z^{m-1}dz}{(1-z^{2n})^{\frac{n+m}{2n}}} = \frac{1}{\cos. \mathrm{A}. \frac{m}{2n}\pi} \int \frac{z^{m-1}dz}{(1-z^{2n})^{\frac{1}{2}}},$$

qui valor in lemmate substitutus dabit aequalitatem, quam demonstrari oportebat.

COROLLARIUM 1

70. Inest in hac aequalitate exponens indefinitus c, quem pro arbitrio determinare licet; sit igitur $c = \frac{1}{2}$, et quia numerator et denominator factorem habent communem, erit

$$\cos. \mathrm{A}. \frac{m}{2n}\pi \cdot \int \frac{z^{n+m-1}dz}{(1-z^{2n})^{\frac{n+m}{2n}}} = \int \frac{z^{n-1}dz}{\sqrt{(1-z^{2n})}}.$$

COROLLARIUM 2

71. Si in formula $\int \frac{z^{n-1}dz}{\sqrt{(1-z^{2n})}}$ ponamus $z^{n} = v$, abit ea in $\frac{1}{n}\int \frac{dv}{\sqrt{(1-vv)}}$, cuius integrale posito $z = 1$ seu $v = 1$ erit $\frac{\pi}{2n}$. Hanc ob rem erit

$$\int \frac{z^{n+m-1}dz}{(1-z^{2n})^{\frac{n+m}{2n}}} = \frac{\pi}{2n \cos. \mathrm{A}. \frac{m}{2n}\pi}$$

posito $z = 1$.

COROLLARIUM 3

72. Si ponamus $z = \dfrac{u}{(1+u^{2n})^{\frac{1}{2n}}}$, ut loco variabilis z introducamus u, erit $z = 0$, si $u = 0$, at fit $z = 1$, si $u = \infty$. Quamobrem facta substitutione erit

$$\int \frac{u^{n+m-1} du}{1+u^{2n}} = \frac{\pi}{2n \cos. \mathrm{A}. \frac{m}{2n}\pi}$$

posito post integrationem $u = \infty$.

COROLLARIUM 4

73. Si in § 29 loco n ponamus $2n$, erit

$$\frac{\pi}{2n \sin. \mathrm{A}. \frac{m}{2n}\pi} = \int \frac{z^{m-1} + z^{2n-m-1}}{1+z^{2n}} dz,$$

si post integrationem fiat $z = 1$. Quodsi ergo pro m scribatur $n - m$, fiet

$$\frac{\pi}{2n \cos. \mathrm{A}. \frac{m}{2n}\pi} = \int \frac{z^{n-m-1} + z^{n+m-1}}{1+z^{2n}} dz$$

posito post integrationem $z = 1$, quod ergo integrale aequatur huic $\int \frac{u^{n+m-1} du}{1+u^{2n}}$, si ponatur $u = \infty$.

THEOREMA 4

74. *Si post integrationes ponatur $z = 1$, erit*

$$2 \cos. \mathrm{A}. \frac{m}{2n}\pi \cdot \int \frac{z^{2m-1} dz}{(1-z^{2n})^{\frac{m}{n}}} = \int \frac{z^{2n-m-1} dz}{(1-z^{2n})^{\frac{2n-m}{2n}}}.$$

DEMONSTRATIO

In § 58 nacti sumus hanc cosinus expressionem

$$2 \cos. \mathrm{A}. \frac{m}{2n}\pi = \frac{\int z^{m-1} dz (1-z^{2n})^{\frac{-2n+m}{2n}}}{\int z^{m-1} dz (1-z^{2n})^{-\frac{m}{n}}}.$$

Si iam in Lemmate 5 faciamus $a = m$, $b = 2n$, $c = \frac{m}{2n}$ et $\gamma = \frac{n-m}{n}$, duae lemmatis formulae integrales in has, quae $2\cos.\mathrm{A}.\frac{m}{2n}\pi$ exprimunt, transmutantur; quarum loco si scribatur $2\cos.\mathrm{A}.\frac{m}{2n}\pi$, prodibit

$$2\cos.\mathrm{A}.\frac{m}{2n}\pi \cdot \int \frac{z^{2m-1}dz}{(1-z^{2n})^{\frac{m}{n}}} = \int \frac{z^{2n-m-1}dz}{(1-z^{2n})^{\frac{2n-m}{2n}}}.$$

Q. E. D.

COROLLARIUM 1

75. Si hinc in Lemmate 6 ponatur $b = 2n$, $c = \frac{-m}{n}$ et $k = \frac{n-2m}{2n}$, formula $\int z^{b(\frac{1}{2}-k)-1}dz(1-z^b)^c$ abit in hanc $\int \frac{z^{2m-1}dz}{(1-z^{2n})^{\frac{m}{n}}}$, cuius loco si scribamus

$$\frac{1}{2\cos.\mathrm{A}.\frac{m}{2n}\pi} \int \frac{z^{2n-m-1}dz}{(1-z^{2n})^{\frac{2n-m}{2n}}}$$

faciamusque $b = 0$, obtinebimus hanc reductionem

$$2\cos.\mathrm{A}.\frac{m}{2n}\pi = \frac{\displaystyle\int \frac{z^{2n-m-1}dz}{(1-z^{2n})^{\frac{2n-m}{2n}}}}{\displaystyle\int \frac{z^{2n-2m-1}dz}{(1-z^{2n})^{\frac{n-m}{n}}}} \quad \text{seu} \quad \int \frac{z^{2m-1}dz}{(1-z^{2n})^{\frac{m}{n}}} = \int \frac{z^{2n-2m-1}dz}{(1-z^{2n})^{\frac{n-m}{n}}}.$$

COROLLARIUM 2

76. Si ponamus $m = 2$ et $n = 3$, erit $\cos.\mathrm{A}.\frac{m}{2n}\pi = \frac{1}{2}$, unde aequatio theorematis dabit

$$\int \frac{z^3 dz}{(1-z^6)^{\frac{2}{3}}} = \int \frac{z^3 dz}{(1-z^6)^{\frac{2}{3}}},$$

at aequatio corollarii praecedentis dabit

$$\int \frac{z\, dz}{(1-z^6)^{\frac{1}{3}}} = \int \frac{z^3 dz}{(1-z^6)^{\frac{2}{3}}}.$$

seu posito z loco zz hanc

$$\int \frac{dz}{(1-z^3)^{\frac{1}{3}}} = \int \frac{z\,dz}{(1-z^3)^{\frac{2}{3}}}$$

posito $z = 1$.

COROLLARIUM 3

77. Sit $m = 1$ et $n = 2$; fiet $\cos. A. \dfrac{m}{2n}\pi = \dfrac{1}{\sqrt{2}}$ ideoque

$$\int \frac{z\,dz\sqrt{2}}{(1-z^4)^{\frac{1}{2}}} = \int \frac{zz\,dz}{(1-z^4)^{\frac{3}{4}}} = \frac{\pi}{2\sqrt{2}}$$

ob $\int \dfrac{z\,dz}{\sqrt{(1-z^4)}} = \dfrac{\pi}{4}$. Ex Corollario 1 vero erit

$$\int \frac{z\,dz\sqrt{2}}{(1-z^4)^{\frac{1}{2}}} = \int \frac{zz\,dz}{(1-z^4)^{\frac{3}{4}}},$$

quae est eadem aequalitas.

THEOREMA 5

78. *Si post integrationes ponatur $z = 1$, erit*

$$\tan. A.\frac{m}{2n}\pi \cdot \int \frac{z^{n-1}dz}{(1-z^{2n})^{\frac{2n-m}{2n}}} \cdot \int \frac{z^{2n-m-1}dz}{(1-z^{2n})^{1-\gamma}} = \int \frac{z^{n-1}dz}{(1-z^{2n})^{1-\gamma}} \cdot \int \frac{z^{n+2n\gamma-1}dz}{(1-z^{2n})^{\frac{n+m}{2n}}}.$$

DEMONSTRATIO

In § 60 invenimus esse

$$\int \frac{z^{n-1}dz}{(1-z^{2n})^{\frac{n+m}{2n}}} = \tan. A.\frac{m}{2n}\pi \cdot \int \frac{z^{n-1}dz}{(1-z^{2n})^{\frac{2n-m}{2n}}}.$$

Fiat iam in Lemmate 5 $\quad a = n, \quad b = 2n$ et $c = \dfrac{n-m}{2n}$ atque facta substitutione erit

$$\tan. A.\frac{m}{2n}\pi \cdot \int \frac{z^{n-1}dz}{(1-z^{2n})^{\frac{2n-m}{2n}}} \cdot \int \frac{z^{2n-m-1}dz}{(1-z^{2n})^{1-\gamma}} = \int \frac{z^{n-1}dz}{(1-z^{2n})^{1-\gamma}} \cdot \int \frac{z^{n+2n\gamma-1}dz}{(1-z^{2n})^{\frac{n+m}{2n}}}.$$

Q. E. D.

COROLLARIUM 1

79. Si ponatur $\gamma = 1$, ob duo membra integrabilia fiet

$$\frac{n}{2n-m} \operatorname{tang.} \mathrm{A.} \frac{m}{2n} \pi \cdot \int \frac{z^{n-1}dz}{(1-z^{2n})^{\frac{2n-m}{2n}}} = \int \frac{z^{3n-1}dz}{(1-z^{2n})^{\frac{n+m}{2n}}} = \frac{n}{2n-m} \int \frac{z^{n-1}dz}{(1-z^{2n})^{\frac{n+m}{2n}}};$$

hanc ob rem erit

$$\operatorname{tang.} \mathrm{A.} \frac{m}{2n} \pi \cdot \int \frac{z^{n-1}dz}{(1-z^{2n})^{\frac{2n-m}{2n}}} = \int \frac{z^{n-1}dz}{(1-z^{2n})^{\frac{n+m}{2n}}},$$

quae est ipsa in § 60 inventa.

COROLLARIUM 2

80. Sit $\gamma = \frac{m}{2n}$; erit

$$\operatorname{tang.} \mathrm{A.} \frac{m}{2n} \pi \cdot \int \frac{z^{2n-m-1}dz}{(1-z^{2n})^{\frac{2n-m}{2n}}} = \int \frac{z^{n+m-1}dz}{(1-z^{2n})^{\frac{n+m}{2n}}},$$

ac si ponatur $\gamma = \frac{1}{2}$, ingredietur quadratura circuli eritque

$$\int \frac{z^{2n-m-1}dz}{\sqrt{(1-z^{2n})}} \cdot \int \frac{z^{n-1}dz}{(1-z^{2n})^{\frac{2n-m}{2n}}} = \frac{\pi}{2n \operatorname{tang.} \mathrm{A.} \frac{m}{2n} \pi} \cdot \int \frac{z^{2n-1}dz}{(1-z^{2n})^{\frac{n+m}{2n}}} = \frac{\pi}{2n(n-m) \operatorname{tang.} \mathrm{A.} \frac{m}{2n} \pi}$$

seu

$$\frac{\pi \operatorname{tang.} \mathrm{A.} \frac{m}{2n} \pi}{2mn} = \int \frac{z^{n-1}dz}{(1-z^{2n})^{\frac{n+m}{2n}}} \cdot \int \frac{z^{n+m-1}dz}{\sqrt{(1-z^{2n})}}.$$

COROLLARIUM 3

81. Cum igitur sit

$$\frac{\pi}{2mn} \operatorname{tang.} \mathrm{A.} \frac{m}{2n} \pi = \int \frac{z^{n-1}dz}{(1-z^{2n})^{\frac{n+m}{2n}}} \cdot \int \frac{z^{n+m-1}dz}{\sqrt{(1-z^{2n})}}$$

atque ex § 60 sit

$$\int \frac{z^{n-1}dz}{(1-z^{2n})^{\frac{n+m}{2n}}} = \operatorname{tang.} \mathrm{A.} \frac{m}{2n} \pi \cdot \int \frac{z^{n-1}dz}{(1-z^{2n})^{\frac{2n-m}{2n}}},$$

erit

$$\frac{\pi}{2mn} = \int \frac{z^{n-1}\,dz}{(1-z^{2n})^{\frac{2n-m}{2n}}} \cdot \int \frac{z^{n+m-1}\,dz}{\sqrt{(1-z^{2n})}}.$$

Productum ergo harum duarum formularum integralium casu, quo $z = 1$, per peripheriam circuli exhiberi potest.

COROLLARIUM 4

82. Sit $m = 1$ et $n = 1$; erit ex corollario praecedente

$$\frac{\pi}{2} = \int \frac{dz}{\sqrt{(1-zz)}} \cdot \int \frac{z\,dz}{\sqrt{(1-zz)}} = \frac{\pi}{2}\left(1 - \sqrt{(1-zz)}\right),$$

quo casu, si fiat $z = 1$, aequalitas sponte perspicitur.

COROLLARIUM 5

83. Sit $m = 1$ et $n = 2$; erit $\tang.A.\frac{m}{2n}\pi = 1$, hinc ex Corollario 2 erit

$$\frac{\pi}{4} = \int \frac{z\,dz}{(1-z^4)^{\frac{3}{4}}} \cdot \int \frac{zz\,dz}{\sqrt{(1-z^4)}},$$

ex tertio autem oritur

$$\frac{\pi}{4} = \int \frac{z\,dz}{(1-z^4)^{\frac{3}{4}}} \cdot \int \frac{zz\,dz}{\sqrt{(1-z^4)}},$$

quae duae aequationes inter se congruunt.

COROLLARIUM 6

84. Sit $m = 2$ et $n = 3$; erit $\tang.A.\frac{m}{2n}\pi = \sqrt{3}$, hinc ex Corollario 2 oritur

$$\frac{\pi}{4\sqrt{3}} = \int \frac{zz\,dz}{(1-z^6)^{\frac{5}{6}}} \cdot \int \frac{z^4\,dz}{\sqrt{(1-z^6)}},$$

ex tertio vero nascitur haec aequatio

$$\frac{\pi}{12} = \int \frac{zz\,dz}{(1-z^6)^{\frac{2}{3}}} \cdot \int \frac{z^4\,dz}{\sqrt{(1-z^6)}}.$$

SCHOLION

85. Huiusmodi theorematum ex formulis integralibus pro sinu, cosinu et tangente inventis ope Lemmatum 5, 6, 7 et 8 tanta multitudo deduci potest, ut iis capiendis integrum volumen non sufficeret. Aperto autem fonte quilibet, quantum libuerit, inde haurire poterit. Complures quidem occurrunt casus, uti vidimus, quibus vel ad aequationes identicas vel eiusmodi, quae facile eo reducuntur, pervenitur hique casus veritatem reliquorum theorematum eo magis confirmant, in quibus ratio aequalitatis non perspicitur. Sic in aequatione § 80 si ponatur $m = 0$ et $n = 1$, fiet $\mathrm{tang.\,A.}\frac{m}{2n}\pi = \frac{m}{2n}\pi$, eo quod tangens arcus evanescentis ipsi arcui aequatur; hinc igitur fiet

$$\frac{\pi\,\pi}{4} = \int \frac{dz}{\sqrt{(1 - zz)}} \cdot \int \frac{dz}{\sqrt{(1 - zz)}},$$

cuius veritas, cum sit $\int \frac{dz}{\sqrt{(1 - zz)}} = \frac{\pi}{2}$ casu, quo $z = 1$, sponte apparet. Ceterum huiusmodi formularum integralium, quae neque integrari neque ad se mutuo reduci possunt, comparationes eo magis sunt notatu dignae, quo minus via ad eas comprobandas patere videatur. Sic primum huius generis theorema, ad quod iam pridem fui deductus[1], simplicitate se commendabat, quo inveni esse productum harum duarum formularum integralium

$$\int \frac{dz}{\sqrt{(1 - z^4)}} \quad \text{et} \quad \int \frac{z^2\,dz}{\sqrt{(1 - z^4)}},$$

quarum altera arcum, altera ordinatam in curva elastica exprimit, casu $z = 1$ aequale areae circuli, cuius diameter sit $= 1$.

---

1) Vide notam p. 21; vide etiam litteram L. EULERI ad IOH. BERNOULLI, 20. Dec. 1738, Biblioth. Mathem. 5_3, 1904, p. 285, imprimis p. 291; *LEONHARDI EULERI Opera omnia*, series III.

A. G.

DE INVENTIONE INTEGRALIUM SI POST INTEGRATIONEM VARIABILI QUANTITATI DETERMINATUS VALOR TRIBUATUR

Commentatio 60 indicis ENESTROEMIANI
Miscellanea Berolinensia 7, 1743, p. 129—171

LEMMA 1

1. *Invenire summam seriei recurrentis*

$$A + B + C + D + \cdots + P,$$

in qua quilibet terminus ex duobus praecedentibus ita formatur, ut sit

$$C = mB + nA, \quad D = mC + nB \quad etc.$$

SOLUTIO

Quo solutio latius pateat, multiplicemus singulos terminos per terminos progressionis geometricae, ut habeamus hanc seriem

$$\overset{1}{Ax^\alpha} + \overset{2}{Bx^{\alpha+\beta}} + \overset{3}{Cx^{\alpha+2\beta}} + \overset{4}{Dx^{\alpha+3\beta}} + \cdots + \overset{p}{Px^{\alpha+(p-1)\beta}}.$$

Ponamus huius seriei summam $= S$, ut sit

$$S = Ax^\alpha + Bx^{\alpha+\beta} + Cx^{\alpha+2\beta} + \cdots + Px^{\alpha+(p-1)\beta}.$$

Hinc lege progressionis in computum ducta erit

$$mSx^\beta = mAx^{\alpha+\beta} + mBx^{\alpha+2\beta} + \cdots + mOx^{\alpha+(p-1)\beta} + mPx^{\alpha+p\beta},$$

$$nSx^{2\beta} = \qquad\qquad nAx^{\alpha+2\beta} + \cdots + nNx^{\alpha+(p-1)\beta} + nOx^{\alpha+p\beta} + nPx^{\alpha+(p+1)\beta};$$

subtrahantur hae duae series coniunctim a superiori atque ob

$$C = mB + nA, \quad D = mC + nB, \quad \cdots P = mO + nN$$

habebitur

$$S(1 - mx^\beta - nx^{2\beta})$$

$$= Ax^\alpha + Bx^{\alpha+\beta} - mAx^{\alpha+\beta} - mPx^{\alpha+p\beta} - nOx^{\alpha+p\beta} - nPx^{\alpha+(p+1)\beta}.$$

Sit in serie proposita $A + B + C + D + \cdots + P$ terminus ultimum P sequens $= Q$; erit $Q = mP + nO$, quo introducto fiet

$$S = \frac{Ax^\alpha + Bx^{\alpha+\beta} - mAx^{\alpha+\beta} - Qx^{\alpha+p\beta} - nPx^{\alpha+(p+1)\beta}}{1 - mx^\beta - nx^{2\beta}}.$$

Vel si in serie $A + B + C + \cdots + P$ vocetur terminus primum A antecedens $= \Delta$, propter $B = mA + n\Delta$ fiet summa quaesita

$$S = \frac{Ax^\alpha + n\Delta x^{\alpha+\beta} - Qx^{\alpha+p\beta} - nPx^{\alpha+(p+1)\beta}}{1 - mx^\beta - nx^{2\beta}}.$$

Facto iam $x = 1$ erit seriei propositae $A + B + C + \cdots + P$ summa

$$= \frac{A + n\Delta - Q - nP}{1 - m - n}.$$

Q. E. I.

LEMMA 2

2. *Existente $A + B + C + D + \cdots + P$ serie recurrente, in qua sit*

$$C = mB + nA, \quad D = mC + nB \quad etc.,$$

invenire summam huius seriei

$$\alpha A + (\alpha + \beta)B + (\alpha + 2\beta)C + \cdots + (\alpha + (p-1)\beta)P.$$

SOLUTIO

Consideremus seriem latius patentem hanc

$$S = Ax^\alpha + Bx^{\alpha+\beta} + Cx^{\alpha+2\beta} + \cdots + Px^{\alpha+(p-1)\beta},$$

cuius summam ante invenimus esse

$$S = \frac{Ax^\alpha + n\varDelta x^{\alpha+\beta} - Qx^{\alpha+p\beta} - nPx^{\alpha+(p+1)\beta}}{1 - mx^\beta - nx^{2\beta}}$$

denotante $\varDelta$ terminum primum A antecedentem ac Q terminum ultimum P sequentem in serie $A + B + C + D + \cdots + P$.

Quodsi iam posito x variabili differentietur series, cuius summam posuimus $= S$, erit

$$\frac{dS}{dx} = \alpha A x^{\alpha-1} + (\alpha + \beta) B x^{\alpha+\beta-1} + \cdots + (\alpha + (p-1)\beta) P x^{\alpha+(p-1)\beta-1},$$

at ex valore summae S ante invento erit

$$\frac{dS}{dx} = \frac{\left\{\begin{array}{c} \alpha A x^{\alpha-1} + m(\beta - \alpha)Ax^{\alpha+\beta-1} + n(2\beta - \alpha)Ax^{\alpha+2\beta-1} \\ + n(\beta + \alpha)\varDelta \quad - \quad mn\alpha\varDelta \quad + nn(\beta - \alpha)\varDelta x^{\alpha+3\beta-1} \\ - (\alpha + p\beta)Qx^{\alpha+p\beta-1} + m(\alpha + (p-1)\beta)Qx^{\alpha+(p+1)\beta-1} + n(\alpha + (p-2)\beta)Qx^{\alpha+(p+2)\beta-1} \\ - n(\alpha + (p+1)\beta)P \quad + \quad mn(\alpha + p\beta)P \\ + nn(\alpha + (p-1)\beta)Px^{\alpha+(p+3)\beta-1} \end{array}\right\}}{(1 - mx^\beta - nx^{2\beta})^2}$$

Ponatur iam $x = 1$ eritque seriei propositae

$$\alpha A + (\alpha + \beta)B + (\alpha + 2\beta)C + \cdots + (\alpha + (p-1)\beta)P$$

summa

$$= \frac{\left\{\begin{array}{c} (1 - m - n)\alpha A + (m + 2n)\beta A + n(1 - m - n)\alpha\varDelta + n(1 + n)\beta\varDelta \\ - (1 - m - n)\alpha Q - p(1 - m - n)\beta Q - (m + 2n)\beta Q - n(1 - m - n)\alpha P \\ - np(1 - m - n)\beta P - n(1 + n)\beta P \end{array}\right\}}{(1 - m - n)^2}.$$

Vel haec summa est

$$\frac{\alpha A + n\alpha\varDelta - (\alpha + p\beta)Q - n(\alpha + p\beta)P}{1 - m - n}$$

$$+ \frac{(m + 2n)\beta A + n(1 + n)\beta\varDelta - (m + 2n)\beta Q - n(1 + n)\beta P}{(1 - m - n)^2}.$$

Q. E. I.

COROLLARIUM 1

3. Summa ergo huius seriei

$$A + 2B + 3C + 4D + \cdots + pP$$

erit

$$= \frac{A + n\varDelta - (1+p)Q - n(1+p)P}{1-m-n} + \frac{(m+2n)(A-Q) + n(1+n)(\varDelta - P)}{(1-m-n)^2}$$

existente $A + B + C + D + \cdots + P$ serie recurrente, cuius indices sint m et n.

COROLLARIUM 2

4. Simili modo huius seriei

$$A + 3B + 5C + 7D + \cdots + (2p-1)P$$

summa erit

$$= \frac{A + n\varDelta - (2p+1)Q - n(2p+1)P}{1-m-n} + \frac{2(m+2n)(A-Q) + 2n(1+n)(\varDelta - P)}{(1-m-n)^2}.$$

PROBLEMA 1

5. *Invenire summam sinuum quotcunque angulorum in progressione arithmetica progredientium.*

SOLUTIO

Teneant anguli, quorum sinuum summa quaeritur, hanc progressionem

$$\begin{array}{ccccc} 1 & 2 & 3 & 4 & p \\ s, & s+u, & s+2u, & s+3u, & \cdots \ s+(p-1)u; \end{array}$$

erit ergo series sinuum summanda haec

$$\sin. A. s + \sin. A. (s+u) + \sin. A. (s+2u) + \cdots + \sin. A. (s+(p-1)u).$$

Est vero haec progressio series recurrens, cuius indices sunt $2 \cos. A. u$, -1 sumta unitate pro sinu toto; unde erit $m = 2 \cos. A. u$ et $n = -1$ facta ad Lemma 1 applicatione. Porro erit $A = \sin. A. s$, $P = \sin. A. (s+(p-1)u)$,

$Q = \sin. A.(s + pu)$ et $\varDelta = \sin. A.(s - u)$.   Hinc erit summa seriei sinuum propositae

$$= \frac{\sin. A.\, s - \sin. A.(s - u) - \sin. A.(s + pu) + \sin. A.(s + (p - 1)u)}{2 - 2\cos. A.\, u}$$

$$= \sin. A.\, s + \sin. A.(s + u) + \sin. A.(s + 2u) + \cdots + \sin. A.(s + (p - 1)u).$$

Q. E. I.

COROLLARIUM 1

6. Quoniam est $\sin. A.(s - u) = \sin. A.\, s \cdot \cos. A.\, u - \cos. A.\, s \cdot \sin. A.\, u$, erit

$$\frac{\sin. A.\, s - \sin. A.(s - u)}{2 - 2\cos. A.\, u} = \frac{\sin. A.\, s}{2} + \frac{\cos. A.\, s \cdot \sin. A.\, u}{2(1 - \cos. A.\, u)} = \frac{\sin. A.\, s}{2} + \frac{\cos. A.\, s}{2\,\mathrm{tang}.A.\frac{1}{2}u}$$

ob

$$\frac{\sin. A.\, u}{1 - \cos. A.\, u} = \frac{1}{\mathrm{tang}. A.\frac{1}{2}u};$$

simili modo est

$$\sin. A.(s + (p - 1)u) = \sin. A.(s + pu) \cdot \cos. A.\, u - \cos. A.(s + pu) \cdot \sin. A.\, u$$

hincque

$$\frac{-\sin. A.(s + pu) + \sin. A.(s + (p-1)u)}{2(1 - \cos. A.\, u)} = \frac{-\sin. A.(s + pu)}{2} - \frac{\cos. A.(s + pu)}{2\,\mathrm{tang}. A.\frac{1}{2}u};$$

unde erit seriei propositae summa

$$= \frac{\sin. A.\, s - \sin. A.(s + pu)}{2} + \frac{\cos. A.\, s - \cos. A.(s + pu)}{2\,\mathrm{tang}. A.\frac{1}{2}u}.$$

COROLLARIUM 2

7. Quia porro est $\mathrm{tang}. A.\frac{1}{2}u = \frac{\sin. A.\frac{1}{2}u}{\cos. A.\frac{1}{2}u}$, erit seriei propositae summa

$$= \frac{\cos. A.(s - \frac{1}{2}u) - \cos. A.(s + pu - \frac{1}{2}u)}{2\sin. A.\frac{1}{2}u}.$$

In serie igitur arcuum a primo s subtrahatur dimidia differentia $\frac{1}{2}u$ eademque ad ultimum arcum addatur arcuumque resultantium cosinus huius subtrahatur a cosinu illius ac differentia per duplum sinum dimidiae differentiae divisa dabit summam omnium sinuum arcuum illorum arithmeticam progressionem constituentium.

COROLLARIUM 3

8. Si semicirculus, cuius radius $=1$, dividatur in partes quotcunque aequales numero n, erit posita semicircumferentia $=\pi$ differentia $=\frac{\pi}{n}$. Quodsi iam ex singulis divisionis punctis sinus ad diametrum ducantur, erit ob $s=\frac{\pi}{n}$, $u=\frac{\pi}{n}$ et $s+(p-1)u=\pi$ summa omnium horum sinuum

$$= \frac{\cos. \text{A.} \frac{\pi}{2n} - \cos. \text{A.} \left(\pi + \frac{\pi}{2n}\right)}{2 \sin. \text{A.} \frac{\pi}{2n}} = \cot. \text{A.} \frac{\pi}{2n}.$$

COROLLARIUM 4

9. Quodsi igitur semicirculus ADG (Fig. 1) in partes quotcunque aequales AB, BC, CD etc. dividatur atque ex singulis divisionum punctis B, C, D, E etc. ad diametrum AG demittantur normales Bb, Cc, Dd, Ee et Ff, summa harum rectarum iunctim sumtarum aequabitur cotangenti semissis unius partis, seu bisecta prima parte AB in M ductaque huius semissis AM tangente AT erit AT ad radium uti radius ad summam omnium sinuum $Bb + Cc + Dd + Ee + Ff$, quod est Theorema VIETAE.[1]

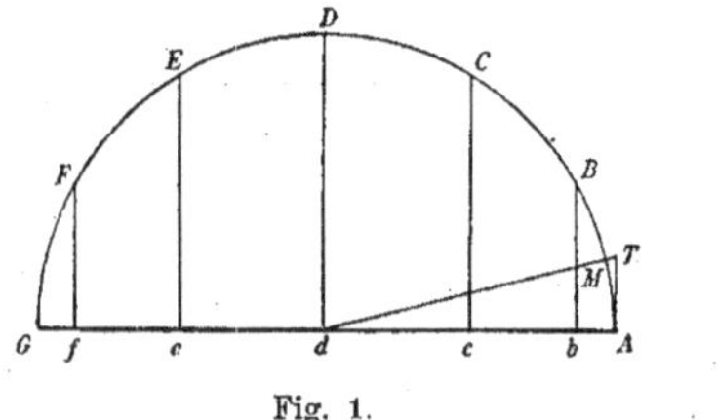 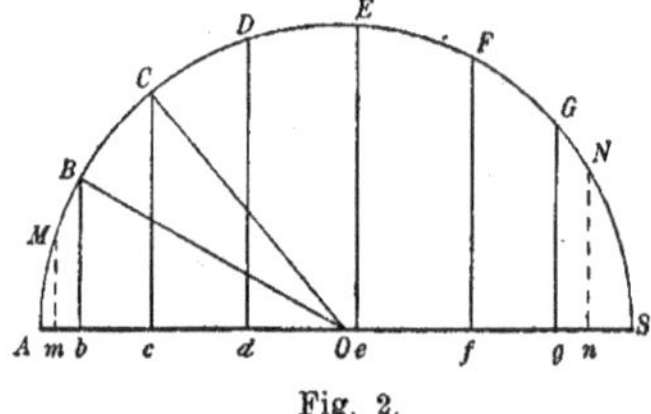

Fig. 1.   Fig. 2.

COROLLARIUM 5

10. Simili modo si arcus circuli quicunque BG (Fig. 2) secetur in partes quotcunque aequales BC, CD, DE etc. atque ex singulis istis punctis ad diametrum quampiam pro lubitu ductam AOS demittantur perpendicula Bb, Cc, Dd, $\cdots Gg$, haec perpendicula erunt sinus arcuum AB, AC, AD, $\cdots AG$

---

1) F. VIETA (1540—1603), *Ad angulares sectiones theoremata* καθολικώτερα *demonstrata per* A. ANDERSONUM. *Opera mathem. ed.* F. à. SCHOOTEN. Lugduni Batavorum 1646, p. 287, imprimis p. 300. De hoc loco interrogatus Celeb. ENESTROEM editoribus benigne scripsit: Ob der auf ARCHIMEDES zurückgehende Satz wirklich von VIETA und nicht von ANDERSON aufgestellt wurde, ist unbekannt.   A. G.

in arithmetica progressione progredientium existente $AB = s$, $BC = u$ et $AG = s + (p - 1)u$. Quare si utrinque ad arcum divisum BG addantur partes $BM = GN = \frac{1}{2} BC$ hincque demittantur perpendicula Mm et Nn, erit

$$Om = \cos. \text{A}. \left(s - \frac{1}{2}u\right) \quad \text{et} \quad On = - \cos. \text{A}. \left(s + \left(p - \frac{1}{2}\right)u\right).$$

Chorda autem BC erit $= 2 \sin. \text{A}. \frac{1}{2} u$. Ex his ergo reperitur omnium sinuum $Bb + Cc + Dd + Ee + Ff + Gg$ summa

$$= \frac{Om + On}{BC} = \frac{mn}{BC}$$

posito radio $OA = 1$. Hinc si super basi mn construatur triangulum isosceles simile triangulo BOC chordam BC pro basi et centrum O pro vertice habenti, tum unum crus istius trianguli aequale erit summae sinuum

$$Bb + Cc + Dd + Ee + Ff + Gg.$$

PROBLEMA 2

11. *Diviso semicirculo in partes quotcunque aequales AB, BC, CD etc. (Fig. 3) demissisque sinibus Bb, Cc, Dd, Ee etc. compleantur parallelogramma rectangula $b\alpha$, $c\beta$, $d\gamma$, $e\delta$, $f\varepsilon$, $g\zeta$, $h\eta$, $i\vartheta$, $K\iota$, quorum omnium iunctim sumtorum determinari summam oporteat.*

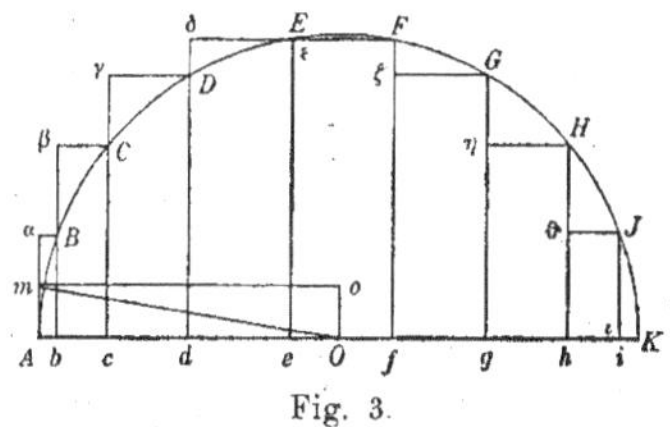

Fig. 3.

SOLUTIO

Posito radio $AO = 1$ et semicircumferentia $= \pi$ sit ea divisa in partes aequales numero n; erit unaquaeque partium $AB = BC = CD =$ etc. $= \frac{\pi}{n}$ hincque

$$Bb = \sin. \text{A}. \frac{\pi}{n}, \quad Cc = \sin. \text{A}. \frac{2\pi}{n}, \quad Dd = \sin. \text{A}. \frac{3\pi}{n} \quad \text{etc.}$$

usque ad ultimum divisionis punctum K, pro quo sinus erit $= \sin. A. \frac{n\pi}{n} = 0$.
Iam parallelogrammorum bases erunt, ut sequitur:

$$Ab = 1 - \cos. A. \frac{\pi}{n}, \qquad bc = \cos. A. \frac{\pi}{n} - \cos. A. \frac{2\pi}{n},$$

$$cd = \cos. A. \frac{2\pi}{n} - \cos. A. \frac{3\pi}{n}, \quad de = \cos. A. \frac{3\pi}{n} - \cos. A. \frac{4\pi}{n}$$

et ultima basis

$$iK = \cos. A. \frac{(n-1)\pi}{n} - \cos. A. \frac{n\pi}{n},$$

cui respondet altitudo $= 0$. Cum porro sit generaliter

$$\sin. A. \varphi \cdot \cos. A. \psi = \frac{\sin. A. (\varphi + \psi) + \sin. A. (\varphi - \psi)}{2},$$

areae parallelogrammorum nostrorum ita se habebunt:

$$b\alpha = \sin. A. \frac{\pi}{n} \left(1 - \cos. A. \frac{\pi}{n} \right) \qquad = \frac{1}{2} \sin. A. \frac{\pi}{n} + \frac{1}{2} \sin. A. \frac{\pi}{n} - \frac{1}{2} \sin. A. \frac{2\pi}{n},$$

$$c\beta = \sin. A. \frac{2\pi}{n} \left(\cos. A. \frac{\pi}{n} - \cos. A. \frac{2\pi}{n} \right) = \frac{1}{2} \sin. A. \frac{\pi}{n} + \frac{1}{2} \sin. A. \frac{3\pi}{n} - \frac{1}{2} \sin. A. \frac{4\pi}{n},$$

$$d\gamma = \sin. A. \frac{3\pi}{n} \left(\cos. A. \frac{2\pi}{n} - \cos. A. \frac{3\pi}{n} \right) = \frac{1}{2} \sin. A. \frac{\pi}{n} + \frac{1}{2} \sin. A. \frac{5\pi}{n} - \frac{1}{2} \sin. A. \frac{6\pi}{n},$$

$$\vdots$$

$$K\iota = \sin. A. \frac{n\pi}{n} \left(\cos. A. \frac{(n-1)\pi}{n} - \cos. A. \frac{n\pi}{n} \right)$$

$$= \frac{1}{2} \sin. A. \frac{\pi}{n} + \frac{1}{2} \sin. A. \frac{(2n-1)\pi}{n} - \frac{1}{2} \sin. A. \frac{2n\pi}{n}.$$

Tres igitur series habemus, quarum summas investigare debemus, ac primae
quidem, cuius omnes termini sunt $= \frac{1}{2} \sin. A. \frac{\pi}{n}$, summa erit $= \frac{n}{2} \sin. A. \frac{\pi}{n}$.
Secunda series duplicata est

$$\sin. A. \frac{\pi}{n} + \sin. A. \frac{3\pi}{n} + \sin. A. \frac{5\pi}{n} + \cdots + \sin. A. \frac{(2n-1)\pi}{n},$$

quae ad propositionem praecedentem accommodata dat

$$s = \frac{\pi}{n}, \quad u = \frac{2\pi}{n}, \quad s + (p-1)u = \frac{\pi}{n} + \frac{2(p-1)\pi}{n} = \frac{(2n-1)\pi}{n}.$$

Eius ergo summa erit

$$= \frac{\cos. A. \left(\frac{\pi}{n} - \frac{\pi}{n}\right) - \cos. A. \frac{2n\pi}{n}}{2 \sin. A. \frac{\pi}{n}} = 0.$$

Tertia series bis sumta est

$$\sin. A. \frac{2\pi}{n} + \sin. A. \frac{4\pi}{n} + \sin. A. \frac{6\pi}{n} + \cdots + \sin. A. \frac{2n\pi}{n},$$

quae ergo dat $s = \frac{2\pi}{n}$, $u = \frac{2\pi}{n}$, ex quo ipsius summa erit

$$= \frac{\cos. A. \frac{\pi}{n} - \cos. A. \frac{(2n+1)\pi}{n}}{2 \sin. A. \frac{\pi}{n}} = \frac{\cos. A. \frac{\pi}{n} - \cos. A. \frac{\pi}{n}}{2 \sin. A. \frac{\pi}{n}} = 0.$$

Cum igitur secundae et tertiae seriei summae evanescant, erit summa omnium rectangulorum quaesita

$$b\alpha + c\beta + d\gamma + e\delta + \cdots + K\iota = \frac{n}{2} \sin. A. \frac{\pi}{n}.$$

Q. E. I.

COROLLARIUM

12. Si ergo diametro AK ducatur parallela mo, quae tangentem $A\alpha$ bisecet in m, et ex centro O erigatur perpendicularis Oo, erit

$$Oo = Am = \frac{1}{2} Bb = \frac{1}{2} \sin. A. \frac{\pi}{n}$$

hincque area rectanguli $OomA$ ob radium $AO = 1$ erit $= \frac{1}{2} \sin. A. \frac{\pi}{n}$; hoc igitur rectangulum toties sumtum, quot sunt divisionis puncta seu quot numerus n continet unitates, dabit summam omnium rectangulorum

$$b\alpha + c\beta + d\gamma + \text{etc.}$$

PROBLEMA 3

13. *Si arcus circuli quicunque BH* (Fig. 4) *dividatur in partes quotcunque aequales BC, CD, DE etc. atque ex singulis divisionis punctis ad diametrum pro lubitu ductam demittantur perpendicula Bb, Cc, Dd etc. ac praeterea ex his parallelogramma compleantur cβ, dγ, eδ, fε, gζ, hη, invenire aream omnium horum parallelogrammorum iunctim sumtorum.*

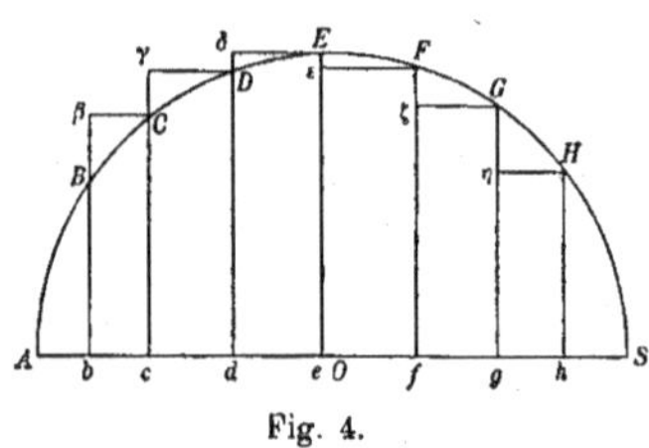

Fig. 4.

SOLUTIO

Sit arcus divisus $BH = q$, numerus divisionum $= n$, ita ut quaelibet pars $BC = CD = DE$ etc. futura sit $= \frac{q}{n}$. Sit praeterea arcus $AB = a$; erit

$$Bb = \sin.\mathrm{A}.\,a, \quad Cc = \sin.\mathrm{A}.\left(a + \frac{q}{n}\right), \quad Dd = \sin.\mathrm{A}.\left(a + \frac{2q}{n}\right) \text{ etc.},$$

ultima vero

$$Hh = \sin.\mathrm{A}.\left(a + \frac{nq}{n}\right) = \sin.\mathrm{A}.(a + q).$$

Ex his rectangula proposita ita se habebunt:

$$c\beta = \sin.\mathrm{A}.\left(a + \frac{q}{n}\right)\left(\cos.\mathrm{A}.\,a - \cos.\mathrm{A}.\left(a + \frac{q}{n}\right)\right)$$

$$= \frac{1}{2}\sin.\mathrm{A}.\frac{q}{n} + \frac{1}{2}\sin.\mathrm{A}.\left(2a + \frac{q}{n}\right) - \frac{1}{2}\sin.\mathrm{A}.\left(2a + \frac{2q}{n}\right),$$

$$d\gamma = \sin.\mathrm{A}.\left(a + \frac{2q}{n}\right)\left(\cos.\mathrm{A}.\left(a + \frac{q}{n}\right) - \cos.\mathrm{A}.\left(a + \frac{2q}{n}\right)\right)$$

$$= \frac{1}{2}\sin.\mathrm{A}.\frac{q}{n} + \frac{1}{2}\sin.\mathrm{A}.\left(2a + \frac{3q}{n}\right) - \frac{1}{2}\sin.\mathrm{A}.\left(2a + \frac{4q}{n}\right),$$

$$e\delta = \sin. A.\left(a + \frac{3q}{n}\right)\left(\cos. A.\left(a + \frac{2q}{n}\right) - \cos. A.\left(a + \frac{3q}{n}\right)\right)$$

$$= \frac{1}{2}\sin. A.\frac{q}{n} + \frac{1}{2}\sin. A.\left(2a + \frac{5q}{n}\right) - \frac{1}{2}\sin. A.\left(2a + \frac{6q}{n}\right),$$

$$\vdots$$

$$h\eta = \sin. A.(a + q)\left(\cos. A.\left(a + \frac{(n-1)q}{n}\right) - \cos. A.(a + q)\right)$$

$$= \frac{1}{2}\sin. A.\frac{q}{n} + \frac{1}{2}\sin. A.\left(2a + \frac{(2n-1)q}{n}\right) - \frac{1}{2}\sin. A.(2a + 2q).$$

Iterum igitur tres series summari oportet, quarum primae summam patet esse $= \frac{n}{2}\sin. A.\frac{q}{n}\cdot$ Secundae ad hanc addendae summa per Propositionem 1 est

$$= \frac{\cos. A.\,2a - \cos. A.\,(2a + 2q)}{4\sin. A.\frac{q}{n}};$$

tertiae subtrahendae summa est

$$= \frac{\cos. A.\left(2a + \frac{q}{n}\right) - \cos. A.\left(2a + 2q + \frac{q}{n}\right)}{4\sin. A.\frac{q}{n}}.$$

Omnium ergo rectangulorum propositorum summa erit

$$= \frac{n}{2}\sin. A.\frac{q}{n} + \frac{\cos. A.\,2a - \cos. A.\left(2a + \frac{q}{n}\right) - \cos. A.(2a + 2q) + \cos. A.\left(2a + 2q + \frac{q}{n}\right)}{4\sin. A.\frac{q}{n}}$$

$$= \frac{n}{2}\sin. A.\frac{q}{n} + \frac{\sin. A.\frac{q}{2n}\left(\sin. A.\left(2a + \frac{q}{2n}\right) - \sin. A.\left(2a + 2q + \frac{q}{2n}\right)\right)}{2\sin. A.\frac{q}{n}}$$

$$= \frac{n}{2}\sin. A.\frac{q}{n} + \frac{\sin. A.\,q\left(\sin. A.(2a + q) - \sin. A.\left(2a + q + \frac{q}{n}\right)\right)}{2\sin. A.\frac{q}{n}},$$

quae reductiones eo nituntur fundamento, quo differentia cosinuum duorum angulorum aequalis est duplo producto ex sinu semisummae in sinum semidifferentiae eorundem angulorum.   Q. E. I.

COROLLARIUM 1

14. Si diameter AS ab utroque arcus divisi BH termino aequaliter distet, ut sit $AB = SH = a$, erit $2a + q =$ semicircumferentiae π hincque

$$\sin. A. (2a + q) = 0 \quad \text{et} \quad \sin. A. \left(2a + q + \frac{q}{n}\right) = - \sin. A. \frac{q}{n}.$$

Hoc ergo casu summa omnium rectangulorum erit

$$= \frac{n}{2} \sin. A. \frac{q}{n} + \frac{1}{2} \sin. A. q.$$

COROLLARIUM 2

15. Quoniam est $\sin. A. \frac{q}{n} = 2 \sin. A. \frac{q}{2n} \cdot \cos. A. \frac{q}{2n}$, erit ex secunda expressione summa omnium rectangulorum

$$= \frac{n}{2} \sin. A. \frac{q}{n} + \frac{\sin. A. \left(2a + \frac{q}{2n}\right) - \sin. A. \left(2a + 2q + \frac{q}{2n}\right)}{4 \cos. A. \frac{q}{2n}}.$$

COROLLARIUM 3

16. Si ponatur alterum arcus divisi complementum $SH = b$, erit

$$a + b + q = \pi \quad \text{et} \quad a = \pi - b - q,$$

qui valor in postremo sinu substitutus dabit summam rectangulorum quaesitam

$$= \frac{n}{2} \sin. A. \frac{q}{n} + \frac{\sin. A. \left(2a + \frac{q}{2n}\right) + \sin. A. \left(2b - \frac{q}{2n}\right)}{4 \cos. A. \frac{q}{2n}}.$$

COROLLARIUM 4

17. Haec expressio summae quaesitae reduci potest ad hanc formam

$$\frac{n}{2} \sin. A. \frac{q}{n} + \frac{1}{4} \sin. A. 2a + \frac{1}{4} \sin. A. 2b + \frac{1}{4} \tan g. A. \frac{q}{2n} (\cos. A. 2a - \cos. A. 2b).$$

Haecque ultimo transmutatur in hanc

$$\frac{n}{2}\sin.\,\mathrm{A}.\frac{q}{n}+\frac{1}{2}\sin.\,\mathrm{A}.(a+b)\cdot\cos.\,\mathrm{A}.(a-b)-\frac{1}{2}\sin.\,\mathrm{A}.(a+b)\cdot\sin.\,\mathrm{A}.(a-b)\cdot\tan.\,\mathrm{A}.\frac{q}{2\,n}$$

$$=\frac{n}{2}\sin.\,\mathrm{A}.\frac{q}{n}+\frac{\sin.\,\mathrm{A}.(a+b)\cdot\cos.\,\mathrm{A}.\left(a-b+\frac{q}{2\,n}\right)}{2\cos.\,\mathrm{A}.\frac{q}{2\,n}}$$

$$=\frac{n}{2}\sin.\,\mathrm{A}.\frac{q}{n}+\frac{\sin.\,\mathrm{A}.\,q\cdot\cos.\,\mathrm{A}.\left(a-b+\frac{q}{2\,n}\right)}{2\cos.\,\mathrm{A}.\frac{q}{2\,n}}.$$

PROBLEMA 4

18. *Invenire summam huius seriei cosinuum*

$$\cos.\,\mathrm{A}.s+\cos.\,\mathrm{A}.(s+u)+\cdots+\cos.\,\mathrm{A}.(s+(p-1)u),$$

quorum anguli $s,\ s+u,\ s+2u,\ \cdots\ s+(p-1)u$ *progressionem arithmeticam constituunt.*

SOLUTIO

Seriei huius cosinuum pariter ac sinuum summa ope Lemmatis 1 inveniri potest, cum cosinus angulorum in arithmetica progressione progredientium constituant seriem recurrentem, cuius indices sunt $2\cos.\,\mathrm{A}.u,\ -1$; erit ergo

$$A=\cos.\,\mathrm{A}.s,\quad \varDelta=\cos.\,\mathrm{A}.(s-u),\quad P=\cos.\,\mathrm{A}.(s+(p-1)u),\quad Q=\cos.\,\mathrm{A}.(s+pu)$$

et

$$m=2\cos.\,\mathrm{A}.u,\quad n=-1,$$

ex quibus seriei propositae summa erit

$$=\frac{\cos.\,\mathrm{A}.s-\cos.\,\mathrm{A}.(s-u)-\cos.\,\mathrm{A}.(s+pu)+\cos.\,\mathrm{A}.(s+(p-1)u)}{2-2\cos.\,\mathrm{A}.u}.$$

Cum autem sit

$$\cos.\,\mathrm{A}.(s-u)=\cos.\,\mathrm{A}.s\cdot\cos.\,\mathrm{A}.u+\sin.\,\mathrm{A}.s\cdot\sin.\,\mathrm{A}.u$$

atque

$$\cos.\,\mathrm{A}.(s+pu-u)=\cos.\,\mathrm{A}.(s+pu)\cdot\cos.\,\mathrm{A}.u+\sin.\,\mathrm{A}.(s+pu)\cdot\sin.\,\mathrm{A}.u,$$

erit summa

$$= -\frac{1}{2}\cos. A. s - \frac{\sin. A. s}{2\, \mathrm{tang}. A. \frac{1}{2} u} - \frac{1}{2}\cos. A.(s + pu) + \frac{\sin. A.(s + pu)}{2\, \mathrm{tang}. A. \frac{1}{2} u}$$

$$= \frac{-\sin. A.(s - \frac{1}{2}u) + \sin. A.(s + (p - \frac{1}{2})u)}{2\sin. A. \frac{1}{2} u}.$$

Q. E. I.

SCHOLION

19. Eadem cosinuum summa ex inventa sinuum summa per differentiationem facile inveniri potest. Cum enim sit [§ 7]

$$\sin. A. s + \sin. A.(s + u) + \sin. A.(s + 2u) + \cdots + \sin. A.(s + (p - 1)u)$$

$$= \frac{\cos. A.(s - \frac{1}{2}u) - \cos. A.(s + (p - \frac{1}{2})u)}{2\sin. A. \frac{1}{2} u},$$

differentietur haec aequatio posito s variabili et u constante ac facta divisione utrinque per ds fiet

$$\cos. A. s + \cos. A.(s + u) + \cos. A.(s + 2u) + \cdots + \cos. A.(s + (p - 1)u)$$

$$= \frac{-\sin. A.(s - \frac{1}{2} u) + \sin. A.(s + (p - \frac{1}{2})u)}{2\sin. A. \frac{1}{2} u}.$$

COROLLARIUM 1

20. Proposita ergo serie cosinuum, quorum anguli in progressione arithmetica progrediuntur, a primo angulo subtrahatur semidifferentia progressionis haecque eadem semidifferentia ad angulum ultimum addatur. Tum sinus illius anguli subtrahatur a sinu huius et differentia per duplum sinum semidifferentiae divisa dabit summam omnium cosinuum.

COROLLARIUM 2

21. Si angulus primus s evanescat et ultimus $s + (p - 1)u$ fiat rectus, erit

$$-\sin. A.\left(s - \frac{1}{2} u\right) = \sin. A. \frac{1}{2} u \quad\text{et}\quad \sin. A.\left(s + \left(p - \frac{1}{2}\right)u\right) = \cos. A. \frac{1}{2} u,$$

ex quo huius seriei cosinuum summa erit

$$= \frac{1}{2} + \frac{1}{2}\cot. A. \frac{1}{2} u.$$

PROBLEMA 5

22. *Invenire summam huius seriei sinuum*

$$\alpha \sin. A. s + (\alpha + \beta) \sin. A. (s + u) + (\alpha + 2\beta) \sin. A. (s + 2u)$$
$$+ (\alpha + 3\beta) \sin. A. (s + 3u) + \cdots + (\alpha + (p-1)\beta) \sin. A. (s + (p-1)u),$$

quorum coefficientes progressionem arithmeticam constituunt, anguli autem ipsi pariter in arithmetica progressione progrediuntur.

SOLUTIO

Quoniam sinus angulorum arithmeticam progressionem constituentium seriem recurrentem praebent, casus hic ad Lemma 2 pertinet eritque $m = 2 \cos. A. u$ et $n = -1$. Porro erit

$$A = \sin. A. s, \quad \varDelta = \sin. A. (s - u), \quad P = \sin. A. (s + (p-1)u) \quad \text{et} \quad Q = \sin. A. (s + pu).$$

Ex his reperietur seriei propositae summa

$$= \frac{\alpha(\sin. A. s - \sin. A. (s - u))}{2 - 2\cos. A. u} - \frac{(\alpha + p\beta)(\sin. A. (s + pu) - \sin. A. (s + (p-1)u))}{2 - 2\cos. A. u}$$
$$+ \frac{2\beta(\cos. A. u - 1)(\sin. A. s - \sin. A. (s + pu))}{4(1 - \cos. A. u)^2}$$
$$= \frac{\alpha}{2} \sin. A. s + \frac{\alpha \cos. A. s}{2 \tan. A. \frac{1}{2} u} - \frac{\alpha + p\beta}{2} \sin. A. (s + pu)$$
$$- \frac{(\alpha + p\beta)\cos. A. (s + pu)}{2 \tan. A. \frac{1}{2} u} - \frac{\beta \sin. A. s - \beta \sin. A. (s + pu)}{2(1 - \cos. A. u)}.$$

Quae summa reducitur ad hanc formam

$$= \frac{\alpha \cos. A. (s - \frac{1}{2}u) - (\alpha + p\beta)\cos. A. (s + (p - \frac{1}{2})u)}{2 \sin. A. \frac{1}{2} u} - \frac{\beta \sin. A. s - \beta \sin. A. (s + pu)}{2(1 - \cos. A. u)}.$$

Q. E. I.

COROLLARIUM 1

23. Quoniam est $1 - \cos. A. u = 2\left(\sin. A. \frac{1}{2} u\right)^2$, erit quoque seriei sinuum propositorum summa

$$= \frac{\alpha \cos. A. (s - \frac{1}{2}u) - (\alpha + p\beta)\cos. A. (s + (p - \frac{1}{2})u)}{2 \sin. A. \frac{1}{2} u} - \frac{\beta \sin. A. s - \beta \sin. A. (s + pu)}{4(\sin. A. \frac{1}{2} u)^2}.$$

COROLLARIUM 2

24. Si ergo sit $\alpha = 1$ et $\beta = 1$, erit huius seriei

$$\sin.\text{A}.s + 2\sin.\text{A}.(s+u) + 3\sin.\text{A}.(s+2u) + \cdots + p\sin.\text{A}.(s+(p-1)u)$$

summa

$$= \frac{\cos.\text{A}.(s-\tfrac{1}{2}u) - (p+1)\cos.\text{A}.(s+(p-\tfrac{1}{2})u)}{2\sin.\text{A}.\tfrac{1}{2}u} - \frac{\sin.\text{A}.s - \sin.\text{A}.(s+pu)}{4(\sin.\text{A}.\tfrac{1}{2}u)^2}.$$

SCHOLION

25. Haec eadem summa sine subsidio lemmatis ex summa cosinuum simplicium ante inventa ope differentiationis erui potest. Cum enim sit [§ 18]

$$\cos.\text{A}.s + \cos.\text{A}.(s+u) + \cos.\text{A}.(s+2u) + \cdots + \cos.\text{A}.(s+(p-1)u)$$

$$= \frac{-\sin.\text{A}.(s-\tfrac{1}{2}u) + \sin.\text{A}.(s+(p-\tfrac{1}{2})u)}{2\sin.\text{A}.\tfrac{1}{2}u},$$

ponatur $s = a + \alpha x$ et $u = \beta x$; erit

$$\cos.\text{A}.(a+\alpha x) + \cos.\text{A}.(a+(\alpha+\beta)x) + \cos.\text{A}.(a+(\alpha+2\beta)x) + \cdots$$

$$+ \cos.\text{A}.(a+(\alpha+(p-1)\beta)x) = \frac{-\sin.\text{A}.(a+(\alpha-\tfrac{1}{2}\beta)x) + \sin.\text{A}.(a+(\alpha+p\beta-\tfrac{1}{2}\beta)x)}{2\sin.\text{A}.\tfrac{1}{2}\beta x}.$$

Iam differentietur haec aequatio posito x variabili et divisione per $-dx$ facta habebitur

$$\alpha\sin.\text{A}.s + (\alpha+\beta)\sin.\text{A}.(s+u) + \cdots + (\alpha+(p-1)\beta)\sin.\text{A}.(s+(p-1)u)$$

$$= \frac{(\alpha-\tfrac{1}{2}\beta)\cos.\text{A}.(s-\tfrac{1}{2}u) - (\alpha+(p-\tfrac{1}{2})\beta)\cos.\text{A}.(s+(p-\tfrac{1}{2})u)}{2\sin.\text{A}.\tfrac{1}{2}u}$$

$$- \frac{\tfrac{1}{2}\beta\cos.\text{A}.\tfrac{1}{2}u \cdot \sin.\text{A}.(s-\tfrac{1}{2}u) - \tfrac{1}{2}\beta\cos.\text{A}.\tfrac{1}{2}u \cdot \sin.\text{A}.(s+(p-\tfrac{1}{2})u)}{2(\sin.\text{A}.\tfrac{1}{2}u)^2},$$

quae expressio facile ad formam primum inventam reducitur.

COROLLARIUM 3

26. Ex inventa summa seriei sinuum propositae per differentiationem posito u constante et s variabili orietur summa similis seriei cosinuum

$$\alpha \cos. A. s + (\alpha + \beta)\cos. A.(s+u) + (a+2\beta)\cos. A.(s+2u) + \cdots$$

$$+ (\alpha + (p-1)\beta)\cos. A.(s+(p-1)u)$$

$$= \frac{-\alpha \sin. A.(s-\tfrac{1}{2}u)}{2\sin. A.\tfrac{1}{2}u} + \frac{(\alpha+p\beta)\sin. A.(s+(p-\tfrac{1}{2})u)}{2\sin. A.\tfrac{1}{2}u} - \frac{\beta \cos. A. s - \beta \cos. A.(s+pu)}{4\,(\sin. A.\tfrac{1}{2}u)^2}.$$

LEMMA 3[1])

27. *Huius formulae differentialis* $\dfrac{x^{m-1}dx}{1+x^{2n}}$, *in qua* m *est numerus minor quam* $2n$, *integrale est*

$$\mp \frac{1}{2n}\cos. A.\,\frac{m\pi}{2n}\,l\!\left(1 + 2x\cos. A.\,\frac{\pi}{2n} + xx\right) \mp \frac{1}{n}\sin. A.\,\frac{m\pi}{2n}\,A.\tang.\,\frac{x\sin. A.\,\frac{\pi}{2n}}{1+x\cos. A.\,\frac{\pi}{2n}}$$

$$\mp \frac{1}{2n}\cos. A.\,\frac{3m\pi}{2n}\,l\!\left(1 + 2x\cos. A.\,\frac{3\pi}{2n} + xx\right) \mp \frac{1}{n}\sin. A.\,\frac{3m\pi}{2n}\,A.\tang.\,\frac{x\sin. A.\,\frac{3\pi}{2n}}{1+x\cos. A.\,\frac{3\pi}{2n}}$$

$$\mp \frac{1}{2n}\cos. A.\,\frac{5m\pi}{2n}\,l\!\left(1 + 2x\cos. A.\,\frac{5\pi}{2n} + xx\right) \mp \frac{1}{n}\sin. A.\,\frac{5m\pi}{2n}\,A.\tang.\,\frac{x\sin. A.\,\frac{5\pi}{2n}}{1+x\cos. A.\,\frac{5\pi}{2n}}$$

$$\vdots$$

$$\mp \frac{1}{2n}\cos. A.\,\frac{(2n-1)m\pi}{2n}\,l\!\left(1 + 2x\cos. A.\,\frac{(2n-1)\pi}{2n} + xx\right)$$

$$\mp \frac{1}{n}\sin. A.\,\frac{(2n-1)m\pi}{2n}\,A.\tang.\,\frac{x\sin. A.\,\frac{(2n-1)\pi}{2n}}{1+x\cos. A.\,\frac{(2n-1)\pi}{2n}},$$

ubi signa superiora valent, si m *fuerit numerus par, inferiora autem, si* m *sit numerus impar. Atque integrale hoc ita est acceptum, ut evanescat posito* $x = 0$.

COROLLARIUM 1

28. Huius ergo formulae differentialis $\dfrac{x^{2n-m-1}dx}{1+x^{2n}}$ integrale erit

---

1) Demonstratio huius lemmatis reperitur in Commentatione 162 (indicis ENESTROEMIANI); vide p. 70, imprimis p. 113.   A. G.

$$\pm \frac{1}{2n}\cos.\mathrm{A}.\frac{m\pi}{2n}\,l\Big(1 + 2x\cos.\mathrm{A}.\frac{\pi}{2n} + xx\Big) \mp \frac{1}{n}\sin.\mathrm{A}.\frac{m\pi}{2n}\,\mathrm{A.tang.}\frac{x\sin.\mathrm{A}.\frac{\pi}{2n}}{1+x\cos.\mathrm{A}.\frac{\pi}{2n}}$$

$$\pm \frac{1}{2n}\cos.\mathrm{A}.\frac{3m\pi}{2n}\,l\Big(1 + 2x\cos.\mathrm{A}.\frac{3\pi}{2n} + xx\Big) \mp \frac{1}{n}\sin.\mathrm{A}.\frac{3m\pi}{2n}\,\mathrm{A.tang.}\frac{x\sin.\mathrm{A}.\frac{3\pi}{2n}}{1+x\cos.\mathrm{A}.\frac{3\pi}{2n}}$$

$$\vdots$$

$$\pm \frac{1}{2n}\cos.\mathrm{A}.\frac{(2n-1)m\pi}{2n}\,l\Big(1 + 2x\cos.\mathrm{A}.\frac{(2n-1)\pi}{2n} + xx\Big)$$

$$\mp \frac{1}{n}\sin.\mathrm{A}.\frac{(2n-1)m\pi}{2n}\,\mathrm{A.tang.}\frac{x\sin.\mathrm{A}.\frac{(2n-1)\pi}{2n}}{1+x\cos.\mathrm{A}.\frac{(2n-1)\pi}{2n}},$$

ubi iterum signa superiora valent, si m sit numerus par, inferiora vero, si m sit numerus impar.

COROLLARIUM 2

29. Si ergo hae formulae differentiales addantur, in earum integrali quantitates logarithmicae se destruunt, arcus circulares autem duplicabuntur eritque ideo

$$\int \frac{x^{m-1}+x^{2n-m-1}}{1+x^{2n}}\,dx = \mp \frac{2}{n}\sin.\mathrm{A}.\frac{m\pi}{2n}\,\mathrm{A.tang.}\frac{x\sin.\mathrm{A}.\frac{\pi}{2n}}{1+x\cos.\mathrm{A}.\frac{\pi}{2n}}$$

$$\mp \frac{2}{n}\sin.\mathrm{A}.\frac{3m\pi}{2n}\,\mathrm{A.tang.}\frac{x\sin.\mathrm{A}.\frac{3\pi}{2n}}{1+x\cos.\mathrm{A}.\frac{3\pi}{2n}}$$

$$\mp \frac{2}{n}\sin.\mathrm{A}.\frac{5m\pi}{2n}\,\mathrm{A.tang.}\frac{x\sin.\mathrm{A}.\frac{5\pi}{2n}}{1+x\cos.\mathrm{A}.\frac{5\pi}{2n}}$$

$$\vdots$$

$$\mp \frac{2}{n}\sin.\mathrm{A}.\frac{(2n-1)m\pi}{2n}\,\mathrm{A.tang.}\frac{x\sin.\mathrm{A}.\frac{(2n-1)\pi}{2n}}{1+x\cos.\mathrm{A}.\frac{(2n-1)\pi}{2n}},$$

ubi signa superiora valent, si m fuerit numerus par, inferiora autem, si m sit impar; denotatque perpetuo π arcum 180^0 in circulo, cuius radius $= 1$.

PROBLEMA 6

30. *Invenire integrale formulae differentialis* $\dfrac{x^{m-1}\,dx}{1+x^{2n}}$ *casu, quo post integrationem ponitur* $x = \infty$.

SOLUTIO

Si in partibus integralis ante [§ 27] exhibiti logarithmicis ponatur $x = \infty$, exabibunt in

$$\mp \frac{lx}{n}\left(\cos. A.\frac{m\pi}{2n} + \cos. A.\frac{3m\pi}{2n} + \cos. A.\frac{5m\pi}{2n} + \cdots + \cos. A.\frac{(2n-1)m\pi}{2n}\right);$$

quorum arcuum cum differentia constans sit $= \dfrac{2m\pi}{2n}$, erit horum cosinuum summa

$$= \frac{-\sin. A.\,0\pi + \sin. A.\dfrac{2nm\pi}{2n}}{2\sin. A.\dfrac{m\pi}{2n}} = 0;$$

etsi ergo x est infinitum, tamen eius logarithmus lx est ex minimo infinitorum ordine hincque fit $0\,lx = 0$. Casu ergo $x = \infty$ in integrali omnia membra a logarithmis pendentia se destruunt ac remanebunt tantum altera membra a quadratura circuli pendentia. Cum vero ob x infinitum fiat

$$A.\tan g.\frac{x \sin. A.\dfrac{k\pi}{2n}}{1 + x\cos. A.\dfrac{k\pi}{2n}} = A.\tan g.\frac{\sin. A.\dfrac{k\pi}{2n}}{\cos. A.\dfrac{k\pi}{2n}} = \frac{k\pi}{2n},$$

erit integrale quaesitum casu $x = \infty$

$$= \mp \frac{\pi}{2nn}\left\{ \sin. A.\frac{m\pi}{2n} + 3\sin. A.\frac{3m\pi}{2n} + 5\sin. A.\frac{5m\pi}{2n} + \cdots \right.$$
$$\left. + (2n-1)\sin. A.\frac{(2n-1)m\pi}{2n} \right\}.$$

Quae series sinuum per Problema 5 in unam summam colligi poterit. Erit autem

$$\alpha = 1, \quad \beta = 2, \quad p = n, \quad \text{deinde} \quad s = \frac{m\pi}{2n}, \quad u = \frac{2m\pi}{2n} \quad \text{et} \quad \tfrac{1}{2}u = \frac{m\pi}{2n},$$

ex quibus huius seriei sinuum summa colligitur esse

$$= \frac{1-(2n+1)\cos.\,\mathrm{A}.\,m\pi}{2\sin.\,\mathrm{A}.\frac{m\pi}{2n}} - \frac{2\sin.\,\mathrm{A}.\frac{m\pi}{2n}-2\sin.\,\mathrm{A}.\frac{(2n+1)m\pi}{2n}}{4\left(\sin.\,\mathrm{A}.\frac{m\pi}{2n}\right)^2}$$

$$= \frac{\sin.\,\mathrm{A}.\left(m\pi+\frac{m\pi}{2n}\right)}{2\left(\sin.\,\mathrm{A}.\frac{m\pi}{2n}\right)^2} - \frac{(2n+1)\cos.\,\mathrm{A}.\,m\pi}{2\sin.\,\mathrm{A}.\frac{m\pi}{2n}} = \frac{-n\cos.\,\mathrm{A}.\,m\pi}{\sin.\,\mathrm{A}.\frac{m\pi}{2n}}.$$

Quodsi iam fuerit m numerus par, erit cos. A. $m\pi = +1$, sin autem m sit numerus impar, erit cos. A. $m\pi = -1$. Signis ambiguis igitur summa superior sinuum ita exprimetur, ut sit $= \mp\dfrac{n}{\sin.\,\mathrm{A}.\frac{m\pi}{2n}}$, quae ducta in $\mp\dfrac{\pi}{2nn}$ dabit, sive m sit numerus par sive impar, eandem integralis quaesiti quantitatem $= \dfrac{\pi}{2n\,\sin.\,\mathrm{A}.\frac{m\pi}{2n}}$, ad hancque expressionem reducitur integrale huius formulae $\dfrac{x^{m-1}dx}{1+x^{2n}}$, si post integrationem ponatur $x=\infty$. Q. E. I.

COROLLARIUM 1

31. Erit igitur

$$\int \frac{x^{p-1}dx}{1+x^q} = \frac{\pi}{q\sin.\,\mathrm{A}.\frac{p\pi}{q}}$$

post integrationem posito $x=\infty$, siquidem q fuerit numerus par et exponens p minor exponente q.

SCHOLION

32. Ut autem appareat, quemnam valorem habitura sit formula $\int\dfrac{x^{p-1}dx}{1+x^q}$, si q fuerit numerus impar, posito post integrationem $x=\infty$, ponamus $x=yy$ atque formula nostra transibit in hanc $2\int\dfrac{y^{2p-1}dy}{1+y^{2q}}$; qui casus cum contineatur in proposito, erit eius valor posito $y=\infty$, quo facto simul x fit infinitum, $= 2\dfrac{\pi}{2q\sin.\,\mathrm{A}.\frac{p\pi}{q}}$; erit ergo quoque

$$\int \frac{x^{p-1}dx}{1+x^q} = \frac{\pi}{q\sin.\,\mathrm{A}.\frac{p\pi}{q}}$$

posito post integrationem $x = \infty$, si q fuerit numerus impar. Generaliter ergo, quicunque fuerint numeri p et q, dummodo $p - 1$ sit minor quam q, erit semper

$$\int \frac{x^{p-1}dx}{1+x^q} = \frac{\pi}{q \sin. \text{A.} \frac{p\pi}{q}}.$$

Oportet autem esse $p - 1 < q$, quia alias integrale Lemmate 3 datum non esset completum, verum insuper membrum unum plurave algebraica reciperet, ob quae integrale casu $x = \infty$ semper fieret infinitum.

COROLLARIUM 2

33. Si ponamus $x = \dfrac{y}{(1-y^q)^{\frac{1}{q}}}$, erit $x = 0$, si $y = 0$, et $x = \infty$, si ponatur $y = 1$; tum autem fiet

$$dx = \frac{dy}{(1-y^q)^{\frac{1+q}{q}}}, \quad 1 + x^q = \frac{1}{1-y^q} \quad \text{et} \quad x^{p-1} = \frac{y^{p-1}}{(1-y^q)^{\frac{p-1}{q}}},$$

unde erit

$$\frac{x^{p-1}dx}{1+x^q} = \frac{y^{p-1}dy}{(1-y^q)^{\frac{p}{q}}}.$$

Quocirca integrando fiet

$$\int \frac{y^{p-1}dy}{(1-y^q)^{\frac{p}{q}}} = \frac{\pi}{q \sin. \text{A.} \frac{p}{q}\pi},$$

si post integrationem ponatur $y = 1$.

PROBLEMA 7

34. *Invenire integrale formulae differentialis* $\dfrac{x^{p-1}dx}{(1+x^q)^k}$ *casu, quo post integrationem ponitur* $x = \infty$.

SOLUTIO

Per reductionem formularum integralium erit

$$\int \frac{x^{p-1}dx}{(1+x^q)^k} = \frac{x^p}{(k-1)q(1+x^q)^{k-1}} + \frac{(k-1)q-p}{(k-1)q} \int \frac{x^{p-1}dx}{(1+x^q)^{k-1}};$$

si ergo post integrationem, uti assumimus, ponatur $x = \infty$, membrum algebraicum ob $p < q(k-1)$ evanescit eritque

$$\int \frac{x^{p-1}\,dx}{(1+x^q)^k} = \frac{(k-1)q-p}{(k-1)q} \int \frac{x^{p-1}\,dx}{(1+x^q)^{k-1}}.$$

Quamobrem si loco k successive ponamus numeros 2, 3, 4, 5 etc., omnes hae formulae integrales reducentur ad hanc $\int \frac{x^{p-1}\,dx}{1+x^q}$, cuius valorem casu $x = \infty$ vidimus esse $= \dfrac{\pi}{q\,\sin.\mathrm{A}.\frac{p\pi}{q}}$, unde sequentes nascentur integrationes:

$$\int \frac{x^{p-1}\,dx}{(1+x^q)^2} = \frac{q-p}{q} \cdot \frac{\pi}{q\,\sin.\mathrm{A}.\frac{p\pi}{q}},$$

$$\int \frac{x^{p-1}\,dx}{(1+x^q)^3} = \frac{(q-p)(2q-p)}{q \cdot 2q} \cdot \frac{\pi}{q\,\sin.\mathrm{A}.\frac{p\pi}{q}},$$

$$\int \frac{x^{p-1}\,dx}{(1+x^q)^4} = \frac{(q-p)(2q-p)(3q-p)}{q \cdot 2q \cdot 3q} \cdot \frac{\pi}{q\,\sin.\mathrm{A}.\frac{p\pi}{q}}$$

etc.

Hincque generaliter concludetur fore

$$\int \frac{x^{p-1}\,dx}{(1+x^q)^k} = \frac{(q-p)(2q-p)(3q-p)\cdots((k-1)q-p)}{q \cdot 2q \cdot 3q \cdots (k-1)q} \cdot \frac{\pi}{q\,\sin.\mathrm{A}.\frac{p\pi}{q}}.$$

Q. E. I.

COROLLARIUM 1

35. Quoties ergo k fuerit numerus integer affirmativus, toties integrale formulae $\int \frac{x^{p-1}\,dx}{(1+x^q)^k}$ casu, quo $x = \infty$, per peripheriam circuli exprimi potest.

COROLLARIUM 2

36. Ex dissertatione autem mea *De progressionibus transcendentibus* Tom. Comment. V.[1]) colligitur esse

$$\frac{q \cdot 2q \cdot 3q \cdots (k-1)q}{(q-p)(2q-p)(3q-p)\ldots((k-1)q-p)} = (kq-p)\int y^{q-p-1}\,dy(1-y^q)^{k-1}$$

---

1) Editio princeps: *Tom. Comment. IV*. Dissertatio autem commemorata est L. Euleri Commentatio 19 (indicis Enestroemiani): *De progressionibus transcendentibus, seu quarum termini generales algebraice dari nequeunt*, Comment. acad. sc. Petrop. 5 (1730/1), 1738, p. 36; Leonhardi Euleri Opera omnia, series I, vol. 14.   A. G.

posito post integrationem $y = 1$. Hinc ergo colligitur fore

$$\int \frac{x^{p-1}dx}{(1+x^q)^k} \cdot \int y^{q-p-1}dy(1-y^q)^{k-1} = \frac{\pi}{q(kq-p)\sin.\text{A.}\frac{p\pi}{q}}.$$

COROLLARIUM 3

37. Si ponamus $x = \dfrac{y}{(1-y^q)^{\frac{1}{q}}}$, ita ut posito $y = 1$ fiat $x = \infty$, fiet

$$\int \frac{x^{p-1}dx}{(1+x^q)^k} = \int y^{p-1}dy(1-y^q)^{\frac{(k-1)q-p}{q}};$$

posito ergo $y = 1$ fiet

$$\frac{\pi}{q(kq-p)\sin.\text{A.}\frac{p\pi}{q}} = \int y^{q-p-1}dy(1-y^q)^{k-1} \cdot \int y^{p-1}dy(1-y^q)^{\frac{(k-1)q-p}{q}}.$$

At est

$$\int y^{p-1}dy(1-y^q)^{\frac{(k-1)q-p}{q}} = \frac{kq}{kq-p}\int y^{p-1}dy(1-y^q)^{\frac{kq-p}{q}},$$

ex quo erit

$$\int y^{q-p-1}dy(1-y^q)^{k-1} \cdot \int y^{p-1}dy(1-y^q)^{\frac{kq-p}{q}} = \frac{\pi}{kqq\sin.\text{A.}\frac{p\pi}{q}}.$$

PROBLEMA 8

38. *Invenire integrale formulae differentialis*

$$\frac{x^{m-1}+x^{2n-m-1}}{1+x^{2n}}\,dx$$

casu, quo post integrationem ponitur $x = 1$.

SOLUTIO

Huius formulae differentialis integrale in genere exhibuimus § 29. Posito autem $x = 1$ quaelibet forma a quadratura circuli pendens A. tang. $\dfrac{x\sin.\text{A.}\varphi}{1+x\cos.\text{A.}\varphi}$

abit in $\frac{\varphi}{2}$. Hinc formulae propositae integrale casu $x = 1$ erit

$$= \mp \frac{\pi}{2nn} \left\{ \begin{array}{l} \sin. A. \frac{m\pi}{2n} + 3 \sin. A. \frac{3m\pi}{2n} + 5 \sin. A. \frac{5m\pi}{2n} + \cdots \\[2mm] \qquad + (2n-1) \sin. A. \frac{(2n-1)m\pi}{2n} \end{array} \right\},$$

quae est illa ipsa sinuum series, quam in solutione Problematis 6 ad summam definitam revocavimus, ubi pariter signa superiora valent, si m fuerit numerus par, inferiora, sin m numerus impar. Utroque ergo casu, sive m sit numerus par sive impar, integrale quaesitum erit idem quod in Problemate 6; scilicet posito post integrationem $x = 1$ erit

$$\int \frac{x^{m-1} + x^{2n-m-1}}{1 + x^{2n}} dx = \frac{\pi}{2n \sin. A. \frac{m\pi}{2n}}.$$

Q. E. I.

COROLLARIUM 1

39. Erit ergo

$$\int \frac{x^{p-1} + x^{q-p-1}}{1 + x^q} dx = \frac{\pi}{q \sin. A. \frac{p\pi}{q}}$$

posito post integrationem $x = 1$, siquidem fuerit exponens $p-1$ minor exponente q, uti supra annotavimus.

SCHOLION

40. Simili modo, quo supra (§ 32) usi sumus, ostendi potest eundem integralis valorem locum obtinere, etiamsi q sit numerus impar; sit enim in formula $\int \frac{x^{p-1} + x^{q-p-1}}{1 + x^q} dx$ exponens q numerus impar ponamusque $x = yy$; abibit haec formula in hanc $2 \int \frac{y^{2p-1} + y^{2q-2p-1}}{1 + y^{2q}} dy$, cuius utique integrale casu, quo $y = 1$, erit

$$= 2 \frac{\pi}{2q \sin. A. \frac{p\pi}{q}};$$

erit ergo, sive q sit numerus par sive impar,

$$\int \frac{x^{p-1} + x^{q-p-1}}{1 + x^q} dx = \frac{\pi}{q \sin. A. \frac{p\pi}{q}}.$$

COROLLARIUM 2

41. Integralia igitur harum duarum formularum differentialium

$$\int \frac{x^{p-1}dx}{1+x^q} \quad \text{et} \quad \int \frac{x^{p-1}+x^{q-p-1}}{1+x^q}\,dx,$$

si in illa post integrationem ponatur $x = \infty$, in hac autem $x = 1$, erunt inter se aequalia, utroque scilicet casu integrale est

$$= \frac{\pi}{q\,\sin.\,\mathrm{A.}\,\dfrac{p\pi}{q}}.$$

COROLLARIUM 3

42. Si in integrali

$$\int \frac{x^{p-1}+x^{q-p-1}}{1+x^q}\,dx$$

ponatur integratione peracta $x = \infty$, erit eius valor

$$= \frac{\pi}{q\,\sin.\,\mathrm{A.}\,\dfrac{p\pi}{q}} + \frac{\pi}{q\,\sin.\,\mathrm{A.}\,\dfrac{(q-p)\pi}{q}} = \frac{2\pi}{q\,\sin.\,\mathrm{A.}\,\dfrac{p\pi}{q}};$$

hoc ergo integrale duplo maius est, si ponatur $x = \infty$, quam si ponatur $x = 1$.

LEMMA 4[1])

43. *Huius formulae differentialis* $\dfrac{x^{m-1}dx}{1-x^{2n}}$, *in qua* $m-1$ *est numerus minor quam* $2n$, *integrale est*

$$\pm \frac{l(1+x)-l(1-x)}{2n}$$

$$\pm \frac{1}{2n}\cos.\,\mathrm{A.}\,\frac{m\pi}{n}\,l\!\left(1+2x\cos.\,\mathrm{A.}\,\frac{\pi}{n}+xx\right) \pm \frac{1}{n}\sin.\,\mathrm{A.}\,\frac{m\pi}{n}\,\mathrm{A.\,tang.}\,\frac{x\sin.\,\mathrm{A.}\,\dfrac{\pi}{n}}{1+x\cos.\,\mathrm{A.}\,\dfrac{\pi}{n}}$$

$$\pm \frac{1}{2n}\cos.\,\mathrm{A.}\,\frac{2m\pi}{n}\,l\!\left(1+2x\cos.\,\mathrm{A.}\,\frac{2\pi}{n}+xx\right) + \frac{1}{n}\sin.\,\mathrm{A.}\,\frac{2m\pi}{n}\,\mathrm{A.\,tang.}\,\frac{x\sin.\,\mathrm{A.}\,\dfrac{2\pi}{n}}{1+x\cos.\,\mathrm{A.}\,\dfrac{2\pi}{n}}$$

---

1) Demonstratio huius lemmatis reperitur in Commentatione 162 (indicis ENESTROEMIANI); vide p. 70, imprimis p. 134.   A. G.

$$\pm \frac{1}{2n}\cos.\,A.\,\frac{3\,m\pi}{n}\,l\!\left(1 + 2x\cos.\,A.\,\frac{3\,\pi}{n} + xx\right) \pm \frac{1}{n}\sin.\,A.\,\frac{3\,m\pi}{n}\,A.\,\mathrm{tang.}\,\frac{x\sin.\,A.\,\frac{3\,\pi}{n}}{1 + x\cos.\,A.\,\frac{3\,\pi}{n}}$$

$$\vdots$$

$$\pm \frac{1}{2n}\cos.\,A.\,\frac{(n-1)\,m\pi}{n}\,l\!\left(1 + 2x\cos.\,A.\,\frac{(n-1)\,\pi}{n} + xx\right)$$

$$\pm \frac{1}{n}\sin.\,A.\,\frac{(n-1)\,m\pi}{n}\,A.\,\mathrm{tang.}\,\frac{x\sin.\,A.\,\frac{(n-1)\,\pi}{n}}{1 + x\cos.\,A.\,\frac{(n-1)\,\pi}{n}},$$

ubi signa superiora valent, si m est numerus impar, inferiora autem, si m fuerit numerus par.

COROLLARIUM 1

44. Hinc istius formulae differentialis $\dfrac{x^{2n-m-1}\,dx}{1-x^{2n}}$ integrale erit sequens

$$\pm \frac{1}{2n}\,l(1+x) \mp \frac{1}{2n}\,l(1-x)$$

$$\pm \frac{1}{2n}\cos.\,A.\,\frac{m\pi}{n}\,l\!\left(1 + 2x\cos.\,A.\,\frac{\pi}{n} + xx\right) \mp \frac{1}{n}\sin.\,A.\,\frac{m\pi}{n}\,A.\,\mathrm{tang.}\,\frac{x\sin.\,A.\,\frac{\pi}{n}}{1 + x\cos.\,A.\,\frac{\pi}{n}}$$

$$\pm \frac{1}{2n}\cos.\,A.\,\frac{2\,m\pi}{n}\,l\!\left(1 + 2x\cos.\,A.\,\frac{2\,\pi}{n} + xx\right) \mp \frac{1}{n}\sin.\,A.\,\frac{2\,m\pi}{n}\,A.\,\mathrm{tang.}\,\frac{x\sin.\,A.\,\frac{2\,\pi}{n}}{1 + x\cos.\,A.\,\frac{2\,\pi}{n}}$$

$$\pm \frac{1}{2n}\cos.\,A.\,\frac{3\,m\pi}{n}\,l\!\left(1 + 2x\cos.\,A.\,\frac{3\,\pi}{n} + xx\right) \mp \frac{1}{n}\sin.\,A.\,\frac{3\,m\pi}{n}\,A.\,\mathrm{tang.}\,\frac{x\sin.\,A.\,\frac{3\,\pi}{n}}{1 + x\cos.\,A.\,\frac{3\,\pi}{n}}$$

$$\vdots$$

$$\pm \frac{1}{2n}\cos.\,A.\,\frac{(n-1)\,m\pi}{n}\,l\!\left(1 + 2x\cos.\,A.\,\frac{(n-1)\,\pi}{n} + xx\right)$$

$$\mp \frac{1}{n}\sin.\,A.\,\frac{(n-1)\,m\pi}{n}\,A.\,\mathrm{tang.}\,\frac{x\sin.\,A.\,\frac{(n-1)\,\pi}{n}}{1 + x\cos.\,A.\,\frac{(n-1)\,\pi}{n}},$$

ubi iterum signa superiora locum habent, si *m* sit numerus impar, inferiora vero, si *m* sit numerus par.

COROLLARIUM 2

45. Si igitur haec formula posterior a priori subtrahatur, membra logarithmica se mutuo destruent eritque huius formulae $\dfrac{x^{m-1}-x^{2n-m-1}}{1-x^{2n}}\,dx$ integrale

$$= \pm\frac{2}{n}\sin.\,A.\frac{m\pi}{n}\,A.\tang.\frac{x\sin.\,A.\frac{\pi}{n}}{1+x\cos.\,A.\frac{\pi}{n}}$$

$$\pm\frac{2}{n}\sin.\,A.\frac{2m\pi}{n}\,A.\tang.\frac{x\sin.\,A.\frac{2\pi}{n}}{1+x\cos.\,A.\frac{2\pi}{n}}$$

$$\pm\frac{2}{n}\sin.\,A.\frac{3m\pi}{n}\,A.\tang.\frac{x\sin.\,A.\frac{3\pi}{n}}{1+x\cos.\,A.\frac{3\pi}{n}}$$

$$\vdots$$

$$\pm\frac{2}{n}\sin.\,A.\frac{(n-1)m\pi}{n}\,A.\tang.\frac{x\sin.\,A.\frac{(n-1)\pi}{n}}{1+x\cos.\,A.\frac{(n-1)\pi}{n}},$$

ubi signorum ambiguorum valor se habet ut ante.

PROBLEMA 9

46. *Invenire integrale huius formulae differentialis* $\dfrac{x^{m-1}-x^{2n-m-1}}{1-x^{2n}}\,dx$ *eo casu, quo post integrationem absolutam ponitur* $x=1$.

SOLUTIO

Quoniam casu $x=1$ est $A.\tang.\dfrac{x\sin.\,A.\,\varphi}{1+x\cos.\,A.\,\varphi}=A.\tang.\dfrac{\sin.\,A.\,\frac{1}{2}\varphi}{\cos.\,A.\,\frac{1}{2}\varphi}=\dfrac{1}{2}\varphi$, erit quaesitum integrale

$$= \pm\frac{\pi}{nn}\left(\sin.\,A.\frac{m\pi}{n}+2\sin.\,A.\frac{2m\pi}{n}+3\sin.\,A.\frac{3m\pi}{n}+\cdots+(n-1)\sin.\,A.\frac{(n-1)m\pi}{n}\right),$$

ubi signorum ambiguorum superius + valet, si m sit numerus impar, inferius vero, si m sit par. Huius ergo seriei sinuum summa per Problema 5 reperietur eritque facta applicatione

$$\alpha = 1, \quad \beta = 1, \quad p = n - 1, \quad s = \frac{m\pi}{n}, \quad u = \frac{m\pi}{n} \quad \text{et} \quad \frac{1}{2}u = \frac{m\pi}{2n};$$

hinc summa quaesita erit

$$= \frac{\cos.\,\mathrm{A}.\,\frac{m\pi}{2n} - n\cos.\,\mathrm{A}.\,\left(m\pi - \frac{m\pi}{2n}\right)}{2\sin.\,\mathrm{A}.\,\frac{m\pi}{2n}} - \frac{\sin.\,\mathrm{A}.\,\frac{m\pi}{n} - \sin.\,\mathrm{A}.\,m\pi}{4\left(\sin.\,\mathrm{A}.\,\frac{m\pi}{2n}\right)^2}.$$

Quia vero est

$$\sin.\mathrm{A}.\frac{m\pi}{n} = 2\sin.\,\mathrm{A}.\,\frac{m\pi}{2n}\cdot\cos.\,\mathrm{A}.\,\frac{m\pi}{2n}, \quad \sin.\,\mathrm{A}.\,m\pi = 0$$

et

$$\cos.\,\mathrm{A}.\,\left(m\pi - \frac{m\pi}{2n}\right) = \cos.\,\mathrm{A}.\,m\pi\cdot\cos.\,\mathrm{A}.\,\frac{m\pi}{2n},$$

erit summa seriei sinuum inventae

$$= \frac{-n\cos.\,\mathrm{A}.\,m\pi\cdot\cos.\,\mathrm{A}.\,\frac{m\pi}{2n}}{2\sin.\,\mathrm{A}.\,\frac{m\pi}{2n}} = \pm\frac{n\cos.\,\mathrm{A}.\,\frac{m\pi}{2n}}{2\sin.\,\mathrm{A}.\,\frac{m\pi}{2n}},$$

ubi ut ante signum superius locum habet, si m sit numerus impar, inferius vero, si m sit numerus par. Hoc modo signorum ambiguitas tollitur eritque formulae differentialis propositae integrale casu $x = 1$, sive m sit numerus impar sive par, constanter

$$= \frac{\pi\cos.\,\mathrm{A}.\,\frac{m\pi}{2n}}{2n\sin.\,\mathrm{A}.\,\frac{m\pi}{2n}}.$$

Q. E. I.

COROLLARIUM 1

47. Si igitur post integrationem ita absolutam, ut integrale evanescat posito $x = 0$, ponatur $x = 1$, erit

$$\int\frac{x^{p-1} - x^{q-p-1}}{1 - x^q}\,dx = \frac{\pi\cos.\,\mathrm{A}.\,\frac{p\pi}{q}}{q\sin.\,\mathrm{A}.\,\frac{p\pi}{q}},$$

siquidem q fuerit numerus par.

COROLLARIUM 2

48. Eadem igitur integratio casu saltem $x = 1$ locum quoque habebit, si q fuerit numerus impar, cum posito $x = yy$ exponens ipsius y in denominatore par reddatur. Erit ergo generaliter, si post integrationem $x = 1$ ponatur,

$$\int \frac{x^{p-1} - x^{q-p-1}}{1 - x^q}\, dx = \frac{\pi \cos. \mathrm{A}. \frac{p\pi}{q}}{q \sin. \mathrm{A}. \frac{p\pi}{q}}.$$

COROLLARIUM 3

49. Cum posito pariter post integrationem $x = 1$ sit [§ 39]

$$\int \frac{x^{p-1} + x^{q-p-1}}{1 + x^q}\, dx = \frac{\pi}{q \sin. \mathrm{A}. \frac{p\pi}{q}},$$

si illa per hanc dividatur, erit

$$\int \frac{x^{p-1} - x^{q-p-1}}{1 - x^q}\, dx = \cos. \mathrm{A}. \frac{p\pi}{q} \cdot \int \frac{x^{p-1} + x^{q-p-1}}{1 + x^q}\, dx,$$

siquidem post utramque integrationem ponatur $x = 1$.

LEMMA 5[1])

50. *Huius formulae differentialis*

$$\frac{x^{m-1} dx}{1 - 2hx^n + x^{2n}},$$

si ponatur n numerus par ac statuatur $n - m = i$ itemque capiatur angulus ω, cuius cosinus sit $= h$, erit integrale sequens expressio

---

1) Demonstratio huius lemmatis reperitur in Commentatione 162 (indicis ENESTROEMIANI); vide p. 70, imprimis p. 141.   A. G.

$$\pm \frac{\sin. \mathrm{A}. \frac{i}{n}\, \omega}{2n \sin. \mathrm{A}.\, \omega}\, l\left(1 + 2x \cos. \mathrm{A}.\, \frac{\omega}{n} + xx\right) \pm \frac{\cos. \mathrm{A}. \frac{i}{n}\, \omega}{n \sin. \mathrm{A}.\, \omega}\, \mathrm{A. \, tang.}\, \frac{x \sin. \mathrm{A}. \frac{\omega}{n}}{1 + x \cos. \mathrm{A}. \frac{\omega}{n}}$$

$$\pm \frac{\sin. \mathrm{A}. \frac{i}{n}(2\pi + \omega)}{2n \sin. \mathrm{A}.\, \omega}\, l\left(1 + 2x \cos. \mathrm{A}.\, \frac{2\pi + \omega}{n} + xx\right)$$

$$\pm \frac{\cos. \mathrm{A}. \frac{i}{n}(2\pi + \omega)}{n \sin. \mathrm{A}.\, \omega}\, \mathrm{A. \, tang.}\, \frac{x \sin. \mathrm{A}. \frac{2\pi + \omega}{n}}{1 + x \cos. \mathrm{A}. \frac{2\pi + \omega}{n}}$$

$$\pm \frac{\sin. \mathrm{A}. \frac{i}{n}(4\pi + \omega)}{2n \sin. \mathrm{A}.\, \omega}\, l\left(1 + 2x \cos. \mathrm{A}.\, \frac{4\pi + \omega}{n} + xx\right)$$

$$\pm \frac{\cos. \mathrm{A}. \frac{i}{n}(4\pi + \omega)}{n \sin. \mathrm{A}.\, \omega}\, \mathrm{A. \, tang.}\, \frac{x \sin. \mathrm{A}. \frac{4\pi + \omega}{n}}{1 + x \cos. \mathrm{A}. \frac{4\pi + \omega}{n}}$$

$$\vdots$$

$$\pm \frac{\sin. \mathrm{A}. \frac{i}{n}(2(n-1)\pi + \omega)}{2n \sin. \mathrm{A}.\, \omega}\, l\left(1 + 2x \cos. \mathrm{A}.\, \frac{2(n-1)\pi + \omega}{n} + xx\right)$$

$$\pm \frac{\cos. \mathrm{A}. \frac{i}{n}(2(n-1)\pi + \omega)}{n \sin. \mathrm{A}.\, \omega}\, \mathrm{A. \, tang.}\, \frac{x \sin. \mathrm{A}. \frac{2(n-1)\pi + \omega}{n}}{1 + x \cos. \mathrm{A}. \frac{2(n-1)\pi + \omega}{n}},$$

ubi signa superiora valent, si i est numerus impar, inferiora autem, si i sit numerus par. Quodsi autem n fuisset numerus impar, tum non solum haec signorum lex debet commutari, sed etiam pro ω debet capi angulus, cuius cosinus sit = — h.

PROBLEMA 10

51. *Invenire integrale huius formulae differentialis*

$$\frac{x^{m-1}\, dx}{1 - 2h x^n + x^{2n}}$$

eo casu, quo post integrationem ponitur $x = \infty$.

SOLUTIO

Integrale universaliter sumtum constat duplici partium ordine: alter membra logarithmica complectitur, alter a quadratura circuli pendentia. Assumamus n esse numerum parem ac ponamus $n - m = i$ sitque ω arcus, cuius cosinus $= h$. Posito iam $x = \infty$ singuli logarithmi abibunt in $lx^2 = 2lx$ horumque ideo membrorum logarithmicorum summa erit

$$\frac{\pm\, lx}{n \sin. \mathrm{A}.\, \omega}\left(\sin. \mathrm{A}.\, \frac{i}{n}\,\omega + \sin. \mathrm{A}.\, \frac{i}{n}\,(2\pi + \omega) + \cdots + \sin. \mathrm{A}.\, \frac{i}{n}\,(2(n-1)\pi + \omega)\right),$$

quorum sinuum omnium summa reperitur

$$= \frac{\cos. \mathrm{A}.\, \dfrac{i}{n}\,(\omega - \pi) - \cos. \mathrm{A}.\, \dfrac{i}{n}\,((2n-1)\pi + \omega)}{2 \sin. \mathrm{A}.\, \dfrac{i\pi}{n}};$$

cum autem hi anguli differant integra peripheria 2π aliquoties sumta, erunt eorum cosinus aequales hincque summa omnium membrorum logarithmicorum in integrali $= 0$. Supererunt ergo tantum membra a quadratura circuli pendentia, quae casu $x = \infty$ ita se habebunt:

$$\pm\frac{1}{nn \sin. \mathrm{A}.\, \omega}\left\{\begin{array}{l}\omega \cos. \mathrm{A}.\, \dfrac{i}{n}\,\omega + (2\pi + \omega)\cos. \mathrm{A}.\, \dfrac{i}{n}\,(2\pi + \omega) + (4\pi + \omega)\cos. \mathrm{A}.\, \dfrac{i}{n}\,(4\pi + \omega) \\[2ex] + \cdots + (2(n-1)\pi + \omega)\cos. \mathrm{A}.\, \dfrac{i}{n}\,(2(n-1)\pi + \omega)\end{array}\right\}.$$

Haec iam cosinuum series per § 26 summabitur factaque comparatione erit

$$\alpha = \omega, \quad \beta = 2\pi, \quad s = \frac{i\omega}{n}, \quad u = \frac{2i\pi}{n} \quad \text{et} \quad p = n,$$

unde obtinetur summa horum cosinuum

$$= \frac{-\,\omega \sin. \mathrm{A}.\, \dfrac{i}{n}\,(\omega - \pi) + (\omega + 2n\pi)\sin. \mathrm{A}.\, \dfrac{i}{n}\,(\omega + (2n-1)\pi)}{2 \sin. \mathrm{A}.\, \dfrac{i\pi}{n}}$$

$$- \frac{\pi \cos. \mathrm{A}.\, \dfrac{i\omega}{n} - \pi \cos. \mathrm{A}.\, \dfrac{i}{n}\,(\omega + 2n\pi)}{2\left(\sin. \mathrm{A}.\, \dfrac{i\pi}{n}\right)^2} = \frac{n\pi \sin. \mathrm{A}.\, \dfrac{i}{n}\,(\omega - \pi)}{\sin. \mathrm{A}.\, \dfrac{i\pi}{n}}.$$

Integrale ergo quaesitum est

$$= \pm \; \frac{\pi \sin. A. \frac{i}{n} (\omega - \pi)}{n \sin. A. \, \omega \cdot \sin. A. \frac{i\pi}{n}};$$

sublata autem signorum ambiguitate erit formulae differentialis propositae integrale casu $x = \infty$ hoc

$$\int \frac{x^{m-1} dx}{1 - 2hx^n + x^{2n}} = \frac{\pi \sin. A. \frac{i}{n} (\pi - \omega)}{n \sin. A. \, \omega \cdot \sin. A. \frac{i\pi}{n}}$$

existente $i = n - m$ et $\omega = A.\cos.h.$ Q. E. I.

COROLLARIUM 1

52. Si loco m scribatur $2n - m$, tum i in sui negativum abit, quo ipso integrale non afficitur; erit ergo

$$\int \frac{x^{m-1} dx}{1 - 2hx^n + x^{2n}} = \int \frac{x^{2n-m-1} dx}{1 - 2hx^n + x^{2n}}$$

casu, quo ponitur $x = \infty$.

COROLLARIUM 2

53. Si fiat $m = n$, tum erit $i = 0$; quo casu cum sinus arcuum evanescentium sint ipsis arcubus aequales, fiet

$$\int \frac{x^{n-1} dx}{1 - 2hx^n + x^{2n}} = \frac{\pi - \omega}{n \sin. A. \, \omega}$$

posito $x = \infty$; cuius veritas facile potest comprobari.

SCHOLION

54. Assumsimus hic h esse numerum unitate seu sinu toto minorem; alioquin non daretur arcus ω, cuius cosinus esset $= h$. Ideo autem hunc casum prae reliquis elegi, quod denominator $1 - 2hx^n + x^{2n}$ non in duos factores reales binomiales resolvi potest. Quoties enim eiusmodi resolutio locum habet, facilius per praecedentia opus expediri potest.

PROBLEMA 11

55. *Invenire integrale huius formulae differentialis*

$$\frac{x^{p-1}dx}{1+ax^q}$$

casu tantum, quo post integrationem ponitur $x = \infty$.

SOLUTIO

Ponatur $ax^q = y^q$ seu $x = a^{-\frac{1}{q}}y$, quo facto formula proposita abibit in

hanc $\dfrac{a^{\frac{-p}{q}}y^{p-1}dy}{1+y^q}$, cuius integrale casu $y = \infty$ est $= \dfrac{\pi}{a^{\frac{p}{q}}q\sin.\mathrm{A}.\frac{p\pi}{q}}$. Cum autem

posito $y = \infty$ simul fiat $x = \infty$, erit quoque hoc casu

$$\int\frac{x^{p-1}dx}{1+ax^q} = \frac{\pi}{a^{\frac{p}{q}}q\sin.\mathrm{A}.\frac{p\pi}{q}}.$$

Q. E. I.

COROLLARIUM 1

56. Erit igitur sumto quocunque multiplo

$$\int\frac{mx^{p-1}dx}{1+ax^q} = \frac{m\pi}{a^{\frac{p}{q}}q\sin.\mathrm{A}.\frac{p\pi}{q}},$$

si post integrationem ponatur $x = \infty$.

COROLLARIUM 2

57. Cum igitur simili modo sit

$$\int\frac{nx^{p-1}dx}{1+bx^q} = \frac{n\pi}{b^{\frac{p}{q}}q\sin.\mathrm{A}.\frac{p\pi}{q}},$$

erit duas huiusmodi formulas addendo

$$\int\frac{(m+n)x^{p-1}dx + (mb+na)x^{p+q-1}dx}{1+(a+b)x^q+abx^{2q}} = \frac{\pi}{q\sin.\mathrm{A}.\frac{p\pi}{q}}\left(\frac{m}{a^{\frac{p}{q}}}+\frac{n}{b^{\frac{p}{q}}}\right)$$

posito post integrationem $x = \infty$.

PROBLEMA 12

58. *Si ponatur post integrationem $x = \infty$, invenire valorem huius integralis*

$$\int \frac{x^{p-1}dx}{1 + 2fx^q + gx^{2q}}.$$

SOLUTIO

Comparata hac formula cum corollario praecedente fiet $2f = a + b$ et $g = ab$, unde $2V(ff - g) = a - b$ hincque

$$a = f + V(ff - g) \quad \text{et} \quad b = f - V(ff - g).$$

Porro autem erit $m + n = 1$ et $mb + na = 0$ seu $(m + n)f = (m - n)V(ff - g)$ ideoque $m - n = \dfrac{f}{V(ff - g)}$. Erit ergo

$$m = \frac{f + V(ff - g)}{2V(ff - g)} \quad \text{et} \quad n = \frac{-f + V(ff - g)}{2V(ff - g)}.$$

His valoribus inventis obtinebitur integrale quaesitum

$$\int \frac{x^{p-1}dx}{1 + 2fx^q + gx^{2q}} = \frac{\pi}{2q \sin. A.\frac{p\pi}{q}} \cdot \frac{(f + V(ff - g))^{\frac{q-p}{q}} - (f - V(ff - g))^{\frac{q-p}{q}}}{V(ff - g)},$$

si quidem post integrationem ponatur $x = \infty$. Q. E. I.

COROLLARIUM 1

59. Quodsi ergo f et g fuerint quantitates reales affirmativae atque fuerit $ff > g$, tum integrale inventum terminis realibus erit expressum. Sin autem g fuerit quantitas negativa, tum b erit negativum hocque casu integrale inventum locum habere nequit. Idem incommodum evenit, si f fuerit numerus negativus existente $ff > g$; tum enim a et b fient numeri negativi neque idcirco formularum simplicium $\dfrac{x^{p-1}dx}{1 - ax^q}$ et $\dfrac{x^{p-1}dx}{1 - bx^q}$ integralia casu $x = \infty$ exhiberi poterunt.

COROLLARIUM 2

60. Sin autem sit $g > ff$, tum utraque quantitas a et b fiet imaginaria; nisi igitur imaginaria in integrali invento se destruant, valor formulae propositae casu $x = \infty$ exhiberi non poterit.

SCHOLION

61. Ponamus ergo esse $g > ff$ sitque ω angulus, cuius cosinus sit $= \dfrac{f}{\sqrt{g}}$; erit

$$\frac{\sqrt{(ff - g)}}{\sqrt{g}} = \sin.\,\mathrm{A}.\,\omega \cdot \sqrt{-1}$$

hincque

$$\left(f + \sqrt{(ff - g)}\right)^{\frac{q-p}{q}} = \left(\cos.\,\mathrm{A}.\,\omega + \sqrt{-1} \cdot \sin.\,\mathrm{A}.\,\omega\right)^{\frac{q-p}{q}} g^{\frac{q-p}{2q}}$$

et

$$\left(f - \sqrt{(ff - g)}\right)^{\frac{q-p}{q}} = \left(\cos.\,\mathrm{A}.\,\omega - \sqrt{-1} \cdot \sin.\,\mathrm{A}.\,\omega\right)^{\frac{q-p}{q}} g^{\frac{q-p}{2q}}.$$

At est

$$\left(\cos.\,\mathrm{A}.\,\omega \pm \sqrt{-1} \cdot \sin.\,\mathrm{A}.\,\omega\right)^{\frac{q-p}{q}} = \cos.\,\mathrm{A}.\,\frac{(q-p)\omega}{q} \pm \sqrt{-1} \cdot \sin.\,\mathrm{A}.\,\frac{(q-p)\omega}{q}.$$

Ex quibus formulae propositae

$$\frac{x^{p-1}dx}{1 + 2fx^q + gx^{2q}}$$

casu, quo $g > ff$, integrale erit, si post integrationem $x = \infty$ ponatur,

$$= \frac{\pi}{g^{\frac{p}{2q}} q \sin.\,\mathrm{A}.\,\dfrac{p\pi}{q}} \cdot \frac{\sin.\,\mathrm{A}.\,\dfrac{(q-p)\omega}{q}}{\sin.\,\mathrm{A}.\,\omega}$$

existente

$$\cos.\,\mathrm{A}.\,\omega = \frac{f}{\sqrt{g}}.$$

Quod, si loco ω scribamus $\pi - \omega$ et i loco $q - p$ atque n loco q, congruit cum integrali pro eodem casu in Problemate 10 invento.

METHODUS INTEGRANDI
FORMULAS DIFFERENTIALES RATIONALES
UNICAM VARIABILEM INVOLVENTES

Commentatio 162 indicis ENESTROEMIANI

Commentarii academiae scientiarum Petropolitanae 14 (1744/6), 1751, p. 3—91

1. Omnes formulae differentiales, quarum integrationem hic sum traditurus, continentur in hac forma generali $X dx$, ubi X denotat functionem quamcunque rationalem ipsius x. Cum igitur omnis functio rationalis sit vel integra vel fracta, tractatio nostra esset bipartita constituenda, nisi integratio illis casibus, quibus X est functio integra, nulla laboraret difficultate. Si enim X huiusmodi est functio, denominatore, qui quidem variabilem x complectatur, destituta semper ad hanc formam revocabitur, ut sit

$$X = A + Bx + Cx^2 + Dx^3 + Ex^4 + Fx^5 + \text{etc.},$$

hocque casu erit

$$\int X dx = \varDelta + Ax + \tfrac{1}{2} Bx^2 + \tfrac{1}{3} Cx^3 + \tfrac{1}{4} Dx^4 + \tfrac{1}{5} Ex^5 + \text{etc.},$$

ubi $\varDelta$ constantem quamcunque denotat. Latius autem ratio huius integrationis patet atque ad exponentes ipsius x non solum integros affirmativos, sed etiam negativos et fractos extenditur. Ita, si m, n, p, q etc. exponant numeros quoscunque sive integros sive fractos, sive positivos sive negativos fueritque

$$X = Ax^m + Bx^n + Cx^p + Dx^q + \text{etc.},$$

erit, uti sponte patet,

$$\int X dx = \frac{1}{m+1} Ax^{m+1} + \frac{1}{n+1} Bx^{n+1} + \frac{1}{p+1} Cx^{p+1} + \frac{1}{q+1} Dx^{q+1} + \text{etc.}$$

Quae cum sint iam fere trivialia, huic priori generi, quo X est functio ipsius x integra, amplius non immoror, sed ad functiones, quae forma exprimuntur fracta, progredior.

2. Sit igitur X functio quaecunque fracta ipsius x numeratore ac denominatore contenta atque semper in huiusmodi forma latissime patente continebitur

$$X = \frac{A + Bx + Cx^2 + Dx^3 + Ex^4 + \text{etc.}}{\alpha + \beta x + \gamma x^2 + \delta x^3 + \varepsilon x^4 + \zeta x^5 + \text{etc.}} \cdot$$

De qua primum observa, si x in numeratore tot vel plures habeat dimensiones quam in denominatore, formulam ad aliam revocari posse, in qua summa ipsius x dimensio in numeratore minor sit quam in denominatore; quae reducta, uti constat, divisione absolvitur; si enim sit

$$X = \frac{A + Bx + Cx^2 + Dx^3 + Ex^4}{\alpha + \beta x + \gamma x^2 + \delta x^3},$$

fiet

$$X = \frac{E}{\delta} x + \frac{A + \left(B - \frac{E\alpha}{\delta}\right) x + \left(C - \frac{E\beta}{\delta}\right) x^2 + \left(D - \frac{E\gamma}{\delta}\right) x^3}{\alpha + \beta x + \gamma x^2 + \delta x^3}$$

atque ulterius resolvendo

$$X = \frac{E}{\delta} x + \left(\frac{D}{\delta} - \frac{E\gamma}{\delta\delta}\right)$$

$$+ \frac{\left(A - \frac{D\alpha}{\delta} + \frac{E\alpha\gamma}{\delta\delta}\right) + \left(B - \frac{E\alpha}{\delta} - \frac{D\beta}{\delta} + \frac{E\beta\gamma}{\delta\delta}\right) x + \left(C - \frac{E\beta}{\delta} - \frac{D\gamma}{\delta} + \frac{E\gamma\gamma}{\delta\delta}\right) x^2}{\alpha + \beta x + \gamma x^2 + \delta x^3} \cdot$$

Cum iam prioris partis $\frac{E}{\delta} x + \frac{D}{\delta} - \frac{E\gamma}{\delta\delta}$, si per dx multiplicetur, integratio sit obvia, tota difficultas ad integrationem partis posterioris, quae est vera forma fracta, reducitur. Ideoque cardo rei versatur in integratione huiusmodi formae $X dx$, si fuerit

$$X = \frac{A + Bx + Cx^2 + Dx^3 + Ex^4 + \text{etc.}}{\alpha + \beta x + \gamma x^2 + \delta x^3 + \varepsilon x^4 + \zeta x^5 + \text{etc.}},$$

ubi quidem summa potestas ipsius x in numeratore minor sit quam summa potestas ipsius x in denominatore. Ex quo regulas sequentes tantum ad huiusmodi formulas sum relaturus.

3. Si in denominatore terminus primus α vel aliquot termini initiales desint seu evanescant, integratio multum levari atque ad casum faciliorem, quem postmodum tractabimus, reduci potest. Reductio autem in hoc constat, quod denominator tum habeat unum factorem cognitum, qui erit vel x vel x^2 vel x^3 etc., prout unus pluresve termini initiales denominatoris evanescant, ideoque poterit fractio proposita in duas alias fractiones resolvi, quarum altera, cum habeat potestatem ipsius x simplicem pro denominatore, nullo negotio integratur, ita ut tantum altera remaneat, cuius integrale quaeratur. Sic, si primus tantum terminus denominatoris desit, erit formula differentialis proposita huiusmodi

$$\frac{A + Bx + Cx^2 + Dx^3 + Ex^4 + \text{etc.}}{x(\alpha + \beta x + \gamma x^2 + \delta x^3 + \varepsilon x^4 + \text{etc.})}\, dx,$$

quae aequalis est his duabus iunctim sumtis

$$\frac{A}{\alpha x}\, dx + \frac{\left(B - \frac{A\beta}{\alpha}\right) + \left(C - \frac{A\gamma}{\alpha}\right)x + \left(D - \frac{A\delta}{\alpha}\right)x^2 + \left(E - \frac{A\varepsilon}{\alpha}\right)x^3 + \text{etc.}}{\alpha + \beta x + \gamma x^2 + \delta x^3 + \varepsilon x^4 + \text{etc.}}\, dx,$$

quarum prioris partis $\frac{A\,dx}{\alpha x}$ integrale est $\frac{A}{\alpha}\, lx$, posterioris vero partis integrale methodo deinceps tradenda reperiri debet.

4. Si bini termini initiales denominatoris evanescant, formula differentialis erit huiusmodi

$$\frac{A + Bx + Cx^2 + Dx^3 + Ex^4 + \text{etc.}}{x^2(\alpha + \beta x + \gamma x^2 + \delta x^3 + \varepsilon x^4 + \text{etc.})}\, dx;$$

quae ut resolvatur in duas fractiones factores hos denominatoris pro denominatoribus habentes, ponatur ea aequalis his duabus fractionibus

$$\frac{\mathfrak{a} + \mathfrak{b}x}{x^2}\, dx + \frac{\mathfrak{A} + \mathfrak{B}x + \mathfrak{C}x^2 + \mathfrak{D}x^3 + \mathfrak{E}x^4 + \text{etc.}}{\alpha + \beta x + \gamma x^2 + \delta x^3 + \varepsilon x^4 + \text{etc.}}\, dx.$$

Addantur hae fractiones more consueto ac denominator summae quidem sponte aequalis fiet denominatori fractionis propositae, numerator autem erit

$$\mathfrak{a}\alpha + \mathfrak{a}\beta x + \mathfrak{a}\gamma x^2 + \mathfrak{a}\delta x^3 + \mathfrak{a}\varepsilon x^4 + \text{etc.}$$
$$+ \mathfrak{b}\alpha x + \mathfrak{b}\beta x^2 + \mathfrak{b}\gamma x^3 + \mathfrak{b}\delta x^4 + \text{etc.}$$
$$+ \mathfrak{A}x^2 + \mathfrak{B}x^3 + \mathfrak{C}x^4 + \text{etc.};$$

qui ut numeratori proposito aequalis fiat, termini singuli homologi aequentur, unde elicietur

$$\mathfrak{a} = \frac{A}{\alpha},$$

$$\mathfrak{b} = \frac{B}{\alpha} - \frac{\mathfrak{a}\beta}{\alpha} = \frac{B}{\alpha} - \frac{A\beta}{\alpha^2},$$

$$\mathfrak{A} = C - \frac{A\gamma}{\alpha} - \frac{B\beta}{\alpha} + \frac{A\beta^2}{\alpha^2},$$

$$\mathfrak{B} = D - \frac{A\delta}{\alpha} - \frac{B\gamma}{\alpha} + \frac{A\beta\gamma}{\alpha^2},$$

$$\mathfrak{C} = E - \frac{A\varepsilon}{\alpha} - \frac{B\delta}{\alpha} + \frac{A\beta\delta}{\alpha^2}$$

etc.

His coefficientibus initio assumtis determinatis innotescent binae fractiones simpliciores, in quas proposita resolvitur; ac prioris quidem $\frac{\mathfrak{a} + \mathfrak{b}x}{x^2}\,dx$ integrale est $= -\frac{\mathfrak{a}}{x} + \mathfrak{b}lx$, ita ut integratio formulae propositae iam ad integrationem partis posterioris reducatur. Ceterum ex ipsa terminorum comparatione intelligitur non opus fuisse, ut numeratori fractionis prioris $\mathfrak{a} + \mathfrak{b}x$ plures quam duos terminos tribueremus, cum litterarum determinandarum numerus hoc modo cum numero aequationum congruat; unicus autem terminus $\mathfrak{a}$ ad hoc non suffecisset, eo quod, si posuissemus $\mathfrak{b} = 0$, secundae aequationi $B = \mathfrak{a}\beta$ ob $\mathfrak{a}$ iam determinatum satisfieri non potuisset.

5. Ponamus iam tres terminos initiales denominatoris formulae initio propositae abesse ac formula differentialis integranda erit huiusmodi

$$\frac{A + Bx + Cx^2 + Dx^3 + Ex^4 + \text{etc.}}{x^3(\alpha + \beta x + \gamma x^2 + \delta x^3 + \varepsilon x^4 + \text{etc.})}\,dx,$$

quae in duas fractiones huius formae resolvi poterit

$$\frac{\mathfrak{a} + \mathfrak{b}x + \mathfrak{c}x^2}{x^3}\,dx + \frac{\mathfrak{A} + \mathfrak{B}x + \mathfrak{C}x^2 + \mathfrak{D}x^3 + \text{etc.}}{\alpha + \beta x + \gamma x^2 + \delta x^3 + \text{etc.}}\,dx,$$

quarum summae denominator cum denominatore proposito congruit, numerator vero erit

$$\mathfrak{a}\alpha + \mathfrak{a}\beta x + \mathfrak{a}\gamma x^2 + \mathfrak{a}\delta x^3 + \mathfrak{a}\varepsilon x^4 + \text{etc.}$$
$$+\, \mathfrak{b}\alpha x + \mathfrak{b}\beta x^2 + \mathfrak{b}\gamma x^3 + \mathfrak{b}\delta x^4 + \text{etc.}$$
$$+\, \mathfrak{c}\alpha x^2 + \mathfrak{c}\beta x^3 + \mathfrak{c}\gamma x^4 + \text{etc.}$$
$$+\, \mathfrak{A}x^3 + \mathfrak{B}x^4 + \text{etc.};$$

qui ut aequalis reddatur numeratori proposito, debebit esse

atque

$$\mathfrak{a} = \frac{A}{\alpha},$$

$$\mathfrak{b} = \frac{B}{\alpha} - \frac{\mathfrak{a}\beta}{\alpha} = \frac{B}{\alpha} - \frac{A\beta}{\alpha^2},$$

$$\mathfrak{c} = \frac{C}{\alpha} - \frac{\mathfrak{a}\gamma}{\alpha} - \frac{\mathfrak{b}\beta}{\alpha} = \frac{C}{\alpha} - \frac{A\gamma}{\alpha^2} - \frac{B\beta}{\alpha^2} + \frac{A\beta^2}{\alpha^3}$$

$$\mathfrak{A} = D - \frac{A\delta}{\alpha} - \frac{B\gamma}{\alpha} + \frac{2A\beta\gamma}{\alpha^2} - \frac{C\beta}{\alpha} + \frac{B\beta^2}{\alpha^2} - \frac{A\beta^3}{\alpha^3},$$

$$\mathfrak{B} = E - \frac{A\varepsilon}{\alpha} - \frac{B\delta}{\alpha} + \frac{A\beta\delta}{\alpha^2} - \frac{C\gamma}{\alpha} + \frac{A\gamma^2}{\alpha^2} + \frac{B\beta\gamma}{\alpha^2} - \frac{A\beta^2\gamma}{\alpha^3}$$

$$\text{etc.}$$

Apparet igitur nec plures nec pauciores terminos pro numeratore fractionis prioris accipi oportuisse quam tres; atque ex natura rei generaliter intelligitur pro numeratore prioris fractionis tot terminos assumi debere, quoad perveniatur ad exponentem ipsius x unitate minorem, quam continet exponens denominatoris, seu, quod eodem redit, numerator tot terminos habere debet, quot unitates continet exponens denominatoris.

6. Ex his iam satis patet modus, quemadmodum fractio differentialis, cuius denominator factorem habeat, qui sit potestas ipsius x, cuiusmodi est

$$\frac{A + Bx + Cx^2 + Dx^3 + Ex^4 + \text{etc.}}{x^n(\alpha + \beta x + \gamma x^2 + \delta x^3 + \text{etc.})}\, dx,$$

resolvi debeat in binas alias fractiones, quarum denominatores sint hi bini factores seorsim sumti. Scilicet ea transmutabitur in huiusmodi binas formulas

$$\frac{\mathfrak{a} + \mathfrak{b}x + \mathfrak{c}x^2 + \mathfrak{d}x^3 + \cdots + \mathfrak{n}x^{n-1}}{x^n}\, dx + \frac{\mathfrak{A} + \mathfrak{B}x + \mathfrak{C}x^2 + \mathfrak{D}x^3 + \mathfrak{E}x^4 + \text{etc.}}{\alpha + \beta x + \gamma x^2 + \delta x^3 + \varepsilon x^4 + \text{etc.}}\, dx$$

habebuntque coefficientes assumti hos valores

$$\mathfrak{a} = \frac{A}{\alpha},$$

$$\mathfrak{b} = \frac{B}{\alpha} - \frac{\mathfrak{a}\beta}{\alpha},$$

$$\mathfrak{c} = \frac{C}{\alpha} - \frac{\mathfrak{a}\gamma}{\alpha} - \frac{\mathfrak{b}\beta}{\alpha},$$

$$\mathfrak{d} = \frac{D}{\alpha} - \frac{\mathfrak{a}\delta}{\alpha} - \frac{\mathfrak{b}\gamma}{\alpha} - \frac{\mathfrak{c}\beta}{\alpha}$$

etc.

$$\mathfrak{A} = P - \mathfrak{n}\beta - \mathfrak{m}\gamma - \mathfrak{l}\delta - \mathfrak{k}\varepsilon - \text{etc.},$$

$$\mathfrak{B} = Q - \mathfrak{n}\gamma - \mathfrak{m}\delta - \mathfrak{l}\varepsilon - \mathfrak{k}\zeta - \text{etc.},$$

$$\mathfrak{C} = R - \mathfrak{n}\delta - \mathfrak{m}\varepsilon - \mathfrak{l}\zeta - \mathfrak{k}\eta - \text{etc.}$$

etc.,

ubi in numeratore proposito $A + Bx + Cx^2 + $ etc. denotat P coefficientem potestatis x^n et Q coefficientem potestatis x^{n+1} et R coefficientem potestatis x^{n+2} et ita porro. Hac ergo facta resolutione prioris fractionis integrale est in promtu per § 2, ita ut ad plenam integrationem supersit modus integrandi fractionem posteriorem. Hanc ob rem tota difficultas huc redit, ut modus tradatur integrandi huiusmodi formulam

$$\frac{A + Bx + Cx^2 + Dx^3 + Ex^4 + \text{etc.}}{\alpha + \beta x + \gamma x^2 + \delta x^3 + \varepsilon x^4 + \text{etc.}}\, dx,$$

in cuius denominatore primus terminus α non sit $= 0$.

7. Casus simplicissimus, qui in hac forma continetur, erit, si in numeratore omnes termini praeter primum, in denominatore vero omnes praeter duos primos evanescant, ita ut haec habeatur formula integranda

$$\frac{A}{\alpha + \beta x}\, dx.$$

Ponatur ea $= dy$, ut sit $dy = \frac{A\,dx}{\alpha + \beta x}$; erit $\frac{\beta\,dy}{A} = \frac{\beta\,dx}{\alpha + \beta x}$; quod cum sit differentiale ipsius $l(\alpha + \beta x)$, erit $\frac{\beta y}{A} = l(\alpha + \beta x)$ ideoque integrale quaesitum

$$\int \frac{A}{\alpha + \beta x}\, dx = y = \frac{A}{\beta}\, l(\alpha + \beta x)$$

seu adiiciendo constantem

$$\int \frac{A}{\alpha + \beta x}\, dx = \frac{A}{\beta}\, l\, \frac{\alpha + \beta x}{\mathfrak{a}}.$$

Simili modo si numerator totus per dx multiplicatus sit differentiale denominatoris, integratio facile per logarithmos expedietur. Si enim formula integranda sit

$$\frac{\beta + 2\gamma x + 3\delta x^2 + 4\varepsilon x^3}{\alpha + \beta x + \gamma x^2 + \delta x^3 + \varepsilon x^4}\, dx,$$

integrale erit logarithmus denominatoris, scilicet

$$l(\alpha + \beta x + \gamma x^2 + \delta x^3 + \varepsilon x^4).$$

Quodsi autem formula differentialis sit huiusmodi, ut numerator in dx ductus sit multiplum quodpiam [differentialis] denominatoris, nempe

$$dy = \frac{n\beta + 2n\gamma x + 3n\delta x^2 + 4n\varepsilon x^3}{\alpha + \beta x + \gamma x^2 + \delta x^3 + \varepsilon x^4}\, dx,$$

erit pariter per logarithmos integrale quaesitum

$$y = nl(\alpha + \beta x + \gamma x^2 + \delta x^3 + \varepsilon x^4).$$

8. Deinde etiam alius casus est obvius, si denominator sit quaepiam potestas ac numerator in dx ductus sit differentiale radicis denominatoris vel eius multiplum, veluti si fuerit

$$dy = \frac{n\beta + 2n\gamma x + 3n\delta x^2 + 4n\varepsilon x^3}{(\alpha + \beta x + \gamma x^2 + \delta x^3 + \varepsilon x^4)^m}\, dx.$$

Ponatur brevitatis ergo denominatoris radix

$$\alpha + \beta x + \gamma x^2 + \delta x^3 + \varepsilon x^4 = z;$$

erit

$$(\beta + 2\gamma x + 3\delta x^2 + 4\varepsilon x^3)dx = dz$$

hincque habebitur $dy = \dfrac{n\,dz}{z^m}$, cuius integrale erit $y = -\dfrac{n}{(m-1)z^{m-1}}$, atque valore ipsius z restituto prodibit integrale quaesitum

$$y = -\frac{n}{(m-1)(\alpha + \beta x + \gamma x^2 + \delta x^3 + \varepsilon x^4)^{m-1}},$$

cui insuper pro arbitrio quantitatem constantem adiicere licet. Praeterea vero etiam usu venire potest, ut integrale sit quantitas algebraica, etiamsi numerator non sit ita comparatus, uti in hoc casu assumsimus. Omnes autem hi casus una formula comprehendi poterunt, si in genere huiusmodi functio

$$\frac{\mathfrak{A} + \mathfrak{B}x + \mathfrak{C}x^2 + \mathfrak{D}x^3 + \text{etc.}}{(\alpha + \beta x + \gamma x^2 + \delta x^3 + \varepsilon x^4 + \text{etc.})^{m-1}}$$

differentietur; cum enim differentiale huiusmodi habiturum sit formam

$$\frac{A + Bx + Cx^2 + Dx^3 + \text{etc.}}{(\alpha + \beta x + \gamma x^2 + \delta x^3 + \varepsilon x^4 + \text{etc.})^m}\,dx,$$

huius formulae vicissim integrale habebitur.

9. His casibus exceptis, nulla alia via ad huiusmodi formulas differentiales fractas integrandas patet, nisi ut denominator $\alpha + \beta x + \gamma x^2 +$ etc. in suos factores simplices resolvatur, ubi quidem, cum non sit $\alpha = 0$, pro α unitas scribi potest, quod opus autem saepenumero maximis difficultatibus est obnoxium, quas tollere huius non est loci. Quanquam enim radicum investigatio, cum qua resolutio in factores congruit, adhuc non ultra aequationes quatuor dimensionum generatim est perducta, tamen in integrationum negotio merito nobis resolutionem aequationum quotcunque dimensionum concedi postulamus. Atque is formulae seu aequationis differentialis integrationem perfecte dedisse censendus est, qui eam ad resolutionem seu constructionem aequationis algebraicae revocaverit. Quamobrem assumamus denominatoris propositi

$$1 + \alpha x + \beta x^2 + \gamma x^3 + \delta x^4 + \text{etc.}$$

factores simplices, in quibus x unicam habeat dimensionem, esse hos

$$(1 + px)(1 + qx)(1 + rx)(1 + sx)(1 + tx) \text{ etc.},$$

quorum factorum numerus, uti constat, aequalis est maximae dimensioni ipsius x, quam habet in denominatore proposito. Praeterea vero manifestum est coefficientes p, q, r, s etc. cum coefficientibus cognitis α, β, γ, δ etc. ita esse connexos, ut sit

$$\alpha = p + q + r + s + \text{etc.} \qquad = \text{summae singulorum},$$
$$\beta = pq + pr + ps + qr + \text{etc.} = \text{summae factorum ex binis},$$
$$\gamma = pqr + pqs + qrs + \text{etc.} \qquad = \text{summae factorum ex ternis},$$
$$\delta = pqrs + pqrt + \text{etc.} \qquad = \text{summae factorum ex quaternis},$$
$$\varepsilon = pqrst + \text{etc.} \qquad = \text{summae factorum ex quinis}$$

et ita porro. Quamobrem has quantitates p, q, r, s etc. tanquam datas ac determinatas per cognitas α, β, γ, δ etc. iure accipere licet.

10. Hac posita denominatoris in factores resolutione formula differentialis

$$\frac{A + Bx + Cx^2 + Dx^3 + \text{etc.}}{1 + \alpha x + \beta x^2 + \gamma x^3 + \text{etc.}} \, dx$$

abibit in hanc formam

$$\frac{A + Bx + Cx^2 + Dx^3 + Ex^4 + \text{etc.}}{(1 + px)(1 + qx)(1 + rx)(1 + sx) \text{ etc.}} \, dx,$$

quae porro resolvi poterit in fractiones totidem simplices, quot denominator continet factores, sintque hae fractiones simplices differentiales hae

$$\frac{P \, dx}{1 + px} + \frac{Q \, dx}{1 + qx} + \frac{R \, dx}{1 + rx} + \frac{S \, dx}{1 + sx} + \text{etc.}$$

Patet enim his fractionibus addendis expressionem esse prodituram superiori similem; namque denominator summae sponte aequalis fiet denominatori oblato, numerator quidem illi non congruens orietur, verum tamen tot non prodibunt dimensiones ipsius x in numeratore quam in denominatore; quamobrem litterae adhuc ignotae P, Q, R, S etc. ita determinari poterunt, ut numerator ipsi proposito congruat. Tot enim sunt litterae P, Q, R etc., quot x habet dimensiones in denominatore; totidem vero numerator continet terminos, ita ut haec operatio sufficiat ad omnes litteras P, Q, R etc. determinandas. Ex hocque patet ratio, cur x in numeratore pauciores [dimensiones] habere debeat quam in denominatore; si enim totidem haberet vel plures, litterae assumtae P, Q, R etc. non sufficerent ad numeratorem propositum producendum.

11. Si ad valores litterarum P, Q, R, S etc. inveniendos omnes fractiones simplices actu addere ac numeratorem resultantem cum numeratore proposito congruentem reddere velimus, poterimus quidem valores illarum litterarum P, Q, R etc. omnium assignare; verum si numerus fractionum simplicium fuerit modicus tantum, labor fere fit insuperabilis. Eaedem autem aequationes multo facilius eruentur, si singulae fractiones simplices reiiciendo dx per divisionem in series convertantur, quo facto prodibit summa omnium per seriem expressa

$$+ P - Ppx + Pp^2x^2 - Pp^3x^3 + Pp^4x^4 - Pp^5x^5 + \text{etc.}$$
$$+ Q - Qqx + Qq^2x^2 - Qq^3x^3 + Qq^4x^4 - Qq^5x^5 + \text{etc.}$$
$$+ R - Rrx + Rr^2x^2 - Rr^3x^3 + Rr^4x^4 - Rr^5x^5 + \text{etc.}$$
$$+ S - Ssx + Ss^2x^2 - Ss^3x^3 + Ss^4x^4 - Ss^5x^5 + \text{etc.}$$
$$\text{etc.}$$

Quarum summa cum aequalis esse debeat fractioni propositae reiecto pariter factore differentiali dx

$$\frac{A + Bx + Cx^2 + Dx^3 + Ex^4 + Fx^5 + \text{etc.}}{1 + \alpha x + \beta x^2 + \gamma x^3 + \delta x^4 + \varepsilon x^5 + \text{etc.}},$$

convertatur haec pariter per divisionem in seriem infinitam, quae erit series recurrens

$$A - A\alpha x + A\alpha^2 x^2 - \quad A\alpha^3 x^3 + \text{etc.}$$
$$+ \quad Bx - B\alpha x^2 + \quad B\alpha^2 x^3 -$$
$$- A\beta x^2 + 2A\alpha\beta x^3 -$$
$$+ Cx^2 - \quad B\beta x^3 +$$
$$- \quad A\gamma x^3 +$$
$$- \quad C\alpha x^3 +$$
$$+ \quad Dx^3 -$$

Quodsi iam termini homologi inter se comparentur atque inter se aequales reddantur, obtinebuntur sequentes aequationes

$$P \; + Q \; + R \; + S \; + \text{etc.} = A,$$

$$Pp \; + Qq \; + Rr \; + Ss \; + \text{etc.} = A\alpha - B,$$

$$Pp^2 + Qq^2 + Rr^2 + Ss^2 + \text{etc.} = A(\alpha^2 - \beta) - B\alpha + C,$$

$$Pp^3 + Qq^3 + Rr^3 + Ss^3 + \text{etc.} = A(\alpha^3 - 2\alpha\beta + \gamma) - B(\alpha^2 - \beta) + C\alpha - D$$

$$\text{etc.}$$

Harum aequationum, quarum numerus quidem est infinitus, capiantur tot, quot habentur litterae determinandae P, Q, R etc., ex iisque earum valores more consueto definiantur.

12. Calculus hac methodo instituendus fit autem admodum prolixus, si plures habeantur litterae determinandae; attamen si a simplicioribus ad magis composita progrediamur, per inductionem certam non difficulter deprehendetur valores quaesitos sequenti modo expressum iri, ut sit

$$P = \frac{A - \frac{1}{p}B + \frac{1}{p^2}C - \frac{1}{p^3}D + \text{etc.}}{\left(1 - \frac{q}{p}\right)\left(1 - \frac{r}{p}\right)\left(1 - \frac{s}{p}\right)\left(1 - \frac{t}{p}\right)\text{etc.}},$$

$$Q = \frac{A - \frac{1}{q}B + \frac{1}{q^2}C - \frac{1}{q^3}D + \text{etc.}}{\left(1 - \frac{p}{q}\right)\left(1 - \frac{r}{q}\right)\left(1 - \frac{s}{q}\right)\left(1 - \frac{t}{q}\right)\text{etc.}},$$

$$R = \frac{A - \frac{1}{r}B + \frac{1}{r^2}C - \frac{1}{r^3}D + \text{etc.}}{\left(1 - \frac{p}{r}\right)\left(1 - \frac{q}{r}\right)\left(1 - \frac{s}{r}\right)\left(1 - \frac{t}{r}\right)\text{etc.}},$$

$$S = \frac{A - \frac{1}{s}B + \frac{1}{s^2}C - \frac{1}{s^3}D + \text{etc.}}{\left(1 - \frac{p}{s}\right)\left(1 - \frac{q}{s}\right)\left(1 - \frac{r}{s}\right)\left(1 - \frac{t}{s}\right)\text{etc.}}$$

$$\text{etc.}$$

Inductio haec, qua valores litterarum P, Q, R, S etc. eruimus, etsi est certissima, tamen non sine ingenti molestia atque loco α, β, γ etc. suos valores per p, q, r, s etc. expressos substituendo reperitur; quare, cum non cuique liceat hunc calculum repetere, alium modum faciliorem idem efficiendi proponamus, cuius simul in sequentibus amplior sit usus.

13. In hac methodo tantum ad unicum factorem $1 + px$ tanquam cognitum respicimus atque sine respectu ad reliquos factores simplices determinabimus valorem litterae P pro fractione simplici una $\frac{P\,dx}{1+px}$. Pari deinceps ratione, qua una fractio simplex est inventa, reperientur reliquae omnes $\frac{Q\,dx}{1+qx}$, $\frac{R\,dx}{1+rx}$ etc., quarum omnium summa aequetur formulae differentiali propositae. Discerpamus igitur formulam differentialem propositam

$$\frac{A + Bx + Cx^2 + Dx^3 + Ex^4 + \text{etc.}}{1 + \alpha x + \beta x^2 + \gamma x^3 + \delta x^4 + \text{etc.}}\,dx,$$

in cuius numeratore pauciores inesse ponimus dimensiones ipsius x quam in denominatore, discerpamus, inquam, hanc formulam in binas partes, quarum altera sit $= \frac{P\,dx}{1+px}$; alterius vero denominator erit quotus, qui resultat, si ille denominator formulae propositae per $1 + px$ dividatur, id quod utique fieri potest, cum $1 + px$ sit factor illius denominatoris. Ponamus quotum ex hac divisione oriundum esse

$$1 + \mathfrak{a}x + \mathfrak{b}x^2 + \mathfrak{c}x^3 + \mathfrak{d}x^4 + \text{etc.},$$

in quo ergo maximus dimensionum numerus ipsius x unitate deficit ab illo, quem habet in denominatore primo $1 + \alpha x + \beta x^2 + \gamma x^3 + \delta x^4 + \text{etc.}$ Sit igitur altera pars praeter $\frac{P\,dx}{1+px}$, in quam formula proposita resolvitur, haec

$$\frac{\mathfrak{A} + \mathfrak{B}x + \mathfrak{C}x^2 + \mathfrak{D}x^3 + \text{etc.}}{1 + \mathfrak{a}x + \mathfrak{b}x^2 + \mathfrak{c}x^3 + \mathfrak{d}x^4 + \text{etc.}}\,dx,$$

ubi ob eandem rationem in numeratore x pauciores habere debet dimensiones quam in denominatore.

14. Cum igitur summa harum duarum formularum

$$\frac{P\,dx}{1+px} + \frac{\mathfrak{A} + \mathfrak{B}x + \mathfrak{C}x^2 + \mathfrak{D}x^3 + \text{etc.}}{1 + \mathfrak{a}x + \mathfrak{b}x^2 + \mathfrak{c}x^3 + \mathfrak{d}x^4 + \text{etc.}}\,dx$$

aequalis esse debeat formulae propositae

$$\frac{A + Bx + Cx^2 + Dx^3 + Ex^4 + \text{etc.}}{1 + \alpha x + \beta x^2 + \gamma x^3 + \delta x^4 + \varepsilon x^5 + \text{etc.}}\,dx,$$

primum ob denominatores aequales habebitur

$$\alpha = \mathfrak{a} + p, \qquad \mathfrak{a} = \alpha - p,$$
$$\beta = \mathfrak{b} + \mathfrak{a}p, \qquad \mathfrak{b} = \beta - \alpha p + p^2,$$
$$\gamma = \mathfrak{c} + \mathfrak{b}p, \qquad \mathfrak{c} = \gamma - \beta p + \alpha p^2 - p^3,$$
$$\delta = \mathfrak{d} + \mathfrak{c}p \qquad \mathfrak{d} = \delta - \gamma p + \beta p^2 - \alpha p^3 + p^4$$
$$\text{etc.} \qquad\qquad \text{etc.}$$

Vel cum formulae

$$1 + \mathfrak{a}x + \mathfrak{b}x^2 + \mathfrak{c}x^3 + \mathfrak{d}x^4 + \text{etc.}$$

factores sint

$$(1 + qx)(1 + rx)(1 + sx) \text{ etc.},$$

fiet $\mathfrak{a}$ quantitatum q, r, s etc. summa, $\mathfrak{b}$ summa factorum ex binis, $\mathfrak{c}$ summa factorum ex ternis, $\mathfrak{d}$ ex quaternis et ita porro. Quamobrem valores litterarum $\mathfrak{a}$, $\mathfrak{b}$, $\mathfrak{c}$, $\mathfrak{d}$ etc. duplici modo cognoscuntur, primo scilicet ex coefficientibus α, β, γ, δ etc. ac deinde etiam ex factoribus $(1 + px)(1 + qx)(1 + rx)$ etc., in quos denominator $1 + \alpha x + \beta x^2 + \gamma x^3 + \text{etc.}$ resolvitur. Quodsi ergo praeter primum factorem $1 + px$, quem hic solum contemplamur, alii reliqui fuerint incogniti, priori modo, quo litteras $\mathfrak{a}$, $\mathfrak{b}$, $\mathfrak{c}$ etc. determinavimus, utendum erit.

15. Cum iam per additionem more solito absolvendam denominator summae congruens prodeat cum denominatore formulae propositae, superest, ut numeratores identicos reddamus. Fiet itaque

$$A = \quad \mathfrak{A} + P, \qquad \mathfrak{A} = A - P,$$
$$B = \mathfrak{A}p + \mathfrak{B} + \mathfrak{a}P, \qquad \mathfrak{B} = B - Ap + P(p - \mathfrak{a}),$$
$$C = \mathfrak{B}p + \mathfrak{C} + \mathfrak{b}P, \qquad \mathfrak{C} = C - Bp + Ap^2 - P(p^2 - \mathfrak{a}p + \mathfrak{b}),$$
$$D = \mathfrak{C}p + \mathfrak{D} + \mathfrak{c}P, \qquad \mathfrak{D} = D - Cp + Bp^2 - Ap^3 + P(p^3 - \mathfrak{a}p^2 + \mathfrak{b}p - \mathfrak{c}),$$
$$E = \mathfrak{D}p + \mathfrak{E} + \mathfrak{d}P \qquad \mathfrak{E} = E - Dp + Cp^2 - Bp^3 + Ap^4 - P(p^4 - \mathfrak{a}p^3 + \mathfrak{b}p^2 - \mathfrak{c}p + \mathfrak{d})$$
$$\text{etc.} \qquad\qquad\qquad \text{etc.}$$

Quoniam vero termini numeratoris $\mathfrak{A} + \mathfrak{B}x + \mathfrak{C}x^2 + \text{etc.}$ non in infinitum progrediuntur, sed ibi terminantur, ubi exponens ipsius x est unitate minor quam maximus exponens in denominatore, in litteris $\mathfrak{A}$, $\mathfrak{B}$, $\mathfrak{C}$, $\mathfrak{D}$ etc. tandem perrenietur ad evanescentem, postquam sequentes omnes evanescent; ac tum valorem ipsius P definire licebit. Quo igitur valor ipsius P generatim determinetur, ponamus successive numeratorem $\mathfrak{A} + \mathfrak{B}x + \mathfrak{C}x^2 + \mathfrak{D}x^3 +$ etc. nullo, tum unico, post duobus, tribus, quatuor etc. terminis tantum constare eritque,

$$\text{si} \quad \mathfrak{A} = 0, \qquad P = A,$$

$$\mathfrak{B} = 0, \qquad P = \frac{Ap - B}{p - \mathfrak{a}},$$

$$\mathfrak{C} = 0, \qquad P = \frac{Ap^2 - Bp + C}{p^2 - \mathfrak{a}p + \mathfrak{b}},$$

$$\mathfrak{D} = 0, \qquad P = \frac{Ap^3 - Bp^2 + Cp - D}{p^3 - \mathfrak{a}p^2 + \mathfrak{b}p - \mathfrak{c}}$$

$$\text{etc.}$$

Hinc facile concluditur fore generaliter, quotcunque affuerint dimensiones ipsius x,

$$P = \frac{A - \frac{1}{p} B + \frac{1}{p^2} C - \frac{1}{p^3} D + \frac{1}{p^4} E - \text{etc.}}{1 - \frac{1}{p} \mathfrak{a} + \frac{1}{p^2} \mathfrak{b} - \frac{1}{p^3} \mathfrak{c} + \frac{1}{p^4} \mathfrak{d} - \text{etc.}},$$

quae expressio perpetuo terminatur, si formula differentialis proposita finito terminorum numero constet.

16. Numerator quidem huius fractionis, quam pro valore ipsius P invenimus, apprime convenit cum numeratore fractionis praecedenti modo § 12 pro eadem quantitate P inventae. At denominatores a se invicem discrepare videntur; re autem propius perpensa apparebit summum inter utrosque esse consensum. Sumamus enim denominatorem priorem

$$\left(1 - \frac{q}{p}\right)\left(1 - \frac{r}{p}\right)\left(1 - \frac{s}{p}\right)\left(1 - \frac{t}{p}\right) \text{ etc.}$$

atque patebit actuali multiplicatione eiusmodi prodituram esse expressionem

$$1 - \frac{\mathfrak{B}}{p} + \frac{\mathfrak{C}}{p^2} - \frac{\mathfrak{R}}{p^3} + \frac{\mathfrak{S}}{p^4} - \frac{\mathfrak{X}}{p^5} + \text{etc.},$$

in qua sit

$$\mathfrak{P} = \text{summae quantitatum } q,\ r,\ s,\ t \text{ etc.,}$$
$$\mathfrak{Q} = \text{summae factorum ex binis,}$$
$$\mathfrak{R} = \text{summae factorum ex ternis,}$$
$$\mathfrak{S} = \text{summae factorum ex quaternis}$$
$$\text{etc.}$$

Cum igitur expressio $1 + \mathfrak{a}x + \mathfrak{b}x^2 + \mathfrak{c}x^3 + \mathfrak{d}x^4 + $ etc. aequalis sit producto $(1 + qx)(1 + rx)(1 + sx)(1 + tx)$ etc. (§ 14), erit ob eandem rationem

$$\mathfrak{a} = \text{summae quantitatum } q,\ r,\ s,\ t \text{ etc.,}$$
$$\mathfrak{b} = \text{summae factorum ex binis,}$$
$$\mathfrak{c} = \text{summae factorum ex ternis,}$$
$$\mathfrak{d} = \text{summae factorum ex quaternis}$$
$$\text{etc.}$$

Consequenter erit

$$\mathfrak{P} = \mathfrak{a}, \quad \mathfrak{Q} = \mathfrak{b}, \quad \mathfrak{R} = \mathfrak{c}, \quad \mathfrak{S} = \mathfrak{d} \quad \text{etc.}$$

ideoque denominator prius inventus

$$\left(1 - \frac{q}{p}\right)\left(1 - \frac{r}{p}\right)\left(1 - \frac{s}{p}\right)\left(1 - \frac{t}{p}\right) \text{ etc.}$$

transmutabitur in sequentem

$$1 - \frac{1}{p}\mathfrak{a} + \frac{1}{p^2}\mathfrak{b} - \frac{1}{p^3}\mathfrak{c} + \frac{1}{p^4}\mathfrak{d} - \text{etc.,}$$

qui est ipse denominator modo posteriori erutus, qui adeo priori est aequalis.

17. Denominatorem hunc etiam poterimus exprimere per coefficientes $\alpha,\ \beta,\ \gamma,\ \delta$ etc., qui continentur in denominatore formulae differentialis propositae, eo quod supra (§ 14) per hos coefficientes valores litterarum $\mathfrak{a},\ \mathfrak{b},\ \mathfrak{c},\ \mathfrak{d},\ \mathfrak{e}$ etc. determinavimus. In hoc autem negotio nosse oportebit, ex quot omnino terminis constet expressio $1 - \frac{1}{p}\mathfrak{a} + \frac{1}{p^2}\mathfrak{b} - \frac{1}{p^3}\mathfrak{c} + $ etc. Ponamus ergo eam constare ex

terminis	erit valor ipsius expressionis
1	1
2	$2 - \dfrac{1}{p}\,\alpha$
3	$3 - \dfrac{2}{p}\,\alpha + \dfrac{1}{p^2}\,\beta$
4	$4 - \dfrac{3}{p}\,\alpha + \dfrac{2}{p^2}\,\beta - \dfrac{1}{p^3}\,\gamma$
5	$5 - \dfrac{4}{p}\,\alpha + \dfrac{3}{p^2}\,\beta - \dfrac{2}{p^3}\,\gamma + \dfrac{1}{p^4}\,\delta$
.	.
.	.
n	$n - \dfrac{(n-1)\alpha}{p} + \dfrac{(n-2)\beta}{p^2} - \dfrac{(n-3)\gamma}{p^3} + \dfrac{(n-4)\delta}{p^4} - \text{etc.},$

ubi numerus n indicat, quot sint termini in formula

$$1 + \alpha x + \beta x^2 + \gamma x^3 + \delta x^4 + \text{etc.},$$

seu si forte qui termini desint, $n - 1$ dat maximum ipsius x exponentem in denominatore formulae differentialis propositae. Cum autem $1 + px$ sit factor huius expressionis, ea, si loco x ponatur $-\dfrac{1}{p}$, evadet $= 0$, hoc est, erit

$$0 = 1 - \frac{\alpha}{p} + \frac{\beta}{p^2} - \frac{\gamma}{p^3} + \frac{\delta}{p^4} - \frac{\varepsilon}{p^5} + \text{etc.},$$

quae ab illa n vicibus subtracta relinquit hanc expressionem

$$\frac{\alpha}{p} - \frac{2\beta}{p^2} + \frac{3\gamma}{p^3} - \frac{4\delta}{p^4} + \frac{5\varepsilon}{p^5} - \text{etc.},$$

quae ergo est tertia expressio eandem denominatorem pro fractione ipsi P aequali suppeditans.

18. Si ergo proposita fuerit formula differentialis

$$\frac{A + Bx + Cx^2 + Dx^3 + Ex^4 + \text{etc.}}{1 + \alpha x + \beta x^2 + \gamma x^3 + \delta x^4 + \varepsilon x^5 + \text{etc.}}\,dx,$$

in cuius numeratore x pauciores habeat dimensiones quam in denominatore, tum ea in tot formulas differentiales simplices logarithmicas resolvi poterit, quot unitates contineat maximus ipsius x dimensionum numerus in denominatore. Ad quas inveniendas ponamus denominatorem esse productum ex his factoribus

$$(1+px)(1+qx)(1+rx)(1+sx) \text{ etc.}$$

atque unusquisque factor unam suppeditabit fractionem simplicem; nempe ex factore $1+px$ orietur formula differentialis $\frac{P\,dx}{1+px}$ eritque

$$P = \frac{A - \frac{1}{p}B + \frac{1}{p^2}C - \frac{1}{p^3}D + \frac{1}{p^4}E - \text{etc.}}{\left(1 - \frac{q}{p}\right)\left(1 - \frac{r}{p}\right)\left(1 - \frac{s}{p}\right)\left(1 - \frac{t}{p}\right)\text{ etc.}}$$

vel, quod eodem redit,

$$P = \frac{A - \frac{1}{p}B + \frac{1}{p^2}C - \frac{1}{p^3}D + \frac{1}{p^4}E - \text{etc.}}{\frac{1}{p}\alpha - \frac{2}{p^2}\beta + \frac{3}{p^3}\gamma - \frac{4}{p^4}\delta + \frac{5}{p^5}\varepsilon - \text{etc.}}.$$

Simili autem modo, quo hic ex factore $1+px$ formulam differentialem $\frac{P\,dx}{1+px}$ invenimus, ex reliquis omnibus factoribus totidem formulae differentiales $\frac{Q\,dx}{1+qx}$, $\frac{R\,dx}{1+rx}$, $\frac{S\,dx}{1+sx}$ etc. reperientur. Quibus omnibus inventis erit formulae propositae differentialis integrale quaesitum

$$= \frac{P}{p}l(1+px) + \frac{Q}{q}l(1+qx) + \frac{R}{r}l(1+rx) + \frac{S}{s}l(1+sx) + \text{etc.}$$

tot constans membris logarithmicis, quot x in denominatore formulae propositae habet dimensiones.

19. Fieri autem nequit, ut horum membrorum ullum evanescat seu ut unquam fiat $P=0$, nisi in ipsa formula differentiali proposita communis divisor numeratoris ac denominatoris existat. Quod ut clarius appareat, ponamus numeratorem fractionis valorem ipsius P exhibentis $=0$, hoc est

$$A - \frac{1}{p}B + \frac{1}{p^2}C - \frac{1}{p^3}D + \text{etc.} = 0.$$

Haec autem expressio resultat ex numeratore formulae differentialis

$$A + Bx + Cx^2 + Dx^3 + \text{etc.}$$

ponendo $-\frac{1}{p}$ loco x; quare cum haec postrema expressio fiat $= 0$ posito $-\frac{1}{p}$ loco x, sequitur $x + \frac{1}{p}$ seu $1 + px$ eius divisorem esse; hocque casu, quo $P = 0$, necesse est, ut numerator et denominator formulae differentialis propositae communem habeant divisorem. Contra autem facile evenire potest, ut valor ipsius P in infinitum excrescat evanescente denominatore

$$\left(1 - \frac{q}{p}\right)\left(1 - \frac{r}{p}\right)\left(1 - \frac{s}{p}\right)\left(1 - \frac{t}{p}\right) \text{ etc.,}$$

quod eveniet, si inter reliquas litteras q, r, s, t etc. una pluresve reperiantur ipsi p aequales. Ponamus esse $p = q$ seu denominatorem $1 + \alpha x + \beta x^2 +$ etc. duos habere factores aequales; tum in utraque fractione $\frac{P\,dx}{1+px}$ et $\frac{Q\,dx}{1+qx}$ numerator in infinitum excrescet. Interim tamen integrale ipsum non erit infinitum ob bina ista infinita se destruentia, sed finitum atque adeo ad quantitatem algebraicam reducetur quantitas alias perpetuo a logarithmis pendens. Tradamus igitur modum illam integralis partem, quae a duobus factoribus aequalibus oritur, definiendi, cum ea ex praecedentibus formulis infinitis difficulter colligi queat.

20. Si igitur duo pluresve denominatoris factores inter se fuerint aequales, eos a se invicem disiungi non convenit, sed integralis membrum, quod ex illis coniunctim nascitur, peculiari modo est investigandum. Sint igitur duo denominatoris factores $(1 + px)^2$ aequales atque ponamus formulam differentialem propositam

$$\frac{A + Bx + Cx^2 + Dx^3 + Ex^4 + \text{etc.}}{1 + \alpha x + \beta x^2 + \gamma x^3 + \delta x^4 + \varepsilon x^5 + \text{etc.}}\,dx$$

resolvi in has duas partes

$$\frac{\mathfrak{P}\,dx + \mathfrak{Q}x\,dx}{1 + 2px + ppxx} + \frac{\mathfrak{A} + \mathfrak{B}x + \mathfrak{C}x^2 + \text{etc.}}{1 + \mathfrak{a}x + \mathfrak{b}x^2 + \mathfrak{c}x^3 + \text{etc.}}\,dx;$$

erit primo, ut per additionem denominator propositus proveniat,

$$\alpha = \mathfrak{a} + 2p, \qquad\qquad \mathfrak{a} = \alpha - 2p,$$
$$\beta = \mathfrak{b} + 2p\mathfrak{a} + pp, \qquad\qquad \mathfrak{b} = \beta - 2\alpha p + 3pp,$$
$$\gamma = \mathfrak{c} + 2p\mathfrak{b} + pp\mathfrak{a}, \qquad\qquad \mathfrak{c} = \gamma - 2\beta p + 3\alpha pp - 4p^3,$$
$$\delta = \mathfrak{d} + 2p\mathfrak{c} + pp\mathfrak{b} \qquad\qquad \mathfrak{d} = \delta - 2\gamma p + 3\beta pp - 4\alpha p^3 + 5p^4$$
$$\text{etc.} \qquad\qquad\qquad\qquad\qquad \text{etc.}$$

Deinde ut numerator propositus producatur, esse oportebit

$$A = \mathfrak{A} + \mathfrak{P},$$
$$B = \mathfrak{B} + 2\mathfrak{A}p + \mathfrak{Q} + \mathfrak{P}\mathfrak{a},$$
$$C = \mathfrak{C} + 2\mathfrak{B}p + \mathfrak{A}pp + \mathfrak{Q}\mathfrak{a} + \mathfrak{P}\mathfrak{b},$$
$$D = \mathfrak{D} + 2\mathfrak{C}p + \mathfrak{B}pp + \mathfrak{Q}\mathfrak{b} + \mathfrak{P}\mathfrak{c},$$
$$E = \mathfrak{E} + 2\mathfrak{D}p + \mathfrak{C}pp + \mathfrak{Q}\mathfrak{c} + \mathfrak{P}\mathfrak{d}$$

etc.

Ex his aequationibus vicissim elicientur valores litterarum $\mathfrak{A}$, $\mathfrak{B}$, $\mathfrak{C}$, $\mathfrak{D}$ etc. sequentes

$$\mathfrak{A} = A - \mathfrak{P},$$
$$\mathfrak{B} = B - 2Ap + \mathfrak{P}(2p - \mathfrak{a}) - \mathfrak{Q},$$
$$\mathfrak{C} = C - 2Bp + 3App - \mathfrak{P}(3p^2 - 2\mathfrak{a}p + \mathfrak{b}) + \mathfrak{Q}(2p - \mathfrak{a}),$$
$$\mathfrak{D} = D - 2Cp + 3Bpp - 4Ap^3 + \mathfrak{P}(4p^3 - 3\mathfrak{a}p^2 + 2\mathfrak{b}p - \mathfrak{c}) - \mathfrak{Q}(3pp - 2\mathfrak{a}p + \mathfrak{b})$$

etc.

Hae aequationes eousque sunt continuandae, donec in expressione

$$\mathfrak{A} + \mathfrak{B}x + \mathfrak{C}x^2 + \text{etc.},$$

quae finito constat terminorum numero, ad finem perveniatur; tum enim ob sequentes valores in serie litterarum $\mathfrak{A}$, $\mathfrak{B}$, $\mathfrak{C}$ etc. evanescentes statim occurrent duae aequationes, ex quibus coefficientes $\mathfrak{P}$ et $\mathfrak{Q}$ determinari poterunt.

21. Si ordine progrediamur ac primo $\mathfrak{A}$ et $\mathfrak{B}$, deinde $\mathfrak{B}$ et $\mathfrak{C}$, tum $\mathfrak{C}$ et $\mathfrak{D}$ etc. evanescentes ponamus, tum pro casibus particularibus valores litterarum $\mathfrak{P}$ et $\mathfrak{Q}$ invenimus, ex earum autem formis difficulter generales expressiones colligentur. Interim tamen alio modo satis concinne valores ipsarum $\mathfrak{P}$ et $\mathfrak{Q}$ determinari poterunt. Ponatur

$$\frac{A - \frac{1}{p}B + \frac{1}{p^2}C - \frac{1}{p^3}D + \text{etc.}}{\frac{1}{p} - \frac{1}{p^2}\mathfrak{a} + \frac{1}{p^3}\mathfrak{b} - \frac{1}{p^4}\mathfrak{c} + \text{etc.}} = V;$$

erit V functio ipsius p et quantitatum cognitarum A, B, C, D etc. et $\mathfrak{a}$, $\mathfrak{b}$, $\mathfrak{c}$, $\mathfrak{d}$ etc. Quodsi ergo quantitas haec V differentietur ponendo tantum p variabili, fiet $\frac{dV}{dp}$ quantitas algebraica eaque cognita. Iam dico valores ipsarum $\mathfrak{P}$ et $\mathfrak{Q}$ ita definiri, ut sit

$$\mathfrak{P} = \frac{dV}{dp} \quad \text{et} \quad \mathfrak{Q} = \frac{pp}{dp} d. \frac{V}{p} = \frac{p\, dV}{dp} - V.$$

Ad quas expressiones demonstrandas notari debet, cum in serie litterarum $\mathfrak{A}$, $\mathfrak{B}$, $\mathfrak{C}$, $\mathfrak{D}$ etc. ad evanescentes litteras fuerit perventum, tum binas eiusmodi predituras esse aequationes

$$n A p^{n-1} - (n-1) B p^{n-2} + (n-2) C p^{n-3} - (n-3) D p^{n-4} + \text{etc.}$$
$$= \mathfrak{P}\left(n p^{n-1} - (n-1)\mathfrak{a} p^{n-2} + (n-2)\mathfrak{b} p^{n-3} - (n-3)\mathfrak{c} p^{n-4} + \text{etc.}\right)$$
$$- \mathfrak{Q}\left((n-1) p^{n-2} - (n-2)\mathfrak{a} p^{n-3} + (n-3)\mathfrak{b} p^{n-4} - (n-4)\mathfrak{c} p^{n-5} + \text{etc.}\right)$$

et

$$(n+1) A p^{n} - n B p^{n-1} + (n-1) C p^{n-2} - (n-2) D p^{n-3} + \text{etc.}$$
$$= \mathfrak{P}\left((n+1) p^{n} - n\mathfrak{a} p^{n-1} + (n-1)\mathfrak{b} p^{n-2} - (n-2)\mathfrak{c} p^{n-3} + \text{etc.}\right)$$
$$- \mathfrak{Q}\left(n p^{n-1} - (n-1)\mathfrak{a} p^{n-2} + (n-2)\mathfrak{b} p^{n-3} - (n-3)\mathfrak{c} p^{n-4} + \text{etc.}\right).$$

Ponatur iam

$$A p^{n} - B p^{n-1} + C p^{n-2} - D p^{n-3} + \text{etc.} = M,$$
$$p^{n-1} - \mathfrak{a} p^{n-2} + \mathfrak{b} p^{n-3} - \mathfrak{c} p^{n-4} + \text{etc.} = N$$

atque binae illae aequationes transibunt in has

$$\frac{dM}{dp} = \frac{\mathfrak{P} d. Np}{dp} - \frac{\mathfrak{Q} dN}{dp},$$
$$\frac{d. Mp}{dp} = \frac{\mathfrak{P} d. Np^{2}}{dp} - \frac{\mathfrak{Q} d. Np}{dp},$$

ex quibus elicitur

$$\mathfrak{Q} = \frac{\mathfrak{P} N dp + \mathfrak{P} p\, dN - dM}{dN}$$

et

$$\mathfrak{Q} = \frac{2 \mathfrak{P} N p\, dp + \mathfrak{P} p^{2} dN - M dp - p\, dM}{N dp + p\, dN}.$$

Atque ex harum comparatione oritur

$$\mathfrak{P} = \frac{N\,dM - M\,dN}{N^2 dp} = \frac{1}{dp}\, d.\frac{M}{N},$$

$$\mathfrak{Q} = -\frac{M}{N} + \frac{p(N\,dM - M\,dN)}{N^2 dp} = -\frac{M}{N} + \frac{p}{dp}\, d.\frac{M}{N}.$$

Ponatur iam $\frac{M}{N} = V$, ut sit

$$V = \frac{Ap^n - Bp^{n-1} + Cp^{n-2} - Dp^{n-3} + \text{etc.}}{p^{n-1} - \mathfrak{a}p^{n-2} + \mathfrak{b}p^{n-3} - \mathfrak{c}p^{n-4} + \text{etc.}},$$

erit, si numerator et denominator per p^n dividatur, prorsus ut ante assumsimús,

$$V = \frac{A - \frac{1}{p}B + \frac{1}{p^2}C - \frac{1}{p^3}D + \text{etc.}}{\frac{1}{p} - \frac{1}{p^2}\mathfrak{a} + \frac{1}{p^3}\mathfrak{b} - \frac{1}{p^4}\mathfrak{c} + \text{etc.}}.$$

Hocque adeo valore ipsius V assumto habebimus

$$\mathfrak{P} = \frac{dV}{dp} \quad \text{et} \quad \mathfrak{Q} = \frac{pdV}{dp} - V \quad \text{seu} \quad \mathfrak{P} = \frac{p}{dp}\cdot\frac{dV}{p}, \quad \mathfrak{Q} = \frac{pp}{dp}\, d.\frac{V}{p}.$$

22. Simili modo si formulae propositae

$$\frac{A + Bx + Cx^2 + Dx^3 + Ex^4 + \text{etc.}}{1 + \alpha x + \beta x^2 + \gamma x^3 + \delta x^4 + \varepsilon x^5 + \text{etc.}}\, dx$$

denominator habeat tres factores simplices aequales, ita ut sit divisibilis per $(1 + px)^3$, tum resolutio in duas istiusmodi partes fieri debet

$$\frac{\mathfrak{P}dx + \mathfrak{Q}x\,dx + \mathfrak{R}x^2 dx}{1 + 3px + 3p^2 x^2 + p^3 x^3} + \frac{\mathfrak{A} + \mathfrak{B}x + \text{etc.}}{1 + \mathfrak{a}x + \mathfrak{b}x^2 + \text{etc.}}\, dx;$$

ut iam summae denominator cum proposito congruat, oportebit esse

$$\mathfrak{a} = \alpha - 3p,$$
$$\mathfrak{b} = \beta - 3\alpha p + 6pp,$$
$$\mathfrak{c} = \gamma - 3\beta p + 6\alpha pp - 10p^3,$$
$$\mathfrak{d} = \delta - 3\gamma p + 6\beta pp - 10\alpha p^3 + 15p^4$$

$$\text{etc.}$$

Numeratorum autem identitas dabit has aequationes

$$A = \mathfrak{A} + \mathfrak{P},$$
$$B = \mathfrak{B} + 3\mathfrak{A}p + \mathfrak{Q} + \mathfrak{P}\mathfrak{a},$$
$$C = \mathfrak{C} + 3\mathfrak{B}p + 3\mathfrak{A}p^2 + \mathfrak{R} + \mathfrak{Q}\mathfrak{a} + \mathfrak{P}\mathfrak{b},$$
$$D = \mathfrak{D} + 3\mathfrak{C}p + 3\mathfrak{B}p^2 + \mathfrak{A}p^3 + \mathfrak{R}\mathfrak{a} + \mathfrak{Q}\mathfrak{b} + \mathfrak{P}\mathfrak{c},$$
$$E = \mathfrak{E} + 3\mathfrak{D}p + 3\mathfrak{C}p^2 + \mathfrak{B}p^3 + \mathfrak{R}\mathfrak{b} + \mathfrak{Q}\mathfrak{c} + \mathfrak{P}\mathfrak{d}$$
$$\text{etc.}$$

Hincque vicissim sequentes valores pro litteris $\mathfrak{A}$, $\mathfrak{B}$, $\mathfrak{C}$, $\mathfrak{D}$ etc. eliciuntur

$$\mathfrak{A} = A - \mathfrak{P},$$
$$\mathfrak{B} = B - 3Ap + \mathfrak{P}(3p - \mathfrak{a}) - \mathfrak{Q},$$
$$\mathfrak{C} = C - 3Bp + 6Ap^2 - \mathfrak{P}(6pp - 3\mathfrak{a}p + \mathfrak{b}) + \mathfrak{Q}(3p - \mathfrak{a}) - \mathfrak{R},$$
$$\mathfrak{D} = D - 3Cp + 6Bp^2 - 10Ap^3 + \mathfrak{P}(10p^3 - 6\mathfrak{a}p^2 + 3\mathfrak{b}p - \mathfrak{c})$$
$$- \mathfrak{Q}(6pp - 3\mathfrak{a}p + \mathfrak{b}) + \mathfrak{R}(3p - \mathfrak{a})$$
$$\text{etc.}$$

Ponatur iam, ut ante fecimus,

$$Ap^n - Bp^{n-1} + Cp^{n-2} - Dp^{n-3} + \text{etc.} = M$$

et

$$p^{n-2} - \mathfrak{a}p^{n-3} + \mathfrak{b}p^{n-4} - \mathfrak{c}p^{n-5} + \text{etc.} = N;$$

erit, ubi ad valores evanescentes pervenitur,

$$ddM \quad - \mathfrak{P}dd.Np^2 + \mathfrak{Q}dd.Np - \mathfrak{R}ddN \quad = 0,$$
$$dd.Mp - \mathfrak{P}dd.Np^3 + \mathfrak{Q}dd.Np^2 - \mathfrak{R}dd.Np = 0,$$
$$dd.Mp^2 - \mathfrak{P}dd.Np^4 + \mathfrak{Q}dd.Np^3 - \mathfrak{R}dd.Np^2 = 0$$

posito in duplici differentiatione dp constante.

Quodsi iam ponatur $\frac{M}{N} = V$, ita ut sit

$$V = \frac{A - \frac{1}{p}B + \frac{1}{p^2}C - \frac{1}{p^3}D + \text{etc.}}{\frac{1}{p^2} - \frac{\mathfrak{a}}{p^3} + \frac{\mathfrak{b}}{p^4} - \frac{\mathfrak{c}}{p^5} + \text{etc.}},$$

reperientur sequentes valores pro $\mathfrak{P}$, $\mathfrak{Q}$ et $\mathfrak{R}$:

$$\mathfrak{P} = \frac{ddV}{2\,dp^2} = \frac{p}{2\,dp^3} \cdot \frac{ddV}{p},$$

$$\mathfrak{Q} = \frac{p\,dd V}{dp^2} - \frac{dV}{dp} = \frac{pp}{dp^2}\,d.\,\frac{dV}{p},$$

$$\mathfrak{R} = \frac{pp\,ddV}{2\,dp^2} - \frac{p\,dV}{dp} + V = \frac{p^3}{2\,dp^2}\,dd.\,\frac{V}{p}\cdot$$

23. Haec iam sufficiunt ad legem cognoscendam, cuius beneficio resolutio formulae propositae in duas partes absolvi debeat, si denominator quotcunque habeat factores simplices aequales. Quae lex ut facilius perspiciatur, repetamus breviter, quae hactenus sunt tradita. Sitque proposita haec formula

$$\frac{A + Bx + Cx^2 + Dx^3 + Ex^4 + \text{etc.}}{1 + \alpha x + \beta x^2 + \gamma x^3 + \delta x^4 + \varepsilon x^5 + \text{etc.}}\,dx,$$

cuius integrale requiritur, in cuius numeratore x pauciores habeat dimensiones quam in denominatore, sitque denominatoris factor aliquis $1 + px$. Quodsi iam hic factor $1 + px$ alium non habeat sui aequalem, ex ipso integralis quaesiti pars reperietur

$$\int \frac{\mathfrak{P}\,dx}{1 + px},$$

in quo coefficiens $\mathfrak{P}$ ita determinabitur. Dividatur primo denominator $1 + \alpha x + \beta x^2 + \gamma x^3 + \text{etc.}$ per $1 + px$ sitque quotus $= 1 + \mathfrak{a}x + \mathfrak{b}x^2 + \mathfrak{c}x^3 + \text{etc.}$ Tum ponatur

$$\frac{A - \frac{1}{p}B + \frac{1}{p^2}C - \frac{1}{p^3}D + \text{etc.}}{1 - \frac{1}{p}\mathfrak{a} + \frac{1}{p^2}\mathfrak{b} - \frac{1}{p^3}\mathfrak{c} + \text{etc.}} = V$$

eritque $\mathfrak{P} = p\dfrac{V}{p}$ atque integrale ex factore $1 + px$ ortum erit

$$p\,\frac{V}{p}\int \frac{dx}{1 + px} = \frac{V}{p}\,l(1 + px);$$

hocque modo ex singulis denominatoris factoribus simplicibus respondentes integralis partes eruantur, quae simul sumtae totum integrale quaesitum praebebunt.

24. Quodsi autem denominator duos factores simplices habeat aequales seu $(1+px)^2$ factor fuerit denominatoris, tum ex hoc factore quadrato integralis pars inveniri debet, quae erit huiusmodi

$$\int \frac{\mathfrak{P}\,dx + \mathfrak{Q}\,x\,dx}{(1+px)^2},$$

in qua coefficientes $\mathfrak{P}$ et $\mathfrak{Q}$ hoc modo reperientur. Dividatur denominator $1 + \alpha x + \beta x^2 +$ etc. per $(1+px)^2$ sitque quotus $= 1 + \mathfrak{a}x + \mathfrak{b}x^2 + \mathfrak{c}x^3 +$ etc. Tum ponatur

$$\frac{A - \frac{1}{p}B + \frac{1}{p^2}C - \frac{1}{p^3}D + \text{etc.}}{\frac{1}{p} - \frac{1}{p^2}\mathfrak{a} + \frac{1}{p^3}\mathfrak{b} - \frac{1}{p^4}\mathfrak{c} + \text{etc.}} = V;$$

erit V functio ipsius p, quae differentietur more consueto ponendo tantum p variabile, fietque

$$\mathfrak{P} = \frac{p}{1\,dp}\cdot\frac{dV}{p},$$

$$\mathfrak{Q} = \frac{pp}{1\,dp}\,d.\frac{V}{p}.$$

Atque integrale ex factore $(1+px)^2$ oriundum erit

$$\frac{p}{1\,dp}\,d.\frac{V}{p}\cdot\int\frac{dx}{1+px} + p\,\frac{V}{pp}\int\frac{dx}{(1+px)^2}$$

seu

$$\frac{1}{1\,dp}\,d.\frac{V}{p}\cdot l(1+px) - \frac{V}{pp}\cdot\frac{1}{1+px}.$$

25. Habeat denominator tres factores simplices aequales seu sit $(1+px)^3$ eius divisor; tum ex hoc toto factore quaeratur integralis pars, quae sit

$$\int \frac{\mathfrak{P}\,dx + \mathfrak{Q}\,x\,dx + \mathfrak{R}\,x^2\,dx}{(1+px)^3}.$$

Coefficientes autem $\mathfrak{P}$, $\mathfrak{Q}$ et $\mathfrak{R}$ hoc modo definientur. Dividatur denominator $1 + \alpha x + \beta x^2 + \gamma x^3 +$ etc. per $(1+px)^3$ sitque quotus $1 + \mathfrak{a}x + \mathfrak{b}x^2 + \mathfrak{c}x^3 +$ etc. Tum ponatur

$$\frac{A - \frac{1}{p}B + \frac{1}{p^2}C - \frac{1}{p^3}D + \text{etc.}}{\frac{1}{p^2} - \frac{1}{p^3}\mathfrak{a} + \frac{1}{p^4}\mathfrak{b} - \frac{1}{p^5}\mathfrak{c} + \text{etc.}} = V;$$

ex hoc ipsius V valore cognito erit

$$\mathfrak{P} = \frac{p}{1 \cdot 2\,dp^2} \cdot \frac{dd\,V}{p},$$

$$\mathfrak{Q} = \frac{2p^2}{1 \cdot 2\,dp^2}\,d. \frac{dV}{p},$$

$$\mathfrak{R} = \frac{p^3}{1 \cdot 2\,dp^2}\,dd. \frac{V}{p}.$$

Atque integralis quaesiti membrum ex factore hoc $(1 + px)^3$ oriundum erit

$$\frac{p}{1 \cdot 2\,dp^2}\,dd. \frac{V}{p} \cdot \int \frac{dx}{1+px} + \frac{p}{1\,dp}\,d. \frac{V}{p^2} \cdot \int \frac{dx}{(1+px)^2} + p\,\frac{V}{p^3} \int \frac{dx}{(1+px)^3}$$

seu

$$\frac{dd. \dfrac{V}{p}}{1 \cdot 2\,dp^2}\,l(1+px) - \frac{d. \dfrac{V}{p^2}}{1\,dp} \cdot \frac{1}{1+px} - \frac{V}{p^3} \cdot \frac{1}{2(1+px)^2}.$$

26. Habeat denominator formulae differentialis propositae quatuor factores simplices inter se aequales, ita ut $(1 + px)^4$ sit eius divisor; tum ex toto hoc factore quaeratur integralis pars

$$\int \frac{\mathfrak{P}\,dx + \mathfrak{Q}x\,dx + \mathfrak{R}x^2\,dx + \mathfrak{S}x^3\,dx}{(1+px)^4},$$

ubi coefficientes $\mathfrak{P}$, $\mathfrak{Q}$, $\mathfrak{R}$ et $\mathfrak{S}$ hoc modo determinabuntur. Dividatur denominator propositus $1 + \alpha x + \beta x^2 + \gamma x^3 + $ etc. per $(1 + px)^4$ sitque quotus $1 + \mathfrak{a}x + \mathfrak{b}x^2 + \mathfrak{c}x^3 + $ etc. Tum ponatur

$$\frac{A - \dfrac{1}{p}B + \dfrac{1}{p^2}C - \dfrac{1}{p^3}D + \text{etc.}}{\dfrac{1}{p^3} - \dfrac{1}{p^4}\mathfrak{a} + \dfrac{1}{p^5}\mathfrak{b} - \dfrac{1}{p^6}\mathfrak{c} + \text{etc.}} = V.$$

Atque ex hoc ipsius V valore cognito erit

$$\mathfrak{P} = \frac{p}{1 \cdot 2 \cdot 3\,dp^3} \cdot \frac{d^3 V}{p},$$

$$\mathfrak{Q} = \frac{3p^2}{1 \cdot 2 \cdot 3\,dp^3}\,d. \frac{dd\,V}{p},$$

$$\mathfrak{R} = \frac{3p^3}{1 \cdot 2 \cdot 3\,dp^3}\,dd. \frac{dV}{p},$$

$$\mathfrak{S} = \frac{p^4}{1 \cdot 2 \cdot 3\,dp^3}\,d^3. \frac{V}{p}.$$

Hinc integralis membrum ex factore $(1 + px)^4$ oriundum erit

$$\frac{p}{1\cdot 2\cdot 3\,dp^3}d^3\cdot\frac{V}{p}\cdot\int\frac{dx}{1+px} + \frac{p}{1\cdot 2\,dp^2}d^2\cdot\frac{V}{pp}\cdot\int\frac{dx}{(1+px)^2}$$

$$+ \frac{p}{1\,dp}d\cdot\frac{V}{p^3}\cdot\int\frac{dx}{(1+px)^3} + p\,\frac{V}{p^4}\int\frac{dx}{(1+px)^4}.$$

27. Perspicitur hinc duplex lex, altera, quam valores coefficientium assumtorum $\mathfrak{P}$, $\mathfrak{Q}$, $\mathfrak{R}$ etc. inter se tenent, altera vero, quam formulae integrales ipsae observant; atque ex utraque integralis quaesiti membrum id poterit definiri, quod oritur ex potestate quacunque factoris cuiuspiam simplicis $1 + px$. Sufficit autem alteram tantum legem notasse, cum altera ex altera sequatur; ac posterior quidem non solum facilior videtur, verum etiam maiorem praestat utilitatem, cum ex ea statim integrale formari queat. Probe autem cavendum est, ne vera variabilis x cum variabili assumtitia p confundatur; nam in formula differentiali proposita unica inest variabilis x, praeter quam omnes reliquae quantitates non excepta p sunt constantes et in integratione qua tales tractantur; quando vero coefficientes per se quidem constantes investigantur, tum vera variabilis x non amplius in computum ducitur, sed investigatio per meras constantes absolvitur. In hoc autem opere ingens nanciscimur subsidium ad coéfficientes determinandos ope differentiationis, ubi quantitatem V tanquam functionem variabilis p consideramus eamque differentiamus semel, bis pluriesve ponendo dp constans. Est adeo haec differentiatio tantum operatio subsidiaria, quae ad coefficientes indagandos suscipitur; qui quam primum fuerint inventi, tum rursus quantitas p tanquam constans tractatur et integrale more consueto expressum exhibetur.

28. Unicam difficultatem, quae saepenumero maximam molestiam parere posset, hic adhuc removere possumus, quo ipso calculus mirum in modum contrahetur. Haec autem difficultas versatur in inventione seriei

$$1 + \mathfrak{a}x + \mathfrak{b}x^2 + \mathfrak{c}x^3 + \mathfrak{d}x^4 + \text{etc.},$$

quae resultat, si denominator $1 + \alpha x + \beta x^2 + \gamma x^3 + \text{etc.}$ vel per $1 + px$ vel per $(1 + px)^2$ vel per $(1 + px)^3$ vel etc. dividatur. Facilior igitur calculus reddetur, si pro quovis casu in valore ipsius V loco litterarum $\mathfrak{a}$, $\mathfrak{b}$, $\mathfrak{c}$ etc. earum valores per α, β, γ etc. substituamus, qui cum sint sponte cogniti, inventione litterarum $\mathfrak{a}$, $\mathfrak{b}$, $\mathfrak{c}$, $\mathfrak{d}$ etc. supersedere poterimus. Casu igitur primo § 23 pertractato, quo denominator $1 + \alpha x + \beta x^2 + \gamma x^3 +$ etc. semel tantum divisorem $1 + px$ admittit, erit

$$V = \frac{A - \frac{1}{p}B + \frac{1}{p^2}C - \frac{1}{p^3}D + \text{etc.}}{\frac{\alpha}{p} - \frac{2\beta}{p^2} + \frac{3\gamma}{p^3} - \frac{4\delta}{p^4} + \text{etc.}}$$

(§ 18); quae operatio ut adhuc brevius absolvi queat, ponatur in formula differentiali proposita

$$\frac{A + Bx + Cx^2 + Dx^3 + Ex^4 + \text{etc.}}{1 + \alpha x + \beta x^2 + \gamma x^3 + \delta x^4 + \varepsilon x^5 + \text{etc.}}\, dx$$

numerator

$$A + Bx + Cx^2 + Dx^3 + \text{etc.} = P$$

et denominator

$$1 + \alpha x + \beta x^2 + \gamma x^3 + \text{etc.} = Q;$$

erit $V = \frac{Pp\,dx}{dQ}$ posito $-\frac{1}{p}$ loco x; quo facto obtinebit V eum ipsum valorem per p expressum, qui ipsi convenit pro casu, quo $1 + px$ est factor denominatoris Q; ex hocque factore integralis quaesiti pars oritur haec $\frac{V}{p}\int\frac{p\,dx}{1+px}$.

29. Si denominator Q factorem habeat $(1 + px)^2$, tum sumatur

$$V = \frac{1 \cdot 2\, Pp^3 dx^2}{dd\,Q}$$

ponendo in differentiatione ipsius Q x variabile et dx constans tumque loco x scribendo $-\frac{1}{p}$; quo facto V fiet functio ipsius p, quae proin posita hac p variabili differentiari poterit. Erit autem integralis quaesiti membrum ex factore $(1 + px)^2$ oriundum

$$\frac{d.\frac{V}{p}}{1\,dp}\int\frac{p\,dx}{1+px} + \frac{V}{p^2}\int\frac{p\,dx}{(1+px)^2}.$$

Sin denominator Q factorem habeat $(1 + px)^3$, tum sumatur

$$V = \frac{1 \cdot 2 \cdot 3\, Pp^5 dx^3}{d^3\,Q};$$

ubi primo in differentiatione ipsius $Q = 1 + \alpha x + \beta x^2 + \gamma x^3 +$ etc. ponatur x variabile et in sequentibus differentiationibus dx constans; tum fiat $x = -\dfrac{1}{p}$, ut prodeat V functio ipsius p deinceps differentianda posito p variabili. Atque integralis quaesiti pars ex factore $(1 + px)^3$ oriunda erit

$$\frac{dd.\dfrac{V}{p}}{1\cdot 2\, dp^2}\int\frac{p\,dx}{1+px} + \frac{d.\dfrac{V}{p^2}}{1\,dp}\int\frac{p\,dx}{(1+px)^2} + \frac{V}{p^3}\int\frac{p\,dx}{(1+px)^3}.$$

Si denominator Q factorem habeat $(1+px)^4$, tum sumatur

$$V = \frac{1\cdot 2\cdot 3\cdot 4\,Pp^7 dx^4}{d^4 Q}$$

et servatis iisdem circa differentiationes legibus erit integralis portio ex denominatoris factore $(1 + px)^4$ oriunda

$$= \frac{d^3.\dfrac{V}{p}}{1\cdot 2\cdot 3\,dp^3}\int\frac{p\,dx}{1+px} + \frac{d^2.\dfrac{V}{p^2}}{1\cdot 2\,dp^2}\int\frac{p\,dx}{(1+px)^2} + \frac{d.\dfrac{V}{p^3}}{1\,dp}\int\frac{p\,dx}{(1+px)^3} + \frac{V}{p^4}\int\frac{p\,dx}{(1+px)^4}$$

sicque ulterius, quousque libuerit, progredi licebit.

30. Generatim igitur, quae hactenus sunt tradita, huc redeunt. Si proposita sit formula differentialis rationalis

$$\frac{A + Bx + Cx^2 + Dx^3 + Ex^4 + \text{etc.}}{1 + \alpha x + \beta x^2 + \gamma x^3 + \delta x^4 + \varepsilon x^5 + \text{etc.}}\,dx,$$

in qua variabilis x pauciores habeat dimensiones in numeratore quam in denominatore, huiusque integrale quaeratur, dico integrale ex tot compositum fore partibus, quot denominator contineat factores simplices a se invicem diversos. Atque ex quolibet factore denominatoris simplici eiusque potentia quacunque pars integralis quaesiti sequenti modo investigatur. Sit $(1 + px)^n$ factor seu divisor denominatoris. Atque ponatur brevitatis gratia

numerator $\quad A + Bx + Cx^2 + Dx^3 + \text{etc.} = P,$

denominator $\quad 1 + \alpha x + \beta x^2 + \gamma x^3 + \text{etc.} = Q.$

Tum continuo differentiando denominatorem Q posito x variabili et dx constanti capiatur

$$V = \frac{Pp^{2n-1}dx^n}{d^n Q}$$

vel, quod idem est,

$$V = \frac{Pp^{n-1}(1+px)^n}{1\cdot2\cdot3\cdots n\,Q}$$

ac fiat postea $x = -\frac{1}{p}$, ut exeat ex hac expressione x maneatque V functio ipsius p et constantium; quae deinceps differentietur ponendo p variabile et dp constans. Quo facto ex factore $(1+px)^n$ nascetur integralis quaesiti ista pars

$$\frac{n\,d^{n-1}\cdot\frac{V}{p}}{dp^{n-1}}\int\frac{pdx}{1+px} + \frac{n(n-1)d^{n-2}\cdot\frac{V}{p^2}}{dp^{n-2}}\int\frac{pdx}{(1+px)^2} + \frac{n(n-1)(n-2)d^{n-3}\cdot\frac{V}{p^3}}{dp^{n-3}}\int\frac{pdx}{(1+px)^3}$$

$$+ \frac{n(n-1)(n-2)(n-3)d^{n-4}\cdot\frac{V}{p^4}}{dp^{n-4}}\int\frac{pdx}{(1+px)^4} + \text{etc.},$$

quae tot constabit membris, quot n continet unitates.

31. Habemus hic valorem ipsius V duplici modo expressum, quorum eo, qui commodior visus fuerit, uti conveniet. Si quidem denominator Q iam fuerit in suos factores resolutus, tum expediet uti modo posteriori, quo est

$$V = \frac{Pp^{n-1}(1+px)^n}{1\cdot2\cdot3\cdots n\,Q};$$

tum enim statim fiet $\frac{Q}{(1+px)^n}$ quantitas integra, eo, quod denominatorem Q divisibilem esse ponimus per $(1+px)^n$. Quod autem diximus invento hoc modo valore ipsius V loco x poni debere $-\frac{1}{p}$, hic probe cavendum est, ne loco p numerum determinatum scribendo contra institutum peccemus ac talem pro V expressionem obtineamus, quae differentiari nequeat. Quamobrem etsi revera p eam quantitatem determinatam denotat, quae reddat $(1+px)^n$ divisorem denominatoris Q, tamen loco $-\frac{1}{x}$ non illa quantitas determinata, sed potius character p, quasi adhuc esset incognitus, indeterminate substitui debet, quem etiam tamdiu retinebit, donec per differentiationem singuli integralis coefficientes fuerint reperti.

Quod ut clarius ob oculos ponatur, sit integranda ista formula differentialis

$$\frac{x\,dx}{(1-x)^3(1+x)^2(1+2x)}.$$

Erit ergo $P = x$ et $Q = (1-x)^3(1+x)^2(1+2x)$ atque integrale ex tribus constabit partibus, quae ex tribus factoribus $(1-x)^3$, $(1+x)^2$ et $1+2x$ reperientur.

Sumatur primum factor $(1-x)^3$, ex quo est $p = -1$, quem autem valorem tum demum loco p substituemus, cum omnes coefficientes fuerint determinati. Erit ergo $n = 3$ et $\frac{Q}{(1+px)^3} = (1+x)^2(1+2x)$, ex quo fit

$$V = \frac{p^2 x}{6(1+x)^2(1+2x)} = \frac{-p^4}{6(p-1)^2(p-2)}.$$

Hinc erit

$$\frac{V}{p^3} = \frac{-p}{6(p-1)^2(p-2)} \quad \text{et} \quad \frac{6V}{p^3} = \frac{-p}{p^3 - 4pp + 5p - 2},$$

$$\frac{6\,d.\frac{V}{p^2}}{dp} = \frac{p^3 + pp - 4p}{(p-1)^3(p-2)^2} \quad \text{itemque} \quad \frac{3V}{p} = \frac{-p^3}{2(p-1)^2(p-2)},$$

unde erit

$$\frac{3}{dp}\,d.\frac{V}{p} = \frac{2p^3 - 3pp}{(p-1)^3(p-2)^2} \quad \text{atque} \quad \frac{3}{dp^2}d^2.\frac{V}{p} = \frac{-4p^4 + 7p^3 + 6pp - 12p}{(p-1)^4(p-2)^3}.$$

Cum nunc sit $p = -1$, erit

$$\frac{3}{dp^2}d^2.\frac{V}{p} = \frac{-7}{16 \cdot 27}, \quad \frac{6}{dp}d.\frac{V}{p^2} = \frac{-4}{8 \cdot 9}, \quad 6\frac{V}{p^3} = \frac{-1}{4 \cdot 3}$$

atque integrale ex factore $(1-x)^3$ oriundum erit

$$\frac{7}{16 \cdot 27}\int\frac{dx}{1-x} + \frac{4}{8 \cdot 9}\int\frac{dx}{(1-x)^2} + \frac{1}{4 \cdot 3}\int\frac{dx}{(1-x)^3}$$

$$= \frac{7}{16 \cdot 27}\,l\frac{1}{1-x} + \frac{4}{8 \cdot 9}\cdot\frac{1}{1-x} + \frac{1}{8 \cdot 3(1-x)^2}.$$

Porro sumatur factor $(1+x)^2$; erit $n = 2$ et $p = 1$ atque

$$V = \frac{px}{2(1-x)^3(1+2x)} = \frac{-p^4}{2(p+1)^3(p-2)}.$$

Hinc est

$$2\,\frac{V}{pp} = \frac{-pp}{(p+1)^3(p-2)} = \frac{1}{8}$$

posito $p = 1$ ac

$$\frac{2}{dp}\,d.\frac{V}{p} = \frac{p^4 - 2p^3 + 6pp}{(p+1)^4(p-2)^2} = \frac{5}{16}$$

posito $p = 1$. Ergo ex denominatoris factore $(1+x)^2$ nascitur integralis pars haec

$$\frac{5}{16}\int\frac{dx}{1+x} + \frac{1}{8}\int\frac{dx}{(1+x)^2} = \frac{5}{16}\,l(1+x) - \frac{1}{8(1+x)}\,.$$

Denique ex factore $1 + 2x$ fit $n = 1$ et $p = 2$ oriturque

$$V = \frac{x}{(1-x)^3(1+x)^2} = \frac{-p^4}{(p+1)^3(p-1)^2}\,,$$

et quia nulla differentiatione opus est, ponatur $p = 2$; fiet

$$\frac{V}{p} = \frac{-8}{27}$$

et integralis pars ex factore $1 + 2x$ oriunda erit

$$= \frac{-8}{27}\int\frac{2\,dx}{1+2x} = \frac{-8}{27}\,l(1+2x).$$

Ex his itaque formulae differentialis huius

$$\frac{x\,dx}{(1-x)^3(1+x)^2(1+2x)}$$

integrale completum colligitur esse

$$\frac{7}{16\cdot27}\,l\frac{1}{1-x} + \frac{5}{16}\,l(1+x) + \frac{8}{27}\,l\frac{1}{1+2x} + \frac{1}{18(1-x)} + \frac{1}{24(1-x)^2} - \frac{1}{8(1+x)} + \text{Const.}$$

32. Ex his igitur dilucide perspicitur, quibus operationibus cuiuscunque formulae differentialis, dummodo sit rationalis, integrale inveniri oporteat.

Primum enim si denominator formulae propositae fuerit divisibilis per x vel eius potestatem quamcunque, tum docuimus formulam in duas partes discerpere, quarum altera integrationem sponte admittat habens pro denominatore illam ipsam potestatem ipsius x, altera pars autem habeat denominatorem non amplius divisibilem per x, quae adeo reducetur ad hanc formam

$$\frac{A + Bx + Cx^2 + Dx^3 + Ex^4 + \text{etc.}}{1 + \alpha x + \beta x^2 + \gamma x^3 + \delta x^4 + \text{etc.}}\, dx,$$

in cuius integrale inquiri oporteat.

Secundo videndum est, utrum in hac forma variabilis x in numeratore tot vel plures habeat dimensiones quam in denominatore an pauciores. Nam si tot habeat vel plures dimensiones, tum iterum formula differentialis in duas partes discerpi poterit, quarum altera sit nullo negotio integrabilis, altera autem habitura sit in numeratore pauciores dimensiones ipsius x quam in denominatore; quae ideo erit istiusmodi

$$\frac{A + Bx + Cx^2 + Dx^3 + Ex^4 + \text{etc.}}{1 + \alpha x + \beta x^2 + \gamma x^3 + \delta x^4 + \varepsilon x^5 + \text{etc.}},$$

in qua fractione variabilis x in denominatore plures habeat dimensiones quam in numeratore.

Tertio ergo tota integrandi difficultas reducitur ad integrationem istiusmodi formularum; ad quam absolvendam oportet denominatorem

$$1 + \alpha x + \beta x^2 + \gamma x^3 + \delta x^4 + \varepsilon x^5 + \text{etc.}$$

in suos factores simplices singulos huius formae $1 + px$ resolvere, quorum unusquisque modo exposito tractatus dabit unam integralis quaesiti partem, ita ut singulis his partibus, quae ex singulis denominatoris factoribus oriuntur, colligendis obtineatur integrale quaesitum. In hoc autem negotio molestiam facessit, si duo pluresve istorum factorum simplicium fuerint inter se aequales; huic vero incommodo remedium attulimus, dum docuimus, quomodo ex factoribus aequalibus coniunctis integralis pars ex ipsis oriunda inveniri debeat. Unicum autem incommodum adhuc saepenumero accedit, quod in hoc consistit, ut, quoties denominator habeat factores imaginarios, toties integralis partes ex iis oriundae fiant quoque imaginariae; quae etsi coniunctim sumtae quantitatem realem praebent, tamen ea ex imaginariis non tam liquido appareat. Quamobrem operam dabimus, ut integrale ab imaginariis omnino liberum ac solis quantitatibus realibus expressum exhibeamus.

33. Dubium enim est nullum, quin formulae differentialis realis integrale pariter sit reale; namque integrale nil aliud est nisi summa omnium valorum differentialium formulae propositae a minimo ipsius x valore ad maximum continuo progredientium; qui cum sint omnes reales, necesse est, ut etiam eorum summa, hoc est integrale, sit quantitas realis. Quocirca etiam si denominator formulae differentialis habeat factores imaginarios, qui proinde integralis partes producant imaginarias, tamen totum integrale speciem tantum imaginarii prae se feret atque re ipsa erit quantitas realis. Ita vidimus integrale huius formulae $\frac{dx}{1+xx}$, si denominator $1+xx$ in suos factores simplices imaginarios $1+x\sqrt{-1}$ et $1-x\sqrt{-1}$ resolvatur, componi ex duobus logarithmis imaginariis $\frac{1}{2\sqrt{-1}}l(1+x\sqrt{-1})-\frac{1}{2\sqrt{-1}}l(1-x\sqrt{-1})$, qui autem simul sumti reducuntur ad quadraturam circuli, ita ut integrale sit arcus circuli, cuius tangens est $=x$ posito radio $=1$. Cum igitur quilibet factor simplex imaginarius in integrale inferat logarithmum imaginarium, iure concludimus cunctos hos logarithmos imaginarios simul sumtos ad quadraturam circuli aliusve curvae redire, quae eorum loco substituta integrali formam realem inducat. Demonstrabimus autem omnes logarithmos imaginarios, cuiuscunque demum sint formae, dummodo quantitatem realem referant, ad quadraturam circuli revocari posse, ita ut nullam aliam quadraturam introducere sit opus. Hincque patebit omnis formulae differentialis rationalis, utcunque fuerit composita, integrale per logarithmos et quadraturam circuli perpetuo exhiberi posse neque ad hoc ullam aliam quadraturam requiri.

34. Dico autem, quotcunque denominator formulae differentialis propositae habeat factores simplices imaginarios, tum eorum numerum semper esse parem binosque ex iis semper ita esse comparatos, ut eorum productum fiat reale. Quod ad numerum parem factorum imaginariorum attinet, id quidem iam pridem constat atque firmissimis argumentis est confirmatum. Factores enim simplices expressionis algebraicae formantur ex radicibus eiusdem expressionis nihilo aequalis positae; sic, si aequationis huius

$$z^n + \alpha z^{n-1} + \beta z^{n-2} + \gamma z^{n-3} + \text{etc.} = 0$$

radices fuerint $z=p$, $z=q$, $z=r$ etc., tum huius expressionis algebraicae $z^n + \alpha z^{n-1} + \beta z^{n-2} + \gamma z^{n-3} + $ etc. factores simplices erunt $z-p$, $z-q$, $z-r$ etc.; itaque inventio factorum simplicium absolvitur inventione radicum aequationis algebraicae atque radices reales praebebunt factores simplices reales, imaginariae vero imaginarios. Demonstratum autem est, si maximus ipsius z exponens n sit numerus impar, tum aequationem vel unam habere radicem realem vel tres vel quinque vel septem etc., ex quo numerus radicum non realium seu imaginariarum erit par, eo quod numerus radicum omnium aequetur numero n, qui est impar. Deinde etiam demonstratum est, si maximus incognitae z exponens n fuerit numerus par, tum aequationem vel nullam habere radicem realem vel duas vel quatuor vel sex etc., unde etiam hoc casu numerus radicum imaginariarum erit par. Ex quibus colligitur, si quaecunque expressio algebraica habuerit factores simplices imaginarios, tum eorum numerum perpetuo esse parem ideoque factores imaginarios habebit vel nullum vel duos vel quatuor vel sex etc. secundum numeros pares.

35. Si iam haec ad denominatorem formulae nostrae differentialis propositae accommodemus, is vel nullum habebit factorem simplicem imaginarium, quo casu utique integrale per methodum traditam in forma reali reperitur, vel habebit duos factores simplices imaginarios vel quatuor vel sex vel octo etc. Ponamus denominatorem duos tantum habere factores simplices imaginarios, reliquos vero omnes reales, ac dividamus eum per productum ex omnibus factoribus realibus, quod utique erit quantitas realis; manifestum est quotum fore quantitatem realem. At quotus erit productum ex binis illis factoribus imaginariis ideoque horum productum erit quantitas realis. Hinc, si denominator $1 + \alpha x + \beta x^2 + \gamma x^3 + \delta x^4 +$ etc. duos tantum habeat factores imaginarios, eorum productum erit huiusmodi $1 + px + qx^2$, in quo coefficientes p et q sint reales, ideoque iste denominator loco duorum factorum simplicium imaginariorum habebit unum factorem trinomialem $1 + px + qx^2$ realem, cuius factores cum sint imaginarii, erit $q > \frac{pp}{4}$. Cum igitur sit $\frac{pp}{4}$ quantitas positiva, erit q etiam quantitas positiva atque maior quam quadratum semissis ipsius p. Quodsi iam in producto omnium factorum simplicium realium ponamus in coefficientibus eiusmodi mutationem fieri, ut unus factor fiat imaginarius, simul alium imaginarium fieri oportebit horumque duorum productum per idem ratiocinium fiet reale. Unde colligitur loco omnium factorum simplicium imaginariorum, quorum numerus sit $= 2m$, factores trinomiales huius formae $1 + px + qxx$ reales, quorum numerus sit $= m$, substitui posse.

36. Si igitur formulae differentialis propositae

$$\frac{A + Bx + Cx^2 + Dx^3 + Ex^4 + \text{etc.}}{1 + \alpha x + \beta x^2 + \gamma x^3 + \delta x^4 + \varepsilon x^5 + \text{etc.}}\, dx \quad .$$

denominator habeat quotcunque factores simplices imaginarios, eorum loco poterimus adhibere factores trinomiales $1 + px + qxx$ reales; hocque modo resolvemus denominatorem in factores meros reales, scilicet tot simplices, quot habebit reales, ac pro imaginariis factores trinomiales reales introducemus. Quare cum iam ostenderimus, quomodo ex singulis factoribus simplicibus partes integralis respondentes inveniri oporteat, superest, ut modum tradamus inveniendi integralis partes ex factoribus trinomialibus oriundas. Sit igitur factor denominatoris trinomialis $1 + px + qxx$ atque formula differentialis proposita in has duas partes discerpi concipiatur

$$\frac{\mathfrak{P}\,dx + \mathfrak{Q}x\,dx}{1 + px + qxx} + \frac{\mathfrak{A}\,dx + \mathfrak{B}x\,dx + \mathfrak{C}x^2\,dx + \text{etc.}}{1 + \mathfrak{a}x + \mathfrak{b}x^2 + \mathfrak{c}x^3 + \text{etc.}}\,.$$

Atque ex parte $\frac{\mathfrak{P}\,dx + \mathfrak{Q}x\,dx}{1 + px + qxx}$ nascetur integrale

$$\frac{\mathfrak{Q}}{2q}\,l(1 + px + qxx) + \frac{2\mathfrak{P}q - \mathfrak{Q}p}{q\sqrt{(4q - pp)}}\,\text{A. tang.}\,\frac{x\sqrt{(4q - pp)}}{2 + px};$$

erit enim ob duos factores simplices imaginarios in $1 + px + qxx$ contentos $4q > pp$. Quodsi autem hi bini factores essent reales et $4q < pp$, tum integrale formulae $\frac{\mathfrak{P}\,dx + \mathfrak{Q}x\,dx}{1 + px + qxx}$ a solis logarithmis penderet foretque

$$\frac{\mathfrak{Q}}{2q}\,l(1 + px + qxx) + \frac{2\mathfrak{P}q - \mathfrak{Q}p}{2q\,\sqrt{(pp - 4q)}}\,l\frac{2qx + p - \sqrt{(pp - 4q)}}{2qx + p + \sqrt{(pp - 4q)}}\,.$$

37. Valores autem coefficientium $\mathfrak{P}$ et $\mathfrak{Q}$ ex his aequationibus definientur

$$A = \mathfrak{A} + \mathfrak{P},$$
$$B = \mathfrak{B} + \mathfrak{A}p + \mathfrak{Q} + \mathfrak{P}\mathfrak{a},$$
$$C = \mathfrak{C} + \mathfrak{B}p + \mathfrak{A}q + \mathfrak{Q}\mathfrak{a} + \mathfrak{P}\mathfrak{b},$$
$$D = \mathfrak{D} + \mathfrak{C}p + \mathfrak{B}q + \mathfrak{Q}\mathfrak{b} + \mathfrak{P}\mathfrak{c}$$

etc.,

ex quibus eliciuntur sequentes valores

$$\mathfrak{A} = A - \mathfrak{P},$$
$$\mathfrak{B} = B - Ap + \mathfrak{P}(p - \mathfrak{a}) - \mathfrak{Q},$$
$$\mathfrak{C} = C - Bp + A(pp - q) - \mathfrak{P}(pp - q - \mathfrak{a}p + \mathfrak{b}) + \mathfrak{Q}(p - \mathfrak{a}),$$
$$\mathfrak{D} = D - Cp + B(pp - q) - A(p^3 - 2pq)$$
$$+ \mathfrak{P}(p^3 - 2pq - \mathfrak{a}(p^2 - q) + \mathfrak{b}p - \mathfrak{c}) - \mathfrak{Q}(pp - q - \mathfrak{a}p + \mathfrak{b})$$
$$\text{etc.};$$

ubi cum in serie litterarum $\mathfrak{A}$, $\mathfrak{B}$, $\mathfrak{C}$ etc. tandem ad evanescentes perveniatur, prodibunt aequationes, ex quibus $\mathfrak{P}$ et $\mathfrak{Q}$ determinari poterunt. His autem aequationibus implicabitur haec series

$$1, \quad p, \quad p^2 - q, \quad p^3 - 2pq, \quad p^4 - 3p^2q + qq \quad \text{etc.},$$

cuius terminus generalis seu indici n respondens est

$$= \frac{\left(\tfrac{1}{2}p + V(\tfrac{1}{4}pp - q)\right)^n - \left(\tfrac{1}{2}p - V(\tfrac{1}{4}pp - q)\right)^n}{V(pp - 4q)}.$$

Ponatur brevitatis gratia

$$\tfrac{1}{2}p + V\left(\tfrac{1}{4}pp - q\right) = r \quad \text{et} \quad \tfrac{1}{2}p - V\left(\tfrac{1}{4}pp - q\right) = s,$$

atque cum ad coefficientes $\mathfrak{A}$, $\mathfrak{B}$, $\mathfrak{C}$ etc. evanescentes fuerit perventum, habebitur ista aequatio indefinita

$$+ \mathfrak{P}(r^n - \mathfrak{a}r^{n-1} + \mathfrak{b}r^{n-2} - \mathfrak{c}r^{n-3} + \text{etc.}) - \mathfrak{P}(s^n - \mathfrak{a}s^{n-1} + \mathfrak{b}s^{n-2} - \mathfrak{c}s^{n-3} + \text{etc.})$$
$$- \mathfrak{Q}(r^{n-1} - \mathfrak{a}r^{n-2} + \mathfrak{b}r^{n-3} - \mathfrak{c}r^{n-4} + \text{etc.}) + \mathfrak{Q}(s^{n-1} - \mathfrak{a}s^{n-2} + \mathfrak{b}s^{n-3} - \mathfrak{c}s^{n-4} + \text{etc.})$$
$$= Ar^n - Br^{n-1} + Cr^{n-2} - \text{etc.} - As^n + Bs^{n-1} - Cs^{n-2} + \text{etc.},$$

cuius duo casus sufficient ad valores ipsorum $\mathfrak{P}$ et $\mathfrak{Q}$ determinandos.

38. Ponamus brevitatis gratia

$$Ar^n - Br^{n-1} + Cr^{n-2} - Dr^{n-3} + \text{etc.} = R,$$
$$As^n - Bs^{n-1} + Cs^{n-2} - Ds^{n-3} + \text{etc.} = S,$$
$$r^{n-1} - \mathfrak{a}r^{n-2} + \mathfrak{b}r^{n-3} - \mathfrak{c}r^{n-4} + \text{etc.} = P,$$
$$s^{n-1} - \mathfrak{a}s^{n-2} + \mathfrak{b}s^{n-3} - \mathfrak{c}s^{n-4} + \text{etc.} = Q$$

atque obtinebimus hanc aequationem

$$\mathfrak{P}Pr - \mathfrak{P}Qs - \mathfrak{Q}P + \mathfrak{Q}Q = R - S$$

hancque pari modo sequetur ista in loco $n+1$

$$\mathfrak{P}Pr^2 - \mathfrak{P}Qs^2 - \mathfrak{Q}Pr + \mathfrak{Q}Qs = Rr - Ss;$$

ex his eliminando $\mathfrak{Q}$ reperitur

$$\mathfrak{Q} = \frac{\mathfrak{P}(Pr - Qs) - R + S}{P - Q} = \frac{\mathfrak{P}(Pr^2 - Qs^2) - Rr + Ss}{Pr - Qs}$$

hincque obtinebuntur sequentes determinationes

$$\mathfrak{P} = \frac{QR - PS}{(r-s)PQ} = \frac{QR - PS}{PQ\sqrt{(pp-4q)}} = \frac{1}{r-s}\left(\frac{R}{P} - \frac{S}{Q}\right),$$

$$\mathfrak{Q} = \frac{QRs - PSr}{(r-s)PQ} = \frac{QRs - PSr}{PQ\sqrt{(pp-4q)}} = \frac{1}{r-s}\left(\frac{Rs}{P} - \frac{Sr}{Q}\right),$$

at in his valoribus est independenter ab n

$$\frac{R}{P} = \frac{A - \frac{1}{r}B + \frac{1}{r^2}C - \frac{1}{r^3}D + \text{etc.}}{\frac{1}{r} - \frac{\mathfrak{a}}{r^2} + \frac{\mathfrak{b}}{r^3} - \frac{\mathfrak{c}}{r^4} + \text{etc.}},$$

$$\frac{S}{Q} = \frac{A - \frac{1}{s}B + \frac{1}{s^2}C - \frac{1}{s^3}D + \text{etc.}}{\frac{1}{s} - \frac{\mathfrak{a}}{s^2} + \frac{\mathfrak{b}}{s^3} - \frac{\mathfrak{c}}{s^4} + \text{etc.}}.$$

Denotant autem $\mathfrak{a}$, $\mathfrak{b}$, $\mathfrak{c}$, $\mathfrak{d}$ etc. sequentes valores

$$\mathfrak{a} = \alpha - p,$$
$$\mathfrak{b} = \beta - \alpha p + pp - q,$$
$$\mathfrak{c} = \gamma - \beta p + \alpha(pp - q) - (p^3 - 2pq),$$
$$\mathfrak{d} = \delta - \gamma p + \beta(pp - q) - \alpha(p^3 - 2pq) + (p^4 - 3ppq + qq)$$

$$\text{etc.,}$$

vel cum sit $p = r + s$ et $q = rs$, erit, ut sequitur,

$$- \mathfrak{a} = r + s - \alpha,$$
$$+ \mathfrak{b} = rr + rs + ss - \alpha(r + s) + \beta,$$
$$- \mathfrak{c} = r^3 + rrs + rss + s^3 - \alpha(rr + rs + ss) + \beta(r + s) - \gamma$$
$$\text{etc.}$$

His valoribus substitutis prodibit denominator

$$\frac{1}{r} - \frac{\mathfrak{a}}{rr} + \frac{\mathfrak{b}}{r^3} - \frac{\mathfrak{c}}{r^4} + \frac{\mathfrak{b}}{r^5} - \text{etc.}$$

aequalis huic expressioni pro n dimensionibus

$$\frac{n}{r} + \frac{(n-1)s}{r^2} + \frac{(n-2)s^2}{r^3} + \frac{(n-3)s^3}{r^4} + \frac{(n-4)s^4}{r^5} + \text{etc.}$$
$$- \frac{\alpha}{r}\left(\frac{n-1}{r} + \frac{(n-2)s}{r^2} + \frac{(n-3)s^2}{r^3} + \frac{(n-4)s^3}{r^4} + \text{etc.}\right)$$
$$+ \frac{\beta}{r^2}\left(\frac{n-2}{r} + \frac{(n-3)s}{r^2} + \frac{(n-4)s^2}{r^3} + \text{etc.}\right)$$
$$- \frac{\gamma}{r^3}\left(\frac{n-3}{r} + \frac{(n-4)s}{r^2} + \text{etc.}\right)$$
$$\text{etc.};$$

quae series cum sint omnes summabiles, habebitur

$$\frac{1}{(r-s)^2}\left|\begin{array}{l} nr - (n+1)s + \frac{s^{n+1}}{r^n} - \frac{\alpha}{r}\left((n-1)r - ns + \frac{s^n}{r^{n-1}}\right) \\[2mm] + \frac{\beta}{r^2}\left((n-2)r - (n-1)s + \frac{s^{n-1}}{r^{n-2}}\right) - \text{etc.} \end{array}\right|.$$

39. Quoniam autem $1 + px + qxx$ evanescit posito loco x vel $-\frac{1}{r}$ vel $-\frac{1}{s}$ eaque ipsa quantitas est divisor denominatoris $1 + \alpha x + \beta x^2 + \gamma x^3 +$ etc., erit quoque posito pro x vel $-\frac{1}{r}$ vel $-\frac{1}{s}$

$$0 = 1 - \frac{\alpha}{r} + \frac{\beta}{rr} - \frac{\gamma}{r^3} + \frac{\delta}{r^4} - \text{etc.},$$
$$0 = 1 - \frac{\alpha}{s} + \frac{\beta}{ss} - \frac{\gamma}{s^3} + \frac{\delta}{s^4} - \text{etc.}$$

Hinc itaque erit

$$\frac{s^{n+1}}{r^n} - \frac{\alpha}{r}\cdot\frac{s^n}{r^{n-1}} + \frac{\beta}{rr}\cdot\frac{s^{n-1}}{r^{n-2}} - \frac{\gamma}{r^3}\cdot\frac{s^{n-2}}{r^{n-3}} + \text{etc.} = 0$$

atque

$$nr - (n+1)s - \frac{\alpha}{r}(nr - (n+1)s) + \frac{\beta}{r^2}(nr - (n+1)s) - \text{etc.} = 0;$$

quae duae expressiones si coniunctim subtrahantur a superiori, transmutabitur ista expressio

$$\frac{1}{r} - \frac{\mathfrak{a}}{r^2} + \frac{\mathfrak{b}}{r^3} - \frac{\mathfrak{c}}{r^4} + \text{etc.}$$

in hanc

$$\frac{1}{(r-s)^2}\left(\frac{\alpha(r-s)}{r} - \frac{2\beta(r-s)}{r^2} + \frac{3\gamma(r-s)}{r^3} - \frac{4\delta(r-s)}{r^4} + \text{etc.}\right),$$

quae cum dividi queat per $r - s$, emergit

$$\frac{1}{r-s}\left(\frac{\alpha}{r} - \frac{2\beta}{r^2} + \frac{3\gamma}{r^3} - \frac{4\delta}{r^4} + \text{etc.}\right);$$

simili modo ista expressio

$$\frac{1}{s} - \frac{\mathfrak{a}}{s^2} + \frac{\mathfrak{b}}{s^3} - \frac{\mathfrak{c}}{s^4} + \frac{\mathfrak{b}}{s^5} - \text{etc.}$$

factis substitutionibus transibit in hanc

$$\frac{1}{s-r}\left(\frac{\alpha}{s} - \frac{2\beta}{s^2} + \frac{3\gamma}{s^3} - \frac{4\delta}{s^4} + \text{etc.}\right).$$

Quare tandem pro § 38 habebitur

$$\frac{R}{(r-s)P} = \frac{A - \frac{1}{r}B + \frac{1}{r^2}C - \frac{1}{r^3}D + \text{etc.}}{\frac{\alpha}{r} - \frac{2\beta}{r^2} + \frac{3\gamma}{r^3} - \frac{4\delta}{r^4} + \text{etc.}},$$

$$\frac{-S}{(r-s)Q} = \frac{A - \frac{1}{s}B + \frac{1}{s^2}C - \frac{1}{s^3}D + \text{etc.}}{\frac{\alpha}{s} - \frac{2\beta}{s^2} + \frac{3\gamma}{s^3} - \frac{4\delta}{s^4} + \text{etc.}}.$$

Hisque inventis est

$$\mathfrak{P} = \frac{R}{(r-s)P} - \frac{S}{(r-s)Q} \quad \text{atque} \quad \mathfrak{Q} = \frac{Rs}{(r-s)P} - \frac{Sr}{(r-s)Q}$$

et

$$2\mathfrak{P}q - \mathfrak{Q}p = \frac{Rs}{P} + \frac{Sr}{Q}.$$

40. Etsi hic quantitates r et s habeant valores imaginarios, tamen in valoribus pro $\mathfrak{P}$ et $\mathfrak{Q}$ imaginaria se destruunt atque orientur valores reales. Ponatur enim primum productum amborum denominatorum

$$\left(\frac{\alpha}{r} - \frac{2\,\beta}{r^2} + \frac{3\,\gamma}{r^3} - \text{etc.}\right)\left(\frac{\alpha}{s} - \frac{2\,\beta}{s^2} + \frac{3\,\gamma}{s^3} - \text{etc.}\right) = W;$$

erit ob $rs = q$ et $r + s = p$ multiplicatione peracta

$$W = \frac{\alpha^2}{q} + \frac{4\,\beta^2}{qq} + \frac{9\,\gamma^2}{q^3} + \frac{16\,\delta^2}{q^4} + \frac{25\,\varepsilon^2}{q^5} + \text{etc.}$$

$$- p\left(\frac{2\,\alpha\beta}{qq} + \frac{6\,\beta\gamma}{q^3} + \frac{12\,\gamma\delta}{q^4} + \frac{20\,\delta\varepsilon}{q^5} + \text{etc.}\right)$$

$$+ (pp - 2q)\left(\frac{3\,\alpha\gamma}{q^3} + \frac{8\,\beta\delta}{q^4} + \frac{15\,\gamma\varepsilon}{q^5} + \frac{24\,\delta\zeta}{q^6} + \text{etc.}\right)$$

$$- (p^3 - 3pq)\left(\frac{4\,\alpha\delta}{q^4} + \frac{10\,\beta\varepsilon}{q^5} + \frac{18\,\gamma\zeta}{q^6} + \text{etc.}\right)$$

$$\text{etc.}$$

Ex his invenitur $\mathfrak{P}$ et $\mathfrak{Q}$, uti sequitur,

$$\mathfrak{P} = \begin{cases} + \dfrac{A}{W}\left(\dfrac{\alpha p}{q} - \dfrac{2\,\beta(pp - 2q)}{qq} + \dfrac{3\,\gamma(p^3 - 3pq)}{q^3} - \dfrac{4\,\delta(p^4 - 4p^2q + 2qq)}{q^4} + \text{etc.}\right) \\[2ex] - \dfrac{B}{W}\left(\dfrac{2\,\alpha}{q} - \dfrac{2\,\beta p}{qq} + \dfrac{3\,\gamma(pp - 2q)}{q^3} - \dfrac{4\,\delta(p^3 - 3pq)}{q^4} + \text{etc.}\right) \\[2ex] + \dfrac{C}{W}\left(\dfrac{\alpha p}{qq} - \dfrac{4\,\beta}{qq} + \dfrac{3\,\gamma p}{q^3} - \dfrac{4\,\delta(pp - 2q)}{q^4} + \text{etc.}\right) \\[2ex] - \dfrac{D}{W}\left(\dfrac{\alpha(pp - 2q)}{q^3} - \dfrac{2\,\beta p}{q^3} + \dfrac{6\,\gamma}{q^3} - \dfrac{4\,\delta p}{q^4} + \text{etc.}\right) \\[2ex] \qquad\qquad \text{etc.} \end{cases}$$

$$\mathfrak{Q} = \begin{cases} + \dfrac{A}{W}\left(2\,\alpha - \dfrac{2\,\beta p}{q} + \dfrac{3\,\gamma(pp - 2q)}{qq} - \dfrac{4\,\delta(p^3 - 3pq)}{q^3} + \text{etc.}\right) \\[2ex] - \dfrac{B}{W}\left(\dfrac{\alpha p}{q} - \dfrac{4\,\beta}{q} + \dfrac{3\,\gamma p}{qq} - \dfrac{4\,\delta(pp - 2q)}{q^3} + \text{etc.}\right) \\[2ex] + \dfrac{C}{W}\left(\dfrac{\alpha(pp - 2q)}{qq} - \dfrac{2\,\beta p}{qq} + \dfrac{6\,\gamma}{qq} - \dfrac{4\,\delta p}{q^3} + \text{etc.}\right) \\[2ex] - \dfrac{D}{W}\left(\dfrac{\alpha(p^3 - 3pq)}{q^3} - \dfrac{2\,\beta(pp - 2q)}{q^3} + \dfrac{3\,\gamma p}{q^3} - \dfrac{8\,\delta}{q^3} + \text{etc.}\right) \\[2ex] \qquad\qquad \text{etc.} \end{cases}$$

Inventis ergo hoc modo $\mathfrak{P}$ et $\mathfrak{Q}$ reperietur integrale, quod ex denominatoris factore $1 + px + qxx$ oritur, quippe quod est

$$\frac{\mathfrak{Q}}{2q} l(1 + px + qxx) + \frac{2\mathfrak{P}q - \mathfrak{Q}p}{q\sqrt{(4q-pp)}} \text{ A.' tang. } \frac{x\sqrt{(4q-pp)}}{2+px}.$$

In casibus autem particularibus saepenumero praestat litteras r et s retinere, donec valores pro $\mathfrak{P}$ et $\mathfrak{Q}$ fuerint inventi; etsi enim hi valores sunt imaginarii, tamen ordo progressionis, quo in formulas $\mathfrak{P}$ et $\mathfrak{Q}$ ingrediuntur, facilius apparet simulque sponte imaginaria se tollunt. Huius adeo methodi beneficio omnis formulae differentialis rationalis, utcunque factoribus imaginariis scateat, integrale reale ope logarithmorum et arcuum circularium poterit exhiberi.

41. Quae hic non mediocri labore pro factore trinomiali invenimus, ea multo facilius directe ex iis, quae de factoribus simplicibus attulimus, derivari possunt. Sit enim in formula differentiali proposita

$$\frac{A + Bx + Cx^2 + Dx^3 + Ex^4 + \text{etc.}}{1 + \alpha x + \beta x^2 + \gamma x^3 + \delta x^4 + \varepsilon x^5 + \text{etc.}},$$

ubi x, uti ponimus, iam pauciores habeat dimensiones in numeratore quam in denominatore, sit, inquam, $1 + px + qxx$ factor trinomialis isque realis denominatoris $1 + \alpha x + \beta x^2 + \gamma x^3 + \delta x^4 + \varepsilon x^5 + $ etc., cuiusmodi factores utique dantur; bini enim factores simplices in $1 + px + qxx$ contenti sunt vel reales vel imaginarii atque utroque casu eorum productum est reale. Sint igitur $1 + rx$ et $1 + sx$ bini factores simplices sive reales sive imaginarii, quorum productum sit $= 1 + px + qxx$, ita ut sit

$$r = \frac{p + \sqrt{(pp - 4q)}}{2} \quad \text{et} \quad s = \frac{p - \sqrt{(pp - 4q)}}{2},$$

et quaerantur integralis partes, quae ex utroque factore simplici oriuntur. Pro primo quidem factore si ponatur

$$R = \frac{A - \frac{1}{r}B + \frac{1}{r^2}C - \frac{1}{r^3}D + \frac{1}{r^4}E - \text{etc.}}{\frac{\alpha}{r} - \frac{2\beta}{r^2} + \frac{3\gamma}{r^3} - \frac{4\delta}{r^4} + \frac{5\varepsilon}{r^5} - \text{etc.}},$$

erit integralis pars inde oriunda $=\int\frac{R\,dx}{1+rx}$. At pro altero factore $1+sx$ si ponatur

$$S=\frac{A-\frac{1}{s}B+\frac{1}{s^2}C-\frac{1}{s^3}D+\frac{1}{s^4}E-\text{etc.}}{\frac{\alpha}{s}-\frac{2\beta}{s^2}+\frac{3\gamma}{s^3}-\frac{4\delta}{s^4}+\frac{5\varepsilon}{s^5}-\text{etc.}},$$

erit integralis pars inde oriunda $=\int\frac{S\,dx}{1+sx}$.

Quamobrem ex utroque factore coniunctim, hoc est ex factore trinomiali $1+px+qxx$, orietur integralis pars haec

$$\int\frac{R\,dx}{1+rx}+\int\frac{S\,dx}{1+sx}=\int\frac{(R+S)\,dx+(Rs+Sr)x\,dx}{1+px+qxx},$$

ubi tam $R+S$ quam $Rs+Sr$ erunt quantitates reales; atque hoc integrale vel a solis logarithmis vel simul a quadratura circuli pendebit, prout r et s fuerint vel quantitates reales vel imaginariae, hocque apprime congruit cum eo, quod ante invenimus.

42. Simili modo si denominator fuerit divisibilis per $(1+px+qxx)^2$ atque factores simplices ipsius $1+px+qxx$, qui sint $1+rx$ et $1+sx$, fuerint imaginarii, integralis portio inde oriunda in forma reali dabitur. Cum enim ipsius $(1+px+qxx)^2$ factores sint $(1+rx)^2$ et $(1+sx)^2$, tractetur uterque modo supra [§ 24] exposito. Scilicet pro factore $(1+rx)^2$ ponatur

$$R=\frac{A-\frac{1}{r}B+\frac{1}{r^2}C-\frac{1}{r^3}D+\text{etc.}}{\frac{1}{r^3}\left(1\cdot2\beta-\frac{2\cdot3\gamma}{r}+\frac{3\cdot4\delta}{r^2}-\text{etc.}\right)}$$

eritque integrale hinc oriundum

$$\frac{2d.\frac{R}{r}}{dr}\int\frac{r\,dx}{1+rx}+2\cdot1\frac{R}{r^2}\int\frac{r\,dx}{(1+rx)^2}.$$

Simili modo pro factore $(1+sx)^2$ ponatur

$$S=\frac{A-\frac{1}{s}B+\frac{1}{s^2}C-\frac{1}{s^3}D+\text{etc.}}{\frac{1}{s^3}\left(1\cdot2\beta-\frac{2\cdot3\gamma}{s}+\frac{3\cdot4\delta}{s^2}-\text{etc.}\right)}$$

atque hinc orietur integralis portio

$$\frac{2\,d.\frac{S}{s}}{ds}\int\frac{s\,dx}{1+sx}+2\cdot1\,\frac{S}{s^3}\int\frac{s\,dx}{(1+sx)^2};$$

quae duae formae, si r et s fuerint quantitates imaginariae, invicem addantur prodibitque formula differentialis integranda realis huius formae

$$\frac{\mathfrak{P}\,dx+\mathfrak{Q}\,x\,dx+\mathfrak{R}\,x^2\,dx+\mathfrak{S}\,x^3\,dx}{(1+px+qxx)^2},$$

cuius integrale resolvitur in has duas partes

$$\frac{\mathfrak{P}p-2\mathfrak{Q}+\mathfrak{R}\frac{p}{q}-\mathfrak{S}\frac{pp-2q}{qq}+\left(2\mathfrak{P}q-\mathfrak{Q}p+\mathfrak{R}\frac{pp-2q}{q}-\mathfrak{S}\frac{p^3-3pq}{qq}\right)x}{(4q-pp)(1+px+qxx)}$$
$$+\int\frac{\left(2\mathfrak{P}q-\mathfrak{Q}p+2\mathfrak{R}-\mathfrak{S}\frac{p}{q}\right)dx-\mathfrak{S}\frac{pp-4q}{q}x\,dx}{(4q-pp)(1+px+qxx)},$$

quae ergo integratio ope logarithmorum et arcuum circularium absolvi potest. Pari autem modo erit procedendum, si denominatoris factor fuerit $(1+px+qxx)^3$ vel alia altior potestas quaecunque.

43. Ex his igitur intelligitur, quomodo formulae cuiuscunque differentialis rationalis integrale inveniri atque adeo in forma reali exhiberi oporteat; postquam enim differentiale per modos prius expositos ad formam posterius pertractatam fuerit perductum, tum totius negotii cardo vertetur in inventione factorum realium denominatoris, qui, uti ostendimus, sunt vel simplices binomiales vel trinomiales; atque quilibet factor dabit partem integralis quaesiti; quare si methodo praescripta ex singulis factoribus integralis partes respondentes fuerint inventae, tum omnium harum partium aggregatum erit integrale quaesitum. Ex his porro patet veritas non exigui momenti, quod omnis formulae differentialis rationalis [integrale] perpetuo concessis logarithmis et arcubus circularibus exhiberi queat, ita ut integratio, si algebraice absolvi nequeat, alias quantitates transcendentes non requirat praeter logarithmos et arcus circulares. Cum igitur modus, quo. ad integrale perveniendum est, satis sit expositus, nil aliud superest, nisi ut usum eius in aliquot exemplis alias difficilioribus monstremus, quae partim iam sint ab aliis tractata, partim hic

de novo producta vel saltem fusius exposita. In hoc autem negotio quia praecipuum opus in inventione factorum versatur, alia exempla proferre non licet, nisi in quibus factores denominatoris actu exhiberi queant; hanc ob rem in subsidium vocabimus praecipua illa artificia a Celeb. Moivreo[1]) aliisque excogitata, quorum beneficio factores propositae cuiuspiam expressionis assignari possunt, sicque plura occurrent ad Algebrae finitae incrementum facientia, quae etsi huc minus pertinent, tamen fusius prosequemur.

PROBLEMA 1

44. *Invenire integrale huius formulae differentialis* $\dfrac{x^m dx}{1 + x^{2n}}$ *existente m numero integro minore quam 2n.*

SOLUTIO

Si exponens m maior esset quam $2n$, tum per divisionem formula ad casum praesentem perduceretur; perspicuum autem est denominatorem nullum omnino factorem simplicem realem habere, ex quo factores trinomiales quaeri debebunt reales, quorum numerus erit n. Sit huiusmodi factor $= 1 + px + qxx$ realis, qui sit productum ex his imaginariis $(1 + rx)(1 + sx)$ existente $r + s = p$ et $rs = q$. His ad § 41 revocatis erit

$$R = \left(-\frac{1}{r}\right)^m : - 2n \left(-\frac{1}{r}\right)^{2n} = \frac{-(-r)^{2n-m}}{2n}$$

in subsidium vocatis, quae § 28 sunt tradita. Simili modo est

$$S = \frac{-(-s)^{2n-m}}{2n};$$

unde ex factore $1 + px + qxx$ orietur ista integralis pars

$$\int \frac{-((-r)^{2n-m} + (-s)^{2n-m})dx + rs((-r)^{2n-m-1} + (-s)^{2n-m-1})x\,dx}{2n(1 + px + qxx)};$$

est vero $r = \dfrac{p + V(pp - 4q)}{2}$ et $s = \dfrac{p - V(pp - 4q)}{2}$.

----

1) Vide p. 115.   A. G.

Formetur hinc series, cuius terminus generalis sit $= (-r)^k + (-s)^k$, eiusque termini ita progredientur

$$\underset{1}{-p,}\quad \underset{2}{+(pp-2q),}\quad \underset{3}{-(p^3-3pq),}\quad \underset{4}{+(p^4-4p^2q+2qq)} \text{ etc.;}$$

ponatur huius seriei terminus, cuius index est $2n-m-1$, $= M$ et terminus sequens, cuius index est $2n-m$, sit $= N$ habebiturque istud integrale

$$\int \frac{-Ndx+Mqxdx}{2n(1+px+qxx)},$$

quod per logarithmos et arcus circulares dat

$$+\frac{M}{4n}l(1+px+qxx)-\frac{2N+Mp}{2n\sqrt{(4q-pp)}}\text{ A. tang. }\frac{x\sqrt{(4q-pp)}}{2+px};$$

at ex natura serierum recurrentium M et N ita a se invicem pendent, ut sit

$$N^2+MNp+M^2q=-q^{2n-m-1}(pp-4q)$$

seu

$$N=-\frac{Mp}{2}+\sqrt{(4q-pp)}\left(q^{2n-m-1}-\frac{M^2}{4}\right).$$

Cum ergo sit

$$2N+Mp=\sqrt{(4q-pp)}(4q^{2n-m-1}-M^2),$$

erit integrale formulae

$$\int \frac{-Ndx+Mqxdx}{2n(1+px+qxx)}$$

$$=+\frac{M}{4n}l(1+px+qxx)-\frac{\sqrt{(4q^{2n-m-1}-M^2)}}{2n}\text{ A. tang. }\frac{x\sqrt{(4q-pp)}}{2+px}$$

estque

$$M=\pm\left(\frac{p+\sqrt{(pp-4q)}}{2}\right)^{2n-m-1}\pm\left(\frac{p-\sqrt{(pp-4q)}}{2}\right)^{2n-m-1},$$

ubi signa superiora $+$ valent, si $2n-m-1$ fuerit numerus par, sin sit impar, signa inferiora $-$ sunt capienda. Haec expressio M autem commode per multiplicationem arcuum circularium exprimi potest, si quidem est $4q>pp$, uti ponimus. Nam si arcus cuiuspiam circuli φ cosinus fuerit $= u$, ita ut sit $\varphi = $ A. cos. u posito sinu toto $= 1$, erit cosinus arcus $k\varphi$

$$= \frac{(u+\sqrt{(uu-1)})^k+(u-\sqrt{(uu-1)})^k}{2}.$$

Quodsi iam ponamus $u = \dfrac{p}{2\sqrt{q}}$, ita ut sit $\varphi = A.\cos.\dfrac{p}{2\sqrt{q}}$, orietur

$$M = \mp 2q^{\frac{2n-m-1}{2}} \cos. A.(2n - m - 1)\varphi,$$

ubi signum $+$ habet locum, si fuerit $2n - m - 1$ numerus par, contrarium autem $-$, si $2n - m - 1$ sit numerus impar. Hinc fiet

$$\sqrt{(4q^{2n-m-1} - M^2)} = \mp 2q^{\frac{2n-m-1}{2}} \sin. A.(2n - m - 1)\varphi$$

ideoque integrale ex denominatoris factore $1 + px + qxx$ oriundum erit

$$= \pm \frac{q^{\frac{2n-m-1}{2}} \cos. A.(2n - m - 1)\varphi}{2n} l(1 + px + qxx)$$

$$\mp \frac{q^{\frac{2n-m-1}{2}} \sin. A.(2n - m - 1)\varphi}{n} A.\tang. \frac{x\sqrt{(4q - pp)}}{2 + px}$$

existente φ arcu circuli, cuius cosinus est $= \dfrac{p}{2\sqrt{q}}$ in circulo, cuius radius $= 1$. Valent autem signa superiora, si $2n - m - 1$ fuerit numerus par, inferiora autem, si sit numerus impar. Cum igitur singuli factores denominatoris $1 + x^{2n}$ huius formae $1 + px + qxx$ praebeant partes integralis, quae ex cognitis coefficientibus p et q modo praescripto assignari queant, hos ipsos factores trinomiales denominatoris $1 + x^{2n}$ eruere debemus.

At ex theoremate quodam MOIVREANO [1]), si habeatur expressio huiusmodi

$$1 + ax + bx^2 + cx^3 + \cdots + mx^n + \cdots + cx^{2n-3} + bx^{2n-2} + ax^{2n-1} + x^{2n},$$

cuius coefficientes finales ordine retrogrado congruunt cum coefficientibus initialibus, ea resolvitur in factores trinomiales

$$1 + \alpha x + xx, \quad 1 + \beta x + xx, \quad 1 + \gamma x + xx, \quad 1 + \delta x + xx \quad \text{etc.},$$

quorum numerus est n, eruntque coefficientes α, β, γ, δ etc. radices huius aequationis n dimensionum

$$z^n - Az^{n-1} + Bz^{n-2} - Cz^{n-3} + Dz^{n-4} - \text{etc.} = 0,$$

---

1) Vide A. DE MOIVRE (1667—1754), *Miscellanea analytica de seriebus et quadraturis.* Liber III, Cap. IV: De Multinomiis quibusdam in Binomia aut Trinomia resolvendis. Londini 1730, p. 67. A. G.

cuius coefficientes sequentem tenent legem:

$$A = a,$$
$$B = b - n,$$
$$C = c - (n-1)a,$$
$$D = d - (n-2)b + \frac{n(n-3)}{1\cdot 2},$$
$$E = e - (n-3)c + \frac{(n-1)(n-4)}{1\cdot 2}\,a,$$
$$F = f - (n-4)d + \frac{(n-2)(n-5)}{1\cdot 2}\,b - \frac{n(n-4)(n-5)}{1\cdot 2\cdot 3},$$
$$G = g - (n-5)e + \frac{(n-3)(n-6)}{1\cdot 2}\,c - \frac{(n-1)(n-5)(n-6)}{1\cdot 2\cdot 3}\,a,$$
$$H = h - (n-6)f + \frac{(n-4)(n-7)}{1\cdot 2}\,d - \frac{(n-2)(n-6)(n-7)}{1\cdot 2\cdot 3}\,b + \frac{n(n-5)(n-6)(n-7)}{1\cdot 2\cdot 3\cdot 4}$$

etc.

His valoribus substitutis habebimus hanc aequationem

$$\left.\begin{array}{l}
z^n - nz^{n-2} + \dfrac{n(n-3)}{1\cdot 2}\,z^{n-4} - \dfrac{n(n-4)(n-5)}{1\cdot 2\cdot 3}\,z^{n-6} + \text{etc.} \\[2mm]
-a\left(z^{n-1} - (n-1)z^{n-3} + \dfrac{(n-1)(n-4)}{1\cdot 2}\,z^{n-5} - \dfrac{(n-1)(n-5)(n-6)}{1\cdot 2\cdot 3}\,z^{n-7} + \text{etc.}\right) \\[2mm]
+b\left(z^{n-2} - (n-2)z^{n-4} + \dfrac{(n-2)(n-5)}{1\cdot 2}\,z^{n-6} - \dfrac{(n-2)(n-6)(n-7)}{1\cdot 2\cdot 3}\,z^{n-8} + \text{etc.}\right) \\[2mm]
-c\left(z^{n-3} - (n-3)z^{n-5} + \dfrac{(n-3)(n-6)}{1\cdot 2}\,z^{n-7} - \dfrac{(n-3)(n-7)(n-8)}{1\cdot 2\cdot 3}\,z^{n-9} + \text{etc.}\right)
\end{array}\right\} = 0.$$

etc.

Ad expressionem hanc distinctius cognoscendam sit ψ arcus circuli, cuius cosinus $= \frac{z}{2}$; erit

$$2\cos. \mathrm{A}.\,k\psi = z^k - kz^{k-2} + \frac{k(k-3)}{1\cdot 2}\,z^{k-4} - \frac{k(k-4)(k-5)}{1\cdot 2\cdot 3}\,z^{k-6} + \text{etc.},$$

unde superior aequatio pro incognita z transmutabitur in sequentem

$$\cos. \mathrm{A}.\,n\psi - a\cos. \mathrm{A}.(n-1)\psi + b\cos. \mathrm{A}.(n-2)\psi - c\cos. \mathrm{A}.(n-3)\psi$$
$$+ \cdots \pm \frac{m}{2} = 0.$$

Ex hac aequatione reperientur n diversi valores pro ψ, quorum cosinus bis sumti dabunt totidem valores quaesitos pro α, β, γ, δ etc.

Ex hac generali reductione theorematis MOIVREANI pro nostro casu, quo omnes litterae a, b, c etc. evanescunt, obtinemus hanc simplicem aequationem

$$\cos. \text{A.} \, n\psi = 0.$$

Quaeramus ergo omnes arcus, quorum cosinus sunt $= 0$, qui sunt

$$\frac{\pi}{2}, \quad \frac{3\pi}{2}, \quad \frac{5\pi}{2}, \quad \frac{7\pi}{2}, \quad \frac{9\pi}{2}, \quad \frac{11\pi}{2} \quad \text{etc.}$$

denotante $1:\pi$ rationem diametri ad peripheriam; ex his valoribus capiantur n, qui erunt totidem valores pro $n\psi$, unde ipsius ψ valores erunt sequentes arcus in circulo, cuius radius $= 1$,

$$\frac{\pi}{2n}, \quad \frac{3\pi}{2n}, \quad \frac{5\pi}{2n}, \quad \frac{7\pi}{2n}, \quad \frac{9\pi}{2n}, \quad \frac{11\pi}{2n}, \quad \cdots \frac{(2n-1)\pi}{2n}.$$

Ex his valores pro coefficientibus α, β, γ, δ etc. erunt

$$2\cos. \text{A.} \frac{\pi}{2n}, \quad 2\cos. \text{A.} \frac{3\pi}{2n}, \quad 2\cos. \text{A.} \frac{5\pi}{2n}, \quad 2\cos. \text{A.} \frac{7\pi}{2n}, \cdots 2\cos. \text{A.} \frac{(2n-1)\pi}{2n}.$$

At est

$$\cos. \text{A.} \frac{(2n-1)\pi}{2n} = -\cos. \text{A.} \frac{\pi}{2n}, \quad \cos. \text{A.} \frac{(2n-3)\pi}{2n} = -\cos. \text{A.} \frac{3\pi}{2n} \quad \text{etc.,}$$

unde, si n fuerit numerus par, valores pro α, β, γ, δ etc. erunt

$$\pm 2\cos. \text{A.} \frac{\pi}{2n}, \quad \pm 2\cos. \text{A.} \frac{3\pi}{2n}, \quad \pm 2\cos. \text{A.} \frac{5\pi}{2n}, \cdots \pm 2\cos. \text{A.} \frac{(n-1)\pi}{2n},$$

sin autem n sit numerus impar, tum valores litterarum α, β, γ, δ etc. erunt sequentes

$$\pm 2\cos. \text{A.} \frac{\pi}{2n}, \quad \pm 2\cos. \text{A.} \frac{3\pi}{2n}, \quad \pm 2\cos. \text{A.} \frac{5\pi}{2n}, \cdots \pm 2\cos. \text{A.} \frac{(n-2)\pi}{2n}, \quad +2\cos. \text{A.} \frac{\pi}{2}.$$

Ex quo patet casus, quibus n vel est numerus par vel impar, probe a se invicem esse distinguendos in nostro instituto.

Denominatoris ergo nostri $1 + x^{2n}$ factores trinomiales omnes continentur in hac forma generali

$$1 + 2x\cos. \text{A.} \frac{k\pi}{2n} + xx$$

denotante k omnes numeros impares minores quam $2n$. Comparetur forma assumta $1 + px + qxx$ cum hac inventa; erit $q = 1$ et $p = + 2 \cos. \mathrm{A}. \frac{k\pi}{2n}$ hincque $\frac{p}{2\sqrt{q}} = \cos. \mathrm{A}. \frac{k\pi}{2n}$. Cum iam φ sit arcus circuli, cuius cosinus est $\frac{p}{2\sqrt{q}}$, erit $\varphi = \frac{k\pi}{2n}$. Ex isto igitur factore generali reperietur pars integralis inde oriunda haec

$$\pm \frac{1}{2n} \cos. \mathrm{A}. \frac{(2n - m - 1)k\pi}{2n} l\left(1 + 2x \cos. \mathrm{A}. \frac{k\pi}{2n} + xx\right)$$

$$\mp \frac{1}{n} \sin. \mathrm{A}. \frac{(2n - m - 1)k\pi}{2n} \mathrm{A}. \tang. \frac{x \sin. \mathrm{A}. \frac{k\pi}{2n}}{1 + x \cos. \mathrm{A}. \frac{k\pi}{2n}},$$

ubi signorum ambiguorum ante coefficientes superiora valent, si $2n - m - 1$ sit numerus par, inferiora, si impar. In casu, quo $k = n$, quod occurrit, si n est numerus impar, tum fit $\cos. \mathrm{A}. \frac{k\pi}{2n} = 0$ et denominatoris divisor erit $1 + xx$, ex quo nascitur integrale

$$\pm \frac{1}{2n} \cos. \mathrm{A}. \frac{(2n - m - 1)\pi}{2} l(1 + xx) \mp \frac{1}{n} \sin. \mathrm{A}. \frac{(2n - m - 1)\pi}{2} \mathrm{A}. \tang. x.$$

Quodsi iam loco k successive substituantur omnes numeri impares minores quam $2n$ et omnes expressiones in unam summam colligantur, habebitur integrale quaesitum formulae differentialis propositae $\frac{x^m \, dx}{1 + x^{2n}}$, si quidem m fuerit numerus minor quam $2n$. Q. E. I.

EXEMPLUM 1

45. *Formulae differentialis* $\frac{dx}{1 + xx}$ *integrale invenire.*

Hic fit $m = 0$, $n = 1$, $2n - m - 1 = 1$ numero impari; valent ergo signa inferiora habebiturque

$$-\frac{1}{2} \cos. \mathrm{A}. \frac{k\pi}{2} l\left(1 + 2x \cos. \mathrm{A}. \frac{k\pi}{2} + xx\right) + \sin. \mathrm{A}. \frac{k\pi}{2} \mathrm{A}. \tang. \frac{x \sin. \mathrm{A}. \frac{k\pi}{2}}{1 + x \cos. \mathrm{A}. \frac{k\pi}{2}}.$$

Ob $2n = 2$ habebit k unicum valorem, nempe $k = 1$, ex quo propter

$$\cos. \mathrm{A}. \frac{\pi}{2} = 0 \quad \text{et} \quad \sin. \mathrm{A}. \frac{\pi}{2} = 1$$

reperietur integrale quaesitum

$$= \mathrm{A}. \tang. x.$$

EXEMPLUM 2

46. *Formulae differentialis* $\dfrac{dx}{1+x^4}$ *integrale invenire.*

Hic fit $m = 0$, $n = 2$, $2n - m - 1 = 3$ numero impari, ita ut signa inferiora valeant; habetur ergo

$$-\frac{1}{4}\cos. A.\frac{3\,k\pi}{4}\,l\left(1 + 2x\cos. A.\frac{k\pi}{4} + xx\right) + \frac{1}{2}\sin. A.\frac{3\,k\pi}{4}\,A.\,\text{tang.}\,\frac{x\sin. A.\frac{k\pi}{4}}{1 + x\cos. A.\frac{k\pi}{4}};$$

ob $2n = 4$ tribuendi sunt ipsi k duo valores 1 et 3 successive, ex quo integrale quaesitum erit

$$-\frac{1}{4}\cos. A.\frac{3\pi}{4}\,l\left(1 + 2x\cos. A.\frac{\pi}{4} + xx\right) + \frac{1}{2}\sin. A.\frac{3\pi}{4}\,A.\,\text{tang.}\,\frac{x\sin. A.\frac{\pi}{4}}{1 + x\cos. A.\frac{\pi}{4}}$$

$$-\frac{1}{4}\cos. A.\frac{9\pi}{4}\,l\left(1 + 2x\cos. A.\frac{3\pi}{4} + xx\right) + \frac{1}{2}\sin. A.\frac{9\pi}{4}\,A.\,\text{tang.}\,\frac{x\sin. A.\frac{3\pi}{4}}{1 + x\cos. A.\frac{3\pi}{4}}.$$

At est

$$\cos. A.\frac{3\pi}{4} = -\cos. A.\frac{\pi}{4} \quad\text{et}\quad \cos. A.\frac{9\pi}{4} = \cos. A.\frac{\pi}{4}$$

itemque

$$\sin. A.\frac{3\pi}{4} = \sin. A.\frac{\pi}{4} \quad\text{et}\quad \sin. A.\frac{9\pi}{4} = \sin. A.\frac{\pi}{4},$$

unde tandem formulae propositae integrale prodit

$$+\frac{1}{4}\cos. A.\frac{\pi}{4}\,l\left(1 + 2x\cos. A.\frac{\pi}{4} + xx\right) + \frac{1}{2}\sin. A.\frac{\pi}{4}\,A.\,\text{tang.}\,\frac{x\sin. A.\frac{\pi}{4}}{1 + x\cos. A.\frac{\pi}{4}}$$

$$-\frac{1}{4}\cos. A.\frac{\pi}{4}\,l\left(1 - 2x\cos. A.\frac{\pi}{4} + xx\right) + \frac{1}{2}\sin. A.\frac{\pi}{4}\,A.\,\text{tang.}\,\frac{x\sin. A.\frac{\pi}{4}}{1 - x\cos. A.\frac{\pi}{4}},$$

quod ad formam simpliciorem reductum ob

$$\sin. A.\frac{\pi}{4} = \cos. A.\frac{\pi}{4} = \frac{1}{\sqrt{2}}$$

dabit

$$\frac{1}{4\sqrt{2}}\,l\,\frac{1 + x\sqrt{2} + xx}{1 - x\sqrt{2} + xx} + \frac{1}{2\sqrt{2}}\,A.\,\text{tang.}\,\frac{x\sqrt{2}}{1 - xx}.$$

EXEMPLUM 3

47. *Formulae differentialis* $\frac{dx}{1+x^6}$ *integrale invenire.*

Hic est $m=0$, $n=3$, $2n-m-1=5$ numero impari, unde haec habetur partium integralis forma

$$-\frac{1}{6}\cos. A. \frac{5\,k\,\pi}{6} l\left(1 + 2x \cos. A. \frac{k\,\pi}{6} + xx\right) + \frac{1}{3}\sin. A. \frac{5\,k\,\pi}{6} A.\,\text{tang.}\ \frac{x\sin. A. \frac{k\,\pi}{6}}{1 + x\cos. A. \frac{k\,\pi}{6}},$$

ubi loco k successive substitui debent numeri 1, 3, 5; at est

$$\cos. A. \frac{5\,\pi}{6} = -\cos. A. \frac{\pi}{6}, \quad \sin. A. \frac{5\,\pi}{6} = \sin. A. \frac{\pi}{6},$$

$$\cos. A. \frac{15\,\pi}{6} = \cos. A. \frac{\pi}{2}, \quad \sin. A. \frac{15\,\pi}{6} = \sin. A. \frac{\pi}{2},$$

$$\cos. A. \frac{25\,\pi}{6} = \cos. A. \frac{\pi}{6}, \quad \sin. A. \frac{25\,\pi}{6} = \sin. A. \frac{\pi}{6}\cdot$$

Ex quibus ob $\cos. A. \frac{\pi}{2} = 0$ et $\sin. A. \frac{\pi}{2} = 1$ colligitur integrale quaesitum

$$+\frac{1}{6}\cos. A. \frac{\pi}{6} l\left(1 + 2x\cos. A. \frac{\pi}{6} + xx\right) + \frac{1}{3}\sin. A. \frac{\pi}{6} A.\,\text{tang.}\ \frac{x\sin. A. \frac{\pi}{6}}{1 + x\cos. A. \frac{\pi}{6}}$$

$$+\frac{1}{3} A.\,\text{tang.}\, x$$

$$-\frac{1}{6}\cos. A. \frac{\pi}{6} l\left(1 - 2x\cos. A. \frac{\pi}{6} + xx\right) + \frac{1}{3}\sin. A. \frac{\pi}{6} A.\,\text{tang.}\ \frac{x\sin. A. \frac{5\,\pi}{6}}{1 + x\cos. A. \frac{5\,\pi}{6}}\cdot$$

Cum iam sit

$$\cos. A. \frac{\pi}{6} = \frac{\sqrt{3}}{2}, \quad \sin. A. \frac{\pi}{6} = \frac{1}{2},$$

erit integrale

$$\frac{\sqrt{3}}{12} l \frac{1 + x\sqrt{3} + xx}{1 - x\sqrt{3} + xx} + \frac{1}{3} A.\,\text{tang.}\, x + \frac{1}{6} A.\,\text{tang.}\ \frac{x}{2 + x\sqrt{3}} + \frac{1}{6} A.\,\text{tang.}\ \frac{x}{2 - x\sqrt{3}}\cdot$$

EXEMPLUM 4

48. *Formulae differentialis* $\frac{dx}{1+x^8}$ *integrale invenire.*

Hic est $m=0$, $n=4$ et $2n-m-1=7$, ex quo erit partium integralis forma

$$- \frac{1}{8} \cos. A. \frac{7k\pi}{8} \, l\!\left(1 + 2x \cos. A. \frac{k\pi}{8} + xx\right) + \frac{1}{4} \sin. A. \frac{7k\pi}{8} A.\,\mathrm{tang.} \; \frac{x \sin. A. \frac{k\pi}{8}}{1 + x \cos A. \frac{k\pi}{8}}.$$

At quia k est numerus impar, quippe 1, 3, 5, 7 successive, est

$$- \cos. A. \frac{7k\pi}{8} = \cos. A. \frac{k\pi}{8} \quad \text{et} \quad \sin. A. \frac{7k\pi}{8} = \sin. A. \frac{k\pi}{8},$$

unde substituendo loco k valores 1, 3, 5, 7 erit integrale

$$+ \frac{1}{8} \cos. A. \frac{\pi}{8} \, l \, \frac{1 + 2x \cos. A. \frac{\pi}{8} + xx}{1 - 2x \cos. A. \frac{\pi}{8} + xx} + \frac{1}{4} \sin. A. \frac{\pi}{8} A.\,\mathrm{tang.} \; \frac{2x \sin. A. \frac{\pi}{8}}{1 - xx}$$

$$+ \frac{1}{8} \cos. A. \frac{3\pi}{8} \, l \, \frac{1 + 2x \cos. A. \frac{3\pi}{8} + xx}{1 - 2x \cos. A. \frac{3\pi}{8} + xx} + \frac{1}{4} \sin. A. \frac{3\pi}{8} A.\,\mathrm{tang.} \; \frac{2x \sin. A. \frac{3\pi}{8}}{1 - xx}.$$

EXEMPLUM 5

49. *Formulae differentialis* $\dfrac{dx}{1 + x^{2n}}$ *integrale invenire.*

Si $2n$ fuerit numerus pariter par seu n numerus par, tum integrale erit

$$+ \frac{1}{2n} \cos. A. \frac{\pi}{2n} \, l \, \frac{1 + 2x \cos. A. \frac{\pi}{2n} + xx}{1 - 2x \cos. A. \frac{\pi}{2n} + xx} + \frac{1}{n} \sin. A. \frac{\pi}{2n} A.\,\mathrm{tang.} \; \frac{2x \sin. A. \frac{\pi}{2n}}{1 - xx}$$

$$+ \frac{1}{2n} \cos. A. \frac{3\pi}{2n} \, l \, \frac{1 + 2x \cos. A. \frac{3\pi}{2n} + xx}{1 - 2x \cos. A. \frac{3\pi}{2n} + xx} + \frac{1}{n} \sin. A. \frac{3\pi}{2n} A.\,\mathrm{tang.} \; \frac{2x \sin. A. \frac{3\pi}{2n}}{1 - xx}$$

$$+ \frac{1}{2n} \cos. A. \frac{5\pi}{2n} \, l \, \frac{1 + 2x \cos. A. \frac{5\pi}{2n} + xx}{1 - 2x \cos. A. \frac{5\pi}{2n} + xx} + \frac{1}{n} \sin. A. \frac{5\pi}{2n} A.\,\mathrm{tang.} \; \frac{2x \sin. A. \frac{5\pi}{2n}}{1 - xx}$$

$$\vdots$$

$$+ \frac{1}{2n} \cos. A. \frac{(n-1)\pi}{2n} \, l \, \frac{1 + 2x \cos. A. \frac{(n-1)\pi}{2n} + xx}{1 - 2x \cos. A. \frac{(n-1)\pi}{2n} + xx}$$

$$+ \frac{1}{n} \sin. A. \frac{(n-1)\pi}{2n} A.\,\mathrm{tang.} \; \frac{2x \sin. A. \frac{(n-1)\pi}{2n}}{1 - xx}.$$

Sin autem $2n$ fuerit numerus impariter par seu n numerus impar, tum erit integrale

$$+ \frac{1}{2n} \cos. A. \frac{\pi}{2n} \, l \, \frac{1 + 2x \cos. A. \frac{\pi}{2n} + xx}{1 - 2x \cos. A. \frac{\pi}{2n} + xx} + \frac{1}{n} \sin. A. \frac{\pi}{2n} A. \tang. \frac{2x \sin. A. \frac{\pi}{2n}}{1 - xx}$$

$$+ \frac{1}{2n} \cos. A. \frac{3\pi}{2n} \, l \, \frac{1 + 2x \cos. A. \frac{3\pi}{2n} + xx}{1 - 2x \cos. A. \frac{3\pi}{2n} + xx} + \frac{1}{n} \sin. A. \frac{3\pi}{2n} A. \tang. \frac{2x \sin. A. \frac{3\pi}{2n}}{1 - xx}$$

$$+ \frac{1}{2n} \cos. A. \frac{5\pi}{2n} \, l \, \frac{1 + 2x \cos. A. \frac{5\pi}{2n} + xx}{1 - 2x \cos. A. \frac{5\pi}{2n} + xx} + \frac{1}{n} \sin. A. \frac{5\pi}{2n} A. \tang. \frac{2x \sin. A. \frac{5\pi}{2n}}{1 - xx}$$

$$\vdots$$

$$+ \frac{1}{2n} \cos. A. \frac{(n-2)\pi}{2n} \, l \, \frac{1 + 2x \cos. A. \frac{(n-2)\pi}{2n} + xx}{1 - 2x \cos. A. \frac{(n-2)\pi}{2n} + xx}$$

$$+ \frac{1}{n} \sin. A. \frac{(n-2)\pi}{2n} A. \tang. \frac{2x \sin. A. \frac{(n-2)\pi}{2n}}{1 - xx} + \frac{1}{n} A. \tang. x.$$

EXEMPLUM 6

50. *Formulae differentialis* $\frac{x^m dx}{1 + x^{2n}}$ *integrale invenire existente m numero pari.*

Quoniam m est numerus par, erit $2n - m - 1$ numerus impar ideoque signa inferiora valent. Porro autem erit

$$\cos. A. \frac{(2n - m - 1)k\pi}{2n} = - \cos. A. \frac{(m+1)k\pi}{2n}$$

ob k numerum imparem et

$$\sin. A. \frac{(2n - m - 1)k\pi}{2n} = \sin. A. \frac{(m+1)k\pi}{2n};$$

tum etiam habetur

$$\cos. A. \frac{(m+1)(2n - k)\pi}{2n} = - \cos. A. \frac{(m+1)k\pi}{2n}$$

atque

$$\sin. A. \frac{(m+1)(2n - k)\pi}{2n} = \sin. A. \frac{(m+1)k\pi}{2n}.$$

His positis distinguendi sunt casus, quibus n est vel numerus par vel impar.

Ac primo quidem si n est numerus par, erit integrale

$$+ \frac{1}{2n} \cos. \mathrm{A}. \frac{(m+1)\pi}{2n}\, l\, \frac{1 + 2x \cos. \mathrm{A}. \frac{\pi}{2n} + xx}{1 - 2x \cos. \mathrm{A}. \frac{\pi}{2n} + xx} + \frac{1}{n} \sin. \mathrm{A}. \frac{(m+1)\pi}{2n} \mathrm{A}. \operatorname{tang.} \frac{2x \sin. \mathrm{A}. \frac{\pi}{2n}}{1 - xx}$$

$$. + \frac{1}{2n} \cos. \mathrm{A}. \frac{3(m+1)\pi}{2n}\, l\, \frac{1 + 2x \cos. \mathrm{A}. \frac{3\pi}{2n} + xx}{1 - 2x \cos. \mathrm{A}. \frac{3\pi}{2n} + xx} + \frac{1}{n} \sin. \mathrm{A}. \frac{3(m+1)\pi}{2n} \mathrm{A}. \operatorname{tang.} \frac{2x \sin. \mathrm{A}. \frac{3\pi}{2n}}{1 - xx}$$

$$+ \frac{1}{2n} \cos. \mathrm{A}. \frac{5(m+1)\pi}{2n}\, l\, \frac{1 + 2x \cos. \mathrm{A}. \frac{5\pi}{2n} + xx}{1 - 2x \cos. \mathrm{A}. \frac{5\pi}{2n} + xx} + \frac{1}{n} \sin. \mathrm{A}. \frac{5(m+1)\pi}{2n} \mathrm{A}. \operatorname{tang.} \frac{2x \sin. \mathrm{A}. \frac{5\pi}{2n}}{1 - xx}$$

$$\vdots$$

$$+ \frac{1}{2n} \cos. \mathrm{A}. \frac{(n-1)(m+1)\pi}{2n}\, l\, \frac{1 + 2x \cos. \mathrm{A}. \frac{(n-1)\pi}{2n} + xx}{1 - 2x \cos. \mathrm{A}. \frac{(n-1)\pi}{2n} + xx}$$

$$+ \frac{1}{n} \sin. \mathrm{A}. \frac{(n-1)(m+1)\pi}{2n} \mathrm{A}. \operatorname{tang.} \frac{2x \sin. \mathrm{A}. \frac{(n-1)\pi}{2n}}{1 - xx}.$$

Deinde si n sit numerus impar, erit integrale

$$+ \frac{1}{2n} \cos. \mathrm{A}. \frac{(m+1)\pi}{2n}\, l\, \frac{1 + 2x \cos. \mathrm{A}. \frac{\pi}{2n} + xx}{1 - 2x \cos. \mathrm{A}. \frac{\pi}{2n} + xx} + \frac{1}{n} \sin. \mathrm{A}. \frac{(m+1)\pi}{2n} \mathrm{A}. \operatorname{tang.} \frac{2x \sin. \mathrm{A}. \frac{\pi}{2n}}{1 - xx}$$

$$+ \frac{1}{2n} \cos. \mathrm{A}. \frac{3(m+1)\pi}{2n}\, l\, \frac{1 + 2x \cos. \mathrm{A}. \frac{3\pi}{2n} + xx}{1 - 2x \cos. \mathrm{A}. \frac{3\pi}{2n} + xx} + \frac{1}{n} \sin. \mathrm{A}. \frac{3(m+1)\pi}{2n} \mathrm{A}. \operatorname{tang.} \frac{2x \sin. \mathrm{A}. \frac{3\pi}{2n}}{1 - xx}$$

$$+ \frac{1}{2n} \cos. \mathrm{A}. \frac{5(m+1)\pi}{2n}\, l\, \frac{1 + 2x \cos. \mathrm{A}. \frac{5\pi}{2n} + xx}{1 - 2x \cos. \mathrm{A}. \frac{5\pi}{2n} + xx} + \frac{1}{n} \sin. \mathrm{A}. \frac{5(m+1)\pi}{2n} \mathrm{A}. \operatorname{tang.} \frac{2x \sin. \mathrm{A}. \frac{5\pi}{2n}}{1 - xx}$$

$$\vdots$$

$$+ \frac{1}{2n} \cos. \mathrm{A}. \frac{(n-2)(m+1)\pi}{2n}\, l\, \frac{1 + 2x \cos. \mathrm{A}. \frac{(n-2)\pi}{2n} + xx}{1 - 2x \cos. \mathrm{A}. \frac{(n-2)\pi}{2n} + xx}$$

$$+ \frac{1}{n} \sin. \mathrm{A}. \frac{(n-2)(m+1)\pi}{2n} \mathrm{A}. \operatorname{tang.} \frac{2x \sin. \mathrm{A}. \frac{(n-2)\pi}{2n}}{1 - xx} + \frac{1}{n} \sin. \mathrm{A}. \frac{(m+1)\pi}{2} \mathrm{A}. \operatorname{tang.} x,$$

ubi, si m est numerus pariter par, erit $\sin. \mathrm{A}. \frac{(m+1)\pi}{2} = 1$, at si m est impariter par, erit $\sin. \mathrm{A}. \frac{(m+1)\pi}{2} = -1$.

EXEMPLUM 7

51. *Formulae differentialis* $\dfrac{x^m dx}{1+x^{2n}}$ *integrale invenire, si* m *sit numerus impar.*

Quoniam $2n - m - 1$ est numerus par, signa superiora valent eritque integralis pars quaevis huius formae

$$- \frac{1}{2n} \cos. \mathrm{A}. \frac{(m+1)k\pi}{2n}\, l\left(1 + 2x\cos. \mathrm{A}. \frac{k\pi}{2n} + xx\right)$$

$$- \frac{1}{n} \sin. \mathrm{A}. \frac{(m+1)k\pi}{2n}\, \mathrm{A}.\tang. \frac{x\sin. \mathrm{A}. \frac{k\pi}{2n}}{1 + x\cos. \mathrm{A}. \frac{k\pi}{2n}},$$

ubi loco k omnes numeri impares usque ad $2n - 1$ substitui debent. Si pro k ponamus $2n - k$, habebitur haec forma

$$- \frac{1}{2n} \cos. \mathrm{A}. \frac{(m+1)k\pi}{2n}\, l\left(1 - 2x\cos. \mathrm{A}. \frac{k\pi}{2n} + xx\right)$$

$$+ \frac{1}{n} \sin. \mathrm{A}. \frac{(m+1)k\pi}{2n}\, \mathrm{A}.\tang. \frac{x\sin. \mathrm{A}. \frac{k\pi}{2n}}{1 - x\cos. \mathrm{A}. \frac{k\pi}{2n}},$$

quae duae formae coniunctim sumtae dabunt

$$- \frac{1}{2n} \cos. \mathrm{A}. \frac{(m+1)k\pi}{2n}\, l\left(1 - 2xx\cos. \mathrm{A}. \frac{k\pi}{n} + x^4\right)$$

$$+ \frac{1}{n} \sin. \mathrm{A}. \frac{(m+1)k\pi}{2n}\, \mathrm{A}.\tang. \frac{xx\sin. \mathrm{A}. \frac{k\pi}{n}}{1 - xx\cos. \mathrm{A}. \frac{k\pi}{n}}.$$

Hoc modo bini valores ipsius k coniunguntur, unde, si n sit numerus par, integrale reperitur, si loco k successivi omnes numeri impares usque ad $n - 1$ substituantur; erit ergo integrale

$$- \frac{1}{2n} \cos. \mathrm{A}. \frac{(m+1)\pi}{2n}\, l\left(1 - 2xx\cos. \mathrm{A}. \frac{\pi}{n} + x^4\right)$$

$$+ \frac{1}{n} \sin. \mathrm{A}. \frac{(m+1)\pi}{2n}\, \mathrm{A}.\tang. \frac{xx\sin. \mathrm{A}. \frac{\pi}{n}}{1 - xx\cos. \mathrm{A}. \frac{\pi}{n}}$$

$$- \frac{1}{2n} \cos. \mathrm{A}. \frac{3(m+1)\pi}{2n}\, l\left(1 - 2xx\cos. \mathrm{A}. \frac{3\pi}{n} + x^4\right)$$

$$+ \frac{1}{n} \sin. \mathrm{A}. \frac{3(m+1)\pi}{2n}\, \mathrm{A}.\tang. \frac{xx\sin. \mathrm{A}. \frac{3\pi}{n}}{1 - xx\cos. \mathrm{A}. \frac{3\pi}{n}}$$

$$- \frac{1}{2n} \cos. \text{A}. \frac{5(m+1)\pi}{2n} \, l\left(1 - 2xx \cos. \text{A}. \frac{5\pi}{n} + x^4\right)$$

$$+ \frac{1}{n} \sin. \text{A}. \frac{5(m+1)\pi}{2n} \text{A}. \text{tang}. \frac{xx \sin. \text{A}. \frac{5\pi}{n}}{1 - xx \cos. \text{A}. \frac{5\pi}{n}}$$

$$\vdots$$

$$- \frac{1}{2n} \cos. \text{A}. \frac{(n-1)(m+1)\pi}{2n} \, l\left(1 - 2xx \cos. \text{A}. \frac{(n-1)\pi}{n} + x^4\right)$$

$$+ \frac{1}{n} \sin. \text{A}. \frac{(n-1)(m+1)\pi}{2n} \text{A}. \text{tang}. \frac{xx \sin. \text{A}. \frac{(n-1)\pi}{n}}{1 - xx \cos. \text{A}. \frac{(n-1)\pi}{n}} \cdot$$

Quodsi autem n sit numerus impar, tum loco k substitui debent omnes numeri impares usque ad $n-2$ et numerus impar medius n erit solitarius, unde sequens prodibit integrale.

$$- \frac{1}{2n} \cos. \text{A}. \frac{(m+1)\pi}{2n} \, l\left(1 - 2xx \cos. \text{A}. \frac{\pi}{n} + x^4\right)$$

$$+ \frac{1}{n} \sin. \text{A}. \frac{(m+1)\pi}{2n} \text{A}. \text{tang}. \frac{xx \sin. \text{A}. \frac{\pi}{n}}{1 - xx \cos. \text{A}. \frac{\pi}{n}}$$

$$- \frac{1}{2n} \cos. \text{A}. \frac{3(m+1)\pi}{2n} \, l\left(1 - 2xx \cos. \text{A}. \frac{3\pi}{n} + x^4\right)$$

$$+ \frac{1}{n} \sin. \text{A}. \frac{3(m+1)\pi}{2n} \text{A}. \text{tang}. \frac{xx \sin. \text{A}. \frac{3\pi}{n}}{1 - xx \cos. \text{A}. \frac{3\pi}{n}}$$

$$- \frac{1}{2n} \cos. \text{A}. \frac{5(m+1)\pi}{2n} \, l\left(1 - 2xx \cos. \text{A}. \frac{5\pi}{n} + x^4\right)$$

$$+ \frac{1}{n} \sin. \text{A}. \frac{5(m+1)\pi}{2n} \text{A}. \text{tang}. \frac{xx \sin. \text{A}. \frac{5\pi}{n}}{1 - xx \cos. \text{A}. \frac{5\pi}{n}}$$

$$\vdots$$

$$- \frac{1}{2n} \cos. \text{A}. \frac{(n-2)(m+1)\pi}{2n} \, l\left(1 - 2xx \cos. \text{A}. \frac{(n-2)\pi}{n} + x^4\right)$$

$$+ \frac{1}{n} \sin. \text{A}. \frac{(n-2)(m+1)\pi}{2n} \text{A}. \text{tang}. \frac{xx \sin. \text{A}. \frac{(n-2)\pi}{n}}{1 - xx \cos. \text{A}. \frac{(n-2)\pi}{n}}$$

$$- \frac{1}{n} \cos. \text{A}. \frac{(m+1)\pi}{2} \, l(1 + xx),$$

ubi $\cos. \text{A}. \frac{(m+1)\pi}{2}$ erit vel $+1$ vel -1, prout $m+1$ fuerit vel numerus pariter par vel impariter par.

PROBLEMA 2

52. *Invenire integrale huius formulae differentialis* $\dfrac{x^m\,dx}{1+x^{2n+1}}$ *existente* m *numero integro minore quam* $2n+1$.

SOLUTIO

Huius formulae denominator $1+x^{2n+1}$ unum habet factorem realem $1+x$, reliqui factores simplices omnes sunt imaginarii eorumque adeo loco factores trinomiales accipi debent. Quod ad factorem simplicem $1+x$ attinet, intelligitur, si pro eo ponatur $1+rx$, inde hanc integralis partem esse orituram $\dfrac{-(-r)^{2n-m+1}}{2n+1}\displaystyle\int\dfrac{dx}{1+rx}$. Sit ergo $r=1$ atque ex denominatoris factore $1+x$ nascetur integralis pars $\dfrac{-(-1)^{2n-m+1}}{2n+1}\,l(1+x)=\dfrac{(-1)^{2n-m}}{2n+1}\,l(1+x)$, quae adeo erit

$$\pm\frac{1}{2n+1}\,l(1+x),$$

ubi signum $+$ valet, si $2n-m$ fuerit numerus par seu si m sit numerus par, alterum vero signum $-$ valet, si m sit numerus impar.

Quod iam ad factores trinomiales attinet, sit eorum quilibet $1+px+qxx$ atque ex solutione praecedentis problematis ponendo $2n+1$ loco $2n$ colligitur integralis pars ex hoc factore oriunda

$$=\pm q^{\frac{2n-m}{2}}\,\frac{\cos. \mathrm{A}.\,(2n-m)\varphi}{2n+1}\,l(1+px+qxx)$$

$$\mp 2q^{\frac{2n-m}{2}}\,\frac{\sin. \mathrm{A}.\,(2n-m)\varphi}{2n+1}\,\mathrm{A}.\,\mathrm{tang}.\,\frac{x\sqrt{(4q-pp)}}{2+px}$$

denotante φ arcum circuli, cuius cosinus $=\dfrac{p}{2\sqrt{q}}$; valent autem signorum ambiguorum superiora, si $2n-m$ fuerit numerus par, hoc est, si m fuerit numerus par, sin autem m sit numerus impar, valebunt signa inferiora.

Iam ad factores trinomiales inveniendos dividatur denominator $1+x^{2n+1}$ per factorem simplicem $1+x$ prodibitque quotus

$$1-x+x^2-x^3+\cdots-x^{2n-3}+x^{2n-2}-x^{2n-1}+x^{2n},$$

cuius factores trinomiales quaeri oportet, id quod fiet ope theorematis in solutione praecedente adhibiti. Erunt scilicet factores trinomiales huiusmodi

$$1 + \alpha x + xx, \quad 1 + \beta x + xx, \quad 1 + \gamma x + xx \quad \text{etc.},$$

quorum numerus erit n, et cum sit

$$a = -1, \quad b = +1, \quad c = -1 \quad \text{etc.},$$

formanda est aequatio

$$\cos. A. n\psi + \cos. A. (n-1)\psi + \cos. A. (n-2)\psi + \cdots + \cos. A. \psi + \tfrac{1}{2} = 0,$$

ex qua aequatione n valores pro arcu ψ orientur, quorum cosinus bis sumti in loca litterarum α, β, γ etc. substitui debent. Aequatio autem haec resolvi poterit ex isto principio, quod cosinus arcuum in arithmetica progressione crescentium tenent seriem recurrentem; est nempe

$$\cos. A. n\psi = z \cos. A. (n-1)\psi - \cos. A. (n-2)\psi$$

existente $\cos. A. \psi = \tfrac{z}{2}$. Cum iam sit

$$+ \cos. A. n\psi + \cos. A. (n-1)\psi + \cdots + \cos. A. 2\psi + \cos. A. \psi + 1 = \tfrac{1}{2},$$

erit

$$+ z \cos. A. n\psi + z \cos. A. (n-1)\psi + z \cos. A. (n-2)\psi + \cdots + z \cos. A. \psi + z = \tfrac{z}{2},$$

$$- \cos. A. n\psi - \cos. A. (n-1)\psi - \cos. A. (n-2)\psi - \cos. A. (n-3)\psi - \cdots - 1 = \tfrac{-1}{2};$$

subtrahantur inferiores aequationes a superiore; orietur

$$(1 - z)\cos. A. n\psi + \cos. A. (n-1)\psi + \cos. A. \psi + 1 - z = 1 - \tfrac{z}{2},$$

quae ob $\cos. A. \psi = \tfrac{z}{2}$ transmutatur in hanc

$$(1 - z)\cos. A. n\psi + \cos. A. (n-1)\psi = 0$$

seu

$$\cos. A. n\psi - 2 \cos. A. \psi \cdot \cos. A. n\psi + \cos. A. (n-1)\psi = 0;$$

at est

$$\cos. A. (n-1)\psi = \cos. A. \psi \cdot \cos. A. n\psi + \sin. A. \psi \cdot \sin. A. n\psi;$$

erit ergo

$$(1 - \cos. A. \psi)\cos. A. n\psi + \sin. A. \psi \cdot \sin. A. n\psi = 0,$$

unde concluditur fore

$$\text{tang. A.}\,\frac{\psi}{2} + \text{tang. A.}\,n\psi = 0.$$

At ex natura tangentium constat esse

$$\text{tang. A.}\,\frac{\psi}{2} + \text{tang. A.}\left(k\pi - \frac{\psi}{2}\right) = 0$$

denotante k numerum quemcunque integrum, ex quo erit

$$n\psi = k\pi - \frac{\psi}{2} \quad \text{hincque} \quad \psi = \frac{2k\pi}{2n+1}.$$

Substituendo ergo pro k successive numeros 1, 2, 3, 4, ... n oriuntur n valores pro arcu ψ, quorum cosinus bis sumti dabunt coefficientes α, β, γ, δ etc. in factoribus

$$1 + \alpha x + xx, \quad 1 + \beta x + xx, \quad 1 + \gamma x + xx \quad \text{etc.}$$

Quilibet ergo factor continetur in hac forma

$$1 + 2x\,\cos.\text{A.}\,\frac{2k\pi}{2n+1} + xx.$$

Quare cum pro factore generali assumserimus hanc formam $1 + px + qxx$, erit $q = 1$ et $p = 2\cos.\text{A.}\,\frac{2k\pi}{2n+1}$ atque $\frac{p}{2\sqrt{q}} = \cos.\text{A.}\,\frac{2k\pi}{2n+1}$; quia nunc φ est arcus, cuius cosinus $= \frac{p}{2\sqrt{q}}$, erit $\varphi = \frac{2k\pi}{2n+1}$ et hanc ob rem ex factore $1 + 2x\,\cos.\text{A.}\,\frac{2k\pi}{2n+1} + xx$ orietur integralis pars

$$\pm \frac{1}{2n+1}\cos.\text{A.}\,\frac{2k(2n-m)\pi}{2n+1}\,l\left(1 + 2x\cos.\text{A.}\,\frac{2k\pi}{2n+1} + xx\right)$$

$$\mp \frac{2}{2n+1}\sin.\text{A.}\,\frac{2k(2n-m)\pi}{2n+1}\,\text{A.tang.}\,\frac{x\sin.\text{A.}\,\frac{2k\pi}{2n+1}}{1 + x\cos.\text{A.}\,\frac{2k\pi}{2n+1}},$$

ubi signa superiora valent, si m fuerit numerus par, inferiora autem, si m numerus impar. At est

$$\cos.\text{A.}\,\frac{2k(2n-m)\pi}{2n+1} = \cos.\text{A.}\,\frac{2k(m+1)\pi}{2n+1}$$

atque

$$\sin.\text{A.}\,\frac{2k(2n-m)\pi}{2n+1} = -\sin.\text{A.}\,\frac{2k(m+1)\pi}{2n+1},$$

unde cuiusque partis integralis ex factore denominatoris trinomiali oriunda est

$$\pm \frac{1}{2n+1} \cos. \text{A.} \frac{2k(m+1)\pi}{2n+1} \, l\left(1 + 2x \cos. \text{A.} \frac{2k\pi}{2n+1} + xx\right)$$

$$\pm \frac{2}{2n+1} \sin. \text{A.} \frac{2k(m+1)\pi}{2n+1} \text{A. tang.} \frac{x \sin. \text{A.} \frac{2k\pi}{2n+1}}{1 + x \cos. \text{A.} \frac{2k\pi}{2n+1}};$$

successive scilicet loco k scribantur omnes numeri integri 1, 2, 3, $\ldots n$ addanturque formae resultantes atque ad summam addatur insuper integrale ex factore simplici $1 + x$ oriundum $\pm \frac{1}{2n+1} l(1 + x)$, quo facto habebitur formulae differentialis propositae $\frac{x^m dx}{1+x^{2n+1}}$ integrale quaesitum hoc

$$\pm \frac{1}{2n+1} l(1 + x)$$

$$\pm \frac{1}{2n+1} \cos. \text{A.} \frac{2(m+1)\pi}{2n+1} \, l\left(1 + 2x \cos. \text{A.} \frac{2\pi}{2n+1} + xx\right)$$

$$\pm \frac{2}{2n+1} \sin. \text{A.} \frac{2(m+1)\pi}{2n+1} \text{A. tang.} \frac{x \sin. \text{A.} \frac{2\pi}{2n+1}}{1 + x \cos. \text{A.} \frac{2\pi}{2n+1}}$$

$$\pm \frac{1}{2n+1} \cos. \text{A.} \frac{4(m+1)\pi}{2n+1} \, l\left(1 + 2x \cos. \text{A.} \frac{4\pi}{2n+1} + xx\right)$$

$$\pm \frac{2}{2n+1} \sin. \text{A.} \frac{4(m+1)\pi}{2n+1} \text{A. tang.} \frac{x \sin. \text{A.} \frac{4\pi}{2n+1}}{1 + x \cos. \text{A.} \frac{4\pi}{2n+1}}$$

$$\pm \frac{1}{2n+1} \cos. \text{A.} \frac{6(m+1)\pi}{2n+1} \, l\left(1 + 2x \cos. \text{A.} \frac{6\pi}{2n+1} + xx\right)$$

$$\pm \frac{2}{2n+1} \sin. \text{A.} \frac{6(m+1)\pi}{2n+1} \text{A. tang.} \frac{x \sin. \text{A.} \frac{6\pi}{2n+1}}{1 + x \cos. \text{A.} \frac{6\pi}{2n+1}}$$

$$\vdots$$

$$\pm \frac{1}{2n+1} \cos. \text{A.} \frac{2n(m+1)\pi}{2n+1} \, l\left(1 + 2x \cos. \text{A.} \frac{2n\pi}{2n+1} + xx\right)$$

$$\pm \frac{2}{2n+1} \sin. \text{A.} \frac{2n(m+1)\pi}{2n+1} \text{A. tang.} \frac{x \sin. \text{A.} \frac{2n\pi}{2n+1}}{1 + x \cos. \text{A.} \frac{2n\pi}{2n+1}},$$

ubi signorum ambiguorum superiora valent, si m fuerit numerus par, inferiora autem sunt capienda, si m sit numerus impar. Q. E. I.

EXEMPLUM 1

53. *Huius formulae differentialis* $\frac{dx}{1+x^3}$ *integrale invenire.*

Hic est $m = 0$ et $n = 1$ atque $2n + 1 = 3$. Deinde habemus

$$\cos. A. \frac{2(m+1)\pi}{2n+1} = \cos. A. \frac{2\pi}{3} = \cos. A. 120^0 = -\frac{1}{2},$$

$$\sin. A. \frac{2(m+1)\pi}{2n+1} = \sin. A. \frac{2\pi}{3} = \sin. A. 120^0 = \frac{\sqrt{3}}{2}.$$

Quoniam igitur ob m numerum parem signa superiora valent, erit formulae propositae integrale

$$+ \frac{1}{3} l(1 + x) - \frac{1}{6} l(1 - x + xx) + \frac{1}{\sqrt{3}} A. \tan g. \frac{x\sqrt{3}}{2 - x},$$

ubi constantem non adiicimus, quia hoc integrale iam evanescit posito $x = 0$.

EXEMPLUM 2

54. *Huius formulae differentialis* $\frac{x\,dx}{1+x^3}$ *integrale invenire.*

Hic est $m = 1$ et $n = 1$, ex quo signa inferiora valebunt. Erit autem pro hoc casu

$$\cos. A. \frac{2(m+1)\pi}{2n+1} = \cos. A. \frac{4\pi}{3} = -\cos. A. \frac{\pi}{3} = -\frac{1}{2},$$

$$\cos. A. \frac{2\pi}{2n+1} = \cos. A. \frac{2\pi}{3} = -\cos. A. \frac{\pi}{3} = -\frac{1}{2},$$

$$\sin. A. \frac{2(m+1)\pi}{2n+1} = \sin. A. \frac{4\pi}{3} = -\sin. A. \frac{\pi}{3} = -\frac{\sqrt{3}}{2},$$

$$\sin. A. \frac{2\pi}{2n+1} = \sin. A. \frac{2\pi}{3} = \sin. A. \frac{\pi}{3} = \frac{\sqrt{3}}{2},$$

unde integrale quaesitum erit hoc

$$- \frac{1}{3} l(1 + x) + \frac{1}{6} l(1 - x + xx) + \frac{1}{\sqrt{3}} A. \tan g. \frac{x\sqrt{3}}{2 - x}.$$

COROLLARIUM

55. Huius ergo formulae differentialis $\frac{(1-x)\,dx}{1+x^3}$ integrale erit

$$\frac{2}{3}\,l(1+x)-\frac{1}{3}\,l(1-x+xx)=\frac{1}{3}\,l\frac{1+2x+xx}{1-x+xx}.$$

EXEMPLUM 3

56. *Huius formulae differentialis $\frac{dx}{1+x^5}$ integrale invenire.*

Hic est $m=0$ ideoque signa superiora valent et $n=2$, unde integrale quaesitum erit

$$+\frac{1}{5}\,l(1+x)$$

$$+\frac{1}{5}\cos.\,\mathrm{A}.\frac{2\pi}{5}\,l(1+2x\cos.\,\mathrm{A}.\frac{2\pi}{5}+xx)+\frac{2}{5}\sin.\,\mathrm{A}.\frac{2\pi}{5}\,\mathrm{A}.\,\mathrm{tang}.\frac{x\sin.\,\mathrm{A}.\frac{2\pi}{5}}{1+x\cos.\,\mathrm{A}.\frac{2\pi}{5}}$$

$$-\frac{1}{5}\cos.\,\mathrm{A}.\frac{\pi}{5}\,l(1-2x\cos.\,\mathrm{A}.\frac{\pi}{5}+xx)+\frac{2}{5}\sin.\,\mathrm{A}.\frac{\pi}{5}\,\mathrm{A}.\,\mathrm{tang}.\frac{x\sin.\,\mathrm{A}.\frac{\pi}{5}}{1-x\cos.\,\mathrm{A}.\frac{\pi}{5}}.$$

At est

$$\cos.\,\mathrm{A}.\frac{\pi}{5}=\frac{1+\sqrt{5}}{4},\quad \sin.\,\mathrm{A}.\frac{\pi}{5}=\frac{\sqrt{(10-2\sqrt{5})}}{4}$$

atque

$$\cos.\,\mathrm{A}.\frac{2\pi}{5}=\frac{-1+\sqrt{5}}{4}\quad\text{et}\quad \sin.\,\mathrm{A}.\frac{2\pi}{5}=\frac{\sqrt{(10+2\sqrt{5})}}{4}.$$

EXEMPLUM 4

57. *Huius formulae differentialis $\frac{x\,dx}{1+x^5}$ integrale invenire.*

Hic est $m=1$ ideoque signa inferiora valent et $n=2$, ex quo integrale quaesitum erit

$$-\frac{1}{5}\,l(1+x)$$

$$+\frac{1}{5}\cos.\,\mathrm{A}.\frac{\pi}{5}\,l\left(1+2x\cos.\,\mathrm{A}.\frac{2\pi}{5}+xx\right)-\frac{2}{5}\sin.\,\mathrm{A}.\frac{\pi}{5}\,\mathrm{A}.\,\mathrm{tang}.\frac{x\sin.\,\mathrm{A}.\frac{2\pi}{5}}{1+x\cos.\,\mathrm{A}.\frac{2\pi}{5}}$$

$$-\frac{1}{5}\cos.\,\mathrm{A}.\frac{2\pi}{5}\,l\left(1-2x\cos.\,\mathrm{A}.\frac{\pi}{5}+xx\right)+\frac{2}{5}\sin.\,\mathrm{A}.\frac{2\pi}{5}\,\mathrm{A}.\,\mathrm{tang}.\frac{x\sin.\,\mathrm{A}.\frac{\pi}{5}}{1-x\cos.\,\mathrm{A}.\frac{\pi}{5}}.$$

EXEMPLUM 5

58. *Huius formulae differentialis* $\frac{xx\,dx}{1+x^5}$ *integrale invenire.*

Hic est $n = 2$ et $m = 2$, unde signa superiora valent, ex quo integrale quaesitum erit

$$+ \frac{1}{5}\, l(1+x)$$

$$- \frac{1}{5} \cos. A. \frac{\pi}{5}\, l\left(1 + 2x \cos. A. \frac{2\pi}{5} + xx\right) - \frac{2}{5} \sin. A. \frac{\pi}{5} A. \tan g. \frac{x \sin. A. \frac{2\pi}{5}}{1 + x \cos. A. \frac{2\pi}{5}}$$

$$+ \frac{1}{5} \cos. A. \frac{2\pi}{5}\, l\left(1 - 2x \cos. A. \frac{\pi}{5} + xx\right) + \frac{2}{5} \sin. A. \frac{2\pi}{5} A. \tan g. \frac{x \sin. A. \frac{\pi}{5}}{1 - x \cos. A. \frac{\pi}{5}}.$$

EXEMPLUM 6

59. *Huius formulae differentialis* $\frac{x^3\,dx}{1+x^5}$ *integrale invenire.*

Hic est $n = 2$ et $m = 3$, unde signa inferiora valent, ex quo integrale quaesitum erit

$$- \frac{1}{5} l(1+x)$$

$$- \frac{1}{5} \cos. A. \frac{2\pi}{5}\, l\left(1 + 2x \cos. A. \frac{2\pi}{5} + xx\right) + \frac{2}{5} \sin. A. \frac{2\pi}{5} A. \tan g. \frac{x \sin. A. \frac{2\pi}{5}}{1 + x \cos. A. \frac{2\pi}{5}}$$

$$+ \frac{1}{5} \cos. A. \frac{\pi}{5}\, l\left(1 - 2x \cos. A. \frac{\pi}{5} + xx\right) + \frac{2}{5} \sin. A. \frac{\pi}{5} A. \tan g. \frac{x \sin. A. \frac{\pi}{5}}{1 - x \cos A. \frac{\pi}{5}}.$$

PROBLEMA 3

60. *Invenire integrale huius formulae differentialis* $\frac{x^m\,dx}{1 - x^{2n+1}}$ *existente* m *numero integro minore quam* $2n + 1$.

SOLUTIO

Quia denominator $1 - x^{2n+1}$ hic habet unum factorem simplicem realem $1 - x$, per quem divisione peracta resultat quotus $1 + x + x^2 + x^3 + \cdots + x^{2n}$, huius factores trinomiales perinde ac in praecedente problemate poterunt inveniri ex iisque integrale quaesitum determinari. At si rem probe perpendamus, solutio praecedentis problematis simul nobis suppeditabit solutionem praesentis; nam si hic ponamus $x = -y$, habebimus hanc formulam

$$\frac{-(-y)^m dy}{1+y^{2n+1}} \quad \text{seu} \quad \frac{\mp y^m dy}{1+y^{2n+1}},$$

ubi signum superius valet, si m fuerit numerus par, inferius vero, si m numerus impar. Huius autem formulae integrale iam invenimus in solutione praecedentis problematis, ubi simul hoc commode accedit, ut signa illa ambigua tollantur et ubique idem signum — locum habeat; tum vero in illa solutione loco x poni oportet $-x$ hincque formulae nostrae propositae integrale erit

$$-\frac{1}{2n+1} l(1-x)$$

$$-\frac{1}{2n+1} \cos. A. \frac{2(m+1)\pi}{2n+1} l\left(1 - 2x \cos. A. \frac{2\pi}{2n+1} + xx\right)$$

$$+\frac{2}{2n+1} \sin. A. \frac{2(m+1)\pi}{2n+1} A. \tan g. \frac{x \sin. A. \frac{2\pi}{2n+1}}{1 - x \cos. A. \frac{2\pi}{2n+1}}$$

$$-\frac{1}{2n+1} \cos. A. \frac{4(m+1)\pi}{2n+1} l\left(1 - 2x \cos. A. \frac{4\pi}{2n+1} + xx\right)$$

$$+\frac{2}{2n+1} \sin. A. \frac{4(m+1)\pi}{2n+1} A. \tan g. \frac{x \sin. A. \frac{4\pi}{2n+1}}{1 - x \cos. A. \frac{4\pi}{2n+1}}$$

$$-\frac{1}{2n+1} \cos. A. \frac{6(m+1)\pi}{2n+1} l\left(1 - 2x \cos. A. \frac{6\pi}{2n+1} + xx\right)$$

$$+\frac{2}{2n+1} \sin. A. \frac{6(m+1)\pi}{2n+1} A. \tan g. \frac{x \sin. A. \frac{6\pi}{2n+1}}{1 - x \cos. A. \frac{6\pi}{2n+1}}$$

$$\vdots$$

$$-\frac{1}{2n+1} \cos. A. \frac{2n(m+1)\pi}{2n+1} l\left(1 - 2x \cos. A. \frac{2n\pi}{2n+1} + xx\right)$$

$$+\frac{2}{2n+1} \sin. A. \frac{2n(m+1)\pi}{2n+1} A. \tan g. \frac{x \sin. A. \frac{2n\pi}{2n+1}}{1 - x \cos. A. \frac{2n\pi}{2n+1}}.$$

Q. E. I.

PROBLEMA 4

61. *Invenire integrale huius formulae differentialis* $\dfrac{x^m\,dx}{1-x^{2n+2}}$ *existente* m *numero integro minore quam* $2n+2$.

SOLUTIO

Denominator $1-x^{2n+2}$ duos habet factores reales, nempe $1+x$ et $1-x$; reliqui factores simplices omnes sunt imaginarii.

Sit ergo $1+rx$ factor simplex. Ex eo, si consulatur § 41, orietur

$$R = \frac{(-r)^{2n-m+2}}{2n+2}$$

atque integralis pars ex factore $1+rx$ oriunda erit

$$= \frac{1}{2n+2}\int\frac{(-r)^{2n-m+2}dx}{1+rx}.$$

Sit iam primo $r=+1$ ac factor $1+x$ in integrale dabit hanc partem

$$\frac{1}{2n+2}\int\frac{\pm\,dx}{1+x} = \pm\frac{1}{2n+2}\,l(1+x),$$

ubi signum superius valet, si m fuerit numerus par, inferius, si m impar. Sit nunc $r=-1$ ac factor $1-x$ in integrale inducet hoc

$$\frac{1}{2n+2}\int\frac{dx}{1-x} = -\frac{1}{2n+2}\,l(1-x).$$

Pro factoribus trinomialibus sit nobis propositus iste

$$1+px+qxx = (1+rx)(1+sx),$$

ita ut sit $r+s=p$ et $rs=q$. Quare cum ex factore simplici $1+rx$ oriatur integralis pars haec

$$\frac{1}{2n+2}\int\frac{(-r)^{2n-m+2}dx}{1+rx},$$

ex factore composito $1+px+qxx=(1+rx)(1+sx)$ orietur pro integrali

$$\int\frac{((-r)^{2n-m+2}+(-s)^{2n-m+2})dx - rs((-r)^{2n-m+1}+(-s)^{2n-m+1})x\,dx}{(2n+2)(1+px+qxx)},$$

quae formula cum ea, quam in solutione Problematis 1 habuimus, ita congruit, ut, si ibi loco $2n$ ponamus $2n+2$, prodeat haec nostra negative sumta. His consideratis, si sit φ arcus circuli, cuius cosinus est $= \dfrac{p}{2\sqrt{q}}$, ex factore trinomiali $1+px+qxx$ orietur ista integralis pars

$$\pm \frac{q^{\frac{2n-m+1}{2}} \cos. A.(2n-m+1)\varphi}{2n+2} l(1+px+qxx)$$

$$\mp \frac{q^{\frac{2n-m+1}{2}} \sin. A.(2n-m+1)\varphi}{n+1} A.\tang. \frac{x\sqrt{(4q-pp)}}{2+px},$$

ubi signa superiora valent, si m sit numerus par, inferiora vero, si m sit numerus impar. Superest igitur, ut in factores trinomiales denominatoris $1-x^{2n+2}$ inquiramus, ex quibus ob $1-xx$ factorem iam in computum ductum constet productum

$$1 + x^2 + x^4 + x^6 + \cdots + x^{2n}.$$

Haec forma si cum theoremate in solutione primi problematis allegato comparetur, erit alternatim $a=0$, $b=1$, $c=0$, $d=1$ etc. At quod ad terminum medium attinet, quem posuimus mx^n, erit utique $m=1$, si n sit numerus par, at erit $m=0$, si n sit numerus impar. Quare duo casus sunt tractandi, alter, quo n est numerus par, qui dat hanc aequationem

$$\cos. A.\,n\psi + \cos. A.(n-2)\psi + \cos. A.(n-4)\psi + \cdots + \cos. A.2\psi + \frac{1}{2} = 0,$$

alter casus, quo n est numerus impar, dat hanc aequationem

$$\cos. A.\,n\psi + \cos. A.(n-2)\psi + \cos. A.(n-4)\psi + \cdots + \cos. A.\,\psi = 0,$$

ex quibus n diversi arcus ψ eruuntur, quorum cosinus bis sumti praebebunt valores pro p substituendos in factore generali $1+px+qxx$, et q semper est $=1$, ita ut factor quisque trinomialis sit futurus $1+2x\cos. A.\psi + xx$ estque $\varphi=\psi$.

Sit primo n numerus par atque aequatio

$$\cos. A.\,n\psi + \cos. A.(n-2)\psi + \cos. A.(n-4)\psi + \cdots + \cos. A.2\psi + \frac{1}{2} = 0,$$

quae eodem modo quo in solutione Problematis 2 tractata tandem dabit $\psi = \dfrac{k\pi}{n+1}$, atque loco k substituendo successive numeros $1, 2, 3, \ldots n$ prodibunt

n diversi valores pro ψ simulque pro φ. Quamobrem casu, quo n est numerus par, formulae propositae differentialis $\dfrac{x^m\,dx}{1-x^{2n+2}}$ integrale erit

$$\pm \frac{1}{2(n+1)}\, l(1+x) - \frac{1}{2(n+1)}\, l(1-x)$$

$$\pm \frac{1}{2(n+1)}\cos.\mathrm{A}.\,\frac{(m+1)\pi}{n+1}\, l\left(1 + 2x\cos.\mathrm{A}.\frac{\pi}{n+1} + xx\right)$$

$$\pm \frac{1}{n+1}\sin.\mathrm{A}.\frac{(m+1)\pi}{n+1}\,\mathrm{A}.\,\mathrm{tang}.\,\frac{x\sin.\mathrm{A}.\frac{\pi}{n+1}}{1+x\cos.\mathrm{A}.\frac{\pi}{n+1}}$$

$$\pm \frac{1}{2(n+1)}\cos.\mathrm{A}.\,\frac{2(m+1)\pi}{n+1}\, l\left(1 + 2x\cos.\mathrm{A}.\frac{2\pi}{n+1} + xx\right)$$

$$\pm \frac{1}{n+1}\sin.\mathrm{A}.\frac{2(m+1)\pi}{n+1}\,\mathrm{A}.\,\mathrm{tang}.\,\frac{x\sin.\mathrm{A}.\frac{2\pi}{n+1}}{1+x\cos.\mathrm{A}.\frac{2\pi}{n+1}}$$

$$\pm \frac{1}{2(n+1)}\cos.\mathrm{A}.\,\frac{3(m+1)\pi}{n+1}\, l\left(1 + 2x\cos.\mathrm{A}.\frac{3\pi}{n+1} + xx\right)$$

$$\pm \frac{1}{n+1}\sin.\mathrm{A}.\frac{3(m+1)\pi}{n+1}\,\mathrm{A}.\,\mathrm{tang}.\,\frac{x\sin.\mathrm{A}.\frac{3\pi}{n+1}}{1+x\cos.\mathrm{A}.\frac{3\pi}{n+1}}$$

$$\vdots$$

$$\pm \frac{1}{2(n+1)}\cos.\mathrm{A}.\,\frac{n(m+1)\pi}{n+1}\, l\left(1 + 2x\cos.\mathrm{A}.\frac{n\pi}{n+1} + xx\right)$$

$$\pm \frac{1}{n+1}\sin.\mathrm{A}.\frac{n(m+1)\pi}{n+1}\,\mathrm{A}.\,\mathrm{tang}.\,\frac{x\sin.\mathrm{A}.\frac{n\pi}{n+1}}{1+x\cos.\mathrm{A}.\frac{n\pi}{n+1}},$$

ubi signorum ambiguorum superiora valent, si m est numerus par, inferiora vero, si m numerus impar.

Ponamus iam n esse numerum imparem atque ad arcuum ψ vel φ valores inveniendos resolvi oportet hanc aequationem

$$\cos.\mathrm{A}.\,n\psi + \cos.\mathrm{A}.\,(n-2)\psi + \cos.\mathrm{A}.\,(n-4)\psi + \cdots + \cos.\mathrm{A}.\,3\psi + \cos.\mathrm{A}.\,\psi = 0.$$

Quorum arcuum in progressione arithmetica progredientium cum sit differentia $= 2\psi$, erit

$$\cos.\mathrm{A}.\,n\psi = 2\cos.\mathrm{A}.\,2\psi \cdot \cos.\mathrm{A}.\,(n-2)\psi - \cos.\mathrm{A}.\,(n-4)\psi.$$

Formemus ergo has aequationes

$$+ \cos. \mathrm{A}. n\psi + \cdots + \cos. \mathrm{A}. 5\psi + \cos. \mathrm{A}. 3\psi + \cos. \mathrm{A}. \psi = 0,$$

$$- 2\cos. \mathrm{A}. 2\psi \cdot \cos. \mathrm{A}. n\psi - 2\cos. \mathrm{A}. 2\psi \cdot \cos. \mathrm{A}. (n-2)\psi - \cdots$$

$$- 2\cos. \mathrm{A}. 2\psi \cdot \cos. \mathrm{A}. 3\psi - 2\cos. \mathrm{A}. 2\psi \cdot \cos. \mathrm{A}. \psi = 0,$$

$$+ \cos. \mathrm{A}. n\psi + \cos. \mathrm{A}. (n-2)\psi + \cos. \mathrm{A}. (n-4)\psi + \cdots + \cos. \mathrm{A}. \psi = 0,$$

quarum summa dabit hanc aequationem

$$(1 - 2\cos. \mathrm{A}. 2\psi)\cos. \mathrm{A}. n\psi + \cos. \mathrm{A}. (n-2)\psi + \cos. \mathrm{A}. 3\psi$$

$$+ (1 - 2\cos. \mathrm{A}. 2\psi)\cos. \mathrm{A}. \psi = 0.$$

At est

$$\cos. \mathrm{A}. 3\psi = \cos. \mathrm{A}. \psi \cdot \cos. \mathrm{A}. 2\psi - \sin. \mathrm{A}. \psi \cdot \sin. \mathrm{A}. 2\psi$$

et

$$\cos. \mathrm{A}. 3\psi - 2\cos. \mathrm{A}. \psi \cdot \cos. \mathrm{A}. 2\psi$$

$$= - \cos. \mathrm{A}. \psi \cdot \cos. \mathrm{A}. 2\psi - \sin. \mathrm{A}. \psi \cdot \sin. \mathrm{A}. 2\psi = - \cos. \mathrm{A}. \psi,$$

ex quo erit

$$\cos. \mathrm{A}. 3\psi + (1 - 2\cos. \mathrm{A}. 2\psi)\cos. \mathrm{A}. \psi = 0.$$

Deinde est

$$\cos. \mathrm{A}. (n-2)\psi = \sin. \mathrm{A}. 2\psi \cdot \sin. \mathrm{A}. n\psi + \cos. \mathrm{A}. 2\psi \cdot \cos. \mathrm{A}. n\psi.$$

Quibus substitutis habetur haec aequatio

$$\cos. \mathrm{A}. n\psi + \sin. \mathrm{A}. 2\psi \cdot \sin. \mathrm{A}. n\psi - \cos. \mathrm{A}. 2\psi \cdot \cos. \mathrm{A}. n\psi = 0$$

seu

$$\cos. \mathrm{A}. n\psi = \cos. \mathrm{A}. (n+2)\psi.$$

At est generaliter $\cos. \mathrm{A}. n\psi = \cos. \mathrm{A}. (2k\pi - n\psi)$ denotante k numerum quem-cunque integrum, unde fit $2k\pi - n\psi = (n+2)\psi$ atque $\psi = \dfrac{k\pi}{n+1}$; qui valor quia congruit cum eo, quem casu praecedente, quo n est numerus par, inve-nimus, patet quoque isto casu idem proditurum esse integrale quod in casu praecedente.

Quocirca sive n sit numerus par sive impar, idem prodit integrale hocque integrale iam casu praecedente exhibuimus, ita ut problemati ex asse sit satisfactum. Q. E. I.

SCHOLION 1

62. Quod ambae aequationes, quas pro arcu ψ determinando invenimus, cum casu, quo n est numerus par, tum, quo est impar, eosdem plane valores arcus ψ praebeant, etiamsi ipsae aequationes omnino discrepant, mirum videri potest. Sin autem rem curatius inspiciamus, reperiemus binas illas aequationes in hac una contineri

$$0 = \cos. A.\, n\psi + \cos. A.\,(n-2)\psi + \cos. A.\,(n-4)\psi + \cdots$$
$$+ \cos. A.-(n-4)\psi + \cos. A.-(n-2)\psi + \cos. A.- n\psi;$$

cum enim cosinus arcuum negativorum aequentur cosinibus eorundem arcuum affirmative sumtorum, termini extremi inter se sunt aequales ideoque eundem terminum duplicatum dabunt, et si n sit numerus par, terminus in medio $\cos. A.\, 0\psi = 1$ solitarius relinquetur. Quare cum resolutio huius aequationis pro utroque casu valeat, necesse est, ut eadem reperiatur expressio pro arcu ψ, sive n sit numerus par sive impar. Si enim ad modum serierum recurrentium summam omnium terminorum investigemus, proveniet

$$0 = (1 - 2\cos. A.\, 2\psi)\cos. A.\, n\psi + \cos. A.\,(n-2)\psi$$
$$+ (1 - 2\cos. A.\, 2\psi)\cos. A.- n\psi + \cos. A.-(n-2)\psi,$$

hoc est, ob $\cos. A.- n\psi = \cos. A.\, n\psi$ et $\cos. A.-(n-2)\psi = \cos. A.\,(n-2)\psi$ erit

$$0 = \cos. A.\,(n-2)\psi - 2\cos. A.\, 2\psi \cdot \cos. A.\, n\psi + \cos. A.\, n\psi$$

atque ex lege progressionis ob

$$\cos. A.\,(n+2)\psi = 2\cos. A.\, 2\psi \cdot \cos. A.\, n\psi - \cos. A.\,(n-2)\psi$$

erit

$$\cos. A.\,(n+2)\psi = \cos. A.\, n\psi.$$

At est generaliter $\cos. A.\, n\psi = \cos. A.\,(2k\pi - n\psi)$, unde oritur

$$2k\pi - n\psi = (n+2)\psi \quad \text{hincque} \quad \psi = \frac{k\pi}{n+1},$$

sive n sit numerus par sive impar[1]. Adnotari hic convenit arcum ψ esse eiusmodi, ut $2n+2$ vicibus sumtus det peripheriam totam aliquoties sumtam, ex quo erit $\cos. A.\, 2(n+1)\psi = 1$. Quamobrem si expressionis

---

1) Editio princeps: *sive n sit numerus affirmativus sive negativus.*   Correxit A. G.

$1 - x^{2n+2}$ factor seu divisor fuerit $1 \pm 2x \cos. \text{A}. \psi + xx$, arcus ψ ita erit comparatus, ut sit $1 - \cos. \text{A}. (2n + 2)\psi = 0$, quo ipso ingens analogia cum expressione $1 - x^{2n+2}$ perspicitur in reliquis casibus confirmanda. Iste autem factor $1 - 2x \cos. \text{A}. \psi + xx$ non solum factores trinomiales formae $1 - x^{2n+2}$ in se complectitur, verum etiam ipsos factores simplices reales eiusdem formulae, nempe $1 + x$ et $1 - x$, indicat; namque vi determinationis esse potest $\psi = \pi$ et $\psi = 2\pi$; priori casu fit $\cos. \text{A}. \psi = -1$, altero $\cos. \text{A}. \psi = 1$, unde oriuntur hi factores $1 + 2x + xx$ et $1 - 2x + xx$, qui sunt quadrata factorum simplicium $1 + x$ et $1 - x$. Neque vero discrimen inter quadrata et radices scrupulum movere potest, cum in logarithmis, ad quos totum negotium refertur, totum discrimen in coefficientes cadat, quos hic non respicimus. Haec vero observatio confirmatur in reliquis formulis adhuc tractatis; nam si formae $1 + x^{2n}$ factor sit $1 + 2x \cos. \text{A}. \psi + xx$, erit $\psi = \frac{k\pi}{2n}$ denotante k numerum quemcunque imparem; erit ergo $2n\psi = k\pi$ et $1 + \cos. \text{A}. 2n\psi = 0$. In Problemate 2 vidimus, si formulae $1 + x^{2n+1}$ factor seu divisor sit $1 + 2x \cos. \text{A}. \psi + xx$, fore $\psi = \frac{k\pi}{2n+1}$ denotante k numerum parem, ex quo erit $1 - \cos. \text{A}. (2n+1)\psi = 0$. Atque ex solutione Problematis 3 colligitur, si formae $1 - x^{2n+1}$ factor fuerit $1 - 2x \cos. \text{A}. \psi + xx$, fore $1 - \cos. \text{A}. (2n+1)\psi = 0$. Haecque omnia huc redeunt, ut si expressionis $1 \pm x^k$ divisor fuerit $1 \pm 2x \cos. \text{A}. \psi + xx$, fore $1 \pm \cos. \text{A}. k\psi = 0$. In casu ergo signi superioris $+$ arcus ψ valores sunt $\frac{\pi}{k}$, $\frac{3\pi}{k}$, $\frac{5\pi}{k}$ etc., pro signo autem inferiore sunt $\frac{0\pi}{k}$, $\frac{2\pi}{k}$, $\frac{4\pi}{k}$, $\frac{6\pi}{k}$ etc. Si pro ψ tot capiantur termini, quot k continet unitates, quilibet factor $1 \pm 2x \cos. \text{A}. \psi + xx$ bis occurrit exceptis aliquot casibus, quibus est $\cos. \text{A}. \psi$ vel $+1$ vel -1. Ex quo sequitur

$$1 \pm x^k$$

esse productum ex k factoribus huius formae

$$\sqrt{(1 \pm 2x \cos. \text{A}. \psi + xx)}$$

tribuendo ipsi ψ successive valores huius progressionis

$$\frac{\pi}{k}, \quad \frac{3\pi}{k}, \quad \frac{5\pi}{k}, \quad \frac{7\pi}{k}, \quad \ldots \quad \frac{(2k-1)\pi}{k},$$

si signum $+$ valeat et k sit numerus par, at pro ceteris casibus hos[1]

$$\frac{0\pi}{k}, \quad \frac{2\pi}{k}, \quad \frac{4\pi}{k}, \quad \frac{6\pi}{k}, \quad \ldots \quad \frac{(2k-2)\pi}{k}.$$

---

1) Editio princeps: *si signum + valeat, at pro signo —, hos.* EULERUS hic et p. 141 pro $1 + x^k$ casus, quibus k sit numerus par seu impar, non discernit. A. G.

Huius igitur theorematis ope per divisionem circuli factores tam simplices quam trinomiales formulae $1 \pm x^k$ exhiberi possunt hocque theorema elegantissimum Cotesio[1]) debetur. Est vero

$$\sqrt{(1 \pm 2x \cos. A.\psi + xx)} = \sqrt{((x \pm \cos. A.\psi)^2 + (\sin. A.\psi)^2)},$$

unde satis illa concinna constructio geometrica sponte sequitur.

SCHOLION 2

63. Inveniri hinc possunt per circuli divisionem omnes radices huius aequationis $x^k \pm 1 = 0$, hoc est omnes numeri sive reales sive imaginarii, quorum potestates exponentis k faciunt vel -1 vel $+1$.

Ac primo quidem aequationis

$$x^k - 1 = 0$$

radices invenientur ex aequatione

$$xx - 2x \cos. A.\psi + 1 = 0$$

substituendo loco ψ successive hos numero k arcus

$$\frac{0\pi}{k}, \quad \frac{2\pi}{k}, \quad \frac{4\pi}{k}, \quad \ldots \quad \frac{(2k-2)\pi}{k}$$

eritque $x = \cos. A.\psi + \sqrt{-1} \cdot \sin. A.\psi$. Ex quo omnes radices, quarum numerus est k, huius aequationis $x^k - 1 = 0$ erunt sequentes

$$x = \cos. A.\frac{0\pi}{k} - \frac{1}{\sqrt{-1}} \sin. A.\frac{0\pi}{k} = 1,$$

$$x = \cos. A.\frac{2\pi}{k} - \frac{1}{\sqrt{-1}} \sin. A.\frac{2\pi}{k},$$

$$x = \cos. A.\frac{4\pi}{k} - \frac{1}{\sqrt{-1}} \sin. A.\frac{4\pi}{k},$$

$$\vdots$$

$$x = \cos. A.\frac{(2k-2)\pi}{k} - \frac{1}{\sqrt{-1}} \sin. A.\frac{(2k-2)\pi}{k}.$$

Harum ergo expressionum omnium potestates, quarum exponens est $= k$, faciunt unitatem.

---

1) R. Cotes (1682—1716), *Harmonia mensurarum*, Cantabrigiae 1722, p. 113.   A. G.

Deinde aequationis

$$x^k + 1 = 0$$

[k denotante numerum parem][1]) radices omnes inveniuntur ex aequatione

$$xx + 2x \cos. \text{A}. \, \psi + 1 = 0$$

substituendo loco ψ successive hos arcus numero k, qui sunt

$$\frac{\pi}{k}, \quad \frac{3\pi}{k}, \quad \frac{5\pi}{k}, \quad \frac{7\pi}{k}, \quad \cdots \quad \frac{(2k-1)\pi}{k}$$

eritque adeo $x = -\cos.\text{A}. \, \psi + \dfrac{1}{\sqrt{-1}} \sin. \text{A}. \, \psi$. Hanc ob rem omnes radices huius aequationis $x^k + 1 = 0$, quarum numerus est k, erunt sequentes

$$x = -\cos. \text{A}. \frac{\pi}{k} + \frac{1}{\sqrt{-1}} \sin. \text{A}. \frac{\pi}{k},$$

$$x = -\cos. \text{A}. \frac{3\pi}{k} + \frac{1}{\sqrt{-1}} \sin. \text{A}. \frac{3\pi}{k},$$

$$x = -\cos. \text{A}. \frac{5\pi}{k} + \frac{1}{\sqrt{-1}} \sin. \text{A}. \frac{5\pi}{k},$$

$$\vdots$$

$$x = -\cos. \text{A}. \frac{(2k-1)\pi}{k} + \frac{1}{\sqrt{-1}} \sin. \text{A}. \frac{(2k-1)\pi}{k}$$

harumque expressionum omnium potestates exponentis k faciunt -1.

PROBLEMA 5

64. *Invenire integrale huius formulae differentialis* $\dfrac{x^m \, dx}{1 + 2hx^n + x^{2n}}$ *existente m numero integro minore quam* $2n$ *et* $hh < 1$.

SOLUTIO

Quia est $hh < 1$, denominator $1 + 2hx^n + x^{2n}$ factorem simplicem realem non habebit, quare is in factores trinomiales resolvi debet. Sit factor trinomialis $1 + px + qxx$, qui sit productum ex his duobus simplicibus imaginariis $(1 + rx)(1 + sx)$. Quaeratur ergo integralis pars ex utroque factore simplici

---

1) Vide notam p. 139. A. G.

$1 + rx$ et $1 + sx$ oriunda secundum praecepta § 28. Hunc in finem erit numerator $P = x^m$ et denominator $Q = 1 + 2hx^n + x^{2n}$, unde

$$\frac{dQ}{dx} = 2nhx^{n-1} + 2nx^{2n-1}.$$

Ex his fit propter $p = r$ vel s illo loco

$$V = \frac{x^m p}{2n(hx^{n-1} + x^{2n-1})} = \frac{r\left(-\frac{1}{r}\right)^m}{2n\left(h\left(-\frac{1}{r}\right)^{n-1} + \left(-\frac{1}{r}\right)^{2n-1}\right)} \quad \text{seu} \quad V = \frac{-(-r)^{2n-m}}{2n + 2nh(-r)^n}.$$

Atque ex factore $1 + px + qxx = (1 + rx)(1 + sx)$ nascitur integralis pars haec

$$\frac{-(-r)^{2n-m}}{2n(1+h(-r)^n)}\int \frac{dx}{1+rx} + \frac{-(-s)^{2n-m}}{2n(1+h(-s)^n)}\int \frac{dx}{1+sx}$$

seu

$$\int \frac{\left\{ \begin{array}{l} -((-r)^{2n-m} + (-s)^{2n-m} + hq^n(-r)^{n-m} + hq^n(-s)^{n-m})dx \\ + (q(-r)^{2n-m-1} + q(-s)^{2n-m-1} + hq^{n+1}(-r)^{n-m-1} + hq^{n+1}(-s)^{n-m-1})xdx \end{array} \right\}}{2n(1+h(-r)^n + h(-s)^n + hhq^n)(1+px+qxx)}.$$

At est $(-r)^k + (-s)^k = \pm r^k \pm s^k$, ubi signa superiora valent, si sit k numerus par, inferiora, si sit impar. Hinc ad eundem modum quo in solutione Problematis 1 posito φ arcu circuli, cuius cosinus $= \frac{p}{2\sqrt{q}}$, erit

$$(-r)^k + (-s)^k = \pm\, 2q^{\frac{k}{2}} \cos. A.\, k\varphi = 2q^{\frac{k}{2}} \cos. A.\, k(\pi - \varphi).$$

Hinc facta substitutione erit integrale ex factore $1 + px + qxx$ oriundum

$$\int \frac{\left\{ \begin{array}{l} (-2q^{\frac{2n-m}{2}} \cos. A.\,(2n-m)(\pi-\varphi) - 2hq^{\frac{3n-m}{2}} \cos. A.\,(n-m)(\pi-\varphi))dx \\ + (2q^{\frac{2n-m+1}{2}} \cos. A.\,(2n-m-1)(\pi-\varphi) + 2hq^{\frac{3n-m+1}{2}} \cos. A.\,(n-m-1)(\pi-\varphi))xdx \end{array} \right\}}{2n(1 + 2hq^{\frac{n}{2}} \cos. A.\, n(\pi-\varphi) + hhq^n)(1+px+qxx)},$$

cuius integrale est

$$\frac{q^{\frac{2n-m-1}{2}} \cos. A.\,(2n-m-1)(\pi-\varphi) + hq^{\frac{3n-m-1}{2}} \cos. A.\,(n-m-1)(\pi-\varphi)}{2n(1 + 2hq^{\frac{n}{2}} \cos. A.\, n(\pi-\varphi) + hhq^n)} l(1+px+qxx)$$

$$+ \frac{q^{\frac{2n-m-1}{2}} \sin. A.\,(2n-m-1)(\pi-\varphi) + hq^{\frac{3n-m-1}{2}} \sin. A.\,(n-m-1)(\pi-\varphi)}{n(1 + 2hq^{\frac{n}{2}} \cos. A.\, n(\pi-\varphi) + hhq^n)} A.\,\text{tang.}\,\frac{x\sqrt{(4q-pp)}}{2+px}.$$

Superest, ut singulos factores trinomiales denominatoris investigemus; in quem finem theorema in solutione primi problematis adhibitum huc transferamus eritque $m = 2h$ et obtinebimus hanc aequationem cos. A. $n\psi \pm h = 0$; signum $+$ valet, si n sit numerus par, signum $-$ vero, si n sit numerus impar. Sit ω arcus, cuius cosinus $= \mp h$, nempe $- h$, si n numerus par, et $+ h$, si n sit impar, eritque cos. A. $n\psi =$ cos. A. $\omega =$ cos. A. $(2k\pi - \omega)$, unde nascitur $\psi = \dfrac{2k\pi - \omega}{n}$, cuius n sunt valores differentes ponendo loco k successive numeros 0, 1, 2, 3, ... $(n - 1)$. Quilibet ergo factor trinomialis denominatoris continetur in hac forma

$$1 + 2x \cos. \text{A.} \, \frac{2k\pi - \omega}{n} + xx$$

et huiusmodi factorum numerus erit $= n$; quare, cum hactenus $1 + px + qxx$ pro factore generali assumserimus, erit $q = 1$ et $p = 2$ cos. A. $\dfrac{2k\pi - \omega}{n}$ hincque $\varphi = \dfrac{2k\pi - \omega}{n}$. Integralis ergo quaesitae pars ex unoquoque denominatoris factore trinomiali oriunda erit

$$\frac{\cos. \text{A.} (2n - m - 1)\frac{(n-2k)\pi + \omega}{n} + h\cos. \text{A.} (n - m - 1)\frac{(n - 2k)\pi + \omega}{n}}{2n(1 + 2h \cos. \text{A.} (n\pi + \omega) + hh)} l(1 + 2x \cos. \text{A.} \frac{2k\pi - \omega}{n} + xx)$$

$$+ \frac{\sin. \text{A.} (2n - m - 1)\frac{(n - 2k)\pi + \omega}{n} + h\sin. \text{A.} (n - m - 1)\frac{(n - 2k)\pi + \omega}{n}}{n(1 + 2h \cos. \text{A.} (n\pi + \omega) + hh)} \text{A.tang.} \frac{x \sin. \text{A.} \frac{2k\pi - \omega}{n}}{1 + x \cos. \text{A.} \frac{2k\pi - \omega}{n}}.$$

Completum ergo integrale obtinebitur, si loco k successive numeri 0, 1, 2, 3, . . . $(n - 1)$ substituantur atque omnes valores resultantes in unam summam colligantur existente $\omega =$ A. cos. $\mp h$. Scilicet si n est numerus par, erit $\omega =$ A. cos. $- h$, et si n est numerus impar, erit $\omega =$ A. cos. $+ h$. Q. E. I.

EXEMPLUM 1

65. *Huius formulae differentialis* $\dfrac{dx}{1 + 2hx^2 + x^4}$ *integrale invenire existente* $hh < 1$.

Hic est $m = 0$ et $n = 2$, unde ω erit arcus, cuius cosinus $= - h$; seu si arcus, cuius cosinus $= + h$, sit ϱ, erit $\omega = \pi - \varrho$. Cognito ergo arcu ω erunt bini denominatoris factores

$$1 + 2x \cos. \text{A.} \frac{\omega}{2} + xx \quad \text{et} \quad 1 - 2x \cos. \text{A.} \frac{\omega}{2} + xx,$$

ex quibus nascetur integrale quaesitum

$$- \frac{\cos. A. \frac{3\omega}{2} + h \cos. A. \frac{\omega}{2}}{4(1 + 2h \cos. A. \omega + hh)} \, l\left(1 + 2x \cos. A. \frac{\omega}{2} + xx\right)$$

$$+ \frac{\sin. A. \frac{3\omega}{2} + h \sin. A. \frac{\omega}{2}}{2(1 + 2h \cos. A. \omega + hh)} \, A. \tan g. \; \frac{x \sin. A. \frac{\omega}{2}}{1 + x \cos. A. \frac{\omega}{2}}$$

$$+ \frac{\cos. A. \frac{3\omega}{2} + h \cos. A. \frac{\omega}{2}}{4(1 + 2h \cos. A. \omega + hh)} \, l\left(1 - 2x \cos. A. \frac{\omega}{2} + xx\right)$$

$$+ \frac{\sin. A. \frac{3\omega}{2} + h \sin. A. \frac{\omega}{2}}{2(1 + 2h \cos. A. \omega + hh)} \, A. \tan g. \; \frac{x \sin. A. \frac{\omega}{2}}{1 - x \cos. A. \frac{\omega}{2}} \cdot$$

At cum sit $\cos. A. \omega = - h$, erit $1 + 2h \cos. A. \omega + hh = 1 - hh$ et

$$\cos. A. \frac{3\omega}{2} + h \cos. A. \frac{\omega}{2} = - \sin. A. \omega \cdot \sin. A. \frac{\omega}{2},$$

unde erit integrale quaesitum

$$\frac{1}{8 \cos. A. \frac{\omega}{2}} \, l \, \frac{1 + 2x \cos. A. \frac{\omega}{2} + xx}{1 - 2x \cos. A. \frac{\omega}{2} + xx} + \frac{1}{4 \sin. A. \frac{\omega}{2}} \, A. \tan g. \; \frac{2x \sin. A. \frac{\omega}{2}}{1 - xx} \cdot$$

SCHOLION 1

66. Ex hoc exemplo videmus generaliter esse

$$1 + 2h \cos. A. (n\pi + \omega) + hh = 1 - hh = \sin. A. \omega \cdot \sin. A. \omega;$$

nam si n sit numerus par, erit $\cos. A. (n\pi + \omega) = \cos. A. \omega = - h$, et si n sit numerus impar, erit $\cos. A. (n\pi + \omega) = - \cos. A. \omega = - h$. Deinde etiam numeratores in genere compendiosius exprimere poterimus. Si enim n sit numerus par, quo casu est $h = - \cos. A. \omega$, erit

$$\cos. A. \, n \, \frac{(n - 2k)\pi + \omega}{n} = \cos. A. \omega$$

et

$$\cos. A. (2n - m - 1) \frac{(n - 2k)\pi + \omega}{n}$$

$$= \cos. A. \omega \cdot \cos. A. (n - m - 1) \frac{(n - 2k)\pi + \omega}{n} - \sin. A. \omega \cdot \sin. A. (n - m - 1) \frac{(n - 2k)\pi + \omega}{n}$$

atque

$$\sin. A. (2n - m - 1)\frac{(n - 2k)\pi + \omega}{n}$$

$$= \sin.A.\omega \cdot \cos.A.(n-m-1)\frac{(n-2k)\pi + \omega}{n} + \cos.A.\omega \cdot \sin.A.(n-m-1)\frac{(n-2k)\pi + \omega}{n}.$$

Casu ergo, quo n est numerus par, erit forma integralis

$$\frac{-\sin. A.(n-m-1)\frac{(n-2k)\pi + \omega}{n}}{2n \sin. A. \omega} l\left(1 + 2x \cos. A. \frac{2k\pi - \omega}{n} + xx\right)$$

$$+ \frac{\cos. A.(n-m-1)\frac{(n-2k)\pi + \omega}{n}}{n \sin. A. \omega} A. \tan g. \frac{x \sin. A. \frac{2k\pi - \omega}{n}}{1 + x \cos. A. \frac{2k\pi - \omega}{n}}.$$

Sit iam n numerus impar; erit $h = \cos. A. \omega$ et

$$\cos. A.((n-2k)\pi + \omega) = -\cos. A. \omega, \quad \sin. A.((n-2k)\pi + \omega) = -\sin. A. \omega;$$

ex his oritur

$$\cos. A. (2n - m - 1)\frac{(n - 2k)\pi + \omega}{n}$$

$$= -h \cos. A. (n-m-1)\frac{(n-2k)\pi + \omega}{n} + \sin. A. \omega \cdot \sin. A. (n-m-1)\frac{(n-2k)\pi + \omega}{n}$$

parique modo

$$\sin. A. (2n - m - 1)\frac{(n - 2k)\pi + \omega}{n}$$

$$= -\sin.A.\omega \cdot \cos.A.(n-m-1)\frac{(n-2k)\pi + \omega}{n} - \cos.A.\omega \cdot \sin.A.(n-m-1)\frac{(n-2k)\pi + \omega}{n},$$

ex quo casu, quo n est numerus impar, erit integralis forma

$$\frac{+\sin. A.(n-m-1)\frac{(n-2k)\pi + \omega}{n}}{2n \sin. A. \omega} l\left(1 + 2x \cos. A. \frac{2k\pi - \omega}{n} + xx\right)$$

$$- \frac{\cos. A.(n-m-1)\frac{(n-2k)\pi + \omega}{n}}{n \sin. A. \omega} A. \tan g. \frac{x \sin. A. \frac{2k\pi - \omega}{n}}{1 + x \cos. A. \frac{2k\pi - \omega}{n}},$$

quae duae expressiones utique multo sunt simpliciores ea, quae in solutione
prodiit.

EXEMPLUM 2

67. *Huius formulae differentialis* $\dfrac{dx}{1+2hx^3+x^6}$ *integrale invenire existente*
$hh < 1$.

Hic est $m = 0$, $n = 3$ ideoque forma scholii posterior valet et erit
$\omega = \text{A. cos. } h$; hinc erit integrale quaesitum

$$\frac{+\sin. \text{A.} \frac{2}{3}\,\omega}{6\sin.\text{A.}\,\omega}\, l\left(1 + 2x \cos.\text{A.}\,\frac{\omega}{3} + xx\right) + \frac{\cos.\text{A.}\frac{2}{3}\,\omega}{3\sin.\text{A.}\,\omega}\,\text{A. tang.}\,\frac{x\sin.\text{A.}\frac{\omega}{3}}{1 + x\cos.\text{A.}\frac{\omega}{3}}$$

$$+ \frac{\sin.\text{A.}\frac{2}{3}(\pi+\omega)}{6\sin.\text{A.}\,\omega}\, l\left(1 + 2x\cos.\text{A.}\,\frac{2\pi-\omega}{3} + xx\right)$$

$$- \frac{\cos.\text{A.}\frac{2}{3}(\pi+\omega)}{3\sin.\text{A.}\,\omega}\,\text{A. tang.}\,\frac{x\sin.\text{A.}\frac{2\pi-\omega}{3}}{1 + x\cos.\text{A.}\frac{2\pi-\omega}{3}}$$

$$- \frac{\sin.\text{A.}\frac{2}{3}(\pi-\omega)}{6\sin.\text{A.}\,\omega}\, l\left(1 + 2x\cos.\text{A.}\,\frac{2\pi+\omega}{3} + xx\right)$$

$$- \frac{\cos.\text{A.}\frac{2}{3}(\pi-\omega)}{3\sin.\text{A.}\,\omega}\,\text{A. tang.}\,\frac{x\sin.\text{A.}\frac{2\pi+\omega}{3}}{1 + x\cos.\text{A.}\frac{2\pi+\omega}{3}}.$$

SCHOLION 2

68. Formulae illae integrales adhuc commodius exprimi possunt, ita ut
nunquam arcus negativi occurrant.

Primo nimirum, si n sit numerus par, quo casu est $\cos.\text{A.}\,\omega = -h$,
erit cuiusvis partis integralis haec forma posito $n - m - 1 = i$

$$\frac{-\sin.\text{A.}\frac{i}{n}\big((n+2k)\pi+\omega\big)}{2n\sin.\text{A.}\,\omega}\, l\left(1 + 2x\cos.\text{A.}\,\frac{2k\pi+\omega}{n} + xx\right)$$

$$- \frac{\cos.\text{A.}\frac{i}{n}\big((n+2k)\pi+\omega\big)}{n\sin.\text{A.}\,\omega}\,\text{A. tang.}\,\frac{x\sin.\text{A.}\frac{2k\pi+\omega}{n}}{1 + x\cos.\text{A.}\frac{2k\pi+\omega}{n}}.$$

Altero autem casu, quo est n numerus impar et cos. A. $\omega = + h$, posito iterum $n - m - 1 = i$ erit integralis portio quaecunque

$$\frac{+ \sin. A. \frac{i}{n}\left((n + 2k)\pi + \omega\right)}{2n \sin. A. \omega} l\left(1 + 2x \cos. A. \frac{2k\pi + \omega}{n} + xx\right)$$

$$+ \frac{\cos. A. \frac{i}{n}\left((n + 2k)\pi + \omega\right)}{n \sin. A. \omega} A. \tang. \frac{x \sin. A. \frac{2k\pi + \omega}{n}}{1 + x \cos. A. \frac{2k\pi + \omega}{n}}.$$

In utroque casu integrale constabit ex n huiusmodi partibus, quae obtinentur, si loco k successive substituantur numeri 0, 1, 2, 3, ... $n - 1$. Praeterea hic notandum est, si sit i numerus par, fore

$$\sin. A. \frac{i}{n}\left((n + 2k)\pi + \omega\right) = \sin. A. \frac{i}{n}(2k\pi + \omega)$$

et

$$\cos. A. \frac{i}{n}\left((n + 2k)\pi + \omega\right) = \cos. A. \frac{i}{n}(2k\pi + \omega).$$

Quodsi autem fuerit i numerus impar, erit

$$\sin. A. \frac{i}{n}\left((n + 2k)\pi + \omega\right) = - \sin. A. \frac{i}{n}(2k\pi + \omega)$$

et

$$\cos. A. \frac{i}{n}\left((n + 2k)\pi + \omega\right) = - \cos. A. \frac{i}{n}(2k\pi + \omega).$$

EXEMPLUM 3

69. *Huius formulae differentialis* $\frac{xx\,dx}{1 + 2hx^4 + x^8}$ *integrale invenire existente* $hh < 1$.

Erit hic $m = 2$ et $n = 4$, ex quo formula priori erit utendum. Sit igitur ω arcus, cuius cosinus $= - h$, et quia $n - m - 1 = i = 1$ numero impari, erit

$$\sin. A. \frac{i}{n}\left((n + 2k)\pi + \omega\right) = - \sin. A. \frac{2k\pi + \omega}{4}$$

et

$$\cos. A. \frac{i}{n}\left((n + 2k)\pi + \omega\right) = - \cos. A. \frac{2k\pi + \omega}{4}.$$

Hanc ob rem formulae propositae integrale reperietur sequenti modo expressum

$$\frac{+\sin.\text{A}.\frac{\omega}{4}}{8\sin.\text{A}.\omega}\,l\left(1+2x\cos.\text{A}.\frac{\omega}{4}+xx\right)+\frac{\cos.\text{A}.\frac{\omega}{4}}{4\sin.\text{A}.\omega}\,\text{A. tang.}\,\frac{x\sin.\text{A}.\frac{\omega}{4}}{1+x\cos.\text{A}.\frac{\omega}{4}}$$

$$+\frac{\sin.\text{A}.\frac{2\pi+\omega}{4}}{8\sin.\text{A}.\omega}\,l\left(1+2x\cos.\text{A}.\frac{2\pi+\omega}{4}+xx\right)$$

$$+\frac{\cos.\text{A}.\frac{2\pi+\omega}{4}}{4\sin.\text{A}.\omega}\,\text{A. tang.}\,\frac{x\sin.\text{A}.\frac{2\pi+\omega}{4}}{1+x\cos.\text{A}.\frac{2\pi+\omega}{4}}$$

$$+\frac{\sin.\text{A}.\frac{4\pi+\omega}{4}}{8\sin.\text{A}.\omega}\,l\left(1+2x\cos.\text{A}.\frac{4\pi+\omega}{4}+xx\right)$$

$$+\frac{\cos.\text{A}.\frac{4\pi+\omega}{4}}{4\sin.\text{A}.\omega}\,\text{A. tang.}\,\frac{x\sin.\text{A}.\frac{4\pi+\omega}{4}}{1+x\cos.\text{A}.\frac{4\pi+\omega}{4}}$$

$$+\frac{\sin.\text{A}.\frac{6\pi+\omega}{4}}{8\sin.\text{A}.\omega}\,l\left(1+2x\cos.\text{A}.\frac{6\pi+\omega}{4}+xx\right)$$

$$+\frac{\cos.\text{A}.\frac{6\pi+\omega}{4}}{4\sin.\text{A}.\omega}\,\text{A. tang.}\,\frac{x\sin.\text{A}.\frac{6\pi+\omega}{4}}{1+x\cos.\text{A}.\frac{6\pi+\omega}{4}}.$$

SCHOLION 3

70. Si in formula differentiali proposita $\frac{x^m\,dx}{1+2hx^n+x^{2n}}$ foret $hh>1$, tum integratio per problemata praecedentia absolvi poterit. Namque hoc casu denominator in hos duos factores reales

$$1+x^n(h+\sqrt{(hh-1)})\quad\text{et}\quad 1+x^n(h-\sqrt{(hh-1)})$$

resolvitur, ex quo ipsa formula differentialis proposita distribui poterit in binas formulas, quarum denominatores erunt hi duo factores, atque hanc ob rem earum integralia reperiri poterunt per praecepta ante tradita. Idem praestari poterit, si formula differentialis proposita fuerit $\frac{x^m\,dx}{1+2hx^n-x^{2n}}$, quippe quo casu denominator pariter resolvi poterit in duos factores reales, cuiusmodi ante tractavimus.

METHODUS FACILIOR ATQUE EXPEDITIOR INTEGRANDI FORMULAS DIFFERENTIALES RATIONALES

Commentatio 163 indicis ENESTROEMIANI
Commentarii academiae scientiarum Petropolitanae **14** (1744/6), 1751, p. 99—150

1. Cum igitur omnium formularum rationalium integratio*) per praecepta tradita semper absolvi queat, dummodo denominatoris factores sive simplices sive trinomiales habeantur, nihil amplius ad methodum ante expositam superaddendum videbatur. Verum tamen hic omnia, quae ante explicuimus, non solum modo magis naturali ex propriis fontibus deducemus, verum etiam praecepta ita adornabimus, ut integratio omnium huiusmodi formularum multo facilius atque expeditius perfici queat. Primum enim methodum tam latissime patentem quam facilem aperiemus cuiuscunque denominatoris factores trinomiales inveniendi, dum antea hos factores eruimus ope cuiuspiam theorematis MOIVREANI[1]), quod tantum valet, quando supremae potestates variabilis x iisdem quibus infimae coefficientibus sunt coniunctae; hocque ipso integrationem ad plurimas alias formulas accommodare poterimus, ad quas prior methodus minus genuina non sufficit. Deinde inventis factoribus tam simplicibus quam trinomialibus methodum longe simpliciorem ac faciliorem communicabimus ex quolibet factore denominatoris respondentem integralis partem determinandi, in quo negotio ante usi sumus methodo cum nimis operosa tum ex alienis principiis deducta. Tertio methodus, quam hic ostendemus, ad omnes formulas differentiales erit aeque accommodata neque

---

*) Vide superiorem methodum integrandi [Commentatio 162 huius voluminis].

1) Vide notam p. 115. A. G.

ulla opus erit reductione, quemadmodum ante necesse erat, ubi primum ex denominatore factores, qui erant potestates ipsius x, elicere atque tum terminum denominatoris absolutum unitati aequalem reddere oportebat.

2. Sit igitur proposita formula differentialis quaecunque $\frac{M}{N} dx$, cuius integrale requiratur, sintque M et N functiones quaecunque ipsius x huius formae

$$\alpha + \beta x + \gamma x^2 + \delta x^3 + \varepsilon x^4 + \text{etc.}$$

tam ratione numeri terminorum quam potestatum ipsius x utcunque comparatae. Ad integrationem iam absolvendam oportet fractionem $\frac{M}{N}$ in partes simpliciores reales resolvere, quarum denominatores sint vel binomia $p + qx$ vel trinomia $p + qx + rxx$, quemadmodum ante vidimus. Continebuntur vero etiam in fractione $\frac{M}{N}$ partes integrae, si variabilis x in numeratore M totidem pluresve habeat dimensiones quam in denominatore. Quodsi ergo fractio $\frac{M}{N}$ in huiusmodi partes sive integras sive fractas fuerit resoluta, quaelibet pars per dx multiplicata et integrata dabit integralis quaesiti partem atque omnes istae integralis partes ex singulis partibus, in quas fractio $\frac{M}{N}$ resolvitur, oriundae iunctim sumtae praebebunt integrale formulae $\frac{M}{N} dx$ quaesitum. Totum ergo negotium huc redit, ut fractionis $\frac{M}{N}$ omnes partes simplices eruamus sive integras sive fractas; tum enim singulis per dx multiplicatis integratio facili negotio absolvetur.

3. Partes integras autem fractio $\frac{M}{N}$, uti iam monuimus, in se complectitur, si x totidem pluresve habeat dimensiones in numeratore M quam in denominatore N. Contra autem si x pauciores habeat dimensiones in numeratore M quam in denominatore N, tum partes integrae in fractione $\frac{M}{N}$ omnino non continentur hincque consequenter nullae partes in integrale inducuntur. Ponamus igitur variabilem x in numeratore M non pauciores habere dimensiones quam in denominatore; tum partes integrae in fractione $\frac{M}{N}$ contentae more consueto per divisionem eliciuntur. Sit enim

$$\frac{M}{N} = \frac{A x^{n+m} + B x^{n+m-1} + C x^{n+m-2} + D x^{n+m-3} + \text{etc.}}{\alpha x^n + \beta x^{n-1} + \gamma x^{n-2} + \delta x^{n-3} + \text{etc.}},$$

manifestum est partem integram ex divisione oriundam huiusmodi formam esse habituram

$$\mathfrak{A} x^m + \mathfrak{B} x^{m-1} + \mathfrak{C} x^{m-2} + \mathfrak{D} x^{m-3} + \cdots + \mathfrak{M},$$

ad cuius coefficientes $\mathfrak{A}$, $\mathfrak{B}$, $\mathfrak{C}$, $\mathfrak{D}$ etc. inveniendos hoc tantum requiritur, ut ista pars integra per denominatorem $\alpha x^n + \beta x^{n-1} + \gamma x^{n-2} +$ etc. multiplicetur et termini omnes, quibus exponens ipsius x non minor est quam n, terminis respondentibus numeratoris aequentur. Tum igitur orietur

$$A = \alpha \mathfrak{A},$$
$$B = \alpha \mathfrak{B} + \beta \mathfrak{A},$$
$$C = \alpha \mathfrak{C} + \beta \mathfrak{B} + \gamma \mathfrak{A},$$
$$D = \alpha \mathfrak{D} + \beta \mathfrak{C} + \gamma \mathfrak{B} + \delta \mathfrak{A}$$
$$\text{etc.}$$

hincque coefficientes quaesiti emergent hoc modo

$$\mathfrak{A} = \frac{A}{\alpha},$$
$$\mathfrak{B} = \frac{B}{\alpha} - \frac{\beta A}{\alpha^2},$$
$$\mathfrak{C} = \frac{C}{\alpha} - \frac{\beta B}{\alpha^2} + \frac{(\beta^2 - \alpha\gamma)A}{\alpha^3},$$
$$\mathfrak{D} = \frac{D}{\alpha} - \frac{\beta C}{\alpha^2} + \frac{(\beta^2 - \alpha\gamma)B}{\alpha^3} - \frac{(\beta^3 - 2\alpha\beta\gamma + \alpha^2\delta)A}{\alpha^4}$$
$$\text{etc.}$$

4. Hoc itaque modo, qui divisioni actuali idem omnino praebiturae anteferendus videtur, facili negotio invenitur fractionis $\frac{M}{N}$ pars integra

$$\mathfrak{A}x^m + \mathfrak{B}x^{m-1} + \mathfrak{C}x^{m-2} + \mathfrak{D}x^{m-3} + \cdots + \mathfrak{M},$$

definiendis scilicet coefficientibus $\mathfrak{A}$, $\mathfrak{B}$, $\mathfrak{C}$ etc. His autem definitis simul obtinebitur pars integralis quaesiti ex ista parte integra oriunda, quippe quae erit

$$\frac{\mathfrak{A}x^{m+1}}{m+1} + \frac{\mathfrak{B}x^m}{m} + \frac{\mathfrak{C}x^{m-1}}{m-1} + \cdots + \mathfrak{M}x + \mathfrak{N}$$

denotante $\mathfrak{N}$ quantitatem quamcunque constantem. Neque vero opus est, quemadmodum ante methodo minus genuina usi fecimus, ut simul partem fractam, quae cum parte integra inventa coniuncta totam fractionem propositam $\frac{M}{N}$ constituat, determinemus, sed sufficiet partem integram tantum investigasse ex eaque integralis partem convenientem eruisse. Reliquas enim integralis partes ex partibus fractis fractionis $\frac{M}{N}$ oriundas immediate ex ipsa fractione $\frac{M}{N}$ elicere docebimus, ita ut non opus habeamus illa saepenumero laboriosa reductione fractionis $\frac{M}{N}$ ad aliam, in qua variabilis x pauciores obtineat dimensiones in numeratore M quam in denominatore N; quae tamen reductio necessaria erat visa in methodo praecedente, ubi praeterea factores solitarios denominatoris N formae x^k seorsim elicere atque reliqui denominatoris terminum absolutum unitati aequalem efficere coacti fueramus. Methodo autem, quam hic sumus tradituri, nulla istiusmodi praeparatione erit opus.

5. Inventa parte integra, si quae continetur in fractione $\frac{M}{N}$, ex eaque integralis parte conveniente progrediamur ad partes fractas singulas simpliciores in fractione $\frac{M}{N}$ contentas eruendas, ut ex his quoque integralis quaesiti partes oriundae obtineantur. Ista autem investigatio maximam partem in inventione factorum simpliciorum denominatoris N absolvitur; qui factores cum ex instituto nostro, quo totum integrale in forma reali exhibere constituimus, debeant esse reales, erunt illi vel simplices binomiales huius formae $p + qx$ vel trinomiales $p + qx + rxx$, cuiusmodi factores reales semper exhiberi posse cum docuimus tum in sequentibus fusius docebimus, etiamsi factores simplices sint imaginarii. Primum igitur de factoribus simplicibus $p + qx$ agemus, qui in denominatore N continentur; inveniuntur hi ex resolutione aequationis $N = 0$; quodsi enim huius aequationis radix fuerit inventa $x = a$, tum simul $x - a$ divisor erit quantitatis N. Omnia ergo subsidia, quae adhuc sunt inventa ad radices aequationum algebraicarum eruendas, in praesenti negotio maximam afferent utilitatem. Probe autem discerni debebunt factores reales ab imaginariis, cum priores solos hoc loco in usum vocemus posteriores seorsim tractaturi. Ex resolutione vero aequationum intelligitur, si maximus exponens ipsius x in N fuerit numerus impar, tum denominatorem N certissime unum esse habiturum factorem simplicem realem; praeterea vero subinde plures habebit, id quod aequationis $N = 0$ resolutio docebit.

6. Sit igitur $p + qx$ factor denominatoris N isque realis atque ex eo nascatur fractionis propositae $\frac{M}{N}$ ista pars

$$\frac{P}{p + qx},$$

cuius numeratorem P, quem quantitatem constantem esse oportet, sequenti ratiocinio determinabimus. Cum $p + qx$ sit factor denominatoris N, sit

$$\frac{N}{p + qx} = S$$

eritque alterius fractionis, quae instar complementi cum $\frac{P}{p+qx}$ coniuncta constituit fractionem $\frac{M}{N}$, denominator S. Quare si a fractione $\frac{M}{N}$ seu $\frac{M}{(p+qx)S}$ subtrahamus fractionem simplicem $\frac{P}{p+qx}$, residuae fractionis $\frac{M-PS}{(p+qx)S}$ numerator $M - PS$ divisibilis erit per $p+qx$, quo fractio oriatur denominatorem habens S, uti innuimus. Cum igitur quantitas $M - PS$ sit divisibilis per $p+qx$, fiet ea $= 0$, si ponatur $p+qx = 0$ sive $x = -\frac{p}{q}$. Substituto ergo in M et S ubique $-\frac{p}{q}$ loco x, erit $M - PS = 0$ hincque nascitur

$$P = \frac{M}{S}.$$

Erit itaque numerator ille constans assumtus $P = \frac{M}{S}$, postquam in M et S ubique loco x substitutum fuerit $-\frac{p}{q}$; quo facto quantitas $\frac{M}{S}$ abibit in quantitatem constantem. Ex denominatoris ergo N factore $p + qx$ oritur fractionis $\frac{M}{N}$ pars $\frac{M}{S(p+qx)}$ hincque integralis quaesiti proveniet pars

$$\frac{M}{S} \int \frac{dx}{p + qx} = \frac{M}{Sq} l(p + qx)$$

sicque ex singulis denominatoris N factoribus simplicibus convenientes integralis partes reperientur.

EXEMPLUM 1

7. *Huius formulae differentialis* $\frac{x^3 + x^2}{x - 1} dx$ *integrale invenire.*

Quia hic est $\frac{M}{N} = \frac{x^3 + x^2}{x - 1}$, in hac fractione partes integrae continentur, quae vel per divisionem vel modum ante traditum erutae erunt $x^2 + 2x + 2$, unde nascitur haec integralis pars

$$\frac{x^3}{3} + xx + 2x + C.$$

Deinde cum totus denominator N ex unico factore $x-1$ constet, erit $p=-1$, $q=1$ et $S=\dfrac{N}{x-1}=1$. Iam ex factore $x-1$ nihilo aequali posito oritur $x=1$, quo valore in $\dfrac{M}{S}=x^3+x^2$ substituto prodit 2, ideoque ex denominatore N obtinetur integralis pars haec

$$2\int\frac{dx}{x-1}=2l(x-1).$$

Quoniam vero totum integrale componitur ex partibus, quae tam ex parte integra quam fracta resultant, erit integrale formulae propositae $\dfrac{x^3+x^2}{x-1}\,dx$ haec quantitas finita

$$\frac{x^3}{3}+x^2+2x+C+2l(x-1),$$

cuius veritas per differentiationem facile comprobatur.

EXEMPLUM 2

8. *Huius formulae differentialis* $\dfrac{xx+2ax}{aa-xx}\,dx$ *integrale invenire.*

Quia variabilis x in numeratore $xx+2ax$ tot habet dimensiones quot in denominatore $aa-xx$, pars integra in fractione $\dfrac{xx+2ax}{aa-xx}$ continetur, quae per divisionem est -1, unde integralis pars nascitur

$$-x+C.$$

Porro denominator $aa-xx$ in factores $(a-x)(a+x)$ resolvitur; ex priori $a-x$ fit $x=a$ et $\dfrac{M}{S}=\dfrac{xx+2ax}{a+x}=\dfrac{3a}{2}$ posito $x=a$, unde integralis pars ex factore $a-x$ oriunda est

$$\frac{3a}{2}\int\frac{dx}{a-x}=-\frac{3a}{2}l(a-x).$$

Ex altero factore $a+x$, qui dat $x=-a$, fit $\dfrac{M}{S}=\dfrac{xx+2ax}{a-x}=-\dfrac{a}{2}$ indeque integralis pars oritur haec

$$-\frac{a}{2}\int\frac{dx}{a+x}=-\frac{a}{2}l(a+x).$$

Integrale ergo quaesitum repertum est

$$=C-x-\frac{3a}{2}l(a-x)-\frac{a}{2}l(a+x).$$

EXEMPLUM 3

9. *Huius formulae differentialis* $\dfrac{x\,x\,d\,x}{(1-x)(2-x)(3-x)(4-x)}$ *integrale invenire.*

Hic variabilis x in numeratore pauciores habet dimensiones quam in denominatore ideoque in hac fractione partes integrae non continentur. Ad denominatoris ergo factores aggredimur, qui singuli sunt simplices reales. Primus factor $1-x$ dat $x=1$ et $S=(2-x)(3-x)(4-x)$ hincque $\dfrac{M}{S}=\dfrac{x\,x}{(2-x)(3-x)(4-x)}=\dfrac{1}{6}$ posito $x=1$; ex primo ergo factore $1-x$ nascitur integralis pars

$$\frac{1}{6}\int\frac{dx}{1-x}=-\frac{1}{6}\,l(1-x).$$

Secundus factor $2-x$ dat $x=2$ et $\dfrac{M}{S}=\dfrac{x\,x}{(1-x)(3-x)(4-x)}=-\dfrac{4}{2}=-2$ posito $x=2$ hincque nascitur integralis pars

$$-2\int\frac{dx}{2-x}=2\,l(2-x).$$

Tertius factor $3-x$ dat $x=3$ et $\dfrac{M}{S}=\dfrac{x\,x}{(1-x)(2-x)(4-x)}=\dfrac{9}{2}$, unde oritur integralis pars

$$\frac{9}{2}\int\frac{dx}{3-x}=-\frac{9}{2}\,l(3-x).$$

Quartus factor $4-x$ dat $x=4$ et $\dfrac{M}{S}=\dfrac{x\,x}{(1-x)(2-x)(3-x)}=-\dfrac{16}{1\cdot2\cdot3}=-\dfrac{16}{6}=-\dfrac{8}{3}$, unde prodit conveniens integralis pars

$$-\frac{8}{3}\int\frac{dx}{4-x}=\frac{8}{3}\,l(4-x).$$

Ex his ergo formulae differentialis propositae $\dfrac{x\,x\,d\,x}{(1-x)(2-x)(3-x)(4-x)}$ integrale colligitur

$$=C-\frac{1}{6}\,l(1-x)+2\,l(2-x)-\frac{9}{2}\,l(3-x)+\frac{8}{3}\,l(4-x).$$

10. Ex his igitur exemplis clare intelligitur, quemadmodum propositae formulae differentialis, cuius denominator in factores simplices reales inter se inaequales est resolubilis, integrale inveniri oporteat, sive variabilis x in numeratore pauciores sive plures habeat dimensiones quam in denominatore. Huius negotii praecipua pars absolvitur in coefficientis investigatione, per

quem formula $\int \frac{dx}{p+qx}$ multiplicari debet, ut integrale ex denominatoris N factore $p+qx$ oriundum obtineatur. Invenimus autem hunc coefficientem esse $\frac{M}{S}$, postquam ubique loco x eius valor $-\frac{p}{q}$, quem obtinet ex aequatione $p+qx=0$, fuerit substitutus. Hunc igitur valorem $-\frac{p}{q}$ loco x tam in M quam in S substitui oportet. Est autem M numerator formulae differentialis propositae $\frac{M}{N}dx$, qui perpetuo manet idem, at S pro quovis factore denominatoris $p+qx$ variatur, cum sit $S=\frac{N}{p+qx}$, ita ut S habeatur, si totus denominator N per suum factorem $p+qx$ dividatur. Quodsi ergo denominator N in suos factores iam fuerit vel actu resolutus vel facile resolubilis, tum omittendo factorem propositum $p+qx$ statim emergit valor litterae S, in quo loco x valorem constantem $-\frac{p}{q}$ substitui oportet; hocque casu expedite reperitur valor coefficientis $\frac{M}{S}$ ponendo ubique $-\frac{p}{q}$ loco x.

11. Sin autem quotus, qui oritur ex divisione denominatoris N per suum factorem $p+qx$, fiat admodum prolixus vel etiam indefinitus, uti si fuerit $N=1+x^{99}$ eiusque divisor $1+x$, vel si sit $N=1-x^n$ eiusque factor $1-x$ (priori enim casu quotus S constaret ex 99 terminis, posteriori autem numerus terminorum foret etiam indefinitus n; unde substitutio loco x facienda fieret admodum operosa neque valor ipsius S, nisi summatio serierum in subsidium vocetur, commode exhiberi posset) his igitur casibus alium modum tradi conveniet, quo expedite valor ipsius S, quem induit posito $-\frac{p}{q}$ loco x, indicari queat. Cum enim sit $S=\frac{N}{p+qx}$, quaeritur valor fractionis $\frac{N}{p+qx}$ resultans, si loco x ponatur $-\frac{p}{q}$; hoc autem casu non solum denominator fractionis $\frac{N}{p+qx}$ evanescit, sed etiam numerator N, eo quod ipse sit per $p+qx$ divisibilis. Quocirca valor fractionis $\frac{N}{p+qx}$ posito $-\frac{p}{q}$ loco x idem erit ac fractionis huius $\frac{dN}{q\,dx}$ eadem facta substitutione, quae fractio ex illa oritur differentiando tam numeratorem N quam denominatorem $p+qx$ sumta x pro variabili. Erit itaque $S=\frac{dN}{q\,dx}$ posito ubique $-\frac{p}{q}$ loco x ac totus coefficiens requisitus $\frac{M}{S}$ erit $\frac{Mq\,dx}{dN}$ posito ubique $-\frac{p}{q}$ loco x, unde pars integralis ex denominatoris N factore $p+qx$ oriunda erit

$$\frac{Mq\,dx}{dN}\int \frac{dx}{p+qx}=\frac{M\,dx}{dN}\,l(p+qx).$$

12. Compendium hoc insigni emolumento adhibebitur in inveniendis partibus integralis huiusmodi formularum differentialium

$$\frac{x^m\,dx}{a^n - b^n x^n}$$

ex denominatoris $a^n - b^n x^n$ factoribus. Cum enim denominatoris $a^n - b^n x^n$ factor sit $a - bx$, fiet ex hoc factore $S = \frac{a^n - b^n x^n}{a - bx}$ existente $M = x^m$ et $N = a^n - b^n x^n$. Facto ergo $x = \frac{a}{b}$ fiet

$$M = \frac{a^m}{b^m} \quad \text{et} \quad S = \frac{-nb^n x^{n-1}\,dx}{-b\,dx} = nb^{n-1}x^{n-1} = na^{n-1} \quad \text{atque} \quad \frac{M}{S} = \frac{a^{m-n+1}}{nb^m},$$

qui valor congruit cum $\frac{Mq\,dx}{dN}$ seu $-\frac{Mb\,dx}{dN}$ ob $q = -b$ posito $x = \frac{a}{b}$; est enim $dN = -nb^n x^{n-1}\,dx$ et $-\frac{Mb\,dx}{dN} = \frac{bx^m}{nb^n x^{n-1}} = \frac{x^{m-n+1}}{nb^{n-1}} = \frac{a^{m-n+1}}{nb^m}$ posito $x = \frac{a}{b}$. Quocirca ex denominatoris $a^n - b^n x^n$ factore $a - bx$ integralis formulae $\frac{x^m\,dx}{a^n - b^n x^n}$ nascetur ista pars

$$\frac{a^{m-n+1}}{nb^m}\int \frac{dx}{a - bx} = \frac{-a^{m-n+1}}{nb^{m+1}}\,l(a - bx),$$

quae priori via sine summatione serierum inveniri non potuisset.

13. Duplicem ergo nacti sumus viam partem integralis, quae ex denominatoris N factore quocunque simplici oritur, assignandi. Sit enim in formula differentiali proposita $\frac{M}{N}\,dx$ denominatoris N factor simplex $p + qx$; erit integralis pars ex hoc factore oriunda vel $\frac{M}{S}\int \frac{dx}{p + qx}$ existente $S = \frac{N}{p + qx}$ vel $\frac{Mq\,dx}{dN}\int \frac{dx}{p + qx}$ posito in utroque coefficiente ubique $-\frac{p}{q}$ loco x, quem valorem x obtinet ex posito factore $p + qx = 0$. Quovis igitur casu oblato ea via uti conveniet, quae fuerit facilior atque ad operationem accommodatior; perpetuo enim utraque via ad eundem coefficientem deducet. Sic in hac formula differentiali $\frac{dx}{1 + x - 2x^4}$ est $M = 1$ et $N = 1 + x - 2x^4$ huiusque denominatoris divisor $1 - x$, ita ut sit $p = 1$, $q = -1$. Via ergo priori est $S = 1 + 2x + 2xx + 2x^3$ et $\frac{M}{S} = \frac{1}{7}$ posito $x = 1$, unde integralis pars ex factore $1 - x$ oriunda erit

$$\frac{1}{7}\int \frac{dx}{1 - x} = -\frac{1}{7}\,l(1 - x).$$

Via autem posteriori est $dN = dx - 8x^3\,dx$ et $\frac{Mq\,dx}{dN} = \frac{1}{8x^3 - 1} = \frac{1}{7}$ posito $x = 1$ prorsus ut ante.

14. Quamquam haec methodus perpetuo tuta nullisque difficultatibus obnoxia videatur, tamen eius usus penitus cessat, si denominator N duos pluresve habeat factores inter se aequales. Ponamus enim denominatorem N divisibilem esse per $(p + qx)^2$; erit coefficiens portionis integralis $\int \frac{dx}{p+qx}$ pro uno factore $p+qx$, uti vidimus, $= \frac{M}{S}$ posito $p + qx = 0$ seu $x = -\frac{p}{q}$. Quoniam vero est $S = \frac{N}{p+qx}$, erit S etiamnunc per $p+qx$ divisibile ideoque facto $x = -\frac{p}{q}$ fiet $S = 0$ hincque coefficiens $\frac{M}{S}$ abibit in infinitum. Utriusque ergo portionis integralis $\int \frac{dx}{p+qx}$ ex binis factoribus $p + qx$ et $p + qx$ oriundae coefficiens fiet infinitus, alterius quidem affirmativus, alterius negativus, ita ut integralis portio ex binis coniunctim oriunda sit differentia inter duo infinita, quam finitam esse posse ex natura infiniti satis liquet. Quanta autem sit ea differentia, ex alio fonte decidi oportet, quem mox aperiemus.

15. Ponamus igitur fractionis $\frac{M}{N}$ denominatorem N duos habere factores aequales seu divisibilem esse per $(p + qx)^2$, ita ut sit $N = (p + qx)^2 S$, atque partem fractionis $\frac{M}{N}$, quae ex hoc factore quadrato $(p + qx)^2$ oritur, seorsim investigemus. Sit igitur pars ista

$$\frac{A}{p+qx} + \frac{B}{(p+qx)^2}$$

ac reliqua pars, quae cum hac fractionem $\frac{M}{N}$ constituit, sit $\frac{T}{S}$, ubi A et B quantitates constantes, T vero functionem variabilem ipsius x integram denotabit, quam nosse non opus habemus; sufficiet enim coefficientes A et B determinasse. Cum igitur sit

$$\frac{T}{S} = \frac{M}{N} - \frac{A}{p+qx} - \frac{B}{(p+qx)^2},$$

ob $N = (p + qx)^2 S$ erit

$$\frac{T}{S} = \frac{M - A(p+qx)S - BS}{(p+qx)^2 S} \quad \text{ideoque} \quad T = \frac{M - A(p+qx)S - BS}{(p+qx)^2};$$

quae cum quantitas integra esse debeat, necesse est, ut quantitas $M - A(p + qx)S - BS$ sit divisibilis per $(p + qx)^2$. Quoniam autem S non amplius per $p + qx$ divisibilem esse ponimus, eo quod denominatorem N tantum per quadratum $(p + qx)^2$, non vero aliam potestatem superiorem divisibilem esse assumimus, necesse est, ut $\frac{M}{S} - A(p+qx) - B$ sit divisibile per $(p+qx)^2$. Ex natura igitur aequationum, cum quantitas $\frac{M}{S} - A(p+qx) - B$ duos habeat factores aequales, oportet, ut tam ipsa quam eius differentiale $d.\frac{M}{S} - Aq\,dx$ sit divisibilis per $p+qx$; ergo tam ipsa illa quantitas quam eius differentiale evanescet posito $p+qx=0$ seu $x=-\frac{p}{q}$. Fiat igitur $x=-\frac{p}{q}$ ac prior aequatio dabit $\frac{M}{S} - B = 0$ seu $B=\frac{M}{S}$, posterior vero $A=\frac{d.\frac{M}{S}}{q\,dx}$. Determinatis ergo coefficientibus A et B ex formula differentiali $\frac{M}{N}dx$, cuius denominator N factorem habet $(p+qx)^2$, hic ipse factor praebebit integralis partem hanc

$$\frac{d.\frac{M}{S}}{q\,dx}\int \frac{dx}{p+qx} + \frac{M}{S}\int \frac{dx}{(p+qx)^2}$$

posito in coefficientibus ubique $-\frac{p}{q}$ loco x.

16. Si denominator N habeat tres factores aequales seu divisibilis sit per $(p+qx)^3$, ex eo orietur eiusmodi pars

$$\frac{A}{(p+qx)^3} + \frac{B}{(p+qx)^2} + \frac{C}{p+qx},$$

quae a fractione $\frac{M}{N}$ ablata relinquet fractionem $\frac{T}{S}$ existente $S=\frac{N}{(p+qx)^3}$. Fiet ergo

$$T = \frac{M - AS - B(p+qx)S - C(p+qx)^2 S}{(p+qx)^3};$$

quae cum quantitas integra esse debeat, oportebit

$$M - AS - B(p+qx)S - C(p+qx)^2 S$$

seu

$$\frac{M}{S} - A - B(p+qx) - C(p+qx)^2$$

divisibile esse per $(p+qx)^3$, id quod eveniet, si et ipsa illa quantitas et eius differentiale et eius differentio-differentiale fuerint per $p+qx$ divisibilia.

Quare sequentes tres quantitates

$$\frac{M}{S} - A - B(p + qx) - C(p + qx)^2,$$

$$d.\frac{M}{S} - Bqdx - 2C(p + qx)qdx,$$

$$dd.\frac{M}{S} - 2Cqqdx^2$$

divisibiles esse oportet per $p + qx$ ideoque singulae, si in ipsis ponatur $p + qx = 0$ seu $x = -\frac{p}{q}$, evanescent. Ponatur ergo in singulis $x = -\frac{p}{q}$ atque ex prima orietur $A = \frac{M}{S}$, ex secunda $B = \frac{1}{qdx}d.\frac{M}{S}$ et ex tertia $C = \frac{1}{2qqdx^2}dd.\frac{M}{S}$. His coefficientibus inventis ex denominatoris N factore cubico $(p + qx)^3$ orietur sequens integralis pars

$$\frac{M}{S}\int\frac{dx}{(p+qx)^3} + \frac{1}{qdx}d.\frac{M}{S}\cdot\int\frac{dx}{(p+qx)^2} + \frac{1}{2q^2dx^2}dd.\frac{M}{S}\cdot\int\frac{dx}{p+qx}$$

posito in coefficientibus ubique $-\frac{p}{q}$ loco x ac existente $S = \frac{N}{(p+qx)^3}$.

17. Simili modo, si ponamus formulae differentialis $\frac{M}{N}dx$ denominatorem N quatuor habere factores aequales seu divisibilem esse per $(p + qx)^4$, ita ut sit $S = \frac{N}{(p+qx)^4}$ quantitas integra. Quodsi iam ex hoc factore $(p + qx)^4$ nasci ponatur ista integralis pars

$$A\int\frac{dx}{(p+qx)^4} + B\int\frac{dx}{(p+qx)^3} + C\int\frac{dx}{(p+qx)^2} + D\int\frac{dx}{p+qx},$$

ostendetur pari quo ante modo hanc quantitatem

$$\frac{M}{S} - A - B(p + qx) - C(p + qx)^2 - D(p + qx)^3$$

divisibilem esse oportere per $(p + qx)^4$. Hoc autem eveniet, si praeter hanc ipsam quantitatem eius differentialia primi, secundi ac tertii gradus singula fuerint divisibilia per $p + qx$. Hinc itaque per $p + qx$ divisibiles erunt quatuor sequentes quantitates

$$\frac{M}{S} - A - B\,(p + qx) - C(p + qx)^2 - D\,(p + qx)^3,$$

$$d.\frac{M}{S} - Bqdx - 2C(p + qx)qdx - 3D(p + qx)^2 qdx,$$

$$dd.\frac{M}{S} - 2Cqqdx^2 - 6D(p + qx)q^2 dx^2,$$

$$d^3.\frac{M}{S} - 6Dq^3 dx^3;$$

singulae ergo evanescent posito $x = -\frac{p}{q}$. Facto autem ubique $x = -\frac{p}{q}$ prima aequatio dabit $A = \frac{M}{S}$, secunda dabit $B = \frac{1}{qdx}d.\frac{M}{S}$, tertia dabit $C = \frac{1}{2q^2 dx^2}dd.\frac{M}{S}$ et quarta dabit $D = \frac{1}{6q^3 dx^3}d^3.\frac{M}{S}$. Ex his colligitur integralis pars ex denominatoris factore $(p + qx)^4$ oriunda

$$= \frac{M}{S}\int\frac{dx}{(p+qx)^4} + \frac{1}{qdx}d.\frac{M}{S}\cdot\int\frac{dx}{(p+qx)^3} + \frac{1}{2q^2 dx^2}dd.\frac{M}{S}\cdot\int\frac{dx}{(p+qx)^2}$$

$$+ \frac{1}{6q^3 dx^3}d^3.\frac{M}{S}\cdot\int\frac{dx}{p+qx}$$

posito in omnibus coefficientibus $x = -\frac{p}{q}$.

18. Facili igitur negotio hos coefficientes determinamus, quos in superiori tractatione per prolixissimos calculos eruimus ac pro altioribus potestatibus tantum per inductionem conclusimus, haecque determinatio pro factoribus simplicibus cuiuscunque formae valet, cum superior ad hanc tantum formam $1 + qx$ esset accommodata. Hic autem ulterius progressuri inductione non indigemus; si enim denominatoris M factor sit $(p + qx)^n$ hincque integralis pars oriunda ponatur

$$= A\int\frac{dx}{(p+qx)^n} + B\int\frac{dx}{(p+qx)^{n-1}} + C\int\frac{dx}{(p+qx)^{n-2}} + D\int\frac{dx}{(p+qx)^{n-3}} + \text{etc.},$$

ratiocinio supra adhibito patebit posito $S = \frac{N}{(p+qx)^n}$ per $(p + qx)^n$ divisibilem esse debere hanc expressionem

$$\frac{M}{S} - A - B(p + qx) - C(p + qx)^2 - D(p + qx)^3 - E(p + qx)^4 - \text{etc.}$$

Tam igitur haec ipsa expresssio quam eius differentialia ordinis primi, secundi, tertii etc. usque ad ordinem $n-1$ inclusive singula per $p+qx$ divisibilia esse oportet:

$$\frac{M}{S} - A - B(p+qx) - C(p+qx)^2 - D(p+qx)^3 - E(p+qx)^4 - \text{etc.},$$

$$d.\frac{M}{S} - Bqdx - 2C(p+qx)qdx - 3D(p+qx)^2qdx - 4E(p+qx)^3qdx - \text{etc.},$$

$$dd.\frac{M}{S} - 2Cq^2dx^2 - 6D(p+qx)q^2dx^2 - 12E(p+qx)^2q^2dx^2 - \text{etc.},$$

$$d^3.\frac{M}{S} - 6Dq^3dx^3 - 24E(p+qx)q^3dx^3 - 60F(p+qx)^2q^3dx^3 - \text{etc.},$$

$$d^4.\frac{M}{S} - 24Eq^4dx^4 - 120F(p+qx)q^4dx^4 - \text{etc.},$$

$$d^5.\frac{M}{S} - 120Fq^5dx^5 - \text{etc.}$$

$$\text{etc.}$$

Quodsi iam ponatur $p+qx=0$ seu $x=-\dfrac{p}{q}$, singulae istae expressiones evanescunt indeque reperitur

$$A = \frac{M}{S} \qquad\qquad D = \frac{1}{6\,q^3dx^3}d^3.\frac{M}{S}$$

$$B = \frac{1}{q\,dx}d.\frac{M}{S} \qquad\qquad E = \frac{1}{24\,q^4dx^4}d^4.\frac{M}{S}$$

$$C = \frac{1}{2\,q^2dx^2}dd.\frac{M}{S} \qquad\qquad F = \frac{1}{120\,q^5dx^5}d^5.\frac{M}{S}$$

$$\text{etc.}$$

Ex his igitur colligitur integralis quaesiti pars ex denominatoris N factore $(p+qx)^n$ oriunda fore

$$\frac{M}{S}\int\frac{dx}{(p+qx)^n} + \frac{1}{q\,dx}d.\frac{M}{S}\cdot\int\frac{dx}{(p+qx)^{n-1}} + \frac{1}{2q^2dx^2}dd.\frac{M}{S}\cdot\int\frac{dx}{(p+qx)^{n-2}}$$

$$+ \frac{1}{6q^3dx^3}d^3.\frac{M}{S}\cdot\int\frac{dx}{(p+qx)^{n-3}} + \frac{1}{24q^4dx^4}d^4.\frac{M}{S}\cdot\int\frac{dx}{(p+qx)^{n-4}} + \cdots$$

$$+ \frac{1}{1\cdot2\cdot3\cdots(n-1)q^{n-1}dx^{n-1}}d^{n-1}.\frac{M}{S}\cdot\int\frac{dx}{p+qx}$$

existente $S = \dfrac{N}{(p+qx)^n}$ atque in coefficientibus ubique posito $x=-\dfrac{p}{q}$.

EXEMPLUM 4

19. *Huius formulae differentialis* $\dfrac{(1-x)\,dx}{x^4(2x-1)^3(3x-2)^2(4x-3)}$ *integrale invenire.*

Hic est $M = 1 - x$ et $N = x^4(2x-1)^3(3x-2)^2(4x-3)$, et cum variabilis x in numeratore M pauciores habeat dimensiones quam in denominatore N, nulla pars integra in fractione $\dfrac{M}{N}$ continetur nullaque inde nascitur integralis pars. Consideremus ergo factores denominatoris ac primo quidem x^4; erit

$$S = (2x - 1)^3(3x - 2)^2(4x - 3)$$

et $p = 0$ atque $q = 1$, unde ponendum erit $x = -\dfrac{p}{q} = 0$. Iam ad coefficientes requisitos inveniendos erit

$$\frac{M}{S} = \frac{1-x}{(2x-1)^3(3x-2)^2(4x-3)} = \frac{1}{12},$$

$$d.\frac{M}{S} = \frac{120x^3 - 288x^2 + 223x - 56}{(2x-1)^4(3x-2)^3(4x-3)^2}\,dx = \frac{7}{9}\,dx,$$

$$dd.\frac{M}{S} = \frac{-17280x^5 + 65664x^4 - 98016x^3 + 72068x^2 - 26162x + 3758}{(2x-1)^5(3x-2)^4(4x-3)^3}\,dx^2 = \frac{1879}{216}dx^2,$$

$$d^3.\frac{M}{S} = \left(\frac{-26162}{432} + \frac{37580}{432} + \frac{45096}{864} + \frac{45096}{1296}\right)dx^3 = \frac{24499}{216}\,dx^3.$$

Hinc ex denominatoris factore x^4 nascitur integralis pars haec

$$\frac{1}{12}\int\frac{dx}{x^4} + \frac{7}{9}\int\frac{dx}{x^3} + \frac{1879}{432}\int\frac{dx}{xx} + \frac{24499}{1296}\int\frac{dx}{x}$$

seu

$$C - \frac{1}{36x^3} - \frac{7}{18xx} - \frac{1879}{432x} + \frac{24499}{1296}\,lx.$$

Sumamus alterum factorem $(2x - 1)^3$, quo est $q = 2$, $p = -1$; est valor pro x substituendus $-\tfrac{1}{2}$, deinde est

$$S = x^4(3x - 2)^2(4x - 3)$$

atque coefficientes quaesiti

$$\frac{M}{S} = \frac{1-x}{x^4(3x-2)^3(4x-3)} = -32,$$

$$\frac{1}{dx}\,d.\frac{M}{S} = \frac{72x^3 - 161x^2 + 112x - 24}{x^5(3x-2)^3(4x-3)^2} = -192,$$

$$\frac{1}{dx^2}\,dd.\frac{M}{S} = -4352.^{1})$$

Integralis ergo pars ex factore $(2x-1)^3$ oriunda est

$$-32\int\frac{dx}{(2x-1)^3} - 96\int\frac{dx}{(2x-1)^2} - 544\int\frac{dx}{2x-1}$$

sive

$$+\frac{8}{(2x-1)^2} + \frac{48}{2x-1} - 272\,l(2x-1).$$

Tertius denominatoris factor $(3x-2)^2$ dat $p = -2$ et $q = 3$ atque

$$S = x^4(2x-1)^3(4x-3),$$

unde ponendo $x = \frac{2}{3}$ oriuntur coefficientes

$$\frac{M}{S} = \frac{1-x}{x^4(2x-1)^3(4x-3)} = -\frac{2187}{16},$$

$$\frac{1}{dx}\,d.\frac{M}{S} = \frac{32805}{16};$$

integralis ergo pars ex factore $(3x-2)^2$ oriunda erit

$$-\frac{2187}{16}\int\frac{dx}{(3x-2)^2} + \frac{10935}{16}\int\frac{dx}{3x-2} \quad \text{sive} \quad +\frac{729}{16(3x-2)} + \frac{3645}{16}\,l(3x-2).$$

Tandem ultimus factor $4x-3$ dat $x = \frac{3}{4}$ atque

$$S = x^4(2x-1)^3(3x-2)^2,$$

unde erit

$$\frac{M}{S} = \frac{1-x}{x^4(2x-1)^3(3x-2)^2} = \frac{8192}{81},$$

unde integrale ex hoc factore oriundum erit

$$\frac{8192}{81}\int\frac{dx}{4x-3} = \frac{2048}{81}\,l(4x-3).$$

---

1) Editio princeps: -3200; quem ob errorem etiam sequentes valores erant corrigendi.

         A. G.

Formulae itaque differentialis propositae huius

$$\frac{(1-x)dx}{x^4(2x-1)^3(3x-2)^2(4x-3)} \cdot$$

integrale completum erit

$$C - \frac{1}{36\,x^3} - \frac{7}{18\,xx} - \frac{1879}{432\,x} + \frac{24499}{1296}\,lx + \frac{8}{(2x-1)^2} + \frac{48}{2x-1} - 272\,l(2x-1)$$

$$+ \frac{729}{16(3x-2)} + \frac{3645}{16}\,l(3x-2) + \frac{2048}{81}\,l(4x-3).$$

20. Convenit quandoque loco differentiationum ipsius $\frac{M}{S}$ ipso principio uti, unde eas deduximus, hocque modo facilius pervenietur ad numeratorem quaesitum. Scilicet si denominatoris N factor fuerit R, ita ut sit

$$N = RS,$$

in fractione $\frac{M}{N}$ seu $\frac{M}{RS}$ continebitur fractio simplicior $\frac{V}{R}$, si ea fuerit summa harum $\frac{V}{R} + \frac{T}{S}$. Fiet ergo

$$M = VS + TR,$$

unde oritur

$$T = \frac{M-VS}{R} \cdot$$

Quare cum T sit quantitas integra, pro V eiusmodi quantitatem integram quaeri oportet, ut $M - VS$ divisibile fiat per R, quod autem ita effici debet, ut variabilis x pauciores obtineat dimensiones in V quam in R. Haec vero quantitatis V inventio interdum sine differentiationibus facilius absolvitur solo ratiocinio.

Sit enim pro $\frac{M}{N}$ proposita ista fractio

$$\frac{1}{x^m(1+x^n)},$$

ubi est $M = 1$, $R = x^m$ et $S = 1 + x^n$, atque ad quaerendam fractionem $\frac{V}{x^m}$ in illa fractione contentam, in cuius numeratore V variabilis x pauciores habeat dimensiones quam m, oportet pro V eiusmodi functionem investigare, ut $1 - V(1+x^n)$ fiat divisibile per x^m. Patet autem, ut 1 tollatur, esse debere $V = 1 + X$, quo substituto haec quantitas

$$X + x^n + Xx^n$$

divisibilis est reddenda per x^m. Perspicuum autem est, si fuerit $m < n$, tum divisionem succedere, si $X = 0$, ideoque casu $m < n$ in fractione $\frac{1}{x^m(1 + x^n)}$ continetur haec simplicior $\frac{1}{x^m}$. Quodsi autem sit $m > n$, tum ponatur $X = Y - x^n$ habebiturque

$$Y - x^{2n} + Yx^n$$

divisibile per x^m; evenit hoc, si $m < 2n$, posito $Y = 0$; quare si $m > n$ et $m < 2n$, tum erit $X = - x^n$ et $V = 1 - x^n$. Hinc facile consequimur generatim fractionem $\frac{V}{x^m}$ fore

$$\frac{1 - x^n + x^{2n} - x^{3n} + x^{4n} - \text{etc.}}{x^m},$$

in cuius numeratore tot capiendi sunt termini, quoad ad exponentem ipsius x maiorem quam m perveniatur. In formula ergo differentiali $\frac{dx}{x^m(1 + x^n)}$ ex denominatoris factore x^m haec elicitur integralis pars

$$\int \frac{dx}{x^m} - \int \frac{dx}{x^{m-n}} + \int \frac{dx}{x^{m-2n}} - \int \frac{dx}{x^{m-3n}} + \text{etc.}$$

eousque continuanda, donec exponentes ipsius x fiant negativi; ista autem integralis pars hoc pacto multo facilius reperitur quam per differentiationes ante indicatas.

21. Exposuimus igitur modum facilem atque expeditum ex factoribus simplicibus denominatoris N in formula differentiali $\frac{M}{N} dx$ ac potestatibus eorum, quae quidem in N continentur, partes integralis quaesiti respondentes inveniendi. Totum enim integrale formulae $\frac{M\,dx}{N}$ componitur ex partibus, quae cum ex quantitatibus integris in fractione $\frac{M}{N}$ contentis oriuntur tum ex singulis factoribus denominatoris N. Eae quidem integralis partes, quae ex quantitate integra in fractione $\frac{M}{N}$ contenta nascuntur, sunt perpetuo quantitates algebraicae, illae autem, quae ex factoribus simplicibus denominatoris N proficiscuntur, sunt quantitates logarithmicae, cum quibus etiam algebraicae coniunguntur, si potestas cuiuspiam factoris simplicis in denominatore N contineatur; hocque casu subinde evenire potest, ut in integrali pars logarithmica penitus evanescat solaeque quantitates algebraicae superstites maneant. Quodsi igitur denominator N omnes factores simplices habeat reales, tum integrale formulae differentialis $\frac{M\,dx}{N}$, nisi est quantitas algebraica, per loga-

rithmos exhiberi potest. Sin autem in denominatore N contineantur factores simplices imaginarii, tum quidem per methodum integrandi hic expositam perveniretur ad logarithmos imaginarios, quos autem, siquidem quantitatem realem prae se ferant, ad arcus circulares reduci posse constat. Supra autem iam observavimus, si denominator N habeat factores simplices imaginarios, tum eorum numerum semper esse parem atque ex iis binos semper ita esse comparatos, ut eorum productum fiat expressio realis. Hanc ob rem loco factorum simplicium imaginariorum formari poterunt factores trinomiales reales, quorum numerus erit duplo minor, ex hisque factoribus pervenietur ad integralis partes a quadratura circuli pendentes.

22. Praecipuum igitur negotium, si denominator N habeat factores simplices imaginarios, in hoc versabitur, ut ipsius denominatoris N factores trinomiales reales exhibeantur, in quibus factores imaginarii contineantur. Sit itaque

$$p \pm rx + qxx$$

huiusmodi factor trinomialis ipsius N, cuius factores simplices sint imaginarii; erit $4pq > rr$ seu $\dfrac{r}{2\sqrt{pq}} < 1$. Denotabit igitur $\dfrac{r}{2\sqrt{pq}}$ cosinum cuiuspiam anguli, qui sit φ, ita ut sit $\dfrac{r}{2\sqrt{pq}} = \cos. \mathrm{A}. \varphi$ et $r = 2\sqrt{pq} \cdot \cos. \mathrm{A}. \varphi$. Quamobrem generalis forma huiusmodi factoris trinomialis erit

$$p - 2x\sqrt{pq} \cdot \cos. \mathrm{A}. \varphi + qxx$$

atque ideo in hoc nobis erit elaborandum, ut inveniamus, an huiusmodi factores trinomiales in denominatore N contineantur et quot sint futuri et quales. Patet autem in hac forma trinomiali etiam factores simplices reales comprehendi, si fiat $\varphi = 0$; tum enim ob $\cos. \mathrm{A}. \varphi = 1$ erit factor ille trinomialis $= (\sqrt{p} - x\sqrt{q})^2$ indicabitque denominatorem N divisibilem esse per $\sqrt{p} - x\sqrt{q}$; etsi concludi non potest etiam ipsius quadratum $(\sqrt{p} - x\sqrt{q})^2$ esse divisorem ipsius N; investigatio enim divisorum aequalium ex alio fonte est petenda. Quamobrem si determinaverimus, quot variis modis expressio $p - 2x\sqrt{pq} \cdot \cos. \mathrm{A}. \varphi + qxx$ tanquam factor in denominatore N contineatur, tum simul tam omnes factores trinomiales in imaginarios resolubiles quam etiam ipsos factores simplices reales assequemur. Atque hinc etiam, si ista investigatio perpetuo poterit absolvi, intelligetur, quod supra iam probavimus, omnes factores simplices imaginarios ad factores trinomiales reales reduci posse.

23. Ponamus ergo denominatoris N factorem esse

$$p - 2x\sqrt{pq} \cdot \cos. \mathrm{A}.\varphi + qxx;$$

is itaque in se complectitur hos binos factores simplices imaginarios

$$x\sqrt{q} - \sqrt{p} \cdot \cos. \mathrm{A}.\varphi + \sqrt{-p} \cdot \sin. \mathrm{A}.\varphi,$$

$$x\sqrt{q} - \sqrt{p} \cdot \cos. \mathrm{A}.\varphi - \sqrt{-p} \cdot \sin. \mathrm{A}.\varphi;$$

si igitur hi factores simplices nihilo aequales ponantur et valores ipsius x inde oriundi in N substituantur, utroque casu valor ipsius N evanescet. Fiet autem valores ipsius x coniunctim exprimendo

$$x = \sqrt{\frac{p}{q}} \cdot \cos. \mathrm{A}.\varphi \pm \sqrt{-\frac{p}{q}} \cdot \sin. \mathrm{A}.\varphi,$$

vel si ponamus commoditatis gratia $f = \sqrt{\frac{p}{q}}$, erit

$$x = f \cos. \mathrm{A}.\varphi \pm f\sqrt{-1} \cdot \sin. \mathrm{A}.\varphi;$$

uterque igitur valor ipsius x in N substitutus ad nihilum perducere debet. Colligitur autem cum ex ipsa operatione instituenda tum ex proprietatibus de multiplicatione arcuum cognitis singulas ipsius x potestates sequenti modo expressum iri

$$x^2 = ff \cos. \mathrm{A}.2\varphi \pm ff\sqrt{-1} \cdot \sin. \mathrm{A}.2\varphi,$$

$$x^3 = f^3 \cos. \mathrm{A}.3\varphi \pm f^3\sqrt{-1} \cdot \sin. \mathrm{A}.3\varphi,$$

$$x^4 = f^4 \cos. \mathrm{A}.4\varphi \pm f^4\sqrt{-1} \cdot \sin. \mathrm{A}.4\varphi$$

et generaliter

$$x^k = f^k \cos. \mathrm{A}.k\varphi \pm f^k\sqrt{-1} \cdot \sin. \mathrm{A}.k\varphi.$$

Cum igitur loco cuiusvis potestatis ipsius x duo tantum termini substitui debeant, substitutio utraque pro utroque signorum ambiguo facile absolvitur. Quod quo facilius perspiciatur, scribatur in N primo $f^k \cos. \mathrm{A}.k\varphi$ loco cuiusvis potestatis x^k sitque, quod prodit, $= P$; deinde loco x^k scribatur $f^k \sin. \mathrm{A}.k\varphi$ et, quod prodit, sit $= Q$ atque manifestum est per substitutionem

$$x^k = f^k \cos. \mathrm{A}.k\varphi \pm f^k\sqrt{-1} \cdot \sin. \mathrm{A}.k\varphi$$

denominatorem abiturum esse in

$$P \pm Q\sqrt{-1};$$

quae duplex expressio cum debeat esse $= 0$, erit tam $P = 0$ quam $Q = 0$.

24. Ad valores igitur tam pro p et q quam pro arcu φ inveniendos, qui reddant

$$p - 2x \sqrt{pq} \cdot \cos. A. \varphi + qxx$$

factorem denominatoris N, posito $f = \sqrt{\frac{p}{q}}$ duplicem nanciscimur aequationem; primo scilicet loco x^k ponendo $f^k \cos. A. k\varphi$ oritur aequatio $P = 0$ ac deinde loco x^k ponendo $f^k \sin. A. k\varphi$ orietur altera aequatio $Q = 0$, ex quibus duabus aequationibus tam quantitatem f quam arcum φ determinari oportebit. Hoc autem pluribus modis semper praestari poterit, tot scilicet, quot varios factores tam simplices quam trinomiales reales denominator N in se complectitur. Simplices quidem prodeunt, si $\varphi = 0$, quo casu alter valor Q sponte fit 0 ob $\sin. A. k\varphi = 0$; tum autem erit $\cos. A. k\varphi = 1$ ac valor P ex N nascetur ponendo simpliciter f loco x. Quare quot ista aequatio $P = 0$ habebit radices reales, tot prodibunt factores simplices reales denominatoris N; ac si omnes radices aequationis $P = 0$ fuerint reales, tum ulteriori investigatione non erit opus. Sin autem radices imaginariae contineantur, tum alios quaeri oportet valores pro arcu φ, qui aequationibus $P = 0$ et $Q = 0$ satisfaciant, hincque convenienter valores pro f elicientur atque sic factores trinomiales obtinentur factores simplices imaginarios complectentes.

Usus autem huius regulae clarius apparebit, si eius ope factores trinomiales investigemus denominatorum, quos deinceps in exemplis sumus tractaturi. Sit igitur primum sequens proposita forma, cuius factores reales sive simplices sive trinomiales investigari oporteat,

$$\alpha + \beta x^n.$$

25. Quia substitutiones praescriptae loco potestatum ipsius x sunt faciendae, terminus absolutus α ita est spectandus, quasi esset αx^0. Posito ergo loco potestatis ipsius x generalis x^k tam $f^k \cos. A. k\varphi$ quam $f^k \sin. A. k\varphi$ et utraque expressione resultante facta $= 0$ sequentes duae aequationes habebuntur

$$\alpha + \beta f^n \cos. A. n\varphi = 0,$$
$$\beta f^n \sin. A. n\varphi = 0.$$

Primum igitur poni potest $\varphi = 0$, quo posteriori aequationi satisfiet; prior vero dabit

$$\alpha + \beta f^n = 0 \quad \text{seu} \quad f = \sqrt[n]{-\frac{\alpha}{\beta}} = \sqrt[n]{\frac{p}{q}},$$

unde oritur divisor simplex $\sqrt{p} - x\sqrt{q}$ seu $\sqrt[n]{\alpha} - x\sqrt[n]{-\beta}$ sive $\sqrt[n]{-\frac{\alpha}{\beta}} - x$. Quodsi ergo sit n numerus impar, semper unus habetur factor simplex realis $\sqrt[n]{\alpha} - x\sqrt[n]{-\beta}$. At si n sit numerus par, factor simplex realis non dabitur, nisi $-\frac{\alpha}{\beta}$ fuerit quantitas affirmativa; hoc vero casu duplex habebitur factor simplex realis, nempe $\pm\sqrt[n]{-\frac{\alpha}{\beta}} - x$, sive huius expressionis $\alpha - \beta x^n$ hi duo erunt factores simplices reales $\sqrt[n]{\alpha} + x\sqrt[n]{\beta}$ et $\sqrt[n]{\alpha} - x\sqrt[n]{\beta}$, si quidem n est numerus par; hi autem casus per se sunt noti atque in sequenti investigatione denuo occurrent.

26. Non igitur sit $\varphi = 0$ atque aequatio posterior dabit sin. A. $n\varphi = 0$; ex quo posita semiperipheria circuli $= \pi$, existente radio $= 1$, erit $n\varphi =$ multiplo cuicunque semiperipheriae π, quod sit $k\pi$, hincque $\varphi = \frac{k\pi}{n}$. Hinc autem fiet cos. A. $n\varphi =$ cos. A. $k\pi = \pm 1$; erit nempe cos. A. $n\varphi = +1$, si k fuerit numerus par, et cos. A. $n\varphi = -1$, si k fuerit numerus impar. Substituto hoc valore in priori aequatione habebimus $\alpha \pm \beta f^n = 0$. Hinc duos casus evolvi conveniet, prout α et β sint quantitates vel iisdem signis vel diversis affectae.

Sint primo iisdem signis affectae [seu quaerantur factores huius expressionis]

$$\alpha + \beta x^n$$

atque sumatur k numerus impar $2k - 1$, ut sit $\varphi = \frac{(2k-1)\pi}{n}$ et cos. A. $n\varphi = -1$; erit

$$\alpha - \beta f^n = 0 \quad \text{et} \quad f = \sqrt[n]{\frac{\alpha}{\beta}} = \sqrt{\frac{p}{q}},$$

unde

$$p = \sqrt[n]{\alpha^2} \quad \text{et} \quad q = \sqrt[n]{\beta^2}.$$

Formae igitur propositae $\alpha + \beta x^n$ habebimus hunc factorem trinomialem generalem

$$\sqrt[n]{\alpha^2} - 2x\sqrt[n]{\alpha\beta} \cdot \text{cos. A.} \frac{(2k-1)\pi}{n} + xx\sqrt[n]{\beta^2}.$$

Atque hinc tot factores diversi resultabunt, quot loco k numeris integris substituendis diversi valores pro cos. A. $\frac{(2k-1)\pi}{n}$ oriuntur. Quodsi autem loco k successive omnes numeros integros $1, 2, 3, \ldots n$ substituamus, tum quilibet factor trinomialis bis occurret, si n fuerit numerus par, sin autem n fuerit numerus impar, tum in medio solitarius factor relinquetur posito $2k - 1 = n$

hocque casu fit $\cos. A. \pi = -1$ et ex hoc factor simplex realis nascitur $\sqrt[n]{\alpha} + x\sqrt[n]{\beta}$. Factores autem trinomiales obtinentur ponendo loco $2k-1$ omnes numeros impares minores quam n.

27. Ex his igitur omnes factores tam simplices quam trinomiales reales exhiberi possunt formae

$$\alpha + \beta x^n;$$

si enim n sit numerus par, omnes erunt trinomiales eorumque numerus $= \frac{n}{2}$, qui erunt

$$\sqrt[n]{\alpha^2} - 2x\sqrt[n]{\alpha\beta} \cdot \cos. A. \frac{\pi}{n} + xx\sqrt[n]{\beta^2},$$

$$\sqrt[n]{\alpha^2} - 2x\sqrt[n]{\alpha\beta} \cdot \cos. A. \frac{3\pi}{n} + xx\sqrt[n]{\beta^2},$$

$$\sqrt[n]{\alpha^2} - 2x\sqrt[n]{\alpha\beta} \cdot \cos. A. \frac{5\pi}{n} + xx\sqrt[n]{\beta^2},$$

$$\vdots$$

$$\sqrt[n]{\alpha^2} - 2x\sqrt[n]{\alpha\beta} \cdot \cos. A. \frac{(n-1)\pi}{n} + xx\sqrt[n]{\beta^2}.$$

Quodsi autem n fuerit numerus impar, tum unus factor erit simplex, reliqui trinomiales horumque numerus $= \frac{n-1}{2}$; omnes autem erunt

$$\sqrt[n]{\alpha^2} - 2x\sqrt[n]{\alpha\beta} \cdot \cos. A. \frac{\pi}{n} + xx\sqrt[n]{\beta^2},$$

$$\sqrt[n]{\alpha^2} - 2x\sqrt[n]{\alpha\beta} \cdot \cos. A. \frac{3\pi}{n} + xx\sqrt[n]{\beta^2},$$

$$\sqrt[n]{\alpha^2} - 2x\sqrt[n]{\alpha\beta} \cdot \cos. A. \frac{5\pi}{n} + xx\sqrt[n]{\beta^2},$$

$$\vdots$$

$$\sqrt[n]{\alpha^2} - 2x\sqrt[n]{\alpha\beta} \cdot \cos. A. \frac{(n-2)\pi}{n} + xx\sqrt[n]{\beta^2},$$

$$\sqrt[n]{\alpha} + x\sqrt[n]{\beta}.$$

Utroque autem casu factores exhibiti actu in se ducti formam propositam $\alpha + \beta x^n$ producent.

28. Sint iam quantitates α et β diversis signis affectae seu quaerantur factores huius expressionis

$$\alpha - \beta x^n$$

atque pro k accipi oportebit numerum parem $2k$, ita ut sit $\varphi = \dfrac{2k\pi}{n}$ et

$$\alpha - \beta f^n = 0 \quad \text{seu} \quad f = \sqrt[n]{\frac{\alpha}{\beta}} = \sqrt{\frac{p}{q}},$$

unde

$$p = \sqrt[n]{\alpha^2} \quad \text{et} \quad q = \sqrt[n]{\beta^2}.$$

Factor igitur trinomialis realis in genere erit

$$\sqrt[n]{\alpha^2} - 2x\sqrt[n]{\alpha\beta} \cdot \cos. \text{A.} \, \frac{2k\pi}{n} + xx\sqrt[n]{\beta^2}$$

atque tot erunt huiusmodi factores, quot varii prodibunt valores pro $\cos. \text{A.} \, \dfrac{2k\pi}{n}$. Omnes autem diversi prodibunt valores, si pro $2k$ substituantur omnes numeri pares usque ad n. Et quidem 0 loco $2k$ substituendo oritur factor simplex

$$\sqrt[n]{\alpha} - x\sqrt[n]{\beta}.$$

Praeterea vero, si n numerus par et fiat $2k = n$, denuo factor simplex realis oritur

$$\sqrt[n]{\alpha} + x\sqrt[n]{\beta}.$$

Quare si n fuerit numerus par, huius formulae

$$\alpha - \beta x^n$$

sequentes erunt factores reales sive simplices sive trinomiales

$$\sqrt[n]{\alpha} - x\sqrt[n]{\beta},$$

$$\sqrt[n]{\alpha^2} - 2x\sqrt[n]{\alpha\beta} \cdot \cos. \text{A.} \, \frac{2\pi}{n} + xx\sqrt[n]{\beta^2},$$

$$\sqrt[n]{\alpha^2} - 2x\sqrt[n]{\alpha\beta} \cdot \cos. \text{A.} \, \frac{4\pi}{n} + xx\sqrt[n]{\beta^2},$$

$$\sqrt[n]{\alpha^2} - 2x\sqrt[n]{\alpha\beta} \cdot \cos. \text{A.} \, \frac{6\pi}{n} + xx\sqrt[n]{\beta^2},$$

$$\vdots$$

$$\sqrt[n]{\alpha^2} - 2x\sqrt[n]{\alpha\beta} \cdot \cos. \text{A.} \, \frac{(n-2)\pi}{n} + xx\sqrt[n]{\beta^2},$$

$$\sqrt[n]{\alpha} + x\sqrt[n]{\beta}.$$

Quodsi autem n fuerit numerus impar, tum formulae

$$\alpha - \beta x^n$$

factores reales erunt sequentes

$$\sqrt[n]{\alpha} - x\sqrt[n]{\beta},$$

$$\sqrt[n]{\alpha^2} - 2x\sqrt[n]{\alpha\beta} \cdot \cos. \text{A.} \frac{2\pi}{n} + xx\sqrt[n]{\beta^2},$$

$$\sqrt[n]{\alpha^2} - 2x\sqrt[n]{\alpha\beta} \cdot \cos. \text{A.} \frac{4\pi}{n} + xx\sqrt[n]{\beta^2},$$

$$\sqrt[n]{\alpha^2} - 2x\sqrt[n]{\alpha\beta} \cdot \cos. \text{A.} \frac{6\pi}{n} + xx\sqrt[n]{\beta^2},$$

$$\vdots$$

$$\sqrt[n]{\alpha^2} - 2x\sqrt[n]{\alpha\beta} \cdot \cos. \text{A.} \frac{(n-1)\pi}{n} + xx\sqrt[n]{\beta^2}.$$

Atque utroque casu productum ex his omnibus factoribus ortum producet formulam $\alpha - \beta x^n$.

29. Ex his perspicitur, si loco k omnes numeri integri ab 1, 2, 3, ... usque ad n inclusive substituantur, tum omnes factores trinomiales ex ista forma generali resultantes

$$\sqrt[n]{\alpha^2} - 2x\sqrt[n]{\alpha\beta} \cdot \cos. \text{A.} \frac{(2k-1)\pi}{n} + xx\sqrt[n]{\beta^2},$$

si in se invicem ducantur, producturos expressionem hanc

$$(\alpha + \beta x^n)^2$$

ideoque, si ex singulis illis factoribus radices quadratae extrahantur, productum ex his omnibus radicibus dabit formulam $\alpha + \beta x^n$.

Simili modo si ut ante loco k omnes numeri integri 1, 2, 3, ... n substituantur, tum omnes factores trinomiales, quorum numerus erit $= n$, qui resultant ex forma generali

$$\sqrt[n]{\alpha^2} - 2x\sqrt[n]{\alpha\beta} \cdot \cos. \text{A.} \frac{2k\pi}{n} + xx\sqrt[n]{\beta^2},$$

si in se mutuo ducantur, dabunt productum

$$(\alpha - \beta x^n)^2.$$

Atque idcirco, si ex singulis his factoribus radices quadratae extrahantur, earum productum dabit ipsam expressionem $\alpha - \beta x^n$.

30. Hoc igitur pacto resolvi potest formula $\alpha \pm \beta x^n$ in n factores, quorum quilibet est radix quadrata ex expressione trinomiali huiusmodi

$$\sqrt[n]{\alpha^2} - 2x\sqrt[n]{\alpha\beta} \cdot \cos. \text{A}. \; \varphi + xx\sqrt[n]{\beta^2}.$$

Potest autem radix quadrata ex huiusmodi expressione admodum succincte geometrice construi. Erit enim

$$\sqrt{\left(\sqrt[n]{\alpha^2} - 2x\sqrt[n]{\alpha\beta} \cdot \cos. \text{A}. \; \varphi + xx\sqrt[n]{\beta^2}\right)}$$
$$= \sqrt{\left(\left(\sqrt[n]{\alpha} \cdot \cos. \text{A}. \; \varphi - x\sqrt[n]{\beta}\right)^2 + \left(\sqrt[n]{\alpha} \cdot \sin. \text{A}. \; \varphi\right)^2\right)}.$$

Erit ergo quilibet eorum factorum hypotenusa trianguli rectanguli, cuius alter cathetus $= \sqrt[n]{\alpha} \cdot \cos. \text{A}. \; \varphi - x\sqrt[n]{\beta}$ et alter $\sqrt[n]{\alpha} \cdot \sin. \text{A}. \; \varphi$, quae expressiones in circulo, cuius radius $= \sqrt[n]{\alpha}$, commodissime exhiberi possunt. Fiat nempe circulus $PQRSTV$ (Fig. 1) centro C et radio $CP = \sqrt[n]{\alpha}$; dividatur eius peripheria in $2n$ seu semiperipheria in n partes; erit

$$Pp = \frac{\pi}{n}, \quad PQ = \frac{2\pi}{n}, \quad Pq = \frac{3\pi}{n},$$
$$PR = \frac{4\pi}{n}, \quad Pr = \frac{5\pi}{n} \quad \text{etc.}$$

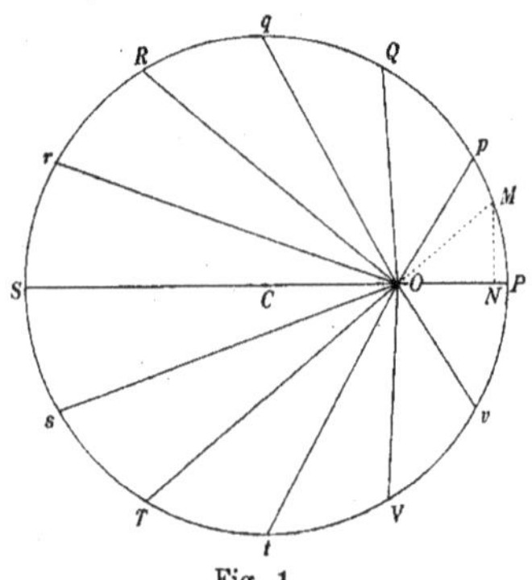

Fig. 1.

Capiatur porro in radio CP distantia $CO = x\sqrt[n]{\beta}$ atque ex puncto O ad singula divisionis puncta ducantur rectae OP, Op, OQ, Oq etc., quae quantae futurae sint, ex recta indefinita OM colligi poterit. Sit arcus $PM = \varphi$ et ducta perpendiculari MN erit

$$MN = \sqrt[n]{\alpha} \cdot \sin. \text{A}. \; \varphi, \quad CN = \sqrt[n]{\alpha} \cdot \cos. \text{A}. \; \varphi$$

ideoque

$$ON = \overset{n}{V}\alpha \cdot \cos. A. \varphi - x \overset{n}{V}\beta,$$

unde fiet

$$OM = V\left(\overset{n}{V}\alpha^2 - 2x \overset{n}{V}\alpha\beta \cdot \cos. A. \varphi + xx \overset{n}{V}\beta^2\right).$$

Ex his ergo sumendis divisionum punctis paribus erit

$$OP \cdot OQ \cdot OR \cdot OS \cdot OT \cdot OV = \alpha - \beta x^n,$$

sumendis autem divisionibus imparibus erit

$$Op \cdot Oq \cdot Or \cdot Os \cdot Ot \cdot Ov = \alpha + \beta x^n$$

hocque est theorema elegantissimum a COTESIO inventum[1]), cuius adeo demonstratio per methodum nostram investigandi factores trinomiales a priori est data.

31. Progrediamur ad exemplum magis intricatum atque quaeramus factores reales tam simplices quam trinomiales huius expressionis

$$\alpha + \beta x^n + \gamma x^{2n};$$

cuius factor trinomialis quicunque si fuerit

$$p - 2x V pq \cdot \cos. A\varphi + qxx,$$

posito $f = V\frac{p}{q}$ incognitae f et φ ex his duabus aequationibus erui debebunt

$$\alpha + \beta f^n \cos. A. n\varphi + \gamma f^{2n} \cos. A. 2n\varphi = 0,$$
$$\beta f^n \sin. A. n\varphi + \gamma f^{2n} \sin. A. 2n\varphi = 0.$$

Cum iam sit $\sin. A. 2n\varphi = 2 \sin. A. n\varphi \cdot \cos. A. n\varphi$, erit ex aequatione posteriori vel $\sin. A. n\varphi = 0$ vel $\beta + 2\gamma f^n \cos. A. n\varphi = 0$.

Sit primo $\sin. A. n\varphi = 0$; erit vel $n\varphi = 2k\pi$ vel $n\varphi = (2k - 1)\pi$; ponamus ergo $n\varphi = 2k\pi$; erit $\cos. A. n\varphi = 1$ et $\cos. A. 2n\varphi = 1$, unde $\alpha + \beta f^n + \gamma f^{2n} = 0$ hincque

$$f^n = \frac{-\beta \pm V(\beta^2 - 4\alpha\gamma)}{2\gamma};$$

____

1) Vide notam p. 140.   A. G.

sin autem $n\varphi = (2k-1)\pi$, erit cos. A. $n\varphi = -1$ et cos. A. $2n\varphi = +1$, unde $\alpha - \beta f^n + \gamma f^{2n} = 0$ hincque

$$f^n = \frac{\beta \pm V(\beta^2 - 4\alpha\gamma)}{2\gamma}.$$

Istae ergo solutiones locum habere non possunt, nisi sit $\beta^2 > 4\alpha\gamma$. Sit ergo $\beta^2 > 4\alpha\gamma$ atque sequentes casus erunt notandi.

$$\text{I.} \quad \alpha + \beta x^n + \gamma x^{2n}.$$

Ut f^n affirmativum obtineat valorem, sumi debet $\varphi = \frac{(2k-1)\pi}{n}$ eritque

$$f = \sqrt[n]{\frac{\beta \pm V(\beta^2 - 4\alpha\gamma)}{2\gamma}} = V\frac{p}{q};$$

sit

$$\frac{\beta + V(\beta^2 - 4\alpha\gamma)}{2} = \zeta \quad \text{et} \quad \frac{\beta - V(\beta^2 - 4\alpha\gamma)}{2} = \eta$$

eruntque factores trinomiales huius formae hi bini

$$\sqrt[n]{\zeta^2} - 2x\sqrt[n]{\gamma\zeta} \cdot \text{cos. A.} \frac{(2k-1)\pi}{n} + xx\sqrt[n]{\gamma\gamma},$$

$$\sqrt[n]{\eta^2} - 2x\sqrt[n]{\gamma\eta} \cdot \text{cos. A.} \frac{(2k-1)\pi}{n} + xx\sqrt[n]{\gamma\gamma};$$

utraque expressio ut praecedenti casu tractata dabit factores reales vel simplices (nempe si n numerus impar) vel trinomiales, qui omnes in se invicem ducti expressionem propositam producunt.

32. Maneat $\beta^2 > 4\alpha\gamma$ sitque haec forma proposita

$$\text{II.} \quad \alpha - \beta x^n + \gamma x^{2n}.$$

Ut f^n affirmativum valorem obtineat, sumi debet $\varphi = \frac{2k\pi}{n}$ eritque

$$f = \sqrt[n]{\frac{\beta \pm V(\beta^2 - 4\alpha\gamma)}{2\gamma}} = V\frac{p}{q};$$

sit ut ante

$$\frac{\beta + V(\beta^2 - 4\alpha\gamma)}{2} = \zeta \quad \text{et} \quad \frac{\beta - V(\beta^2 - 4\alpha\gamma)}{2} = \eta$$

hincque orientur sequentes duae formae pro factoribus trinomialibus quaesitis

$$\sqrt[n]{\zeta^2} - 2x\sqrt[n]{\gamma\zeta} \cdot \cos. A. \frac{2k\pi}{n} + xx\sqrt[n]{\gamma\gamma},$$

$$\sqrt[n]{\eta^2} - 2x\sqrt[n]{\gamma\eta} \cdot \cos. A. \frac{2k\pi}{n} + xx\sqrt[n]{\gamma\gamma},$$

qui, quoties fiunt quadrata, radices praebent simplices reales; ceteris casibus factores trinomiales resultant.

Sit iam proposita ista expressio

$$\text{III.} \quad \alpha + \beta x^n - \gamma x^{2n},$$

in qua semper est $\beta^2 + 4\alpha\gamma$ quantitas positiva. Praebet autem casus $\varphi = \frac{2k\pi}{n}$ unum valorem positivum pro $f^n = \frac{\beta + \sqrt{(\beta^2 + 4\alpha\gamma)}}{2\gamma}$ alterque casus $\varphi = \frac{(2k-1)\pi}{n}$ pariter unum $f^n = \frac{-\beta + \sqrt{(\beta^2 + 4\alpha\gamma)}}{2\gamma}$. Ponatur

$$\frac{\beta + \sqrt{(\beta^2 + 4\alpha\gamma)}}{2} = \zeta \quad \text{et} \quad \frac{-\beta + \sqrt{(\beta^2 + 4\alpha\gamma)}}{2} = \eta$$

atque sequentes duae formulae dabunt omnes factores reales tam simplices (quando scilicet fiunt quadrata) quam trinomiales

$$\sqrt[n]{\zeta^2} - 2x\sqrt[n]{\gamma\zeta} \cdot \cos. A. \frac{2k\pi}{n} + xx\sqrt[n]{\gamma\gamma},$$

$$\sqrt[n]{\eta^2} - 2x\sqrt[n]{\gamma\eta} \cdot \cos. A. \frac{(2k-1)\pi}{n} + xx\sqrt[n]{\gamma\gamma}.$$

33. Quartus casus, quo sponte fit $\beta^2 > 4\alpha\gamma$, est haec forma

$$\text{IV.} \quad \alpha - \beta x^n - \gamma x^{2n}.$$

Hic iterum casus $\varphi = \frac{2k\pi}{n}$ unum praebet valorem positivum pro $f^n = \frac{-\beta + \sqrt{(\beta^2 + 4\alpha\gamma)}}{2\gamma}$ alterque casus $\varphi = \frac{(2k-1)\pi}{n}$ pariter unum $f^n = \frac{\beta + \sqrt{(\beta^2 + 4\alpha\gamma)}}{2\gamma}$. Ponatur ergo

$$\frac{-\beta + \sqrt{(\beta^2 + 4\alpha\gamma)}}{2} = \zeta \quad \text{et} \quad \frac{\beta + \sqrt{(\beta^2 + 4\alpha\gamma)}}{2} = \eta$$

atque omnes factores formulae propositae tam simplices quam trinomiales continebuntur in his binis sequentibus expressionibus

$$\sqrt[n]{\zeta^2} - 2x\sqrt[n]{\gamma\zeta} \cdot \cos. \text{A.} \frac{2k\pi}{n} + xx\sqrt[n]{\gamma\gamma},$$

$$\sqrt[n]{\eta^2} - 2x\sqrt[n]{\gamma\eta} \cdot \cos. \text{A.} \frac{(2k-1)\pi}{n} + xx\sqrt[n]{\gamma\gamma}.$$

Ceterum de his casibus, quibus $\beta^2 > 4\alpha\gamma$, notandum est iis formulam propositam

$$\alpha + \beta x^n + \gamma x^{2n}$$

actu posse resolvi in binas formulas reales duobus terminis constantes

$$\sqrt{\alpha} + x^n \frac{\beta + \sqrt{(\beta^2 - 4\alpha\gamma)}}{2\sqrt{\alpha}}, \quad \sqrt{\alpha} + x^n \frac{\beta - \sqrt{(\beta^2 - 4\alpha\gamma)}}{2\sqrt{\alpha}};$$

quae cum similes sint iis, quas primo loco tractavimus, utraque seorsim modo iam exposito in suos factores resolvi poterit. Provenient autem hoc pacto illi ipsi factores, quos hic exhibuimus.

34. Pro casibus iam, quibus non est $\beta^2 > 4\alpha\gamma$, alteram solutionem aequationis

$$\beta f^n \sin. \text{A.} \, n\varphi + \gamma f^{2n} \sin. \text{A.} \, 2n\varphi = 0$$

accipi conveniet, quae dat

$$\beta + 2\gamma f^n \cos. \text{A.} \, n\varphi = 0.$$

Sit $\cos. \text{A.} \, n\varphi = z$; erit $f^n = \frac{-\beta}{2\gamma z}$, qui valor ob $\cos. \text{A.} \, 2n\varphi = 2zz - 1$ in priori aequatione substitutus dat $\alpha - \frac{\beta\beta}{2\gamma} + \frac{\beta\beta(2zz - 1)}{4\gamma zz} = 0$ seu $4\alpha\gamma zz = \beta\beta$, hinc erit $z = \frac{-\beta}{2\sqrt{\alpha\gamma}}$ et $f^n = \sqrt[n]{\frac{\alpha}{\gamma}}$ ideoque $p = \sqrt[n]{\alpha}$ et $q = \sqrt[n]{\gamma}$. Ponamus eum arcum minimum $= \omega$, cuius cosinus est $\frac{\beta}{2\sqrt{\alpha\gamma}}$, eritque $\cos. \text{A.} ((2k-1)\pi \pm \omega) = \frac{-\beta}{2\sqrt{\alpha\gamma}} = z$ ideoque obtinetur $\varphi = \frac{(2k-1)\pi \pm \omega}{n}$. Quocirca casu $\beta^2 < 4\alpha\gamma$ si arcus, cuius cosinus est $= \frac{\beta}{2\sqrt{\alpha\gamma}}$, ponatur $= \omega$, erit formulae propositae

$$\alpha + \beta x^n + \gamma x^{2n}$$

quilibet factor trinomialis in hac forma contentus

$$\sqrt[n]{\alpha^2} - 2x\sqrt[n]{\alpha\gamma} \cdot \cos. \text{A.} \frac{(2k-1)\pi \pm \omega}{n} + xx\sqrt[n]{\gamma\gamma}.$$

Huiusmodi autem factores habebuntur numero n, qui prodibunt, si loco k successive omnes numeri integri 1, 2, 3, ... usque ad n substituantur tribuendo ipsi ω sive signum $+$ sive $-$; utroque enim casu arcus prodibunt, quorum cosinus congruent. Signum scilicet $-$ arcu ω praefixum eosdem dabit cosinus, quos signum $+$, ordine tantum retrogrado, siquidem loco k numeri 1, 2, 3, ... n substituantur, unde factores ipsi erunt sequentes

$$\sqrt[n]{\alpha^2} - 2x\sqrt[n]{\alpha\gamma} \cdot \cos. A. \frac{\pi - \omega}{n} + xx\sqrt[n]{\gamma\gamma},$$

$$\sqrt[n]{\alpha^2} - 2x\sqrt[n]{\alpha\gamma} \cdot \cos. A. \frac{3\pi - \omega}{n} + xx\sqrt[n]{\gamma\gamma},$$

$$\sqrt[n]{\alpha^2} - 2x\sqrt[n]{\alpha\gamma} \cdot \cos. A. \frac{5\pi - \omega}{n} + xx\sqrt[n]{\gamma\gamma},$$

$$\vdots$$

$$\sqrt[n]{\alpha^2} - 2x\sqrt[n]{\alpha\gamma} \cdot \cos. A. \frac{(2n-1)\pi - \omega}{n} + xx\sqrt[n]{\gamma\gamma}.$$

35. Si coefficiens β fuerit negativus seu si huius formae, existente $\beta\beta < 4\alpha\gamma$,

$$\alpha - \beta x^n + \gamma x^{2n}$$

factores debeant investigari, tum calculo ut ante subducto erit $f^n = \frac{\beta}{2\gamma z}$ et $z = \frac{\beta}{2\sqrt{\alpha\gamma}} = \cos. A. n\varphi$. Quodsi ergo arcus, cuius cosinus $= \frac{\beta}{2\sqrt{\alpha\gamma}}$, ponatur ω, fiet etiam $\cos. A. (2k\pi \pm \omega) = \frac{\beta}{2\sqrt{\alpha\gamma}}$, ex quo $\varphi = \frac{2k\pi \pm \omega}{n}$. Factor igitur quicunque formulae propositae continebitur in hac forma

$$\sqrt[n]{\alpha^2} - 2x\sqrt[n]{\alpha\gamma} \cdot \cos. A. \frac{2k\pi \mp \omega}{n} + xx\sqrt[n]{\gamma\gamma}.$$

Ipsi ergo factores trinomiales, quorum numerus est n, erunt sequentes

$$\sqrt[n]{\alpha^2} - 2x\sqrt[n]{\alpha\gamma} \cdot \cos. A. \frac{2\pi - \omega}{n} + xx\sqrt[n]{\gamma\gamma},$$

$$\sqrt[n]{\alpha^2} - 2x\sqrt[n]{\alpha\gamma} \cdot \cos. A. \frac{4\pi - \omega}{n} + xx\sqrt[n]{\gamma\gamma},$$

$$\sqrt[n]{\alpha^2} - 2x\sqrt[n]{\alpha\gamma} \cdot \cos. A. \frac{6\pi - \omega}{n} + xx\sqrt[n]{\gamma\gamma},$$

$$\vdots$$

$$\sqrt[n]{\alpha^2} - 2x\sqrt[n]{\alpha\gamma} \cdot \cos. A. \frac{2n\pi - \omega}{n} + xx\sqrt[n]{\gamma\gamma}.$$

36. Hi etiam factores simili modo quo casu praecedenti commode per circulum construi possunt. Construatur enim circulus $PQRSTV$ (Fig. 2) radio $CA = \sqrt[n]{\alpha}$ eiusque peripheria dividatur in $2n$ partes in punctis P, p, Q, q etc. Tum a puncto primo divisionis P capiatur arcus $PA = \frac{\omega}{n}$, ita ut arcus $n \cdot PA$ cosinus sit $= \frac{\beta}{2\sqrt{\alpha\gamma}}$. Tum per A ducatur diameter AB et in eo ex centro C capiatur $CO = x\sqrt[n]{\gamma}$ atque ex puncto hoc O ad singula divisionis puncta ducantur rectae. Erit autem

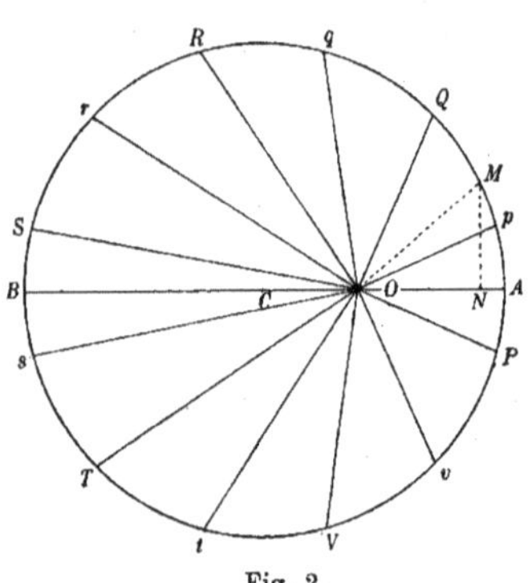

Fig. 2.

$$Ap = \frac{\pi - \omega}{n}, \quad AQ = \frac{2\pi - \omega}{n},$$

$$Aq = \frac{3\pi - \omega}{n} \quad \text{etc.}$$

Quoniam vero sumto quocunque arcu $AM = \varphi$ et demisso sinu MN est

$$MN = \sqrt[n]{\alpha} \cdot \sin. A. \varphi \quad \text{et} \quad ON = \sqrt[n]{\alpha} \cdot \cos. A. \varphi - x\sqrt[n]{\gamma},$$

erit

$$OM = \sqrt{\left(\sqrt[n]{\alpha^2} - 2x\sqrt[n]{\alpha\gamma} \cdot \cos. A. \varphi + xx\sqrt[n]{\gamma\gamma}\right)};$$

erit loco φ arcus Ap, AQ, Aq etc. substituendo

$$\alpha + \beta x^n + \gamma x^{2n} = Op^2 \cdot Oq^2 \cdot Or^2 \cdot Os^2 \cdot Ot^2 \cdot Ov^2$$

atque

$$\alpha - \beta x^n + \gamma x^{2n} = OQ^2 \cdot OR^2 \cdot OS^2 \cdot OT^2 \cdot OV^2 \cdot OP^2.$$

Quae sunt theoremata a Celeb. Moivreo[1]) demonstrata.

37. Antequam istam formulae $\alpha \pm \beta x^n + \gamma x^{2n}$ resolutionem in factores trinomiales dimittamus, non abs re erit annotare, quod, cum terminus x^1 desit in producto, summa omnium coefficientium ipsius x in factoribus aequalis nihilo esse debeat. Erit ergo

---

1) Vide notam p. 115.   A. G.

$$\cos. A. \frac{\pi - \omega}{n} + \cos. A. \frac{3\pi - \omega}{n} + \cos. A. \frac{5\pi - \omega}{n} + \cdots + \cos. A. \frac{(2n-1)\pi - \omega}{n} = 0$$

et

$$\cos. A. \frac{2\pi - \omega}{n} + \cos. A. \frac{4\pi - \omega}{n} + \cos. A. \frac{6\pi - \omega}{n} + \cdots + \cos. A. \frac{2n\pi - \omega}{n} = 0.$$

Quod quidem, si n est numerus par, sponte patet; tum enim alii cosinus fiunt negativi atque aequales ratione reliquorum. Quando autem n est numerus impar, puta $n = 2m - 1$, tum cosinus negativi affirmativos singuli singulos non destruunt, interim tamen omnes negativi simul sumti affirmativis simul sumtis aequales erunt. Est vero $\cos. A.\varphi = \frac{1}{2}$ chord. $A.(\pi + 2\varphi)$, et quia est $\varphi = \frac{(2k-1)\pi - \omega}{2m-1}$, erit

$$\cos. A. \frac{(2k-1)\pi - \omega}{2m-1} = \frac{1}{2} \text{ chord.} A.\left(\pi - \frac{2\omega}{2m-1} + \frac{2(2k-1)\pi}{2m-1}\right)$$

omnesque hae chordae, quarum numerus est $= 2m - 1$, simul sumtae erunt $= 0$. Sit $\xi = \pi - \frac{2\omega}{2m-1}$ et ponatur $\frac{2\pi}{2m-1} = \varrho$, ita ut ϱ sit una pars totius peripheriae, si ea fuerit in numerum quemcunque imparem partium aequalium divisa. Hanc ob rem erit

$$\text{chord.} A. (\xi + \varrho) + \text{chord.} A. (\xi + 3\varrho)$$
$$+ \text{chord.} A. (\xi + 5\varrho) + \cdots + \text{chord.} A. (\xi + (4m - 3)\varrho) = 0.$$

Si ergo peripheria circuli (Fig. 3) in numerum quemcunque imparem partium

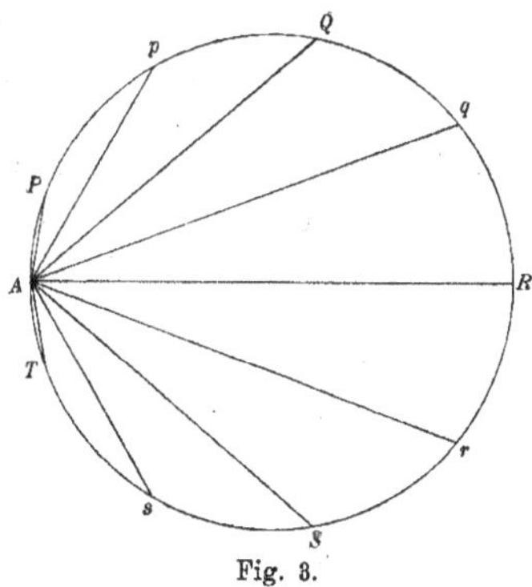

Fig. 3.

aequalium, verbi gratia in novem partes aequales Pp, pQ, Qq, qR, Rr, rS, Ss, sT, TP dividatur atque in peripheria punctum capiatur quodcunque A, ex quo ad singula peripheriae puncta chordae ducantur, erit posita una peripheriae parte nona $= \varrho$ et arcu AP pro arbitrio assumto $= \xi$

$$\text{chord. A.}(\xi + \varrho) = Ap, \qquad \text{chord. A.}(\xi + 9\varrho) = -AP,$$
$$\text{chord. A.}(\xi + 3\varrho) = Aq, \qquad \text{chord. A.}(\xi + 11\varrho) = -AQ,$$
$$\text{chord. A.}(\xi + 5\varrho) = Ar, \qquad \text{chord. A.}(\xi + 13\varrho) = -AR,$$
$$\text{chord. A.}(\xi + 7\varrho) = As, \qquad \text{chord. A.}(\xi + 15\varrho) = -AS,$$
$$\text{chord. A.}(\xi + 17\varrho) = -AT;$$

chordae enim arcuum tota peripheria maiorum pariter ac sinus arcuum semiperipheria maiorum fiunt negativae. Erit ergo ductis, uti praecepimus, chordis

$$Ap + Aq + Ar + As = AP + AQ + AR + AS + AT$$

sive

$$AP - Ap + AQ - Aq + AR - Ar + AS - As + AT = 0.$$

Quod est theorema circa chordas non inelegans, notum quidem, at ex traditis praeceptis sponte quasi derivatum.

38. Resolutionem formularum $\alpha + \beta x^n$ et $\alpha + \beta x^n + \gamma x^{2n}$ in factores fusius exposuimus, eo quod formulae quantumvis compositae in eiusmodi formulas resolvi possunt; ex quo secundum haec praecepta formularum magis compositarum factores simplices vel trinomiales inveniri poterunt concessa resolutione aequationum altiorum dimensionum. Sit nempe proposita ista formula

$$\alpha + \beta x^n + \gamma x^{2n} + \delta x^{3n};$$

posito $x^n = z$ ea abibit in $\alpha + \beta z + \gamma z^2 + \delta z^3$, quae perpetuo unum divisorem simplicem habebit realem, quoniam maximus ipsius z exponens est impar. Quamobrem formula proposita vel in tres binomiales huiusmodi $a + bx^n$ vel in unam huiusmodi $a + bx^n$ et in unam trinomialem resolvitur $a + bx^n + cx^{2n}$ hincque eius factores vel trinomiales vel simplices facile per praecepta praecedentia assignantur. Loco formulae igitur $\alpha + \beta x^n + \gamma x^{2n} + \delta x^{3n}$ semper substitui potest huiusmodi expressio

$$(\mathfrak{a} + \mathfrak{b} x^n)(\mathfrak{A} + \mathfrak{B} x^n + \mathfrak{C} x^{2n}),$$

cuius omnes factores reales tam simplices quam trinomiales ope regulae traditae exhibebuntur.

39. Proposita iam sit haec expressio

$$\alpha + \beta x^n + \gamma x^{2n} + \delta x^{3n} + \varepsilon x^{4n},$$

cuius factores reales tam simplices quam trinomiales investigari oporteat. Ponamus $x^n = z$ et habebimus hanc expressionem quatuor dimensionum

$$\alpha + \beta z + \gamma z^2 + \delta z^3 + \varepsilon z^4,$$

quae nihilo aequalis posita vel omnes radices habebit imaginarias vel duas tantum vel nullam. Posterioribus binis casibus resolutio proposita in factores nulla laborat difficultate, eo quod iis expressio proposita in binas reales huius formae

$$\mathfrak{A} + \mathfrak{B} x^n + \mathfrak{C} x^{2n}$$

distribui potest. At si omnes quatuor radices aequationis

$$0 = \alpha + \beta z + \gamma z^2 + \delta z^3 + \varepsilon z^4$$

sint imaginariae, tum resolutio in factores per regulas traditas absolvi non potest, nisi constiterit expressionem propositam

$$\alpha + \beta x^n + \gamma x^{2n} + \delta x^{3n} + \varepsilon x^{4n}$$

resolvi posse in huiusmodi binos factores reales

$$(\mathfrak{A} + \mathfrak{B} x^n + \mathfrak{C} x^{2n})(\mathfrak{a} + \mathfrak{b} x^n + \mathfrak{c} x^{2n});$$

quod etsi fieri posse supra iam docuimus, tamen idem pro hoc casu data opera seorsim demonstrabimus, quo simul magis fiet perspicuum omnem expressionem algebraicam in factores reales vel simplices vel trinomiales resolvi posse.

40. Ad hanc demonstrationem concinnandam praemitto istud lemma:

Aequatio quaecunque algebraica parium dimensionum, in qua maxima incognitae potestas et terminus absolutus seu cognitus disparia habent signa, duas ad minimum habet radices, quarum altera erit affirmativa, altera negativa.

Sit enim huiusmodi aequatio

$$z^{2m} + a z^{2m-1} + b z^{2m-2} + c z^{2m-3} + \cdots - p = 0,$$

in qua maxima ipsius z potestas habet signum $+$, terminus absolutus autem p signum $-$. Transferatur terminus absolutus p ad alteram signi $=$ partem, ita ut ex altera parte omnes termini incognita z affecti maneant, habebiturque haec aequatio

$$z^{2m} + a z^{2m-1} + b z^{2m-2} + c z^{2m-3} + \cdots + n z = p;$$

vocemus totum membrum incognitum seu omnes terminos z involventes iunctim sumtos brevitatis gratia $= Z$, ut sit $Z = p$, atque manifestum est, si ponatur $z = +\infty$, fieri $Z = +\infty$; sin autem ponatur $z = 0$, fiet $Z = 0$. Loco z igitur omnes valores intra 0 et $+\infty$, hoc est, omnes numeros affirmativos substituendo pro Z omnes possibiles numeri affirmativi resultabunt. Quare cum p sit numerus affirmativus, dabitur numerus affirmativus, qui loco z substitutus efficiat $Z = p$, ideoque aequatio proposita unam certe habebit radicem affirmativam. Si iam loco z ponamus $-\infty$, fiet iterum $Z = +\infty$, ex quo, si loco z omnes numeri negativi seu intra 0 et $-\infty$ contenti substituantur, tum denuo pro Z omnes numeri possibiles affirmativi prodibunt, quare dabitur quoque numerus negativus, qui loco z substitutus faciet $Z = p$, hincque aequatio proposita $Z - p = 0$ habebit quoque radicem negativam.

Aequatio igitur

$$z^{2m} + a z^{2m-1} + b z^{2m-2} + c z^{2m-3} + \cdots - p = 0,$$

si p fuerit quantitas positiva, certo duas habet radices reales, quarum una est affirmativa[, altera negativa].

41. Ut iam ostendamus expressionem

$$\alpha + \beta x^n + \gamma x^{2n} + \delta x^{3n} + \varepsilon x^{4n}$$

perpetuo in duos factores reales resolubilem esse, sufficiet brevitatis gratia ostendisse hanc expressionem $z^4 + p z^2 + q z + r$ resolvi posse in duos factores $zz + uz + A$ et $zz - uz + B$, qui sint reales. Ponendo enim $x^n = z$ et termino secundo tollendo illa expressio in hanc transmutatur. Cum igitur pro coefficientibus r, A et B valores reales inveniri debeant, ut sit

$$z^4 + p z^2 + q z + r = (zz + uz + A)(zz - uz + B),$$

erit

$$p = A + B - uu, \quad q = Bu - Au \quad \text{et} \quad r = AB;$$

binae priores aequationes vero dant

$$B = p + uu - A = \frac{q + Au}{u},$$

unde fit

$$A = \frac{u^3 + pu - q}{2u} \quad \text{et} \quad B = \frac{u^3 + pu + q}{2u},$$

qui valores in tertia aequatione substituti dant

$$4ruu = u^6 + 2pu^4 + ppuu - qq \quad \text{seu} \quad u^6 + 2pu^4 + (pp - 4r)uu - qq = 0;$$

quae cum sit aequatio parium dimensionum atque terminus absolutus qq semper positivus signum habeat oppositum summae potestati incognitae u, haec aequatio certo pro u unam radicem realem dabit. Invento autem pro u valore reali valores quoque pro A et B fient reales hincque factores $zz + uz + A$ et $zz - uz + B$ ipsi prodibunt reales. Simili autem modo demonstrabitur omnem expressionem parium dimensionum semper resolubilem esse in factores trinomiales reales. Hoc certe evictum est hanc expressionem multo latius patentem

$$\alpha + \beta x^n + \gamma x^{2n} + \delta x^{3n} + \varepsilon x^{4n}$$

resolubilem esse in factores reales vel simplices vel trinomiales, quotcunque ea contineat dimensiones.

42. Tradito igitur non solum modo factores trinomiales inveniendi, sed etiam actu evolutis factoribus formularum principalium $\alpha + \beta x^n$ et $\alpha + \beta x^n + \gamma x^{2n}$ exponendum est, quemadmodum, si cognitus fuerit factor trinomialis denominatoris N, in formula differentiali $\frac{M\,dx}{N}$ integralis pars ex hoc factore oriunda debeat determinari. Sit igitur denominatoris N factor trinomialis quicunque

$$p - 2x\sqrt{pq} \cdot \cos. \mathrm{A}.\varphi + qxx,$$

qui resolvitur in hos simplices imaginarios

$$x\sqrt{q} - \sqrt{p} \cdot \cos. \mathrm{A}.\varphi - \sqrt{-p} \cdot \sin. \mathrm{A}.\varphi,$$

$$x\sqrt{q} - \sqrt{p} \cdot \cos. \mathrm{A}.\varphi + \sqrt{-p} \cdot \sin. \mathrm{A}.\varphi.$$

Ex his per methodum ante expositam resultant integralis quaesiti binae sequentes partes

$$\int \frac{A\,dx}{x\sqrt{q} - \sqrt{p}\cdot\cos.\mathrm{A}.\,\varphi - \sqrt{-p}\cdot\sin.\mathrm{A}.\,\varphi},$$

$$\int \frac{B\,dx}{x\sqrt{q} - \sqrt{p}\cdot\cos.\mathrm{A}.\,\varphi + \sqrt{-p}\cdot\sin.\mathrm{A}.\,\varphi},$$

ubi coefficientes A et B determinantur ex $\frac{M\,dx}{dN}$ substituendo loco x valorem, quem ex utroque denominatore nihilo aequali posito obtinet. Sit igitur $\frac{dN}{dx} = L$ eritque

$$A = \frac{M}{L}$$

posito ubique loco x valore

$$\frac{\sqrt{p}}{\sqrt{q}}\cos.\mathrm{A}.\,\varphi + \frac{\sqrt{-p}}{\sqrt{q}}\sin.\mathrm{A}.\,\varphi.$$

Simili vero modo est

$$B = \frac{M}{L}$$

posito loco x hoc valore

$$\frac{\sqrt{p}}{\sqrt{q}}\cos.\mathrm{A}.\,\varphi - \frac{\sqrt{-p}}{\sqrt{q}}\sin.\mathrm{A}.\,\varphi.$$

43. Ponatur $f = \dfrac{\sqrt{p}}{\sqrt{q}}$, et cum sit

$$x = f\cos.\mathrm{A}.\,\varphi \pm f\sqrt{-1}\cdot\sin.\mathrm{A}.\,\varphi,$$

erit, ut supra vidimus, potestas quaecunque

$$x^k = f^k\cos.\mathrm{A}.\,k\varphi \pm f^k\sqrt{-1}\cdot\sin.\mathrm{A}.\,k\varphi.$$

Ad substitutiones ergo faciendas ponatur primo $f^k\cos.\mathrm{A}.\,k\varphi$ ubique loco x^k hocque facto abeat M in $\mathfrak{M}$ et L in $\mathfrak{L}$. Deinde ponatur $f^k\sin.\mathrm{A}.\,k\varphi$ loco x^k abeatque M in $\mathfrak{m}$ et L in $\mathfrak{l}$. Hoc facto fiet

$$A = \frac{\mathfrak{M} + \mathfrak{m}\sqrt{-1}}{\mathfrak{L} + \mathfrak{l}\sqrt{-1}} \quad \text{et} \quad B = \frac{\mathfrak{M} - \mathfrak{m}\sqrt{-1}}{\mathfrak{L} - \mathfrak{l}\sqrt{-1}}.$$

Ex his colligitur

$$A + B = \frac{2\mathfrak{L}\mathfrak{M} + 2\mathfrak{l}\mathfrak{m}}{\mathfrak{L}\mathfrak{L} + \mathfrak{l}\mathfrak{l}} \quad \text{et} \quad A - B = \frac{2\mathfrak{L}\mathfrak{m} - 2\mathfrak{l}\mathfrak{M}}{\mathfrak{L}\mathfrak{L} + \mathfrak{l}\mathfrak{l}}\sqrt{-1}.$$

His inventis summa illarum duarum fractionum integralium erit

$$\int \frac{2(\mathfrak{L}\mathfrak{M}+\mathfrak{l}\mathfrak{m})x\sqrt{q} - 2(\mathfrak{L}\mathfrak{M}+\mathfrak{l}\mathfrak{m})\sqrt{p}\cdot\cos.\,\mathrm{A}.\,\varphi + 2(\mathfrak{l}\mathfrak{M}-\mathfrak{L}\mathfrak{m})\sqrt{p}\cdot\sin.\,\mathrm{A}.\,\varphi}{(p - 2x\sqrt{pq}\cdot\cos.\,\mathrm{A}.\,\varphi + qxx)(\mathfrak{L}\mathfrak{L}+\mathfrak{l}\mathfrak{l})}\,dx,$$

unde ipsum integrale ex factore trinomiali

$$p - 2x\sqrt{pq}\cdot\cos.\,\mathrm{A}.\,\varphi + qxx$$

oriundum per logarithmos et arcus circulares erit

$$\frac{\mathfrak{L}\mathfrak{M}+\mathfrak{l}\mathfrak{m}}{(\mathfrak{L}^2+\mathfrak{l}^2)\sqrt{q}}\,l(p - 2x\sqrt{pq}\cdot\cos.\,\mathrm{A}.\,\varphi + qxx) + \frac{2(\mathfrak{l}\mathfrak{M}-\mathfrak{L}\mathfrak{m})}{(\mathfrak{L}^2+\mathfrak{l}^2)\sqrt{q}}\,\mathrm{A}.\,\mathrm{tang}.\,\frac{x\sqrt{q}\cdot\sin.\,\mathrm{A}.\,\varphi}{\sqrt{p}-x\sqrt{q}\cdot\cos.\,\mathrm{A}.\,\varphi},$$

ubi $\mathfrak{L}$, $\mathfrak{M}$, $\mathfrak{l}$ et $\mathfrak{m}$ ex datis L et M ita determinantur, ut fiat

$$M = \mathfrak{M}, \quad L = \mathfrak{L} \quad \text{posito} \quad x^k = f^k \cos.\,\mathrm{A}.\,k\varphi,$$

$$M = \mathfrak{m}, \quad L = \mathfrak{l} \quad \text{posito} \quad x^k = f^k \sin.\,\mathrm{A}.\,k\varphi,$$

estque $L = \frac{dN}{dx}$ et $f = \sqrt{\frac{p}{q}}$, uti assumsimus. Ponatur porro

$$\frac{\mathfrak{L}}{\sqrt{(\mathfrak{L}^2+\mathfrak{l}^2)}} = \cos.\,\mathrm{A}.\,\lambda, \quad \frac{\mathfrak{M}}{\sqrt{(\mathfrak{M}^2+\mathfrak{m}^2)}} = \cos.\,\mathrm{A}.\,\mu,$$

$$\frac{\mathfrak{l}}{\sqrt{(\mathfrak{L}^2+\mathfrak{l}^2)}} = \sin.\,\mathrm{A}.\,\lambda, \quad \frac{\mathfrak{m}}{\sqrt{(\mathfrak{M}^2+\mathfrak{m}^2)}} = \sin.\,\mathrm{A}.\,\mu,$$

ita ut sit $\lambda = \mathrm{A}.\,\mathrm{tang}.\frac{\mathfrak{l}}{\mathfrak{L}}$ et $\mu = \mathrm{A}.\,\mathrm{tang}.\frac{\mathfrak{m}}{\mathfrak{M}}$, reperienturque hinc arcus λ et μ facili negotio.

Ex his vero colligetur fore

$$\sin.\,\mathrm{A}.\,(\lambda - \mu) = \frac{\mathfrak{l}\mathfrak{M} - \mathfrak{L}\mathfrak{m}}{\sqrt{(\mathfrak{L}^2+\mathfrak{l}^2)(\mathfrak{M}^2+\mathfrak{m}^2)}},$$

$$\cos.\,\mathrm{A}.\,(\lambda - \mu) = \frac{\mathfrak{L}\mathfrak{M} + \mathfrak{l}\mathfrak{m}}{\sqrt{(\mathfrak{L}^2+\mathfrak{l}^2)(\mathfrak{M}^2+\mathfrak{m}^2)}}.$$

24*

Iam ponatur $\dfrac{V(\mathfrak{M}^2+\mathfrak{m}^2)}{V(\mathfrak{L}^2+\mathfrak{l}^2)} = \mathfrak{K}$ eritque integralis pars ex factore hoc

$$p - 2x\,Vpq \cdot \cos. A. \varphi + qxx$$

oriunda simplicius hoc modo expressa

$$\frac{\mathfrak{K}\cos. A. (\lambda - \mu)}{Vq}\, l(p - 2x\,Vpq \cdot \cos. A. \varphi + qxx)$$

$$+ \frac{2\,\mathfrak{K}\sin. A. (\lambda - \mu)}{Vq}\, A.\,\mathrm{tang}.\, \frac{x\,Vq \cdot \sin. A. \varphi}{Vp - x\,Vq \cdot \cos. A. \varphi}.$$

Pro quovis igitur casu ea forma, quae commodior visa fuerit, uti licebit.

PROBLEMA 1

44. *Invenire integrale huius formulae differentialis* $\dfrac{x^m dx}{\alpha + \beta x^n}$ *existentibus* α *et* β *quantitatibus positivis.*

SOLUTIO

Hic est $M = x^m$ et $N = \alpha + \beta x^n$ et $\dfrac{dN}{dx} = L = n\beta x^{n-1}$. Factor autem generalis denominatoris N est per § 26

$$\overset{n}{V}\alpha^2 - 2x\,\overset{n}{V}\alpha\beta \cdot \cos. A. \frac{(2k-1)\pi}{n} + xx\,\overset{n}{V}\beta^2,$$

unde est

$$p = \overset{n}{V}\alpha^2, \quad q = \overset{n}{V}\beta^2 \quad \text{et} \quad \varphi = \frac{(2k-1)\pi}{n} \quad \text{atque} \quad f = \overset{n}{V}\frac{\alpha}{\beta}.$$

Ex his fit

$$\mathfrak{M} = f^m \cos. A. m\varphi, \qquad \mathfrak{L} = n\beta f^{n-1} \cos. A. (n-1)\varphi,$$

$$\mathfrak{m} = f^m \sin. A. m\varphi, \qquad \mathfrak{l} = n\beta f^{n-1} \sin. A. (n-1)\varphi$$

atque porro $\dfrac{\mathfrak{l}}{\mathfrak{L}} = \mathrm{tang}. A. (n-1)\varphi = \mathrm{tang}. A. \lambda$, unde $\lambda = (n-1)\varphi$. Simili modo est $\dfrac{\mathfrak{m}}{\mathfrak{M}} = \mathrm{tang}. A. m\varphi = \mathrm{tang}. A. \mu$, ergo $\mu = m\varphi$ et $\lambda - \mu = (n - m - 1)\varphi$. Deinde est

$$V(\mathfrak{M}^2 + \mathfrak{m}^2) = f^m \quad \text{et} \quad V(\mathfrak{L}^2 + \mathfrak{l}^2) = n\beta f^{n-1},$$

ergo

$$\mathfrak{K} = \frac{1}{n\beta f^{n-m-1}} = \frac{f^{m+1}}{n\alpha}.$$

Ex quolibet ergo factore trinomiali denominatoris oritur haec integralis pars

$$\frac{\cos. \mathrm{A}. \frac{(n-m-1)(2k-1)\pi}{n}}{n\alpha^{\frac{n-m-1}{n}}\beta^{\frac{m+2}{n}}}\, l\left(\sqrt[n]{\alpha^2} - 2x\sqrt[n]{\alpha\beta}\cdot\cos. \mathrm{A}.\frac{(2k-1)\pi}{n} + xx\sqrt[n]{\beta^2}\right)$$

$$+\; \frac{2\sin. \mathrm{A}.\frac{(n-m-1)(2k-1)\pi}{n}}{n\alpha^{\frac{n-m-1}{n}}\beta^{\frac{m+2}{n}}}\, \mathrm{A}. \tan\!g. \frac{x\sqrt[n]{\beta}\cdot\sin. \mathrm{A}.\frac{(2k-1)\pi}{n}}{\sqrt[n]{\alpha}-x\sqrt[n]{\beta}\cdot\cos. \mathrm{A}.\frac{(2k-1)\pi}{n}},$$

quae etiam hoc modo exhiberi potest

$$-\;\frac{\cos. \mathrm{A}. \frac{(m+1)(2k-1)\pi}{n}}{n\alpha^{\frac{n-m-1}{n}}\beta^{\frac{m+2}{n}}}\, l\left(\sqrt[n]{\alpha^2} - 2x\sqrt[n]{\alpha\beta}\cdot\cos. \mathrm{A}.\frac{(2k-1)\pi}{n} + xx\sqrt[n]{\beta^2}\right)$$

$$+\; \frac{2\sin. \mathrm{A}.\frac{(m+1)(2k-1)\pi}{n}}{n\alpha^{\frac{n-m-1}{n}}\beta^{\frac{m+2}{n}}}\, \mathrm{A}. \tan\!g. \frac{x\sqrt[n]{\beta}\cdot\sin. \mathrm{A}.\frac{(2k-1)\pi}{n}}{\sqrt[n]{\alpha}-x\sqrt[n]{\beta}\cdot\cos. \mathrm{A}.\frac{(2k-1)\pi}{n}}.$$

Si iam loco $2k-1$ substituantur omnes numeri impares 1, 3, 5, 7 etc. usque ad n atque adeo etiam ipse numerus n, si sit impar, prodibunt omnes integralis partes, quae quidem ex denominatore $N = \alpha + \beta x^n$ proficiscuntur. Si igitur m fuerit numerus affirmativus minor quam n, his partibus in unam summam colligendis completum oritur integrale quaesitum hicque etiam comprehendetur ea integralis pars, quae oritur ex factore simplici reali denominatoris, si n fuerit numerus impar, dummodo eius integralis, quod hoc casu oritur, tantum semissis capiatur vel loco quadrati, quod hoc casu signum logarithmi l habebit praefixum, eius tantum radix quadrata substituatur. Alterum enim membrum arcum circuli involvens hoc casu evanescit.

Locum autem habent haec integralia ex denominatoris $\alpha + \beta x^n$ factoribus orta, sive m sit maior quam n sive minor sive etiam numerus negativus. Nisi autem m sit numerus affirmativus minor quam n, ad integrale ex factoribus denominatoris $\alpha + \beta x^n$ inventum quidpiam insuper est adiiciendum.

Sit m numerus maior quam n ac ponatur $m = \sigma n + \tau$ existente τ numero minore quam n. Per regulam igitur primum datam ex fractione $\frac{x^{\sigma n+\tau}}{\alpha+\beta x^n}$ pars integra est extrahenda, quae erit huiusmodi

$$\frac{1}{\beta} x^{(\sigma-1)n+\tau} - \frac{\alpha}{\beta^2} x^{(\sigma-2)n+\tau} + \frac{\alpha^2}{\beta^3} x^{(\sigma-3)n+\tau} - \cdots \mp \frac{\alpha^{\sigma-1}}{\beta^\sigma} x^{\tau};$$

in ultimo termino signum $+$ valet, si σ fuerit numerus impar, signum $-$ autem, si σ sit numerus par. Hoc ergo casu ad integrale ante ex factoribus denominatoris $\alpha + \beta x^n$ inventum adiici debet hoc integrale

$$\frac{x^{\sigma n - n + \tau + 1}}{\beta(\sigma n - n + \tau + 1)} - \frac{\alpha x^{\sigma n - 2n + \tau + 1}}{\beta^2(\sigma n - 2n + \tau + 1)} + \frac{\alpha^2 x^{\sigma n - 3n + \tau + 1}}{\beta^3(\sigma n - 3n + \tau + 1)}$$
$$- \frac{\alpha^3 x^{\sigma n - 4n + \tau + 1}}{\beta^4(\sigma n - 4n + \tau + 1)} + \cdots \mp \frac{\alpha^{\sigma - 1} x^{\tau + 1}}{\beta^\sigma(\tau + 1)}.$$

Sit iam m numerus negativus ac ponatur $m = -\sigma n - \tau$ existente τ numero minore quam n atque ad integrale ex factoribus ipsius $\alpha + \beta x^n$ inventum insuper addi debet integrale, quod oritur ex $x^{-\sigma n - \tau}$, quod membrum in denominatorem ingredietur. Habebimus scilicet $\frac{M}{N} = \frac{1}{x^{\sigma n + \tau}(\alpha + \beta x^n)}$; ponamus ex $x^{\sigma n + \tau}$ resultare hanc fractionis partem $\frac{V}{x^{\sigma n + \tau}}$ atque manifestum est $1 - V(\alpha + \beta x^n)$ divisibile esse oportere per $x^{\sigma n + \tau}$. Erit ergo

fiet enim
$$V = \frac{1}{\alpha} - \frac{\beta}{\alpha^2} x^n + \frac{\beta^2}{\alpha^3} x^{2n} - \cdots \pm \frac{\beta^\sigma}{\alpha^{\sigma+1}} x^{\sigma n};$$

$$1 - V(\alpha + \beta x^n) = \mp \frac{\beta^{\sigma+1}}{\alpha^{\sigma+1}} x^{\sigma n + n}$$

utique divisibile per $x^{\sigma n + \tau}$, ubi signorum ambiguorum superius valet, si σ sit numerus par, inferius, si impar. Quare ad integrale ex factoribus ipsius $\alpha + \beta x^n$ inventum adiici debet insuper

$$\int \frac{V dx}{x^{\sigma n + \tau}} = \frac{-1}{\alpha(\sigma n + \tau - 1)x^{\sigma n + \tau - 1}} + \frac{\beta}{\alpha^2(\sigma n - n + \tau - 1)x^{\sigma n - n + \tau - 1}}$$
$$- \frac{\beta^2}{\alpha^3(\sigma n - 2n + \tau - 1)x^{\sigma n - 2n + \tau - 1}} + \cdots \mp \frac{\beta^\sigma}{\alpha^{\sigma+1}(\tau - 1)x^{\tau - 1}}.$$

De cetero casus, quo m est numerus negativus, ad praecedentem reduci potest, ita ut peculiari solutione non sit opus. Si enim proposita sit haec formula differentialis $\frac{dx}{x^m(\alpha + \beta x^n)}$, ponatur $x = \frac{1}{y}$ atque habebitur $-\frac{y^{m+n-2} dy}{\alpha y^n + \beta}$, cuius integratio per extractionem partis integrae ex fractione $\frac{y^{m+n-2}}{\alpha y^n + \beta}$ absolvitur, uti docuimus. Dedimus ergo integrale formulae $\frac{x^m dx}{\alpha + \beta x^n}$ pro valore quocunque exponentis m sive affirmativo sive negativo. Q. E. I.

PROBLEMA 2

45. *Invenire integrale huius formulae differentialis $\dfrac{x^m\,dx}{\alpha-\beta x^n}$ existente m quocunque numero integro sive affirmativo sive negativo.*

SOLUTIO

Hic est $M = x^m$, $N = \alpha - \beta x^n$ et $L = \dfrac{dN}{dx} = -n\beta x^{n-1}$. Factor autem generalis trinomialis denominatoris $N = \alpha - \beta x^n$ est per § 28

$$\sqrt[n]{\alpha^2} - 2x\sqrt[n]{\alpha\beta}\cdot\cos.\,A.\,\frac{2k\pi}{n} + xx\sqrt[n]{\beta^2},$$

unde est

$$p = \sqrt[n]{\alpha^2}, \quad q = \sqrt[n]{\beta^2}, \quad \varphi = \frac{2k\pi}{n} \quad \text{et} \quad f = \sqrt[n]{\frac{\alpha}{\beta}}.$$

Ex his autem fiet porro

$$\mathfrak{M} = f^m\cos.\,A.\,m\varphi, \qquad \mathfrak{L} = -n\beta f^{n-1}\cos.\,A.\,(n-1)\varphi,$$
$$\mathfrak{m} = f^m\sin.\,A.\,m\varphi, \qquad \mathfrak{l} = -n\beta f^{n-1}\sin.\,A.\,(n-1)\varphi$$

hincque

$$\frac{\mathfrak{l}}{\mathfrak{L}} = \text{tang.}\,A.\,(n-1)\varphi \quad \text{et} \quad \lambda = (n-1)\varphi = \frac{2k(n-1)\pi}{n}$$

atque

$$\frac{\mathfrak{m}}{\mathfrak{M}} = \text{tang.}\,A.\,m\varphi \quad \text{et} \quad \mu = m\varphi = \frac{2km\pi}{n}$$

ideoque $\lambda - \mu = \dfrac{(n-m-1)2k\pi}{n}$, quare

$$\cos.\,A.\,(\lambda - \mu) = \cos.\,A.\,\frac{(n-m-1)\,2k\pi}{n} = \cos.\,A.\,\frac{(m+1)2k\pi}{n}$$

et

$$\sin.\,A.\,(\lambda - \mu) = \sin.\,A.\,\frac{(n-m-1)\,2k\pi}{n} = -\sin.\,A.\,\frac{(m+1)2k\pi}{n}.$$

Deinde est

$$\sqrt{(\mathfrak{M}^2 + \mathfrak{m}^2)} = f^m \quad \text{et} \quad \sqrt{(\mathfrak{L}^2 + \mathfrak{l}^2)} = -n\beta f^{n-1},$$

ergo

$$\mathfrak{K} = \frac{-1}{n\beta f^{n-m-1}} = \frac{-\beta^{\frac{n-m-1}{n}}}{n\beta\alpha^{\frac{n-m-1}{n}}} = \frac{-1}{n\alpha^{\frac{n-m-1}{n}}\beta^{\frac{m+1}{n}}} \quad \text{et} \quad \frac{\mathfrak{K}}{\sqrt{q}} = \frac{-1}{n\alpha^{\frac{n-m-1}{n}}\beta^{\frac{m+2}{n}}}.$$

Ex factore ergo trinomiali generali nascitur sequens integralis pars

$$- \frac{\cos. \mathrm{A}. \dfrac{(m+1)2k\pi}{n}}{n\,\alpha^{\frac{n-m-1}{n}}\beta^{\frac{m+2}{n}}}\, l\left(\sqrt[n]{\alpha^2} - 2x\sqrt[n]{\alpha\beta}\cdot\cos.\mathrm{A}.\frac{2k\pi}{n} + xx\sqrt[n]{\beta^2}\right)$$

$$+ \frac{2\sin.\mathrm{A}.\dfrac{(m+1)2k\pi}{n}}{n\,\alpha^{\frac{n-m-1}{n}}\beta^{\frac{m+2}{n}}}\, \mathrm{A.tang.}\frac{x\sqrt[n]{\beta}\cdot\sin.\mathrm{A}.\dfrac{2k\pi}{n}}{\sqrt[n]{\alpha}-x\sqrt[n]{\beta}\cdot\cos.\mathrm{A}.\dfrac{2k\pi}{n}}.$$

Si iam loco $2k$ successive omnes numeri pares 0, 2, 4, 6 etc. usque ad n atque adeo ipse numerus n, si sit par, substituantur, prodibunt omnes integralis partes ex denominatore $\alpha - \beta x^n$ oriundae. Quoties autem fit $\cos.\mathrm{A}.\dfrac{2k\pi}{n}$ vel $+1$ vel -1, quorum illud evenit, si $2k = 0$, hoc vero casu $2k = n$, si quidem n est numerus par, tum factor prodit simplex et membrum a quadratura circuli pendens evanescit; membri autem logarithmici his casibus semissis debet capi seu, quod eodem redit, loco quadrati, quod his casibus signum logarithmi l habebit praefixum, eius tantum radix quadrata scribi debet. Hocque pacto colligendis omnibus istis integralibus resultabit completum integrale quaesitum, si quidem m fuerit numerus affirmativus minor quam n. Quodsi autem m fuerit numerus maior quam n, puta $m = \sigma n + \tau$, tum ad integrale illud insuper addi debet

$$- \frac{x^{\sigma n-n+\tau+1}}{\beta(\sigma n-n+\tau+1)} - \frac{\alpha x^{\sigma n-2n+\tau+1}}{\beta^2(\sigma n-2n+\tau+1)} - \frac{\alpha^2 x^{\sigma n-3n+\tau+1}}{\beta^3(\sigma n-3n+\tau+1)} - \cdots - \frac{\alpha^{\sigma-1}x^{\tau+1}}{\beta^\sigma(\tau+1)}.$$

Sin autem m fuerit numerus negativus, puta $m = -\sigma n - \tau$, tum ad integrale ex factoribus denominatoris $\alpha - \beta x^n$ inventum adiici oportebit

$$- \frac{1}{\alpha(\sigma n+\tau-1)x^{\sigma n+\tau-1}} - \frac{\beta}{\alpha^2(\sigma n-n+\tau-1)x^{\sigma n-n+\tau-1}}$$

$$- \frac{\beta^2}{\alpha^3(\sigma n-2n+\tau-1)x^{\sigma n-2n+\tau-1}} - \cdots - \frac{\beta^\sigma}{\alpha^{\sigma+1}(\tau-1)x^{\tau-1}}.$$

Q. E. I.

PROBLEMA 3

46. *Invenire integrale huius formulae differentialis* $\dfrac{x^m\,dx}{\alpha+\beta x^n+\gamma x^{2n}}$ *denotante m numerum quemcunque integrum sive affirmativum sive negativum.*

SOLUTIO

Hic est $M = x^m$, $N = \alpha + \beta x^n + \gamma x^{2n}$ et $L = \frac{dN}{dx} = n\beta x^{n-1} + 2n\gamma x^{2n-1}$. Factor autem ipsius N quicunque trinomialis sit

$$p - 2x\sqrt{pq}\cdot\cos.\mathrm{A}.\varphi + qxx;$$

singulos enim factores huius formae supra invenire docuimus; sit porro $f = \sqrt{\frac{p}{q}}$ eritque

$$\mathfrak{M} = f^m\cos.\mathrm{A}.m\varphi, \quad \mathfrak{L} = n\beta f^{n-1}\cos.\mathrm{A}.(n-1)\varphi + 2n\gamma f^{2n-1}\cos.\mathrm{A}.(2n-1)\varphi,$$

$$\mathfrak{m} = f^m\sin.\mathrm{A}.m\varphi, \quad \mathfrak{l} = n\beta f^{n-1}\sin.\mathrm{A}.(n-1)\varphi + 2n\gamma f^{2n-1}\sin.\mathrm{A}.(2n-1)\varphi$$

hincque $\frac{\mathfrak{m}}{\mathfrak{M}} = \tan.\mathrm{A}.m\varphi$ et $\mu = m\varphi$ similique modo

$$\frac{\mathfrak{l}}{\mathfrak{L}} = \frac{\beta\sin.\mathrm{A}.(n-1)\varphi + 2\gamma f^n\sin.\mathrm{A}.(2n-1)\varphi}{\beta\cos.\mathrm{A}.(n-1)\varphi + 2\gamma f^n\cos.\mathrm{A}.(2n-1)\varphi} = \tan.\mathrm{A}.\lambda,$$

unde arcus λ innotescit. Porro est

$$\sqrt{(\mathfrak{M}^2 + \mathfrak{m}^2)} = f^m \quad \text{et} \quad \sqrt{(\mathfrak{L}^2 + \mathfrak{l}^2)} = nf^{n-1}\sqrt{(\beta^2 + 4\beta\gamma f^n\cos.\mathrm{A}.n\varphi + 4\gamma\gamma f^{2n})}$$

ideoque

$$\mathfrak{R} = \frac{1}{nf^{n-m-1}\sqrt{(\beta^2 + 4\beta\gamma f^n\cos.\mathrm{A}.n\varphi + 4\gamma\gamma f^{2n})}}.$$

Ex isto ergo denominatoris factore generali orietur sequens integralis pars

$$\frac{\mathfrak{R}\cos.\mathrm{A}.(\lambda - m\varphi)}{\sqrt{q}}l(p - 2x\sqrt{pq}\cdot\cos.\mathrm{A}.\varphi + qxx)$$

$$+ \frac{2\mathfrak{R}\sin.\mathrm{A}.(\lambda - m\varphi)}{\sqrt{q}}\mathrm{A}.\tan.\frac{x\sqrt{q}\cdot\sin.\mathrm{A}.\varphi}{\sqrt{p} - x\sqrt{q}\cdot\cos.\mathrm{A}.\varphi}.$$

Hoc igitur modo ex singulis denominatoris factoribus trinomialibus respondentes integralis partes reperiuntur; quoniam vero etiam factores simplices in factoribus trinomialibus continentur, quando hi in quadrata abeunt, etiam integralis partes ex his resultantes obtinebuntur, si prioris membri logarithmici semissis sumatur; alterum enim membrum a quadratura circuli pendens sponte evanescit. Quodsi ergo exponens m fuerit numerus affirmativus minor quam $2n$, tum hoc modo completum integrale reperietur. At si m sit numerus maior quam $2n$, tum in fractione $\frac{M}{N}$ pars integra continebitur, ex qua peculiaris integralis pars nascitur. Invenitur autem haec pars integra per divisionem, ut supra ostendimus. Quodsi autem m fuerit numerus negativus, tum ponatur $x = \frac{1}{y}$ atque formula proposita $\frac{dx}{x^m(\alpha + \beta x^n + \gamma x^{2n})}$ abibit in hanc $\frac{-y^{2n+m-2}dy}{\alpha y^{2n} + \beta y^n + \gamma}$; ex qua si partes integrae eliciantur atque integrentur, tum ea ipsa integralis pars reperietur, quae ex x^m, quatenus in denominatore versatur, resultat. Ope adeo regulae traditae omnino formularum differentialium integralia concessa aequationum quotcunque dimensionum resolutione actu exhiberi poterunt, ita ut non solum sint quantitates reales, sed etiam alias quadraturas praeter hyperbolae ac circuli non requirant. Q. E. I.

DE LA CONTROVERSE
ENTRE Mrs. LEIBNIZ ET BERNOULLI
SUR LES LOGARITHMES
DES NOMBRES NEGATIFS ET IMAGINAIRES

Commentatio 168 indicis Enestroemiani
Mémoires de l'académie des sciences de Berlin [5] (1749), 1751, p. 139—179

Quoique la doctrine des logarithmes soit si solidement établie que les vérités qu'elle renferme, semblent aussi rigoureusement démontrées que celles de la Geometrie, les Mathematiciens sont pourtant encore fort partagés sur la nature des logarithmes des nombres négatifs et imaginaires; et quand on ne trouve pas cette controverse fort agitée, la raison en est apparemment qu'on n'a pas voulu rendre suspecte la certitude de tout ce qu'on avance dans les parties pures de la Mathematique, en dévelopant devant les yeux de tout le monde les difficultés et même les contradictions auxquelles les sentimens des Mathematiciens sur les logarithmes des nombres négatifs et imaginaires sont assujettis. Car, bien que leurs sentimens puissent être fort differens sur des questions qui regardent la Mathematique appliquée, où les diverses manieres d'envisager les objets et de les ramener à des idées precises peuvent donner lieu à des controverses réelles, on a toujours prétendu que les parties pures de la Mathematique étoient entierement délivrées de tout sujet de dispute, et qu'il ne s'y trouvoit rien dont on ne fût en état de démontrer ou la vérité ou la fausseté.

Comme la doctrine des logarithmes appartient sans contredit à la Mathematique pure, on sera bien surpris d'apprendre qu'elle ait été jusqu'ici assujettie à des controverses tellement embarrassées que, de quelque parti qu'on

25*

se déclare, on tombe toujours en des contradictions qu'il semble tout à fait impossible de lever. Cependant, si la vérité doit se soutenir partout, il n'y a aucun doute que toutes ces contradictions, quelque ouvertes qu'elles paroissent, ne peuvent être qu'apparentes, et qu'il n'y sauroit manquer des moyens pour sauver la vérité, quoique nous ne sachions point de quel endroit nous puissions tirer ces moyens.

Cette controverse sur les logarithmes des nombres négatifs et imaginaires se trouve agitée avec assez de force dans le Commerce litteraire[1]) entre M. Leibniz et M. Jean Bernoulli. Ces deux grands Mathematiciens, à qui nous sommes pour la pluspart redevables de l'Analyse des infinis, furent tellement partagés sur cet article, qu'il n'y avoit pas moyen de les mettre d'accord là dessus, quoique l'un et l'autre n'ait eu en vuë que la vérité, et qu'ils fussent également éloignés de soutenir leurs sentimens avec opiniatreté. Mais chacun a trouvé dans le sentiment de l'autre tant de contradictions, que ç'auroit été une complaisance trop outrée, si l'un avoit changé son sentiment en faveur de l'autre. Car il faut remarquer que les contradictions que ces deux Grands hommes se reprochoient, étoient réelles, et point du tout du nombre de celles qui ne paroissent telles qu'à la partie opposée, entêtée de son propre sentiment.

Pour mettre donc cette remarquable controverse dans tout son jour, j'exposerai ici séparément les sentimens de M. Bernoulli et de M. Leibniz; j'y ajouterai ensuite tous les argumens dont chacun s'est servi pour maintenir son sentiment, et enfin je détaillerai les objections qu'on peut faire, tant contre les argumens que contre chaque sentiment même, et je ferai sentir en toutes leurs forces toutes les contradictions auxquelles l'un et l'autre de ces deux sentimens est assujetti, afin qu'on soit d'autant mieux en état de juger combien il doit être difficile de découvrir la vérité et de la garantir contre toutes les objections, aprés que les deux plus grands hommes y ont travaillé en vain.

---

1) *Virorum celeberr. Got. Gul. Leibnitii et Iohan. Bernoullii commercium philosophicum et mathematicum*, t. 2, ab anno 1700 ad annum 1716. Lausannae et Genevae 1745, p. 269, 276, 278, 282, 287, 292, 296, 298, 303, 305, 312, 315.   A. G.

SENTIMENT DE M. BERNOULLI

M. BERNOULLI soutint que les logarithmes des nombres négatifs étoient les mêmes que ceux des nombres affirmatifs, ou que le logarithme du nombre négatif — a étoit égal au logarithme du nombre affirmatif $+ a$. Ainsi le sentiment de M. BERNOULLI porte qu'il y a $l-a = l+a$.

M. LEIBNIZ a donné occasion à cette déclaration de M. BERNOULLI, lorsqu'il avança, dans la CXC Epitre du *Commerce*[1]), que la raison de $+ 1$ à $— 1$ ou de $— 1$ à $+ 1$ étoit imaginaire, puisque le logarithme ou la mesure de cette raison, c. à d. le logarithme de $— 1$, qui est l'exposant de cette raison, étoit imaginaire. Là dessus, M. BERNOULLI déclara, dans la CXCIII Epitre[2]), qu'il n'étoit point de même avis, et qu'il croyoit même que les logarithmes des nombres négatifs étoient non seulement réels, mais aussi égaux aux logarithmes des mêmes nombres pris positivement. M. BERNOULLI fortifia aussi son sentiment par les raisons suivantes.

1. RAISON

Pour prouver que $l-x = l+x$, quelque nombre qu'on marque par x, il recourt aux differentiels; et puisque le differentiel de $l-x$ est $\frac{-dx}{-x}$ ou $\frac{dx}{x}$ de même que celui de $l+x$, il en conclut que ces quantités mêmes $l-x$ et $l+x$, dont les differentiels sont égaux, doivent être égales entr'elles, et partant qu'il est $l-x = l+x$.

2. RAISON

Cette raison est tirée de la nature de la courbe logarithmique. Pour la faire mieux comprendre, soit VBM (Fig. 1, p. 198) une Logarithmique décrite sur l'axe OAP, qui est en même tems son asymtote. Soit la sou-tangente de cette Logarithmique qui est, comme on sait, constante, $= 1$; et que l'appliquée fixe AB soit aussi $= 1$. Cela posé, si l'on nomme une abscisse quelconque $AP = x$, prise depuis le point fixe A, et l'appliquée qui y répond $PM = y$, on sait que x exprime le logarithme de y, ou que $x = ly$.

---

1) L. c. p. 269.   A. G.
2) L. c. p. 276.   A. G.

Donc, prenant les differentiels, on aura pour cette courbe logarithmique cette équation differentielle $dx = \frac{dy}{y}$ ou $ydx = dy$. Cette équation demeurant la même, quoiqu'on mette $-y$ au lieu de y, M. Bernoulli conclut de là que cette courbe VBM est accompagnée, en vertu de la loi de continuité, de la branche vbm, qui lui est égale et semblable, étant située de l'autre part de l'axe OP, de sorte que cet axe soit en même tems un diamètre de la courbe entiere. Et partant, puisque la même abscisse AP répond également aux deux appliquées PM et Pm, dont l'une est la négative de l'autre, de sorte que posant $PM = y$ il est $Pm = -y$, il s'ensuit que x est aussi bien le logarithme de $-y$ que de $+y$, par conséquent $l-y = l+y$.

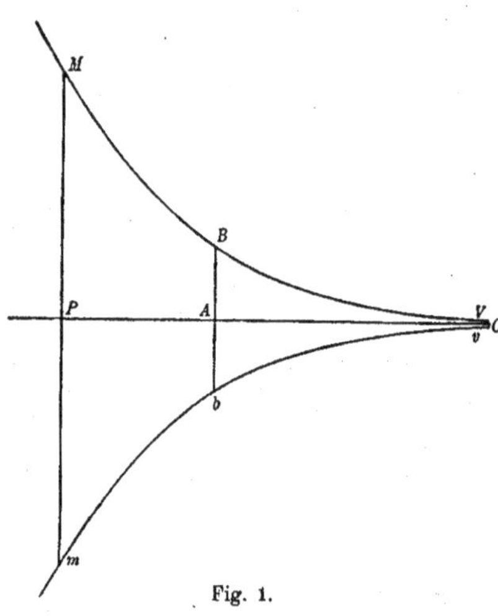

Fig. 1.

3. RAISON

Comme tout revient à prouver que la Logarithmique est composée de deux branches égales, situées de part et d'autre de l'asymtote OP, M. Bernoulli apporte encore une autre raison qui est, qu'en considérant les courbes comprises dans cette équation plus générale $dx = \frac{dy}{y^n}$, on est d'accord que toutes ces courbes, lorsque l'exposant n est un nombre impair, ont deux branches telles que l'axe sur lequel sont prises les abscisses x, en est un diametre. Donc il faut que cette propriété ait aussi lieu, si $n = 1$; or dans ce cas, on aura la Logarithmique de l'article précédent; d'où il s'ensuit donc que tant le logarithme de $PM = +y$ que le logarithme de $Pm = -y$ est le même $= AP = x$.

4. RAISON

Puisqu'il est certain, par la nature des logarithmes, que le logarithme d'une puissance quelconque p^n est égal au logarithme de la racine p multiplié par l'exposant n, ou que $lp^n = nlp$, il s'ensuit que prenant pour p un nombre négatif $-a$, il y aura $l(-a)^n = nl(-a)$. Soit $n = 2$, et il sera $l(-a)^2 = 2l(-a)$. Or parce que $(-a)^2 = a^2$, nous aurons $l(-a)^2 = la^2 = 2la$; d'où il s'ensuit que $2l(-a) = 2la$, et partant $l-a = l+a$. Cela se montre plus promtement de cette maniere: Puisque $(-a)^2 = (+a)^2$, il sera $l(-a)^2 = l(+a)^2$, ou bien $2l-a = 2l+a$, et par conséquent $l-a = l+a$.

Toutes les autres raisons qu'on peut alléguer pour prouver ce sentiment, se réduisent aisément à une des quatre que je viens d'exposer. Je m'en vai donc étaler les objections qu'on fait contre ce sentiment, et les raisons dont il est appuyé.

1. OBJECTION

M. Leibniz opposa contre la premiere raison, que la régle de differentier le logarithme d'une quantité variable x, en divisant le differentiel de x par la quantité même x, n'avoit lieu, que lorsque x marquoit une quantité positive, de sorte qu'on se trompoit en posant le differentiel de $l-x$ égal à $\frac{-dx}{-x}$ ou à $\frac{dx}{x}$. Or il faut avouër que cette objection est non seulement extrèmement foible, n'étant soutenue par aucune raison valable, mais qu'elle renverseroit tout à fait le calcul differentiel des logarithmes. Car, comme ce calcul roule sur des quantités variables, c. à d. sur des quantités considérées en général, s'il n'étoit pas vrai généralement qu'il fût $d.\, lx = \frac{dx}{x}$, quelque quantité qu'on donne à x, soit positive ou négative, ou même imaginaire, on ne pourroit jamais se servir de cette régle, la vérité du calcul differentiel étant fondée sur la généralité des régles qu'il renferme. Or M. Leibniz n'auroit pas eu besoin de se tenir à cette objection pour maintenir son sentiment, puisqu'il auroit pu attaquer la raison de M. Bernoulli par une objection beaucoup plus forte que voilà.

2. OBJECTION

M. Bernoulli voulant prouver par l'égalité des differentiels, qu'il étoit $l-x = l+x$, prouveroit par le même raisonnement que $l2x = lx$; car le differentiel de $l2x$ est $\frac{2dx}{2x} = \frac{dx}{x}$, tout comme celui de lx. Et partant, si le raisonnement de M. Bernoulli étoit juste, il s'ensuivroit que non seulement $l-x = l+x$, mais aussi que $l2x = lx$ et en général $lnx = lx$, quelque nombre que marque n; conséquence que M. Bernoulli lui même n'accorderoit jamais. Or on sait que lorsque les differentiels de deux quantités variables sont égaux, il n'en suit pas davantage que ce que ces quantités variables diffèrent entr'elles d'une quantité constante; et on n'en sauroit conclure qu'elles fussent égales. Ainsi, quoique le differentiel de $x + a$ soit $= dx$ aussi bien que celui de x, la conséquence seroit bien fausse, si l'on en vouloit conclure que $x + a = x$. Par cette raison, il est donc clair que, puisque le differentiel de $l - x$ et de $l + x$ est le même $\frac{dx}{x}$, les quantités $l - x$ et $l + x$ ne diffèrent entr'elles que d'une quantité constante, ce qui est également évident, vu que $l - x = l - 1 + lx$. Et de là on comprend aussi aisément que puisque $lnx = lx + ln$, le differentiel de lnx doit être égal au differentiel de lx. Il est vrai que M. Bernoulli suppose $l - 1 = 0$, de même qu'il est $l1 = 0$, de sorte qu'il seroit $l - x = lx + l - 1 = lx$. Mais comme c'est précisément ce que M. Bernoulli veut prouver par ce raisonnement, on voit bien que cette supposition ne peut pas être admise.

3. OBJECTION

On peut opposer la même chose contre la seconde raison de M. Bernoulli, quand il veut prouver par l'équation differentielle de la Logarithmique $ydx = dy$, que cette courbe a deux branches semblables situées de part et d'autre de l'axe. Car, non seulement cette équation demeure la même, si l'on met $- y$ au lieu de y, mais aussi si l'on met $2y$, ou en général ny pour y; d'où il suivroit que cette courbe eût une infinité de branches, et que l'abscisse x fût le logarithme commun, non seulement de y et de $- y$, mais aussi de $2y$, et en général de ny, quelque nombre que soit n. Ainsi, par la même raison qu'on est en droit de nier l'infinité des branches de la Logarithmique, on niera aussi l'existence des deux branches, que M. Bernoulli veut établir.

4. OBJECTION

Cette objection est encore dirigée contre les deux branches de la courbe logarithmique. Car, quoiqu'on puisse surement conclure l'existence d'un diametre d'une courbe, lorsque son équation entre les coordonnées x et y est telle qu'elle demeure inalterée, si l'on met $- y$ à la place de y, cependant ce critere n'est juste que lorsque l'équation pour la courbe est algébrique, ou renfermée en termes finis. Car on sait qu'une équation differentielle est beaucoup plus générale que l'équation finie d'où elle a été tirée, et qu'elle renferme une infinité de courbes qui ne sont pas comprises dans l'équation finie. Ainsi l'équation de la parabole $yy = ax$ a pour differentielle $2ydy = adx$; mais cette même équation differentielle convient également à cette équation générale $yy = ax \pm ab$, qui renferme à la fois une infinité de paraboles. Il en est de même de l'équation differentielle de la Logarithmique $ydx = dy$, qui convient aussi bien à cette équation finie $x = lny$, qu'à celle-cy $x = ly$, qu'on a pourtant uniquement en vuë. De là, il s'ensuit qu'on ne peut pas juger de la forme d'une courbe, en ne considérant que son équation differentielle.

5. OBJECTION

Celle-cy regarde la troisieme raison qui est sans doute beaucoup plus forte. Car, si toutes les courbes comprises dans cette équation générale $dx = \frac{dy}{y^n}$, où n marque un nombre impair, sont douées d'un diametre, la même propriété doit avoir lieu, si $n = 1$, ce qui est le cas de la Logarithmique. Mais, puisque cette propriété n'est évidente, qu'entant qu'on considere les équations intégrales de l'équation $dx = \frac{dy}{y^n}$, qu'on peut toujours assigner algébriquement hormis le cas $n = 1$, de même maniere qu'on doit excepter ce cas, lorsque la question roule sur l'intégrabilité de l'équation $dx = \frac{dy}{y^n}$, on sera en droit de faire la même exception, lorsqu'il s'agit du jugement d'un diametre. Donc, si l'on ne peut pas prouver par quelque autre raison, que la Logarithmique ait un diametre, cet argument tiré de l'équation générale $dx = \frac{dy}{y^n}$ n'est pas convaincant. Pour en montrer plus clairement l'insuffisance, je ferai voir, même dans les courbes algébriques, des cas où une équation générale renferme des courbes toutes douées d'un diametre, et que néanmoins il en faut excepter un cas particulier.

Qu'on considere cette équation

$$y = \sqrt{ax} + \sqrt[4]{a^3(b+x)},$$

et on ne doutera pas de conclure que les courbes exprimées par cette équation n'ayent un diametre, puisqu'en réduisant l'équation $y = \sqrt{ax} + \sqrt[4]{a^3(b+x)}$ à la rationalité, on obtient une équation du huitieme degré, où tous les exposans de y sont des nombres pairs. Cependant, quelque sure que paroisse cette conclusion, il en faut pourtant excepter le cas où $b = 0$; car alors l'équation $y = \sqrt{ax} + \sqrt[4]{a^3x}$ étant délivrée des signes radicaux ne monte qu'au quatrieme degré devenant

$$y^4 - 2axyy - 4aaxy + aaxx - a^3x = 0,$$

laquelle, à cause du terme $4aaxy$, est destituée de diametre. De tout cela, il s'ensuit donc que cet argument de M. Bernoulli n'est pas assez rigoureux pour démontrer son sentiment.

6. OBJECTION

Je passe à la quatrieme raison de M. Bernoulli, qui est sans doute la plus forte; car on ne sauroit révoquer en doute aucun article qui y sert de fondement, sans renverser les principes les mieux établis de l'Analyse et de la doctrine des logarithmes. Car on ne sauroit nier que $(-a)^2 = (+a)^2$, donc il n'y a aucun doute que leurs logarithmes ne soient égaux, c. à d. $l(-a)^2 = l(+a)^2$. Ensuite, il est également certain qu'il est en général $lp^2 = 2lp$, donc il y a $l(-a)^2 = 2l-a$ et $l(+a)^2 = 2l+a$; et partant, il sera sans contredit $2l-a = 2l+a$. Les moitiés de ces deux quantités seront donc aussi incontestablement égales entr'elles et, par conséquent, il sera $l-a = la$, tout comme M. Bernoulli le soutient.

Mais si ce raisonnement est juste, on en tirera aussi d'autres conséquences que personne, et encore moins M. Bernoulli, ne sauroit accorder; car on prouvera de la même façon que les logarithmes des quantités imaginaires seroient aussi bien réels que ceux des nombres négatifs. Car, il est certain que $(a\sqrt{-1})^4 = a^4$, donc il sera aussi $l(a\sqrt{-1})^4 = la^4$, et de plus $4l(a\sqrt{-1}) = 4la$, par conséquent $l(a\sqrt{-1}) = la$. Outre cela, puisqu'il est $\left(\dfrac{-1+\sqrt{-3}}{2}a\right)^3 = a^3$, il sera $l\left(\dfrac{-1+\sqrt{-3}}{2}a\right)^3 = la^3$, et partant $3l\dfrac{-1+\sqrt{-3}}{2}a = 3la$, donc $l\dfrac{-1+\sqrt{-3}}{2}a = la$, ce qu'on ne sauroit admettre sans renverser toute la doctrine des logarithmes.

Il seroit donc, selon le systeme de M. Bernoulli, non seulement $l-1 = l1 = 0$, mais aussi $l\sqrt{-1} = 0$, $l-\sqrt{-1} = 0$ et $l\dfrac{-1+\sqrt{-3}}{2} = 0$. Or, M. Bernoulli ayant si heureusement réduit la quadrature du cercle aux logarithmes des nombres imaginaires, si le logarithme de $\sqrt{-1}$ étoit $= 0$, toute cette belle découverte seroit fausse, par laquelle il a fait voir que le rayon est à la quatrieme partie de la circonference, comme $\sqrt{-1}$ à $l\sqrt{-1}$. Donc, posant le rapport du diametre à la circonference $= 1 : \pi$, il sera $\frac{1}{2}\pi = \dfrac{l\sqrt{-1}}{\sqrt{-1}}$ et partant $l\sqrt{-1} = \frac{1}{2}\pi\sqrt{-1}$, ce qui seroit absurde, s'il étoit

$l\sqrt{-1} = 0$. Il n'est pas donc vrai que $l\sqrt{-1} = 0$, d'où il faut conclure que quelque solide que paroisse la 4me raison, elle doit être sujette à caution, puisqu'il en suivroit aussi bien $l\sqrt{-1} = 0$ que $l-1 = 0$. Par conséquent, on ne peut pas dire que le sentiment de M. Bernoulli soit suffisamment prouvé.

Il est ici fort étonnant que, soit qu'on embrasse le sentiment de M. Bernoulli, ou qu'on le rejette, on tombe également en des embarras insurmontables, et même en des contradictions. Car, si l'on soutient que $l-a = l+a$ ou $l-1 = l+1 = 0$, on est obligé d'avouër qu'il est aussi $l\sqrt{-1} = 0$, puisque $l\sqrt{-1} = \frac{1}{2}l-1$. Or il seroit non seulement absurde de soutenir que les logarithmes des quantités imaginaires ne soient pas imaginaires, mais il seroit aussi faux que $l\sqrt{-1} = \frac{1}{2}\pi\sqrt{-1}$, ce qui est néanmoins rigoureusement prouvé. Ainsi, en se déclarant pour le sentiment de M. Bernoulli, on tombe en contradiction avec des vérités très solidement établies.

Posons que le sentiment de M. Bernoulli soit faux, et qu'il n'y ait point $l-1 = 0$; car c'est à quoi se réduit le sentiment de M. Bernoulli; et on sera obligé d'accuser de fausseté quelcune des opérations sur lesquelles le raisonnement de la 4me raison est fondé; ce qu'on ne pourra faire non plus sans tomber en contradiction avec d'autres vérités démontrées. Pour rendre cela plus évident, soit $l-1 = \omega$, et s'il n'est pas $\omega = 0$, son double 2ω ne sera non plus $= 0$, or 2ω est le logarithme du quarré de -1, lequel étant $= +1$, le logarithme de $+1$ ne seroit plus $= 0$, ce qui est une nouvelle contradiction. De plus, $-x$ est aussi bien $= -1 \cdot x$ que $= \frac{x}{-1}$, donc $l-x = lx + l-1 = lx - l-1$; il seroit donc $l-1 = -l-1$, sans qu'il fût $l-1 = 0$; or c'est une contradiction de dire qu'il soit $+a = -a$ sans qu'il soit $a = 0$.

Soit donc qu'on dise l'une ou l'autre de ces deux choses, ou que le sentiment de M. Bernoulli est vrai ou qu'il est faux, on se plonge également dans le plus grand embarras, ayant à combattre avec des contradictions ouvertes. Cependant, il faut absolument, ou que ce sentiment soit vrai ou qu'il soit faux, et il ne paroit point d'autre parti à prendre. Quel moyen donc de se tirer d'affaire et de sauver la vérité contre de si grandes contradictions? Je passe à l'examen du sentiment de M. Leibniz.

SENTIMENT DE M. LEIBNIZ

M. LEIBNIZ soutint que les logarithmes de tous les nombres négatifs, et à plus forte raison ceux des nombres imaginaires, étoient imaginaires; ou, puisque $l-a = la + l-1$, il soutint que $l-1$ étoit une quantité imaginaire.

J'ai déjà remarqué que M. LEIBNIZ soutenoit que la raison de $+1$ à -1 ou de -1 à $+1$ étoit imaginaire, puisque le logarithme de cette raison ou $l-1$ étoit imaginaire. On voit bien que toutes les objections faites contre le systeme de M. BERNOULLI servent à fortifier ce sentiment, et que les raisons alléguées pour le sentiment de M. BERNOULLI doivent être contraires à celui de M. LEIBNIZ. Cependant, on peut apporter des raisons particulieres pour confirmer le sentiment de M. LEIBNIZ, qui seront le sujet de mon examen qui suit.

1. RAISON

Ayant fait voir que le logarithme du nombre $1 + x$ est égal à la somme de cette serie

$$l(1 + x) = x - \frac{1}{2} x^2 + \frac{1}{3} x^3 - \frac{1}{4} x^4 + \frac{1}{5} x^5 - \frac{1}{6} x^6 + \text{etc.,}$$

d'où l'on voit d'abord, que si $x = 0$, il doit être $l1 = 0$, maintenant pour avoir le logarithme de -1, il faut mettre $x = -2$, d'où l'on obtient

$$l-1 = -2 - \frac{1}{2} \cdot 4 - \frac{1}{3} \cdot 8 - \frac{1}{4} \cdot 16 - \frac{1}{5} \cdot 32 - \frac{1}{6} \cdot 64 - \text{etc.}$$

Or, il n'y a aucun doute que la somme de cette serie divergente ne sauroit être $= 0$; donc, il est certain que $l-1$ n'est pas $= 0$. Le logarithme de -1 sera donc imaginaire, puisqu'il est d'ailleurs clair qu'il ne sauroit être réel, c. à d. ou positif ou négatif.

2. RAISON

Soit $y = lx$, et posant e pour le nombre dont le logarithme $= 1$, dont la valeur approchée est, comme on sait, $e = 2{,}718281828459$, puisqu'il sera $yle = 1lx$, on en tirera $x = e^y$. Ainsi le logarithme du nombre x étant l'exposant d'une puissance de e qui est égale au nombre x, il est clair qu'aucun exposant réel d'une puissance de e ne sauroit produire un nombre négatif, et partant, pour que e^y devienne $= -1$, ni $y = 0$, ni aucun nombre réel mis pour y sauroit remplir cette condition. Et posant en général pour x un nombre négatif $-a$, dont on suppose le logarithme $= y$, l'équation $e^y = -a$ sera toujours impossible, ou la valeur de y imaginaire.

3. RAISON

Puisqu'en général la valeur de e^y s'exprime par cette serie infinie

$$e^y = 1 + \frac{y}{1} + \frac{y^2}{1 \cdot 2} + \frac{y^3}{1 \cdot 2 \cdot 3} + \frac{y^4}{1 \cdot 2 \cdot 3 \cdot 4} + \frac{y^5}{1 \cdot 2 \cdot 3 \cdot 4 \cdot 5} + \text{etc.},$$

qui est toujours convergente, quelque grand nombre qu'on mette pour y, de sorte que les objections tirées de la nature de suites divergentes, comme dans la premiere raison, ne trouvent pas lieu ici, ainsi le logarithme du nombre x étant posé $= y$, on aura

$$x = 1 + \frac{y}{1} + \frac{y^2}{1 \cdot 2} + \frac{y^3}{1 \cdot 2 \cdot 3} + \frac{y^4}{1 \cdot 2 \cdot 3 \cdot 4} + \text{etc.},$$

et partant, si y marque le logarithme de -1, ou qu'il soit $x = -1$, on aura cette égalité

$$-1 = 1 + \frac{y}{1} + \frac{y^2}{1 \cdot 2} + \frac{y^3}{1 \cdot 2 \cdot 3} + \frac{y^4}{1 \cdot 2 \cdot 3 \cdot 4} + \text{etc.},$$

à laquelle, comme il est d'abord clair, ne sauroit satisfaire la valeur $y = 0$, vu qu'il en résulteroit $-1 = +1$. Par conséquent, il est certain que le logarithme de -1 n'est pas $= 0$.

Je me contente d'avoir apporté ces trois raisons, puisque les autres argumens par lesquels on peut confirmer le sentiment de M. LEIBNIZ, sont déjà contenus dans les objections faites contre le systeme de M. BERNOULLI. Cependant, ces trois raisons que je viens d'exposer, sont sujettes aux objections suivantes.

1. OBJECTION

Contre la premiere raison, on dira d'abord que l'accroissoment continuel des termes qui sont tous négatifs, de cette suite

$$-2 - \frac{1}{2} \cdot 4 - \frac{1}{3} \cdot 8 - \frac{1}{4} \cdot 16 - \frac{1}{5} \cdot 32 - \frac{1}{6} \cdot 64 - \text{etc.}$$

n'est pas une marque sure que la somme de cette suite ne sauroit être $= 0$. Car si cette serie geometrique

$$\frac{1}{1+x} = 1 - x + x^2 - x^3 + x^4 - x^5 + x^6 - x^7 + x^8 - \text{etc.}$$

donne pour le cas $x = -2$ celle-cy

$$-1 = 1 + 2 + 4 + 8 + 16 + 32 + 64 + \text{etc.}$$

et pour le cas $x = -3$ celle-cy

$$-\frac{1}{2} = 1 + 3 + 9 + 27 + 81 + 243 + \text{etc.},$$

pourquoi, dira-t-on, ne seroit il pas possible que la somme d'une serie dont les termes croissent, ayant partout le même signe, ne fût $= 0$. Pour en donner un exemple, on n'a qu'à ajouter à la derniere serie termes pour termes celle-cy:

$$\frac{1}{2} = 1 - 1 + 1 - 1 + 1 - 1 + 1 - 1 + \text{etc.}$$

et on aura effectivement

$$0 = 2 + 2 + 10 + 26 + 82 + 242 + 730 + \text{etc.}$$

Donc, si la somme de cette serie est $= 0$, quelle absurdité seroit-il donc de soutenir qu'il fût aussi

$$0 = -2 - \frac{1}{2} \cdot 4 - \frac{1}{3} \cdot 8 - \frac{1}{4} \cdot 16 - \frac{1}{5} \cdot 32 - \frac{1}{6} \cdot 64 - \text{etc.},$$

et partant, la premiere raison n'est pas convaincante.

2. OBJECTION

La seconde raison est telle qu'on pourroit aussi s'en servir pour prouver le sentiment opposé. Car, puisqu'il y a $x = e^y$ supposant y le logarithme du nombre x, toutes les fois que y est une fraction ayant pour dénominateur un nombre pair, il faut avouër qu'alors la valeur de e^y et partant aussi de x, est aussi bien négative qu'affirmative. Ainsi, si $\frac{m}{2n}$ est un logarithme, le nombre x qui lui répond étant $e^{m:2n} = \sqrt{e^{m:n}}$, sera tant affirmatif que négatif; de sorte que dans ce cas, tant x que $-x$ aura le même logarithme $\frac{m}{2n}$. Donc, puisque les logarithmes ne sont pas des nombres rationels, et par conséquent équivalens à des fractions dont les numérateurs et dénominateurs sont infiniment grands, on pourra toujours regarder les dénominateurs comme des nombres pairs; il s'ensuit que le même logarithme qui convient au nombre positif $+x$, conviendra aussi au nombre négatif $-x$.

3. OBJECTION

La troisieme raison est sans doute la plus forte, puisqu'elle semble exclure absolument les nombres négatifs du nombre de ceux à qui répondent des logarithmes réels. Car il est clair que, quelque nombre réel qu'on mette pour y, la valeur de cette serie

$$x = 1 + \frac{y}{1} + \frac{y^2}{1 \cdot 2} + \frac{y^3}{1 \cdot 2 \cdot 3} + \frac{y^4}{1 \cdot 2 \cdot 3 \cdot 4} + \text{etc.}$$

ne sauroit jamais devenir négative, de sorte qu'aucun logarithme réel ne sauroit répondre à un nombre négatif. Cependant, cette serie n'étant vraie qu'entant qu'elle découle de la formule finie e^y, les objections précedentes ont ici également lieu. Car, si e^y peut donner un nombre négatif, il importe fort peu, si la serie qui lui est égale en donne aussi un ou non? Pour reconnoitre cela, on n'a qu'à considérer une formule radicale, comme $\frac{1}{\sqrt{(1-x)}}$, qui est aussi bien $\frac{+1}{\sqrt{(1-x)}}$ que $\frac{-1}{\sqrt{(1-x)}}$, quoique la serie égale

$$(1-x)^{-\frac{1}{2}} = 1 + \frac{1}{2}x + \frac{1 \cdot 3}{2 \cdot 4}x^2 + \frac{1 \cdot 3 \cdot 5}{2 \cdot 4 \cdot 6}x^3 + \text{etc.}$$

ne donne que sa valeur affirmative, quelque nombre qu'on mette pour x.

M. Leibniz ne manqueroit pas de répondre à ces objections; et comme la premiere ne prouve pas le contraire de son sentiment, et qu'elle ne rend que douteuse la premiere raison, il ne perdroit rien de renoncer à cette premiere raison, et de s'en tenir principalement aux autres. Car, au fond, la seconde objection ne détruit point son sentiment qui se réduit uniquement à prouver que $l-1$ n'est pas $= 0$; or la seconde objection ne porte aucune atteinte à cela, vu que si e^y doit être $= -1$, l'exposant y ne sauroit être aucune fraction de la forme $\frac{m}{2n}$, pour que le signe radical puisse fournir une valeur négative. Car on conviendra aisément que, soit qu'on mette pour y un nombre affirmatif plus grand que zéro, ou un nombre négatif quelconque pour y, la valeur de la puissance e^y ne devient jamais $= -1$. Donc, si y n'est pas imaginaire, il faudroit qu'il fût $e^y = -1$ dans le cas $y = 0$. Mais dans ce cas s'évanouït toute ambiguïté de signes, qui pourroit avoir lieu à cause des signes radicaux, et il est indubitablement $e^0 = +1$. Et si l'on vouloit dire qu'on pût regarder 0 comme $\frac{0}{2}$, et e^0 comme $\sqrt{e^0} = \sqrt{1}$, dont la valeur seroit aussi $= -1$, ce seroit une exception fort foible, puisque par la même raison on prouveroit que $-a = +a$; car, posant $a = a^{\frac{2}{2}} = \sqrt{a^2}$, on en tireroit aussi bien $a = -a$ que $a = +a$. Pour prévenir ces sortes de conséquences fausses, on n'a qu'à remarquer qu'une telle expression $a^{\frac{m}{2n}}$ n'a deux valeurs, l'une affirmative et l'autre négative, que lorsque la fraction $\frac{m}{2n}$ est réduite à ses plus petits termes, et que le dénominateur demeure encore un nombre pair. Ainsi, comme la valeur de ces puissances, a^1, a^2, a^3, a^4, etc. n'est pas ambiguë, aussi celle-cy a^0 ne sauroit être ambiguë. Il est donc toujours $a^0 = +1$, ce qui suffit pour détruire la seconde objection; et la troisieme n'a aucune force qu'entant que la seconde subsiste.

Il paroit donc que lé sentiment de M. Leibniz est mieux fondé, puisqu'il n'est pas contraire à la découverte de M. Bernoulli, qu'il est

$$l\sqrt{-1} = \tfrac{1}{2}\,\pi\,\sqrt{-1},$$

puisque M. Leibniz soutient que le logarithme de -1, et à plus forte raison celui de $\sqrt{-1}$, est imaginaire. Mais, en adoptant le sentiment de M. Leibniz, on se jette dans les difficultés et contradictions susmentionnées. Car, si $l-1$ étoit imaginaire, son double, c. à d. le logarithme de $(-1)^2 = +1$, le seroit aussi, ce qui ne convient pas avec le premier principe de la doctrine des logarithmes, en vertu duquel on suppose $l+1 = 0$.

De quelque coté donc qu'on se tourne, soit qu'on embrasse le sentiment de M. Bernoulli ou celui de M. Leibniz, on rencontre toujours de si grands obstacles à maintenir son parti, qu'on ne se sauroit mettre à l'abri des contradictions. Cependant, il semble que si l'un de ces deux sentimens est faux, l'autre doit nécessairement être vrai, et qu'il n'y a point de milieu à choisir. Voilà donc une question extrèmement importante, qui est d'établir la doctrine des logarithmes de telle sorte qu'elle ne soit plus assujettie à aucune contradiction.

Mais, aprés avoir bien pesé les contradictions qui se trouvent de part et d'autre, on sera porté à croire qu'une telle conciliation est une chose tout à fait impossible; et les ennemis des Mathematiques ne manqueront pas d'en tirer des conséquences fort facheuses contre la certitude de cette science. Car, quand les Pyrrhoniens ont attaqué toutes les sciences, on conviendra aisément qu'il s'en faut beaucoup que les objections qu'ils ont apportées contre aucune science, approchent seulement, à l'egard de leur solidité, des objections que je viens d'exposer contre la doctrine des logarithmes.

Cependant, je ferai voir si clairement, qu'il n'y restera plus le moindre doute, que cette doctrine est solidement établie, et que toutes les difficultés susmentionnées ne tirent leur origine que d'une seule idée peu juste; de sorte que, dès qu'on rectifiera cette idée, toutes ces difficultés et contradictions, quelque fortes qu'elles ayent pu paroitre, s'evanouïront d'abord, et alors toute cette doctrine des logarithmes se soutiendra si bien, qu'on sera en état de résoudre aisément toutes les objections qui ont paru irrésolubles auparavant. Sans ce dévelopement, qui a pourtant été inconnu jusqu'ici aux Mathematiciens, je ne sai pas de quel oeil on devroit envisager la doctrine des logarithmes: d'un coté, on devroit avouër qu'elle est vraie et aussi solidement établie qu'aucune autre partie de l'Analyse; or de l'autre coté, on ne sauroit disconvenir que cette même doctrine seroit assujettie à des contradictions auxquelles il seroit impossible de répondre. On seroit par conséquent obligé d'avouër que la Mathematique, et même l'Analyse, renferme des mystéres incomprehensibles à nos esprits. Ensuite, si ces mystéres n'ont été tels qu'à cause d'une seule idée qui n'étoit pas entierement exacte, on en tirera cette conséquence fort importante, qu'il est extrèmement dangereux de juger des choses dont on ne se peut former que des idées imparfaites: or il est bien certain que hormis les Mathematiques, le nombre des idées distinctes et complettes est fort petit.

DENOUEMENT DES DIFFICULTES PRECEDENTES

Il faut d'abord avouër que si l'idée que Mrs. Leibniz et Bernoulli ont attachée au terme de logarithme, et que tous les Mathematiciens ont eue jusqu'ici, étoit parfaitement juste, il seroit absolument impossible de délivrer la doctrine des logarithmes des contradictions que je viens de proposer. Or, l'idée des logarithmes étant tirée de leur origine, dont nous avons une parfaite connoissance, comment seroit-il possible qu'elle fût défectueuse? Lorsqu'on dit que le logarithme d'un nombre proposé est l'exposant de la puissance d'un certain nombre pris à volonté, laquelle devient égale au nombre proposé, il semble qu'il ne manque rien à la justesse de cette idée. Cela est aussi bien vrai; mais on accompagne communément cette idée d'une circonstance qui ne lui convient point: c'est qu'on suppose ordinairement, presque sans qu'on s'en apperçoive, qu'à chaque nombre il ne répond qu'un seul logarithme, et pour peu qu'on y réfléchisse, on trouvera que toutes les difficultés et contradictions dont la doctrine des logarithmes sembloit embarrassée, ne subsistent qu'entant qu'on suppose qu'à chaque nombre ne répond qu'un seul logarithme. Je dis donc, pour faire disparoitre toutes ces difficultés et contradictions, qu'en vertu même de la définition donnée, il répond à chaque nombre une infinité de logarithmes; ce que je démontrerai dans le theoreme suivant.

THEOREME

Il y a toujours une infinité de logarithmes qui conviennent également à chaque nombre proposé; ou, si y marque le logarithme du nombre x, je dis que y renferme une infinité de valeurs différentes.

DEMONSTRATION

Je me bornerai ici aux logarithmes hyperboliques, puisqu'on sait que les logarithmes de toutes les autres especes sont à ceux-cy dans un rapport constant; ainsi, quand le logarithme hyperbolique du nombre x est nommé $= y$, le logarithme tabulaire de ce même nombre sera $= 0{,}43429\,44819 \cdots y$.

Or, le fondement des logarithmes hyperboliques est que, si ω signifie un nombre infiniment petit, le logarithme du nombre $1 + \omega$ sera $= \omega$, ou que $l(1 + \omega) = \omega$. De là il s'ensuit que $l(1 + \omega)^2 = 2\omega$, $l(1 + \omega)^3 = 3\omega$ et en général

$$l(1 + \omega)^n = n\omega.$$

Mais, puisque ω est un nombre infiniment petit, il est evident que le nombre $(1 + \omega)^n$ ne sauroit devenir égal à quelque nombre proposé x, à moins que l'exposant n ne soit un nombre infini. Soit donc n un nombre infiniment grand et qu'on pose

$$x = (1 + \omega)^n$$

et le logarithme de x, qui a été nommé $= y$, sera $y = n\omega$. Donc, pour exprimer y par x, la premiere formule donnant $1 + \omega = x^{\frac{1}{n}}$ et $\omega = x^{\frac{1}{n}} - 1$, cette valeur étant substituée pour ω dans l'autre formule produira

$$y = n x^{\frac{1}{n}} - n = lx.$$

D'où il est clair que la valeur de la formule $n x^{\frac{1}{n}} - n$ approchera d'autant plus du logarithme de x, plus le nombre n sera pris grand, et si l'on met pour n un nombre infini, cette formule donnera la vraie valeur du logarithme de x. Or, comme il est certain que $x^{\frac{1}{2}}$ a deux valeurs différentes, $x^{\frac{1}{3}}$ trois, $x^{\frac{1}{4}}$ quatre et ainsi de suite, il sera également certain que $x^{\frac{1}{n}}$ doit avoir une infinité de valeurs differentes, puisque n est un nombre infini. Par conséquent, cette infinité de valeurs differentes de $x^{\frac{1}{n}}$ produira aussi une infinité de valeurs differentes pour lx, de sorte que le nombre x doit avoir une infinité de logarithmes. C. Q. F. D.

De là, il s'ensuit que le logarithme de $+1$ n'est pas seulement $= 0$, mais qu'il y a encore une infinité d'autres quantités dont chacune est également le logarithme de $+1$. Cependant, on comprend aisément que tous ces autres logarithmes, hormis le premier 0, seront des quantités imaginaires; de sorte que dans le calcul, on est en droit de ne regarder que 0 comme le logarithme de $+1$, tout de même que lorsqu'il s'agit de la racine cubique de 1, on ne se sert que de 1, quoique ces quantités imaginaires $\frac{-1 + \sqrt{-3}}{2}$ et $\frac{-1 - \sqrt{-3}}{3}$ soient également des racines cubiques de 1. Mais quand on veut comparer le logarithme de 1 avec les logarithmes de -1, ou de $\sqrt{-1}$, qui sont tous, à ce que je ferai voir dans la suite, imaginaires, il faut considérer le logarithme de 1 dans toute son étenduë; et alors toutes les difficultés et contradictions rapportées cy-dessus disparoitront d'elles mêmes. Car, soient α, β, γ, δ, ε, ζ, etc. les logarithmes imaginaires de l'unité, qui lui répondent aussi bien que 0, et on comprendra aisément qu'il peut être $2l - 1 = l + 1$, quoique tous les logarithmes de -1 soient imaginaires; car, pour satisfaire à l'équation $2l - 1 = l + 1$, il suffit que le double de tous les logarithmes de -1 se trouvent parmi les logarithmes imaginaires de $+1$. De même, puisque $4l\sqrt{-1} = l + 1$, chaque logarithme de $\sqrt{-1}$ multiplié par 4 se doit rencontrer dans la serie α, β, γ, δ, ε, ζ, etc. Ainsi, les égalités $2l-1 = l+1$ et $4l\sqrt{-1} = l+1$ se peuvent maintenir, sans qu'on soit obligé de soutenir qu'il soit ou $l-1 = 0$ ou $l\sqrt{-1} = 0$, comme M. Bernoulli a prétendu. Mais tout cela sera mis dans tout son jour, quand je déterminerai actuellement tous les logarithmes de chaque nombre proposé, ce qui sera le sujet des problemes suivans.

PROBLEME 1

Déterminer tous les logarithmes qui répondent à un nombre affirmatif proposé $+\,a$ quelconque.

SOLUTION

Puisque a est un nombre positif, il aura certainement un logarithme réel qui se trouve par les régles assés connuës. Soit donc A ce logarithme réel du nombre a, et puisque $a = 1 \cdot a$, il sera $la = l1 + A$: ou bien, chaque logarithme de l'unité étant ajouté à A, donnera un logarithme du nombre proposé a; et pour trouver tous ses logarithmes, on n'a qu'à chercher tous les logarithmes de l'unité $+1$. Prenant donc y pour marquer un logarithme quelconque de $+1$, les valeurs de y doivent être tirées de l'équation du theoreme en y mettant $x = 1$, et on aura cette équation

$$y = n1^{\frac{1}{n}} - n,$$

qui se change en

$$1 + \frac{y}{n} = 1^{\frac{1}{n}},$$

et la délivrant des exposans rompus, on aura

$$\left(1 + \frac{y}{n}\right)^{n} = 1,$$

où n marque un nombre infini. Cette équation étant maintenant pour ainsi dire rationelle, chacune de ses racines donnera une valeur convenable pour y, c'est à dire un logarithme de $+1$. Or, pour trouver toutes les racines de cette équation, on sait qu'il les faut tirer des facteurs de la formule $\left(1 + \frac{y}{n}\right)^{n} - 1$, en supposant chaque facteur $= 0$. Mais, en général, il est démontré que d'une telle formule $p^n - q^n$, un facteur quelconque est

$$p^2 - 2pq \cos \frac{2\lambda\pi}{n} + q^2,$$

où λ marque un nombre entier quelconque et π l'angle de 180°, ou la moitié de la circonference d'un cercle dont le rayon $= 1$; de sorte que donnant à λ successivement toutes les valeurs possibles qui sont 0, ± 1, ± 2, ± 3, ± 4, ± 5, etc., on obtienne enfin tous les facteurs de la formule $p^n - q^n$. Et partant, toutes les racines de l'équation $p^n - q^n = 0$ seront comprises dans cette expression générale

$$p = q \left(\cos \frac{2\lambda\pi}{n} \pm V - 1 \cdot \sin \frac{2\lambda\pi}{n} \right),$$

qui se trouve en posant

$$p^2 - 2pq \cos \frac{2\lambda\pi}{n} + qq = 0.$$

Donc, toutes les racines de notre équation trouvée $\left(1 + \frac{y}{n}\right)^n - 1 = 0$, posant $p = 1 + \frac{y}{n}$ et $q = 1$, seront contenuës dans cette expression générale

$$1 + \frac{y}{n} = \cos \frac{2\lambda\pi}{n} \pm V - 1 \cdot \sin \frac{2\lambda\pi}{n}.$$

Or, puisque n marque un nombre infini, l'arc $\frac{2\lambda\pi}{n}$ sera infiniment petit; il sera donc

$$\cos \frac{2\lambda\pi}{n} = 1 \quad \text{et} \quad \sin \frac{2\lambda\pi}{n} = \frac{2\lambda\pi}{n},$$

d'où il s'ensuit

$$1 + \frac{y}{n} = 1 \pm \frac{2\lambda\pi}{n} V - 1,$$

et partant

$$y = \pm 2\lambda\pi V - 1.$$

On n'a qu'à substituer maintenant pour λ successivement toutes les valeurs déterminées qu'elle renferme, savoir 0, 1, 2, 3, 4, 5, 6, 7, etc. à l'infini; et tous les logarithmes de l'unité, ou toutes les valeurs possibles de $l1$ seront

$$0, \quad \pm 2\pi V - 1, \quad \pm 4\pi V - 1, \quad \pm 6\pi V - 1, \quad \pm 8\pi V - 1, \quad \text{etc.}$$

Donc, tous les logarithmes du nombre proposé a, dont on sait déjà le logarithme réel A, seront

$$A, \quad A \pm 2\pi V - 1, \quad A \pm 4\pi V - 1, \quad A \pm 6\pi V - 1, \quad A \pm 8\pi V - 1, \quad \text{etc.}$$

C. Q. F. T.

De là, il est clair que chaque nombre positif n'a qu'un seul logarithme réel, et que tous ses autres logarithmes infinis sont imaginaires. Cependant, tous ces logarithmes imaginaires jouïssent de la même propriété que le réel, et on s'en pourroit servir également dans le calcul en observant les mêmes régles. Car, soient A, B, C, D, etc. les logarithmes réels des nombres positifs a, b, c, d, etc. de sorte qu'il soit en général

$$la = A \pm 2\lambda\pi\sqrt{-1}, \quad lb = B \pm 2\mu\pi\sqrt{-1}, \quad lc = C \pm 2\nu\pi\sqrt{-1}, \quad \text{etc.}$$

Maintenant soit $c = ab$, et on sait qu'il sera $C = A + B$; or, prenant les logarithmes en général, on verra aussi que la somme des logarithmés des facteurs a, b est toujours égale au logarithme du produit $ab = c$. Car on aura

$$la + lb = A + B \pm 2\zeta\pi\sqrt{-1}$$

mettant pour ζ un nombre quelconque entier qui peut résulter en ajoutant les termes $\pm 2\lambda\pi\sqrt{-1}$ et $\pm 2\mu\pi\sqrt{-1}$. Or il est clair que mettant $A + B = C$, cette expression de $la + lb$ convient parfaitement avec celle-cy $lc = C \pm 2\nu\pi\sqrt{-1}$. Le même accord se trouvera aussi dans la division, l'élevation aux puissances et l'extraction des racines, où l'on fait usage des logarithmes. Mais pour ce qui regarde l'extraction des racines, comme le nombre des racines est toujours égal à l'exposant du signe radical, cette maniere d'exprimer les logarithmes généralement a cet avantage sur la maniere ordinaire, qu'elle nous découvre toutes les racines; au lieu que par la methode ordinaire on ne trouve dans chaque cas qu'une racine, savoir la réelle et qui est en même tems positive; ce qu'on reconnoitra plus évidemment, lorsque j'aurai déterminé tous les logarithmes des nombres tant négatifs qu'imaginaires.

PROBLEME 2

Déterminer tous les logarithmes qui répondent à un nombre négatif quelconque — a.

SOLUTION

Puisque $-a = -1 \cdot a$, il sera $l - a = la + l - 1$ et, prenant pour la le logarithme réel de a, on aura tous les logarithmes du nombre négatif $-a$, si l'on cherche tous les logarithmes de -1. Mais ayant vu que, mettant y

pour le logarithme du nombre x en général, il est $y = nx^{\frac{1}{n}} - n$, d'où l'on tire $1 + \frac{y}{n} = x^{\frac{1}{n}}$ et partant $\left(1 + \frac{y}{n}\right)^n - x = 0$. Donc, y exprimera tous les logarithmes de -1, si l'on met $x = -1$, de sorte que tous les logarithmes de -1 seront les racines de cette équation

$$\left(1 + \frac{y}{n}\right)^n + 1 = 0,$$

posant le nombre n infiniment grand.

Or on sait que de cette équation générale $p^n + q^n = 0$, toutes les racines se trouvent de la résolution de cette formule

$$p^2 - 2pq \cos \frac{(2\lambda - 1)\pi}{n} + q^2 = 0,$$

prenant pour λ successivement tous les nombres entiers tant affirmatifs que négatifs et partant, on aura

$$p = q\left(\cos \frac{(2\lambda - 1)\pi}{n} \pm \sqrt{-1} \cdot \sin \frac{(2\lambda - 1)\pi}{n}\right).$$

Donc, les racines de cette équation proposée $\left(1 + \frac{y}{n}\right)^n + 1 = 0$ seront toutes comprises dans cette formule générale

$$1 + \frac{y}{n} = \cos \frac{(2\lambda - 1)\pi}{n} \pm \sqrt{-1} \cdot \sin \frac{(2\lambda - 1)\pi}{n},$$

laquelle à cause de $n = \infty$ se change en

$$y = \pm (2\lambda - 1)\pi \sqrt{-1}.$$

Par conséquent, mettant pour λ successivement toutes les valeurs qui lui conviennent, tous les logarithmes de -1 seront

$$\pm \pi \sqrt{-1}, \quad \pm 3\pi \sqrt{-1}, \quad \pm 5\pi \sqrt{-1}, \quad \pm 7\pi \sqrt{-1}, \quad \pm 9\pi \sqrt{-1}, \quad \text{etc.}$$

Donc, si nous posons $l + a = A$, ou que A marque le logarithme réel du nombre positif $+a$, tous les logarithmes du nombre négatif $-a$ seront:

$$A \pm \pi \sqrt{-1}, \quad A \pm 3\pi \sqrt{-1}, \quad A \pm 5\pi \sqrt{-1}, \quad A \pm 7\pi \sqrt{-1}, \quad \text{etc.}$$

dont le nombre est infini. C. Q. F. T.

De là, il est clair que tous les logarithmes d'un nombre négatif quelconque sont imaginaires, et qu'il n'y a aucun nombre négatif dont un de ses logarithmes soit réel. M. LEIBNIZ a eu donc raison de soutenir que les logarithmes des nombres négatifs étoient imaginaires. Cependant, puisque les nombres affirmatifs ont aussi une infinité de logarithmes imaginaires, toutes les objections de M. BERNOULLI contre ce sentiment perdent leur force. Car, quoiqu'il soit $l-1 = \pm(2\lambda-1)\pi\sqrt{-1}$, le logarithme de son quarré sera $l(-1)^2 = \pm 2(2\lambda-1)\pi\sqrt{-1}$, expression qui se trouve parmi les logarithmes de $+1$, de sorte qu'il demeure vrai que $2l-1 = l+1$, quoique nul des logarithmes de -1 se trouve parmi les logarithmes de $+1$. Soit A le logarithme réel du nombre positif $+a$ et que p marque en général tous les nombres pairs et q tous les impairs entiers, et ayant en général

et
$$l+1 = \pm p\pi\sqrt{-1} \quad \text{et} \quad l-1 = \pm q\pi\sqrt{-1}$$

$$l+a = A \pm p\pi\sqrt{-1} \quad \text{et} \quad l-a = A \pm q\pi\sqrt{-1},$$

d'où l'on voit que
$$l(-a)^2 = 2l-a = 2A \pm 2q\pi\sqrt{-1}.$$

Or, $2q$ étant $= p$ et $2A$ le logarithme réel de a^2, on voit que $2A \pm p\pi\sqrt{-1}$ est la formule générale des logarithmes de a^2; ainsi il est $l(-a)^2 = la^2$ ou bien $2l-a = 2l+a$, sans qu'il soit $l-a = l+a$; ce qui seroit sans doute contradictoire, si les nombres $+a$ et $-a$ n'avoient qu'un seul logarithme; car alors on auroit raison de conclure qu'il fût $l-a = l+a$, s'il étoit $2l-a = 2l+a$. Mais, dès qu'on tombe d'accord que tant $-a$ que $+a$ ont une infinité de logarithmes, cette conséquence, toute nécessaire qu'elle fût auparavant, n'est plus juste, puisque pour qu'il soit $2l-a = 2l+a$, il suffit que les doubles de tous les logarithmes de $-a$ se rencontrent dans les logarithmes de $+aa$. Ce qui peut arriver, comme nous voyons, sans qu'aucun des logarithmes de $-a$ soit égal à aucun des logarithmes de $+a$.

Il faut cependant avouër que toutes les valeurs de $2l-a$ sont differentes des valeurs de $2l+a$, vu qu'il est

$$2l+a = 2A \pm 2p\pi\sqrt{-1} \quad \text{et} \quad 2l-a = 2A \pm 2q\pi\sqrt{-1},$$

où $2p$ marque un nombre pairement pair, et $2q$ un nombre impairement pair quelconque. Mais il faut remarquer que les logarithmes de $+a^2$, comme d'un nombre affirmatif dont le logarithme réel est $= 2A$, sont compris dans cette formule générale $la^2 = 2A \pm p\pi\sqrt{-1}$, où p marque un nombre pair quelconque sans en excepter zero. Cela remarqué, il est clair que toutes les valeurs de $2l-a$ sont comprises dans celles de la^2, aussi bien que celles de $2l+a$. Ainsi, quoiqu'on puisse dire que $2l-a = la^2$ et $2l+a = la^2$, prenant le signe de $=$ pour marquer que les valeurs de $2l-a$ ou de $2l+a$ se rencontrent parmi les valeurs de la^2, on ne sauroit dire, à la vérité, qu'il soit $2l-a = 2l+a$. Néanmoins, comme dans les formules $l+a = A \pm p\pi\sqrt{-1}$ et $l-a = A \pm q\pi\sqrt{-1}$ les nombres p et q sont indéterminés, rien n'oblige qu'en doublant ces logarithmes on prenne pour p et q les mêmes nombres. Ainsi pour faire ces multiplications dans toute leur étenduë, que p, p', p'', p''', etc. marquent des nombres pairs quelconques égaux ou inégaux et q, q', q'', q''', etc. des nombres impairs égaux ou inégaux entr'eux, ces duplications se feront de la maniere suivante:

$$l+a = A \pm p\pi\sqrt{-1} \qquad\qquad l-a = A \pm q\pi\sqrt{-1}$$
$$l+a = A \pm p'\pi\sqrt{-1} \qquad\qquad l-a = A \pm q'\pi\sqrt{-1}$$
$$\overline{}\qquad\qquad\qquad\qquad \overline{}$$
$$2l+a = 2A \pm (p+p')\pi\sqrt{-1}, \qquad 2l-a = 2A \pm (q+q')\pi\sqrt{-1}.$$

Ici maintenant $p+p'$ marquant la somme de deux nombres pairs quelconques et $q+q'$ la somme de deux nombres impairs quelconques, tant $p+p'$ que $q+q'$ marquera un nombre pair quelconque; et partant, il sera $p+p' = q+q'$, donc $2l-a = 2l+a$. Par conséquent, dans ce sens, on pourra soutenir qu'il est $2l-a = 2l+a$, sans qu'il soit $l-a = l+a$. De même maniere, il sera

$$3l+a = 3A \pm (p+p'+p'')\pi\sqrt{-1} = 3A \pm p\pi\sqrt{-1} = l+a^3,$$
$$3l-a = 3A \pm (q+q'+q'')\pi\sqrt{-1} = 3A \pm q\pi\sqrt{-1} = l-a^3,$$

car $p+p'+p''$ produit tous les nombres pairs et convient par conséquent avec p; pareillement, $q+q'+q''$ produit tous les nombres impairs et convient avec q. Or, puisque $q+q'+q''+q'''$ produit tous les nombres pairs, cette expression sera équivalente avec p; donc les quadruples seront

$$4l+a = 4A \pm (p+p'+p''+p''')\pi\sqrt{-1} = 4A \pm p\pi\sqrt{-1} = l+a^4,$$
$$4l-a = 4A \pm (q+q'+q''+q''')\pi\sqrt{-1} = 4A \pm p\pi\sqrt{-1} = l-a^4.$$

Ainsi, cette maniere de trouver les logarithmes des puissances tant de $+a$ que de $-a$ s'accorde parfaitement bien avec les principes connus tant des puissances que des logarithmes, et toutes les objections rapportées cy-dessus n'ont plus aucune prise sur ces vérités démontrées. Le même accord s'observera aussi dans les logarithmes des quantités imaginaires, que je m'en vai déveloper dans le probleme suivant.

PROBLEME 3

Déterminer tous les logarithmes d'une quantité imaginaire quelconque.

SOLUTION

Il est démontré que toute quantité imaginaire, quelque compliquée qu'elle soit, se réduit toujours à cette forme $a + b\sqrt{-1}$, où a et b sont des quantités réelles. Je pose maintenant

$$\sqrt{(aa + bb)} = c$$

et $\dfrac{a}{\sqrt{(aa+bb)}}$ et $\dfrac{b}{\sqrt{(aa+bb)}}$ seront le cosinus et le sinus d'un certain angle qu'il sera aisé de trouver par les tables. Soit donc cet angle $= \varphi$, qui marque en même tems la quantité de l'arc de cercle qui est sa mesure, le sinus total étant posé $= 1$. On aura donc

$$a = c \cos \varphi \quad \text{et} \quad b = c \sin \varphi,$$

et la formule imaginaire dont il faut chercher tous les logarithmes, sera

$$a + b\sqrt{-1} = c(\cos \varphi + \sqrt{-1} \cdot \sin \varphi)$$

ou, puisque c est un nombre affirmatif, soit C son logarithme réel, et on aura

$$l(a + b\sqrt{-1}) = C + l(\cos \varphi + \sqrt{-1} \cdot \sin \varphi).$$

Il s'agit donc de chercher tous les logarithmes de la quantité imaginaire $\cos \varphi + \sqrt{-1} \cdot \sin \varphi$, laquelle étant mise pour x, ses logarithmes seront les valeurs de y tirées de cette équation

$$\left(1 + \frac{y}{n}\right)^n - x = 0,$$

n marquant un nombre infini. Mais pour pouvoir comparer cette équation avec la forme générale $p^n - q^n = 0$, je remarque que

$$x = \cos \varphi + \sqrt{-1} \cdot \sin \varphi = \left(1 + \frac{\varphi \sqrt{-1}}{n}\right)^n,$$

dont la vérité est suffisamment prouvée ailleurs. Car on sait que

$$\cos \varphi = 1 - \frac{\varphi^2}{1 \cdot 2} + \frac{\varphi^4}{1 \cdot 2 \cdot 3 \cdot 4} - \frac{\varphi^6}{1 \cdot 2 \cdot 3 \cdot 4 \cdot 5 \cdot 6} + \text{etc.}$$

et

$$\sin \varphi = \varphi - \frac{\varphi^3}{1 \cdot 2 \cdot 3} + \frac{\varphi^5}{1 \cdot 2 \cdot 3 \cdot 4 \cdot 5} - \text{etc.}$$

Or, puisque n est un nombre infini, il sera

$$\left(1 + \frac{\varphi \sqrt{-1}}{n}\right)^n = 1 + \frac{\varphi \sqrt{-1}}{1} - \frac{\varphi^2}{1 \cdot 2} - \frac{\varphi^3 \sqrt{-1}}{1 \cdot 2 \cdot 3} + \frac{\varphi^4}{1 \cdot 2 \cdot 3 \cdot 4} + \frac{\varphi^5 \sqrt{-1}}{1 \cdot 2 \cdot 3 \cdot 4 \cdot 5} - \text{etc.,}$$

d'où il est clair que

$$\left(1 + \frac{\varphi \sqrt{-1}}{n}\right)^n = \cos \varphi + \sqrt{-1} \cdot \sin \varphi.$$

Nous aurons donc

$$p = 1 + \frac{y}{n} \quad \text{et} \quad q = \frac{1 + \varphi \sqrt{-1}}{n}$$

pour l'équation à resoudre $p^n - q^n = 0$. Mais, ayant vu déjà que chacune des racines de cette équation est contenuë dans cette formule générale

$$p = q \left(\cos \frac{2 \lambda \pi}{n} \pm \sqrt{-1} \cdot \sin \frac{2 \lambda \pi}{n}\right),$$

prenant pour λ tous les nombres entiers, ou affirmatifs ou négatifs, il sera pour notre cas

$$1 + \frac{y}{n} = \left(1 + \frac{\varphi \sqrt{-1}}{n}\right)\left(\cos \frac{2 \lambda \pi}{n} \pm \sqrt{-1} \cdot \sin \frac{2 \lambda \pi}{n}\right)$$

et parce que, à cause du nombre n infini, il est

$$\cos \frac{2 \lambda \pi}{n} = 1 \quad \text{et} \quad \sin \frac{2 \lambda \pi}{n} = \frac{2 \lambda \pi}{n},$$

il sera

$$1 + \frac{y}{n} = \left(1 + \frac{\varphi \sqrt{-1}}{n}\right)\left(1 \pm \frac{2 \lambda \pi}{n} \sqrt{-1}\right),$$

28*

ce qui donne

$$y = \varphi \sqrt{-1} \pm 2\lambda\pi \sqrt{-1},$$

d'où tous les logarithmes de la formule $\cos \varphi + \sqrt{-1} \cdot \sin \varphi$ seront

$$\varphi \sqrt{-1}, \quad (\varphi \pm 2\pi)\sqrt{-1}, \quad (\varphi \pm 4\pi)\sqrt{-1}, \quad (\varphi \pm 6\pi)\sqrt{-1}, \quad \text{etc.}$$

et les logarithmes de la formule imaginaire $a + b\sqrt{-1}$, posant

$$c = \sqrt{(aa + bb)} \quad \text{et} \quad \operatorname{tang} \varphi = \frac{b}{a}, \quad \text{ou} \quad \cos \varphi = \frac{a}{c} \quad \text{et} \quad \sin \varphi = \frac{b}{c}$$

et de plus

$$lc = C,$$

seront

$$C + \varphi\sqrt{-1}, \quad C + (\varphi \pm 2\pi)\sqrt{-1}, \quad C + (\varphi \pm 4\pi)\sqrt{-1}, \quad C + (\varphi \pm 6\pi)\sqrt{-1}, \quad \text{etc.}$$

C. Q. F. T.

De là, il est clair que tous les logarithmes d'une quantité imaginaire sont aussi imaginaires; car, lorsque ou $\varphi = 0$ ou $\varphi = \pm 2\lambda\pi$, qui sont les cas où quelcun de ces logarithmes pourroit devenir réel, cela ne peut arriver que lorsque $\operatorname{tang} \varphi = \frac{b}{a} = 0$; il seroit donc $b = 0$, et la quantité $a + b\sqrt{-1}$ cesseroit d'être imaginaire. Donc, si l'on prend p pour signifier chaque nombre pair, ou affirmatif ou négatif, tous les logarithmes de la quantité imaginaire $a + b\sqrt{-1}$ seront renfermés dans cette formule générale

$$C + (\varphi + p\pi)\sqrt{-1},$$

où C est le logarithme réel de la quantité affirmative $\sqrt{(aa + bb)} = c$, et l'arc ou l'angle φ est pris tel qu'il est $\sin \varphi = \frac{b}{c}$ et $\cos \varphi = \frac{a}{c}$. Or, puisqu'il y a une infinité d'angles qui conviennent au même sinus $\frac{b}{c}$ et cosinus $\frac{a}{c}$, qui sont tous compris dans la formule $\varphi + p\pi$, on pourroit omettre le terme $p\pi$, et dire que le logarithme de $a + b\sqrt{-1}$ est en général $= C + \varphi\sqrt{-1}$; puisque cet angle φ renferme déjà tous ces angles. Cependant, si l'on prend pour φ le plus petit angle affirmatif qui répond au sinus $\frac{b}{c}$ et au cosinus $\frac{a}{c}$, la formule générale des logarithmes de $a + b\sqrt{-1}$ sera $= C + (\varphi + p\pi)\sqrt{-1}$.

Si l'angle φ est tel, qu'il tient une raison commensurable avec π ou la circonference du cercle, ce sera toujours une marque qu'une certaine puissance de la quantité imaginaire $a + b\sqrt{-1}$ devient réelle. Car soit $\varphi = \frac{\mu}{\nu}\pi$, et puisqu'il est $l(a + b\sqrt{-1}) = C + \left(\frac{\mu}{\nu}\pi + p\pi\right)\sqrt{-1}$, il sera

$$l(a + b\sqrt{-1})^\nu = \nu C + (\mu + \nu p)\pi\sqrt{-1},$$

d'où l'on voit que si $\mu + \nu p$ est un nombre pair ou seulement μ pair, la puissance $(a + b\sqrt{-1})^\nu$ sera un nombre réel affirmatif, et même $= c^\nu = (\sqrt{(aa + bb)})^\nu$; or si $\mu + \nu p$ ou seulement μ est un nombre impair, la puissance $(a + b\sqrt{-1})^\nu$ sera un nombre négatif $= - c^\nu$.

Jusqu'ici, on auroit pu croire qu'il seroit indifferent de donner à π quelque valeur que ce soit, puisqu'il ne paroissoit rien, ni dans les logarithmes des nombres affirmatifs $l+a = A + p\pi\sqrt{-1}$, ni dans ceux des nombres négatifs $l-a = A + q\pi\sqrt{-1}$, d'où nous puissions comprendre pourquoi la lettre π dût plutôt marquer la demi-circonference d'un cercle décrit du rayon $= 1$ que tout autre nombre. Mais à présent, où il s'agit des logarithmes des nombres imaginaires, la raison en devient évidente; puisqu'il faut comparer l'angle φ à π, de sorte que si l'on donnoit à π toute autre valeur que celle de deux angles droits, les formules deviendroient fausses, et ne seroient plus d'accord avec celles que nous avons trouvées pour les nombres affirmatifs et négatifs.

Pour faire voir cela plus clairement, supposons $c = 1$ et $C = 0$, pour avoir cette formule $\cos\varphi + \sqrt{-1}\cdot\sin\varphi$, dont tous les logarithmes seront renfermés dans cette formule générale

$$l(\cos\varphi + \sqrt{-1}\cdot\sin\varphi) = (\varphi + p\pi)\sqrt{-1}$$

p marquant un nombre entier pair quelconque, soit affirmatif, soit négatif, ou même zero.

De là, nous tirerons premierement d'abord les formules supérieures pour les logarithmes des nombres réels affirmatifs ou négatifs. Car, soit $\varphi = 0$, et à cause de $\cos\varphi = 1$ et $\sin\varphi = 0$, il sera $l+1 = p\pi\sqrt{-1}$ ou bien en détaillant

$$l+1 = 0, \quad \pm 2\pi\sqrt{-1}, \quad \pm 4\pi\sqrt{-1}, \quad \pm 6\pi\sqrt{-1}, \quad \pm 8\pi\sqrt{-1}, \quad \text{etc.}$$

or, mettant $\varphi = \pi = 180^\circ$, à cause de $\cos\varphi = -1$ et $\sin\varphi = 0$, il sera

$$l-1 = (1 + p)\pi\sqrt{-1} = q\pi\sqrt{-1},$$

prenant q pour marquer un nombre impair quelconque. On aura donc

$$l-1 = \pm\,\pi\sqrt{-1}, \quad \pm\,3\pi\sqrt{-1}, \quad \pm\,5\pi\sqrt{-1}, \quad \pm\,7\pi\sqrt{-1}, \quad \text{etc.}$$

Développons maintenant aussi les cas les plus simples des nombres imaginaires, et soit

1. $\varphi = 90^0 = \frac{1}{2}\pi$, et à cause de $\cos\varphi = 0$ et $\sin\varphi = +1$, il sera

$$l+\sqrt{-1} = \left(\frac{1}{2}+p\right)\pi\sqrt{-1};$$

donc tous les logarithmes de $+\sqrt{-1}$ seront

$$+\frac{1}{2}\pi\sqrt{-1}, \quad +\frac{5}{2}\pi\sqrt{-1}, \quad +\frac{9}{2}\pi\sqrt{-1}, \quad +\frac{13}{2}\pi\sqrt{-1}, \quad +\frac{17}{2}\pi\sqrt{-1}, \quad \text{etc.}$$

$$-\frac{3}{2}\pi\sqrt{-1}, \quad -\frac{7}{2}\pi\sqrt{-1}, \quad -\frac{11}{2}\pi\sqrt{-1}, \quad -\frac{15}{2}\pi\sqrt{-1}, \quad -\frac{19}{2}\pi\sqrt{-1}, \quad \text{etc.}$$

Ajoutant ici deux valeurs quelconques ensemble pour avoir le logarithme de $l(+\sqrt{-1})^2$, c'est à dire de $l-1$, on trouvera ou $\pm\,\pi\sqrt{-1}$, ou $\pm\,3\pi\sqrt{-1}$, ou $\pm\,5\pi\sqrt{-1}$, etc., qui sont tous des logarithmes de -1.

2. Soit $\varphi = 270^0 = \frac{3}{2}\pi$, et à cause de $\cos\varphi = 0$ et $\sin\varphi = -1$, il sera

$$l-\sqrt{-1} = \left(-\frac{1}{2}+p\right)\pi\sqrt{-1};$$

donc tous les logarithmes de $-\sqrt{-1}$ seront contenus dans les expressions suivantes

$$+\frac{3}{2}\pi\sqrt{-1}, \quad +\frac{7}{2}\pi\sqrt{-1}, \quad +\frac{11}{2}\pi\sqrt{-1}, \quad +\frac{15}{2}\pi\sqrt{-1}, \quad +\frac{19}{2}\pi\sqrt{-1}, \quad \text{etc.}$$

$$-\frac{1}{2}\pi\sqrt{-1}, \quad -\frac{5}{2}\pi\sqrt{-1}, \quad -\frac{9}{2}\pi\sqrt{-1}, \quad -\frac{13}{2}\pi\sqrt{-1}, \quad -\frac{17}{2}\pi\sqrt{-1}, \quad \text{etc.,}$$

où il est clair, comme auparavant, que deux valeurs quelconques étant ajoutées ensemble donnent $q\pi\sqrt{-1}$, posant q pour un nombre impair quelconque, ce qui est le logarithme de -1 ou de $(-\sqrt{-1})^2$. De plus, si l'on ajoute un logarithme quelconque de $-\sqrt{-1}$ à un logarithme quelconque de $+\sqrt{-1}$, pour avoir un logarithme du produit $(+\sqrt{-1})\cdot(-\sqrt{-1})$ qui est $= +1$, on ne trouvera en effet que des logarithmes de $+1$. Et il est clair, de même, qu'il sera $l(+\sqrt{-1}) - l(-\sqrt{-1}) = l-1$ ou $l(-\sqrt{-1}) - l(+\sqrt{-1}) = l-1$, tout comme la nature de ces expressions exige.

3. Soit $\varphi = 60^0 = \frac{1}{3}\pi$ ou $\cos\varphi = \frac{1}{2}$ et $\sin\varphi = \frac{\sqrt{3}}{2}$; on trouvera

$$l\,\frac{1+\sqrt{-3}}{2} = \left(\frac{1}{3}+p\right)\pi\sqrt{-1},$$

de sorte que tous les logarithmes de cette expression imaginaire $\frac{+1+\sqrt{-3}}{2}$ seront

$$+\frac{1}{3}\pi\sqrt{-1},\ +\frac{7}{3}\pi\sqrt{-1},\ +\frac{13}{3}\pi\sqrt{-1},\ +\frac{19}{3}\pi\sqrt{-1},\ +\frac{25}{3}\pi\sqrt{-1},\ \text{etc.}$$

$$-\frac{5}{3}\pi\sqrt{-1},\ -\frac{11}{3}\pi\sqrt{-1},\ -\frac{17}{3}\pi\sqrt{-1},\ -\frac{23}{3}\pi\sqrt{-1},\ -\frac{29}{3}\pi\sqrt{-1},\ \text{etc.,}$$

où il est clair que trois quelconques de ces logarithmes étant ajoutés ensemble produisent $q\pi\sqrt{-1}$ ou quelcun des logarithmes de -1, puisque

$$\left(\frac{1+\sqrt{-3}}{2}\right)^3 = -1.$$

4. Soit $\varphi = 120^0 = \frac{2}{3}\pi$ ou $\cos\varphi = -\frac{1}{2}$ et $\sin\varphi = \frac{\sqrt{3}}{2}$, et l'on trouvera

$$l\,\frac{-1+\sqrt{-3}}{2} = \left(\frac{2}{3}+p\right)\pi\sqrt{-1}.$$

Ainsi tous les logarithmes de la formule imaginaire $\frac{-1+\sqrt{-3}}{2}$ seront

$$+\frac{2}{3}\pi\sqrt{-1},\ +\frac{8}{3}\pi\sqrt{-1},\ +\frac{14}{3}\pi\sqrt{-1},\ +\frac{20}{3}\pi\sqrt{-1},\ +\frac{26}{3}\pi\sqrt{-1},\ \text{etc.}$$

$$-\frac{4}{3}\pi\sqrt{-1},\ -\frac{10}{3}\pi\sqrt{-1},\ -\frac{16}{3}\pi\sqrt{-1},\ -\frac{22}{3}\pi\sqrt{-1},\ -\frac{28}{3}\pi\sqrt{-1},\ \text{etc.,}$$

et puisque

$$\left(\frac{-1+\sqrt{-3}}{2}\right)^3 = +1,$$

on verra qu'on obtient effectivement les logarithmes de $+1$ en ajoutant ensemble trois quelconques de ces logarithmes.

5. Soit $\varphi = 240^0 = \frac{4}{3}\pi$ ou $\cos\varphi = -\frac{1}{2}$ et $\sin\varphi = \frac{-\sqrt{3}}{2}$, et l'on aura

$$l\,\frac{-1-\sqrt{-3}}{2} = \left(\frac{4}{3}+p\right)\pi\sqrt{-1},$$

de sorte que tous les logarithmes de cette formule $\dfrac{-1-\sqrt{-3}}{2}$ seront

$$+\frac{4}{3}\pi\sqrt{-1},\ +\frac{10}{3}\pi\sqrt{-1},\ +\frac{16}{3}\pi\sqrt{-1},\ +\frac{22}{3}\pi\sqrt{-1},\ +\frac{28}{3}\pi\sqrt{-1},\ \text{etc.}$$

$$-\frac{2}{3}\pi\sqrt{-1},\ -\frac{8}{3}\pi\sqrt{-1},\ -\frac{14}{3}\pi\sqrt{-1},\ -\frac{20}{3}\pi\sqrt{-1},\ -\frac{26}{3}\pi\sqrt{-1},\ \text{etc.,}$$

d'où l'on tirera comme auparavant, en ajoutant trois quelconques de ces logarithmes ensemble, quelcun des logarithmes de $+1$, puisqu'il est

$$\left(\frac{-1-\sqrt{-3}}{2}\right)^{3}=+1.$$

De même, deux de ces logarithmes quelconques ajoutés ensemble produiront
un logarithme de $\dfrac{-1+\sqrt{-3}}{2}$; car il est

$$\left(\frac{-1-\sqrt{-3}}{2}\right)^{2}=\frac{-1+\sqrt{-3}}{2}.$$

Et puisqu'il est réciproquement

$$\left(\frac{-1+\sqrt{-3}}{2}\right)^{2}=\frac{-1-\sqrt{-3}}{2},$$

on verra aussi que la somme de deux logarithmes quelconques de $\dfrac{-1+\sqrt{-3}}{2}$
produit un logarithme de $\dfrac{-1-\sqrt{-3}}{2}$.

6. Soit $\varphi=300^{0}=\frac{5}{3}\pi$ ou $\cos\varphi=\frac{1}{2}$ et $\sin\varphi=\frac{-\sqrt{3}}{2}$, et l'on aura

$$l\,\frac{1-\sqrt{-3}}{2}=\left(\frac{5}{3}+p\right)\pi\sqrt{-1}.$$

Par conséquent, les logarithmes de cette formule $\dfrac{+1-\sqrt{-3}}{2}$ seront

$$+\frac{5}{3}\pi\sqrt{-1},\ +\frac{11}{3}\pi\sqrt{-1},\ +\frac{17}{3}\pi\sqrt{-1},\ +\frac{23}{3}\pi\sqrt{-1},\ +\frac{29}{3}\pi\sqrt{-1},\ \text{etc.}$$

$$-\frac{1}{3}\pi\sqrt{-1},\ -\frac{7}{3}\pi\sqrt{-1},\ -\frac{13}{3}\pi\sqrt{-1},\ -\frac{19}{3}\pi\sqrt{-1},\ -\frac{25}{3}\pi\sqrt{-1},\ \text{etc.,}$$

où il est évident que trois quelconques de ces logarithmes étant ajoutés ensemble donnent un logarithme de -1, conformément à ce qu'il est

$$\left(\frac{1-\sqrt{-3}}{2}\right)^3 = -1.$$

Et en général, on verra toujours que toutes les opérations qu'on fera avec ces logarithmes, sont parfaitement d'accord avec les opérations relatives faites avec les nombres qui leur conviennent, de sorte qu'on ne rencontrera plus le moindre inconvenient à l'égard des opérations en logarithmes et de celles qui leur répondent en nombres.

7. Soit $\varphi = 45^0 = \frac{1}{4}\pi$ ou $\cos\varphi = \frac{1}{\sqrt{2}}$ et $\sin\varphi = \frac{1}{\sqrt{2}}$, et l'on aura

$$l\frac{+1+\sqrt{-1}}{\sqrt{2}} = \left(\frac{1}{4}+p\right)\pi\sqrt{-1}.$$

Ainsi, tous les logarithmes de cette expression imaginaire $\frac{+1+\sqrt{-1}}{\sqrt{2}}$ seront

$$+\frac{1}{4}\pi\sqrt{-1},\ \ +\frac{9}{4}\pi\sqrt{-1},\ \ +\frac{17}{4}\pi\sqrt{-1},\ \ +\frac{25}{4}\pi\sqrt{-4},\ \ +\frac{33}{4}\pi\sqrt{-1},\ \ \text{etc.}$$

$$-\frac{7}{4}\pi\sqrt{-1},\ \ -\frac{15}{4}\pi\sqrt{-1},\ \ -\frac{23}{4}\pi\sqrt{-1},\ \ -\frac{31}{4}\pi\sqrt{-1},\ \ -\frac{39}{4}\pi\sqrt{-1},\ \ \text{etc.}$$

8. Soit $\varphi = 135^0 = \frac{3}{4}\pi$ ou $\cos\varphi = \frac{-1}{\sqrt{2}}$ et $\sin\varphi = +\frac{1}{\sqrt{2}}$, et l'on aura

$$l\frac{-1+\sqrt{-1}}{\sqrt{2}} = \left(\frac{3}{4}+p\right)\pi\sqrt{-1}.$$

Et partant, tous les logarithmes de cette formule $\frac{-1+\sqrt{-1}}{\sqrt{2}}$ seront

$$+\frac{3}{4}\pi\sqrt{-1},\ \ +\frac{11}{4}\pi\sqrt{-1},\ \ +\frac{19}{4}\pi\sqrt{-1},\ \ +\frac{27}{4}\pi\sqrt{-1},\ \ +\frac{35}{4}\pi\sqrt{-1},\ \ \text{etc.}$$

$$-\frac{5}{4}\pi\sqrt{-1},\ \ -\frac{13}{4}\pi\sqrt{-1},\ \ -\frac{21}{4}\pi\sqrt{-1},\ \ -\frac{29}{4}\pi\sqrt{-1},\ \ -\frac{37}{4}\pi\sqrt{-1},\ \ \text{etc.}$$

Chacun de ces logarithmes étant ajouté à quelcun des précedens de $\frac{+1+\sqrt{-1}}{\sqrt{2}}$

produit un logarithme de la forme $q\pi\sqrt{-1}$ ou de -1, tout comme il faut, puisque

$$\frac{+1+\sqrt{-1}}{\sqrt{2}} \cdot \frac{-1+\sqrt{-1}}{\sqrt{2}} = -1.$$

9. Soit $\varphi = 225^0 = \frac{5}{4}\pi$ ou $\cos\varphi = \frac{-1}{\sqrt{2}}$ et $\sin\varphi = \frac{-1}{\sqrt{2}}$, et l'on aura

$$l\,\frac{-1-\sqrt{-1}}{\sqrt{2}} = \left(\frac{5}{4}+p\right)\pi\sqrt{-1}.$$

Donc, tous les logarithmes de cette formule $\frac{-1-\sqrt{-1}}{\sqrt{2}}$ seront

$$+\frac{5}{4}\pi\sqrt{-1},\ +\frac{13}{4}\pi\sqrt{-1},\ +\frac{21}{4}\pi\sqrt{-1},\ +\frac{29}{4}\pi\sqrt{-1},\ \text{etc.}$$

$$-\frac{3}{4}\pi\sqrt{-1},\ -\frac{11}{4}\pi\sqrt{-1},\ -\frac{19}{4}\pi\sqrt{-1},\ -\frac{27}{4}\pi\sqrt{-1},\ \text{etc.,}$$

qui sont les négatifs des précedens; ce qui est aussi parfaitement bien d'accord avec les opérations analytiques, puisqu'il est

$$\frac{-1-\sqrt{-1}}{\sqrt{2}} = 1 : \frac{-1+\sqrt{-1}}{\sqrt{2}}$$

et partant

$$l\,\frac{-1-\sqrt{-1}}{\sqrt{2}} = -\,l\,\frac{-1+\sqrt{-1}}{\sqrt{2}}.$$

10. Soit $\varphi = 315^0 = \frac{7}{4}\pi$ ou $\cos\varphi = +\frac{1}{\sqrt{2}}$ et $\sin\varphi = -\frac{1}{\sqrt{2}}$, d'où l'on aura

$$l\,\frac{+1-\sqrt{-1}}{\sqrt{2}} = \left(\frac{7}{4}+p\right)\pi\sqrt{-1}.$$

Par conséquent, tous les logarithmes de cette formule $\frac{+1-\sqrt{-1}}{\sqrt{2}}$ seront

$$+\frac{7}{4}\pi\sqrt{-1},\ +\frac{15}{4}\pi\sqrt{-1},\ +\frac{23}{4}\pi\sqrt{-1},\ +\frac{31}{4}\pi\sqrt{-1},\ \text{etc.}$$

$$-\frac{1}{4}\pi\sqrt{-1},\ -\frac{9}{4}\pi\sqrt{-1},\ -\frac{17}{4}\pi\sqrt{-1},\ -\frac{25}{4}\pi\sqrt{-1},\ \text{etc.}$$

Tous ces logarithmes des quatre derniers articles ont cette propriété, que chacun multiplié par 4 produit un logarithme de -1, ce qui est conforme à la vérité, puisque les quarré-quarrés de ces quatre formules

$$\frac{+1+\sqrt{-1}}{\sqrt{2}}, \quad \frac{-1+\sqrt{-1}}{\sqrt{2}}, \quad \frac{-1-\sqrt{-1}}{\sqrt{2}}, \quad \frac{+1-\sqrt{-1}}{\sqrt{2}}$$

produisent le nombre -1.

Ces exemples suffisent pour faire voir que l'idée des logarithmes que je viens d'établir, est la véritable, et qu'elle est parfaitement d'accord avec toutes les opérations que la théorie des logarithmes renferme, de sorte qu'on n'y rencontre plus aucune difficulté, et que toutes les contradictions auxquelles cette doctrine paroissoit assujettie, disparoissent entierement. Par conséquent, la grande controverse qui partagea autrefois Mrs. LEIBNIZ et BERNOULLI, est à present parfaitement décidée, ensorte que ni l'un ni l'autre ne trouveroit plus le moindre sujet de refuser son consentement.

La belle découverte de M. BERNOULLI, de ramener la quadrature du cercle aux logarithmes imaginaires, se trouve aussi non seulement parfaitement d'accord avec cette théorie, mais elle en est une suite nécessaire, et est portée même par là à une infiniment plus grande étendue, puisque nous voyons que les logarithmes de tous les nombres, entant qu'ils sont imaginaires, dépendent tous de la quadrature du cercle. Ainsi, les logarithmes de $+1$ étant $\pm p\pi\sqrt{-1}$, il sera $\frac{l+1}{\sqrt{-1}}$ toujours une quantité réelle, mais qui renferme une infinité de valeurs, à cause de l'infinité des logarithmes de $+1$. Conséquemment à cela, si l'on pose le rapport du diametre à la circonference $= 1 : \pi$, toutes les valeurs de cette expression $\frac{l+1}{\sqrt{-1}}$ seront les suivantes:

$$0, \quad \pm 2\pi, \quad \pm 4\pi, \quad \pm 6\pi, \quad \pm 8\pi, \quad \pm 10\pi, \quad \text{etc.}$$

De même, les logarithmes de -1 étant divisés par $\sqrt{-1}$ fourniront les quantités réelles suivantes qui renferment également la quadrature du cercle. Car les valeurs de $\frac{l-1}{\sqrt{-1}}$ sont

$$\pm \pi, \quad \pm 3\pi, \quad \pm 5\pi, \quad \pm 7\pi, \quad \pm 9\pi, \quad \text{etc.}$$

De la même maniere, on verra que les valeurs des expressions suivantes seront:

Les valeurs de	seront celles-cy à l'infini
$\dfrac{l(+\sqrt{-1})}{\sqrt{-1}}$	$+\dfrac{1}{2}\pi,\quad +\dfrac{5}{2}\pi,\quad +\dfrac{9}{2}\pi,\quad +\dfrac{13}{2}\pi,\quad +\dfrac{17}{2}\pi,\quad$ etc. $-\dfrac{3}{2}\pi,\quad -\dfrac{7}{2}\pi,\quad -\dfrac{11}{2}\pi,\quad -\dfrac{15}{2}\pi,\quad -\dfrac{19}{2}\pi,\quad$ etc.
$\dfrac{l(-\sqrt{-1})}{\sqrt{-1}}$	$+\dfrac{3}{2}\pi,\quad +\dfrac{7}{2}\pi,\quad +\dfrac{11}{2}\pi,\quad +\dfrac{15}{2}\pi,\quad +\dfrac{19}{2}\pi,\quad$ etc. $-\dfrac{1}{2}\pi,\quad -\dfrac{5}{2}\pi,\quad -\dfrac{9}{2}\pi,\quad -\dfrac{13}{2}\pi,\quad -\dfrac{17}{2}\pi,\quad$ etc.

et on tirera également des autres exemples dévelopés cy-dessus de semblables expressions réelles qui renfermeront toutes la quadrature du cercle.

J'ai déja fait sentir le bel accord de ces logarithmes avec l'extraction des racines, ayant fait voir que les doubles tant des logarithmes de -1 que de $+1$, sont contenus parmi les logarithmes de $+1$, puisqu'il est

$$1 = (+1)^2 = (-1)^2;$$

de même puisque il est

$$1 = (+1)^3 = \left(\frac{-1+\sqrt{-3}}{2}\right)^3 = \left(\frac{-1-\sqrt{-3}}{2}\right)^3,$$

on verra que les triples des logarithmes de $+1$, de $\frac{-1+\sqrt{-3}}{2}$ et de $\frac{-1-\sqrt{-3}}{2}$ se trouvent parmi les logarithmes de $+1$. Mais je remarque ici de plus, comme 1 n'a que ces deux racines quarrées $+1$ et -1, ainsi si l'on range les doubles de tous les logarithmes tant de $+1$ que de -1 dans une suite, on obtiendra la serie complette de tous les logarithmes de $+1$; car

$$2l+1 \text{ est } 0,\quad \pm 4\pi\sqrt{-1},\quad \pm 8\pi\sqrt{-1},\quad \pm 12\pi\sqrt{-1},\quad \text{etc.}$$
$$2l-1 \text{ est }\quad \pm 2\pi\sqrt{-1},\quad \pm 6\pi\sqrt{-1},\quad \pm 10\pi\sqrt{-1},\quad \text{etc.}$$

De la même maniere, les trois racines cubiques de $+1$ étant

$$+1,\quad \frac{-1+\sqrt{-3}}{2}\quad \text{et}\quad \frac{-1-\sqrt{-3}}{2},$$

si l'on range les triples de tous les logarithmes de ces trois racines dans une suite, il en résultera la suite complette des logarithmes de $+1$, car

$$3l+1 \quad \text{donne} \quad 0, \quad \pm 6\pi\sqrt{-1}, \quad \pm 12\pi\sqrt{-1}, \quad \pm 18\pi\sqrt{-1}, \quad \text{etc.}$$

$$3l\frac{-1+\sqrt{-3}}{2} \quad \begin{cases} +2\pi\sqrt{-1}, & +8\pi\sqrt{-1}, & +14\pi\sqrt{-1}, & \text{etc.} \\ -4\pi\sqrt{-1}, & -10\pi\sqrt{-1}, & -16\pi\sqrt{-1}, & \text{etc.} \end{cases}$$

$$3l\frac{-1-\sqrt{-3}}{2} \quad \begin{cases} +4\pi\sqrt{-1}, & +10\pi\sqrt{-1}, & +16\pi\sqrt{-1}, & \text{etc.} \\ -2\pi\sqrt{-1}, & -8\pi\sqrt{-1}, & -14\pi\sqrt{-1}, & \text{etc.} \end{cases}$$

Dans ces trois series, chaque logarithme de $+1$ se trouve, et aucun ne s'y rencontre qu'une seule fois; ce qui est une marque, que l'unité n'a que ces trois racines cubiques, et qu'il faut les trois ensemble pour épuiser la nature de l'unité.

Il en est de même de toutes les autres racines de l'unité, et comme les racines quarré-quarrées de $+1$ sont

$$+1, \quad -1, \quad +\sqrt{-1} \quad \text{et} \quad -\sqrt{-1},$$

on verra que les quadruples des logarithmes de chacune de ces racines ne donnent que la quatrieme partie des logarithmes de $+1$. Or, tous ces quadruples de toutes les quatre racines ensemble produisent toute la suite des logarithmes de $+1$. Il est aussi remarquable que tous les logarithmes d'une racine quelconque sont differens des logarithmes de toute autre racine du même nombre. Cependant, quoique ces deux logarithmes $l+1$ et $l-1$ soient differens entr'eux, il est néanmoins $2l+1=l+1$ et $2l-1=l+1$, sans qu'il soit $2l+1=2l-1$. De la même maniere, ces trois logarithmes

$$l+1, \quad l\frac{-1+\sqrt{-3}}{2} \quad \text{et} \quad l\frac{-1-\sqrt{-3}}{2}$$

sont differens entr'eux; cependant, nonobstant cette inégalité, il est

$$3l+1=l+1, \quad 3l\frac{-1+\sqrt{-3}}{2}=l+1, \quad \text{et} \quad 3l\frac{-1-\sqrt{-3}}{2}=l+1.$$

Nous voyons donc qu'il est essentiel à la nature des logarithmes que chaque nombre ait une infinité de logarithmes, et que tous ces logarithmes soient differens non seulement entr'eux, mais aussi de tous les logarithmes de tout autre nombre. Il en est de même des logarithmes que des angles ou des arcs de cercle; car, comme à chaque sinus et cosinus répond une infinité d'arcs differens, ainsi à chaque nombre convient une infinité de logarithmes differens. Mais il faut ici remarquer une grande difference qui est, que tous les arcs qui répondent au même sinus et cosinus, sont réels, au lieu que tous les logarithmes du même nombre sont imaginaires à la reserve d'un seul, lorsque le nombre donné est positif; car tous les logarithmes des nombres, tant négatifs qu'imaginaires, sont sans aucune exception imaginaires. Or, comme à un arc donné ne convient qu'un seul sinus et cosinus, ainsi à un logarithme proposé ne répond qu'un seul nombre; de sorte que c'est un probleme qui n'admet qu'une seule solution, lorsqu'on demande le nombre qui convient à un logarithme proposé.

PROBLEME 4

Un logarithme quelconque étant proposé, trouver le nombre qui lui répond.

SOLUTION

Posons premierement que le logarithme proposé soit une quantité réelle $= f$, et on sait que posant le nombre $= e$, dont le logarithme réel $= 1$, le nombre qui répond au logarithme f sera $= e^f$.

En second lieu, soit le logarithme proposé $= g\sqrt{-1}$ ou simplement imaginaire, et soit x le nombre qui lui répond. Puisque g est un nombre réel, qu'on le compare avec π, et qu'il soit $g = m\pi$, et il est clair, si m est un nombre entier ou pair ou impair, que le nombre x sera ou $+1$ ou -1. Mais, pour tout autre cas quelconque, le nombre x sera imaginaire et, pour le trouver, on n'a qu'à prendre un arc de cercle $= g$, le rayon étant $= 1$ et ayant cherché son sinus et cosinus, le nombre cherché sera

$$x = \cos g + \sqrt{-1} \cdot \sin g.$$

En troisieme lieu, soit le logarithme proposé une quantité imaginaire quelconque $= f + g\sqrt{-1}$, puisqu'on sait que toute quantité imaginaire se peut réduire à cette forme $f + g\sqrt{-1}$, en sorte que f et g soient des nombres réels. Cela posé, il est clair que le nombre cherché x sera le produit de deux nombres dont l'un aura pour logarithme f et l'autre $g\sqrt{-1}$. Par conséquent, le nombre qui répond au logarithme $f + g\sqrt{-1}$ sera

$$= e^{f}(\cos g + \sqrt{-1} \cdot \sin g).$$

C. Q. F. T.

On voit donc que le nombre qui répond au logarithme proposé $f + g\sqrt{-1}$, sera réel, lorsque $\sin g = 0$, c'est à dire lorsque $g = m\pi$, le coëfficient m étant un nombre entier quelconque, ou affirmatif ou négatif. Dans ce cas, on voit de plus que si m est un nombre pair, à cause de $\cos g = +1$, le nombre cherché sera affirmatif, mais si m est un nombre impair, qu'à cause de $\cos g = -1$, le nombre cherché sera négatif $= -e^{f}$. Dans tous les autres cas où m, c'est à dire $\frac{g}{\pi}$, sera un nombre rompu ou même irrationel, le nombre qui répond à ce logarithme $f + g\sqrt{-1}$ sera infailliblement imaginaire.

Par le moyen de cette régle, on pourra aussi se servir des logarithmes dans le calcul des nombres imaginaires. Pour en donner un exemple, qu'on cherche la valeur de cette expression

$$\left(\frac{-1 + \sqrt{-3}}{2}\right)^{4}\left(\frac{+1 + \sqrt{-1}}{\sqrt{2}}\right)^{3}\left(\frac{-1 - \sqrt{-3}}{2}\right)^{2}\sqrt{-1} = A.$$

Pour cet effet, on n'a qu'à prendre un logarithme quelconque de chaque facteur, et en faire les opérations conformément aux régles généralement reçues, en sorte:

$$l\frac{-1 + \sqrt{-3}}{2} = \frac{2}{3}\pi\sqrt{-1}, \quad \text{donc} \quad 4l\frac{-1 + \sqrt{-3}}{2} = \frac{8}{3}\pi\sqrt{-1},$$

$$l\frac{+1 + \sqrt{-1}}{\sqrt{2}} = \frac{1}{4}\pi\sqrt{-1}, \quad \ldots \quad 3l\frac{\pm 1 + \sqrt{-1}}{\sqrt{2}} = \frac{3}{4}\pi\sqrt{-1},$$

$$l\frac{-1 - \sqrt{-3}}{2} = \frac{4}{3}\pi\sqrt{-1}, \quad \ldots \quad 2l\frac{-1 - \sqrt{-3}}{2} = \frac{8}{3}\pi\sqrt{-1},$$

et enfin

$$l\sqrt{-1} = \frac{1}{2}\pi\sqrt{-1}.$$

Donc, la somme ou $\quad lA = \frac{79}{12}\pi\sqrt{-1}.$

Par conséquent, le produit cherché sera

$$A = \cos \frac{79}{12}\pi + \sqrt{-1} \cdot \sin \frac{79}{12}\pi$$

ou bien

$$A = \cos \frac{7}{12}\pi + \sqrt{-1} \cdot \sin \frac{7}{12}\pi.$$

Je remarque encore que le logarithme proposé étant $= f + g\sqrt{-1}$, le nombre répondant selon la régle commune, se trouve $= e^{f+g\sqrt{-1}}$. Or, cette expression est tout à fait équivalente à celle que nous venons de trouver. Car on sait d'ailleurs que $e^{g\sqrt{-1}} = \cos g + \sqrt{-1} \cdot \sin g$ et partant

$$e^{f+g\sqrt{-1}} = e^{f} \cdot e^{g\sqrt{-1}} = e^{f}(\cos g + \sqrt{-1} \cdot \sin g),$$

mais cette derniere expression est plus commode que la premiere, où les imaginaires entrent dans l'exposant.

DE EXPRESSIONE INTEGRALIUM PER FACTORES

Commentatio 254 indicis ENESTROEMIANI
Novi commentarii academiae scientiarum Petropolitanae 6 (1756/7), 1761, p. 115—154
Summarium ibidem p. 15—17

SUMMARIUM

Quemadmodum omnis generis integralia, quorum integrationem absolute perficere non licet, per series infinitas evolvi solent, quae, si fuerint convergentes, ad usum aeque sunt accommodatae, ac si integratio in potestate fuisset, atque adeo saepenumero multo maiorem usum praestant, ita iam pridem Geometrae agnoverunt haud minoris utilitatis fore, si eadem integralia per producta ex infinitis factoribus exprimi possent, usumque adeo praestantiorem esse futurum, si logarithmis fuerit utendum. Verum talis conversio ad paucissimos casus est adstricta; neque enim in aliis formulis integralibus locum habet, nisi quae in alterutra [1]) harum formularum

$$\int x^m \, dx (1 - x^n)^k \quad \text{et} \quad \int \frac{x^m \, dx}{(1 + x^n)^k}$$

sint contentae, neque etiam in his formulis negotium in genere succedit, ita ut pro quovis valore ipsius x valor integralis per eiusmodi productum exprimi queat, sed tantum ad eum casum limitatur, quo in priori formula statuitur $x = 1$, in posteriori vero $x = \infty$. Hi autem casus etiam calculo prae reliquis ita excellunt, ut eorum usus sit amplissimus et pulcherrima subsidia pro tota Analysi inde deducantur. Hoc igitur argumentum tametsi Cel. Auctor iam olim pertractaverit, hic denuo resumit atque ex principiis multo clarioribus formationem illorum productorum in infinitum excurrentium docet.

Primum quidem elegantem harum formularum transformationem exponit indeque casus, quibus eae sunt algebraice vel absolute integrabiles, facili negotio expedit. Ceterum hic monendus est lector ob calculos maxime intricatos nonnullos errores typogra-

---

2) Secundum manuscriptum; editio princeps habet *in altera*.   A. G.

phicos[1]) irrepsisse, v. g. p. 124 et seqq. frequenter litteram i cum unitate 1 itemque litteram graecam $\varkappa$ cum latina x esse permutatam; cum autem hanc dissertationem nemo facile sit lecturus, nisi qui calculum ipse evolvere constituerit, isti errores eius sollertiam non remorabuntur, praecipue cum hinc inde istae litterae recte sint expressae. Ita p. 124 in Corollario 2 notetur tantum poni $\frac{m}{n} = \varkappa$ seu $m = \varkappa n$ et reliqua fient satis perspicua.

Deinde Cel. Auctor hoc argumentum invertit ac proposito huiusmodi producto

$$\frac{acf}{beg} \cdot \frac{(a+1)(c+1)(f+1)}{(b+1)(e+1)(g+1)} \cdot \frac{(a+2)(c+2)(f+2)}{(b+2)(e+2)(g+2)} \cdot \text{etc.},$$

ubi singula membra ex una vel duabus vel tribus fractionibus constant, quarum singularum tam numeratores quam denominatores in sequentibus membris continuo unitate augentur, proposito scilicet huiusmodi producto in infinitum excurrente inquirit in formulam integralem, cuius valor casu $x = 1$ ipsi huic producto sit aequalis; quod cum pluribus modis fieri queat, hinc egregias comparationes huiusmodi formularum integralium adipiscitur. Observat autem in genere talis producti valorem finitum esse non posse, nisi sit $a + c + f = b + e + g$. Deinde cum sinus et cosinus angulorum per eiusmodi producta exprimi queant, eos hinc per formulas integrales exponit, unde insignia theoremata per universam Analysin maximi momenti oriuntur.

In integralibus ad series infinitas revocandis Geometrae adhuc plurimum fuere occupati cum ad naturam serierum accuratius perspiciendam tum ob summum usum, quem series praestant ad integralium valores proxime cognoscendos. Iam vero ostendi in Tomo Comment. Petrop. XI.[2]) ob easdem rationes reductionem integralium ad producta ex infinitis factoribus constantia non minus esse dignam, quae omni cura excolatur, ibique plurima iam huius reductionis dedi specimina, quae in Analysi haud contemnendum usum afferre videntur, etiamsi ipsa pertractatio nondum satis fuerit polita atque in ordinem digesta. Quamobrem hoc argumentum denuo ita resumere est visum, ut primo fundamenta, quibus innititur, luculentius exponerem, tum vero plures casus, qui inprimis memorabiles videntur, accuratius evolverem.

Ante omnia autem notari convenit hunc modum integralia per factores exprimendi non in genere ita tradi posse, ut ad omnes quantitatis variabilis

---

1) Qui errores in hac editione correcti sunt.   A. G.

2) Vide L. EULERI Commentationem 122 (indicis ENESTROEMIANI): *De productis ex infinitis factoribus ortis*, Comment. acad. sc. Petrop. 11 (1739), 1750, p. 3; LEONHARDI EULERI *Opera omnia*, series I, vol. 14.   A. G.

valores aeque pateat, ad quod institutum series infinitae potissimum sunt accommodatae, sed factores tum solum commode in usum vocari possunt, quando is integralis tantum valor investigatur, cum variabili valor quidem determinatus tribuitur. Neque vero hunc valorem pro lubitu assumere licet, sed potius ita comparatum esse oportet, ut iam in formula differentiali singulari gaudeat proprietate, dum eam vel ad nihilum vel ad infinitum redigit.

Huiusmodi autem casus iam prae ceteris notatu inprimis digni atque in applicatione ad praxin potissimum quaeri solent, ita ut plerumque quaestio versari soleat in valore integralium pro huiusmodi quodam casu inveniendo. Ita si de circuli quadratura agitur, vel huius formulae $\int \dfrac{dx}{\sqrt{(1-xx)}}$ valor desideratur casu, quo $x=1$, vel huius formulae $\int \dfrac{dx}{1+xx}$ casu, quo $x=\infty$; ibi autem hoc casu differentiale ipsum evadit infinitum, hic vero evanescit.

Quo igitur rem generalius complectar, duplicis generis formulas integrales hic evolvam, quae sint

$$\int x^{m-1}\,dx\,(1-x^n)^k \quad \text{et} \quad \int \frac{x^{m-1}\,dx}{(1+x^n)^k},$$

quarum utramque ita integrari assumo, ut evanescat posito $x=0$. Tum vero prioris integralis $\int x^{m-1}\,dx\,(1-x^n)^k$ eum tantum valorem determinare in animo est, quem accipit, si ponatur $x=1$; posterioris vero integralis $\int \dfrac{x^{m-1}\,dx}{(1+x^n)^k}$ illum valorem, quem casu $x=\infty$ sortitur, tantum investigabo. Evidens autem est hos integralium casus prae reliquis tali eminenti praerogativa gaudere, ut inprimis evolvi mereantur.

Quanquam hic elegantiae consulens coefficientes omisi, tamen perspicuum est has formulas aeque late patere, ac si tales coefficientes essent adiecti. Formula namque huiusmodi $\int \gamma y^{m-1}\,dy\,(\alpha-\beta y^n)^k$ posito $\dfrac{\beta y^n}{\alpha}=x^n$ manifesto ad allatam $\int x^{m-1}\,dx\,(1-x^n)^k$ reducitur neque propterea latius patere est censenda ac simili reductione haec formula $\int \dfrac{\gamma y^{m-1}\,dy}{(\alpha+\beta y^n)^k}$ in altera $\int \dfrac{x^{m-1}\,dx}{(1+x^n)^k}$ continetur, unde omnino superfluum esset loco formularum nostrarum simpliciori specie expressarum has magis complicatas adhibere velle.

Verum etiam altera formularum sumtarum in altera continetur, ita ut sufficiat alterutram tantummodo, quam sum traditurus, tractasse.

Si enim ponatur $x=\dfrac{y}{(1+y^n)^{\frac{1}{n}}}$, erit

$$1-x^n=\frac{1}{1+y^n}, \qquad x^m=\frac{y^m}{(1+y^n)^{\frac{m}{n}}} \quad \text{et} \quad \frac{dx}{x}=\frac{dy}{y(1+y^n)};$$

quibus valoribus substitutis obtinebitur

$$\int x^{m-1} dx (1-x^n)^k = \int \frac{y^{m-1} dy}{(1+y^n)^{k+1+\frac{m}{n}}}$$

his integralibus ita sumtis, ut evanescant posito $x=0$ et $y=0$; quae conditio hic semper subintelligi debet. Cum igitur posito $y=\infty$ fiat $x=1$, habebimus sequens theorema.

THEOREMA 1

1. *Valor formulae integralis*

$$\int x^{m-1} dx (1-x^n)^k$$

casu $x=1$ *aequalis est valori huius formulae integralis*

$$\int \frac{y^{m-1} dy}{(1+y^n)^{k+1+\frac{m}{n}}}$$

casu $y=\infty$.

Cuius aequalitatis ratio est, quod illa forma actu transmutatur in hanc, si ponatur $x = \dfrac{y}{(1+y^n)^{\frac{1}{n}}}$.

Sequens theorema, quod per similem reductionem oritur, non parum quoque utilitatis habebit, quod ideo cum sua demonstratione apponam.

THEOREMA 2

2. *Valor huius formulae integralis*

$$\int x^{m-1} dx (1-x^n)^k$$

casu $x=1$ *aequalis est valori huius formulae integralis*

$$\int y^{nk+n-1} dy (1-y^n)^{\frac{m-n}{n}}$$

etiam casu $y=1$.

DEMONSTRATIO

Ponatur $x = (1 - y^n)^{\frac{1}{n}}$, ut sit

$$1 - x^n = y^n, \quad x^m = (1 - y^n)^{\frac{m}{n}} \quad \text{et} \quad \frac{dx}{x} = \frac{-y^{n-1}dy}{1 - y^n},$$

quibus valoribus substitutis habebitur

$$x^{m-1}dx(1 - x^n)^k = -y^{nk+n-1}dy(1 - y^n)^{\frac{m-n}{n}}.$$

Sit

$$Y = \int y^{nk+n-1}dy(1 - y^n)^{\frac{m-n}{n}}$$

integrali ita sumto, ut evanescat posito $y = 0$; tum posito $y = 1$ abeat Y in A. Iam cum illas formulas ita integrari oporteat, ut evanescant posito $x = 0$, quo casu fit $y = 1$, erit

$$\int x^{m-1}dx(1 - x^n)^k = A - Y.$$

Ponatur nunc $x = 1$, quo casu fit $y = 0$ ideoque et $Y = 0$, et formula nostra integralis fiet $= A$ seu integrale $\int x^{m-1}dx(1 - x^n)^k$ casu $x = 1$ aequale erit integrali $\int y^{nk+n-1}dy(1 - y^n)^{\frac{m-n}{n}}$ casu $y = 1$. Q. E. D.

COROLLARIUM 1

3. Cum igitur hae tres formulae

$$\text{I. } \int x^{m-1}dx(1 - x^n)^k, \quad \text{II. } \int \frac{y^{m-1}dy}{(1 + y^n)^{k+1+\frac{m}{n}}}, \quad \text{III. } \int z^{nk+n-1}dz(1 - z^n)^{\frac{m-n}{n}}$$

ita a se invicem pendeant, ut prima transeat in secundam posito $x = \dfrac{y}{(1 + y^n)^{\frac{1}{n}}}$, at vero posito $x = (1 - z^n)^{\frac{1}{n}}$ ea abeat in tertiam negative sumtam, manifestum est, quoties una harum fuerit absolute integrabilis, toties et binas reliquas fore absolute integrabiles.

COROLLARIUM 2

4. Prima autem absolute est integrabilis, uti per se est perspicuum, si sit k numerus integer affirmativus, quicunque numerus pro m statuatur. Ex-

cipiuntur tamen casus, quibus m aequatur cuipiam numero huius progressionis

$$0, \quad -n, \quad -2n, \quad -3n, \ldots -kn;$$

his enim casibus pars integralis pendebit a logarithmis. Casus ergo hi excipiendi huc redeunt, ut integratio absoluta succedat existente k numero integro affirmativo, nisi $-\frac{m}{n}$ sit numerus integer affirmativus vel minor quam k vel ipsi k aequalis, vel nisi $k + \frac{m}{n}$ sit numerus integer affirmativus non maior quam k.

COROLLARIUM 3

5. Simili modo forma secunda erit integrabilis, si $-k-1-\frac{m}{n}$ fuerit numerus integer affirmativus, puta i; casus autem excipiuntur, quibus $-\frac{m}{n}$ pariter est numerus integer affirmativus non maior quam i. Vel si denotet ω numerum quemcunque affirmativum integrum ex hac serie $0, 1, 2, \ldots i$, casus excipiuntur, quibus $-\frac{m}{n} = \omega$.

COROLLARIUM 4

6. Tertia autem formula absolute erit integrabilis, si $\frac{m-n}{n}$ fuerit numerus integer affirmativus, puta i; excipiuntur autem casus, quibus $-k-1 = \omega$ denotante ω numerum quemcunque integrum affirmativum non maiorem quam i.

COROLLARIUM 5

7. His ergo notatis formula $\int x^{m-1} dx (1-x^n)^k$ absolute erit integrabilis casibus sequentibus, in quibus i numerum affirmativum integrum quemcunque denotat, ω autem quemlibet numerum integrum affirmativum ipso i non maiorem:

I. Si $\quad k = i \quad$ neque tamen $\quad -\frac{m}{n} = \omega$.

II. Si $\quad -k-1-\frac{m}{n} = i \quad$ neque tamen $\quad -\frac{m}{n} = \omega \quad$ (vel $-k-1 = \omega$).

III. Si $\quad \frac{m-n}{n} = i \quad$ neque tamen $\quad -k-1 = \omega$.

COROLLARIUM 6

8. Manifestum autem est hos eosdem integrabilitatis casus locum esse habituros in formula hac latius patente $\int x^{m-1}dx(a+bx^n)^k$, pro quo demonstratio pari modo adornatur. Atque ex his tribus conditionibus casus integrabilitatis omnium huiusmodi formularum diiudicari solent.

Quanquam haec ad meum institutum non pertinent, tamen, quia tam facile ex binis theorematibus praemissis fluunt, non incongruum est visum ea his adiicere. Nunc igitur ad verum fundamentum dicendorum progredior, quod reductione integralium ad alias formas nititur. Quam quo distinctius exponam, hanc formam algebraicam contemplor

$$x^\alpha(1-x^n)^\gamma = P,$$

qua differentiata obtineo

$$dP = \alpha x^{\alpha-1}dx(1-x^n)^\gamma - \gamma n x^{\alpha+n-1}dx(1-x^n)^{\gamma-1},$$

quae adhuc aliis modis in duo membra dispesci potest, veluti

$$dP = \alpha x^{\alpha-1}dx(1-x^n)^{\gamma-1} - (\alpha+\gamma n)x^{\alpha+n-1}dx(1-x^n)^{\gamma-1}.$$

Tum vero si in membro posteriori pro x^n scribatur $1-(1-x^n)$, prior forma dabit

$$dP = (\alpha+\gamma n)x^{\alpha-1}dx(1-x^n)^\gamma - \gamma n x^{\alpha-1}dx(1-x^n)^{\gamma-1},$$

posterior vero eodem redit. Unde integrando obtinemus

$$P = \alpha\int x^{\alpha-1}dx(1-x^n)^\gamma - \gamma n\int x^{\alpha+n-1}dx(1-x^n)^{\gamma-1},$$

$$P = \alpha\int x^{\alpha-1}dx(1-x^n)^{\gamma-1} - (\alpha+\gamma n)\int x^{\alpha+n-1}dx(1-x^n)^{\gamma-1},$$

$$P = (\alpha+\gamma n)\int x^{\alpha-1}dx(1-x^n)^\gamma - \gamma n\int x^{\alpha-1}dx(1-x^n)^{\gamma-1}.$$

Quae integralia cum evanescere debeant posito $x=0$, necesse est, ut eodem casu $P=x^\alpha(1-x^n)^\gamma$ evanescat, quod quidem semper fit, si α sit numerus positivus quicunque. Iam si γ quoque fuerit numerus positivus, evidens est posito $x=1$ et hoc casu fieri $P=0$; unde sequentia elicimus theoremata.

THEOREMA 3

9. *Si α et γ fuerint numeri positivi ac post integrationem ponatur $x = 1$, habebuntur sequentes formularum integralium aequalitates*

$$\text{I.} \quad \alpha \int x^{\alpha-1} dx (1 - x^n)^\gamma = \gamma n \int x^{\alpha+n-1} dx (1 - x^n)^{\gamma-1},$$

$$\text{II.} \quad \alpha \int x^{\alpha-1} dx (1 - x^n)^{\gamma-1} = (\alpha + \gamma n) \int x^{\alpha+n-1} dx (1 - x^n)^{\gamma-1},$$

$$\text{III.} \quad (\alpha + \gamma n) \int x^{\alpha-1} dx (1 - x^n)^\gamma = \gamma n \int x^{\alpha-1} dx (1 - x^n)^{\gamma-1}.$$

DEMONSTRATIO

Cum enim post integrationem ponatur $x = 1$, pro hoc casu in superioribus formulis fit $P = 0$ indeque aperte sequuntur aequationes hic propositae. Q. E. D.

COROLLARIUM 1

10. Harum trium aequationum quaelibet iam in duabus reliquis continetur, unde eae in hac forma comprehendentur

$$\int x^{\alpha+n-1} dx (1 - x^n)^{\gamma-1} = \frac{\alpha}{\gamma n} \int x^{\alpha-1} dx (1 - x^n)^\gamma = \frac{\alpha}{\alpha + \gamma n} \int x^{\alpha-1} dx (1 - x^n)^{\gamma-1},$$

seu sequentes tres formulae integrales inter se aequabuntur

$$\frac{1}{\alpha} \int x^{\alpha+n-1} dx (1 - x^n)^{\gamma-1} = \frac{1}{\gamma n} \int x^{\alpha-1} dx (1 - x^n)^\gamma = \frac{1}{\alpha + \gamma n} \int x^{\alpha-1} dx (1 - x^n)^{\gamma-1},$$

si quidem α et γ fuerint numeri positivi.

COROLLARIUM 2

11. Cum sit per Theorema 2

$$\int x^{m-1} dx (1 - x^n)^k = \int x^{nk+n-1} dx (1 - x^n)^{\frac{m-n}{n}}$$

posito itidem $x = 1$, aequalitas habebitur inter sex sequentes formulas integrales

I. $\dfrac{1}{\alpha}\int x^{\alpha+n-1}dx(1-x^n)^{\gamma-1}$,   II. $\dfrac{1}{\gamma n}\int x^{\alpha-1}dx(1-x^n)^{\gamma}$,

III. $\dfrac{1}{\alpha+\gamma n}\int x^{\alpha-1}dx(1-x^n)^{\gamma-1}$,   IV. $\dfrac{1}{\alpha}\int x^{n\gamma-1}dx(1-x^n)^{\frac{\alpha}{n}}$,

V. $\dfrac{1}{\gamma n}\int x^{n\gamma+n-1}dx(1-x^n)^{\frac{\alpha-n}{n}}$,   VI. $\dfrac{1}{\alpha+\gamma n}\int x^{n\gamma-1}dx(1-x^n)^{\frac{\alpha-n}{n}}$,

dummodo exponentes α et γ fuerint affirmativi.

COROLLARIUM 3

12. Si α fuerit numerus infinitus, erit

$$\int x^{\alpha+n-1}dx(1-x^n)^{\gamma-1}=\int x^{\alpha-1}dx(1-x^n)^{\gamma-1}$$

atque ob eandem rationem erit

$$\int x^{\alpha+2n-1}dx(1-x^n)^{\gamma-1}=\int x^{\alpha+n-1}dx(1-x^n)^{\gamma-1}=\int x^{\alpha-1}dx(1-x^n)^{\gamma-1},$$

unde generatim colligitur fore

$$\int x^{\alpha+\mu-1}dx(1-x^n)^{\gamma-1}=\int x^{\alpha-1}dx(1-x^n)^{\gamma-1},$$

dummodo μ fuerit numerus finitus existente α infinito.

COROLLARIUM 4

13. Pari modo si γ fuerit numerus infinitus, erit

$$\int x^{\alpha-1}dx(1-x^n)^{\gamma}=\int x^{\alpha-1}dx(1-x^n)^{\gamma-1}$$

eodemque modo erit

$$\int x^{\alpha-1}dx(1-x^n)^{\gamma+1}=\int x^{\alpha-1}dx(1-x^n)^{\gamma},$$

unde generatim colligitur fore

$$\int x^{\alpha-1}dx(1-x^n)^{\gamma\pm\mu}=\int x^{\alpha-1}dx(1-x^n)^{\gamma},$$

siquidem μ sit numerus finitus existente γ infinito.

PROBLEMA 1

14. *Si m et k sint numeri positivi atque i denotet numerum integrum affirmativum quemcunque, definire rationem formulae*

$$\int x^{m-1}\,dx\,(1-x^n)^{k-1}$$

ad formulam

$$\int x^{m-1}\,dx\,(1-x^n)^{k+1}$$

casu x = 1.

SOLUTIO

Cum sit [§ 9, III]

$$\int x^{\alpha-1}\,dx\,(1-x^n)^{\gamma-1}=\frac{\alpha+\gamma n}{\gamma n}\int x^{\alpha-1}\,dx\,(1-x^n)^{\gamma},$$

erit ponendo m et k pro α et γ

$$\int x^{m-1}\,dx\,(1-x^n)^{k-1}=\frac{m+kn}{kn}\int x^{m-1}\,dx\,(1-x^n)^{k};$$

si nunc manente $\alpha = m$ ponatur $\gamma = k+1$, erit γ multo magis numerus affirmativus, cum k sit talis, ideoque pari modo habebitur

$$\int x^{m-1}\,dx\,(1-x^n)^{k}=\frac{m+(k+1)n}{(k+1)n}\int x^{m-1}\,dx\,(1-x^n)^{k+1}$$

ac pari modo progrediendo erit

$$\int x^{m-1}\,dx\,(1-x^n)^{k+1}=\frac{m+(k+2)n}{(k+2)n}\int x^{m-1}\,dx\,(1-x^n)^{k+2}.$$

Hinc ergo in genere concluditur fore denotante i numerum integrum quemcunque

$$\frac{\int x^{m-1}\,dx\,(1-x^n)^{k-1}}{\int x^{m-1}\,dx\,(1-x^n)^{k+i}}=\frac{m+kn}{kn}\cdot\frac{m+kn+n}{kn+n}\cdot\frac{m+kn+2n}{kn+2n}\cdot\frac{m+kn+3n}{kn+3n}\dots\frac{m+kn+in}{kn+in}.$$

Q. E. I.

COROLLARIUM 1

15. Cum sit [§ 11]

$$\int x^{m-1}\,dx\,(1-x^n)^{k-1}=\int x^{nk-1}\,dx\,(1-x^n)^{\frac{m-n}{n}}$$

ideoque etiam

$$\int x^{m-1}\,dx(1-x^n)^{k+i} = \int x^{kn+in+n-1}\,dx(1-x^n)^{\frac{m-n}{n}},$$

erit quoque

$$\frac{\int x^{kn-1}\,dx(1-x^n)^{\frac{m-n}{n}}}{\int x^{kn+in+n-1}\,dx(1-x^n)^{\frac{m-n}{n}}} = \frac{m+kn}{kn}\cdot\frac{m+kn+n}{kn+n}\cdot\frac{m+kn+2n}{kn+2n}\cdots\frac{m+kn+in}{kn+in}.$$

COROLLARIUM 2

16. Si hic ponatur $kn = \mu$ et $\frac{m}{n} = \varkappa$ seu $m = \varkappa n$, ita ut iam μ et $\varkappa$ sint numeri affirmativi, habebitur haec reductio

$$\frac{\int x^{\mu-1}\,dx(1-x^n)^{\varkappa-1}}{\int x^{\mu+in+n-1}\,dx(1-x^n)^{\varkappa-1}} = \frac{\mu+\varkappa n}{\mu}\cdot\frac{\mu+\varkappa n+n}{\mu+n}\cdot\frac{\mu+\varkappa n+2n}{\mu+2n}\cdots\frac{\mu+\varkappa n+in}{\mu+in};$$

scriptis autem pro μ et $\varkappa$ litteris m et k erit

$$\frac{\int x^{m-1}\,dx(1-x^n)^{k-1}}{\int x^{m+in+n-1}\,dx(1-x^n)^{k-1}} = \frac{m+kn}{m}\cdot\frac{m+kn+n}{m+n}\cdot\frac{m+kn+2n}{m+2n}\cdots\frac{m+kn+in}{m+in}$$

COROLLARIUM 3

17. Si haec expressio per expressionem in problemate inventam dividatur, prodibit

$$\frac{\int x^{m-1}\,dx(1-x^n)^{k+i}}{\int x^{m+in+n-1}\,dx(1-x^n)^{k-1}} = \frac{kn}{m}\cdot\frac{kn+n}{m+n}\cdot\frac{kn+2n}{m+2n}\cdots\frac{kn+in}{m+in},$$

in quibus factoribus tam numeratores quam denominatores in arithmetica progressione progrediuntur, cuius differentia est $= n$.

PROBLEMA 2

18. *Valorem formulae*

$$\int x^{m-1}\,dx(1-x^n)^{k-1},$$

quem accipit casu $x = 1$, per factores infinitos exprimere, siquidem exponentes m et k sint positivi.

31*

SOLUTIO

Statuatur in forma praecedentis problematis numerus i infinitus et habebitur

$$\frac{\int x^{m-1}dx(1-x^n)^{k-1}}{\int x^{m-1}dx(1-x^n)^{k+i}} = \frac{m+kn}{kn}\cdot\frac{m+kn+n}{kn+n}\cdot\frac{m+kn+2n}{kn+2n}\cdot\frac{m+kn+3n}{kn+3n}\cdot\text{etc. in infinitum.}$$

Iam manente i eodem numero infinito loco k alius sumatur numerus finitus $\varkappa$ quicunque et habebitur simili modo

$$\frac{\int x^{m-1}dx(1-x^n)^{\varkappa-1}}{\int x^{m-1}dx(1-x^n)^{\varkappa+i}} = \frac{m+\varkappa n}{\varkappa n}\cdot\frac{m+\varkappa n+n}{\varkappa n+n}\cdot\frac{m+\varkappa n+2n}{\varkappa n+2n}\cdot\frac{m+\varkappa n+3n}{\varkappa n+3n}\cdot\text{etc.,}$$

ubi numerus factorum aequalis est numero factorum praecedentis expressionis, utrinque scilicet infinitus $=i+1$. At ob i infinitum est, uti § 13 notavimus,

$$\int x^{m-1}dx(1-x^n)^{k+i}=\int x^{m-1}dx(1-x^n)^{\varkappa+i},$$

quare priori forma per posteriorem divisa orietur

$$\frac{\int x^{m-1}dx(1-x^n)^{k-1}}{\int x^{m-1}dx(1-x^n)^{\varkappa-1}} = \frac{\varkappa(m+kn)}{k(m+\varkappa n)}\cdot\frac{(\varkappa+1)(m+kn+n)}{(k+1)(m+\varkappa n+n)}\cdot\frac{(\varkappa+2)(m+kn+2n)}{(k+2)(m+\varkappa n+2n)}\cdot\text{etc.}$$

Statuatur iam $\varkappa=1$ eritque $\int x^{m-1}dx(1-x^n)^{\varkappa-1}=\frac{x^m}{m}=\frac{1}{m}$ posito $x=1$, unde fiet

$$\int x^{m-1}dx(1-x^n)^{k-1} = \frac{1}{m}\cdot\frac{1(m+kn)}{k(m+n)}\cdot\frac{2(m+kn+n)}{(k+1)(m+2n)}\cdot\frac{3(m+kn+2n)}{(k+2)(m+3n)}\cdot\frac{4(m+kn+3n)}{(k+3)(m+4n)}\cdot\text{etc.}$$

Q. E. I.

ALITER

Tractetur simili modo forma § 16 inventa statuendo i numerum infinitum eritque

$$\frac{\int x^{m-1}dx(1-x^n)^{k-1}}{\int x^{m+in-1}dx(1-x^n)^{k-1}} = \frac{m+kn}{m}\cdot\frac{m+kn+n}{m+n}\cdot\frac{m+kn+2n}{m+2n}\cdot\frac{m+kn+3n}{m+3n}\cdot\text{etc.}$$

Iam posito pro m alio numero finito μ erit pari modo

$$\frac{\int x^{\mu-1}dx(1-x^n)^{k-1}}{\int x^{\mu+in-1}dx(1-x^n)^{k-1}} = \frac{\mu+kn}{\mu}\cdot\frac{\mu+kn+n}{\mu+n}\cdot\frac{\mu+kn+2n}{\mu+2n}\cdot\frac{\mu+kn+3n}{\mu+3n}\cdot\text{etc.}$$

Cum autem sit ob i numerum infinitum

$$\int x^{m+in-1}dx(1-x^n)^{k-1} = \int x^{\mu+in-1}dx(1-x^n)^{k-1} = \int x^{in}dx(1-x^n)^{k-1}$$

evanescentibus quantitatibus finitis prae infinitis, et quia utrinque idem factorum numerus habetur, formam priorem per posteriorem dividendo orietur

$$\frac{\int x^{m-1}dx(1-x^n)^{k-1}}{\int x^{\mu-1}dx(1-x^n)^{k-1}} = \frac{\mu(m+kn)}{m(\mu+kn)}\cdot\frac{(\mu+n)(m+kn+n)}{(m+n)(\mu+kn+n)}\cdot\frac{(\mu+2n)(m+kn+2n)}{(m+2n)(\mu+kn+2n)}\cdot \text{etc.}$$

Statuatur iam $\mu = n$; fiet

$$\int x^{n-1}dx(1-x^n)^{k-1} = \frac{1-(1-x^n)^k}{kn}$$

integratione ita peracta, ut evanescat posito $x = 0$. Posito nunc $x = 1$ iste valor abit in $\frac{1}{kn}$, unde obtinebitur

$$\int x^{m-1}dx(1-x^n)^{k-1} = \frac{1}{kn}\cdot\frac{1(m+kn)}{m(1+k)}\cdot\frac{2(m+kn+n)}{(m+n)(2+k)}\cdot\frac{3(m+kn+2n)}{(m+2n)(3+k)}\cdot \text{etc.}$$

En ergo aliud productum ex infinitis factoribus constans priori non admodum dissimile eique adeo aequale, quo valor quaesitus formulae integralis propositae exprimitur. Q. E. I.

COROLLARIUM 1

19. Has autem duas formas in infinitum excurrentes inter se esse aequales per se perspicuum est; posteriori enim per priorem divisa ob singulorum membrorum numeratores aequales prodit

$$1 = \frac{m}{kn}\cdot\frac{k(m+n)}{m(k+1)}\cdot\frac{(k+1)(m+2n)}{(m+n)(k+2)}\cdot\frac{(k+2)(m+3n)}{(m+2n)(k+3)}\cdot \text{etc.}$$

At duo factores primi dant $\frac{m+n}{n(k+1)}$, tres $\frac{m+2n}{n(k+2)}$, quatuor $\frac{m+3n}{n(k+3)}$ et infiniti dant $\frac{m+in}{n(k+i)} = \frac{in+m}{in+kn} = 1$.

COROLLARIUM 2

20. Huiusmodi formae factorum infinitorum innumerabiles formari possunt, quarum valor $= 1$. Cum enim sit

$$\frac{p}{p+q}\cdot\frac{p+q}{p+2q}\cdot\frac{p+2q}{p+3q}\cdot\frac{p+3q}{p+4q}\ldots=\frac{p}{p+iq}=\frac{p}{iq},$$

$$\frac{r+s}{r}\cdot\frac{r+2s}{r+s}\cdot\frac{r+3s}{r+2s}\cdot\frac{r+4s}{r+3s}\ldots=\frac{r+is}{r}=\frac{is}{r},$$

multiplicando has duas formas habebimus

$$1=\frac{qr}{ps}\cdot\frac{p(r+s)}{r(p+q)}\cdot\frac{(p+q)(r+2s)}{(r+s)(p+2q)}\cdot\frac{(p+2q)(r+3s)}{(r+2s)(p+3q)}\cdot\text{etc.}$$

COROLLARIUM 3

21. Si ergo valor formulae integralis inventus per hanc expressionem $=1$ multiplicetur, prodibit expressio latius patens eidem aequalis, scilicet

$$\int x^{m-1}dx(1-x^n)^{k-1}$$

$$=\frac{qr}{knps}\cdot\frac{1(m+kn)p(r+s)}{m(k+1)r(p+q)}\cdot\frac{2(m+kn+n)(p+q)(r+2s)}{(m+n)(k+2)(r+s)(p+2q)}\cdot\frac{3(m+kn+2n)(p+2q)(r+3s)}{(m+2n)(k+3)(r+2s)(p+3q)}\cdot\text{etc.,}$$

ubi pro p, q, r, s numeros quoscunque assumere licet. Pluribus modis ergo ita accipi possunt, ut quilibet factor ad formam simpliciorem redigatur.

COROLLARIUM 4

22. Sit $p=m$ et $q=n$ eritque

$$\int x^{m-1}dx(1-x^n)^{k-1}$$

$$=\frac{r}{mks}\cdot\frac{1(m+kn)(r+s)}{(m+n)(k+1)r}\cdot\frac{2(m+kn+n)(r+2s)}{(m+2n)(k+2)(r+s)}\cdot\frac{3(m+kn+2n)(r+3s)}{(m+3n)(k+3)(r+2s)}\cdot\text{etc.;}$$

si porro ponatur $r=k$ et $s=1$, erit

$$\int x^{m-1}dx(1-x^n)^{k-1}=\frac{1}{m}\cdot\frac{1(m+kn)}{(m+n)k}\cdot\frac{2(m+kn+n)}{(m+2n)(k+1)}\cdot\frac{3(m+kn+2n)}{(m+3n)(k+2)}\cdot\text{etc.,}$$

quae est expressio primum inventa. Sin autem sit $r=m+kn$ et $s=n$, erit

$$\int x^{m-1}dx(1-x^n)^{k-1}=\frac{m+kn}{mkn}\cdot\frac{1(m+kn+n)}{(m+n)(k+1)}\cdot\frac{2(m+kn+2n)}{(m+2n)(k+2)}\cdot\frac{3(m+kn+3n)}{(m+3n)(k+3)}\cdot\text{etc.}$$

COROLLARIUM 5

23. Si ponatur $p = k + 1$ et $q = 1$, erit

$$\int x^{m-1} dx (1 - x^n)^{k-1}$$

$$= \frac{r}{k(k+1)ns} \cdot \frac{1(m+kn)(r+s)}{mr(k+2)} \cdot \frac{2(m+kn+n)(r+2s)}{(m+n)(r+s)(k+3)} \cdot \frac{3(m+kn+2n)(r+3s)}{(m+2n)(r+2s)(k+4)} \cdot \text{etc.};$$

sit porro $r = 1$ et $s = 1$; erit

$$\int x^{m-1} dx (1 - x^n)^{k-1} = \frac{1}{k(k+1)n} \cdot \frac{2(m+kn)}{m(k+2)} \cdot \frac{3(m+kn+n)}{(m+n)(k+3)} \cdot \frac{4(m+kn+2n)}{(m+2n)(k+4)} \cdot \text{etc.};$$

sin autem ponatur $r = m + kn$ et $s = n$, erit

$$\int x^{m-1} dx (1 - x^n)^{k-1} = \frac{m+kn}{k(k+1)nn} \cdot \frac{1(m+kn+n)}{m(k+2)} \cdot \frac{2(m+kn+2n)}{(m+n)(k+3)} \cdot \frac{3(m+kn+3n)}{(m+2n)(k+4)} \cdot \text{etc.}$$

COROLLARIUM 6

24. Si manente exponente k reliquos exponentes m et n mutemus [in μ et ν], habebimus

$$\int x^{\mu-1} dx (1 - x^\nu)^{k-1} = \frac{1}{\mu} \cdot \frac{1(\mu+k\nu)}{(\mu+\nu)k} \cdot \frac{2(\mu+k\nu+\nu)}{(\mu+2\nu)(k+1)} \cdot \frac{3(\mu+k\nu+2\nu)}{(\mu+3\nu)(k+2)} \cdot \text{etc.},$$

dummodo μ, ν et k sint numeri affirmativi. Divisa ergo illa forma [§ 17] per hanc obtinebimus

$$\frac{\int x^{m-1} dx (1-x^n)^{k-1}}{\int x^{\mu-1} dx (1-x^\nu)^{k-1}} = \frac{\mu}{m} \cdot \frac{(\mu+\nu)(m+kn)}{(m+n)(\mu+k\nu)} \cdot \frac{(\mu+2\nu)(m+kn+n)}{(m+2n)(\mu+k\nu+\nu)} \cdot \frac{(\mu+3\nu)(m+kn+2n)}{(m+3n)(\mu+k\nu+2\nu)} \cdot \text{etc.}$$

COROLLARIUM 7

25. Sin autem etiam in altera forma k in $\varkappa$ mutetur, habebitur

$$\frac{\int x^{m-1} dx (1-x^n)^{k-1}}{\int x^{\mu-1} dx (1-x^\nu)^{\varkappa-1}}$$

$$= \frac{\mu}{m} \cdot \frac{\varkappa(\mu+\nu)(m+kn)}{k(m+n)(\mu+\varkappa\nu)} \cdot \frac{(\varkappa+1)(\mu+2\nu)(m+kn+n)}{(k+1)(m+2n)(\mu+\varkappa\nu+\nu)} \cdot \frac{(\varkappa+2)(\mu+3\nu)(m+kn+2n)}{(k+2)(m+3n)(\mu+\varkappa\nu+2\nu)} \cdot \text{etc.}$$

posito post integrationem $x = 1$ et existentibus omnibus exponentibus m, n, k ac μ, ν, $\varkappa$ affirmativis.

SCHOLION

26. His conversionibus formularum integralium in factores infinitos expositis videamus vicissim, quomodo proposita huiusmodi expressio infinita per factores procedens ad integrationes formularum casu, quo $x = 1$, reduci debeat. Hic autem ante omnia spectari debent membra, quae illud productum infinitum constituunt, ex quot illa factoribus sint composita; quae membra primum ita comparata esse debent, ut infinitesima in unitatem abeant. In hunc finem erunt fracta et ex certo tam numeratorum quam denominatorum numero constabunt et utrique per singula membra secundum progressionem arithmeticam procedent, ita ut in illis eadem habeatur differentia; etiamsi enim variae partes diversas obtineant differentias, eae tamen facile ad eandem reducentur. Cum igitur nihil obstet, quominus haec differentia unitati aequalis constituatur, pro diverso factorum cuiusque membri numero sequentes huiusmodi productorum infinitorum ordines habebimus

$$\frac{a}{b} \cdot \frac{a+1}{b+1} \cdot \frac{a+2}{b+2} \cdot \frac{a+3}{b+3} \cdot \frac{a+4}{b+4} \cdot \frac{a+5}{b+5} \cdot \text{etc.},$$

$$\frac{ac}{be} \cdot \frac{(a+1)(c+1)}{(b+1)(e+1)} \cdot \frac{(a+2)(c+2)}{(b+2)(e+2)} \cdot \frac{(a+3)(c+3)}{(b+3)(e+3)} \cdot \text{etc.},$$

$$\frac{acf}{beg} \cdot \frac{(a+1)(c+1)(f+1)}{(b+1)(e+1)(g+1)} \cdot \frac{(a+2)(c+2)(f+2)}{(b+2)(e+2)(g+2)} \cdot \text{etc.},$$

$$\frac{acfh}{begk} \cdot \frac{(a+1)(c+1)(f+1)(h+1)}{(b+1)(e+1)(g+1)(k+1)} \cdot \frac{(a+2)(c+2)(f+2)(h+2)}{(b+2)(e+2)(g+2)(k+2)} \cdot \text{etc.}$$

Quomodo ergo cuiusque horum productorum valor per formulas integrales exprimendus sit, videamus.

PROBLEMA 3

27. *Per formulas integrales definire valorem huius producti infiniti ex membris simplicibus constantis*

$$P = \frac{a}{b} \cdot \frac{a+1}{b+1} \cdot \frac{a+2}{b+2} \cdot \frac{a+3}{b+3} \cdot \frac{a+4}{b+4} \cdot \frac{a+5}{b+5} \cdot \text{etc.}$$

SOLUTIO

Denotante i numerum infinitum vidimus [§ 16] esse

$$\frac{\int x^{m-1}dx(1-x^n)^{k-1}}{\int x^{in}dx(1-x^n)^{k-1}} = \frac{m+kn}{m} \cdot \frac{m+kn+n}{m+n} \cdot \frac{m+kn+2n}{m+2n} \cdot \text{etc.},$$

quae forma ad propositam reducetur ponendo $n=1$, $m+k=a$ et $m=b$, unde fit $k=a-b$. Cum ergo k debeat esse numerus affirmativus, si fuerit $a > b$, erit

$$P = \frac{\int x^{b-1}dx(1-x)^{a-b-1}}{\int x^i dx(1-x)^{a-b-1}} = \frac{\int x^{a-b-1}dx(1-x)^{b-1}}{\int x^{a-b-1}dx(1-x)^i},$$

sin autem sit $b > a$, erit inverse

$$P = \frac{\int x^i dx(1-x)^{b-a-1}}{\int x^{a-1}dx(1-x)^{b-a-1}} = \frac{\int x^{b-a-1}dx(1-x)^i}{\int x^{b-a-1}dx(1-x)^{a-1}}.$$

Q. E. I.

COROLLARIUM 2

28. Manifestum autem est, si sit $a > b$, valorem P fore infinitum, sin autem sit $b > a$, fore $P = 0$. Casu autem $a = b$ fit $P = 1$; qui casus cum ad utrumque expositorum aeque pertineat, evidens est esse $\int \frac{x^{a-1}dx}{1-x} = \int \frac{x^i dx}{1-x}$, quae integralia casu $x = 1$ utique fiunt ita infinita, ut rationem aequalitatis obtineant. Est autem in genere

$$\int \frac{x^{a-1}dx}{1-x} = \int \frac{x^{b-1}dx}{1-x}.$$

PROBLEMA 4

29. *Per formulas integrales definire valorem huius producti infiniti ex membris duplicatis constantis*

$$P = \frac{ac}{be} \cdot \frac{(a+1)(c+1)}{(b+1)(e+1)} \cdot \frac{(a+2)(c+2)}{(b+2)(e+2)} \cdot \frac{(a+3)(c+3)}{(b+3)(e+3)} \cdot \text{etc.}$$

SOLUTIO

Cum sit per § 24 denotantibus m, n, k, μ, ν numeros positivos

$$\frac{(\mu+\nu)(m+kn)}{(m+n)(\mu+k\nu)} \cdot \frac{(\mu+2\nu)(m+kn+n)}{(m+2n)(\mu+k\nu+\nu)} \cdot \text{etc.} = \frac{m}{\mu} \cdot \frac{\int x^{m-1}dx(1-x^n)^{k-1}}{\int x^{\mu-1}dx(1-x^\nu)^{k-1}},$$

ponatur $n = 1$, $\nu = 1$, $\mu + 1 = a$, $m + k = c$, $m + 1 = b$, $\mu + k = e$; erit $\mu = a - 1$, $m = b - 1$ et $k = c - b + 1 = e - a + 1$. Quare, quo haec forma ad propositam possit revocari, necesse est, ut sit $c - b = e - a$; nisi enim haec conditio locum habeat, valor producti propositi P esset vel infinitus vel evanescens. Quod incommodum ne locum habeat, sit $c - b = e - a$ seu $a + c = b + e$, atque dum sint $a - 1$, $b - 1$ et $c - b$ vel $e - a$ numeri affirmativi, erit

$$P = \frac{b-1}{a-1} \cdot \frac{\int x^{b-2} dx\,(1-x)^{c-b}}{\int x^{a-2} dx\,(1-x)^{e-a}}.$$

Vel consideretur haec forma

$$\frac{\mu(m+kn-n)}{m(\mu+kv-v)} \cdot \frac{(\mu+\nu)(m+kn)}{(m+n)(\mu+kv)} \cdot \text{etc.} = \frac{m+kn-n}{\mu+kv-v} \cdot \frac{\int x^{m-1} dx\,(1-x^n)^{k-1}}{\int x^{\mu-1} dx\,(1-x^\nu)^{k-1}},$$

quae ex illa luculenter nascitur, ac ponatur $n = 1$, $\nu = 1$, $\mu = a$, $m = b$, $c = m + k - 1$ et $e = \mu + k - 1$ eritque $k - 1 = c - b = e - a$; iterum ergo esse debet $a + c = b + e$. Nunc ergo, dummodo sint a, b et $c - b + 1$ vel $e - a + 1$ numeri positivi, erit

$$P = \frac{c}{e} \cdot \frac{\int x^{b-1} dx(1-x)^{c-b}}{\int x^{a-1} dx(1-x)^{e-a}}.$$

Quoties ergo fuerit $a + c = b + e$, valor quaesitus P est finitus ac per has formulas integrales casu $x = 1$ innotescit. Q. E. I.

COROLLARIUM 1

30. Cum sit $a + c = b + e$, si sit $c > b$, erit quoque $e > a$ et a et b in primo membro $\frac{ac}{be}$ denotant factores minores numeratoris et denominatoris. Requiritur autem tantum, ut $c - b + 1$ sit numerus positivus. Quare si etiam $c - e + 1$ sit numerus positivus, alio insuper modo valor quaesitus P exprimi poterit, scilicet permutandis b et e hoc modo

$$P = \frac{c}{b} \cdot \frac{\int x^{e-1} dx\,(1-x)^{c-e}}{\int x^{a-1} dx\,(1-x)^{b-a}}.$$

COROLLARIUM 2

31. Atque quaelibet harum formularum locum habebit

$$P = \frac{c}{b} \cdot \frac{\int x^{e-1} dx (1-x)^{c-e}}{\int x^{a-1} dx (1-x)^{b-a}} = \frac{c}{e} \cdot \frac{\int x^{b-1} dx (1-x)^{c-b}}{\int x^{a-1} dx (1-x)^{e-a}} = \frac{a}{b} \cdot \frac{\int x^{e-1} dx (1-x)^{a-e}}{\int x^{c-1} dx (1-x)^{b-c}}$$

$$= \frac{a}{e} \cdot \frac{\int x^{b-1} dx (1-x)^{a-b}}{\int x^{c-1} dx (1-x)^{e-c}}.$$

Quarum prima locum habet, si $c - e + 1 = b - a + 1$ sit > 0, secunda, si $c - b + 1 = e - a + 1 > 0$, tertia, si $a - e + 1 = b - c + 1 > 0$, et quarta, si $a - b + 1 = e - c + 1 > 0$.

COROLLARIUM 3

32. Prima forma et quarta simul valebunt, si differentia inter a et b sit unitate minor ideoque et inter c et e. Atque omnes quatuor simul locum habebunt, si insuper differentia inter a et e fuerit unitate minor.

COROLLARIUM 4

33. Si ergo ponatur $a = p + m$, $b = p + n$, $c = p - m$ et $e = p - n$, ut sit $a + c = b + e = 2p$ fueritque $m + n < 1$, erit

$$P = \frac{p-m}{p+n} \cdot \frac{\int x^{p-n-1} dx (1-x)^{n-m}}{\int x^{p+m-1} dx (1-x)^{n-m}} = \frac{p+m}{p+n} \cdot \frac{\int x^{p-n-1} dx (1-x)^{n+m}}{\int x^{p-m-1} dx (1-x)^{n+m}},$$

$$P = \frac{p-m}{p-n} \cdot \frac{\int x^{p+n-1} dx (1-x)^{-n-m}}{\int x^{p+m-1} dx (1-x)^{-n-m}} = \frac{p+m}{p-n} \cdot \frac{\int x^{p+n-1} dx (1-x)^{m-n}}{\int x^{p-m-1} dx (1-x)^{m-n}}.$$

Atque hae quatuor formulae inter se erunt aequales.

PROBLEMA 5

34. *Per formulas integrales exprimere valorem huius producti infiniti ex membris triplicatis constantis*

$$P = \frac{acf}{beg} \cdot \frac{(a+1)(c+1)(f+1)}{(b+1)(e+1)(g+1)} \cdot \frac{(a+2)(c+2)(f+2)}{(b+2)(e+2)(g+2)} \cdot \text{etc.}$$

SOLUTIO

Cum invenerimus § 25

$$\frac{\varkappa(\mu+\nu)(m+kn)}{k(m+n)(\mu+\varkappa\nu)}\cdot\frac{(\varkappa+1)(\mu+2\nu)(m+kn+n)}{(k+1)(m+2n)(\mu+\varkappa\nu+\nu)}\cdot\text{etc.}=\frac{m}{\mu}\cdot\frac{\int x^{m-1}dx(1-x^n)^{k-1}}{\int x^{\mu-1}dx(1-x^\nu)^{\varkappa-1}},$$

erit membrum anterius adhuc adiiciendo

$$\frac{(\varkappa-1)\mu(m+kn-n)}{(k-1)m(\mu+\varkappa\nu-\nu)}\cdot\frac{\varkappa(\mu+\nu)(m+kn)}{k(m+n)(\mu+\varkappa\nu)}\cdot\text{etc.}=\frac{(\varkappa-1)(m+kn-n)}{(k-1)(\mu+\varkappa\nu-\nu)}\cdot\frac{\int x^{m-1}dx(1-x^n)^{k-1}}{\int x^{\mu-1}dx(1-x^\nu)^{\varkappa-1}};$$

quae forma quo ad propositam reducatur, statuatur

$$\varkappa-1=a,\quad k-1=b,\quad \mu=c,\quad m=e,\quad n=1,\quad \nu=1$$

ac

$$m+k-1=e+b=f,\quad \mu+\varkappa-1=c+a=g.$$

Cum ergo haec reductio non succedat nisi ista conditione, sit $f=b+e$ et $g=a+c$, ut habeatur hoc productum infinitum

$$P=\frac{ac(b+e)}{be(a+c)}\cdot\frac{(a+1)(c+1)(b+e+1)}{(b+1)(e+1)(a+c+1)}\cdot\frac{(a+2)(c+2)(b+e+2)}{(b+2)(e+2)(a+c+2)}\cdot\text{etc.}$$

Quare cum hoc casu sit $m=e$, $k=b+1$, $\mu=c$ et $\varkappa=a+1$ existentibus $n=\nu=1$, erit

$$P=\frac{a(b+e)}{b(a+c)}\cdot\frac{\int x^{e-1}dx(1-x)^b}{\int x^{c-1}dx(1-x)^a},$$

dummodo sint c, e, $b+1$ et $a+1$ numeri positivi. Q. E. I.

COROLLARIUM 1

35. Cum per § 9 sit

$$\int x^{\alpha-1}dx(1-x)^{\gamma-1}=\frac{\alpha+\gamma}{\alpha}\int x^\alpha dx(1-x)^{\gamma-1},$$

erit

$$\int x^{e-1}dx(1-x)^b=\frac{b+e+1}{e}\int x^e dx(1-x)^b$$

ideoque

$$P=\frac{ac(b+e)(b+e+1)}{be(a+c)(a+c+1)}\cdot\frac{\int x^e dx(1-x)^b}{\int x^c dx(1-x)^a}.$$

Et cum sit

$$\int x^{a-1}dx(1-x)^{\gamma} = \frac{\gamma}{\alpha+\gamma}\int x^{a-1}dx(1-x)^{\gamma-1},$$

erit

$$\int x^{e-1}dx(1-x)^{b} = \frac{b}{b+e}\int x^{e-1}dx(1-x)^{b-1};$$

habebitur quoque

$$P = \frac{\int x^{e-1}dx(1-x)^{b-1}}{\int x^{c-1}dx(1-x)^{a-1}}.$$

COROLLARIUM 2

36. Formula haec autem locum habet, dummodo a, b, c et e sint numeri affirmativi, et quia iam a et c, item b et e inter se permutari possunt, erit quoque

$$P = \frac{\int x^{b-1}dx(1-x)^{e-1}}{\int x^{a-1}dx(1-x)^{c-1}},$$

quae conversio autem ex Theoremate 2 per se est manifesta.

SCHOLION 1

37. Problema ergo propositum non in genere est solutum, sed tantum casu, quo $f = b + e$ et $g = a + c$, sicque solutio nostra duplici limitatione restringitur. Unica vero tantum restrictione est opus, ne valor ipsius P vel fiat infinitus vel evanescens, qua requiritur, ut sit $a + c + f = b + e + g$. Quo autem problema pro hac unica limitatione solvatur, necesse est plures formulas integrales in computum ducere, quod hoc modo praestari poterit. Posito igitur $a + c + f = b + e + g$ cum sit

$$P = \frac{acf}{beg}\cdot\frac{(a+1)(c+1)(f+1)}{(b+1)(e+1)(g+1)}\cdot\frac{(a+2)(c+2)(f+2)}{(b+2)(e+2)(g+2)}\cdot \text{etc.},$$

statuatur $P = QR$ sitque

$$Q = \frac{(p+q)(p-q)}{(p+r)(p-r)}\cdot\frac{(p+q+1)(p-q+1)}{(p+r+1)(p-r+1)}\cdot \text{etc.} = \frac{p+q}{p+r}\cdot\frac{\int x^{p-r-1}dx(1-x)^{q+r}}{\int x^{p-q-1}dx(1-x)^{q+r}}$$

et

$$R = \frac{\alpha\gamma(\beta+\varepsilon)}{\beta\varepsilon(\alpha+\gamma)}\cdot\frac{(\alpha+1)(\gamma+1)(\beta+\varepsilon+1)}{(\beta+1)(\varepsilon+1)(\alpha+\gamma+1)}\cdot \text{etc.} = \frac{\int x^{\beta-1}dx(1-x)^{\varepsilon-1}}{\int x^{\alpha-1}dx(1-x)^{\gamma-1}}.$$

Fiat iam primum membrum producti QR aequale primo membro formae propositae P, scilicet

$$\frac{\alpha\gamma(\beta+\varepsilon)(p+q)(p-q)}{\beta\varepsilon(\alpha+\gamma)(p+r)(p-r)} = \frac{acf}{beg},$$

quod pluribus modis fieri potest. Primum enim illud pluribus modis ad tres factores potest reduci; ponatur scilicet $\beta+\varepsilon=p+r$ et $\alpha+\gamma=p+q$, ut habeatur $q=\alpha+\gamma-p$ et $r=\beta+\varepsilon-p$, eritque

$$\frac{\alpha\gamma(2p-\alpha-\gamma)}{\beta\varepsilon(2p-\beta-\varepsilon)} = \frac{acf}{beg}.$$

Quodsi ergo statuatur

$$\alpha=a, \quad \beta=b, \quad \gamma=c, \quad \varepsilon=e \quad \text{et} \quad 2p=a+c+f=b+e+g,$$

erit $q=a+c-p$ et $r=b+e-p$. Sicque nulla alia restrictio hic involvitur, nisi ut sit $a+c+f=b+e+g=2p$. Pro hoc ergo casu erit producti infiniti propositi valor

$$P=\frac{a+c}{b+e}\cdot\frac{\int x^{2p-b-e-1}dx(1-x)^{a+b+c+e-2p}}{\int x^{2p-a-c-1}dx(1-x)^{a+b+c+e-2p}}\cdot\frac{\int x^{b-1}dx(1-x)^{e-1}}{\int x^{a-1}dx(1-x)^{c-1}},$$

ubi iam tam litteras a et c quam b et e pro lubitu inter se permutare licet.

Alio modo statuatur $\gamma=p+r$ et $\varepsilon=p-q$, ut sit

$$\frac{\alpha(\beta+\varepsilon)(p+q)}{\beta(\alpha+\gamma)(p-r)} = \frac{acf}{beg}.$$

Iam sit

$$\alpha=a, \quad \beta=b, \quad \varepsilon=c-b, \quad \gamma=e-a;$$

erit

$$q=p-c+b \quad \text{et} \quad r=e-a-p$$

hincque

$$f=2p-c+b \quad \text{et} \quad g=2p-e+a.$$

Sin autem ponatur summa $a+c+f=b+e+g=s$, erit

$$a+b+2p=s \quad \text{et} \quad 2p=s-a-b$$

sicque

$$p+q=s-a-c=f, \quad p-q=c-b, \quad p+r=e-a,$$

$$p-r=s-b-e=g \quad \text{et} \quad q+r=b+e-a-c.$$

Atque hinc oritur

$$P = \frac{s-a-c}{e-a} \cdot \frac{\int x^{s-b-e-1}dx(1-x)^{b+e-a-c}}{\int x^{c-b-1}dx(1-x)^{b+e-a-c}} \cdot \frac{\int x^{b-1}dx(1-x)^{c-b-1}}{\int x^{a-1}dx(1-x)^{e-a-1}},$$

ubi iterum tam litteras a et c quam b et e inter se permutare licet. Vel erit etiam ob plures valores ipsius Q

$$P = \frac{c-b}{e-a} \cdot \frac{\int x^{g-1}dx(1-x)^{c+e-s}}{\int x^{f-1}dx(1-x)^{c+e-s}} \cdot \frac{\int x^{b-1}dx(1-x)^{c-b-1}}{\int x^{a-1}dx(1-x)^{e-a-1}}.$$

At formula prius inventa ponendo s pro $2p$ abit in hanc

$$P = \frac{a+c}{b+e} \cdot \frac{\int x^{g-1}dx(1-x)^{b+e-f}}{\int x^{f-1}dx(1-x)^{b+e-f}} \cdot \frac{\int x^{b-1}dx(1-x)^{e-1}}{\int x^{a-1}dx(1-x)^{c-1}}.$$

SCHOLION 2

38. Quodsi iam omnes istae permutationes adhibeantur, quae pro formula Q obtinentur, atque formula proposita fuerit

$$P = \frac{acf}{beg} \cdot \frac{(a+1)(c+1)(f+1)}{(b+1)(e+1)(g+1)} \cdot \frac{(a+2)(c+2)(f+2)}{(b+2)(e+2)(g+2)} \cdot \text{etc.}$$

fueritque $a+c+f=b+e+g$, reperientur sequentes valores pro valore P, scilicet

$$P = \frac{f}{g} \cdot \frac{\int x^{e-a-1}dx(1-x)^{a+f-e}}{\int x^{c-b-1}dx(1-x)^{a+f-e}} \cdot \frac{\int x^{b-1}dx(1-x)^{c-b-1}}{\int x^{a-1}dx(1-x)^{e-a-1}},$$

$$P = \frac{f}{e-a} \cdot \frac{\int x^{g-1}dx(1-x)^{f-g}}{\int x^{c-b-1}dx(1-x)^{f-g}} \cdot \frac{\int x^{b-1}dx(1-x)^{c-b-1}}{\int x^{a-1}dx(1-x)^{e-a-1}},$$

$$P = \frac{c-b}{g} \cdot \frac{\int x^{e-a-1}dx(1-x)^{g-f}}{\int x^{f-1}dx(1-x)^{g-f}} \cdot \frac{\int x^{b-1}dx(1-x)^{c-b-1}}{\int x^{a-1}dx(1-x)^{e-a-1}},$$

$$P = \frac{c-b}{e-a} \cdot \frac{\int x^{g-1}dx(1-x)^{e-a-f}}{\int x^{f-1}dx(1-x)^{e-a-f}} \cdot \frac{\int x^{b-1}dx(1-x)^{c-b-1}}{\int x^{a-1}dx(1-x)^{e-a-1}},$$

$$P = \frac{f}{g} \cdot \frac{\int x^{b+e-1}dx(1-x)^{f-b-e}}{\int x^{a+c-1}dx(1-x)^{f-b-e}} \cdot \frac{\int x^{b-1}dx(1-x)^{e-1}}{\int x^{a-1}dx(1-x)^{c-1}},$$

$$P = \frac{f}{b+e} \cdot \frac{\int x^{g-1}dx(1-x)^{f-g}}{\int x^{a+c-1}dx(1-x)^{f-g}} \cdot \frac{\int x^{b-1}dx(1-x)^{e-1}}{\int x^{a-1}dx(1-x)^{c-1}},$$

$$P = \frac{a+c}{g} \cdot \frac{\int x^{b+e-1}dx(1-x)^{g-f}}{\int x^{f-1}dx(1-x)^{g-f}} \cdot \frac{\int x^{b-1}dx(1-x)^{e-1}}{\int x^{a-1}dx(1-x)^{c-1}},$$

$$P = \frac{a+c}{b+e} \cdot \frac{\int x^{g-1}dx(1-x)^{b+e-f}}{\int x^{f-1}dx(1-x)^{b+e-f}} \cdot \frac{\int x^{b-1}dx(1-x)^{e-1}}{\int x^{a-1}dx(1-x)^{c-1}}.$$

Porro autem hic tam ternas litteras a, c, f quam has b, e, g pro lubitu inter se permutare licet, ex quo maxima copia formularum, quae omnes eidem valori P sunt aequales, enascetur.

SCHOLION 3

39. Hinc etiam pro producto simpliciori

$$P = \frac{ac}{be} \cdot \frac{(a+1)(c+1)}{(b+1)(e+1)} \cdot \frac{(a+2)(c+2)}{(b+2)(e+2)} \cdot \text{etc.},$$

si fuerit $a + c = b + e$, praeter valores supra inventos plures alii exhiberi poterunt. Primum enim, quia $a + c = b + e$, valor in Problemate 5 inventus huc pertinet

$$P = \frac{\int x^{e-1}dx(1-x)^{b-1}}{\int x^{c-1}dx(1-x)^{a-1}}.$$

Deinde si in serie paragraphi praecedentis una litterarum a, c, f uni ex b, e, g aequalis statuatur, vel haec eadem expressio vel aliae obtinebuntur, quae cum praecedentibus erunt

$$P = \frac{\int x^{e-1}dx(1-x)^{a-e-1}}{\int x^{c-1}dx(1-x)^{b-c-1}}, \qquad P = \frac{\int x^{b-1}dx(1-x)^{a-b-1}}{\int x^{c-1}dx(1-x)^{e-c-1}},$$

$$P = \frac{\int x^{e-1}dx(1-x)^{c-e-1}}{\int x^{a-1}dx(1-x)^{b-a-1}}, \qquad P = \frac{\int x^{b-1}dx(1-x)^{c-b-1}}{\int x^{a-1}dx(1-x)^{e-a-1}},$$

$$P = \frac{\int x^{b-1}dx(1-x)^{e-1}}{\int x^{a-1}dx(1-x)^{c-1}}, \qquad P = \frac{\int x^{b-1}dx(1-x)^{c-b-1}}{\int x^{a-1}dx(1-x)^{e-a-1}},$$

ubi est

$$e - a = c - b \quad \text{et} \quad c - e = b - a.$$

In sequentibus est n numerus arbitrarius:

$$P = \frac{\int x^{e-n-1}dx(1-x)^{n+a-e-1}}{\int x^{c-n-1}dx(1-x)^{n+b-c-1}} \cdot \frac{\int x^{n-1}dx(1-x)^{c-n-1}}{\int x^{n-1}dx(1-x)^{e-n-1}},$$

$$P = \frac{\int x^{n+b-1}dx(1-x)^{c-b-n-1}}{\int x^{n+a-1}dx(1-x)^{c-b-n-1}} \cdot \frac{\int x^{n-1}dx(1-x)^{b-1}}{\int x^{n-1}dx(1-x)^{a-1}},$$

$$P = \frac{\int x^{e-1}dx(1-x)^{n+b-c-1}}{\int x^{c-1}dx(1-x)^{n+b-c-1}} \cdot \frac{\int x^{n-1}dx(1-x)^{b-1}}{\int x^{n-1}dx(1-x)^{a-1}},$$

$$P = \frac{\int x^{n-1}dx(1-x)^{a-1}}{\int x^{c-1}dx(1-x)^{a-1}} \cdot \frac{\int x^{b-1}dx(1-x)^{e-1}}{\int x^{a-1}dx(1-x)^{n-1}} = \frac{\int x^{b-1}dx(1-x)^{e-1}}{\int x^{c-1}dx(1-x)^{a-1}},$$

quae postrema iam in praecedentibus continetur. Hic autem monendum est superfluum esse hic rationem exponentium definire, uti supra factum est. Cum enim valor P certo sit finitus, si $a + c = b + e$, si quaepiam formularum integralium habeat exponentes negativos infra -1, tum eam ad exponentes maiores reducere licet ac tum verus valor ipsius P obtinebitur. Formulae autem simpliciores continentur in hoc theoremate.

THEOREMA 4

40. *Si fuerit* $a + c = b + e = s$, *tum erit*

$$\frac{\int x^{a-1} dx (1-x)^{c-1}}{\int x^{b-1} dx (1-x)^{e-1}} = \frac{\int x^{a-1} dx (1-x)^{s-a-b-1}}{\int x^{b-1} dx (1-x)^{s-a-b-1}},$$

si quidem post integrationem statuatur $x = 1$.

DEMONSTRATIO

Est enim ex praecedentibus formulis

$$\frac{\int x^{a-1} dx (1-x)^{c-1}}{\int x^{b-1} dx (1-x)^{e-1}} = \frac{\int x^{a-1} dx (1-x)^{c-b-1}}{\int x^{b-1} dx (1-x)^{e-a-1}}.$$

At ob $a + c = b + e = s$ est $c = s - a$ et $e = s - b$, unde erit

$$c - b = e - a = s - a - b,$$

unde forma proposita conficitur. Q. E. D.

COROLLARIUM 1

41. Hic licet tam numeros a et c quam b et e inter se permutare, unde quatuor obtinentur formulae primae aequales, scilicet singulae harum formularum

$$\frac{\int x^{a-1} dx (1-x)^{s-a-b-1}}{\int x^{b-1} dx (1-x)^{s-a-b-1}}, \quad \frac{\int x^{a-1} dx (1-x)^{s-a-e-1}}{\int x^{e-1} dx (1-x)^{s-a-e-1}},$$

$$\frac{\int x^{c-1} dx (1-x)^{s-b-c-1}}{\int x^{b-1} dx (1-x)^{s-b-c-1}}, \quad \frac{\int x^{c-1} dx (1-x)^{s-c-e-1}}{\int x^{e-1} dx (1-x)^{s-c-e-1}}$$

aequales sunt huic formae

$$\frac{\int x^{a-1}dx(1-x)^{c-1}}{\int x^{b-1}dx(1-x)^{e-1}}.$$

COROLLARIUM 2

42. Valor autem uniuscuiusque harum formularum aequalis est huic producto ex factoribus infinitis constanti

$$\frac{be}{ac}\cdot\frac{(b+1)(e+1)}{(a+1)(c+1)}\cdot\frac{(b+2)(e+2)}{(a+2)(c+2)}\cdot\text{etc.}$$

COROLLARIUM 3

43. Si sit $e=1$ ideoque $b=s-1$, $a=s-c$, erit posito

$$P=\frac{1\,(s-1)}{c(s-c)}\cdot\frac{2\cdot s}{(c+1)(s-c+1)}\cdot\frac{3(s+1)}{(c+2)(s-c+2)}\cdot\text{etc.}$$

ob

$$\int x^{b-1}dx(1-x)^{e-1}=\int x^{s-2}dx=\frac{1}{s-1}$$

$$P=(s-1)\int x^{s-c-1}dx(1-x)^{c-1},$$

$$P=(c-1)\int x^{s-c-1}dx(1-x)^{c-2}=(s-1)\int x^{s-c-1}dx(1-x)^{c-1},$$

$$P=(s-c-1)\int x^{c-1}dx(1-x)^{s-c-2},$$

$$P=\frac{\int x^{s-c-1}dx(1-x)^{c-s}}{\int x^{s-2}dx\,(1-x)^{c-s}}=\frac{\int x^{c-1}dx(1-x)^{-c}}{\int x^{s-2}dx(1-x)^{-c}}=(s-1)\int x^{s-c-1}dx(1-x)^{c-1}.$$

SCHOLION

44. Quoniam vero huiusmodi formularum integralium comparationes iam plures exposui, hic imprimis nonnullos valores prae reliquis notabiles persequar et, quemadmodum ii per formulas integrales exprimi queant, ostendam. Notatu autem potissimum digna sunt illa producta infinita, quibus sinus et cosinus cuiusque anguli exprimitur. Denotante enim ϱ angulum rectum et φ angulum quemcunque constat esse[1])

---

1) L. Euleri *Introductio in analysin infinitorum*, Lausannae 1748, t. I cap. IX, § 158; Leonhardi Euleri *Opera omnia*, series I, vol. 8.   A. G.

URKUNDEN ZUR GESCHICHTE DER NICHTEUKLIDISCHEN GEOMETRIE. HERAUSGEG. VON FR. ENGEL UND P. STÄCKEL

=== BAND II ===

WOLFGANG UND JOHANN BOLYAI

GEOMETRISCHE UNTERSUCHUNGEN

MIT UNTERSTÜTZUNG
DER UNGARISCHEN AKADEMIE DER WISSENSCHAFTEN

HERAUSGEGEBEN VON **PAUL STÄCKEL**

ABHANDLUNGEN ZUR GESCHICHTE DER MATHEMATISCHEN WISSENSCHAFTEN MIT EINSCHLUSS IHRER ANWENDUNGEN BEGRÜNDET VON MORITZ CANTOR. XXIV. HEFT 1,2

IOANNIS VERNERI

DE TRIANGULIS SPHAERICIS

LIBRI QUATUOR

DE METEOROSCOPIIS

LIBRI SEX

CUM PROOEMIO GEORGII IOACHIMI RHETICI

HERAUSGEGEBEN
UND MIT EINEM DEUTSCHEN KOMMENTAR VERSEHEN VON

AXEL ANTON BJÖRNBO UND **JOSEPH WÜRSCHMIDT**

VERLAG B. G. TEUBNER ‱ LEIPZIG UND BERLIN

WOLFGANG UND JOHANN
BOLYAI

GEOMETRISCHE UNTERSUCHUNGEN

Mit Unterstützung der Ungarischen Akademie der Wissenschaften
herausgegeben von **PAUL STÄCKEL**.

I. Teil: Leben und Schriften der beiden Bolyai. Mit der Nachbildung
einer Aufzeichnung Johann BOLYAIS und 26 Figuren im Texte.
[XII u. 281 S.] gr. 8. 1913.
II. Teil: Stücke aus den Schriften der beiden Bolyai. Mit 94 Figuren
im Texte und einer Figurentafel. [VII u. 274 S.] gr. 8. 1913.
Beide Teile zusammen, geheftet M. 28.—, in Leinw. gebunden M. 32.—

Aus dem Vorwort zum ersten Teil

Von den beiden ersten Bänden der *Urkunden zur Geschichte der
nichteuklidischen Geometrie*, die ENGEL und ich im Jahre 1897 ankün-
digten, ist der erste, N. I. LOBATSCHEFSKIJ betreffende Band bereits 1898
von ENGEL herausgegeben worden. Daß der zweite Band, der sich auf
Wolfgang und Johann BOLYAI bezieht, erst 15 Jahre später erscheint,
hat seinen Grund hauptsächlich in den Schwierigkeiten, die sich bei der
Bearbeitung herausstellten. Für die beiden BOLYAI wurde es nämlich
notwendig, die wenigen gedruckt vorliegenden Urkunden durch Mitteilungen aus dem umfangreichen Nachlaß zu ergänzen und durch
eigene Nachforschungen in Siebenbürgen eine umfassende Darstellung
des Lebens und der Schriften der beiden ungarischen Mathematiker zu
ermöglichen; dazu kam, daß die Übersetzung der Stücke aus dem
Tentamen von Wolfgang BOLYAI wegen der eigenartigen Ausdrucks-
weise des Verfassers ungewöhnliche Mühe verursachte.

Bei den Vorarbeiten für dieses Buch und bei seiner Herausgabe bin
ich von der Ungarischen Akademie der Wissenschaften wirksam
unterstützt worden. Es liegt mir daran, dem gewesenen General-Sekretär der
Akademie, Herrn Koloman von SZILY, hierfür meinen wärmsten Dank aus-

zusprechen; nicht minder groß ist meine Dankesschuld gegen den Klassensekretär, Prof. Julius KŐNIG, der leider das Erscheinen des Werkes nicht mehr erlebt hat.

Infolge des freundlichen Entgegenkommens des e v. r ef. K o l l e g i u m zu M a r o s - V á s á r h e l y, dem Wolfgang BOLYAI als Professor, Johann BOLYAI als Schüler angehört hat, konnte ich während meines wiederholten Aufenthalts in Siebenbürgen (März 1898, August 1901, September 1909) den in der Bibliothek des Kollegiums aufbewahrten handschriftlichen Nachlaß dieser beiden Männer einsehen und für mein Buch benutzen. Sehr wertvoll sind mir auch mündliche und schriftliche Mitteilungen von Wolfgangs letztem Schüler Josef KONCZ gewesen, der später als Professor am Kollegium gelehrt hat; requiescat in pace.

Wenn ich auch Johann BOLYAIS *Appendix* schon früher kennen und bewundern gelernt hatte, so bin ich doch erst durch den Baumeister Franz SCHMIDT, mit dem ich 1894 auf der Wiener Naturforscher-Versammlung zusammentraf, zu einer eingehenderen Beschäftigung mit den Schriften der beiden BOLYAI angeregt worden. Dem unvergeßlichen Andenken des unermüdlichen Vorkämpfers für die Sache der BOLYAI habe ich dieses Werk gewidmet.

Die lebhafte Teilnahme und nie versagende Unterstützung von zwei Landsleuten der BOLYAI hat mich während der langen Jahren der Vorbereitung begleitet und ist mir auch bei der langwierigen Drucklegung treu geblieben; ich meine Herrn Prof. Josef KÜRSCHÁK in Budapest und Herrn Prof. Ludwig SCHLESINGER in Gießen, der von 1897 bis 1911 an der Universität Klausenburg gewirkt hat. Ihnen an dieser Stelle meinen herzlichsten Dank öffentlich auszusprechen, ist mir eine besondere Freude.

Herr Prof. Ignaz RADOS in Budapest hat sich der von der Ungarischen Akademie der Wissenschaften veranstalteten ungarischen Ausgabe mit großer Sorgfalt angenommen; ich bin ihm nicht nur hierfür, sondern auch für die freundliche Hilfe bei der Durchsicht der Probeabzüge zu Dank verbunden.

Paul Stäckel.

Inhalt des ersten Teiles

Inhalt des zweiten Teiles

Erste Abteilung: Wolfgang Bolyai

IOANNIS VERNERI

DE TRIANGULIS SPHAERICIS LIBRI QUATUOR

DE METEOROSCOPIIS LIBRI SEX

I. Teil: **De Triangulis Sphaericis.** Herausgeg. u. mit einem deutschen Kommentar versehen v. Axel Anton BJÖRNBO. Mit Bildn. WERNERS, Faksimile des Titels, sowie der Einleitung z. d. Originalausg. Cracau 1557 und mit 211 Figuren im Text. [IV u. 184 S.] gr. 8. 1907. Geh. M. 8.—

II. Teil: **De Meteoroscopiis.** Herausgegeben und mit einem deutschen Kommentar versehen von Joseph WÜRSCHMIDT. Unter Benutzung der Vorarbeiten von Dr. A. BJÖRNBO. Mit einem Vorwort von Eilhard WIEDEMANN und 97 Figuren im Text. [VI u. 260 S.] gr. 8. 1913. Geh. M. 12.—

Aus den Herausgeberbemerkungen zum Gesamtwerk

Die vorliegende Textausgabe beruht auf einer einzigen Handschrift, dem Codex Reginensis latinus 1259, d. h. Nr. 1259 der Regina Sveciae-Sammlung der Vatikanischen Bibliothek zu Rom. In dem handschriftlichen Katalog über diese von Gustav Adolfs Tochter, Königin Christina von Schweden, der päpstlichen Bibliothek geschenkte Sammlung hat die Handschrift folgende Bezeichnung: „Nr. 1259. Joannis Verneri Norimbergensis de triangulis sphaericis libri IV. Cod. ex papyro 4to, anno 1495." Die Handschrift ist aus Papier von einer recht dünnen und durchsichtigen Qualität; sie ist in Klein-Quarto mit ca. 21×16 cm Blattfläche und besteht aus 495 oben rechts numerierten und mehreren (leeren) unnumerierten Blättern. Der ganze Text ist von einer Hand geschrieben, dem Anschein nach der eines professionellen Schönschreibers aus dem Anfang des 16. Jahrhunderts. Die von dieser Hand angebrachten Kustoden und Bogennummern (Buchstaben) zeigen, daß die Handschrift vollständig ist, und daß die leeren unnumerierten Blätter für spätere Eintragungen bestimmt waren und also Textlücken bedeuten. Damit paßt es auch, daß die Foliierung von neuerer Hand herstammt. Am breiten Rande kommen außer Textkorrekturen der ersten Hand kritische Randnoten einer zweiten gleichzeitigen Hand vor, die offenbar keinem Schönschreiber gehört. Randnoten und Textkorrekturen von ein paar jüngeren Händen findet man auch; sie sind aber sehr selten. Figuren fehlen ganz und ebenso Datierungen, so daß die in dem alten handschriftlichen Katalog angeführte Jahreszahl 1495 keinen Anknüpfungspunkt im Texte hat.

Der Inhalt ist:

I. Joannis Verneri *Norimbergensis de triangulis sphœricis* (fol. 1^r bis 184^r) in vier Büchern ohne Sondertitel und ohne leere Blätter; am Ende der drei ersten Bücher steht *Finis ... libri,* und am Ende des vierten findet

sich ein *correlarium generale cuilibet propositioni huius libri serviens.* Es scheint
also eine vollständige Abschrift eines vollständigen Werkes vorzuliegen.
Dieser Text ist der oben S. 1—133 gedruckte. Darauf folgt:
II. Joannis Verneri *Norimbergensis de meteoroscopiis* (fol. 185^r bis
495^v) in sechs Büchern, alle mit Sondertiteln, wie folgt:

Buch 1 (fol. 185^r—217^v): *Designatio circulorum saphoeae per demonstrationes* (10 Sätze). Anfang: „Propositio prima. Qualem
sphaericae designationis inscriptionem saphaeae instrumen-
tum in supposito plano figuret ostendere…“

„ 2 (fol. 218^r—228^r): *Primi meteoroscopii constructio* (5 Sätze).

„ 3 (fol. 229^r—420^v): *Primi meteoroscopii usus* (91 Sätze).

„ 4 (fol. 421^r—428^r): *Secundi metcoroscopii constructio* (6 Sätze).

„ 5 (fol. 428^r—443^v): *Tertii meteoroscopii constructio* (11 Sätze).

„ 6 (fol. 444^r—495^v): *Quarti meteoroscopii constructio et usus*
(30 Sätze). Ende: „…per theorema tertium regionis lati-
tudo *HF* [?] prope grad[us] XLIX, quod erat manifestandum.“

Das Werk ist eine allgemeine Beobachtungslehre oder praktische
Astronomie, und an den Stellen, wo die leeren unnumerierten Blätter
vorkommen, sieht man, daß sie für Eintragungen von trigonometrischen
oder astronomischen Tafeln bestimmt waren.

Aus dem Vorwort zum zweiten Teil

An den Text des ersten Werkes „De triangulis sphaericis“, schließt
sich unmittelbar das zweite große Werk „De Meteoroscopiis“ an; von
ihm war auf Kosten der Königlich Bayerischen Akademie der Wissenschaften in München eine weiß-schwarze Photographie hergestellt worden,
nach der A. A. Björnbo eine Abschrift gemacht hat; zugleich hat er
einige wenige der durchweg fehlenden Figuren ergänzt. Ein unerbitt-
liches Schicksal hat den hervorragenden Kenner der älteren Mathematik
vor der Vollendung dieser wie zahlreicher anderer Arbeiten der Wissen-
schaft entrissen. In trefflicher Weise hat J. L. Heiberg seine Verdienste
in der Bibliotheca mathematica gewürdigt.

Auf meine Anregung ist dann von der K. B. Akademie der Wissenschaften, die sich zunächst an mich wandte, das von Björnbo hinter-
lassene Material Herrn Dr. Würschmidt übergeben und diesem dessen
Bearbeitung anvertraut worden. Um die Arbeit von Werner allgemein
zugänglich zu machen, schien es Herrn Dr. Würschmidt zweckmäßig,
nicht dem lateinischen Text eine wörtliche Übersetzung beizugeben,
sondern den Inhalt der einzelnen Sätze und Beweise, erläutert
durch Figuren, in moderner, mathematischer Sprache, aber in
engem Anschluß an Werners Behandlungsweise darzustellen.
Außerdem hat Herr Dr. Würschmidt zum Schluß in einem Wörter-
buche, welches das von Björnbo für den ersten Teil gelieferte ergänzt,
die selteneren Worte zusammengestellt.   **E. Wiedemann.**

Alkindi, Tideus und **Pseudo-Euklid.** Drei optische Werke. Herausgeg. und erklärt von Dr. A. A. Björnbo und Dr. S. Vogl. Mit einem Gedächtniswort auf † A. A. Björnbo von G. A. Zeuthen, einem Verzeichnis seiner Schriften und seinem Bildnis. Mit 43 Fig. [176 S.] gr. 8. 1912. Geh. ℳ 10.—

Cantor, Geheimer Hofrat Dr. **M.,** Professor an der Universität Heidelberg, Vorlesungen über Geschichte der Mathematik. In 4 Bänden. Geheftet und in Halbfranz gebunden.

I. Band. Von den ältesten Zeiten bis zum Jahre 1200 n. Chr. 3. Auflage. Mit 114 Figuren und 1 lithogr. Tafel. [VI u. 941 S.] 1907. ℳ 24.—, geb. ℳ 27.—

II. — Vom Jahre 1200 bis zum Jahre 1668. Unveränderter Nachdruck der 2., verb. u. verm. Auflage. In 2 Abteilungen. Mit 190 Figuren. [XII u. 943 S.] 1900. ℳ 26.—, geb. ℳ 29.—

III. — Vom Jahre 1668 bis zum Jahre 1758. 2., verbesserte und vermehrte Auflage In 3 Abteilungen. Mit 146 Figuren. [X u. 923 S.] 1901. ℳ 25.—, geb. ℳ 28.—

VI. — Vom Jahre 1759 bis zum Jahre 1799. Unter Mitarbeit von V. Bobynin, A. v. Braunmühl, F. Cajori, S. Günther, V. Kommerell, G. Loria, E. Netto, G. Vivanti, C. R. Wallner, herausgeg. von M. Cantor. [VI u. 1113 S.] 1908. ℳ 32.—, geb. ℳ 35.—

Lobatschefskij, Nikolaj Iwanowitsch, zwei geometrische Abhandlungen, aus dem Russischen übersetzt, mit Anmerkungen und mit einer Biographie des Verfassers von **Friedrich Engel.** (Urkunden zur Geschichte der nichteuklidischen Geometrie. Herausgegeben von Dr. Friedrich Engel, Professor an der Universität Giessen und Dr. Paul Stäckel, Professor an der Universität Heidelberg. Bd. I) I. Teil: Die Übersetzung. Mit einem Bildnis Lobatschefskijs und mit 194 Figuren im Text. II. Teil: Anmerkungen. Lobatschefskijs Leben und Schriften. Register. Mit 67 Fig. im Text. [XVI, IV u. 476 S.] 1899. Geh. ℳ 14.—, in Halbfr. geb. ℳ 15.40.

Mikami, Y., Professor an der Universität Tokio, mathematical Papers from the far East. With 15 Figures. [VI u. 229 S.] gr. 8. 1910. Geh. ℳ 10.—, geb. ℳ 11.—

———— the Development of Mathematics in China and Japan. With 67 Fig. [X u. 347 S.] gr. 8. 1913. · Geh. ℳ 18.—, geb. ℳ 19.—

Müller, Professor Dr. **Felix,** Führer durch die mathematische Literatur mit besonderer Berücksichtigung der historisch wichtigen Schriften. [X und 252 S.] gr. 8. 1909. Geh. ℳ 7.—, geb. ℳ 8.—

Rudio, Dr. **F.,** Professor am Polytechnikum in Zürich, der Bericht des Simplicius über die Quadraturen des Antiphon und des Hippokrates. Griechisch und deutsch. Mit einem historischen Erläuterungsberichte als Einleitung. Im Anhange ergänzende Urkunden, verbunden durch eine Übersicht über die Geschichte des Problems von der Kreisquadratur vor Euklid. Mit 11 Fig. [X u. 184 S.] 8. 1907. (Urkunden zur Geschichte der Mathematik im Altertum, I. Heft.) Steif geh. ℳ 4.80.

Stäckel, Dr. **Paul,** Professor an der Universität Heidelberg und Dr. **Friedrich Engel,** Professor an der Universität Giessen, die Theorie der Parallellinien von Euklid bis auf Gauß, eine Urkundensammlung zur Vorgeschichte der nichteuklidischen Geometrie. Mit Figuren und der Nachbildung eines Briefes von Gauß. [X u. 325 S.] gr. 8. 1895. Geh. ℳ 9.—, geb. ℳ 11.—

Zeuthen, Dr. **H. G.,** Professor an der Universität Kopenhagen, Geschichte der Mathematik im 16. u. 17. Jahrhundert. Deutsch v. R. Meyer. [VIII und 434 S.] gr. 8. 1903. Geh. ℳ 16.—, geb. ℳ 17.—

$$\sin.\varphi = \varphi\left(1 - \frac{\varphi\varphi}{4\varrho\varrho}\right)\left(1 - \frac{\varphi\varphi}{16\varrho\varrho}\right)\left(1 - \frac{\varphi\varphi}{36\varrho\varrho}\right)\left(1 - \frac{\varphi\varphi}{64\varrho\varrho}\right)\cdot \text{etc.}$$

et

$$\cos.\varphi = \left(1 - \frac{\varphi\varphi}{\varrho\varrho}\right)\left(1 - \frac{\varphi\varphi}{9\varrho\varrho}\right)\left(1 - \frac{\varphi\varphi}{25\varrho\varrho}\right)\left(1 - \frac{\varphi\varphi}{49\varrho\varrho}\right)\cdot \text{etc.}$$

Quodsi iam ponatur $\varphi = \dfrac{m}{n}\varrho$, erit

$$\left(1 - \frac{mm}{4nn}\right)\left(1 - \frac{mm}{16nn}\right)\left(1 - \frac{mm}{36nn}\right)\cdot \text{etc.} = \frac{n}{m\varrho}\sin.\frac{m}{n}\varrho,$$

$$\left(1 - \frac{mm}{nn}\right)\left(1 - \frac{mm}{9nn}\right)\left(1 - \frac{mm}{25nn}\right)\cdot \text{etc.} = \cos.\frac{m}{n}\varrho.$$

Vel si angulus duobus rectis aequalis π introducatur et ob $\varrho = \frac{1}{2}\pi$ pro m scribatur $2m$, erit factores evolvendo

$$\frac{(n-m)(n+m)}{n\cdot n}\cdot\frac{(2n-m)(2n+m)}{2n\cdot 2n}\cdot\frac{(3n-m)(3n+m)}{3n\cdot 3n}\cdot \text{etc.} = \frac{n}{m\pi}\sin.\frac{m}{n}\pi,$$

$$\frac{(n-2m)(n+2m)}{n\cdot n}\cdot\frac{(3n-2m)(3n+2m)}{3n\cdot 3n}\cdot\frac{(5n-2m)(5n+2m)}{5n\cdot 5n}\cdot \text{etc.} = \cos.\frac{m}{n}\pi.$$

Reducendo autem differentias ad unitatem erit

$$\frac{\left(1-\frac{m}{n}\right)\left(1+\frac{m}{n}\right)}{1\cdot 1}\cdot\frac{\left(2-\frac{m}{n}\right)\left(2+\frac{m}{n}\right)}{2\cdot 2}\cdot\frac{\left(3-\frac{m}{n}\right)\left(3+\frac{m}{n}\right)}{3\cdot 3}\cdot \text{etc.} = \frac{n}{m\pi}\sin.\frac{m}{n}\pi,$$

$$\frac{\left(\frac{1}{2}-\frac{m}{n}\right)\left(\frac{1}{2}+\frac{m}{n}\right)}{\frac{1}{2}\cdot\frac{1}{2}}\cdot\frac{\left(\frac{3}{2}-\frac{m}{n}\right)\left(\frac{3}{2}+\frac{m}{n}\right)}{\frac{3}{2}\cdot\frac{3}{2}}\cdot \text{etc.} = \cos.\frac{m}{n}\pi.$$

PROBLEMA 6

45. *Invenire formulam integralem, cuius valor casu $x = 1$ praebeat* $\sin.\dfrac{m}{n}\pi$.

SOLUTIO

Cum sit

$$\frac{n}{m\pi}\sin.\frac{m}{n}\pi = \frac{\left(1-\frac{m}{n}\right)\left(1+\frac{m}{n}\right)}{1\cdot 1}\cdot\frac{\left(2-\frac{m}{n}\right)\left(2+\frac{m}{n}\right)}{2\cdot 2}\cdot \text{etc.},$$

33*

comparetur hoc productum infinitum cum forma generali

$$P = \frac{be}{ac} \cdot \frac{(b+1)(e+1)}{(a+1)(c+1)} \cdot \frac{(b+2)(e+2)}{(a+2)(c+2)} \cdot \text{etc.},$$

cuius valor ante § 41 pluribus modis in formulis integralibus est exhibitus. Statui ergo oportet

$$a = 1, \quad c = 1, \quad b = 1 - \frac{m}{n} \quad \text{et} \quad e = 1 + \frac{m}{n}$$

eritque $s = a + c = b + e = 2$, tum vero

$$s - a - b - 1 = -1 + \frac{m}{n}, \quad s - a - e - 1 = -1 - \frac{m}{n},$$

$$s - b - c - 1 = -1 + \frac{m}{n}, \quad s - c - e - 1 = -1 - \frac{m}{n}.$$

Hinc ergo pro P prodit sequens expressio

$$P = \frac{\int dx(1-x)^0}{\int x^{\frac{-m}{n}} dx(1-x)^{\frac{m}{n}}} = \frac{1}{\int x^{\frac{-m}{n}} dx(1-x)^{\frac{m}{n}}},$$

ad quam reliquae omnes facile reducuntur. Haec igitur forma dat

$$\int x^{\frac{m}{n}} dx(1-x)^{-\frac{m}{n}} = \int \frac{x^{\frac{m}{n}} dx}{(1-x)^{\frac{m}{n}}} = \frac{m\pi}{n \sin. \frac{m}{n} \pi}$$

et posito $x = y^n$ habebitur

$$\int \frac{y^{m+n-1} dy}{(1-y^n)^{\frac{m}{n}}} = \frac{m\pi}{nn \sin. \frac{m}{n} \pi} \quad \text{seu} \quad \int \frac{y^{m-1} dy}{(1-y^n)^{\frac{m}{n}}} = \frac{\pi}{n \sin. \frac{m}{n} \pi}.$$

Invenimus ergo

$$\sin. \frac{m}{n} \pi = \frac{\pi}{n} : \int \frac{y^{m-1} dy}{(1-y^n)^{\frac{m}{n}}}.$$

Q. E. I.

COROLLARIUM 1

46. Per Theorema ergo 1 haec forma $\int y^{m-1} dy (1-y^n)^{\frac{-m}{n}}$ ob $k = -\frac{m}{n}$ convertitur in hanc $\int \frac{y^{m-1} dy}{1+y^n}$ ideoque habebitur

$$\int \frac{y^{m-1} dy}{1+y^n} = \frac{\pi}{n \sin. \frac{m}{n} \pi}$$

casu $y = \infty$, quae forma ob simplicitatem imprimis est notatu digna.

COROLLARIUM 2

47. Habemus ergo has duas aequalitates admodum notabiles

posito $y = 1$ et
$$\frac{m\pi}{n \sin.\frac{m}{n}\pi} = \int \frac{my^{m-1}dy}{(1-y^n)^{\frac{m}{n}}}$$

$$\frac{m\pi}{n \sin.\frac{m}{n}\pi} = \int \frac{my^{m-1}dy}{1+y^n}$$

posito $y = \infty$, quibus igitur casibus utriusque formulae integrale satis commode exhiberi potest.

COROLLARIUM 3

48. Cum ergo posito $x = 1$ et $y = \infty$ sit

$$\frac{\pi}{n \sin.\frac{m}{n}\pi} = \int \frac{x^{m-1}dx}{(1-x^n)^{\frac{m}{n}}} = \int \frac{y^{m-1}dy}{1+y^n},$$

si pro m scribatur $2in + m$, ob $\sin.\frac{2in+m}{n}\pi = \sin.\frac{m}{n}\pi$ erit quoque

$$\int \frac{x^{2in+m-1}dx}{(1-x^n)^{\frac{2in+m}{n}}} = \int \frac{x^{m-1}dx}{(1-x^n)^{\frac{m}{n}}} = \frac{\pi}{n \sin.\frac{m}{n}\pi}$$

et
$$\int \frac{y^{2in+m-1}dy}{1+y^n} = \int \frac{y^{m-1}dy}{1+y^n} = \frac{\pi}{n \sin.\frac{m}{n}\pi}$$

denotante i numerum integrum quemcunque.

COROLLARIUM 4

49. Quia porro denotante i numerum integrum quemcunque, si pro m scribatur $2in - m$, est $\sin.\frac{2in-m}{n}\pi = -\sin.\frac{m}{n}\pi$, erit

$$\int \frac{x^{2in-m-1}dx}{(1-x^n)^{\frac{2in-m}{n}}} = -\int \frac{x^{m-1}dx}{(1-x^n)^{\frac{m}{n}}} = -\frac{\pi}{n \sin.\frac{m}{n}\pi}$$

et
$$\int \frac{y^{2in-m-1}dy}{1+y^n} = -\int \frac{y^{m-1}dy}{1+y^n} = -\frac{\pi}{n \sin.\frac{m}{n}\pi}.$$

Deinde si pro m scribatur $(2i-1)n-m$, ob $\sin.\dfrac{(2i-1)n-m}{n}\pi = \sin.\dfrac{m}{n}\pi$ erit

$$\int \frac{x^{(2i-1)n-m-1}dx}{(1-x^n)^{\frac{(2i-1)n-m}{n}}} = \int \frac{x^{m-1}dx}{(1-x^n)^{\frac{m}{n}}} = \frac{\pi}{n\sin.\dfrac{m}{n}\pi},$$

$$\int \frac{y^{(2i-1)n-m-1}dy}{1+y^n} = \int \frac{y^{m-1}dy}{1+y^n} = \frac{\pi}{n\sin.\dfrac{m}{n}\pi}.$$

Denique erit eodem modo

$$\int \frac{x^{(2i-1)n+m-1}dx}{(1-x^n)^{\frac{(2i-1)n+m}{n}}} = -\int \frac{x^{m-1}dx}{(1-x^n)^{\frac{m}{n}}} = -\frac{\pi}{n\sin.\dfrac{m}{n}\pi},$$

$$\int \frac{y^{(2i-1)n+m-1}dy}{1+y^n} = -\int \frac{y^{m-1}dy}{1+y^n} = -\frac{\pi}{n\sin.\dfrac{m}{n}\pi}.$$

COROLLARIUM 5

50. Cum formula integralis $\displaystyle\int \frac{y^{m-1}dy}{1+y^n}$ saepius occurrat, operae pretium erit eius valores pro praecipuis casibus exponere posito $y=\infty$. Erit ergo

$$\int \frac{dy}{1+y^2} = \frac{\pi}{2\sin.\dfrac{\pi}{2}} = \frac{\pi}{2} \quad \text{ob} \quad \sin.\frac{\pi}{2}=1,$$

$$\int \frac{dy}{1+y^3} = \frac{\pi}{3\sin.\dfrac{\pi}{3}} = \frac{2\pi}{3\sqrt{3}} \quad \text{ob} \quad \sin.\frac{\pi}{3}=\frac{\sqrt{3}}{2},$$

$$\int \frac{y\,dy}{1+y^3} = \frac{\pi}{3\sin.\dfrac{2\pi}{3}} = \frac{2\pi}{3\sqrt{3}} \quad \text{ob} \quad \sin.\frac{2\pi}{3}=\frac{\sqrt{3}}{2},$$

$$\int \frac{dy}{1+y^4} = \frac{\pi}{4\sin.\dfrac{\pi}{4}} = \frac{\pi}{2\sqrt{2}},$$

$$\int \frac{y^2dy}{1+y^4} = \frac{\pi}{4\sin.\dfrac{3\pi}{4}} = \frac{\pi}{2\sqrt{2}},$$

$$\int \frac{dy}{1+y^5} = \int \frac{y^3dy}{1+y^5} = \frac{\pi}{5\sin.\dfrac{\pi}{5}},$$

$$\int \frac{y\,dy}{1+y^5} = \int \frac{y^2dy}{1+y^5} = \frac{\pi}{5\sin.\dfrac{2\pi}{5}},$$

$$\int \frac{dy}{1+y^6} = \int \frac{y^4dy}{1+y^6} = \frac{\pi}{6\sin.\dfrac{\pi}{6}} = \frac{\pi}{3}$$

et ita porro.

PROBLEMA 2

51. *Invenire formulam integralem, cuius valor casu $x = 1$ praebeat* cos. $\frac{m}{n}\pi$.

SOLUTIO

Cum sit

$$\cos.\frac{m}{n}\pi = \frac{\left(\frac{1}{2}-\frac{m}{n}\right)\left(\frac{1}{2}+\frac{m}{n}\right)}{\frac{1}{2}\cdot\frac{1}{2}}\cdot\frac{\left(\frac{3}{2}-\frac{m}{n}\right)\left(\frac{3}{2}+\frac{m}{n}\right)}{\frac{3}{2}\cdot\frac{3}{2}}\cdot\text{etc.},$$

comparetur cum hoc producto infinito forma generalis

$$P = \frac{be}{ac}\cdot\frac{(b+1)(e+1)}{(a+1)(c+1)}\cdot\text{etc.}$$

hincque statuatur

$$a = \frac{1}{2},\quad c = \frac{1}{2},\quad b = \frac{1}{2}-\frac{m}{n},\quad e = \frac{1}{2}+\frac{m}{n},$$

ita ut sit $s = a + c = b + e = 1$ atque

$$s - a - b - 1 = -1+\frac{m}{n},\quad s - a - e - 1 = -1-\frac{m}{n},$$

$$s - b - c - 1 = -1+\frac{m}{n},\quad s - c - e - 1 = -1-\frac{m}{n}.$$

Eritque idcirco

$$P = \frac{\int x^{-\frac{1}{2}}dx(1-x)^{-\frac{1}{2}}}{\int x^{-\frac{1}{2}-\frac{m}{n}}dx(1-x)^{-\frac{1}{2}+\frac{m}{n}}} = \frac{\int dx : \sqrt{(x-xx)}}{\int \dfrac{x^{\frac{m}{n}-\frac{1}{2}}dx}{(1-x)^{\frac{1}{2}+\frac{m}{n}}}}.$$

At est $\int \dfrac{dx}{\sqrt{(x-xx)}} = \pi$ posito $x = 1$, unde fit

$$P = \cos.\frac{m}{n}\pi = \frac{\pi}{\int \dfrac{x^{\frac{m}{n}-\frac{1}{2}}dx}{(1-x)^{\frac{1}{2}+\frac{m}{n}}}}.$$

Per reliquas vero formulas ipsius P habebitur

$$P = \cos.\frac{m}{n}\pi = \frac{\int x^{-\frac{1}{2}}dx(1-x)^{-1+\frac{m}{n}}}{\int x^{-\frac{1}{2}-\frac{m}{n}}dx(1-x)^{-1+\frac{m}{n}}} = \frac{\int x^{-\frac{1}{2}}dx(1-x)^{-1-\frac{m}{n}}}{\int x^{-\frac{1}{2}+\frac{m}{n}}dx(1-x)^{-1-\frac{m}{n}}}.$$

Q. E. I.

COROLLARIUM 1

52. Ponatur $x = y^2$ et prior forma abit in hanc

$$\cos. \frac{m}{n}\pi = \frac{\pi}{2\displaystyle\int\frac{y^{\frac{2m}{n}}dy}{(1-yy)^{\frac{1}{2}+\frac{m}{n}}}},$$

ita ut sit

$$\int\frac{x^{\frac{2m}{n}}dx}{(1-xx)^{\frac{1}{2}+\frac{m}{n}}} = \frac{\pi}{2\cos.\frac{m}{n}\pi}.$$

COROLLARIUM 2

53. Est vero etiam per Theorema 1

$$\int x^{\frac{m}{n}-\frac{1}{2}}dx(1-x)^{-\frac{1}{2}-\frac{m}{n}} = \int\frac{y^{\frac{m}{n}-\frac{1}{2}}dy}{1+y}$$

posito $y = \infty$. Cum igitur sit

$$\int\frac{y^{\frac{m}{n}-\frac{1}{2}}dy}{1+y} = \frac{\pi}{\cos.\frac{m}{n}\pi},$$

ponatur y^n pro y et erit

$$\int\frac{y^{m+\frac{1}{2}n-1}dy}{1+y^n} = \frac{\pi}{n\cos.\frac{m}{n}\pi} = \int\frac{y^{\frac{1}{2}n-m-1}dy}{1+y^n}.$$

COROLLARIUM 3

54. Si et reliquae formulae per Theorema 1 convertantur, prodibit

$$\int x^{-\frac{1}{2}}dx(1-x)^{-1+\frac{m}{n}} = \int\frac{y^{-\frac{1}{2}}dy}{(1+y)^{\frac{1}{2}+\frac{m}{n}}} = \int\frac{y^{\frac{m}{n}-1}dy}{(1+y)^{\frac{1}{2}+\frac{m}{n}}},$$

$$\int x^{-\frac{1}{2}-\frac{m}{n}}dx(1-x)^{-1+\frac{m}{n}} = \int\frac{y^{-\frac{1}{2}-\frac{m}{n}}dy}{\sqrt{(1+y)}} = \int\frac{y^{\frac{m}{n}-1}dy}{\sqrt{(1+y)}}$$

posito $y = \infty$. Posito ergo y^n pro y erit

$$\cos.\frac{m\pi}{n} = \frac{\displaystyle\int \frac{y^{m-1}dy}{\left(1+y^n\right)^{\frac{1}{2}+\frac{m}{n}}}}{\displaystyle\int \frac{y^{m-1}dy}{\sqrt{(1+y^n)}}} = \frac{\displaystyle\int \frac{y^{\frac{1}{2}n-1}dy}{\left(1+y^n\right)^{\frac{1}{2}+\frac{m}{n}}}}{\displaystyle\int \frac{y^{\frac{1}{2}n-m-1}dy}{\sqrt{(1+y^n)}}}.$$

COROLLARIUM 4

54[a][1]. Si pro m scribatur $\frac{1}{2}n - m$, ob

$$\cos.\left(\frac{1}{2}n - m\right)\frac{\pi}{n} = \sin.\frac{m}{n}\pi$$

obtinebitur primum

$$\frac{\pi}{n\sin.\frac{m}{n}\pi} = \int \frac{y^{m-1}dy}{1+y^n}$$

ut ante; reliquae vero formulae dabunt

$$\sin.\frac{m}{n}\pi = \frac{\displaystyle\int \frac{y^{\frac{1}{2}n-m-1}dy}{\left(1+y^n\right)^{1-\frac{m}{n}}}}{\displaystyle\int \frac{y^{\frac{1}{2}n-m-1}dy}{\sqrt{(1+y^n)}}} = \frac{\displaystyle\int \frac{y^{\frac{1}{2}n-1}dy}{\left(1+y^n\right)^{1-\frac{m}{n}}}}{\displaystyle\int \frac{y^{m-1}dy}{\sqrt{(1+y^n)}}},$$

et quia pro cosinu licet m negative sumere, erit quoque

$$\sin.\frac{m}{n}\pi = \frac{\displaystyle\int \frac{y^{m-\frac{1}{2}n-1}dy}{\left(1+y^n\right)^{\frac{m}{n}}}}{\displaystyle\int \frac{y^{m-\frac{1}{2}n-1}dy}{\sqrt{(1+y^n)}}} = \frac{\displaystyle\int \frac{y^{\frac{1}{2}n-1}dy}{\left(1+y^n\right)^{\frac{m}{n}}}}{\displaystyle\int \frac{y^{n-m-1}dy}{\sqrt{(1+y^n)}}}.$$

COROLLARIUM 5

55. At vero etiam ex praecedente problemate aliam formulam pro cosinu licet elicere. Cum enim posito $2m$ pro m sit

---

1) In editione principe falso numerus 54 iteratur.   A. G.

$$\frac{\pi}{n\sin.\frac{2m}{n}\pi} = \frac{\pi}{2n\sin.\frac{m}{n}\pi\cos.\frac{m}{n}\pi} = \int\frac{y^{2m-1}dy}{1+y^n}$$

et

$$\int\frac{y^{m-1}dy}{1+y^n} = \frac{\pi}{n\sin.\frac{m}{n}\pi},$$

si haec forma per illam dividatur, habebimus

$$2\cos.\frac{m}{n}\pi = \frac{\int\dfrac{y^{m-1}dy}{1+y^n}}{\int\dfrac{y^{2m-1}dy}{1+y^n}} \quad \text{seu} \quad \cos.\frac{m}{n}\pi = \frac{\dfrac{1}{2}\int\dfrac{y^{m-1}dy}{1+y^n}}{\int\dfrac{y^{2m-1}dy}{1+y^n}}.$$

COROLLARIUM 6

56. En ergo plures formas integrales, quae casu $y = \infty$ praebent sin.$\dfrac{m}{n}\pi$:

$$\text{I. } \frac{\pi}{n\int\dfrac{y^{m-1}dy}{1+y^n}}, \qquad \text{II. } \frac{\int\dfrac{y^{\frac{1}{2}n-m-1}dy}{1+y^n}}{2\int\dfrac{y^{n-2m-1}dy}{1+y^n}}, \qquad \text{III. } \frac{\int\dfrac{y^{\frac{1}{2}n-1}dy}{(1+y^n)^{\frac{m}{n}}}}{\int\dfrac{y^{n-m-1}dy}{\sqrt{(1+y^n)}}},$$

$$\text{IV. } \frac{\int\dfrac{y^{m-\frac{1}{2}n-1}dy}{(1+y^n)^{\frac{m}{n}}}}{\int\dfrac{y^{m-\frac{1}{2}n-1}dy}{\sqrt{(1+y^n)}}}, \qquad \text{V. } \frac{\int\dfrac{y^{\frac{1}{2}n-1}dy}{(1+y^n)^{1-\frac{m}{n}}}}{\int\dfrac{y^{m-1}dy}{\sqrt{(1+y^n)}}}, \qquad \text{VI. } \frac{\int\dfrac{y^{\frac{1}{2}n-m-1}dy}{(1+y^n)^{1-\frac{m}{n}}}}{\int\dfrac{y^{\frac{1}{2}n-m-1}dy}{\sqrt{(1+y^n)}}},$$

ubi notandum est in formis III et IV, item in V et VI seorsim numeratores et denominatores inter se esse aequales.

COROLLARIUM 7

57. Simili modo totidem habebimus formulas pro cos.$\dfrac{m}{n}\pi$, quae sunt:

$$\text{I. } \frac{\pi}{n\int\dfrac{y^{\frac{1}{2}n-m-1}dy}{1+y^n}}, \qquad \text{II. } \frac{\int\dfrac{y^{m-1}dy}{1+y^n}}{2\int\dfrac{y^{2m-1}dy}{1+y^n}}, \qquad \text{III. } \frac{\int\dfrac{y^{m-1}dy}{(1+y^n)^{\frac{1}{2}+\frac{m}{n}}}}{\int\dfrac{y^{m-1}dy}{\sqrt{(1+y^n)}}},$$

$$\text{IV.}\ \dfrac{\displaystyle\int \dfrac{y^{\frac{1}{2}n-1}\,dy}{(1+y^n)^{\frac{1}{2}+\frac{m}{n}}}}{\displaystyle\int \dfrac{y^{\frac{1}{2}n-m-1}\,dy}{\sqrt{(1+y^n)}}},\qquad
\text{V.}\ \dfrac{\displaystyle\int \dfrac{y^{-m-1}\,dy}{(1+y^n)^{\frac{1}{2}-\frac{m}{n}}}}{\displaystyle\int \dfrac{y^{-m-1}\,dy}{\sqrt{(1+y^n)}}},\qquad
\text{VI.}\ \dfrac{\displaystyle\int \dfrac{y^{\frac{1}{2}n-1}\,dy}{(1+y^n)^{\frac{1}{2}-\frac{m}{n}}}}{\displaystyle\int \dfrac{y^{\frac{1}{2}n+m-1}\,dy}{\sqrt{(1+y^n)}}}.$$

SCHOLION

58. Hinc vero etiam plures formulas pro tangente anguli $\frac{m}{n}\pi$ deducere licet; quarum quae sunt simpliciores, hic exhibebo:

$$\text{tang.}\ \frac{m}{n}\pi = \frac{\displaystyle\int \frac{y^{\frac{1}{2}n-m-1}\,dy}{1+y^n}}{\displaystyle\int \frac{y^{m-1}\,dy}{1+y^n}},\qquad
\text{tang.}\ \frac{m}{n}\pi = \frac{\displaystyle\int \frac{y^{\frac{1}{2}n-1}\,dy}{(1+y^n)^{1-\frac{m}{n}}}}{\displaystyle\int \frac{y^{m-1}\,dy}{(1+y^n)^{\frac{1}{2}+\frac{m}{n}}}} = \frac{\displaystyle\int \frac{y^{\frac{1}{2}n-m-1}\,dy}{(1+y^n)^{1-\frac{m}{n}}}}{\displaystyle\int \frac{y^{\frac{1}{2}n-1}\,dy}{(1+y^n)^{\frac{1}{2}+\frac{m}{n}}}}.$$

Deinde vero ex combinatione harum formularum insignes proprietates innotescent; veluti si $n=4$ et $m=1$, erit

$$\frac{1}{\sqrt{2}} = \frac{\pi}{4\displaystyle\int \frac{dy}{1+y^4}} = \frac{\displaystyle\int \frac{dy}{1+y^4}}{2\displaystyle\int \frac{y\,dy}{1+y^4}} = \frac{\displaystyle\int \frac{y\,dy}{\sqrt[4]{(1+y^4)}}}{\displaystyle\int \frac{y\,y\,dy}{\sqrt{(1+y^4)}}} = \frac{\displaystyle\int \frac{y\,dy}{\sqrt[4]{(1+y^4)^3}}}{\displaystyle\int \frac{dy}{\sqrt{(1+y^4)}}} = \frac{\displaystyle\int \frac{dy}{\sqrt[4]{(1+y^4)^3}}}{\displaystyle\int \frac{dy}{\sqrt{(1+y^4)}}},$$

unde colligitur fore

$$\int \frac{y\,dy}{\sqrt[4]{(1+y^4)^3}} = \int \frac{dy}{\sqrt[4]{(1+y^4)^3}}$$

casu $y=\infty$ seu esse

$$\int \frac{(1-y)\,dy}{\sqrt[4]{(1+y^4)^3}} = 0;$$

talibus autem proprietatibus eruendis hic non immoror.

OBSERVATIONES
CIRCA INTEGRALIA FORMULARUM $\int x^{p-1} dx (1-x^n)^{\frac{q}{n}-1}$
POSITO POST INTEGRATIONEM $x=1$

Commentatio 321 indicis ENESTROEMIANI

Mélanges de philosophie et de mathématique de la société royale de Turin 3_2 (1762/5),
1766, p. 156—177

1. Formulam integralem

$$\int x^{p-1} dx (1-x^n)^{\frac{q}{n}-1}$$

seu hoc modo expressam

$$\int \frac{x^{p-1}\, dx}{\sqrt[n]{(1-x^n)^{n-q}}}$$

hic consideraturus assumo exponentes n, p et q esse numeros integros positivos, quandoquidem, si tales non essent, facile ad hanc formam perduci possent. Deinde huius formulae integrale non in genere hic perpendere constitui, sed eius tantum valorem, quem recipit, si post integrationem statuatur
$x=1$, postquam scilicet integratio ita fuerit instituta, ut integrale evanescat
posito $x=0$. Primum enim nullum est dubium, quin hoc casu $x=1$ integrale multo simplicius exprimatur; ac praeterea quoties in Analysi ad huiusmodi formulas pervenitur, plerumque non tam integrale indefinitum pro
quocunque valore ipsius x quam definitum valori $x=1$ utpote praecipuo
desiderari solet.

2. Constat autem casu, quo post integrationem ponitur $x = 1$, integrale
$\int\dfrac{x^{p-1}dx}{\sqrt[n]{(1-x^n)^{n-q}}}$ hoc modo per productum infinitorum factorum exprimi, ut sit

$$\frac{p+q}{pq}\cdot\frac{n(p+q+n)}{(p+n)(q+n)}\cdot\frac{2n(p+q+2n)}{(p+2n)(q+2n)}\cdot\frac{3n(p+q+3n)}{(p+3n)(q+3n)}\cdot\text{etc.,}$$

cuius quidem primus factor $\dfrac{p+q}{pq}$ non legi sequentium adstringitur. Hoc tamen non obstante perspicuum est exponentes p et q inter se esse commutabiles, ita ut sit

$$\int\frac{x^{p-1}dx}{\sqrt[n]{(1-x^n)^{n-q}}}=\int\frac{x^{q-1}dx}{\sqrt[n]{(1-x^n)^{n-p}}},$$

quae quidem aequalitas etiam facile per se ostenditur. Verum productum istud infinitum nos ad alia multo maiora perducet, quibus haec integralia magis illustrabuntur.

3. Ut autem brevitati in scribendo consulam neque opus habeam scripturam huius formulae $\int\dfrac{x^{p-1}dx}{\sqrt[n]{(1-x^n)^{n-q}}}$ toties repetere, pro quovis exponente n eius loco scribam

$$\left(\frac{p}{q}\right),$$

ita ut $\left(\dfrac{p}{q}\right)$ denotet valorem formulae integralis $\int\dfrac{x^{p-1}dx}{\sqrt[n]{(1-x^n)^{n-q}}}$ casu, quo post integrationem ponitur $x = 1$. Et quoniam vidimus esse hoc casu

$$\int\frac{x^{p-1}dx}{\sqrt[n]{(1-x^n)^{n-q}}}=\int\frac{x^{q-1}dx}{\sqrt[n]{(1-x^n)^{n-p}}},$$

manifestum est fore

$$\left(\frac{p}{q}\right)=\left(\frac{q}{p}\right),$$

ita ut pro quovis valore exponentis n hae expressiones $\left(\dfrac{p}{q}\right)$ et $\left(\dfrac{q}{p}\right)$ eandem significent quantitatem. Ita si fuerit exempli gratia $n = 4$, erit

$$\left(\frac{3}{2}\right)=\left(\frac{2}{3}\right)=\int\frac{x^2dx}{\sqrt[4]{(1-x^4)^2}}=\int\frac{x\,dx}{\sqrt[4]{(1-x^4)}}.$$

Per productum autem infinitum habebitur

$$\left(\frac{3}{2}\right) = \left(\frac{2}{3}\right) = \frac{5}{2\cdot 3}\cdot\frac{4\cdot 9}{6\cdot 7}\cdot\frac{8\cdot 13}{10\cdot 11}\cdot\frac{12\cdot 17}{14\cdot 15}\cdot \text{etc.}$$

4. Iam primum observo, si exponentes p et q fuerint maiores exponente n, formulam integralem semper ad aliam reduci posse, in qua hi exponentes infra n deprimantur. Cum enim sit

$$\int\frac{x^{p-1}dx}{\sqrt[n]{(1-x^n)^{n-q}}} = \frac{p-n}{p+q-n}\int\frac{x^{p-n-1}dx}{\sqrt[n]{(1-x^n)^{n-q}}},$$

erit recepto hic scribendi more

$$\left(\frac{p}{q}\right) = \frac{p-n}{p+q-n}\left(\frac{p-n}{q}\right),$$

quo, si fuerit $p > n$, formula ad aliam, in qua exponens p minor sit quam n, revocatur, quod etiam ob commutabilitatem de altero exponente q est tenendum. Quamobrem nobis has formulas examinaturis sufficiet pro quovis exponente n exponentes p et q ipso n minores accipere, quoniam his expeditis omnes casus, quibus maiores habituri essent valores, eo˙reduci possunt.

5. Statim autem patet casus, quibus est vel $p = n$ vel $q = n$, absolute seu algebraice esse integrabiles. Si enim fuerit $q = n$, ob

$$\left(\frac{p}{n}\right) = \int x^{p-1}dx = \frac{x^p}{p}$$

posito $x = 1$ erit $\left(\frac{p}{n}\right) = \frac{1}{p}$ similique modo $\left(\frac{n}{q}\right) = \frac{1}{q}$. Atque hi soli sunt casus, quibus integrale nostrae formulae absolute exhiberi potest, si quidem p et q exponentem n non excedant. Reliquis casibus omnibus integratio vel quadraturam circuli vel adeo altiores quadraturas implicabit, quas hic accuratius perpendere animus est. Post eas igitur formulas $\left(\frac{p}{n}\right)$ seu $\left(\frac{n}{p}\right)$, quarum valor absolute est $= \frac{1}{p}$, veniunt eae, quarum valor per solam circuli quadraturam exprimitur; tum vero sequentur eae, quae altiorem quandam quadraturam postulant, atque has altiores quadraturas tam ad simplicissimam formam quam ad minimum numerum revocare conabor.

6. Cum numeri p et q exponente n minores ponantur, eae formulae $\left(\frac{p}{q}\right)$ per solam circuli quadraturam integrabiles existunt, in quibus est $p + q = n$. Sit enim $q = n - p$ et formula nostra

$$\left(\frac{p}{n-p}\right) = \left(\frac{n-p}{p}\right) = \int \frac{x^{p-1}\, dx}{\sqrt[n]{(1-x^n)^p}} = \int \frac{x^{q-1}\, dx}{\sqrt[n]{(1-x^n)^q}}$$

hoc producto infinito exprimetur

$$\frac{n}{p(n-p)} \cdot \frac{n \cdot 2n}{(n+p)(2n-p)} \cdot \frac{2n \cdot 3n}{(2n+p)(3n-p)} \cdot \frac{3n \cdot 4n}{(3n+p)(4n-p)} \cdot \text{etc.},$$

quod hoc modo repraesentatum

$$\frac{1}{p} \cdot \frac{nn}{nn-pp} \cdot \frac{4nn}{4nn-pp} \cdot \frac{9nn}{9nn-pp} \cdot \text{etc.}$$

congruit cum eo producto, quo sinus angulorum expressi. Quare si π sumatur ad semicircumferentiam circuli, cuius radius sit $=1$, simulque mensuram duorum angulorum rectorum exhibeat, erit

$$\left(\frac{p}{n-p}\right) = \left(\frac{n-p}{p}\right) = \frac{\pi}{n \sin.\frac{p\pi}{n}} = \frac{\pi}{n \sin.\frac{q\pi}{n}}.$$

7. Ceteris casibus, quibus neque $p = n$ neque $q = n$ neque $p + q = n$, integrale etiam neque absolute neque per quadraturam circuli exhiberi potest, sed aliam quandam altiorem quadraturam complectitur. Neque vero singuli casus diversi peculiarem huiusmodi quadraturam exigunt, sed plures dantur reductiones, quibus diversas formulas inter se comparare licet. Hae autem reductiones derivantur ex producto infinito supra exhibito; cum enim sit

$$\left(\frac{p}{q}\right) = \frac{p+q}{pq} \cdot \frac{n(p+q+n)}{(p+n)(q+n)} \cdot \frac{2n(p+q+2n)}{(p+2n)(q+2n)} \cdot \text{etc.},$$

erit simili modo

$$\left(\frac{p+q}{r}\right) = \frac{p+q+r}{(p+q)r} \cdot \frac{n(p+q+r+n)}{(p+q+n)(r+n)} \cdot \frac{2n(p+q+r+2n)}{(p+q+2n)(r+2n)} \cdot \text{etc.},$$

quibus in se invicem ductis obtinetur

$$\left(\frac{p}{q}\right)\left(\frac{p+q}{r}\right) = \frac{p+q+r}{pqr} \cdot \frac{nn(p+q+r+n)}{(p+n)(q+n)(r+n)} \cdot \frac{4nn(p+q+r+2n)}{(p+2n)(q+2n)(r+2n)} \cdot \text{etc.},$$

ubi ternae quantitates p, q, r sunt inter se permutabiles.

8. Hinc ergo permutandis his quantitatibus p, q, r consequimur sequentes reductiones

$$\left(\frac{p}{q}\right)\left(\frac{p+q}{r}\right) = \left(\frac{p}{r}\right)\left(\frac{p+r}{q}\right) = \left(\frac{q}{r}\right)\left(\frac{q+r}{p}\right),$$

unde ex datis aliquot formulis plures aliae determinari possunt. Veluti si sit $q + r = n$ seu $r = n - q$, ob

$$\left(\frac{q+r}{p}\right) = \frac{1}{p} \quad \text{et} \quad \left(\frac{q}{r}\right) = \frac{\pi}{n \sin.\frac{q\pi}{n}}$$

erit

$$\left(\frac{p}{q}\right)\left(\frac{p+q}{n-q}\right) = \frac{\pi}{np \sin.\frac{q\pi}{n}}$$

nec non

$$\left(\frac{p}{n-q}\right)\left(\frac{n+p-q}{q}\right) = \frac{\pi}{np \sin.\frac{q\pi}{n}}.$$

Deinde si sit $p + q + r = n$ seu $r = n - p - q$, erit

$$\frac{\pi}{n \sin.\frac{r\pi}{n}}\left(\frac{p}{q}\right) = \frac{\pi}{n \sin.\frac{q\pi}{n}}\left(\frac{p}{r}\right) = \frac{\pi}{n \sin.\frac{p\pi}{n}}\left(\frac{q}{r}\right),$$

unde insignes reductiones aliarum ad alias oriuntur, quibus multitudo quadraturarum ad nostrum scopum necessariarum vehementer diminuitur.

9. Praeterea vero pro p, q, r numeris determinatis assumendis sequentes adipiscimur productorum ex binis formulis aequalitates

$$\left(\frac{1}{1}\right)\left(\frac{2}{2}\right) = \left(\frac{2}{1}\right)\left(\frac{3}{1}\right),$$

$$\left(\frac{1}{1}\right)\left(\frac{3}{2}\right) = \left(\frac{3}{1}\right)\left(\frac{4}{1}\right),$$

$$\left(\frac{2}{1}\right)\left(\frac{3}{3}\right) = \left(\frac{3}{1}\right)\left(\frac{4}{2}\right) = \left(\frac{3}{2}\right)\left(\frac{5}{1}\right),$$

$$\left(\frac{2}{2}\right)\left(\frac{4}{3}\right) = \left(\frac{3}{2}\right)\left(\frac{5}{2}\right),$$

$$\left(\frac{3}{1}\right)\left(\frac{4}{3}\right) = \left(\frac{3}{3}\right)\left(\frac{6}{1}\right),$$

$$\left(\frac{3}{2}\right)\left(\frac{5}{3}\right) = \left(\frac{3}{3}\right)\left(\frac{6}{2}\right),$$

$$\left(\frac{2}{2}\right)\left(\frac{4}{4}\right) = \left(\frac{4}{2}\right)\left(\frac{6}{2}\right),$$

$$\left(\frac{3}{1}\right)\left(\frac{4}{4}\right) = \left(\frac{4}{1}\right)\left(\frac{5}{3}\right) = \left(\frac{4}{3}\right)\left(\frac{7}{1}\right),$$

$$\left(\frac{2}{1}\right)\left(\frac{5}{3}\right) = \left(\frac{5}{1}\right)\left(\frac{6}{2}\right) = \left(\frac{5}{2}\right)\left(\frac{7}{1}\right),$$

$$\left(\frac{1}{1}\right)\left(\frac{6}{2}\right) = \left(\frac{6}{1}\right)\left(\frac{7}{1}\right)$$

etc.,

ubi quidem plures occurrunt, quae iam in reliquis continentur.

10. His quasi principiis praemissis formulam generalem $\int \dfrac{x^{p-1}dx}{\sqrt[n]{(1-x^n)^{n-q}}}$, in qua numeros p et q exponentem n non superare assumo, in classes ex exponente n petitas distinguam, ita ut valores $n=1$, $n=2$, $n=3$, $n=4$ etc. classes primam, secundam, tertiam etc. sint praebituri.

Ac prima quidem classis, qua $n=1$, unicam formulam complectitur $\left(\frac{1}{1}\right)$, cuius valor est $=1$. Secunda classis, qua $n=2$, has formulas $\left(\frac{1}{1}\right)$, $\left(\frac{2}{1}\right)$ et $\left(\frac{2}{2}\right)$ continet, quarum evolutio per se est manifesta. Tertia classis, qua $n=3$, has habet

$$\left(\frac{1}{1}\right), \quad \left(\frac{2}{1}\right), \quad \left(\frac{3}{1}\right), \quad \left(\frac{2}{2}\right), \quad \left(\frac{3}{2}\right), \quad \left(\frac{3}{3}\right).$$

Quarta vero classis, qua $n = 4$, istas

$$\left(\tfrac{1}{1}\right), \quad \left(\tfrac{2}{1}\right), \quad \left(\tfrac{3}{1}\right), \quad \left(\tfrac{4}{1}\right), \quad \left(\tfrac{2}{2}\right), \quad \left(\tfrac{3}{2}\right), \quad \left(\tfrac{4}{2}\right), \quad \left(\tfrac{3}{3}\right), \quad \left(\tfrac{4}{3}\right), \quad \left(\tfrac{4}{4}\right);$$

sicque in sequentibus classibus formularum numerus secundum numeros trigonales crescit. Has igitur classes ordine percurramus.

$$\textit{Classis } 2^{dae} \textit{ formae } \int \frac{x^{p-1}dx}{\sqrt[2]{(1-x^2)^{2-q}}} = \left(\frac{p}{q}\right)$$

Perspicuum hic quidem est istas formulas vel absolute vel per quadraturam circuli exprimi; nam hae $\left(\tfrac{2}{1}\right)$ et $\left(\tfrac{2}{2}\right)$ absolute dantur et reliqua $\left(\tfrac{1}{1}\right)$ ob $1+1=2$ est $\dfrac{\pi}{2\,\sin.\frac{\pi}{2}} = \dfrac{\pi}{2}$; si ergo brevitatis causa ponamus $\dfrac{\pi}{2} = \alpha$, uti scilicet in sequentibus classibus faciemus, omnes formulae huius classis ita definiuntur:

$$\left(\tfrac{2}{1}\right) = 1, \quad \left(\tfrac{2}{2}\right) = \tfrac{1}{2};$$

$$\left(\tfrac{1}{1}\right) = \alpha.$$

$$\textit{Classis } 3^{ae} \textit{ formae } \int \frac{x^{p-1}dx}{\sqrt[3]{(1-x^3)^{3-q}}} = \left(\frac{p}{q}\right)$$

Cum hic sit $n = 3$, formula quadraturam circuli involvens est

$$\left(\tfrac{2}{1}\right) = \frac{\pi}{3\,\sin.\frac{\pi}{3}};$$

ponamus ergo $\left(\tfrac{2}{1}\right) = \alpha$; reliquae autem formulae, quae non absolute dantur, altiorem quadraturam involvunt et quidem unicam $\left(\tfrac{1}{1}\right)$, quam littera A indicemus; qua concessa valores omnium formularum huius classis assignare poterimus:

$$\left(\tfrac{3}{1}\right) = 1, \quad \left(\tfrac{3}{2}\right) = \tfrac{1}{2}, \quad \left(\tfrac{3}{3}\right) = \tfrac{1}{3};$$

$$\left(\tfrac{2}{1}\right) = \alpha, \quad \left(\tfrac{2}{2}\right) = \frac{\alpha}{A};$$

$$\left(\tfrac{1}{1}\right) = A.$$

$$\textit{Classis } 4^{tae} \textit{ formae } \int \frac{x^{p-1}dx}{\sqrt[4]{(1-x^4)^{4-q}}} = \left(\frac{p}{q}\right)$$

Cum hic sit $n=4$, duas habemus formulas a quadratura circuli pendentes, quarum valores, quia sunt cogniti, ita indicemus:

$$\left(\frac{3}{1}\right) = \frac{\pi}{4\sin.\frac{\pi}{4}} = \alpha \quad \text{et} \quad \left(\frac{2}{2}\right) = \frac{\pi}{4\sin.\frac{2\pi}{4}} = \beta.$$

Praeterea vero unica opus est formula altiorem quadraturam involvente, qua concessa reliquas omnes cognoscemus. Ponamus enim $\left(\frac{2}{1}\right) = A$ et omnes formulae huius classis ita determinabuntur:

$$\left(\frac{4}{1}\right) = 1, \quad \left(\frac{4}{2}\right) = \frac{1}{2}, \quad \left(\frac{4}{3}\right) = \frac{1}{3}, \quad \left(\frac{4}{4}\right) = \frac{1}{4};$$

$$\left(\frac{3}{1}\right) = \alpha, \quad \left(\frac{3}{2}\right) = \frac{\beta}{A}, \quad \left(\frac{3}{3}\right) = \frac{\alpha}{2A};$$

$$\left(\frac{2}{1}\right) = A, \quad \left(\frac{2}{2}\right) = \beta;$$

$$\left(\frac{1}{1}\right) = \frac{\alpha A}{\beta}.$$

$$\textit{Classis } 5^{tae} \textit{ formae } \int \frac{x^{p-1}dx}{\sqrt[5]{(1-x^5)^{5-q}}} = \left(\frac{p}{q}\right)$$

Cum hic sit $n=5$, notemus statim formulas a quadratura circuli pendentes ·

$$\left(\frac{4}{1}\right) = \frac{\pi}{5\sin.\frac{\pi}{5}} = \alpha, \quad \left(\frac{3}{2}\right) = \frac{\pi}{5\sin.\frac{2\pi}{5}} = \beta.$$

Duabus autem insuper novis quadraturis opus est huic classi peculiaribus, quas ita designemus

$$\left(\frac{3}{1}\right) = A \quad \text{et} \quad \left(\frac{2}{2}\right) = B,$$

ex quibus reliquae omnes ita definientur:

$$\left(\tfrac{5}{1}\right)=1, \quad \left(\tfrac{5}{2}\right)=\tfrac{1}{2}, \quad \left(\tfrac{5}{3}\right)=\tfrac{1}{3}, \quad \left(\tfrac{5}{4}\right)=\tfrac{1}{4}, \quad \left(\tfrac{5}{5}\right)=\tfrac{1}{5};$$

$$\left(\tfrac{4}{1}\right)=\alpha, \quad \left(\tfrac{4}{2}\right)=\tfrac{\beta}{A}, \quad \left(\tfrac{4}{3}\right)=\tfrac{\beta}{2B}, \quad \left(\tfrac{4}{4}\right)=\tfrac{\alpha}{3A};$$

$$\left(\tfrac{3}{1}\right)=A, \quad \left(\tfrac{3}{2}\right)=\beta, \quad \left(\tfrac{3}{3}\right)=\tfrac{\beta\beta}{\alpha B};$$

$$\left(\tfrac{2}{1}\right)=\tfrac{\alpha B}{\beta}, \quad \left(\tfrac{2}{2}\right)=B;$$

$$\left(\tfrac{1}{1}\right)=\tfrac{\alpha A}{\beta}.$$

$$\text{\textit{Classis } } 6^{tae} \text{ \textit{formae} } \int \frac{x^{p-1}dx}{\sqrt[6]{(1-x^6)^{6-q}}} = \left(\tfrac{p}{q}\right)$$

Hic est $n=6$ et formulae quadraturam circuli involventes sunt

$$\left(\tfrac{5}{1}\right)=\frac{\pi}{6\sin.\frac{\pi}{6}}=\alpha, \quad \left(\tfrac{4}{2}\right)=\frac{\pi}{6\sin.\frac{2\pi}{6}}=\beta, \quad \left(\tfrac{3}{3}\right)=\frac{\pi}{6\sin.\frac{3\pi}{6}}=\gamma.$$

Reliquarum vero omnium valores insuper a binis hisce quadraturis pendent

$$\left(\tfrac{4}{1}\right)=A \quad \text{et} \quad \left(\tfrac{3}{2}\right)=B$$

atque ita se habere deprehenduntur:

$$\left(\tfrac{6}{1}\right)=1, \quad \left(\tfrac{6}{2}\right)=\tfrac{1}{2}, \quad \left(\tfrac{6}{3}\right)=\tfrac{1}{3}, \quad \left(\tfrac{6}{4}\right)=\tfrac{1}{4}, \quad \left(\tfrac{6}{5}\right)=\tfrac{1}{5}, \quad \left(\tfrac{6}{6}\right)=\tfrac{1}{6};$$

$$\left(\tfrac{5}{1}\right)=\alpha, \quad \left(\tfrac{5}{2}\right)=\tfrac{\beta}{A}, \quad \left(\tfrac{5}{3}\right)=\tfrac{\gamma}{2B}, \quad \left(\tfrac{5}{4}\right)=\tfrac{\beta}{3B}, \quad \left(\tfrac{5}{5}\right)=\tfrac{\alpha}{4A};$$

$$\left(\tfrac{4}{1}\right)=A, \quad \left(\tfrac{4}{2}\right)=\beta, \quad \left(\tfrac{4}{3}\right)=\tfrac{\beta\gamma}{\alpha B}, \quad \left(\tfrac{4}{4}\right)=\tfrac{\beta\gamma A}{2\alpha BB};$$

$$\left(\tfrac{3}{1}\right)=\tfrac{\alpha B}{\beta}, \quad \left(\tfrac{3}{2}\right)=B, \quad \left(\tfrac{3}{3}\right)=\gamma;$$

$$\left(\tfrac{2}{1}\right)=\tfrac{\alpha B}{\gamma}, \quad \left(\tfrac{2}{2}\right)=\tfrac{\alpha BB}{\gamma A};$$

$$\left(\tfrac{1}{1}\right)=\tfrac{\alpha A}{\beta}.$$

$$\textit{Classis } 7^{mae} \textit{ formae } \int \frac{x^{p-1}dx}{\sqrt[7]{(1-x^7)^{7-q}}} = \left(\frac{p}{q}\right)$$

Quia $n = 7$, formulae a quadratura circuli pendentes ita designentur

$$\left(\frac{6}{1}\right) = \frac{\pi}{7\sin.\frac{\pi}{7}} = \alpha, \quad \left(\frac{5}{2}\right) = \frac{\pi}{7\sin.\frac{2\pi}{7}} = \beta, \quad \left(\frac{4}{3}\right) = \frac{\pi}{7\sin.\frac{3\pi}{7}} = \gamma,$$

praeterea vero hae quadraturae introducantur

$$\left(\frac{5}{1}\right) = A, \quad \left(\frac{4}{2}\right) = B, \quad \left(\frac{3}{3}\right) = C,$$

quibus datis omnes formulae ita determinabuntur:

$$\left(\frac{7}{1}\right) = 1, \quad \left(\frac{7}{2}\right) = \frac{1}{2}, \quad \left(\frac{7}{3}\right) = \frac{1}{3}, \quad \left(\frac{7}{4}\right) = \frac{1}{4}, \quad \left(\frac{7}{5}\right) = \frac{1}{5}, \quad \left(\frac{7}{6}\right) = \frac{1}{6}, \quad \left(\frac{7}{7}\right) = \frac{1}{7};$$

$$\left(\frac{6}{1}\right) = \alpha, \quad \left(\frac{6}{2}\right) = \frac{\beta}{A}, \quad \left(\frac{6}{3}\right) = \frac{\gamma}{2B}, \quad \left(\frac{6}{4}\right) = \frac{\gamma}{3C}, \quad \left(\frac{6}{5}\right) = \frac{\beta}{4B}, \quad \left(\frac{6}{6}\right) = \frac{\alpha}{5A};$$

$$\left(\frac{5}{1}\right) = A, \quad \left(\frac{5}{2}\right) = \beta, \quad \left(\frac{5}{3}\right) = \frac{\beta\gamma}{\alpha B}, \quad \left(\frac{5}{4}\right) = \frac{\gamma\gamma A}{2\alpha BC}, \quad \left(\frac{5}{5}\right) = \frac{\beta\gamma A}{3\alpha BC};$$

$$\left(\frac{4}{1}\right) = \frac{\alpha B}{\beta}, \quad \left(\frac{4}{2}\right) = B, \quad \left(\frac{4}{3}\right) = \gamma, \quad \left(\frac{4}{4}\right) = \frac{\gamma\gamma}{\alpha C};$$

$$\left(\frac{3}{1}\right) = \frac{\alpha C}{\gamma}, \quad \left(\frac{3}{2}\right) = \frac{\alpha BC}{\gamma A}, \quad \left(\frac{3}{3}\right) = C;$$

$$\left(\frac{2}{1}\right) = \frac{\alpha B}{\gamma}, \quad \left(\frac{2}{2}\right) = \frac{\alpha\beta BC}{\gamma\gamma A};$$

$$\left(\frac{1}{1}\right) = \frac{\alpha A}{\beta}.$$

$$\textit{Classis } 8^{vae} \textit{ formae } \int \frac{x^{p-1}dx}{\sqrt[8]{(1-x^8)^{8-q}}} = \left(\frac{p}{q}\right)$$

Quia hic est $n = 8$, formulae quadraturam circuli implicantes erunt

$$\left(\frac{7}{1}\right) = \frac{\pi}{8\sin.\frac{\pi}{8}} = \alpha, \quad \left(\frac{6}{2}\right) = \frac{\pi}{8\sin.\frac{2\pi}{8}} = \beta,$$

$$\left(\frac{5}{3}\right) = \frac{\pi}{8\sin.\frac{3\pi}{8}} = \gamma, \quad \left(\frac{4}{4}\right) = \frac{\pi}{8\sin.\frac{4\pi}{8}} = \delta.$$

Nunc vero tres frequentes formulae tanquam cognitae spectentur

$$\left(\frac{6}{1}\right)=A, \quad \left(\frac{5}{2}\right)=B \quad \text{et} \quad \left(\frac{4}{3}\right)=C$$

atque ex his omnes formulae huius classis ita determinabuntur:

$$\left(\frac{8}{1}\right)=1, \ \left(\frac{8}{2}\right)=\frac{1}{2}, \ \left(\frac{8}{3}\right)=\frac{1}{3}, \ \left(\frac{8}{4}\right)=\frac{1}{4}, \ \left(\frac{8}{5}\right)=\frac{1}{5}, \ \left(\frac{8}{6}\right)=\frac{1}{6}, \ \left(\frac{8}{7}\right)=\frac{1}{7}, \ \left(\frac{8}{8}\right)=\frac{1}{8};$$

$$\left(\frac{7}{1}\right)=\alpha, \ \left(\frac{7}{2}\right)=\frac{\beta}{A}, \ \left(\frac{7}{3}\right)=\frac{\gamma}{2B}, \ \left(\frac{7}{4}\right)=\frac{\delta}{3C}, \ \left(\frac{7}{5}\right)=\frac{\gamma}{4C}, \ \left(\frac{7}{6}\right)=\frac{\beta}{5B}, \ \left(\frac{7}{7}\right)=\frac{\alpha}{6A};$$

$$\left(\frac{6}{1}\right)=A, \quad \left(\frac{6}{2}\right)=\beta, \quad \left(\frac{6}{3}\right)=\frac{\beta\gamma}{\alpha B}, \quad \left(\frac{6}{4}\right)=\frac{\gamma\delta A}{2\alpha BC}, \quad \left(\frac{6}{5}\right)=\frac{\gamma\delta A}{3\alpha CC}, \quad \left(\frac{6}{6}\right)=\frac{\beta\gamma A}{4\alpha BC};$$

$$\left(\frac{5}{1}\right)=\frac{\alpha B}{\beta}, \quad \left(\frac{5}{2}\right)=B, \quad \left(\frac{5}{3}\right)=\gamma, \quad \left(\frac{5}{4}\right)=\frac{\gamma\delta}{\alpha C}, \quad \left(\frac{5}{5}\right)=\frac{\gamma\gamma\delta A}{2\alpha\beta CC};$$

$$\left(\frac{4}{1}\right)=\frac{\alpha C}{\gamma}, \quad \left(\frac{4}{2}\right)=\frac{\alpha BC}{\gamma A}, \quad \left(\frac{4}{3}\right)=C, \quad \left(\frac{4}{4}\right)=\delta;$$

$$\left(\frac{3}{1}\right)=\frac{\alpha C}{\delta}, \quad \left(\frac{3}{2}\right)=\frac{\alpha\beta CC}{\gamma\delta A}, \quad \left(\frac{3}{3}\right)=\frac{\alpha CC}{\delta A};$$

$$\left(\frac{2}{1}\right)=\frac{\alpha B}{\gamma}, \quad \left(\frac{2}{2}\right)=\frac{\alpha\beta BC}{\gamma\delta A};$$

$$\left(\frac{1}{1}\right)=\frac{\alpha A}{\beta}.$$

Hinc istas reductiones ad sequentes classes, quousque libuerit, continuare licet. Quemadmodum ergo hinc in genere singularum formularum integralia se sint habitura, exponamus.

$$\textit{Evolutio formae generalis} \ \int \frac{x^{p-1}dx}{\sqrt[n]{(1-x^n)^{n-q}}}=\left(\frac{p}{q}\right)$$

Primo ergo absolute integrabiles sunt hae formulae

$$\left(\frac{n}{1}\right)=1, \quad \left(\frac{n}{2}\right)=\frac{1}{2}, \quad \left(\frac{n}{3}\right)=\frac{1}{3}, \quad \left(\frac{n}{4}\right)=\frac{1}{4} \quad \text{etc.},$$

deinde formulae a quadratura circuli pendentes sunt

$$\left(\frac{n-1}{1}\right)=\alpha, \quad \left(\frac{n-2}{2}\right)=\beta, \quad \left(\frac{n-3}{3}\right)=\gamma, \quad \left(\frac{n-4}{4}\right)=\delta \quad \text{etc.},$$

quarum quantitatum progressio tandem in se revertitur, cum sit etiam

$$\left(\frac{4}{n-4}\right) = \delta, \quad \left(\frac{3}{n-3}\right) = \gamma, \quad \left(\frac{2}{n-2}\right) = \beta, \quad \left(\frac{1}{n-1}\right) = \alpha.$$

Praeterea vero altiores quadraturae in subsidium vocari debent, quae ita repraesentantur

$$\left(\frac{n-2}{1}\right) = A, \quad \left(\frac{n-3}{2}\right) = B, \quad \left(\frac{n-4}{3}\right) = C, \quad \left(\frac{n-5}{4}\right) = D \quad \text{etc.},$$

quarum numerus quovis casu sponte determinatur, quia hae formulae tandem in se revertuntur.

His autem formulis admissis omnes omnino ad eandem classem pertinentes definiri poterunt. Habebimus autem a formula $\left(\frac{n-1}{1}\right) = \alpha$, uti supra istas formulas ordinavimus, deorsum descendendo

$$\left(\frac{n-1}{1}\right) = \alpha, \quad \left(\frac{n-2}{1}\right) = A, \quad \left(\frac{n-3}{1}\right) = \frac{\alpha B}{\beta}, \quad \left(\frac{n-4}{1}\right) = \frac{\alpha C}{\gamma},$$

$$\left(\frac{n-5}{1}\right) = \frac{\alpha D}{\delta}, \quad \left(\frac{n-6}{1}\right) = \frac{\alpha E}{\varepsilon} \quad \text{etc.},$$

qui valores retro sumti ita se habent

$$\left(\frac{1}{1}\right) = \frac{\alpha A}{\beta}, \quad \left(\frac{2}{1}\right) = \frac{\alpha B}{\gamma}, \quad \left(\frac{3}{1}\right) = \frac{\alpha C}{\delta} \quad \text{etc.}$$

Tum vero ab eadem formula $\left(\frac{n-1}{1}\right) = \alpha$ horizontaliter progrediendo definiuntur istae formulae

$$\left(\frac{n-1}{1}\right) = \alpha, \quad \left(\frac{n-1}{2}\right) = \frac{\beta}{A}, \quad \left(\frac{n-1}{3}\right) = \frac{\gamma}{2B}, \quad \left(\frac{n-1}{4}\right) = \frac{\delta}{3C} \quad \text{etc.},$$

quarum ultima erit

$$\left(\frac{n-1}{n-1}\right) = \frac{\alpha}{(n-2)A},$$

penultima

$$\left(\frac{n-1}{n-2}\right) = \frac{\beta}{(n-3)B},$$

antepenultima

$$\left(\frac{n-1}{n-3}\right) = \frac{\gamma}{(n-4)C}$$

etc.

Simili modo a formula $\left(\frac{n-2}{2}\right) = \beta$ tam descendendo quam progrediendo horizontaliter valores aliarum impetrabimus ac descendendo quidem

$$\left(\frac{n-2}{2}\right) = \beta, \quad \left(\frac{n-3}{2}\right) = B, \quad \left(\frac{n-4}{2}\right) = \frac{\alpha B C}{\gamma A}, \quad \left(\frac{n-5}{2}\right) = \frac{\alpha \beta C D}{\gamma \delta A},$$

$$\left(\frac{n-6}{2}\right) = \frac{\alpha \beta D E}{\delta \varepsilon A}, \quad \left(\frac{n-7}{2}\right) = \frac{\alpha \beta E F}{\varepsilon \zeta A} \quad \text{etc.},$$

ubi erit ultima

$$\left(\frac{2}{2}\right) = \frac{\alpha \beta B C}{\gamma \delta A},$$

penultima

$$\left(\frac{3}{2}\right) = \frac{\alpha \beta C D}{\delta \varepsilon A}$$

$$\text{etc.;}$$

at horizontaliter progrediendo

$$\left(\frac{n-2}{2}\right) = \beta, \quad \left(\frac{n-2}{3}\right) = \frac{\beta \gamma}{\alpha B}, \quad \left(\frac{n-2}{4}\right) = \frac{\gamma \delta A}{2 \alpha B C}, \quad \left(\frac{n-2}{5}\right) = \frac{\delta \varepsilon A}{3 \alpha C D},$$

$$\left(\frac{n-2}{6}\right) = \frac{\varepsilon \zeta A}{4 \alpha D E}, \quad \left(\frac{n-2}{7}\right) = \frac{\zeta \eta A}{5 \alpha E F} \quad \text{etc.},$$

quarum erit ultima

$$\left(\frac{n-2}{n-2}\right) = \frac{\beta \gamma A}{(n-4) \alpha B C},$$

penultima

$$\left(\frac{n-2}{n-3}\right) = \frac{\gamma \delta A}{(n-5) \alpha C D}$$

$$\text{etc.}$$

Porro a formula $\left(\frac{n-3}{n-3}\right) = \gamma$ descendendo pervenimus ad has formulas

$$\left(\frac{n-3}{3}\right) = \gamma, \quad \left(\frac{n-4}{3}\right) = C, \quad \left(\frac{n-5}{3}\right) = \frac{\alpha C D}{\delta A}, \quad \left(\frac{n-6}{3}\right) = \frac{\alpha \beta C D E}{\delta \varepsilon A B},$$

$$\left(\frac{n-7}{3}\right) = \frac{\alpha \beta \gamma D E F}{\delta \varepsilon \zeta A B}, \quad \left(\frac{n-8}{3}\right) = \frac{\alpha \beta \gamma E F G}{\varepsilon \zeta \eta A B} \quad \text{etc.}$$

et horizontaliter progrediendo

$$\left(\frac{n-3}{3}\right) = \gamma, \quad \left(\frac{n-3}{4}\right) = \frac{\gamma \delta}{\alpha C}, \quad \left(\frac{n-3}{5}\right) = \frac{\gamma \delta \varepsilon A}{2 \alpha \beta C D}, \quad \left(\frac{n-3}{6}\right) = \frac{\delta \varepsilon \zeta A B}{3 \alpha \beta C D E},$$

$$\left(\frac{n-3}{7}\right) = \frac{\varepsilon \zeta \eta A B}{4 \alpha \beta D E F}, \quad \left(\frac{n-3}{8}\right) = \frac{\zeta \eta \theta A B}{5 \alpha \beta E F G} \quad \text{etc.}$$

Pari modo a formula $\left(\frac{n-4}{4}\right) = \delta$ descendendo nanciscimur

$$\left(\frac{n-4}{4}\right) = \delta, \quad \left(\frac{n-5}{4}\right) = D, \quad \left(\frac{n-6}{4}\right) = \frac{\alpha DE}{\varepsilon A}, \quad \left(\frac{n-7}{4}\right) = \frac{\alpha\beta DEF}{\varepsilon\zeta AB},$$

$$\left(\frac{n-8}{4}\right) = \frac{\alpha\beta\gamma DEFG}{\varepsilon\zeta\eta ABC}, \quad \left(\frac{n-9}{4}\right) = \frac{\alpha\beta\gamma\delta EFGH}{\varepsilon\zeta\eta\theta ABC} \quad \text{etc.}$$

et horizontaliter progrediendo

$$\left(\frac{n-4}{4}\right) = \delta, \quad \left(\frac{n-4}{5}\right) = \frac{\delta\varepsilon}{\alpha D}, \quad \left(\frac{n-4}{6}\right) = \frac{\delta\varepsilon\zeta A}{2\alpha\beta DE}, \quad \left(\frac{n-4}{7}\right) = \frac{\delta\varepsilon\zeta\eta AB}{3\alpha\beta\gamma DEF},$$

$$\left(\frac{n-4}{8}\right) = \frac{\varepsilon\zeta\eta\theta ABC}{4\alpha\beta\gamma DEFG}, \quad \left(\frac{n-4}{9}\right) = \frac{\zeta\eta\theta\iota ABC}{5\alpha\beta\gamma EFGH} \quad \text{etc.}$$

Atque hac ratione tandem omnium formularum valores reperiuntur.

Accommodemus has generales reductiones ad

$$\textit{Classem } 9^{nae} \textit{ formae} \int \frac{x^{p-1}dx}{\sqrt[9]{(1-x^9)^{9-q}}} = \left(\frac{p}{q}\right)$$

Ubi ob $n = 9$ formulae quadraturam circuli involventes erunt

$$\left(\frac{8}{1}\right) = \alpha, \quad \left(\frac{7}{2}\right) = \beta, \quad \left(\frac{6}{3}\right) = \gamma, \quad \left(\frac{5}{4}\right) = \delta;$$

hinc $\varepsilon = \delta,\ \zeta = \gamma,\ \eta = \beta,\ \theta = \alpha$.

Deinde novae quadraturae huc requisitae ponantur

$$\left(\frac{7}{1}\right) = A, \quad \left(\frac{6}{2}\right) = B, \quad \left(\frac{5}{3}\right) = C, \quad \left(\frac{4}{4}\right) = D$$

sicque erit

$$E = C, \quad F = B \quad \text{et} \quad G = A;$$

atque his quatuor valoribus concessis omnium formularum nonae classis valores assignari poterunt, quos simili ordine, ut hactenus fecimus, repraesentemus:

$$\left(\frac{9}{1}\right)=1,\quad \left(\frac{9}{2}\right)=\frac{1}{2},\quad \left(\frac{9}{3}\right)=\frac{1}{3},\quad \left(\frac{9}{4}\right)=\frac{1}{4},\quad \left(\frac{9}{5}\right)=\frac{1}{5},$$

$$\left(\frac{9}{6}\right)=\frac{1}{6},\quad \left(\frac{9}{7}\right)=\frac{1}{7},\quad \left(\frac{9}{8}\right)=\frac{1}{8},\quad \left(\frac{9}{9}\right)=\frac{1}{9};$$

$$\left(\frac{8}{1}\right)=\alpha,\quad \left(\frac{8}{2}\right)=\frac{\beta}{A},\quad \left(\frac{8}{3}\right)=\frac{\gamma}{2B},\quad \left(\frac{8}{4}\right)=\frac{\delta}{3C},\quad \left(\frac{8}{5}\right)=\frac{\delta}{4D},$$

$$\left(\frac{8}{6}\right)=\frac{\gamma}{5C},\quad \left(\frac{8}{7}\right)=\frac{\beta}{6B},\quad \left(\frac{8}{8}\right)=\frac{\alpha}{7A};$$

$$\left(\frac{7}{1}\right)=A,\quad \left(\frac{7}{2}\right)=\beta,\quad \left(\frac{7}{3}\right)=\frac{\beta\gamma}{\alpha B},\quad \left(\frac{7}{4}\right)=\frac{\gamma\delta A}{2\alpha BC},\quad \left(\frac{7}{5}\right)=\frac{\delta\delta A}{3\alpha CD},$$

$$\left(\frac{7}{6}\right)=\frac{\gamma\delta A}{4\alpha CD},\quad \left(\frac{7}{7}\right)=\frac{\beta\gamma A}{5\alpha BC};$$

$$\left(\frac{6}{1}\right)=\frac{\alpha B}{\beta},\quad \left(\frac{6}{2}\right)=B,\quad \left(\frac{6}{3}\right)=\gamma,\quad \left(\frac{6}{4}\right)=\frac{\gamma\delta}{\alpha C},\quad \left(\frac{6}{5}\right)=\frac{\gamma\delta\delta A}{2\alpha\beta CD},$$

$$\left(\frac{6}{6}\right)=\frac{\gamma\delta\delta AB}{3\alpha\beta CCD};$$

$$\left(\frac{5}{1}\right)=\frac{\alpha C}{\gamma},\quad \left(\frac{5}{2}\right)=\frac{\alpha BC}{\gamma A},\quad \left(\frac{5}{3}\right)=C,\quad \left(\frac{5}{4}\right)=\delta,\quad \left(\frac{5}{5}\right)=\frac{\delta\delta}{\alpha D};$$

$$\left(\frac{4}{1}\right)=\frac{\alpha D}{\delta},\quad \left(\frac{4}{2}\right)=\frac{\alpha\beta CD}{\gamma\delta A},\quad \left(\frac{4}{3}\right)=\frac{\alpha CD}{\delta A},\quad \left(\frac{4}{4}\right)=D;$$

$$\left(\frac{3}{1}\right)=\frac{\alpha C}{\delta},\quad \left(\frac{3}{2}\right)=\frac{\alpha\beta CD}{\delta\delta A},\quad \left(\frac{3}{3}\right)=\frac{\alpha\beta CCD}{\delta\delta AB};$$

$$\left(\frac{2}{1}\right)=\frac{\alpha B}{\gamma},\quad \left(\frac{2}{2}\right)=\frac{\alpha\beta BC}{\gamma\delta A};$$

$$\left(\frac{1}{1}\right)=\frac{\alpha A}{\beta}.$$

Ordo harum formularum etiam in genere diagonaliter a sinistra ad dextram procedendo notari meretur, ubi quidem duo genera progressionum occurrunt, prout vel a prima serie verticali vel a suprema horizontali incipimus. Hoc modo primum a serie verticali incipiendo:

$$\left(\tfrac{n-1}{1}\right)=\alpha, \quad \left(\tfrac{n-2}{2}\right)=\tfrac{\beta}{\alpha}\times\left(\tfrac{n-1}{1}\right), \quad \left(\tfrac{n-3}{3}\right)=\tfrac{\gamma}{\beta}\times\left(\tfrac{n-2}{2}\right), \quad \left(\tfrac{n-4}{4}\right)=\tfrac{\delta}{\gamma}\times\left(\tfrac{n-3}{3}\right)$$

$$\left(\tfrac{n-2}{1}\right)=A, \quad \left(\tfrac{n-3}{2}\right)=\tfrac{B}{A}\times\left(\tfrac{n-2}{1}\right), \quad \left(\tfrac{n-4}{3}\right)=\tfrac{C}{B}\times\left(\tfrac{n-3}{2}\right), \quad \left(\tfrac{n-5}{4}\right)=\tfrac{D}{C}\times\left(\tfrac{n-4}{3}\right)$$

$$\left(\tfrac{n-3}{1}\right)=\tfrac{\alpha B}{\beta}, \quad \left(\tfrac{n-4}{2}\right)=\tfrac{\beta C}{\gamma A}\times\left(\tfrac{n-3}{1}\right), \quad \left(\tfrac{n-5}{3}\right)=\tfrac{\gamma D}{\delta B}\times\left(\tfrac{n-4}{2}\right), \quad \left(\tfrac{n-6}{4}\right)=\tfrac{\delta E}{\varepsilon C}\times\left(\tfrac{n-5}{3}\right)$$

$$\left(\tfrac{n-4}{1}\right)=\tfrac{\alpha C}{\gamma}, \quad \left(\tfrac{n-5}{2}\right)=\tfrac{\beta D}{\delta A}\times\left(\tfrac{n-4}{1}\right), \quad \left(\tfrac{n-6}{3}\right)=\tfrac{\gamma E}{\varepsilon B}\times\left(\tfrac{n-5}{2}\right), \quad \left(\tfrac{n-7}{4}\right)=\tfrac{\delta F}{\zeta C}\times\left(\tfrac{n-6}{3}\right)$$

$$\left(\tfrac{n-5}{1}\right)=\tfrac{\alpha D}{\delta}, \quad \left(\tfrac{n-6}{2}\right)=\tfrac{\beta E}{\varepsilon A}\times\left(\tfrac{n-5}{1}\right), \quad \left(\tfrac{n-7}{3}\right)=\tfrac{\gamma F}{\zeta B}\times\left(\tfrac{n-6}{2}\right), \quad \left(\tfrac{n-8}{4}\right)=\tfrac{\delta G}{\eta C}\times\left(\tfrac{n-7}{3}\right)$$

$$\left(\tfrac{n-6}{1}\right)=\tfrac{\alpha E}{\varepsilon}, \quad \left(\tfrac{n-7}{2}\right)=\tfrac{\beta F}{\zeta A}\times\left(\tfrac{n-6}{1}\right), \quad \left(\tfrac{n-8}{3}\right)=\tfrac{\gamma G}{\eta B}\times\left(\tfrac{n-7}{2}\right), \quad \left(\tfrac{n-9}{4}\right)=\tfrac{\delta H}{\theta C}\times\left(\tfrac{n-8}{3}\right)$$

etc.,

deinde a suprema horizontali incipiendo:

$$\left(\tfrac{n}{1}\right)=1, \quad \left(\tfrac{n-1}{2}\right)=\tfrac{\beta}{A}\times\left(\tfrac{n}{1}\right), \quad \left(\tfrac{n-2}{3}\right)=\tfrac{\gamma A}{\alpha B}\times\left(\tfrac{n-1}{2}\right), \quad \left(\tfrac{n-3}{4}\right)=\tfrac{\delta B}{\beta C}\times\left(\tfrac{n-2}{3}\right)$$

$$\left(\tfrac{n}{2}\right)=\tfrac{1}{2}, \quad \left(\tfrac{n-1}{3}\right)=\tfrac{\gamma}{B}\times\left(\tfrac{n}{2}\right), \quad \left(\tfrac{n-2}{4}\right)=\tfrac{\delta A}{\alpha C}\times\left(\tfrac{n-1}{3}\right), \quad \left(\tfrac{n-3}{5}\right)=\tfrac{\varepsilon B}{\beta D}\times\left(\tfrac{n-2}{4}\right)$$

$$\left(\tfrac{n}{3}\right)=\tfrac{1}{3}, \quad \left(\tfrac{n-1}{4}\right)=\tfrac{\delta}{C}\times\left(\tfrac{n}{3}\right), \quad \left(\tfrac{n-2}{5}\right)=\tfrac{\varepsilon A}{\alpha D}\times\left(\tfrac{n-1}{4}\right), \quad \left(\tfrac{n-3}{6}\right)=\tfrac{\zeta B}{\beta E}\times\left(\tfrac{n-2}{5}\right)$$

$$\left(\tfrac{n}{4}\right)=\tfrac{1}{4}, \quad \left(\tfrac{n-1}{5}\right)=\tfrac{\varepsilon}{D}\times\left(\tfrac{n}{4}\right), \quad \left(\tfrac{n-2}{6}\right)=\tfrac{\zeta A}{\alpha E}\times\left(\tfrac{n-1}{5}\right), \quad \left(\tfrac{n-3}{7}\right)=\tfrac{\eta B}{\beta F}\times\left(\tfrac{n-2}{6}\right)$$

$$\left(\tfrac{n}{5}\right)=\tfrac{1}{5}, \quad \left(\tfrac{n-1}{6}\right)=\tfrac{\zeta}{E}\times\left(\tfrac{n}{5}\right), \quad \left(\tfrac{n-2}{7}\right)=\tfrac{\eta A}{\alpha F}\times\left(\tfrac{n-1}{6}\right), \quad \left(\tfrac{n-3}{8}\right)=\tfrac{\theta B}{\beta G}\times\left(\tfrac{n-2}{7}\right)$$

etc.

Ubi lex, qua hae formulae a se invicem pendent, satis est perspicua, si modo notemus in utraque litterarum serie α, β, γ, δ etc. et A, B, C, D etc. terminos primum antecedentes inter se esse aequales.

CONCLUSIO

Cum igitur formulas secundae classis sola concessa circuli quadratura exhibere valeamus, formulae tertiae classis insuper requirunt quadraturam contentam vel hac formula

36*

$$\int \frac{dx}{\sqrt[3]{(1-x^3)^2}} = A \quad \text{vel hac} \quad \int \frac{x\,dx}{\sqrt[3]{(1-x^3)}} = \frac{\alpha}{A},$$

quandoquidem, data una, simul altera datur. Quodsi istas formulas per productum infinitum exprimamus, earum valor reperitur

$$\int \frac{dx}{\sqrt[3]{(1-x^3)^2}} = \frac{2}{1}\cdot\frac{3\cdot5}{4\cdot4}\cdot\frac{6\cdot8}{7\cdot7}\cdot\frac{9\cdot11}{10\cdot10}\cdot\frac{12\cdot14}{13\cdot13}\cdot\text{etc.},$$

unde eius quantitas vero proxime satis expedite colligi potest; simili modo est

$$\int \frac{x\,dx}{\sqrt[3]{(1-x^3)}} = 1\cdot\frac{3\cdot7}{5\cdot5}\cdot\frac{6\cdot10}{8\cdot8}\cdot\frac{9\cdot13}{11\cdot11}\cdot\frac{12\cdot16}{14\cdot14}\cdot\text{etc.}$$

Deinde omnes formulas quartae classis integrare poterimus, si modo praeter circuli quadraturam una ex his quatuor formulis fuerit cognita $\left(\frac{2}{1}\right)$, $\left(\frac{1}{1}\right)$, $\left(\frac{3}{2}\right)$, $\left(\frac{3}{3}\right)$, quae praebent has formas

$$\int \frac{x\,dx}{\sqrt[4]{(1-x^4)^3}} = \frac{1}{2}\int \frac{dx}{\sqrt[4]{(1-xx)^3}} = \int \frac{dx}{\sqrt{(1-x^4)}} = A,$$

$$\int \frac{dx}{\sqrt[4]{(1-x^4)^3}} = \frac{\alpha A}{\beta}, \quad \int \frac{xx\,dx}{\sqrt[4]{(1-x^4)}} = \frac{\alpha}{2A},$$

$$\int \frac{xx\,dx}{\sqrt{(1-x^4)}} = \int \frac{x\,dx}{\sqrt[4]{(1-x^4)}} = \frac{1}{2}\int \frac{dx}{\sqrt[4]{(1-xx)}} = \frac{\beta}{A};$$

at per productum infinitum erit

$$A = \frac{3}{1\cdot2}\cdot\frac{4\cdot7}{5\cdot6}\cdot\frac{8\cdot11}{9\cdot10}\cdot\frac{12\cdot15}{13\cdot14}\cdot\frac{16\cdot19}{17\cdot18}\cdot\text{etc.}$$

Quinta classis postulat duas quadraturas altiores $\left(\frac{3}{1}\right)=A$ et $\left(\frac{2}{2}\right)=B$, quarum loco aliae binae ab his pendentes assumi possunt, quae quidem faciliores videantur, etsi ob 5 numerum primum aliae aliis vix simpliciores reputari queant.

Pro sexta classe etiam duae quadraturae requiruntur $\left(\frac{4}{1}\right)=A$ et $\left(\frac{3}{2}\right)=B$. Verum hic loco alterius ea, quae in tertia classe opus erat, assumi potest, ut unica tantum nova sit adhibenda. Cum enim sit

$$\left(\frac{2}{2}\right) = \int \frac{x\,dx}{\sqrt[6]{(1-x^6)^4}} = \frac{1}{2}\int \frac{dx}{\sqrt[3]{(1-x^3)^2}} = \frac{\alpha\,BB}{\gamma A},$$

erit

$$\frac{2\,\alpha BB}{\gamma A} = \int \frac{dx}{\sqrt[3]{(1-x^3)^2}},$$

quae est formula ad classem tertiam requisita. Hac ergo data si insuper innotescat formula

$$\left(\frac{3}{2}\right) = \int \frac{x\,dx}{\sqrt{(1-x^6)}} = \frac{1}{2}\int \frac{dx}{\sqrt{(1-x^3)}} = B$$

vel etiam haec

$$\left(\frac{4}{3}\right) = \int \frac{xx\,dx}{\sqrt[3]{(1-x^6)}} = \frac{1}{3}\int \frac{dx}{\sqrt[3]{(1-xx)}} = \frac{\beta\gamma}{\alpha B},$$

quae sunt simplicissimae in hoc genere, reliquae omnes per has definiri poterunt. His autem combinatis patet fore

$$\int \frac{dx}{\sqrt{(1-x^3)}} \cdot \int \frac{dx}{\sqrt[3]{(1-xx)}} = \frac{6\,\beta\gamma}{\alpha} = \frac{\pi}{\sqrt{3}}\cdot$$

Simili modo ex formulis quartae classis colligitur

$$\int \frac{dx}{\sqrt{(1-x^4)}} \cdot \int \frac{dx}{\sqrt[4]{(1-x^2)}} = \frac{\pi}{2},$$

cuiusmodi theorematum ingens multitudo hinc deduci potest, inter quae hoc imprimis est notabile

$$\int \frac{dx}{\sqrt[m]{(1-x^n)}} \cdot \int \frac{dx}{\sqrt[n]{(1-x^m)}} = \frac{\pi \sin.\dfrac{(m-n)\pi}{mn}}{(m-n)\sin.\dfrac{\pi}{m} \cdot \sin.\dfrac{\pi}{n}},$$

quod, si m et n sint numeri fracti, in hanc formam transmutatur

$$\int \frac{x^{q-1}\,dx}{\sqrt[r]{(1-x^p)^s}} \cdot \int \frac{x^{s-1}\,dx}{\sqrt[p]{(1-x^r)^q}} = \frac{\pi \sin.\left(\dfrac{s}{r}-\dfrac{q}{p}\right)\pi}{(ps-qr)\sin.\dfrac{q\pi}{p} \cdot \sin.\dfrac{s\pi}{r}}\cdot$$

In genere vero est

$$\left(\frac{n-p}{q}\right)\left(\frac{n-q}{p}\right) = \frac{\left(\dfrac{n-p}{p}\right)\left(\dfrac{n-q}{q}\right)}{(q-p)\left(\dfrac{n-q+p}{q-p}\right)},$$

quod hanc formam praebet

$$\int \frac{x^{p-1} dx}{\sqrt[n]{(1-x^n)^q}} \cdot \int \frac{x^{q-1} dx}{\sqrt[n]{(1-x^n)^p}} = \frac{\pi \sin.\dfrac{(q-p)\pi}{n}}{n(q-p)\sin.\dfrac{p\pi}{n}\cdot\sin.\dfrac{q\pi}{n}},$$

unde non solum praecedentia theoremata, sed alia plura facile derivantur. Posito enim $n = \frac{pq}{m}$ habebimus

$$\int \frac{x^{m-1} dx}{\sqrt[p]{(1-x^q)^m}} \cdot \int \frac{x^{m-1} dx}{\sqrt[q]{(1-x^p)^m}} = \frac{\pi \sin.\left(\dfrac{m}{p}-\dfrac{m}{q}\right)\pi}{m(q-p)\sin.\dfrac{m\pi}{q}\cdot\sin.\dfrac{m\pi}{p}},$$

quam ita latius extendere licet

$$\int \frac{x^{p-1} dx}{\sqrt[n]{(1-x^m)^q}} \cdot \int \frac{x^{q-1} dx}{\sqrt[m]{(1-x^n)^p}} = \frac{\pi \sin.\left(\dfrac{q}{n}-\dfrac{p}{m}\right)\pi}{(mq-np)\sin.\dfrac{p\pi}{m}\cdot\sin.\dfrac{q\pi}{n}};$$

in qua si ponatur $n = 2q$, erit

$$\int \frac{x^{p-1} dx}{\sqrt{(1-x^m)}} \cdot \int \frac{x^{q-1} dx}{\sqrt[m]{(1-x^{2q})^p}} = \frac{\pi \cos.\dfrac{p\pi}{m}}{q(m-2p)\sin.\dfrac{p\pi}{m}}.$$

At in posteriori formula integrali si ponatur $x^{2q} = 1 - y^m$, erit

$$\int \frac{x^{q-1} dx}{\sqrt[m]{(1-x^{2q})^p}} = \frac{m}{2q}\int \frac{y^{m-p-1} dy}{\sqrt{(1-y^m)}},$$

unde scripto x pro y

$$\int \frac{x^{p-1} dx}{\sqrt{(1-x^m)}} \cdot \int \frac{x^{m-p-1} dx}{\sqrt{(1-x^m)}} = \frac{2\pi \cos.\dfrac{p\pi}{m}}{m(m-2p)\sin.\dfrac{p\pi}{m}}.$$

Simili modo si in genere ponatur pro altera formula integrali $1 - x^n = y^m$, fiet

$$\int \frac{x^{q-1} dx}{\sqrt[m]{(1-x^n)^p}} = \frac{m}{n}\int \frac{y^{m-p-1} dy}{\sqrt[n]{(1-y^m)^{n-q}}},$$

unde scripto iterum x pro y obtinebitur

$$\int \frac{x^{p-1} dx}{\sqrt[n]{(1-x^m)^q}} \cdot \int \frac{x^{m-p-1} dx}{\sqrt[n]{(1-x^m)^{n-q}}} = \frac{n\pi \sin.\left(\dfrac{q}{n}-\dfrac{p}{m}\right)\pi}{m(mq-np)\sin.\dfrac{p\pi}{m}\cdot\sin.\dfrac{q\pi}{n}},$$

qui valor reducitur ad $\dfrac{n\pi}{m(mq-np)}\left(\text{cot.}\,\dfrac{p\pi}{m}-\text{cot.}\,\dfrac{q\pi}{n}\right)$. Atque hinc ista forma concinnior resultat

$$\int\frac{x^{\frac{m-r}{2}-1}\,dx}{\sqrt[n]{(1-x^m)}^{\frac{n-s}{2}}}\cdot\int\frac{x^{\frac{m+r}{2}-1}\,dx}{\sqrt[n]{(1-x^m)}^{\frac{n+s}{2}}}=\frac{2\,n\pi\left(\text{tang.}\,\dfrac{r\pi}{2m}-\text{tang.}\,\dfrac{s\pi}{2n}\right)}{m(nr-ms)}.$$

Cum fundamentum harum reductionum situm sit in hac aequalitate

$$\left(\frac{n-p}{q}\right)\left(\frac{n-q}{p}\right)=\frac{\left(\frac{n-p}{p}\right)\left(\frac{n-q}{q}\right)}{(q-p)\left(\frac{n-q+p}{q-p}\right)},$$

quae ad hanc formam reducitur

$$\left(\frac{n-p}{q}\right)\left(\frac{n-q}{p}\right)\left(\frac{n-q+p}{q-p}\right)=\left(\frac{n}{q-p}\right)\left(\frac{n-p}{p}\right)\left(\frac{n-q}{q}\right),$$

eius veritas hoc modo directe ostendi potest.

Sumtis in reductione § 8 tradita pro numeris ternis p, q, r his $n-q$, $q-p$, q habebimus

$$\left(\frac{n-q}{q-p}\right)\left(\frac{n-p}{q}\right)=\left(\frac{n-q}{q}\right)\left(\frac{n}{q-p}\right);$$

tum vero sumtis eorum loco $n-q$, $q-p$, p erit

$$\left(\frac{n-q}{p}\right)\left(\frac{n-q+p}{q-p}\right)=\left(\frac{n-q}{q-p}\right)\left(\frac{n-p}{p}\right),$$

quibus aequationibus in se invicem ductis et formula $\left(\frac{n-q}{q-p}\right)$ utrinque communi per divisionem sublata erit

$$\left(\frac{n-p}{q}\right)\left(\frac{n-q}{p}\right)\left(\frac{n-q+p}{q-p}\right)=\left(\frac{n}{q-p}\right)\left(\frac{n-p}{p}\right)\left(\frac{n-q}{q}\right).$$

Quin etiam huiusmodi ternarum aequalitas ab exponente n non pendens exhiberi potest, scilicet

$$\left(\frac{s}{p}\right)\left(\frac{r+s}{q}\right)\left(\frac{p+s}{r}\right)=\left(\frac{r+s}{p}\right)\left(\frac{s}{q}\right)\left(\frac{q+s}{r}\right)=\left(\frac{r}{p}\right)\left(\frac{r+s}{q}\right)\left(\frac{p+r}{s}\right)=\left(\frac{r+s}{p}\right)\left(\frac{r}{q}\right)\left(\frac{q+r}{s}\right),$$

quae quatuor adeo litteras ab n non pendentes involvit ac similis est aequalitati inter binarum formularum producta

$$\left(\frac{r}{p}\right)\left(\frac{p+r}{q}\right)=\left(\frac{q+r}{p}\right)\left(\frac{r}{q}\right)=\left(\frac{q}{p}\right)\left(\frac{p+q}{r}\right).$$

Aequalitas autem inter ternarum formularum producta habetur etiam ista

$$\left(\frac{p}{q}\right)\left(\frac{r}{s}\right)\left(\frac{p+q}{r+s}\right)=\left(\frac{q}{r}\right)\left(\frac{s}{p}\right)\left(\frac{q+r}{p+s}\right)=\left(\frac{p}{r}\right)\left(\frac{q}{s}\right)\left(\frac{p+r}{q+s}\right)$$

$$=\left(\frac{p}{q}\right)\left(\frac{p+q}{r}\right)\left(\frac{p+q+r}{s}\right)=\left(\frac{p}{q}\right)\left(\frac{p+q}{s}\right)\left(\frac{p+q+s}{r}\right)\quad \text{etc.}$$

In his enim litterae p, q, r, s utcumque inter se permutari possunt.

DE FORMULIS INTEGRALIBUS DUPLICATIS

Commentatio 391 indicis Enestroemiani
Novi commentarii academiae scientiarum Petropolitanae **14** (1769): I, 1770, p. 72—103
Summarium ibidem p. 13—15

SUMMARIUM

Disquisitio de corporum soliditatibus et superficiebus quum ad eiusmodi formulas integrales deducatur, quae ex producto differentialium duarum variabilium x et y et functione quadam harum quantitatum componantur adeoque duplicem integrationem requirant, antequam valor ipsis competens determinari possit, res omnino fuit maximi momenti in naturam et proprietates harum formularum accuratius inquirere. De formulis autem eiusmodi integralibus, quas duplicatas appellare Illustr. Auctori visum est, tenendum est, quodsi binae variabiles x et y plane a se invicem non pendeant, duplicem earum integrationem ita instituendam esse, ut in una earum sola x variabilis, in altera vero sola y ponatur, tum vero loco constantium quantitatum duas quaslibet functiones singularum x et y adiici oportere, ut integrale completum inveniatur, et perinde omnino esse, quo ordine eiusmodi instituatur integratio, quum semper idem prodire debeat integrale. Hae autem formulae plane diversae sunt ab iis, quibus soliditas vel superficies corporum exprimitur; in his enim posterioribus omnino aliqua relatio inter x et y intercedit, unde earum integratio ita instituenda erit, ut, postquam in priori altera variabilium, ut x, pro constante assumta sit, hac integratione peracta, ea per omnes valores ipsius y extendi debeat et loco y extremus valor, quem recipit, substituendus erit, unde fit, ut in posteriori integratione y non amplius ab x sit independens, sed plerumque aliqua functione ipsius x exprimatur, adeo ut posteriorem integrationem unica variabilis x ingrediatur. Ad determinationem vero integrationum investigandam functionem, qua productum $dx\,dy$ multiplicatum est, unitati aequalem supponere licet; liquet enim aream basis hac formula $\int\int dx\,dy$ exprimi, ex cuius formulae igitur integratione etiam istae conditiones, quae pro hac altera $\int\int Z\,dx\,dy$ valent, praescribi possunt. Insignes autem et plane singulares sunt affectiones harum formularum duplicatarum in earum transformatione conspicuae; scilicet quemadmodum variabiles x et y in alias t et v certa ratione ab ipsis dependentes transformari possunt, ita etiam pro x et y his earum valoribus inventis substitutis novae oriuntur formulae duplicatae alias variabiles involventes. Iam cum quam maxime probabile videri posset novas has formulas integrales non solum in se complectere tales, quas productum $dtdv$ ingreditur, sed praeter has quoque alias, quae ex dv^2 et dt^2 constant, facile tamen perspicitur hoc fieri non posse, quia posteriores hae formulae dv^2 et dt^2 in se complectentes ex numero formularum duplicatarum excludantur. Hoc autem dubium facile diluetur, si consideretur non plane necessarium esse, ut nova formula integralis duplicata priori prorsus sit aequalis, quoniam in hac posteriore aliae plane sunt conditiones, sub quibus integratio peragenda est, ac in priori. Potissimum igitur fundamentum, cui haec transformatio innititur, ex eo peti debet, quod prima integratio formae integralis per transformationem ortae ita institui debeat, ut vel v vel t pro constanti habeatur. Insignem autem hae transformationes saepius habent usum ad solutiones faciliores reddendas, quod imprimis exemplo famosi istius problematis Florentini illustratur, cuius plurimas solutiones elegantes Illustr. Auctor hac occasione adduxit, quarum, quae § 44 occurrit, generalissima est. Ceterum quoque notari meretur huic dissertationi occasionem dedisse elegans problema de invenienda figura corporis, quod inter omnia eiusdem soliditatis minima superficie contineretur; cuius tamen problematis solutio quomodo inveniri queat, nondum patet.

1. Si corporis cuiuscunque propositi vel soliditatem vel superficiem vel alias huiusmodi quantitates definire velimus, id per duplicem integrationem fieri solet; formula enim differentialis bis integranda tali forma $Zdxdy$ exprimitur binas variabiles x et y continente, quarum altera sola in priori integratione ut variabilis spectatur; posterior vero integratio ad alteram iam ut variabilem spectatam instituitur. Hinc quantitas per duplicem istam integrationem resultans duplex signum integrale praefigendo indicari solet hoc modo $\iint Zdxdy$, quippe qua duplicatione formula differentialis proposita $Zdxdy$ bis integrari debere est intelligenda. Huiusmodi igitur expressiones geminato signo summatorio affectas hic formulas integrales duplicatas appello; quarum usus cum latissime pateat, in earum indolem hic diligentius inquirere earumque proprietates et affectiones accuratius evolvere constitui.

2. Primum igitur cum x et y sint duae quantitates variabiles a se invicem non pendentes, Z vero denotet earum functionem quamcunque, formulae

integralis duplicatae $\iint Z dx dy$ vis ita exponi potest, ut quaerenda sit functio finita binarum istarum variabilium x et y, quae ita bis differentiata, ut in altera differentiatione sola x, in altera sola y pro variabili habeatur, ad formulam $Z dx dy$ deducat. Ita si fuerit $Z = a$, evidens fore $\iint a dx dy = axy$; generalius vero erit $\iint a dx dy = axy + X + Y$ denotante X functionem quamcunque ipsius x et Y ipsius y, quandoquidem hae duae quantitates per geminam illam differentiationem ex calculo tolluntur.

3. In genere autem si V fuerit eiusmodi functio ipsarum x et y, quae bis differentiata, ita ut modo est praeceptum, praebeat $Z dx dy$, erit quidem utique $V = \iint Z dx dy$, verum duplex integratio insuper functiones arbitrarias X et Y, illam ipsius x, hanc ipsius y, inducit, ut sit generalissime

$$\iint Z dx dy = V + X + Y.$$

Et statim perspicitur huiusmodi formulas differentiales necessario affectas esse producto $dx dy$ neque propterea secundum hanc significationem tales formulas $\iint Z dx^2$ vel $\iint Z dy^2$ quicquam significare, siquidem per ipsam rei naturam excluduntur, dum in altera integratione sola x, in altera vero sola y ut variabilis tractatur.

4. Constituta sic forma huiusmodi formularum integralium duplicatarum $\iint Z dx dy$, ita ut x et y sint duae quantitates variabiles a se invicem non pendentes et Z functio finita ex iis utcunque composita, haud difficile est duplicem integrationem, quam involvunt, instituere, quod quidem, prout primo vel x vel y sola variabilis consideratur, duplici modo fieri potest. Sumta scilicet primo y pro variabili altera x ut constans tractatur quaeriturque integrale $\int Z dy$, quod erit certa quaedam functio ipsarum x et y; qua inventa suscipiatur formula differentialis $dx \int Z dy$, in qua iam y ut constans solaque x ut variabilis tractetur, eiusque quaeratur integrale $\int dx \int Z dy$, qui erit valor quaesitus formulae integralis duplicatae propositae $\iint Z dx dy$. Si in hac duplici integratione ordo variabilium x et y invertatur, valor quaesitus ita exprimetur $\int dy \int Z dx$, qui ab illo non discrepabit.

5. Ob hunc consensum fit, ut talis forma $\iint Z dx dy$ promiscue sive hoc modo $\int dx \int Z dy$ sive hoc $\int dy \int Z dx$ exhiberi possit; utrovis autem utamur,

regulae vulgares integrationis sunt observandae, si modo notetur in ea integratione, in qua vel x vel y pro constante sumatur, constantem introductam eiusdem fore functionem quamcunque. Veluti si proponatur haec forma

$$\iint \frac{dx\,dy}{xx+yy} = \int dx \int \frac{dy}{xx+yy},$$

ob

$$\int \frac{dy}{xx+yy} = \frac{1}{x}\,\text{A tang.}\,\frac{y}{x} + \frac{dX}{dx}$$

denotante $\frac{dX}{dx}$ functionem quamcunque ipsius x erit

$$\iint \frac{dx\,dy}{xx+yy} = \int \frac{dx}{x}\,\text{A tang.}\,\frac{y}{x} + X,$$

ubi in integratione adhuc perficienda y pro constante habetur. Simili vero modo reperitur

$$\iint \frac{dx\,dy}{xx+yy} = \int \frac{dy}{y}\,\text{A tang.}\,\frac{x}{y} + Y,$$

in qua integratione x constans assumitur; in quo quidem exemplo consensus binorum valorum inventorum non satis est perspicuus.

6. Interim tamen veritas consensus per series facile ostenditur; cum enim sit $\text{A tang.}\,\frac{x}{y} = \frac{\pi}{2} - \text{A tang.}\,\frac{y}{x}$ denotante $\frac{\pi}{2}$ angulum rectum et

$$\text{A tang.}\,\frac{y}{x} = \frac{y}{x} - \frac{y^3}{3\,x^3} + \frac{y^5}{5\,x^5} - \frac{y^7}{7\,x^7} + \frac{y^9}{9\,x^9} - \text{etc.},$$

erit

$$\int \frac{dx}{x}\,\text{A tang.}\,\frac{y}{x} = -\frac{y}{x} + \frac{y^3}{9\,x^3} - \frac{y^5}{25\,x^5} + \frac{y^7}{49\,x^7} - \text{etc.} + f:y$$

et

$$\int \frac{dy}{y}\,\text{A tang.}\,\frac{x}{y} = \frac{\pi}{2}\,ly - \frac{y}{x} + \frac{y^3}{9\,x^3} - \frac{y^5}{25\,x^5} + \frac{y^7}{49\,x^7} - \text{etc.} + f:x,$$

ex quarum utraque oritur

$$\iint \frac{dx\,dy}{xx+yy} = X + Y - \frac{y}{x} + \frac{y^3}{9\,x^3} - \frac{y^5}{25\,x^5} + \frac{y^7}{49\,x^7} - \text{etc.}$$

Verum ubi ambae integrationes succedunt, convenientia sponte se offert; quod quidem pluribus exemplis ostendisse superfluum foret, cum eius ratio ex natura differentialium et integralium perfecte sit demonstrata.

7. Haec igitur tenenda sunt de istiusmodi formulis integralibus duplicatis, quando binae variabiles x et y nullo plane nexu inter se cohaerent, ita ut in altera integratione altera, in altera vero altera constans accipiatur. Verum tales formulae non confundendae sunt cum iis, quibus, ut initio dixi, soliditas et superficies corporum quorumcunque exprimi solet. Etsi enim hae formulae etiam duplicem integrationem requirunt et in priori altera binarum variabilium, puta y, sola ut variabilis tractatur altera x pro constante assumta, tamen priori integratione peracta, ea per omnes valores ipsius y extendi sicque tandem loco y extremus valor, quem recipere potest, statui debet, qui plerumque ab x pendet, ita ut hoc valore post primam integrationem loco y constituto in posteriori integratione y tanquam functio quaedam ipsius x ingrediatur neque propterea pro constanti haberi queat, qua conditione fit, ut altera integratio plurimum immutetur, etsi prior simili modo ut ante absolvatur.

8. Quod discrimen quo clarius perspiciatur, exemplum attulisse iuvabit. Quaeratur ergo soliditas sphaerae, cuius centrum sit C (Fig. 1) et radius $CA = a$, ac primo quidem portio eius quadranti ACB insistens, cuius elementum est columella $YZyz$ areolae $Yy = dx\,dy$ insistens positis $CP = x$ et $PY = y$, eritque eius altitudo $YZ = \sqrt{(aa - xx - yy)}$; hinc soliditas columellae elementaris $= dx\,dy\sqrt{(aa-xx-yy)}$, quam bis integrari oportet. Maneat primo intervallum $CP = x$ constans et integrale $\int dy\sqrt{(aa - xx - yy)}$ ita sumtum, ut evanescat posito $y = 0$, dabit portiunculam areolae $PpYq$ insistentem, quae ergo erit

$$= \frac{1}{2}\,y\sqrt{(aa - xx - yy)}$$

$$+ \frac{1}{2}\,(aa - xx)\,\mathrm{A}\sin.\frac{y}{\sqrt{(aa-xx)}}.$$

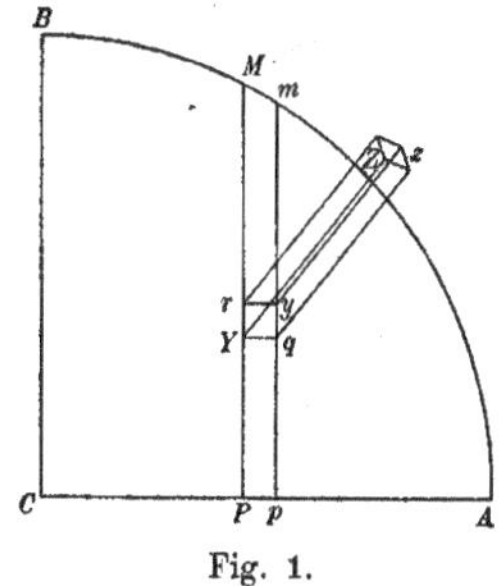

Fig. 1.

Iam hoc valore in altera integratione uti oportet, sed antequam is inducatur, per totam distantiam PM extendi debet, ut habeatur elementum soliditatis toti areolae $PpMm$ insistens; puncto autem Y ad M usque promoto fit $y = \sqrt{(aa - xx)}$, qui ergo valor loco y substitui debet, ita ut in sequente integratione quantitas y minime ut constans consideretur haecque tractandi methodus plurimum a praecedente discrepet.

9. Posito ergo $y = V(aa - xx)$ fit

$$\int dy\, V(aa - xx - yy) = \frac{\pi}{4}(aa - xx),$$

cum sit A sin. $1 = \frac{\pi}{2}$, sicque integratio adhuc absolvenda erit

$$\int dx \int dy\, V(aa - xx - yy) = \frac{\pi}{4}\int (aa - xx)dx,$$

ubi quidem unica variabilis x inest, sed non ideo, quod iam hic y pro constanti habeatur, sed quia pro y certa quaedam functio ipsius x est substituta. Haec altera vero integratio ita instituta, ut evanescat posito $x = 0$, dabit soliditatem portionis sphaerae, quae areae $CBMP$ insistit, quae idcirco erit $= \frac{\pi}{4}\left(aax - \frac{1}{3}x^3\right)$; unde sphaerae octans seu portio toti quadranti ACB insistens prodibit punctum P usque in A promovendo, ut fiat $x = a$. Tum ergo soliditas octantis sphaerae erit $= \frac{\pi}{6}a^3$ hincque totius sphaerae $= \frac{4\pi}{3}a^3$, uti constat. Ex quo exemplo intelligitur talem soliditatis investigationem plurimum differre ab integratione duplicata formularum primo exposita.

10. Quodsi non totum octantem sphaerae, sed eam tantum eius portionem, quae areae rectangulari $CEDF$ (Fig. 2) insistit, investigare velimus, prior integratio ut ante instituenda est, sed ea peracta ipsi y valor PM debet tribui, qui quidem est constans, et propterea haec investigatio ad primum genus videtur accedere, verum tamen eo discrepat, quod integrale determinatum prodeat, cum ibi functiones indefinitae X et Y inveherentur. Posito ergo ut ante sphaerae radio $CA = a$ sit rectanguli $CEFD$ latus $CD = e$ et $CE = f$ et solidum elementare areolae $Pp\,Yq$ insistens erit ut ante

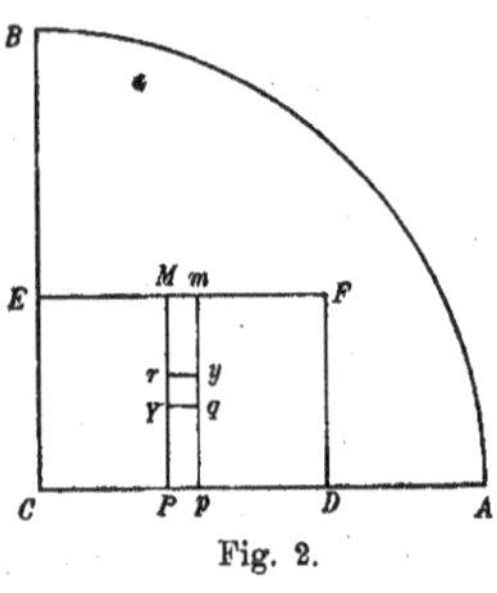

Fig. 2.

$$\frac{1}{2}y\,V(aa - xx - yy)$$
$$+ \frac{1}{2}(aa - xx)\,\text{A sin.}\,\frac{y}{V(aa - xx)},$$

quod usque ad M extensum, ubi fit $y = f$, erit

$$\frac{1}{2}f\,V(aa - ff - xx) + \frac{1}{2}(aa - xx)\,\text{A sin.}\,\frac{f}{V(aa - xx)},$$

unde solidum areae $CPEM$ insistens sequenti integrali exprimetur

$$\frac{1}{2} f \int dx \, V(aa - ff - xx) + \frac{1}{2} \int (aa - xx) dx \, \text{A sin.} \frac{f}{V(aa - xx)},$$

si quidem ita definiatur, ut evanescat posito $x = 0$. Evolvamus ergo seorsim has binas formulas.

11. Ac prima quidem statim praebet

$$\int dx \, V(aa - ff - xx) = \frac{1}{2} x \, V(aa - ff - xx) + \frac{1}{2} (aa - ff) \, \text{A sin.} \frac{x}{V(aa - ff)},$$

altera autem ob

$$d. \, \text{A sin.} \frac{f}{V(aa - xx)} = \frac{f x \, dx}{(aa - xx) V(aa - ff - xx)}$$

ita transformatur

$$\int (aa - xx) dx \, \text{A sin.} \frac{f}{V(aa - xx)}$$

$$= \left(aax - \frac{1}{3} x^3\right) \text{A sin.} \frac{f}{V(aa - xx)} - f \int \frac{\left(aa - \frac{1}{3} xx\right) xx \, dx}{(aa - xx) V(aa - ff - xx)},$$

ad quam postremam partem integrandam notetur esse

$$\text{A sin.} \frac{fx}{V(aa - ff)(aa - xx)} = \int \frac{af \, dx}{(aa - xx) \, V(aa - ff - xx)};$$

huius ergo dabitur multiplum quoddam, quod illi formae adiectum praebeat talem formam

$$\int \frac{\left(aa - \frac{1}{3} xx\right) xx \, dx}{(aa - xx) V(aa - ff - xx)} + m \, \text{A sin.} \frac{fx}{V(aa - ff)(aa - xx)}$$

$$= \int \frac{\left(aaxx - \frac{1}{3} x^4 + maf\right) dx}{(aa - xx) V(aa - ff - xx)},$$

ut $aaxx - \frac{1}{3} x^4 + maf$ fiat per $aa - xx$ divisibile, id quod fit sumendo $m = -\frac{2a^3}{3f}$; hincque erit

$$\int \frac{\left(aa - \frac{1}{3} xx\right) xx \, dx}{(aa - xx) V(aa - ff - xx)} = \frac{2a^3}{3f} \text{A sin.} \frac{fx}{V(aa - ff)(aa - xx)} - \frac{1}{3} \int \frac{(2aa - xx) dx}{V(aa - ff - xx)}.$$

12. Cum igitur sit

$$\int \frac{(2aa-xx)dx}{\sqrt{(aa-ff-xx)}} = \frac{1}{2}(3aa+ff)\,\mathrm{A}\sin.\frac{x}{\sqrt{(aa-ff)}} + \frac{1}{2}x\sqrt{(aa-ff-xx)},$$

erit

$$\int \frac{\left(aa-\frac{1}{3}xx\right)xx\,dx}{(aa-xx)\sqrt{(aa-ff-xx)}}$$

$$=\frac{2a^3}{3f}\,\mathrm{A}\sin.\frac{fx}{\sqrt{(aa-ff)(aa-xx)}} - \frac{1}{6}(3aa+ff)\mathrm{A}\sin.\frac{x}{\sqrt{(aa-ff)}} - \frac{1}{6}x\sqrt{(aa-ff-xx)}$$

hincque

$$\int(aa-xx)dx\,\mathrm{A}\sin.\frac{f}{\sqrt{(aa-xx)}}$$

$$=\left(aax-\frac{1}{3}x^3\right)\mathrm{A}\sin.\frac{f}{\sqrt{(aa-xx)}} - \frac{2}{3}a^3\,\mathrm{A}\sin.\frac{fx}{\sqrt{(aa-ff)(aa-xx)}}$$

$$+\frac{1}{6}f(3aa+ff)\,\mathrm{A}\sin.\frac{x}{\sqrt{(aa-ff)}} + \frac{1}{6}fx\sqrt{(aa-ff-xx)}.$$

Quare posito $x = CD = e$ erit soliditas portionis sphaerae rectangulo $CDEF$ insistentis

$$\frac{1}{4}ef\sqrt{(aa-ee-ff)} + \frac{1}{4}f(aa-ff)\,\mathrm{A}\sin.\frac{e}{\sqrt{(aa-ff)}}$$

$$+\frac{1}{6}e(3aa-ee)\,\mathrm{A}\sin.\frac{f}{\sqrt{(aa-ee)}} - \frac{1}{3}a^3\,\mathrm{A}\sin.\frac{ef}{\sqrt{(aa-ee)(aa-ff)}}$$

$$+\frac{1}{12}f(3aa+ff)\,\mathrm{A}\sin.\frac{e}{\sqrt{(aa-ff)}} + \frac{1}{12}ef\sqrt{(aa-ee-ff)},$$

quae expressio reducitur ad hanc

$$\frac{1}{3}ef\sqrt{(aa-ee-ff)} + \frac{1}{6}f(3aa-ff)\,\mathrm{A}\sin.\frac{e}{\sqrt{(aa-ff)}}$$

$$+\frac{1}{6}e(3aa-ee)\,\mathrm{A}\sin.\frac{f}{\sqrt{(aa-ee)}} - \frac{1}{3}a^3\,\mathrm{A}\sin.\frac{ef}{\sqrt{(aa-ee)(aa-ff)}}.$$

13. Si ergo rectanguli terminus F usque ad peripheriam porrigatur, ut sit $ee+ff=aa$, primum membrum evanescit et arcus circulares tria reliqua afficientes abeunt in angulum rectum seu $\frac{\pi}{2}$ eritque soliditas

$$\frac{\pi}{2}\left(\frac{1}{2}\,aae + \frac{1}{2}\,aaf - \frac{1}{6}\,e^3 - \frac{1}{6}\,f^3 - \frac{1}{3}\,a^3\right)$$

seu ob $f = V(aa - ee)$

$$\frac{\pi}{12}\left((2aa + ee)\,V(aa - ee) - 2a^3 + 3aae - e^3\right),$$

quod solidum fit maximum, si $f = e = \dfrac{a}{V2}$, fitque id tum $= \dfrac{\pi a^3(5 - 2V2)}{12\,V2}$, dum soliditas octantis sphaerae est $= \dfrac{\pi}{6}\,a^3$, ita ut nostrum solidum sit ad octantem sphaerae ut $5 - 2V2$ ad $2V2$. Sin autem punctum F non ad peripheriam quadrantis pertingat fueritque $f = e$, erit soliditas quaesita

$$= \frac{1}{3}\,ee\,V(aa - 2ee) + \frac{1}{3}\,e(3aa - ee)\,\text{A sin.}\,\frac{e}{V(aa - ee)} - \frac{1}{3}\,a^3\,\text{A sin.}\,\frac{ee}{aa - ee}.$$

Quare si fuerit

$$\text{A sin.}\,\frac{e}{V(aa - ee)} : \text{A sin.}\,\frac{ee}{aa - ee} = a^3 : e(3aa - ee),$$

solidum algebraice exprimetur.

14. Quo autem rem generalius complectamur, quaeramus solidum areae cuicunque $GQHR$ (Fig. 3) insistens; cuius elementum cum areolae $Yy = dxdy$ insistat idque sit $= dxdy\,V(aa - xx - yy)$, prima integratio sumto x constante praebet

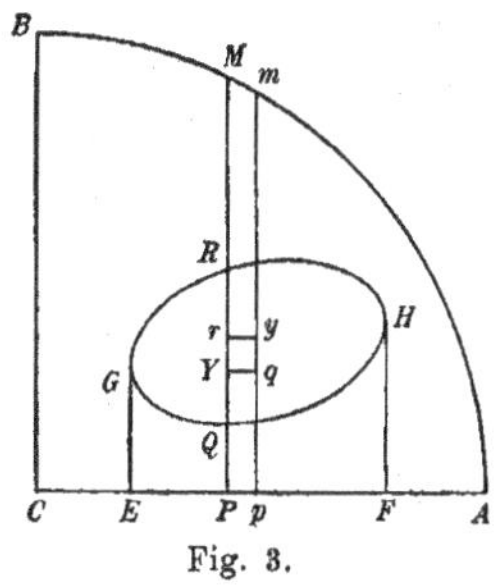

Fig. 3.

$$\frac{1}{2}dx\left(y\,V(aa - xx - yy) + (aa - xx)\,\text{A sin.}\,\frac{y}{V(aa - xx)}\right).$$

Sint iam ex natura curvae $GQHR$ distantiae extremae $PQ = q$ et $PR = r$ atque solidum elementare areolae QR insistens erit

$$\frac{1}{2}dx\left\{\begin{aligned}&+ r\,V(aa - xx - rr) + (aa - xx)\,\text{A sin.}\,\frac{r}{V(aa - xx)}\\&- q\,V(aa - xx - qq) - (aa - xx)\,\text{A sin.}\,\frac{q}{V(aa - xx)}\end{aligned}\right\}.$$

Quare cum q et r possint esse functiones quaecunque ipsius x, evidens est, quantum absit, quominus quantitas y in sequente integratione pro constanti habeatur. Sequens autem integratio a valore $x = CE$ usque ad valorem $x = CF$ est extendenda.

15. Si figura basis $GQHR$ a recta CA traiiciatur, ut quaeratur solidum basi CGH (Fig. 4) insistens, cuius natura exprimatur aequatione quacunque inter $CP = x$, $PR = r$, erit solidum

$$\frac{1}{2}\int dx\left(r\sqrt{(aa - xx - rr)} + (aa - xx)\,\mathrm{A}\,\sin.\,\frac{r}{\sqrt{(aa - xx)}}\right),$$

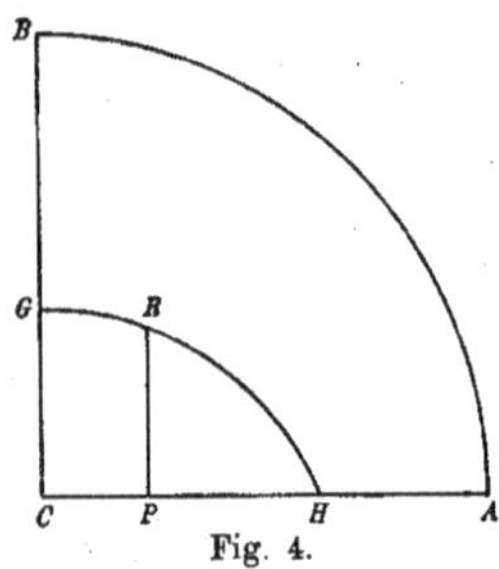
Fig. 4.

ubi problema non inelegans se offert, quo figura basis CGH quaeritur, ut solidum ei insistens algebraice exprimatur.

Statuatur in hunc finem $r = u\sqrt{(aa - xx)}$, ut solidum indefinitum areae $CPRG$ insistens sit

$$\frac{1}{2}\int(aa - xx)dx\left(u\sqrt{(1 - uu)} + \mathrm{A}\,\sin.\,u\right),$$

quae expressio transformatur in hanc

$$\frac{1}{2}\left(aax - \frac{1}{3}x^3\right)\left(u\sqrt{(1 - uu)} + \mathrm{A}\,\sin.\,u\right) - \int\left(aax - \frac{1}{3}x^3\right)du\sqrt{(1 - uu)}.$$

Fiat iam

$$\int\left(aax - \frac{1}{3}x^3\right)du\sqrt{(1 - uu)} = na^3\,\mathrm{A}\,\sin.\,u + a^3\,U$$

existente U functione algebraica ipsius u, et cum sit soliditas

$$\frac{1}{2}\left(aax - \frac{1}{3}x^3\right)u\sqrt{(1 - uu)} - a^3\,U + \left(\frac{1}{2}aax - \frac{1}{6}x^3 - na^3\right)\mathrm{A}\,\sin.\,u,$$

ea erit algebraica casu $-x^3 + 3aax = 6na^3$, dummodo u evanescat posito $x = 0$; tum enim soliditas erit $= na^3u\sqrt{(1 - uu)} - a^3\,U$.

16. Ponamus $dU = U'du$ ac prodibit haec inter x et u aequatio

$$aax - \frac{1}{3}x^3 = \frac{na^3}{1 - uu} + \frac{a^3\,U'}{\sqrt{(1 - uu)}}.$$

Fingatur $U = mu\sqrt{(1-uu)}$; erit $U' = \dfrac{m-2muu}{\sqrt{(1-uu)}}$, et ut u evanescat posito $x=0$, debet esse $m = -n$, ut fiat

$$aax - \frac{1}{3}x^3 = \frac{2na^3uu}{1-uu} \quad \text{seu} \quad u = \sqrt{\frac{3aax-x^3}{6na^3+3aax-x^3}}$$

hincque

$$r = \sqrt{\frac{(aa-xx)(3aax-x^3)}{6na^3+3aax-x^3}}.$$

Iam ob

$$u\sqrt{(1-uu)} = \frac{\sqrt{6na^3(3aax-x^3)}}{6na^3+3aax-x^3}$$

fit soliditas illa

$$= \frac{2na^3\sqrt{6na^3(3aax-x^3)}}{6na^3+3aax-x^3}.$$

Si haec soliditas locum habere debeat facto $x = a$, fit

$$n = \frac{1}{3}, \quad r = \sqrt{\frac{(aa-xx)(3aax-x^3)}{2a^3+3aax-x^3}} = \sqrt{\frac{x(a-x)(3aa-xx)}{(a+x)(2a-x)}}$$

ac posito $x = a$ erit soliditas $= \frac{1}{3}a^3$ et curva pro basi inventa est linea quarti ordinis.

17. Quae hic de soliditate portionis sphaericae datae basi insistentis sunt tradita, simili calculo ad quaevis alia corpora accommodari possunt, cum tantum in formula $Zdxdy$ quantitas Z alio modo per x et y determinetur, dum hic erat $Z = \sqrt{(aa-xx-yy)}$. Quin etiam si superficies corporis cuiuscunque datae basi imminens definiri debeat, id integratione gemina similis formulae differentialis $Zdxdy$ eodem modo expedietur. Ita si corpus sit sphaera, elementum superficiei areolae elementari basis $dxdy$ imminentis est $\dfrac{adxdy}{\sqrt{(aa-xx-yy)}}$, ita ut sit $Z = \dfrac{a}{\sqrt{(aa-xx-yy)}}$, cuius gemina integratio pari modo pro ratione basis, cui imminens portio superficiei quaeritur, est instituenda. Atque in genere quantitates quaecunque aliae cuiusvis corporis, quae certae basi respondeant, ope similium operationum determinabuntur.

18. Quaecunque ergo Z fuerit functio ipsarum x et y, pro integrali duplicato $\iint Zdxdy$ primo quaeritur integrale $\int Zdy$ quantitate x ut constante spectata idque extendatur per totam quantitatem y sicque extremi valores

ipsius y in computum ingredientur, quae erunt functiones ipsius x ex basis figura cognitae; sicque pro $\int Z dy$ orietur functio ipsius x, quae in dx ducta denuo more solito debet integrari. Idem tenendum est, si ordine inverso primo formula $\int Z dx$ integretur spectato y ut constante; quod integrale dum per totum intervallum x extenditur, extremi valores ipsius x eidem y respondentes, qui erunt functiones ipsius y, invehentur sicque $\int Z dx$ abibit in functionem ipsius y tantum, quae per dy multiplicata denuo ita integrari debet, ut integrale per totum intervallum y extendatur. Utroque scilicet modo integratio per totam basin est extendenda eademque praecepta sunt observanda, qualiscunque Z fuerit functio ipsarum x et y.

19. Basi ergo data determinatio integrationum perinde se habet, ac si quantitas Z esset constans quaerereturque tantum integrale $\iint dx dy$, quo area basis exprimitur. Quare ad praecepta, quae in determinatione horum integralium observari oportet, stabilienda sufficiet posuisse $Z = 1$, ut integrale duplicatum $\iint dx dy$ definiendum sit; sive autem sumatur x sive y, extremi valores utriusque determinabuntur per aequationem basis figuram exprimentem. Scilicet priori integratione peracta, ubi punctum Y (Fig. 5) ubicunque intra terminos extremos erat assumtum, tum hoc punctum in peripheriam basis transferatur, quo pacto x et y fient coordinatae basis, inter quas aequatio datur, ex qua deinceps sive y per x sive x per y determinabitur.

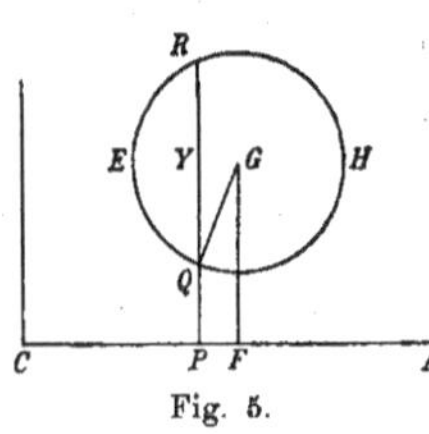
Fig. 5.

20. Quae quo clarius perspiciantur, sumamus basis figuram esse circulum centrum in G et radium GQ habentem ponamusque $CF = f$, $FG = g$ et $GQ = c$; erit puncto Y in peripheriam huius circuli translato

$$cc = (f - x)^2 + (g - y)^2.$$

Iam ad aream huius circuli investigandam sit primo x constans eritque $\int dy = y + C$, et quia y habet geminum valorem in nostra basi

$$y = g \pm V(cc - (f - x)^2),$$

haec integratio ita determinetur, ut integrale evanescat, dum ipsi y minor horum valorum $g - V(cc - (f - x)^2)$ tribuitur, ita ut sit

$$\int dy = y - g + V(cc - (f - x)^2).$$

Nunc ergo y usque ad alterum terminum $y = g + V(cc - (f - x)^2)$ extenso erit

$$\int dy = 2V(cc - (f - x)^2),$$

quod iam per dx multiplicatum et integratum praebet

$$\int dx \int dy = C - (f - x)V(cc - (f - x)^2) - cc\,\mathrm{A}\sin.\frac{f - x}{c};$$

quod ut evanescat posito $x = f - c$, fit $C = cc\,\mathrm{A}\sin.1 = \frac{\pi}{2}cc$. Porro statuatur $x = f + c$ et ob $cc\,\mathrm{A}\sin.\frac{f - x}{c} = -cc\,\mathrm{A}\sin.1 = -\frac{\pi}{2}cc$ erit area quaesita tota $= \frac{\pi}{2}cc + \frac{\pi}{2}cc = \pi cc$, uti constat.

21. Si has determinationes accuratius perpendamus, videmus extremos valores ipsius x ita esse comparatos, ut alter sit maximus, [alter minimus,] siquidem basis tota quadam curva in se redeunte terminetur. Hi ergo ambo valores reperientur, si aequatio naturam basis exprimens differentietur et $dx = 0$ ponatur. Quando autem basis non una quadam linea curva terminatur, sed portione quapiam, veluti CGH (Fig. 4, p. 298), continetur, cuius basis CH sit maxima, tum minor terminus ipsius x manifesto est $= 0$, maior autem ipsi CH aequalis; eodemque casu termini applicatae PR abscissae $CP = x$ respondentis sunt alter $= 0$, alter vero $= CG$. Quacunque ergo basi proposita eius figura ante probe est examinanda ipsiusque termini quaquaversus explorandi, quam investigatio areae vel cuiusvis alius formulae integralis duplicatae suscipi queat; definitis autem terminis, quibus area continetur, inde determinationes integrationum sunt petendae.

22. His de integrationum determinatione expositis insignes maximeque notatu dignae affectiones huiusmodi formularum integralium duplicatarum perpendi merentur, quae in earum transformatione occurrunt. Scilicet quemadmodum coordinatae eiusdem curvae infinitis modis sumi possunt, ita hic loco binarum variabilium x et y binae quaecunque aliae variabiles in computum introduci possunt, sive eae pariter sint coordinatae sive aliae quantitates utcunque definitae. Ita talis transformatio in genere ita concipi potest,

ut loco x et y functiones quaecunque aliarum duarum variabilium t et v substituantur, hisque in aequationem pro basi datam introductis simili modo limites harum quantitatum t et v, quibus figura basis terminatur, definiri poterunt. Utcunque autem hae substitutiones sumantur, tandem post duplicem integrationem semper eadem quantitas resultet necesse est.

23. Si loco x et y aliae quaecunque binae coordinatae orthogonales introducantur, puta t et v, quod fit in genere ponendo

$$x = f + mt + v\sqrt{(1 - mm)} \quad \text{et} \quad y = g + t\sqrt{(1 - mm)} - mv,$$

manifestum est elementum areae basis, quod ante erat $dxdy$, nunc per $dtdv$ exprimi debere. Cum autem inde sit

$$dx = mdt + dv\sqrt{(1 - mm)} \quad \text{et} \quad dy = dt\sqrt{(1 - mm)} - mdv,$$

minime patet, quomodo loco $dxdy$ per has substitutiones oriri possit $dtdv$, dum potius prodiret

$$dxdy = mdt^2\sqrt{(1 - mm)} + (1 - 2mm)dtdv - mdv^2\sqrt{(1 - mm)},$$

quae autem formula, utcunque ad geminam integrationem adaptatur, semper in maximos errores inducet. Multo minus ergo hinc colligere licet, si loco x et y aliae functiones ipsarum t et v substituantur, cuiusmodi expressio loco $dxdy$ adhiberi debeat.

24. Ac primo quidem observo nullam hic esse rationem, cur expressio loco $dxdy$ in calculum introducenda ei aequalis esse debeat; quod tum demum necesse esset, si binae integrationes eodem modo ut ante secundum binas variabiles instituerentur. Cum autem nunc aliae variabiles t et v adsint atque altera integratio per variabilitatem ipsius t, altera ipsius v sit administranda, quae operationes a praecedentibus plurimum differunt, formula iam loco $dxdy$ inducenda non ex aequalitate aestimari, sed potius ad scopum, qui est propositus, accommodari debet. Et quoniam iam binas integrationes secundum binas variabiles t et v distingui oportet, manifestum est formulam loco $dxdy$ adhibendam necessario producto $dtdv$ affectam esse et huiusmodi formam $Zdtdv$ habere debere.

25. Quo haec certius expediantur, maneat primo x et loco y introducatur alia variabilis u, ita ut sit y functio quaecunque ipsarum x et u et $dy = Pdx + Qdu$. Si iam in priori integratione x constans sumatur, erit utique $dy = Qdu$, hinc $\int\int dxdy = \int dx \int Qdu$, ita ut nunc loco formulae $dxdy$ habeatur $Qdxdu$, cuius integrale duplicatum proinde etiam hoc modo exprimi poterit $\int du \int Qdx$, ubi in priori integratione $\int Qdx$ quantitas u sumitur pro constante. Quodsi nunc simili modo u retineatur et loco x introducatur functio quaecunque ipsarum t et u, ut sit $dx = Rdt + Sdu$, in tractatione formulae $\int du \int Qdx$ prior integratio $\int Qdx$, in qua u constans statuitur, abibit in hanc $\int QRdt$, ita ut integrale duplicatum sit $\int du \int QRdt$ seu promiscue $\int\int QRdtdu$, unde manifestum est ob has ambas substitutiones loco formulae $dxdy$ hanc $QRdtdu$ tractari debere.

26. Introducamus nunc statim loco x et y has duas novas variabiles t et u, per quas illae ita determinentur, ut sit

$$dx = Rdt + Sdu \quad \text{et} \quad dy = Tdt + Vdu,$$

unde valore ipsius dx in forma $dy = Pdx + Qdu$ substituto fit

$$dy = PRdt + (PS + Q)du,$$

ita ut sit $PR = T$ et $PS + Q = V$, unde fit $P = \dfrac{T}{R}$ et $\dfrac{ST}{R} + Q = V$ sicque $QR = VR - ST$. Quare vi harum substitutionum loco $dxdy$ uti debemus formula $(VR - ST)dtdu$, quae bis integrata iustis adhibitis determinationibus aeque aream totius basis praebere debet atque ipsa formula $dxdy$ bis integrata. Quod autem hic pro formula areae baseos $\int\int dxdy$ est ostensum, locum habet pro quacunque alia formula $\int\int Zdxdy$, quippe quae per easdem substitutiones transformatur in hanc $\int\int Z(VR - ST)dtdu$, dummodo in Z loco x et y assumti valores substituantur. Pari enim modo binas integrationes ex figura basis determinari oportet.

27. Quodsi ergo ponatur

$$dx = Rdt + Sdu \quad \text{et} \quad dy = Tdt + Vdu,$$

loco $dxdy$ consequimur $(RV - ST)dtdu$, quae formula plurimum differt ab

ea, cui productum $dxdy$ revera est aequale; etiamsi enim termini per dt^2 et
du^2 affecti, utpote ad duplicem integrationem inepti, reiiciantur, tamen, quod
restat, $(RV + ST)dtdu$ ratione signi a vera formula discrepat. Verum hic
non leve dubium exoritur, quod, cum coordinatae x et y pari passu ambulent,
nostra formula potius differentiam $RV - ST$ quam inversam $ST - RV$ complectatur; quod dubium eo magis augetur, quod, si superius ratiocinium
respectu x et y invertissemus, eaedem substitutiones nos revera ad formulam
$(ST - RV)dtdu$ perduxissent. Sed quia totum discrimen tantum in signo
versatur alteraque formula alterius est negativa, hinc determinatio absoluta
areae basis, quippe cuius quantitas absoluta quaeritur, nullam mutationem
realem patitur.

28. Haec autem magis fient perspicua, si modum, quo supra (§ 20) ad
aream $EQHR$ (Fig. 5, p. 300) inveniendam usi sumus, attentius consideremus.
Primum scilicet ex integratione formulae $\iint dxdy$ deduximus hanc aream

$$= \int dx(PR - PQ),$$

ubi quidem PQ a PR subtraximus, quia manifesto erat $PR > PQ$; sed in
ipso calculo nulla continetur ratio, quae praecipiat, ut potius PQ a PR
quam vicissim PR a PQ subtrahamus, sicque non adversante calculo potuis-
semus aequo iure eandem aream per $\int dx(PQ - PR)$ exprimere, quo pacto
ea negativa, sed priori aequalis proditura fuisset. Ex quo perspicuum est
signum $+$ vel $-$ non quantitatem areae, quae quaeritur, afficere et calculum pari iure ad utrumque perducere posse. Quam ob causam superius dubium ita diluetur, ut dicamus aream quaesitam ita exprimi debere, ut sit
$= \pm \iint dtdu(RV - ST)$, et ut area positive expressa prodeat, quovis casu
eo signo utendum esse, quo $\pm(RV - ST)$ reddatur quantitas positiva.

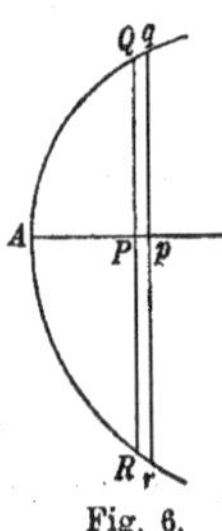

Fig. 6.

29. Hinc etiam dubia, quae forte oriri possent circa in-
ventionem areae curvarum, quarum partes utrinque ad axem
sunt dispositae et quibus tirones saepe non parum turbari
solent, facile resolvuntur. Si enim curvae QAR (Fig. 6) ad axem
AP relatae area tota QAR abscissae $AP = x$ respondens
definiri debeat eiusque partes APQ et APR seorsim consi-
derentur, certum est, si altera APQ affirmative spectetur, ut
sit $= +Q$, alteram APR negative concipi debere, ut sit

sphaerae portio curvae GRH (Fig. 4, p. 298), cuius propterea figura est determinanda; in qua si ponatur $CP=x$, $PR=y$, superficies sphaerae imminens hac formula integrali duplicata exprimitur $\iint \frac{a\,dx\,dy}{\sqrt{(aa-xx-yy)}}$. Iam nulla substitutione adhibita si primo x pro constante habeatur, prodibit

$$\int a\,dx \text{ A sin. } \frac{y}{\sqrt{(aa-xx)}},$$

qua portio sphaerae aream indefinitam $CPRG$ tegens exprimitur, et quaestio nunc huc redit, ut eiusmodi aequatio algebraica inter x et y assignetur, unde pro tota area $CHRG$ portio superficiei sphaericae ei respondentis fiat algebraice assignabilis.

34. Ponamus brevitatis gratia $\frac{y}{\sqrt{(aa-xx)}}=v$, ut sit $y=v\sqrt{(aa-xx)}$ ac posito $x=0$ fiat $v=n$; quoniam superius integrale evanescere debet posito $x=0$, erit ergo superficies sphaerica aream indefinitam $CPRG$ tegens

$$= ax \text{ A sin. } v - a\int \frac{x\,dv}{\sqrt{(1-vv)}}$$

sumto hoc integrali ita, ut evanescat posito $x=0$. Statuatur nunc

$$\int \frac{x\,dv}{\sqrt{(1-vv)}} = f \text{ A sin. } v - aV$$

denotante V functionem quamcunque algebraicam ipsius v, quae abeat in N posito $x=0$, eritque superficies nostra

$$= ax \text{ A sin. } v - af \text{ A sin. } v + aaV + af \text{ A sin. } n - aaN$$

atque x per v ita determinabitur, ut sit

$$x = f - \frac{ad\,V\sqrt{(1-vv)}}{dv};$$

sit iam $CH=h$ ac ponatur $x=h$, quo casu fiat $v=m$ et $V=M$, et cum superficies proposita sit

$$ah \text{ A sin. } m - af \text{ A sin. } m + aaM + af \text{ A sin. } n - aaN,$$

ea algebraica esse nequit, nisi sit

$$h \text{ A sin. } m - f \text{ A sin. } m + f \text{ A sin. } n = 0.$$

35. Hic igitur primo arcus, quorum sinus sunt m et n, inter se commensurabiles reddi debent, nisi forte sit $n = 0$, quo casu sufficit fieri $h = f$. Quod etsi facile infinitis modis praestari potest, tamen hoc problema multo facilius adhibendis substitutionibus ante expositis resolvetur. Ponatur ergo

$$x = \frac{t}{V(1+uu)} \quad \text{et} \quad y = \frac{tu}{V(1+uu)},$$

ut fiat $xx + yy = tt$ et pro $dxdy$ prodeat $\frac{tdtdu}{1+uu}$, atque superficies portionis sphaericae hac formula integrali duplicata exprimetur $\iint \frac{atdtdu}{(1+uu)V(aa-tt)}$. Sumatur primo u constans; erit ea $= \int \frac{adu}{1+uu}(b - V(aa-tt))$, quae iam facile absolute integrabilis reddi potest; ponatur enim aequalis functioni algebraicae cuicunque ipsius u, quae sit $= V$, eritque $b - V(aa-tt) = \frac{dV(1+uu)}{adu}$ et portio superficiei sphaericae adeo indefinita erit $= V$, ubi pro V functionem algebraicam quamcunque ipsius u accipere licet.

36. Simplicissimae solutiones deducentur ex hac hypothesi

$$V = \frac{a(\alpha + \beta u)}{V(1+uu)},$$

unde fit $\frac{dV}{adu} = \frac{-\alpha u + \beta}{(1+uu)^{\frac{3}{2}}}$ hincque $b - V(aa-tt) = \frac{\beta - \alpha u}{V1+uu}$. Ponatur $b = 0$, et cum per substitutiones sit $u = \frac{y}{x}$ et $t = V(xx+yy)$, erit pro curva quaesita

$$V(xx+yy)(aa - xx - yy) = \alpha y - \beta x$$

et pro superficie

$$V = \frac{a(\alpha x + \beta y)}{V(xx+yy)}.$$

Hinc casus simplicissimus oritur ponendo $\beta = 0$ et $\alpha = a$, unde prodit $aaxx - (xx + yy)^2 = 0$ seu $yy = ax - xx$, ita ut curva GRH sit circulus diametro AC descriptus et $V = \frac{aax}{V(xx+yy)}$. Infiniti alii circuli diametrum $= a$ habentes ac per centrum sphaerae transeuntes reperiuntur, si sit $\beta = V(aa - \alpha\alpha)$, unde fit

$$ax + y\sqrt{(aa - \alpha\alpha)} = xx + yy \quad \text{et} \quad V = \frac{a(\alpha x + y\sqrt{(aa - \alpha\alpha)})}{\sqrt{(xx + yy)}} = a\sqrt{(xx + yy)},$$

ubi notandum est quantitatem V pro natura rei constantem quandam assumere.

37. Concipiatur ergo octans sphaerae super quadrante ACB (Fig. 7) extractus, cuius radius $CA = a$, qui simul sit diameter semicirculi CRA; in quo si ducatur corda quaecunque CR et perpendiculum RP, ut sit $CP = x$ et $PR = y$, erit $CR = t$ et u erit tangens anguli ACR. Quoniam igitur posuimus $b = 0$, prius integrale, quo u erat constans, est $\sqrt{(aa - tt)}$; quod cum evanescat, si $t = a$, evidens est id non per cordam $CR = t$, sed per eius complementum RS extendi. Hinc repetita integratio $\int \frac{adu}{1 + uu}\sqrt{(aa - tt)}$ eam sphaericae superficiei portionem exprimit, quae trilineo $RVAS$ imminet, quae ergo ob $\sqrt{(aa - tt)} = \frac{au}{\sqrt{(1 + uu)}}$ est

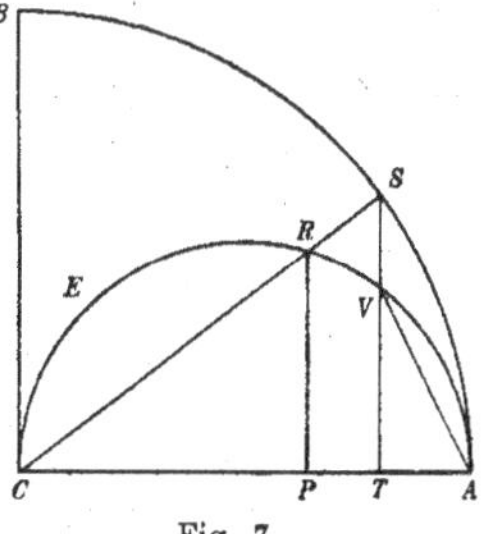

Fig. 7.

$$= \frac{-aa}{\sqrt{(1 + uu)}} + aa,$$

integrali scilicet ita sumto, ut evanescat cum angulo ACR. Quare ob

$$\frac{1}{\sqrt{(1 + uu)}} = \cos. ACR$$

ducto perpendiculo ST erit illa superficies $= a(a - CT) = CA \cdot AT = AV^2$ ducta corda AV. Consequenter portio superficiei sphaerae spatio $CERASB$ inter quadrantem et semicirculum intercepto imminens aequatur quadrato radii sphaerae.

38. Contemplemur autem adhuc eiusmodi casum, quo prima integratio evanescat posito $t = 0$, seu sit $b = a$ ac ponatur $V = \frac{1}{2}aau$, quae expressio simul superficiem quaesitam praebet. Erit ergo

$$a - \sqrt{(aa - tt)} = \frac{1}{2}a(1 + uu) \quad \text{et} \quad \sqrt{(aa - tt)} = \frac{1}{2}a(1 - uu),$$

ita ut sit

$$t = \frac{1}{2}\, a\sqrt{(3 + 2uu - u^4)} \quad \text{seu} \quad t = \frac{1}{2}\, a\sqrt{(1 + uu)(3 - uu)},$$

ubi est $CR = t$ (Fig. 8) et u denotat tangentem anguli ACR. Ex·hac aequatione patet, si sit $u = 0$, fore $t = \frac{a\sqrt{3}}{2}$; scilicet curva quaesita radio AC ita in E occurrit, ut sit $CE = CA \cdot \frac{\sqrt{3}}{2}$, eique perpendiculariter insistit. Tum si angulus ACR augeatur ad semirectum ACF, ut fiat $u = 1$, erit $t = a$ hocque casu curva per ipsum punctum F transit ibique quadrantem osculabitur; ac simul distantia t fit maxima. Dehinc curva introrsum reflectitur et t evanescit, si $u = \sqrt{3}$; hoc est, curva centro C ita immergitur, ut eius tangens in C cum radio CA faciat·angulum 60°.

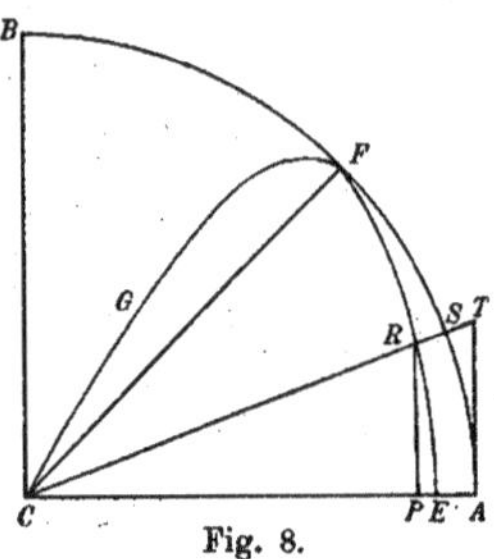
Fig. 8.

39. Tota ergo curva in quadrante descripta figuram habebit $ERFGC$ et ducta in ea ex C recta utcunque CR angulique ECR tangens sit $= u$; tum portio superficiei sphaericae sectori ECR imminens algebraice poterit assignari eritque ea $= \frac{1}{2}\, aau$. Quare si CR ad occursum cum tangente AT producatur, ob $AT = au$ ea portio praecise aequabitur triangulo CAT et portio imminens sectori ECF erit $= \frac{1}{2} aa$; si autem angulus ECR maior semirecto sumatur, ut sit $u > 1$, quia tum $\sqrt{(aa - tt)} = \sqrt{(aa - xx - yy)}$, quae est elevatio superficiei sphaericae supra quadrantem, fit negativa, superficies in inferiori octante capi debet. Quodsi huius curvae aequationem inter coordinatas $CP = x$ et $PR = y$ desideremus, ob $tt = xx + yy$ et $u = \frac{y}{x}$ habebimus

$$4xx + 4yy = aa\left(3 + \frac{2yy}{xx} - \frac{y^4}{x^4}\right) = \frac{aa(xx + yy)(3xx - yy)}{x^4},$$

quae divisa per $xx + yy$ praebet

$$4x^4 = 3aaxx - aayy \quad \text{seu} \quad yy = 3xx - \frac{4x^4}{aa}.$$

40. Hanc solutionem reddere possumus generaliorem ponendo $V = abu$ fietque $a - \sqrt{(aa - tt)} = b(1 + uu)$, hinc $\sqrt{(aa - tt)} = a - b - buu$, ergo

$$tt = 2ab - bb + 2(a - b)buu - bbu^4 = (1 + uu)(2ab - bb - bbuu).$$

Qua ad coordinatas orthogonales translata divisio per $xx + yy$ iterum succedet fietque

$$x^4 = (2ab - bb)xx - bbyy \quad \text{seu} \quad y = \frac{x}{b}\, V(2ab - bb - xx)$$

ac portio superficiei sphaericae sectori ECR huius curvae imminens erit $= \frac{aby}{x} = b \cdot AT$; quae expressio locum habet, quamdiu $uu < \frac{a-b}{b}$, hoc est, donec anguli ECR tangens fiat $= V\frac{a-b}{b}$, ubi fit $t = a$. Tum vero angulo ECR ultra aucto perpendiculares super curva erectae ad hemisphaerium inferius protendi debent, quo casu superficies eo magis augetur. Si ergo sit $b = a$, quia $V(aa - tt)$ ubique fit quantitas negativa, quantitas $b \cdot AT$ portionem sphaericae superficiei ad inferius hemisphaerium continuatae exprimit.

41. Sit adhuc $b = a$ ac ponatur $V = \frac{a^2(\alpha + \beta u)}{V(1 + uu)} - \alpha a^2$, ut superficies assignanda evanescat posito $u = 0$, eritque

$$a - V(aa - tt) = \frac{a(\beta - \alpha u)}{V(1 + uu)} \quad \text{et} \quad V(aa - tt) = a - \frac{a(\beta - \alpha u)}{V(1 + uu)},$$

ubi notandum est, si haec expressio fiat negativa, ibi in hemisphaerium inferius descendi. Ex his autem prodit

$$\frac{tt}{aa} = \frac{2(\beta - \alpha u)}{V(1 + uu)} - \frac{(\beta - \alpha u)^2}{1 + uu}.$$

Quare evanescente angulo ECR, cuius tangens $= u$, erit $\frac{tt}{aa} = 2\beta - \beta\beta$, at si $u = \frac{\beta}{\alpha}$, evanescit t. Pro altera parte axis CA fit u negativum ac posito $u = -v$ habetur superficies negative expressa $V = \frac{a^2(\alpha - \beta v)}{V(1 + vv)} - \alpha a^2$ et curva hac definietur aequatione

$$\frac{tt}{aa} = \frac{2(\beta + \alpha v)}{V(1 + vv)} - \frac{(\beta + \alpha v)^2}{1 + vv},$$

unde posito v infinito prodit $\frac{tt}{aa} = 2\alpha - \alpha\alpha$; ubi recta CR fit in curvam normalis, quod etiam evenit, ubi $v = \frac{\alpha}{\beta}$ et $\frac{tt}{aa} = 2V(\alpha\alpha + \beta\beta) - \alpha\alpha - \beta\beta$. Quare ne fiat t imaginarium, oportet sit $V(\alpha\alpha + \beta\beta) < 2$.

42. Consideremus casum, quo $\alpha = -\dfrac{1}{\sqrt{2}}$ et $\beta = \dfrac{1}{\sqrt{2}}$, ut sit superficies

$$V = aa\left(\frac{1}{\sqrt{2}} - \frac{1-u}{\sqrt{2(1+uu)}}\right) \quad \text{et} \quad \frac{tt}{aa} = \frac{2(1+u)}{\sqrt{2(1+uu)}} - \frac{(1+u)^2}{2(1+uu)},$$

ubi patet, si $u = -1$, fore $t = 0$; tum vero, ut sequitur,

$$\text{si } u = 0, \qquad \text{si } u = 1, \qquad \text{si } u = 7, \qquad \text{si } u = \infty,$$

erit

$$t = a\sqrt{\frac{2\sqrt{2}-1}{2}}, \qquad t = a, \qquad t = a\sqrt{\frac{24}{25}}, \qquad t = a\sqrt{\frac{2\sqrt{2}-1}{2}},$$

ubi notandum casibus $u = 1$ et $u = \infty$ rectam CR fore in curvam normalem. In hoc ergo quadrante curva nostra fere cum quadrante confunditur, cum ubique sit proxime $t = a$, cui portio superficiei sphaericae imminens erit $= aa\sqrt{2}$, quae deficit a superficie totius octantis, quae est $\frac{\pi}{2}aa$, parte satis parva $aa\left(\frac{\pi}{2} - \sqrt{2}\right) = 0{,}15658aa$. Ad alteram axis CA partem haec curva in centrum incidit, ubi tangens cum CA faciet angulum semirectum.

43. Verum solutio § 35 data multo magis amplificari potest; cum enim superficies sphaerae assignanda hac formula exprimatur $\int\dfrac{a\,du}{1+uu}\int\dfrac{t\,dt}{\sqrt{(aa-tt)}}$ et in integratione $\int\dfrac{t\,dt}{\sqrt{(aa-tt)}}$ quantitas u ut constans consideretur, integrale ita exhiberi poterit $U - \sqrt{(aa-tt)}$ denotante U functionem quamcunque ipsius u; quae formula quoniam evanescit, si $\sqrt{(aa-tt)} = U$ et $t = \sqrt{(aa - UU)}$, ab hoc termino quantitas t ulterius protendi est concipienda. Denotet iam V aliam quamcunque functionem ipsius u, quae abeat in C posito $u = 0$, ac ponatur superficies

$$\int\frac{a\,du}{1+uu}\left(U - \sqrt{(aa - tt)}\right) = aV - aC$$

eritque hinc

$$U - \sqrt{(aa - tt)} = \frac{dV(1+uu)}{du}$$

ideoque

$$\sqrt{(aa - tt)} = U - \frac{dV(1+uu)}{du},$$

unde alter terminus ipsius t definitur.

44. Hinc igitur solutio problematis Florentini[1]) ita generalissime adornabitur. Constituto quadrante circuli ACB (Fig. 9), cui octans sphaerae insistat, radio CA existente $= a$, ductoque radio quocunque CS vocetur anguli ACS tangens $= u$; tum primo curva EQG ita construatur, ut sit

$$CQ = \sqrt{(aa - UU)}$$

et perpendiculum ex Q ad sphaericam usque superficiem erectum

$$QM = U$$

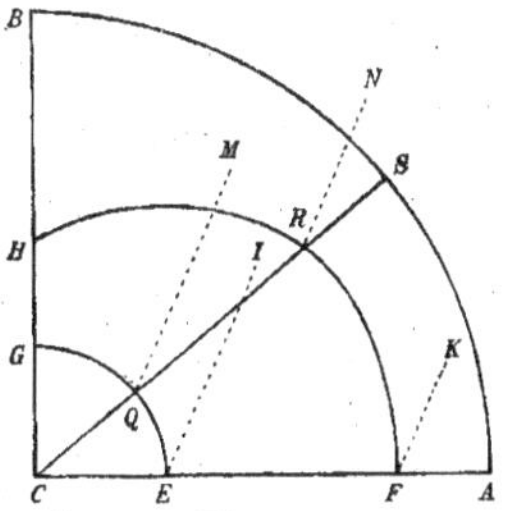

Fig. 9.

denotante U functionem quamcunque algebraicam ipsius u. Si $u = 0$, abeat CQ in CE et QM in EI. Deinde alia describatur curva FRH, ut sit

$$CR = \sqrt{\left(aa - \left(U - \frac{dV(1 + uu)}{du}\right)^2\right)}$$

et perpendiculum ex R ad sphaeram usque pertingens

$$RN = U - \frac{dV(1 + uu)}{du}$$

denotante V aliam quamcunque functionem algebraicam ipsius u, quae abeat in C, si $u = 0$; quo casu simul CR in CF et RN in FK abeat. Iam his duabus curvis constructis portio superficiei sphaericae areae $EQRF$ imminens et intra terminos I, K, M, N contenta algebraice exprimetur eritque $= a(V - C)$.

---

1) Primas solutiones problematis florentini (vide notam p. 306) dederunt G. G. L[EIBNIZ], *Constructio testudinis quadrabilis hemisphaericae*, Acta erud. 1692, p. 275, et I[AC.] B[ERNOULLI], *Aenigmatis florentini solutiones varie infinitae*, ib. p. 370; *Opera* p. 512. Vide porro I. WALLIS, *Algebra*, cap. 112: Problema Florentinum, de mira templi testudine quadrabili; *Opera* t. II, Oxoniae 1693, p. 478; G. GRANDI, *Geometrica demonstratio Vivianeorum problematum* etc., Florentiae 1699; E. OFFENBURG, *Annotationes in epistolam mensi Julio Act. erud. superioris anni insertam* etc., Acta erud. 1718, p. 164; I. HERMANN, *De epicycloidibus in superficie sphaerica descriptis*, Comment. acad. sc. Petrop. 1 (1726), 1728, p. 210; IOH. BERNOULLI, *Problème sur les epicycloïdes sphériques*, Mém. de l'acad. d. sc. de Paris 1732, p. 237; *Opera omnia* t. III, p. 216.   A. G.

45. Haec de natura formularum integralium duplicatarum commentandi occasionem praebuit[1]) problema aeque elegans atque utile in Analysi, si quidem eius solutionem evolvere liceret. Quaerebatur scilicet inter omnia corpora eiusdem soliditatis id, quod minima superficie contineretur, quod quidem ad ternas coordinatas orthogonales x, y et z relatum posito $dz = pdx + qdy$ ita analytice exprimitur, ut inter omnes relationes harum trium variabilium, quae eandem quantitatem huius formulae integralis duplicatae $\int\int z\, dx\, dy$ contineant, ea definiatur, cui minima quantitas huius $\int\int dx\, dy\, V(1 + pp + qq)$ respondeat. Quod problema si per theoriam variationum aggrediamur, effici oportebit, ut fiat

$$a\delta\int\int dx\, dy\, V(1 + pp + qq) = \delta\int\int z\, dx\, dy,$$

ita ut totum negotium ad variationes huiusmodi formularum integralium duplicatarum indagandas reducatur.

46. Quoniam utraque formula duplicem integrationem exigit, si in priori x pro constante habeatur, nostra aequatio ita repraesentabitur

$$a\delta\int dx\int dy\, V(1 + pp + qq) = \delta\int dx\int z\, dy.$$

Verum hic probe animadvertendum est, postquam integralia

$$\int dy\, V(1 + pp + qq) \quad \text{et} \quad \int z\, dy$$

fuerint inventa, tum variabilem y non amplius indefinitam seu ab x non pendentem relinqui, quin potius pro y certam functionem ipsius x, quam figura corporis exigit, substitui oportere, ita ut in secunda integratione quantitas y non ut constans seu ab x non pendens spectari queat. Quia autem ob figuram corporis etiamnunc incognitam ista functio non constat, neutiquam apparet, quomodo variationes istiusmodi formularum duplicatarum determinari debeant.

---

1) Vide L. Euleri *Institutionum calculi integralis* vol. III, Appendix § 174; *Leonhardi Euleri Opera omnia*, series I, vol. 13, p. 468.   A. G.

47. Ipsa vero huius quaestionis natura alias praeterea determinationes requirere videtur, quarum ratio in solutione haberi debeat. Nam quemadmodum, si curva quaeritur, quae inter omnes alias eandem aream includentes brevissimo arcu contineatur, non solum basis AP (Fig. 10), sed etiam duo puncta B et M, per quae curva transeat, praescribi solent, ita etiam in nostro problemate non modo basis, cui corpus tanquam columna insistat, pro cognita assumi debere videtur, sed etiam ipsi extremi termini superficiei quaesitae. Quodsi

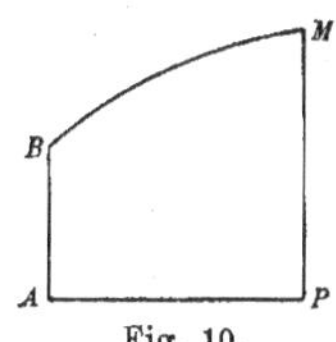

Fig. 10.

enim hae res non praescribantur omnes, ne quaestioni quidem certae locus relinquitur; nam, etiamsi basis praescriberetur, termini vero supremi superficiei arbitrio nostro relinquerentur, manifestum est, quo altior fuerit columna, eo magis soliditatem auctum iri eadem manente superficie suprema, quandoquidem superficies laterum non in computum ducitur. Multo minus autem problema sine basis praescriptione ullam vim retineret, quoniam basi coarctanda quantumvis magna soliditas cum minima superficie posset esse coniuncta.

EVOLUTIO FORMULAE INTEGRALIS $\int x^{f-1} dx (lx)^{\frac{m}{n}}$ INTEGRATIONE A VALORE $x=0$ AD $x=1$ EXTENSA

Commentatio 421 indicis ENESTROEMIANI

Novi commentarii academiae scientiarum Petropolitanae **16** (1771), 1772, p. 91—139

Summarium ibidem p. 15

SUMMARIUM

Quum, qui in hac Dissertatione occurrunt, calculi analytici ita comparati sint, ut eorum summarium quoddam vix tradi queat, Mathematum peritos ad ipsam dissertationem ablegamus, id tantum monuisse contenti, quod Illustr. EULERUS heic fusius prosequutus sit, quae olim in Tomo V Comment. Petropol.[1] de integrationibus formularum differentialium sub certis conditionibus peragendis iam exposuit.

THEOREMA 1

1. *Si n denotat numerum integrum positivum quemcunque et formulae*

$$\int x^{f-1} dx (1 - x^g)^n$$

integratio a valore $x=0$ usque ad $x=1$ extendatur, erit eius valor

$$= \frac{g^n}{f} \cdot \frac{1 \cdot 2 \cdot 3 \cdots n}{(f+g)(f+2g)(f+3g)\cdots(f+ng)}.$$

1) Vide p. 319. A. G.

DEMONSTRATIO

Notum est in genere integrationem formulae $\int x^{f-1} dx(1-x^g)^m$ reduci posse ad integrationem huius $\int x^{f-1} dx(1-x^g)^{m-1}$, quoniam quantitates constantes A et B ita definire licet, ut fiat

$$\int x^{f-1} dx(1-x^g)^m = A \int x^{f-1} dx(1-x^g)^{m-1} + B x^f(1-x^g)^m;$$

sumtis enim differentialibus prodit haec aequatio

$$x^{f-1} dx(1-x^g)^m$$
$$= A x^{f-1} dx(1-x^g)^{m-1} + B f x^{f-1} dx(1-x^g)^m - B m g x^{f+g-1} dx(1-x^g)^{m-1},$$

quae per $x^{f-1} dx(1-x^g)^{m-1}$ divisa dat

$$1-x^g = A + Bf(1-x^g) - Bmgx^g$$

seu

$$1-x^g = A - Bmg + B(f+mg)(1-x^g);$$

quae aequatio ut consistere possit, necesse est sit

$$1 = B(f+mg) \quad \text{et} \quad A = Bmg,$$

unde colligimus

$$B = \frac{1}{f+mg} \quad \text{et} \quad A = \frac{mg}{f+mg}.$$

Quocirca habebimus sequentem reductionem generalem

$$\int x^{f-1} dx(1-x^g)^m = \frac{mg}{f+mg} \int x^{f-1} dx(1-x^g)^{m-1} + \frac{1}{f+mg} x^f(1-x^g)^m;$$

quae cum evanescat posito $x=0$, siquidem sit $f > 0$, constantis additione haud est opus. Quare extenso utroque integrali usque ad $x=1$ pars integralis postrema sponte evanescit eritque pro casu $x=1$

$$\int x^{f-1} dx(1-x^g)^m = \frac{mg}{f+mg} \int x^{f-1} dx(1-x^g)^{m-1}.$$

Cum igitur sumto $m=1$ sit

$$\int x^{f-1} dx(1-x^g)^0 = \frac{1}{f} x^f = \frac{1}{f}$$

posito $x = 1$, nanciscimur pro eodem casu $x = 1$ sequentes valores

$$\int x^{f-1} dx\,(1 - x^g)^1 = \frac{g}{f} \cdot \frac{1}{f+g},$$

$$\int x^{f-1} dx\,(1 - x^g)^2 = \frac{g^2}{f} \cdot \frac{1}{f+g} \cdot \frac{2}{f+2g},$$

$$\int x^{f-1} dx\,(1 - x^g)^3 = \frac{g^3}{f} \cdot \frac{1}{f+g} \cdot \frac{2}{f+2g} \cdot \frac{3}{f+3g}$$

hincque pro numero quocunque integro positivo n concludimus fore

$$\int x^{f-1} dx\,(1 - x^g)^n = \frac{g^n}{f} \cdot \frac{1}{f+g} \cdot \frac{2}{f+2g} \cdot \frac{3}{f+3g} \cdots \frac{n}{f+ng},$$

si modo numeri f et g sint positivi.

COROLLARIUM 1

2. Hinc ergo vicissim valor huiusmodi producti ex quotcunque factoribus formati per formulam integralem exprimi potest; ita ut sit

$$\frac{1 \cdot 2 \cdot 3 \cdots n}{(f+g)(f+2g)(f+3g) \cdots (f+ng)} = \frac{f}{g^n} \int x^{f-1} dx\,(1 - x^g)^n$$

integrali hoc a valore $x = 0$ usque ad $x = 1$ extenso.

COROLLARIUM 2

3. Quodsi ergo huiusmodi habeatur progressio

$$\frac{1}{f+g}, \quad \frac{1 \cdot 2}{(f+g)(f+2g)}, \quad \frac{1 \cdot 2 \cdot 3}{(f+g)(f+2g)(f+3g)}, \quad \frac{1 \cdot 2 \cdot 3 \cdot 4}{(f+g)(f+2g)(f+3g)(f+4g)} \quad \text{etc.},$$

eius terminus generalis, qui indici indefinito n convenit, commode hac forma integrali $\frac{f}{g^n} \int x^{f-1} dx\,(1 - x^g)^n$ repraesentatur, cuius ope ea progressio interpolari eiusque termini indicibus fractis respondentes exhiberi poterunt.

COROLLARIUM 3

4. Si loco n scribamus $n - 1$, habebimus

$$\frac{1 \cdot 2 \cdot 3 \cdots (n-1)}{(f+g)(f+2g)(f+3g) \cdots (f+(n-1)g)} = \frac{f}{g^{n-1}} \int x^{f-1} dx\,(1 - x^g)^{n-1},$$

quae per $\dfrac{n}{f+ng}$ multiplicata praebet

$$\frac{1\cdot 2\cdot 3\cdots n}{(f+g)(f+2g)(f+3g)\cdots(f+ng)}=\frac{f\cdot ng}{g^n(f+ng)}\int x^{f-1}dx(1-x^g)^{n-1}.$$

SCHOLION 1

5. Hanc posteriorem formam immediate ex praecedente derivare licuisset, cum modo demonstraverimus esse

$$\int x^{f-1}dx(1-x^g)^n=\frac{ng}{f+ng}\int x^{f-1}dx(1-x^g)^{n-1},$$

siquidem utrumque integrale a valore $x=0$ usque ad $x=1$ extendatur; quam integralium determinationem in sequentibus ubique subintelligi oportet. Deinde etiam perpetuo est tenendum quantitates f et g esse positivas, quippe quam conditionem demonstratio allata absolute postulat. Quod autem ad numerum n attinet, quatenus eo index cuiusque termini progressionis (§ 3) designatur, nihil impedit, quominus eo numeri quicunque sive positivi sive negativi denotentur, quandoquidem eius progressionis omnes termini etiam indicibus negativis respondentes per formulam integralem datam exhiberi censentur. Interim tamen probe tenendum est hanc reductionem

$$\int x^{f-1}dx(1-x^g)^m=\frac{mg}{f+mg}\int x^{f-1}dx(1-x^g)^{m-1}$$

non esse veritati consentaneam, nisi sit $m>0$, quia alioquin pars algebraica $\dfrac{1}{f+mg}x^f(1-x^g)^m$ non evanesceret posito $x=1$.

SCHOLION 2

6. Huiusmodi series, quas transcendentes appellare licet, quia termini indicibus fractis respondentes sunt quantitates transcendentes, iam olim in Comment. Petrop. Tomo V [1]) fusius sum prosecutus; unde hoc loco non tam istas progressiones quam eximias formularum integralium comparationes, quae inde derivantur, diligentius sum scrutaturus. Cum scilicet ostendissem huius pro-

---

1) L. Euleri Commentatio 19 (indicis Enestroemiani): *De progressionibus transcendentibus, seu quarum termini generales algebraice dari nequeunt*, Comment. acad. sc. Petrop. 5 (1730/1), 1738, p. 36; *Leonhardi Euleri Opera omnia*, series I, vol. 14.   A. G.

ducti indefiniti $1 \cdot 2 \cdot 3 \cdots n$ valorem hac formula integrali $\int dx\left(l\frac{1}{x}\right)^n$ ab $x = 0$ ad $x = 1$ extensa exprimi, quae res, quoties n est numerus integer positivus, per ipsam integrationem est manifesta, eos casus examini subieci, quibus pro n numeri fracti accipiuntur; ubi quidem ex ipsa formula integrali neutiquam patet, ad quodnam genus quantitatum transcendentium hi termini referri debeant. Singulari autem artificio eosdem terminos ad quadraturas magis cognitas reduxi, quod propterea maxime dignum videtur, ut maiori studio perpendatur.

PROBLEMA 1

7. *Cum demonstratum sit esse*

$$\frac{1 \cdot 2 \cdot 3 \cdots n}{(f+g)(f+2g)(f+3g)\cdots(f+ng)} = \frac{f}{g^n}\int x^{f-1}dx(1-x^g)^n$$

integrali ab $x = 0$ ad $x = 1$ extenso, eiusdem producti casu, quo $g = 0$, valorem per formulam integralem assignare.

SOLUTIO

Posito $g = 0$ in formula integrali membrum $(1-x^g)^n$ evanescit, simul vero etiam denominator g^n, unde quaestio huc redit, ut fractionis $\frac{(1-x^g)^n}{g^n}$ valor definiatur casu $g = 0$, quo tam numerator quam denominator evanescit. Hunc in finem spectetur g ut quantitas infinite parva, et cum sit $x^g = e^{glx}$, fiet $x^g = 1 + glx$ ideoque $(1-x^g)^n = g^n(-lx)^n = g^n\left(l\frac{1}{x}\right)^n$; ex quo pro hoc casu formula nostra integralis abit in $f\int x^{f-1}dx\left(l\frac{1}{x}\right)^n$, ita ut iam habeatur

$$\frac{1 \cdot 2 \cdot 3 \cdots n}{f^n} = f\int x^{f-1}dx\left(l\frac{1}{x}\right)^n$$

seu

$$1 \cdot 2 \cdot 3 \cdots n = f^{n+1}\int x^{f-1}dx\left(l\frac{1}{x}\right)^n.$$

COROLLARIUM 1

8. Quoties n est numerus integer positivus, integratio formulae $\int x^{f-1}dx\left(l\frac{1}{x}\right)^n$ succedit eaque ab $x = 0$ ad $x = 1$ extensa revera prodit id

productum, cui istam formulam aequalem invenimus. Sin autem pro n capiantur numeri fracti, eadem formula integralis inserviet huic progressioni hypergeometricae interpolandae

$$1, \quad 1\cdot 2, \quad 1\cdot 2\cdot 3, \quad 1\cdot 2\cdot 3\cdot 4, \quad 1\cdot 2\cdot 3\cdot 4\cdot 5 \quad \text{etc.}$$

seu

$$1, \quad 2, \quad 6, \quad 24, \quad 120, \quad 720, \quad 5040 \quad \text{etc.}$$

COROLLARIUM 2

9. Si expressio modo inventa per principalem dividatur, orietur productum, cuius factores in progressione arithmetica quacunque progrediuntur,

$$(f+g)(f+2g)(f+3g)\cdots(f+ng) = f^n g^n \frac{\int x^{f-1}dx\left(l\frac{1}{x}\right)^n}{\int x^{f-1}dx(1-x^g)^n},$$

cuius ergo etiam valores, si n sit numerus fractus, hinc assignare licebit.

COROLLARIUM 3

10. Cum sit

$$\int x^{f-1}dx(1-x^g)^n = \frac{ng}{f+ng}\int x^{f-1}dx(1-x^g)^{n-1},$$

erit etiam simili modo pro casu $g=0$

$$\int x^{f-1}dx\left(l\frac{1}{x}\right)^n = \frac{n}{f}\int x^{f-1}dx\left(l\frac{1}{x}\right)^{n-1}$$

hincque per istas alteras formulas integrales

$$1\cdot 2\cdot 3\cdots n = nf^n\int x^{f-1}dx\left(l\frac{1}{x}\right)^{n-1}$$

et

$$(f+g)(f+2g)\cdots(f+ng) = f^{n-1}g^{n-1}(f+ng)\frac{\int x^{f-1}dx\left(l\frac{1}{x}\right)^{n-1}}{\int x^{f-1}dx(1-x^g)^{n-1}}.$$

SCHOLION

11. Cum invenerimus esse

$$1\cdot 2\cdot 3\cdots n = f^{n+1}\int x^{f-1}dx\left(l\frac{1}{x}\right)^n,$$

patet hanc formulam integralem non a valore quantitatis f pendere, quod etiam facile perspicitur ponendo $x^f = y$, unde fit

$$fx^{f-1}dx = dy \quad \text{et} \quad l\frac{1}{x} = -lx = -\frac{1}{f}ly = \frac{1}{f}l\frac{1}{y}$$

ideoque

$$f^n\left(l\frac{1}{x}\right)^n = \left(l\frac{1}{y}\right)^n,$$

ita ut sit

$$1\cdot 2\cdot 3\cdots n = \int dy\left(l\frac{1}{y}\right)^n,$$

quae formula ex priori nascitur ponendo $f=1$. Pro interpolatione ergo huiusmodi formarum totum negotium huc reducitur, ut istius formulae integralis $\int dx\left(l\frac{1}{x}\right)^n$ valores definiantur, quando exponens n est numerus fractus. Veluti si n sit $=\frac{1}{2}$, assignari oportet valorem huius formulae $\int dx\sqrt{l\frac{1}{x}}$, quem olim iam ostendi[1]) esse $=\frac{1}{2}\sqrt{\pi}$ denotante π circuli peripheriam, cuius diameter $=1$; pro aliis autem numeris fractis eius valorem ad quadraturas curvarum algebraicarum altioris ordinis revocare docui. Quae reductio cum minime sit obvia atque tum solum locum habeat, quando formulae $\int dx\left(l\frac{1}{x}\right)^n$ integratio a valore $x=0$ ad $x=1$ extenditur, singulari attentione digna videtur. Etsi autem iam olim hoc argumentum tractavi, tamen, quia per plures ambages eo sum perductus, idem hic resumere et concinnius evolvere constitui.

THEOREMA 2

12. *Si formulae integrales a valore $x=0$ usque ad $x=1$ extendantur et n denotet numerum integrum positivum, erit*

$$\frac{1\cdot 2\cdot 3\cdots n}{(n+1)(n+2)(n+3)\cdots 2n} = \frac{1}{2}ng\int x^{f+ng-1}dx(1-x^g)^{n-1}\cdot\frac{\int x^{f-1}dx(1-x^g)^{n-1}}{\int x^{f-1}dx(1-x^g)^{2n-1}},$$

quicunque numeri positivi loco f et g accipiantur.

DEMONSTRATIO

Cum supra (§ 4) ostenderimus esse

$$\frac{1\cdot 2\cdot 3\cdots n}{(f+g)(f+2g)\cdots(f+ng)} = \frac{f\cdot ng}{g^n(f+ng)}\int x^{f-1}dx(1-x^g)^{n-1},$$

---

1) Vide § 11 Commentationis 19 supra (p. 319) commemoratae.   A. G.

habebimus, si loco n scribamus $2n$,

$$\frac{1\cdot 2\cdot 3\cdots 2n}{(f+g)(f+2g)\cdots(f+2ng)} = \frac{f\cdot 2ng}{g^{2n}(f+2ng)}\int x^{f-1}dx(1-x^g)^{2n-1}.$$

Dividatur nunc prima aequatio per secundam ac prodibit ista tertia

$$\frac{(f+(n+1)g)(f+(n+2)g)\cdots(f+2ng)}{(n+1)(n+2)\cdots 2n} = \frac{g^n(f+2ng)}{2(f+ng)}\cdot\frac{\int x^{f-1}dx(1-x^g)^{n-1}}{\int x^{f-1}dx(1-x^g)^{2n-1}}.$$

At si in prima aequatione loco f scribatur $f+ng$, orietur haec aequatio quarta

$$\frac{1\cdot 2\cdot 3\cdots n}{(f+(n+1)g)(f+(n+2)g)\cdots(f+2ng)} = \frac{(f+ng)ng}{g^n(f+2ng)}\int x^{f+ng-1}dx(1-x^g)^{n-1}.$$

Multiplicetur haec quarta aequatio per illam tertiam ac reperietur ipsa aequatio demonstranda

$$\frac{1\cdot 2\cdot 3\cdots n}{(n+1)(n+2)(n+3)\cdots 2n} = \frac{1}{2}ng\int x^{f+ng-1}dx(1-x^g)^{n-1}\cdot\frac{\int x^{f-1}dx(1-x^g)^{n-1}}{\int x^{f-1}dx(1-x^g)^{2n-1}}.$$

COROLLARIUM 1

13. Si in prima aequatione statuatur $f=n$ et $g=1$, orietur idem productum

$$\frac{1\cdot 2\cdot 3\cdots n}{(n+1)(n+2)\cdots 2n} = \frac{1}{2}n\int x^{n-1}dx(1-x)^{n-1},$$

qua aequatione cum illa collata adipiscimur

$$\frac{\int x^{n-1}dx(1-x)^{n-1}}{g\int x^{f+ng-1}dx(1-x^g)^{n-1}} = \frac{\int x^{f-1}dx(1-x^g)^{n-1}}{\int x^{f-1}dx(1-x^g)^{2n-1}}.$$

COROLLARIUM 2

14. Si in illa aequatione loco x scribamus x^g, fiet

$$\frac{1\cdot 2\cdot 3\cdots n}{(n+1)(n+2)\cdots 2n} = \frac{1}{2}ng\int x^{ng-1}dx(1-x^g)^{n-1},$$

ita ut iam consequamur istam comparationem inter sequentes formulas integrales

$$\int x^{ng-1}dx(1-x^g)^{n-1}=\int x^{f+ng-1}dx(1-x^g)^{n-1}\cdot\frac{\int x^{f-1}dx(1-x^g)^{n-1}}{\int x^{f-1}dx(1-x^g)^{2n-1}}.$$

COROLLARIUM 3

15. Si in aequatione theorematis ponamus $g=0$, ob $(1-x^g)^m=g^m\left(l\frac{1}{x}\right)^m$ potestates ipsius g se destruent orieturque haec aequatio

$$\frac{1\cdot2\cdot3\cdots n}{(n+1)(n+2)\cdots 2n}=\frac{1}{2}n\int x^{f-1}dx\left(l\frac{1}{x}\right)^{n-1}\cdot\frac{\int x^{f-1}dx\left(l\frac{1}{x}\right)^{n-1}}{\int x^{f-1}dx\left(l\frac{1}{x}\right)^{2n-1}},$$

unde colligimus

$$\frac{\left(\int x^{f-1}dx\left(l\frac{1}{x}\right)^{n-1}\right)^2}{\int x^{f-1}dx\left(l\frac{1}{x}\right)^{2n-1}}=g\int x^{ng-1}dx(1-x^g)^{n-1}$$

seu ob

$$\int x^{f-1}dx\left(l\frac{1}{x}\right)^{n-1}=\frac{f}{n}\int x^{f-1}dx\left(l\frac{1}{x}\right)^{n}$$

hanc

$$\frac{2f}{n}\cdot\frac{\left(\int x^{f-1}dx\left(l\frac{1}{x}\right)^{n}\right)^2}{\int x^{f-1}dx\left(l\frac{1}{x}\right)^{2n}}=g\int x^{ng-1}dx(1-x^g)^{n-1}.$$

COROLLARIUM 4

16. Ponamus hic $f=1$, $g=2$ et $n=\frac{m}{2}$, ut m sit numerus integer positivus, et ob

$$\int dx\left(l\frac{1}{x}\right)^m=1\cdot2\cdot3\cdots m$$

erit

$$\frac{4}{m}\cdot\frac{\left(\int dx\left(l\frac{1}{x}\right)^{\frac{m}{2}}\right)^2}{1\cdot2\cdot3\cdots m}=2\int x^{m-1}dx(1-x^2)^{\frac{m}{2}-1}$$

hincque

$$\int dx\left(l\frac{1}{x}\right)^{\frac{m}{2}}=\sqrt{1\cdot2\cdot3\cdots m\cdot\frac{m}{2}\int x^{m-1}dx(1-x^2)^{\frac{m}{2}-1}}$$

et sumendo $m=1$ ob

$$\int \frac{dx}{\sqrt{(1-xx)}} = \frac{\pi}{2}$$

habebitur

$$\int dx \sqrt{l \frac{1}{x}} = \sqrt{\frac{1}{2}} \int \frac{dx}{\sqrt{(1-xx)}} = \frac{1}{2}\sqrt{\pi}.$$

SCHOLION

17. En ergo succinctam demonstrationem theorematis olim a me prolati, quod sit $\int dx \sqrt{l\frac{1}{x}} = \frac{1}{2}\sqrt{\pi}$, eamque ab interpolationis ratione, qua tum usus fueram, liberam. Deducta scilicet hic ea ex hoc theoremate, quo inveni esse

$$\frac{\left(\int x^{f-1}dx \left(l\frac{1}{x}\right)^{n-1}\right)^2}{\int x^{f-1}dx \left(l\frac{1}{x}\right)^{2n-1}} = g\int x^{ng-1}dx(1-x^g)^{n-1}.$$

Principale autem theorema, unde hoc est deductum, ita se habet

$$g\frac{\int x^{f-1}dx(1-x^g)^{n-1}\cdot\int x^{f+ng-1}dx(1-x^g)^{n-1}}{\int x^{f-1}dx(1-x^g)^{2n-1}} = \int x^{n-1}dx(1-x)^{n-1};$$

utrumque enim membrum per integrationem ab $x=0$ ad $x=1$ extensam evolvitur in hoc productum numericum

$$\frac{1\cdot 2\cdot 3\cdots(n-1)}{(n+1)(n+2)\cdots(2n-1)}.$$

Ac si alteri membro speciem latius patentem tribuere velimus, theorema ita proponi poterit, ut sit

$$g\frac{\int x^{f-1}dx(1-x^g)^{n-1}\cdot\int x^{f+ng-1}dx(1-x^g)^{n-1}}{\int x^{f-1}dx(1-x^g)^{2n-1}} = k\int x^{nk-1}dx(1-x^k)^{n-1},$$

hicque si capiatur $g=0$, fit

$$\frac{\left(\int x^{f-1}dx \left(l\frac{1}{x}\right)^{n-1}\right)^2}{\int x^{f-1}dx \left(l\frac{1}{x}\right)^{2n-1}} = k\int x^{nk-1}dx(1-x^k)^{n-1}.$$

Imprimis igitur notandum est, quod illa aequalitas subsistat, quicunque numeri loco f et g accipiantur; casu quidem $f = g$ ea est manifesta, cum sit

$$\int x^{g-1} dx (1 - x^g)^{n-1} = \frac{1 - (1 - x^g)^n}{ng} = \frac{1}{ng};$$

fiet enim

$$2g \int x^{ng+g-1} dx (1 - x^g)^{n-1} = k \int x^{nk-1} dx (1 - x^k)^{n-1},$$

et quia

$$\int x^{ng+g-1} dx (1 - x^g)^{n-1} = \frac{1}{2} \int x^{ng-1} dx (1 - x^g)^{n-1},$$

aequalitas est perspicua, quia k pro lubitu accipere licet. Eodem autem modo, quo ad hoc theorema perveni, ad alia similia pertingere licet.

THEOREMA 3

18. *Si sequentes formulae integrales a valore* $x = 0$ *ad* $x = 1$ *extendantur et* n *denotet numerum integrum positivum quemcunque, erit*

$$\frac{1 \cdot 2 \cdot 3 \cdots n}{(2n+1)(2n+2) \cdots 3n} = \frac{2}{3}\, ng \int x^{f+2ng-1} dx (1 - x^g)^{n-1} \cdot \frac{\int x^{f-1} dx (1 - x^g)^{2n-1}}{\int x^{f-1} dx (1 - x^g)^{3n-1}},$$

quicunque numeri positivi pro f *et* g *accipiantur.*

DEMONSTRATIO

In praecedente theoremate iam vidimus esse

$$\frac{1 \cdot 2 \cdot 3 \cdots 2n}{(f+g)(f+2g) \cdots (f+2ng)} = \frac{f \cdot 2ng}{g^{2n}(f+2ng)} \int x^{f-1} dx (1 - x^g)^{2n-1};$$

simili autem modo si in forma principali loco n scribamus $3n$, habebimus

$$\frac{1 \cdot 2 \cdot 3 \cdots 3n}{(f+g)(f+2g) \cdots (f+3ng)} = \frac{f \cdot 3ng}{g^{3n}(f+3ng)} \int x^{f-1} dx (1 - x^g)^{3n-1},$$

ex quo illa aequatio per hanc divisa producit

$$\frac{(f+(2n+1)g)(f+(2n+2)g) \cdots (f+3ng)}{(2n+1)(2n+2) \cdots 3n} = \frac{2g^n(f+3ng)}{3(f+2ng)} \cdot \frac{\int x^{f-1} dx (1 - x^g)^{2n-1}}{\int x^{f-1} dx (1 - x^g)^{3n-1}}.$$

Verum si in aequatione principali (§ 4) loco f scribamus $f+2gn$, adipiscimur hanc aequationem

$$\frac{1\cdot2\cdot3\cdots n}{(f+(2n+1)g)(f+(2n+2)g)\cdots(f+3ng)} = \frac{(f+2ng)ng}{g^n(f+3ng)}\int x^{f+2ng-1}dx(1-x^g)^{n-1}.$$

Multiplicetur nunc haec aequatio per praecedentem et orietur ipsa aequatio, quam demonstrari oportet,

$$\frac{1\cdot2\cdot3\cdots n}{(2n+1)(2n+2)\cdots 3n} = \frac{2}{3}\,ng\int x^{f+2ng-1}dx(1-x^g)^{n-1}\cdot\frac{\int x^{f-1}dx(1-x^g)^{2n-1}}{\int x^{f-1}dx(1-x^g)^{3n-1}}.$$

COROLLARIUM 1

19. Eundem valorem ex aequatione principali nanciscimur ponendo $f=2n$ et $g=1$, ita ut sit

$$\frac{1\cdot2\cdot3\cdots n}{(2n+1)(2n+2)\cdots 3n} = \frac{2}{3}\,n\int x^{2n-1}dx(1-x)^{n-1},$$

quae formula integralis loco x scribendo x^k transformatur in hanc

$$\frac{2}{3}\,nk\int x^{2nk-1}dx(1-x^k)^{n-1},$$

ita ut sit

$$g\int x^{f+2ng-1}dx(1-x^g)^{n-1}\cdot\frac{\int x^{f-1}dx(1-x^g)^{2n-1}}{\int x^{f-1}dx(1-x^g)^{3n-1}} = k\int x^{2nk-1}dx(1-x^k)^{n-1}.$$

COROLLARIUM 2

20. Si hic statuamus $g=0$, ob $1-x^g=gl\frac{1}{x}$ habebimus hanc aequationem

$$\int x^{f-1}dx\left(l\frac{1}{x}\right)^{n-1}\cdot\frac{\int x^{f-1}dx\left(l\frac{1}{x}\right)^{2n-1}}{\int x^{f-1}dx\left(l\frac{1}{x}\right)^{3n-1}} = k\int x^{2nk-1}dx(1-x^k)^{n-1};$$

cum igitur ante invenissemus

$$\frac{\left(\int x^{f-1}dx\left(l\frac{1}{x}\right)^{n-1}\right)^2}{\int x^{f-1}dx\left(l\frac{1}{x}\right)^{2n-1}} = k\int x^{nk-1}dx(1-x^k)^{n-1},$$

habebimus has aequationes in se multiplicando

$$\frac{\left(\int x^{f-1}dx\left(l\frac{1}{x}\right)^{n-1}\right)^3}{\int x^{f-1}dx\left(l\frac{1}{x}\right)^{3n-1}} = k^2 \int x^{nk-1}dx(1-x^k)^{n-1} \cdot \int x^{2nk-1}dx(1-x^k)^{n-1}.$$

COROLLARIUM 3

21. Sine ulla restrictione hic ponere licet $f = 1$; tum ergo sumto $n = \frac{1}{3}$ et $k = 3$ erit

$$\frac{\left(\int dx\left(l\frac{1}{x}\right)^{-\frac{2}{3}}\right)^3}{\int dx\left(l\frac{1}{x}\right)^0} = 9\int dx(1-x^3)^{-\frac{2}{3}} \cdot \int x\,dx(1-x^3)^{-\frac{2}{3}}$$

et ob

$$\int dx\left(l\frac{1}{x}\right)^{-\frac{2}{3}} = 3\int dx\left(l\frac{1}{x}\right)^{\frac{1}{3}} \quad \text{et} \quad \int dx\left(l\frac{1}{x}\right)^0 = 1$$

$$\left(\int dx\left(l\frac{1}{x}\right)^{\frac{1}{3}}\right)^3 = \frac{1}{3}\int dx(1-x^3)^{-\frac{2}{3}} \cdot \int x\,dx(1-x^3)^{-\frac{2}{3}};$$

tum vero sumto $n = \frac{2}{3}$ et $k = 3$ erit

$$\frac{\left(\int dx\left(l\frac{1}{x}\right)^{-\frac{1}{3}}\right)^3}{\int dx\left(l\frac{1}{x}\right)} = 9\int x\,dx(1-x^3)^{-\frac{1}{3}} \cdot \int x^3 dx(1-x^3)^{-\frac{1}{3}}$$

seu

$$\left(\int dx\left(l\frac{1}{x}\right)^{\frac{2}{3}}\right)^3 = \frac{4}{3}\int x\,dx(1-x^3)^{-\frac{1}{3}} \cdot \int x^3 dx(1-x^3)^{-\frac{1}{3}}.$$

THEOREMA GENERALE

22. *Si sequentes formulae integrales a valore $x = 0$ usque ad $x = 1$ extendantur et n denotet numerum integrum positivum quemcunque, erit*

$$\frac{1 \cdot 2 \cdot 3 \cdots n}{(\lambda n+1)(\lambda n+2)\cdots(\lambda+1)n} = \frac{\lambda}{\lambda+1}ng\int x^{f+\lambda ng-1}dx(1-x^g)^{n-1} \cdot \frac{\int x^{f-1}dx(1-x^g)^{\lambda n-1}}{\int x^{f-1}dx(1-x^g)^{(\lambda+1)n-1}},$$

quicunque numeri positivi pro litteris f et g accipiantur.

DEMONSTRATIO

Cum sit, uti supra ostendimus,

$$\frac{1\cdot 2\cdots n}{(f+g)(f+2g)\cdots(f+ng)} = \frac{f\cdot ng}{g^n(f+ng)}\int x^{f-1}dx(1-x^g)^{n-1},$$

si hic loco n scribamus primo λn, tum vero $(\lambda+1)n$, nanciscemur has duas aequationes

$$\frac{1\cdot 2\cdots \lambda n}{(f+g)(f+2g)\cdots(f+\lambda ng)} = \frac{f\cdot \lambda ng}{g^{\lambda n}(f+\lambda ng)}\int x^{f-1}dx(1-x^g)^{\lambda n-1},$$

$$\frac{1\cdot 2\cdots(\lambda+1)n}{(f+g)(f+2g)\cdots(f+(\lambda+1)ng)} = \frac{f\cdot(\lambda+1)ng}{g^{(\lambda+1)n}(f+(\lambda+1)ng)}\int x^{f-1}dx(1-x^g)^{(\lambda+1)n-1},$$

quarum illa per hanc divisa praebet

$$\frac{(f+\lambda ng+g)(f+\lambda ng+2g)\cdots(f+\lambda ng+ng)}{(\lambda n+1)(\lambda n+2)\cdots(\lambda n+n)} = g^n\frac{\lambda(f+\lambda ng+ng)}{(\lambda+1)(f+\lambda ng)}\cdot\frac{\int x^{f-1}dx(1-x^g)^{\lambda n-1}}{\int x^{f-1}dx(1-x^g)^{(\lambda+1)n-1}}.$$

At si in aequatione prima loco f scribamus $f+\lambda ng$, obtinebimus

$$\frac{1\cdot 2\cdots n}{(f+\lambda ng+g)(f+\lambda ng+2g)\cdots(f+\lambda ng+ng)} = \frac{(f+\lambda ng)ng}{g^n(f+\lambda ng+ng)}\int x^{f+\lambda ng-1}dx(1-x^g)^{n-1},$$

quae duae aequationes in se ductae producunt ipsam aequalitatem demonstrandam

$$\frac{1\cdot 2\cdots n}{(\lambda n+1)(\lambda n+2)\cdots(\lambda n+n)} = \frac{\lambda ng}{\lambda+1}\int x^{f+\lambda ng-1}dx(1-x^g)^{n-1}\cdot\frac{\int x^{f-1}dx(1-x^g)^{\lambda n-1}}{\int x^{f-1}dx(1-x^g)^{(\lambda+1)n-1}}.$$

COROLLARIUM 1

23. Si in aequatione principali statuamus $f=\lambda n$ et $g=1$, reperiemus etiam

$$\frac{1\cdot 2\cdots n}{(\lambda n+1)(\lambda n+2)\cdots(\lambda n+n)} = \frac{\lambda n}{\lambda+1}\int x^{\lambda n-1}dx(1-x)^{n-1},$$

quae forma loco x scribendo x^k abit in hanc

$$\frac{\lambda nk}{\lambda+1}\int x^{\lambda nk-1}dx(1-x^k)^{n-1},$$

ita ut habeamus hoc theorema latissime patens

$$g\int x^{f+\lambda n g-1} dx\,(1-x^g)^{n-1} \cdot \frac{\int x^{f-1} dx\,(1-x^g)^{\lambda n-1}}{\int x^{f-1} dx\,(1-x^g)^{\lambda n+n-1}} = k\int x^{\lambda n k-1} dx\,(1-x^k)^{n-1}.$$

COROLLARIUM 2

24. Hoc iam theorema locum habet, etiamsi n non sit numerus integer; quin etiam, cum numerum λ pro lubitu accipere liceat, loco λn scribamus m et perveniemus ad hoc theorema

$$\frac{\int x^{f-1} dx\,(1-x^g)^{m-1}}{\int x^{f-1} dx\,(1-x^g)^{m+n-1}} = \frac{k\int x^{mk-1} dx\,(1-x^k)^{n-1}}{g\int x^{f+mg-1} dx\,(1-x^g)^{n-1}}.$$

COROLLARIUM 3

25. Si ponamus $g=0$, ob $1-x^g = g\,l\frac{1}{x}$ hoc theorema istam induet formam

$$\frac{\int x^{f-1} dx\left(l\frac{1}{x}\right)^{m-1}}{\int x^{f-1} dx\left(l\frac{1}{x}\right)^{m+n-1}} = \frac{k\int x^{mk-1} dx\,(1-x^k)^{n-1}}{\int x^{f-1} dx\left(l\frac{1}{x}\right)^{n-1}},$$

quae commodius ita repraesentatur

$$\frac{\int x^{f-1} dx\left(l\frac{1}{x}\right)^{n-1} \cdot \int x^{f-1} dx\left(l\frac{1}{x}\right)^{m-1}}{\int x^{f-1} dx\left(l\frac{1}{x}\right)^{m+n-1}} = k\int x^{mk-1} dx\,(1-x^k)^{n-1},$$

ubi evidens est numeros m et n inter se permutari posse.

SCHOLION

26. Duplicem ergo deteximus fontem, unde innumerabiles formularum integralium comparationes haurire licet; alter fons § 24 patefactus complectitur huiusmodi formulas integrales

$$\int x^{p-1} dx\,(1-x^g)^{q-1},$$

quas iam ante aliquod tempus pertractavi[1]) in observationibus circa integralia

---

1) Vide Commentationem 321 huius voluminis.   A. G.

formularum

$$\int x^{p-1} dx (1 - x^n)^{\frac{q}{n}-1}$$

a valore $x = 0$ usque ad $x = 1$ extensa, ubi ostendi primo litteras p et q inter se permutari posse, ut sit

$$\int x^{p-1} dx (1 - x^n)^{\frac{q}{n}-1} = \int x^{q-1} dx (1 - x^n)^{\frac{p}{n}-1},$$

tum vero etiam esse

$$\int \frac{x^{p-1} dx}{(1 - x^n)^{\frac{p}{n}}} = \frac{\pi}{n \sin. \frac{p\pi}{n}};$$

imprimis autem demonstravi esse

$$\int \frac{x^{p-1} dx}{\sqrt[n]{(1-x^n)^{n-q}}} \cdot \int \frac{x^{p+q-1} dx}{\sqrt[n]{(1-x^n)^{n-r}}} = \int \frac{x^{p-1} dx}{\sqrt[n]{(1-x^n)^{n-r}}} \cdot \int \frac{x^{p+r-1} dx}{\sqrt[n]{(1-x^n)^{n-q}}},$$

in qua aequatione comparatio in § 24 inventa iam continetur, ita ut hinc nihil novi, quod non iam evolvi, deduci queat. Alterum igitur fontem § 25 indicatum hic potissimum investigandum suscipio; ubi cum sine ulla restrictione sumi queat $f = 1$, aequatio nostra primaria erit

$$\frac{\int dx \left(l \frac{1}{x}\right)^{n-1} \cdot \int dx \left(l \frac{1}{x}\right)^{m-1}}{\int dx \left(l \frac{1}{x}\right)^{m+n-1}} = k \int x^{mk-1} dx (1 - x^k)^{n-1},$$

cuius beneficio valores formulae integralis $\int dx \left(l \frac{1}{x}\right)^{\lambda}$, quando λ non est numerus integer, ad quadraturas curvarum algebraicarum revocare licebit; quandoquidem, quoties λ est numerus integer, integratio habetur absoluta, quoniam est

$$\int dx \left(l \frac{1}{x}\right)^{\lambda} = 1 \cdot 2 \cdot 3 \cdots \lambda.$$

Maximi autem momenti quaestio versatur circa eos casus, quibus λ est numerus fractus; quos ergo pro ratione denominationis hic successive sum definiturus.

PROBLEMA 2

27. *Denotante i numerum integrum positivum definire valorem formulae integralis $\int dx \left(l\frac{1}{x}\right)^{\frac{i}{2}}$ integratione ab $x = 0$ usque ad $x = 1$ extensa.*

SOLUTIO

In aequatione nostra generali faciamus $m = n$ eritque

$$\frac{\left(\int dx \left(l\frac{1}{x}\right)^{n-1}\right)^2}{\int dx \left(l\frac{1}{x}\right)^{2n-1}} = k \int x^{nk-1} dx (1-x^k)^{n-1}.$$

Sit iam $n - 1 = \frac{i}{2}$ et ob $2n - 1 = i + 1$ erit

$$\int dx \left(l\frac{1}{x}\right)^{2n-1} = 1 \cdot 2 \cdot 3 \cdots (i+1);$$

sumatur porro $k = 2$, ut sit $nk - 1 = i + 1$, fietque

$$\frac{\left(\int dx \sqrt{\left(l\frac{1}{x}\right)^i}\right)^2}{1 \cdot 2 \cdot 3 \cdots (i+1)} = 2 \int x^{i+1} dx (1-x^2)^{\frac{i}{2}}$$

ideoque

$$\frac{\int dx \sqrt{\left(l\frac{1}{x}\right)^i}}{\sqrt{1 \cdot 2 \cdot 3 \cdots (i+1)}} = \sqrt{2 \int x^{i+1} dx \sqrt{(1-x^2)^i}},$$

ubi evidens est pro i numeros tantum impares sumi convenire, quoniam pro paribus evolutio per se est manifesta.

COROLLARIUM 1

28. Omnes autem casus facile reducuntur ad $i = 1$ vel adeo ad $i = -1$; dummodo enim $i + 1$ non sit numerus negativus, reductio inventa locum habet. Pro hoc ergo casu erit

$$\int \frac{dx}{\sqrt{l\frac{1}{x}}} = \sqrt{2} \int \frac{dx}{\sqrt{(1-xx)}} = \sqrt{\pi}$$

ob $\int \frac{dx}{\sqrt{(1-xx)}} = \frac{\pi}{2}$.

COROLLARIUM 2

29. Hoc autem casu principali expedito ob

$$\int dx \left(l\frac{1}{x}\right)^n = n\int dx \left(l\frac{1}{x}\right)^{n-1}$$

habebimus

$$\int dx \sqrt{l\frac{1}{x}} = \frac{1}{2}\sqrt{\pi}, \quad \int dx \left(l\frac{1}{x}\right)^{\frac{3}{2}} = \frac{1\cdot 3}{2\cdot 2}\sqrt{\pi}$$

atque in genere

$$\int dx \left(l\frac{1}{x}\right)^{\frac{2n+1}{2}} = \frac{1}{2}\cdot\frac{3}{2}\cdot\frac{5}{2}\cdot\frac{7}{2}\cdots\frac{2n+1}{2}\sqrt{\pi}.$$

PROBLEMA 3

30. *Denotante i numerum integrum positivum definire valorem formulae integralis $\int dx \left(l\frac{1}{x}\right)^{\frac{i}{3}-1}$ integratione ab $x=0$ ad $x=1$ extensa.*

SOLUTIO

Inchoemus ab aequatione praecedentis problematis

$$\frac{\left(\int dx \left(l\frac{1}{x}\right)^{n-1}\right)^2}{\int dx \left(l\frac{1}{x}\right)^{2n-1}} = k\int x^{nk-1}dx(1-x^k)^{n-1}$$

atque in forma generali statuamus $m=2n$, ut habeatur

$$\frac{\int dx \left(l\frac{1}{x}\right)^{n-1}\cdot\int dx \left(l\frac{1}{x}\right)^{2n-1}}{\int dx \left(l\frac{1}{x}\right)^{3n-1}} = k\int x^{2nk-1}dx(1-x^k)^{n-1},$$

ac multiplicando has duas aequalitates adipiscimur

$$\frac{\left(\int dx \left(l\frac{1}{x}\right)^{n-1}\right)^3}{\int dx \left(l\frac{1}{x}\right)^{3n-1}} = kk\int x^{nk-1}dx(1-x^k)^{n-1}\cdot\int x^{2nk-1}dx(1-x^k)^{n-1}.$$

Hic iam ponatur $n=\frac{i}{3}$, ut sit

$$\int dx \left(l\frac{1}{x}\right)^{i-1} = 1\cdot 2\cdot 3\cdots(i-1),$$

sumaturque $k = 3$ ac prodibit

$$\frac{\left(\int dx \sqrt[3]{\left(l\frac{1}{x}\right)^{i-3}}\right)^3}{1\cdot 2\cdot 3\cdots(i-1)} = 9\int x^{i-1}dx \sqrt[3]{(1-x^3)^{i-3}}\cdot \int x^{2i-1}dx \sqrt[3]{(1-x^3)^{i-3}},$$

unde concludimus

$$\frac{\int dx \sqrt[3]{\left(l\frac{1}{x}\right)^{i-3}}}{\sqrt[3]{1\cdot 2\cdot 3\cdots(i-1)}} = \sqrt[3]{9}\int \frac{x^{i-1}dx}{\sqrt[3]{(1-x^3)^{3-i}}}\cdot \int \frac{x^{2i-1}dx}{\sqrt[3]{(1-x^3)^{3-i}}}.$$

COROLLARIUM 1

31. Bini hic occurunt casus principales, a quibus reliqui omnes pendent, ponendo scilicet vel $i = 1$ vel $i = 2$, qui sunt

$$\text{I.} \quad \int \frac{dx}{\sqrt[3]{\left(l\frac{1}{x}\right)^2}} = \sqrt[3]{9}\int \frac{dx}{\sqrt[3]{(1-x^3)^2}}\cdot \int \frac{x\,dx}{\sqrt[3]{(1-x^3)^2}},$$

$$\text{II.} \quad \int \frac{dx}{\sqrt[3]{l\frac{1}{x}}} = \sqrt[3]{9}\int \frac{x\,dx}{\sqrt[3]{(1-x^3)}}\cdot \int \frac{x^3 dx}{\sqrt[3]{(1-x^3)}},$$

quae posterior forma ob

$$\int \frac{x^3 dx}{\sqrt[3]{(1-x^3)}} = \frac{1}{3}\int \frac{dx}{\sqrt[3]{(1-x^3)}}$$

abit in

$$\int \frac{dx}{\sqrt[3]{l\frac{1}{x}}} = \sqrt[3]{3}\int \frac{dx}{\sqrt[3]{(1-x^3)}}\cdot \int \frac{x\,dx}{\sqrt[3]{(1-x^3)}}.$$

COROLLARIUM 2

32. Si uti in observationibus meis ante allegatis brevitatis gratia ponamus[1]

$$\int \frac{x^{p-1}dx}{\sqrt[3]{(1-x^3)^{3-q}}} = \left(\frac{p}{q}\right)$$

atque ut ibi pro hac classe

$$\left(\frac{2}{1}\right) = \frac{\pi}{3\sin.\frac{\pi}{3}} = \alpha,$$

---

1) Vide p. 269.   A. G.

tum vero

$$\left(\frac{1}{1}\right) = \int \frac{dx}{\sqrt[3]{(1-x^3)^2}} = A,$$

erit

$$\text{I.} \int \frac{dx}{\sqrt[3]{\left(l\frac{1}{x}\right)^2}} = \sqrt[3]{9}\left(\frac{1}{1}\right)\left(\frac{2}{1}\right) = \sqrt[3]{9\alpha A},$$

$$\text{II.} \int \frac{dx}{\sqrt[3]{\left(l\frac{1}{x}\right)^1}} = \sqrt[3]{3}\left(\frac{1}{2}\right)\left(\frac{2}{2}\right) = \sqrt[3]{\frac{3\alpha\alpha}{A}}.$$

COROLLARIUM 3

33. Pro casu ergo priori habebimus

$$\int dx \sqrt[3]{\left(l\frac{1}{x}\right)^{-2}} = \sqrt[3]{9\alpha A}, \quad \int dx \sqrt[3]{l\frac{1}{x}} = \frac{1}{3}\sqrt[3]{9\alpha A}$$

et

$$\int dx \sqrt[3]{\left(l\frac{1}{x}\right)^{3n+1}} = \frac{1}{3}\cdot\frac{4}{3}\cdot\frac{7}{3}\ldots\frac{3n+1}{3}\sqrt[3]{9\alpha A},$$

pro altero vero casu

$$\int dx \sqrt[3]{\left(l\frac{1}{x}\right)^{-1}} = \sqrt[3]{\frac{3\alpha\alpha}{A}}, \quad \int dx \sqrt[3]{\left(l\frac{1}{x}\right)^2} = \frac{2}{3}\sqrt[3]{\frac{3\alpha\alpha}{A}}$$

et

$$\int dx \sqrt[3]{\left(l\frac{1}{x}\right)^{3n-1}} = \frac{2}{3}\cdot\frac{5}{3}\cdot\frac{8}{3}\ldots\frac{3n-1}{3}\sqrt[3]{\frac{3\alpha\alpha}{A}}.$$

PROBLEMA 4

34. *Denotante i numerum integrum positivum definire valorem formulae integralis* $\int dx \left(l\frac{1}{x}\right)^{\frac{i}{4}-1}$ *integratione ab* $x = 0$ *ad* $x = 1$ *extensa.*

SOLUTIO

In solutione problematis praecedentis perducti sumus ad hanc aequationem

$$\frac{\left(\int dx \left(l\frac{1}{x}\right)^{n-1}\right)^3}{\int dx \left(l\frac{1}{x}\right)^{3n-1}} = kk\int \frac{x^{nk-1}dx}{(1-x^k)^{1-n}}\cdot\int \frac{x^{2nk-1}dx}{(1-x^k)^{1-n}};$$

forma generalis autem sumendo $m = 3n$ praebet

$$\frac{\int dx\left(l\frac{1}{x}\right)^{n-1}\cdot\int dx\left(l\frac{1}{x}\right)^{3n-1}}{\int dx\left(l\frac{1}{x}\right)^{4n-1}} = k\int\frac{x^{3nk-1}dx}{(1-x^k)^{1-n}},$$

quibus coniungendis adipiscimur

$$\frac{\left(\int dx\left(l\frac{1}{x}\right)^{n-1}\right)^4}{\int dx\left(l\frac{1}{x}\right)^{4n-1}} = k^3\int\frac{x^{nk-1}dx}{(1-x^k)^{1-n}}\cdot\int\frac{x^{2nk-1}dx}{(1-x^k)^{1-n}}\cdot\int\frac{x^{3nk-1}dx}{(1-x^k)^{1-n}}.$$

Sit nunc $n = \frac{i}{4}$ et sumatur $k = 4$ fietque

$$\frac{\int dx\left(l\frac{1}{x}\right)^{\frac{i}{4}-1}}{\sqrt[4]{1\cdot2\cdot3\cdots(i-1)}} = \sqrt[4]{4^3}\int\frac{x^{i-1}dx}{\sqrt[4]{(1-x^4)^{4-i}}}\cdot\int\frac{x^{2i-1}dx}{\sqrt[4]{(1-x^4)^{4-i}}}\cdot\int\frac{x^{3i-1}dx}{\sqrt[4]{(1-x^4)^{4-i}}}.$$

COROLLARIUM 1

35. Si igitur sit $i = 1$, habebimus

$$\int dx\sqrt[4]{\left(l\frac{1}{x}\right)^{-3}} = \sqrt[4]{4^3}\int\frac{dx}{\sqrt[4]{(1-x^4)^3}}\cdot\int\frac{x\,dx}{\sqrt[4]{(1-x^4)^3}}\cdot\int\frac{xx\,dx}{\sqrt[4]{(1-x^4)^3}};$$

quae expressio si littera P designetur, erit in genere

$$\int dx\sqrt[4]{\left(l\frac{1}{x}\right)^{4n-3}} = \frac{1}{4}\cdot\frac{5}{4}\cdot\frac{9}{4}\cdots\frac{4n-3}{4}\,P.$$

COROLLARIUM 2

36. Pro altero casu principali sumamus $i = 3$ eritque

$$\int dx\sqrt[4]{\left(l\frac{1}{x}\right)^{-1}} = \sqrt[4]{2\cdot4^3}\int\frac{x^2dx}{\sqrt[4]{(1-x^4)}}\cdot\int\frac{x^5dx}{\sqrt[4]{(1-x^4)}}\cdot\int\frac{x^8dx}{\sqrt[4]{(1-x^4)}}$$

seu facta reductione ad simpliciores formas

$$\int dx\sqrt[4]{\left(l\frac{1}{x}\right)^{-1}} = \sqrt[4]{8}\int\frac{xx\,dx}{\sqrt[4]{(1-x^4)}}\cdot\int\frac{x\,dx}{\sqrt[4]{(1-x^4)}}\cdot\int\frac{dx}{\sqrt[4]{(1-x^4)}};$$

quae expressio si littera Q designetur, erit generatim

$$\int dx \sqrt[4]{\left(l\frac{1}{x}\right)^{4n-1}} = \frac{3}{4}\cdot\frac{7}{4}\cdot\frac{11}{4}\cdots\frac{4n-1}{4}\, Q.$$

SCHOLION

37. Si formulam integralem $\displaystyle\int\frac{x^{p-1}dx}{\sqrt[4]{(1-x^4)^{4-q}}}$ hoc signo $\left(\frac{p}{q}\right)$ indicemus, solutio problematis ita se habebit

$$\int dx \sqrt[4]{\left(l\frac{1}{x}\right)^{i-4}} = \sqrt[4]{1\cdot 2\cdot 3\cdots(i-1)\,4^3\left(\frac{i}{i}\right)\left(\frac{2i}{i}\right)\left(\frac{3i}{i}\right)}$$

et pro binis casibus evolutis fit

$$P = \sqrt[4]{4^3\left(\frac{1}{1}\right)\left(\frac{2}{1}\right)\left(\frac{3}{1}\right)} \quad\text{et}\quad Q = \sqrt[4]{8\left(\frac{3}{3}\right)\left(\frac{2}{3}\right)\left(\frac{1}{3}\right)}.$$

Statuamus nunc pro iis formulis, quae a circulo pendent,

$$\left(\frac{3}{1}\right) = \frac{\pi}{4\sin.\frac{\pi}{4}} = \alpha \quad\text{et}\quad \left(\frac{2}{2}\right) = \frac{\pi}{4\sin.\frac{2\pi}{4}} = \beta,$$

pro transcendentibus autem altioris ordinis

$$\left(\frac{2}{1}\right) = \int\frac{x\,dx}{\sqrt[4]{(1-x^4)^3}} = \int\frac{dx}{\sqrt[2]{(1-x^4)}} = A,$$

quippe a qua omnes reliquae pendent, ac reperimus

$$P = \sqrt[4]{4^3\frac{\alpha\alpha}{\beta}\,AA} \quad\text{et}\quad Q = \sqrt[4]{4\alpha\alpha\beta\,\frac{1}{AA}},$$

unde patet esse

$$PQ = 4\alpha = \frac{\pi}{\sin.\frac{\pi}{4}}.$$

Cum autem sit $\alpha = \dfrac{\pi}{2\sqrt{2}}$ et $\beta = \dfrac{\pi}{4}$, erit

$$P = \sqrt[4]{32\pi AA} \quad\text{et}\quad Q = \sqrt[4]{\frac{\pi^3}{8AA}} \quad\text{et}\quad \frac{P}{Q} = \frac{4A}{\sqrt{\pi}}.$$

PROBLEMA 5

38. *Denotante* i *numerum integrum positivum definire valorem formulae integralis* $\int dx \sqrt[5]{\left(l\,\frac{1}{x}\right)^{i-5}}$ *integratione ab* $x=0$ *ad* $x=1$ *extensa.*

SOLUTIO

Ex praecedentibus solutionibus iam satis est perspicuum pro hoc casu tandem perventum iri ad hanc formam

$$\frac{\int dx \sqrt[5]{\left(l\,\frac{1}{x}\right)^{i-5}}}{\sqrt[5]{1\cdot 2\cdot 3\cdots(i-1)}} = \sqrt[5]{5^4}\int\frac{x^{i-1}dx}{\sqrt[5]{(1-x^5)^{5-i}}}\cdot\int\frac{x^{2i-1}dx}{\sqrt[5]{(1-x^5)^{5-i}}}\cdot\int\frac{x^{3i-1}dx}{\sqrt[5]{(1-x^5)^{5-i}}}\cdot\int\frac{x^{4i-1}dx}{\sqrt[5]{(1-x^5)^{5-i}}},$$

quae formulae integrales ad classem quintam dissertationis meae supra allegatae[1] sunt referendae. Quare si modo ibi recepto signum $\left(\frac{p}{q}\right)$ denotet hanc formulam $\int\frac{x^{p-1}dx}{\sqrt[5]{(1-x^5)^{5-q}}}$, valorem quaesitum ita commodius exprimere licebit, ut sit

$$\int dx \sqrt[5]{\left(l\,\frac{1}{x}\right)^{i-5}} = \sqrt[5]{1\cdot 2\cdot 3\cdots(i-1)5^4}\left(\frac{i}{i}\right)\left(\frac{2i}{i}\right)\left(\frac{3i}{i}\right)\left(\frac{4i}{i}\right),$$

ubi quidem sufficit ipsi i valores quinario minores tribuisse; quando autem numeratores quinarium superant, tenendum est esse

$$\left(\frac{5+m}{i}\right) = \frac{m}{m+i}\left(\frac{m}{i}\right),$$

tum vero porro

$$\left(\frac{10+m}{i}\right) = \frac{m}{m+i}\cdot\frac{m+5}{m+i+5}\left(\frac{m}{i}\right),$$

$$\left(\frac{15+m}{i}\right) = \frac{m}{m+i}\cdot\frac{m+5}{m+i+5}\cdot\frac{m+10}{m+i+10}\left(\frac{m}{i}\right).$$

Deinde vero pro hac classe binae formulae quadraturam circuli involvunt, quae sint

$$\left(\frac{4}{1}\right) = \frac{\pi}{5\sin.\frac{\pi}{5}} = \alpha \quad \text{et} \quad \left(\frac{3}{2}\right) = \frac{\pi}{5\sin.\frac{2\pi}{5}} = \beta,$$

---

1) Vide Commentationem 321, p. 275 huius voluminis.   A. G.

duae autem quadraturas altiores continent, quae ponantur

$$\left(\frac{3}{1}\right)=\int\frac{xx\,dx}{\sqrt[5]{(1-x^5)^4}}=\int\frac{dx}{\sqrt[5]{(1-x^5)^3}}=A \quad\text{et}\quad \left(\frac{2}{2}\right)=\int\frac{x\,dx}{\sqrt[5]{(1-x^5)^3}}=B,$$

atque ex his valores omnium reliquarum formularum huius classis assignavi, scilicet

$$\left(\frac{5}{1}\right)=1,\qquad\left(\frac{5}{2}\right)=\frac{1}{2},\quad\left(\frac{5}{3}\right)=\frac{1}{3},\quad\left(\frac{5}{4}\right)=\frac{1}{4},\quad\left(\frac{5}{5}\right)=\frac{1}{5};$$

$$\left(\frac{4}{1}\right)=\alpha,\qquad\left(\frac{4}{2}\right)=\frac{\beta}{A},\quad\left(\frac{4}{3}\right)=\frac{\beta}{2B},\quad\left(\frac{4}{4}\right)=\frac{\alpha}{3A};$$

$$\left(\frac{3}{1}\right)=A,\qquad\left(\frac{3}{2}\right)=\beta,\quad\left(\frac{3}{3}\right)=\frac{\beta\beta}{\alpha B};$$

$$\left(\frac{2}{1}\right)=\frac{\alpha B}{\beta},\quad\left(\frac{2}{2}\right)=B;$$

$$\left(\frac{1}{1}\right)=\frac{\alpha A}{\beta}.$$

COROLLARIUM 1

39. Sumto exponente $i=1$ erit

$$\int dx\,\sqrt[5]{\left(l\,\frac{1}{x}\right)^{-4}}=\sqrt[5]{5^4}\left(\frac{1}{1}\right)\left(\frac{2}{1}\right)\left(\frac{3}{1}\right)\left(\frac{4}{1}\right)=\sqrt[5]{5^4\frac{\alpha^3}{\beta^2}}\,A^2B,$$

unde in genere concludimus fore denotante n numerum integrum quemcunque

$$\int dx\,\sqrt[5]{\left(l\,\frac{1}{x}\right)^{5n-4}}=\frac{1}{5}\cdot\frac{6}{5}\cdot\frac{11}{5}\cdots\frac{5n-4}{5}\,\sqrt[5]{5^4\frac{\alpha^3}{\beta^2}}\,A^2B.$$

COROLLARIUM 2

40. Sit nunc $i=2$, et cum prodeat

$$\int dx\,\sqrt[5]{\left(l\,\frac{1}{x}\right)^{-3}}=\sqrt[5]{1\cdot 5^4}\left(\frac{2}{2}\right)\left(\frac{4}{2}\right)\left(\frac{6}{2}\right)\left(\frac{8}{2}\right),$$

ob

$$\left(\frac{6}{2}\right)=\frac{1}{3}\left(\frac{1}{2}\right)=\frac{1}{3}\left(\frac{2}{1}\right)\quad\text{et}\quad\left(\frac{8}{2}\right)=\frac{3}{3}\left(\frac{3}{2}\right)$$

erit haec expressio

$$\sqrt[5]{5^3}\left(\frac{2}{2}\right)\left(\frac{4}{2}\right)\left(\frac{2}{1}\right)\left(\frac{3}{2}\right) = \sqrt[5]{5^3\,\alpha\beta\,\frac{BB}{A}}$$

et in genere

$$\int dx \sqrt[5]{\left(l\,\frac{1}{x}\right)^{5n-3}} = \frac{2}{5}\cdot\frac{7}{5}\cdot\frac{12}{5}\cdots\frac{5n-3}{5}\,\sqrt[5]{5^3\,\alpha\beta\,\frac{BB}{A}}.$$

COROLLARIUM 3

41. Sit $i = 3$ et forma inventa

$$\int dx \sqrt[5]{\left(l\,\frac{1}{x}\right)^{-2}} = \sqrt[5]{2\cdot 5^4}\left(\frac{3}{3}\right)\left(\frac{6}{3}\right)\left(\frac{9}{3}\right)\left(\frac{12}{3}\right)$$

ob

$$\left(\frac{6}{3}\right) = \frac{1}{4}\left(\frac{3}{1}\right), \quad \left(\frac{9}{3}\right) = \frac{4}{7}\left(\frac{4}{3}\right), \quad \left(\frac{12}{3}\right) = \frac{2}{5}\cdot\frac{7}{10}\left(\frac{3}{2}\right)$$

abit in

$$\sqrt[5]{2\cdot 5^2}\left(\frac{3}{3}\right)\left(\frac{3}{1}\right)\left(\frac{4}{3}\right)\left(\frac{3}{2}\right) = \sqrt[5]{5^2\frac{\beta^4}{\alpha}\cdot\frac{A}{BB}},$$

unde in genere colligitur

$$\int dx \sqrt[5]{\left(l\,\frac{1}{x}\right)^{5n-2}} = \frac{3}{5}\cdot\frac{8}{5}\cdot\frac{13}{5}\cdots\frac{5n-2}{5}\,\sqrt[5]{5^2\frac{\beta^4}{\alpha}\cdot\frac{A}{BB}}.$$

COROLLARIUM 4

42. Posito denique $i = 4$ forma nostra

$$\int dx \sqrt[5]{\left(l\,\frac{1}{x}\right)^{-1}} = \sqrt[5]{6\cdot 5^4}\left(\frac{4}{4}\right)\left(\frac{8}{4}\right)\left(\frac{12}{4}\right)\left(\frac{16}{4}\right)$$

ob

$$\left(\frac{8}{4}\right) = \frac{3}{7}\left(\frac{4}{3}\right), \quad \left(\frac{12}{4}\right) = \frac{2}{6}\cdot\frac{7}{11}\left(\frac{4}{2}\right), \quad \left(\frac{16}{4}\right) = \frac{1}{5}\cdot\frac{6}{10}\cdot\frac{11}{15}\left(\frac{4}{1}\right).$$

transformabitur in hanc

$$\sqrt[5]{6\cdot 5}\left(\frac{4}{4}\right)\left(\frac{4}{3}\right)\left(\frac{4}{2}\right)\left(\frac{4}{1}\right) = \sqrt[5]{5\frac{\alpha\alpha\beta\beta}{AAB}},$$

ita ut sit in genere

$$\int dx \sqrt[5]{\left(l\,\frac{1}{x}\right)^{5n-1}} = \frac{4}{5}\cdot\frac{9}{5}\cdot\frac{14}{5}\cdots\frac{5n-1}{5}\,\sqrt[5]{5\alpha\alpha\beta\beta\,\frac{1}{AAB}}.$$

SCHOLION

43. Si valorem formulae integralis $\int dx \left(l \frac{1}{x} \right)^{\lambda}$ hoc signo $[\lambda]$ repraesentemus, casus hactenus evoluti praebent

$$\left[-\frac{4}{5} \right] = \sqrt[5]{5^4 \frac{\alpha^3}{\beta^2}} \cdot A^2 B, \qquad \left[+\frac{1}{5} \right] = \frac{1}{5} \sqrt[5]{5^4 \frac{\alpha^3}{\beta^2}} \cdot A^2 B,$$

$$\left[-\frac{3}{5} \right] = \sqrt[5]{5^3 \alpha\beta} \cdot \frac{BB}{A}, \qquad \left[+\frac{2}{5} \right] = \frac{2}{5} \sqrt[5]{5^3 \alpha\beta} \cdot \frac{BB}{A},$$

$$\left[-\frac{2}{5} \right] = \sqrt[5]{5^2 \frac{\beta^4}{\alpha}} \cdot \frac{A}{BB}, \qquad \left[+\frac{3}{5} \right] = \frac{3}{5} \sqrt[5]{5^2 \frac{\beta^4}{\alpha}} \cdot \frac{A}{BB},$$

$$\left[-\frac{1}{5} \right] = \sqrt[5]{5 \alpha^2 \beta^2} \cdot \frac{1}{AAB}, \qquad \left[+\frac{4}{5} \right] = \frac{4}{5} \sqrt[5]{5 \alpha^2 \beta^2} \cdot \frac{1}{AAB},$$

unde binis, quarum indices simul sumti fiunt $= 0$, coniungendis colligimus

$$\left[+\frac{1}{5} \right] \cdot \left[-\frac{1}{5} \right] = \alpha = \frac{\pi}{5 \sin. \frac{\pi}{5}},$$

$$\left[+\frac{2}{5} \right] \cdot \left[-\frac{2}{5} \right] = 2\beta = \frac{2\pi}{5 \sin. \frac{2\pi}{5}},$$

$$\left[+\frac{3}{5} \right] \cdot \left[-\frac{3}{5} \right] = 3\beta = \frac{3\pi}{5 \sin. \frac{3\pi}{5}},$$

$$\left[+\frac{4}{5} \right] \cdot \left[-\frac{4}{5} \right] = 4\alpha = \frac{4\pi}{5 \sin. \frac{4\pi}{5}}.$$

Ex antecedente autem problemate simili modo deducimus

$$\left[-\frac{3}{4} \right] = P = \sqrt[4]{4^3 \frac{\alpha\alpha}{\beta}} \cdot AA, \qquad \left[+\frac{1}{4} \right] = \frac{1}{4} \sqrt[4]{4^3 \frac{\alpha\alpha}{\beta}} \cdot AA,$$

$$\left[-\frac{1}{4} \right] = Q = \sqrt[4]{4 \alpha\alpha\beta} \cdot \frac{1}{AA}, \qquad \left[+\frac{3}{4} \right] = \frac{3}{4} \sqrt[4]{4 \alpha\alpha\beta} \cdot \frac{1}{AA}$$

hincque

$$\left[+\frac{1}{4} \right] \cdot \left[-\frac{1}{4} \right] = \alpha = \frac{\pi}{4 \sin. \frac{\pi}{4}},$$

$$\left[+\frac{3}{4} \right] \cdot \left[-\frac{3}{4} \right] = 3\alpha = \frac{3\pi}{4 \sin. \frac{3\pi}{4}},$$

unde in genere hoc theorema adipiscimur, quod sit

$$[\lambda] \cdot [-\lambda] = \frac{\lambda\pi}{\sin.\,\lambda\pi},$$

cuius ratio ex methodo interpolandi olim[1]) exposita ita reddi potest. Cum sit

$$[\lambda] = \frac{1^{1-\lambda} \cdot 2^{\lambda}}{1+\lambda} \cdot \frac{2^{1-\lambda} \cdot 3^{\lambda}}{2+\lambda} \cdot \frac{3^{1-\lambda} \cdot 4^{\lambda}}{3+\lambda} \cdot \text{etc.},$$

erit

$$[-\lambda] = \frac{1^{1+\lambda} \cdot 2^{-\lambda}}{1-\lambda} \cdot \frac{2^{1+\lambda} \cdot 3^{-\lambda}}{2-\lambda} \cdot \frac{3^{1+\lambda} \cdot 4^{-\lambda}}{3-\lambda} \cdot \text{etc.}$$

hincque

$$[\lambda] \cdot [-\lambda] = \frac{1 \cdot 1}{1-\lambda\lambda} \cdot \frac{2 \cdot 2}{4-\lambda\lambda} \cdot \frac{3 \cdot 3}{9-\lambda\lambda} \cdot \text{etc.} = \frac{\lambda\pi}{\sin.\,\lambda\pi},$$

uti alibi[2]) demonstravi.

PROBLEMA 6 GENERALE

44. *Si litterae i et n denotent numeros integros positivos, definire valorem formulae integralis*

$$\int dx \left(l\, \frac{1}{x} \right)^{\frac{i-n}{n}} \quad seu \quad \int dx \sqrt[n]{\left(l\, \frac{1}{x} \right)^{i-n}}$$

integratione ab $x = 0$ ad $x = 1$ extensa.

SOLUTIO

Methodus hactenus usitata quaesitum valorem sequenti modo per quadraturas curvarum algebraicarum expressum exhibebit

$$\frac{\int dx \sqrt[n]{\left(l\, \frac{1}{x} \right)^{i-n}}}{\sqrt[n]{1 \cdot 2 \cdot 3 \cdot (i-1)}} = \sqrt[n]{n^{n-1}} \int \frac{x^{i-1} dx}{\sqrt[n]{(1-x^n)^{n-i}}} \cdot \int \frac{x^{2i-1} dx}{\sqrt[n]{(1-x^n)^{n-i}}} \cdots \int \frac{x^{(n-1)i-1} dx}{\sqrt[n]{(1-x^n)^{n-i}}}.$$

1) Vide L. EULERI Commentationem 19 (indicis ENESTROEMIANI): *De progressionibus transcendentibus, seu quarum termini generales algebraice dari nequeunt*, Comment. acad. sc. Petrop. **5** (1730/1), 1738, p. 36; *LEONHARDI EULERI Opera omnia* series I, vol. 14.   A. G.

2) Vide L. EULERI Commentationem 128 (indicis ENESTROEMIANI): *Methodus facilis computandi angulorum sinus ac tangentes tam naturales quam artificiales*, Comment. acad. sc. Petrop. **11** (1739), 1750, p. 194; *LEONHARDI EULERI Opera omnia* series I, vol. 14.   A. G.

Quodsi iam brevitatis gratia formulam integralem $\int \dfrac{x^{p-1}\,dx}{\sqrt[n]{(1-x^n)^{n-q}}}$ hoc charactere $\left(\dfrac{p}{q}\right)$, formulam vero $\int dx\,\sqrt[n]{\left(l\,\dfrac{1}{x}\right)^m}$ isthoc $\left[\dfrac{m}{n}\right]$ designemus, ita ut $\left[\dfrac{m}{n}\right]$ valorem huius producti indefiniti $1 \cdot 2 \cdot 3 \cdots z$ denotet existente $z=\dfrac{m}{n}$, succinctius valor quaesitus hoc modo expressus prodibit

$$\left[\frac{i-n}{n}\right] = \sqrt[n]{1 \cdot 2 \cdot 3 \cdots (i-1)\,n^{n-1}}\left(\frac{i}{i}\right)\left(\frac{2i}{i}\right)\left(\frac{3i}{i}\right)\cdots\left(\frac{ni-i}{i}\right),$$

unde etiam colligitur

$$\left[\frac{i}{n}\right] = \frac{i}{n}\sqrt[n]{1 \cdot 2 \cdot 3 \cdots (i-1)\,n^{n-1}}\left(\frac{i}{i}\right)\left(\frac{2i}{i}\right)\left(\frac{3i}{i}\right)\cdots\left(\frac{ni-i}{i}\right).$$

Hic semper numerum i ipso n minorem accepisse sufficiet, quoniam pro maioribus notum est esse

$$\left[\frac{i+n}{n}\right] = \frac{i+n}{n}\left[\frac{i}{n}\right], \quad \text{item} \quad \left[\frac{i+2n}{n}\right] = \frac{i+n}{n}\cdot\frac{i+2n}{n}\left[\frac{i}{n}\right] \quad \text{etc.,}$$

hocque modo tota investigatio ad eos tantum casus reducitur, quibus fractionis $\frac{i}{n}$ numerator i denominatore n est minor. Praeterea vero de formulis integralibus

$$\int \frac{x^{p-1}\,dx}{\sqrt[n]{(1-x^n)^{n-q}}} = \left(\frac{p}{q}\right)$$

sequentia notasse iuvabit:

I. Litteras p et q inter se esse permutabiles, ut sit

$$\left(\frac{p}{q}\right) = \left(\frac{q}{p}\right).$$

II. Si alteruter numerorum p vel q ipsi exponenti n aequetur, valorem formulae integralis fore algebraicum, scilicet

$$\left(\frac{n}{p}\right) = \left(\frac{p}{n}\right) = \frac{1}{p} \quad \text{seu} \quad \left(\frac{n}{q}\right) = \left(\frac{q}{n}\right) = \frac{1}{q}.$$

III. Si summa numerorum $p+q$ ipsi exponenti n aequetur, formulae integralis $\left(\dfrac{p}{q}\right)$ valorem per circulum exhiberi posse, cum sit

$$\left(\frac{p}{n-p}\right) = \left(\frac{n-p}{p}\right) = \frac{\pi}{n\sin.\frac{p\pi}{n}} \quad \text{et} \quad \left(\frac{q}{n-q}\right) = \left(\frac{n-q}{q}\right) = \frac{\pi}{n\sin.\frac{q\pi}{n}}.$$

IV. Si alteruter numerorum p vel q maior sit exponente n, formulam integralem $\left(\frac{p}{q}\right)$ ad aliam revocari posse, cuius termini sint ipso n minores, quod fit ope huius reductionis

$$\left(\frac{p+n}{q}\right) = \frac{p}{p+q}\left(\frac{p}{q}\right).$$

V. Inter plures huiusmodi formulas integrales talem relationem intercedere, ut sit

$$\left(\frac{p}{q}\right)\left(\frac{p+q}{r}\right) = \left(\frac{p}{r}\right)\left(\frac{p+r}{q}\right) = \left(\frac{q}{r}\right)\left(\frac{q+r}{p}\right),$$

cuius ope omnes reductiones reperiuntur, quas in observationibus circa has formulas exposui.[1])

COROLLARIUM 1

45. Si hoc modo ope reductionis n^0 IV indicatae formam inventam ad singulos casus accommodemus, eos sequenti ratione simplicissime exhibere poterimus. Ac primo quidem pro casu $n=2$, quo nulla opus est reductione, habebimus

$$\left[\frac{1}{2}\right] = \frac{1}{2}\sqrt[2]{2}\left(\frac{1}{1}\right) = \frac{1}{2}\sqrt[2]{\frac{\pi}{\sin.\frac{\pi}{2}}} = \frac{1}{2}\sqrt{\pi}.$$

COROLLARIUM 2

46. Pro casu $n=3$ habebimus has reductiones

$$\left[\frac{1}{3}\right] = \frac{1}{3}\sqrt[3]{3^2}\left(\frac{1}{1}\right)\left(\frac{2}{1}\right)$$

$$\left[\frac{2}{3}\right] = \frac{2}{3}\sqrt[3]{3\cdot 1}\left(\frac{2}{2}\right)\left(\frac{1}{2}\right).$$

COROLLARIUM 3

47. Pro casu $n=4$ hae tres reductiones obtinentur

---

1) Vide p. 269—272 huius voluminis.   A. G.

$$\left[\frac{1}{4}\right] = \frac{1}{4}\sqrt[4]{4^3}\left(\frac{1}{1}\right)\left(\frac{2}{1}\right)\left(\frac{3}{1}\right),$$

ob $\left(\frac{4}{2}\right) = \frac{1}{2}$,

$$\left[\frac{2}{4}\right] = \frac{2}{4}\sqrt[4]{4^2 \cdot 2}\left(\frac{2}{2}\right)^2\left(\frac{4}{2}\right) = \frac{1}{2}\sqrt[2]{4}\left(\frac{2}{2}\right)$$

$$\left[\frac{3}{4}\right] = \frac{3}{4}\sqrt[4]{4\cdot 1\cdot 2}\left(\frac{3}{3}\right)\left(\frac{2}{3}\right)\left(\frac{1}{3}\right);$$

cum in media sit $\left(\frac{2}{2}\right) = \left(\frac{2}{4-2}\right) = \frac{\pi}{4}$, erit utique ut ante

$$\left[\frac{2}{4}\right] = \left[\frac{1}{2}\right] = \frac{1}{2}\sqrt{\pi}.$$

COROLLARIUM 4

48. Sit nunc $n = 5$ et prodeunt hae quatuor reductiones

$$\left[\frac{1}{5}\right] = \frac{1}{5}\sqrt[5]{5^4}\left(\frac{1}{1}\right)\left(\frac{2}{1}\right)\left(\frac{3}{1}\right)\left(\frac{4}{1}\right),$$

$$\left[\frac{2}{5}\right] = \frac{2}{5}\sqrt[5]{5^3 \cdot 1}\left(\frac{2}{2}\right)\left(\frac{4}{2}\right)\left(\frac{1}{2}\right)\left(\frac{3}{2}\right),$$

$$\left[\frac{3}{5}\right] = \frac{3}{5}\sqrt[5]{5^2 \cdot 1 \cdot 2}\left(\frac{3}{3}\right)\left(\frac{1}{3}\right)\left(\frac{4}{3}\right)\left(\frac{2}{3}\right),$$

$$\left[\frac{4}{5}\right] = \frac{4}{5}\sqrt[5]{5 \cdot 1 \cdot 2 \cdot 3}\left(\frac{4}{4}\right)\left(\frac{3}{4}\right)\left(\frac{2}{4}\right)\left(\frac{1}{4}\right).$$

COROLLARIUM 5

49. Sit $n = 6$ et habebimus has reductiones

$$\left[\frac{1}{6}\right] = \frac{1}{6}\sqrt[6]{6^5}\left(\frac{1}{1}\right)\left(\frac{2}{1}\right)\left(\frac{3}{1}\right)\left(\frac{4}{1}\right)\left(\frac{5}{1}\right),$$

$$\left[\frac{2}{6}\right] = \frac{2}{6}\sqrt[6]{6^4 \cdot 2}\left(\frac{2}{2}\right)^2\left(\frac{4}{2}\right)^2\left(\frac{6}{2}\right) = \frac{1}{3}\sqrt[3]{6^2}\left(\frac{3}{2}\right)\left(\frac{4}{2}\right),$$

$$\left[\frac{3}{6}\right] = \frac{3}{6}\sqrt[6]{6^3 \cdot 3 \cdot 3}\left(\frac{3}{3}\right)^3\left(\frac{6}{3}\right)^2 = \frac{1}{2}\sqrt[2]{6}\left(\frac{3}{3}\right),$$

$$\left[\frac{4}{6}\right] = \frac{4}{6}\sqrt[6]{6^2 \cdot 2 \cdot 4 \cdot 2}\left(\frac{4}{4}\right)^2\left(\frac{2}{4}\right)^2\left(\frac{6}{4}\right) = \frac{2}{3}\sqrt[3]{6}\,2\left(\frac{4}{4}\right)\left(\frac{2}{4}\right),$$

$$\left[\frac{5}{6}\right] = \frac{5}{6}\sqrt[6]{6 \cdot 1 \cdot 2 \cdot 3 \cdot 4}\left(\frac{5}{5}\right)\left(\frac{4}{5}\right)\left(\frac{3}{5}\right)\left(\frac{2}{5}\right)\left(\frac{1}{5}\right).$$

COROLLARIUM 6

50. Posito $n = 7$ sequentes sex prodeunt aequationes

$$\left[\frac{1}{7}\right] = \frac{1}{7}\sqrt[7]{7^6\left(\frac{1}{1}\right)\left(\frac{2}{1}\right)\left(\frac{3}{1}\right)\left(\frac{4}{1}\right)\left(\frac{5}{1}\right)\left(\frac{6}{1}\right)},$$

$$\left[\frac{2}{7}\right] = \frac{2}{7}\sqrt[7]{7^5\cdot 1\left(\frac{2}{2}\right)\left(\frac{4}{2}\right)\left(\frac{6}{2}\right)\left(\frac{1}{2}\right)\left(\frac{3}{2}\right)\left(\frac{5}{2}\right)},$$

$$\left[\frac{3}{7}\right] = \frac{3}{7}\sqrt[7]{7^4\cdot 1\cdot 2\left(\frac{3}{3}\right)\left(\frac{6}{3}\right)\left(\frac{2}{3}\right)\left(\frac{5}{3}\right)\left(\frac{1}{3}\right)\left(\frac{4}{3}\right)},$$

$$\left[\frac{4}{7}\right] = \frac{4}{7}\sqrt[7]{7^3\cdot 1\cdot 2\cdot 3\left(\frac{4}{4}\right)\left(\frac{1}{4}\right)\left(\frac{5}{4}\right)\left(\frac{2}{4}\right)\left(\frac{6}{4}\right)\left(\frac{3}{4}\right)},$$

$$\left[\frac{5}{7}\right] = \frac{5}{7}\sqrt[7]{7^2\cdot 1\cdot 2\cdot 3\cdot 4\left(\frac{5}{5}\right)\left(\frac{3}{5}\right)\left(\frac{1}{5}\right)\left(\frac{6}{5}\right)\left(\frac{4}{5}\right)\left(\frac{2}{5}\right)},$$

$$\left[\frac{6}{7}\right] = \frac{6}{7}\sqrt[7]{7\cdot 1\cdot 2\cdot 3\cdot 4\cdot 5\left(\frac{6}{6}\right)\left(\frac{5}{6}\right)\left(\frac{4}{6}\right)\left(\frac{3}{6}\right)\left(\frac{2}{6}\right)\left(\frac{1}{6}\right)}.$$

COROLLARIUM 7

51. Sit $n = 8$ et septem hae reductiones impetrabuntur

$$\left[\frac{1}{8}\right] = \frac{1}{8}\sqrt[8]{8^7\left(\frac{1}{1}\right)\left(\frac{2}{1}\right)\left(\frac{3}{1}\right)\left(\frac{4}{1}\right)\left(\frac{5}{1}\right)\left(\frac{6}{1}\right)\left(\frac{7}{1}\right)},$$

$$\left[\frac{2}{8}\right] = \frac{2}{8}\sqrt[8]{8^6\cdot 2\left(\frac{2}{2}\right)^2\left(\frac{4}{2}\right)^2\left(\frac{6}{2}\right)^2\left(\frac{8}{2}\right)} = \frac{1}{4}\sqrt[4]{8^3\left(\frac{2}{2}\right)\left(\frac{4}{2}\right)\left(\frac{6}{2}\right)},$$

$$\left[\frac{3}{8}\right] = \frac{3}{8}\sqrt[8]{8^5\cdot 1\cdot 2\left(\frac{3}{3}\right)\left(\frac{6}{3}\right)\left(\frac{1}{3}\right)\left(\frac{4}{3}\right)\left(\frac{7}{3}\right)\left(\frac{2}{3}\right)\left(\frac{5}{3}\right)},$$

$$\left[\frac{4}{8}\right] = \frac{4}{8}\sqrt[8]{8^4\cdot 4\cdot 4\cdot 4\left(\frac{4}{4}\right)^4\left(\frac{8}{4}\right)^3} = \frac{1}{2}\sqrt[2]{8\left(\frac{4}{4}\right)},$$

$$\left[\frac{5}{8}\right] = \frac{5}{8}\sqrt[8]{8^3\cdot 1\cdot 2\cdot 3\cdot 4\left(\frac{5}{5}\right)\left(\frac{2}{5}\right)\left(\frac{7}{5}\right)\left(\frac{4}{5}\right)\left(\frac{1}{5}\right)\left(\frac{6}{5}\right)\left(\frac{3}{5}\right)},$$

$$\left[\frac{6}{8}\right] = \frac{6}{8}\sqrt[8]{8^2\cdot 4\cdot 2\cdot 6\cdot 4\cdot 2\left(\frac{6}{6}\right)^2\left(\frac{4}{6}\right)^2\left(\frac{2}{6}\right)^2\left(\frac{8}{6}\right)} = \frac{3}{4}\sqrt[4]{8\cdot 2\cdot 4\left(\frac{6}{6}\right)\left(\frac{4}{6}\right)\left(\frac{2}{6}\right)},$$

$$\left[\frac{7}{8}\right] = \frac{7}{8}\sqrt[8]{8\cdot 1\cdot 2\cdot 3\cdot 4\cdot 5\cdot 6\left(\frac{7}{7}\right)\left(\frac{6}{7}\right)\left(\frac{5}{7}\right)\left(\frac{4}{7}\right)\left(\frac{3}{7}\right)\left(\frac{2}{7}\right)\left(\frac{1}{7}\right)}.$$

SCHOLION

52. Superfluum foret hos casus ulterius evolvere, cum ex allatis ordo istarum formularum satis perspiciatur. Si enim in formula proposita $\left[\frac{m}{n}\right]$

numeri m et n sint inter se primi, lex est manifesta, cum fiat

$$\left[\frac{m}{n}\right] = \frac{m}{n} \sqrt[n]{n^{n-m} \cdot 1 \cdot 2 \cdots (m-1) \left(\frac{1}{m}\right)\left(\frac{2}{m}\right)\left(\frac{3}{m}\right) \cdots \left(\frac{n-1}{m}\right)};$$

sin autem hi numeri m et n communem habeant divisorem, expediet quidem fractionem $\frac{m}{n}$ ad minimam formam reduci et ex casibus praecedentibus quaesitum valorem peti; interim tamen etiam operatio hoc modo institui poterit. Cum expressio quaesita certe hanc habeat formam

$$\left[\frac{m}{n}\right] = \frac{m}{n} \sqrt[n]{n^{n-m} PQ},$$

ubi Q est productum ex $n-1$ formulis integralibus, P vero productum ex aliquot numeris absolutis, primum pro illo producto Q inveniendo continuetur haec formularum series $\left(\frac{m}{m}\right)\left(\frac{2m}{m}\right)\left(\frac{3m}{m}\right)$ etc., donec numerator superet exponentem n, eiusque loco excessus supra n scribatur; qui si ponatur $= \alpha$, ut iam formula nostra sit $\left(\frac{\alpha}{m}\right)$, hic ipse numerator α dabit factorem producti P; tum hinc formularum series porro statuatur $\left(\frac{\alpha}{m}\right)\left(\frac{\alpha+m}{m}\right)\left(\frac{\alpha+2m}{m}\right)$ etc., donec iterum ad numeratorem exponente n maiorem perveniatur formulaque prodeat $\left(\frac{n+\beta}{m}\right)$, cuius loco scribi oportet $\left(\frac{\beta}{m}\right)$, simulque hinc factor β in productum P inferatur sicque progredi conveniet, donec pro Q prodierint $n-1$ formulae.

Quae operationes quo facilius intelligantur, casum formulae

$$\left[\frac{9}{12}\right] = \frac{9}{12} \sqrt[12]{12^3 PQ}$$

hoc modo evolvamus, ubi investigatio litterarum Q et P ita instituetur:

$$\text{Pro } Q \ldots \left(\frac{9}{9}\right)\left(\frac{6}{9}\right)\left(\frac{3}{9}\right)\left(\frac{12}{9}\right)\left(\frac{9}{9}\right)\left(\frac{6}{9}\right)\left(\frac{3}{9}\right)\left(\frac{12}{9}\right)\left(\frac{9}{9}\right)\left(\frac{6}{9}\right)\left(\frac{3}{9}\right),$$

$$\text{pro } P \ldots \quad\quad 6 \cdot 3 \quad\quad\quad 9 \cdot 6 \cdot 3 \quad\quad\quad 9 \cdot 6 \cdot 3$$

sicque reperitur

$$Q = \left(\frac{9}{9}\right)^3 \left(\frac{6}{9}\right)^3 \left(\frac{3}{9}\right)^3 \left(\frac{12}{9}\right)^2 \quad \text{et} \quad P = 6^3 \cdot 3^3 \cdot 9^2.$$

Cum igitur sit $\left(\frac{12}{9}\right) = \frac{1}{9}$, fit $PQ = 6^3 \cdot 3^3 \left(\frac{9}{9}\right)^3\left(\frac{6}{9}\right)^3\left(\frac{3}{9}\right)^3$ ideoque

$$\left[\frac{9}{12}\right] = \frac{3}{4} \sqrt[4]{12 \cdot 6 \cdot 3 \left(\frac{9}{9}\right)\left(\frac{6}{9}\right)\left(\frac{3}{9}\right)}.$$

THEOREMA

53. *Quicunque numeri integri positivi litteris m et n indicentur, erit semper signandi modo ante exposito*

$$\left[\frac{m}{n}\right] = \frac{m}{n}\sqrt[n]{n^{n-m} \cdot 1 \cdot 2 \cdot 3 \cdots (m-1)\left(\frac{1}{m}\right)\left(\frac{2}{m}\right)\left(\frac{3}{m}\right)\cdots\left(\frac{n-1}{m}\right)}.$$

DEMONSTRATIO

Pro casu, quo m et n sunt numeri inter se primi, veritas theorematis in antecedentibus est evicta; quod autem etiam locum habeat, si illi numeri m et n commune divisore gaudeant, inde quidem non liquet; verum ex hoc ipso, quod pro casibus, quibus m et n sunt numeri primi, veritas constat, tuto concludere licet theorema in genere esse verum. Minime quidem diffiteor hoc concludendi genus prorsus esse singulare ac plerisque suspectum videri debere. Quare quo nullum dubium relinquatur, quoniam pro casibus, quibus numeri m et n inter se sunt compositi, geminam expressionem sumus nacti, utriusque consensum pro casibus ante evolutis ostendisse iuvabit. Insigne autem iam suppeditat firmamentum casus $m = n$, quo forma nostra manifesto unitatem producit.[1])

COROLLARIUM 1

54. Primus casus consensus demonstrationem postulans est, quo $m = 2$ et $n = 4$, pro quo supra (§ 47) invenimus

$$\left[\frac{2}{4}\right] = \frac{2}{4}\sqrt{4^2 \left(\frac{2}{2}\right)^2};$$

nunc autem vi theorematis est

$$\left[\frac{2}{4}\right] = \frac{2}{4}\sqrt[4]{4^2 \cdot 1 \left(\frac{1}{2}\right)\left(\frac{2}{2}\right)\left(\frac{3}{2}\right)},$$

unde comparatione instituta fit

$$\left(\frac{2}{2}\right) = \left(\frac{1}{2}\right)\left(\frac{3}{2}\right),$$

cuius veritas in observationibus supra allegatis[2]) est confirmata.

---

1) Vide Supplementum p. 354.   2) Vide Commentationem 321 huius voluminis.   A. G.

COROLLARIUM 2

55. Si $m=2$ et $n=6$, ex superioribus (§ 49) est

$$\left[\frac{2}{6}\right]=\frac{2}{6}\sqrt[6]{6^4\left(\frac{2}{2}\right)^2\left(\frac{4}{2}\right)^2};$$

nunc vero per theorema

$$\left[\frac{2}{6}\right]=\frac{2}{6}\sqrt[6]{6^4\cdot 1\left(\frac{1}{2}\right)\left(\frac{2}{2}\right)\left(\frac{3}{2}\right)\left(\frac{4}{2}\right)\left(\frac{5}{2}\right)}$$

ideoque necesse est sit

$$\left(\frac{2}{2}\right)\left(\frac{4}{2}\right)=\left(\frac{1}{2}\right)\left(\frac{3}{2}\right)\left(\frac{5}{2}\right),$$

cuius veritas indidem patet.

COROLLARIUM 3

56. Si $m=3$ et $n=6$, pervenitur ad hanc aequationem

$$\left(\frac{3}{3}\right)^2=1\cdot 2\left(\frac{1}{3}\right)\left(\frac{2}{3}\right)\left(\frac{4}{3}\right)\left(\frac{5}{3}\right);$$

at si $m=4$ et $n=6$, fit simili modo

$$2^2\left(\frac{4}{4}\right)\left(\frac{2}{4}\right)=1\cdot 2\cdot 3\left(\frac{1}{4}\right)\left(\frac{3}{4}\right)\left(\frac{5}{4}\right)$$

seu

$$\left(\frac{4}{4}\right)\left(\frac{2}{4}\right)=\frac{3}{2}\left(\frac{1}{4}\right)\left(\frac{3}{4}\right)\left(\frac{5}{4}\right),$$

quod etiam verum deprehenditur.

COROLLARIUM 4

57. Casus $m=2$ et $n=8$ praebet hanc aequalitatem

$$\left(\frac{2}{2}\right)\left(\frac{4}{2}\right)\left(\frac{6}{2}\right)=\left(\frac{1}{2}\right)\left(\frac{3}{2}\right)\left(\frac{5}{2}\right)\left(\frac{7}{2}\right),$$

at casus $m=4$ et $n=8$ hanc

$$\left(\frac{4}{4}\right)^3=1\cdot 2\cdot 3\left(\frac{1}{4}\right)\left(\frac{2}{4}\right)\left(\frac{3}{4}\right)\left(\frac{5}{4}\right)\left(\frac{6}{4}\right)\left(\frac{7}{4}\right)$$

casus denique $m = 6$ et $n = 8$ istam

$$2 \cdot 4 \left(\frac{6}{6}\right)\left(\frac{4}{6}\right)\left(\frac{2}{6}\right) = 1 \cdot 3 \cdot 5 \left(\frac{1}{6}\right)\left(\frac{3}{6}\right)\left(\frac{5}{6}\right)\left(\frac{7}{6}\right),$$

quae etiam veritati sunt consentaneae.

SCHOLION

58. In genere autem si numeri m et n communem habeant factorem 2 et formula proposita sit $\left[\frac{2m}{2n}\right] = \left[\frac{m}{n}\right]$, quia est

$$\left[\frac{m}{n}\right] = \frac{m}{n} \sqrt[n]{n^{n-m} \cdot 1 \cdot 2 \cdot 3 \cdots (m-1)} \left(\frac{1}{m}\right)\left(\frac{2}{m}\right)\left(\frac{3}{m}\right)\cdots\left(\frac{n-1}{m}\right),$$

erit eadem ad exponentem $2n$ reducta

$$\frac{m}{n} \sqrt[2n]{2n^{2n-2m} \cdot 2^2 \cdot 4^2 \cdot 6^2 \cdots (2m-2)^2} \left(\frac{2}{2m}\right)^2\left(\frac{4}{2m}\right)^2\left(\frac{6}{2m}\right)^2\cdots\left(\frac{2n-2}{2m}\right)^2.$$

Per theorema vero eadem expressio fit

$$\frac{m}{n} \sqrt[2n]{2n^{2n-2m} \cdot 1 \cdot 2 \cdot 3 \cdots (2m-1)} \left(\frac{1}{2m}\right)\left(\frac{2}{2m}\right)\left(\frac{3}{2m}\right)\cdots\left(\frac{2n-1}{2m}\right),$$

unde pro exponente $2n$ erit

$$2 \cdot 4 \cdot 6 \cdots (2m-2) \left(\frac{2}{2m}\right)\left(\frac{4}{2m}\right)\left(\frac{6}{2m}\right)\cdots\left(\frac{2n-2}{2m}\right)$$

$$= 1 \cdot 3 \cdot 5 \cdots (2m-1) \left(\frac{1}{2m}\right)\left(\frac{3}{2m}\right)\left(\frac{5}{2m}\right)\cdots\left(\frac{2n-1}{2m}\right).$$

Simili modo si communis divisor sit 3, pro exponente $3n$ reperietur

$$3^2 \cdot 6^2 \cdot 9^2 \cdots (3m-3)^2 \left(\frac{3}{3m}\right)^2\left(\frac{6}{3m}\right)^2\left(\frac{9}{3m}\right)^2\cdots\left(\frac{3n-3}{3m}\right)^2$$

$$= 1 \cdot 2 \cdot 4 \cdot 5 \cdots (3m-2)(3m-1) \left(\frac{1}{3m}\right)\left(\frac{2}{3m}\right)\left(\frac{4}{3m}\right)\left(\frac{5}{3m}\right)\cdots\left(\frac{3n-1}{3m}\right),$$

quae aequatio concinnius ita exhiberi potest

$$\frac{1 \cdot 2 \cdot 4 \cdot 5 \cdot 7 \cdot 8 \cdot 10 \cdots (3m-2)(3m-1)}{3^2 \cdot 6^2 \cdot 9^2 \cdots (3m-3)^2} = \frac{\left(\frac{3}{3m}\right)^2\left(\frac{6}{3m}\right)^2\cdots\left(\frac{3n-3}{3m}\right)^2}{\left(\frac{1}{3m}\right)\left(\frac{2}{3m}\right)\left(\frac{4}{3m}\right)\left(\frac{5}{3m}\right)\left(\frac{7}{3m}\right)\cdots\left(\frac{3n-2}{3m}\right)\left(\frac{3n-1}{3m}\right)}.$$

In genere autem si communis divisor sit d et exponens dn, habebitur

$$\left(d \cdot 2d \cdot 3d \cdots (dm-d)\left(\frac{d}{dm}\right)\left(\frac{2d}{dm}\right)\left(\frac{3d}{dm}\right)\cdots\left(\frac{dn-d}{dm}\right)\right)^{d}$$

$$= 1 \cdot 2 \cdot 3 \cdot 4 \cdots (dm-1)\left(\frac{1}{dm}\right)\left(\frac{2}{dm}\right)\left(\frac{3}{dm}\right)\cdots\left(\frac{dn-1}{dm}\right),$$

quae aequatio facile ad quosvis casus accommodari potest, unde sequens theorema notari meretur.

THEOREMA

59. *Si α fuerit divisor communis numerorum m et n haecque formula $\left(\frac{p}{q}\right)$ denotet valorem integralis $\int \frac{x^{p-1}dx}{\sqrt[n]{(1-x^n)^{n-q}}}$ ab $x=0$ usque ad $x=1$ extensi, erit*

$$\left(\alpha \cdot 2\alpha \cdot 3\alpha \cdots (m-\alpha)\left(\frac{\alpha}{m}\right)\left(\frac{2\alpha}{m}\right)\left(\frac{3\alpha}{m}\right)\cdots\left(\frac{n-\alpha}{m}\right)\right)^{\alpha}$$

$$= 1 \cdot 2 \cdot 3 \cdots (m-1)\left(\frac{1}{m}\right)\left(\frac{2}{m}\right)\left(\frac{3}{m}\right)\cdots\left(\frac{n-1}{m}\right).$$

DEMONSTRATIO

Ex praecedente scholio veritas huius theorematis perspicitur; cum enim ibi divisor communis esset $= d$ binique numeri propositi dm et dn, horum loco hic scripsi m et n, loco divisoris eorum autem d litteram α, quam divisoris rationem aequalitas enunciata ita complectitur, ut in progressione arithmetica α, 2α, 3α etc. continuata occurrere assumantur ipsi numeri m et n ideoque etiam $m-\alpha$ et $n-\alpha$. Ceterum fateri cogor hanc demonstrationem utpote inductioni potissimum innixam neutiquam pro rigorosa haberi posse; cum autem nihilominus de eius veritate simus convicti, hoc theorema eo maiori attentione dignum videtur; interim tamen nullum est dubium, quin uberior huiusmodi formularum integralium evolutio tandem perfectam demonstrationem sit largitura; quod autem iam ante nobis hanc veritatem perspicere licuerit, insigne hinc specimen analyticae investigationis elucet.[1]

---

1) Vide p. 356.   A. G.

COROLLARIUM 1

60. Si loco signorum adhibitorum ipsas formulas integrales substituamus, theorema nostrum ita se habebit, ut sit

$$\alpha \cdot 2\alpha \cdot 3\alpha \cdots (m-\alpha) \int \frac{x^{\alpha-1} dx}{\sqrt[n]{(1-x^n)^{n-m}}} \cdot \int \frac{x^{2\alpha-1} dx}{\sqrt[n]{(1-x^n)^{n-m}}} \cdots \int \frac{x^{n-\alpha-1} dx}{\sqrt[n]{(1-x^n)^{n-m}}}$$

$$= \sqrt[\alpha]{1 \cdot 2 \cdot 3 \cdots (m-1)} \int \frac{dx}{\sqrt[n]{(1-x^n)^{n-m}}} \cdot \int \frac{x\, dx}{\sqrt[n]{(1-x^n)^{n-m}}} \cdots \int \frac{x^{n-2} dx}{\sqrt[n]{(1-x^n)^{n-m}}}.$$

COROLLARIUM 2

61. Vel si ad abbreviandum statuamus $\sqrt[n]{(1-x^n)^{n-m}} = X$, erit

$$\alpha \cdot 2\alpha \cdot 3\alpha \cdots (m-\alpha) \int \frac{x^{\alpha-1} dx}{X} \cdot \int \frac{x^{2\alpha-1} dx}{X} \cdots \int \frac{x^{n-\alpha-1} dx}{X}$$

$$= \sqrt[\alpha]{1 \cdot 2 \cdot 3 \cdots (m-1)} \int \frac{dx}{X} \cdot \int \frac{x\, dx}{X} \cdot \int \frac{x^2 dx}{X} \cdots \int \frac{x^{n-2} dx}{X}.$$

THEOREMA GENERALE

62. *Si binorum numerorum* m *et* n *divisores communes sint* α, β, γ *etc. formulaque* $\left(\frac{p}{q}\right)$ *denotet valorem integralis* $\int \frac{x^{p-1} dx}{\sqrt[n]{(1-x^n)^{n-q}}}$ *ab* $x=0$ *ad* $x=1$ *extensi, sequentes expressiones ex huiusmodi formulis integralibus formatae inter se erunt aequales*

$$\left(\alpha \cdot 2\alpha \cdot 3\alpha \cdots (m-\alpha) \left(\frac{\alpha}{m}\right)\left(\frac{2\alpha}{m}\right)\left(\frac{3\alpha}{m}\right) \cdots \left(\frac{n-\alpha}{m}\right)\right)^{\alpha}$$

$$= \left(\beta \cdot 2\beta \cdot 3\beta \cdots (m-\beta) \left(\frac{\beta}{m}\right)\left(\frac{2\beta}{m}\right)\left(\frac{3\beta}{m}\right) \cdots \left(\frac{n-\beta}{m}\right)\right)^{\beta}$$

$$= \left(\gamma \cdot 2\gamma \cdot 3\gamma \cdots (m-\gamma) \left(\frac{\gamma}{m}\right)\left(\frac{2\gamma}{m}\right)\left(\frac{3\gamma}{m}\right) \cdots \left(\frac{n-\gamma}{m}\right)\right)^{\gamma}$$

etc.

DEMONSTRATIO

Ex praecedente theoremate huius veritas manifesto sequitur, cum quaelibet harum expressionum seorsim aequetur huic

$$1 \cdot 2 \cdot 3 \cdots (m-1) \left(\frac{1}{m}\right)\left(\frac{2}{m}\right)\left(\frac{3}{m}\right) \cdots \left(\frac{n-1}{m}\right),$$

quae unitati utpote minimo communi divisori numerorum m et n convenit. Tot igitur huiusmodi expressiones inter se aequales exhiberi possunt, quot fuerint divisores communes binorum numerorum m et n.

COROLLARIUM 1

63. Cum sit haec formula $\left(\frac{n}{m}\right) = \frac{1}{m}$ ideoque $m\left(\frac{n}{m}\right) = 1$, expressiones nostrae aequales succinctius hoc modo repraesentari possunt

$$\left(\alpha \cdot 2\alpha \cdot 3\alpha \cdots m \left(\frac{\alpha}{m}\right)\left(\frac{2\alpha}{m}\right)\left(\frac{3\alpha}{m}\right) \cdots \left(\frac{n}{m}\right)\right)^{\alpha}$$

$$= \left(\beta \cdot 2\beta \cdot 3\beta \cdots m \left(\frac{\beta}{m}\right)\left(\frac{2\beta}{m}\right)\left(\frac{3\beta}{m}\right) \cdots \left(\frac{n}{m}\right)\right)^{\beta}$$

$$= \left(\gamma \cdot 2\gamma \cdot 3\gamma \cdots m \left(\frac{\gamma}{m}\right)\left(\frac{2\gamma}{m}\right)\left(\frac{3\gamma}{m}\right) \cdots \left(\frac{n}{m}\right)\right)^{\gamma}.$$

Etsi enim hic factorum numerus est auctus, tamen ratio compositionis facilius in oculos incurrit.

COROLLARIUM 2

64. Si ergo sit $m=6$ et $n=12$, ob horum numerorum divisores communes 6, 3, 2, 1 quatuor sequentes formae inter se aequales habebuntur

$$\left(6\left(\frac{6}{6}\right)\left(\frac{12}{6}\right)\right)^{6} = \left(3 \cdot 6 \left(\frac{3}{6}\right)\left(\frac{6}{6}\right)\left(\frac{9}{6}\right)\left(\frac{12}{6}\right)\right)^{3}$$

$$= \left(2 \cdot 4 \cdot 6 \left(\frac{2}{6}\right)\left(\frac{4}{6}\right)\left(\frac{6}{6}\right)\left(\frac{8}{6}\right)\left(\frac{10}{6}\right)\left(\frac{12}{6}\right)\right)^{2}$$

$$= 1 \cdot 2 \cdot 3 \cdot 4 \cdot 5 \cdot 6 \left(\frac{1}{6}\right)\left(\frac{2}{6}\right)\left(\frac{3}{6}\right) \cdots \left(\frac{12}{6}\right).$$

COROLLARIUM 3

65. Si ultima cum penultima combinetur, nascetur haec aequatio

$$\frac{1\cdot3\cdot5}{2\cdot4\cdot6}=\frac{\left(\frac{2}{6}\right)\left(\frac{4}{6}\right)\left(\frac{6}{6}\right)\left(\frac{8}{6}\right)\left(\frac{10}{6}\right)\left(\frac{12}{6}\right)}{\left(\frac{1}{6}\right)\left(\frac{3}{6}\right)\left(\frac{5}{6}\right)\left(\frac{7}{6}\right)\left(\frac{9}{6}\right)\left(\frac{11}{6}\right)},$$

ultima autem cum antepenultima comparata praebet

$$\frac{1\cdot2\cdot4\cdot5}{3\cdot3\cdot6\cdot6}=\frac{\left(\frac{3}{6}\right)\left(\frac{3}{6}\right)\left(\frac{6}{6}\right)\left(\frac{6}{6}\right)\left(\frac{9}{6}\right)\left(\frac{9}{6}\right)\left(\frac{12}{6}\right)\left(\frac{12}{6}\right)}{\left(\frac{1}{6}\right)\left(\frac{2}{6}\right)\left(\frac{4}{6}\right)\left(\frac{5}{6}\right)\left(\frac{7}{6}\right)\left(\frac{8}{6}\right)\left(\frac{10}{6}\right)\left(\frac{11}{6}\right)}.$$

SCHOLION

66. Infinitae igitur hinc consequuntur relationes inter formulas integrales formae

$$\int\frac{x^{p-1}\,dx}{\sqrt[n]{(1-x^n)^{n-q}}}=\left(\frac{p}{q}\right),$$

quae eo magis sunt notatu dignae, quod singulari prorsus methodo ad eas hic sumus perducti. Ac si quis de earum veritate adhuc dubitet, observationes meas[1]) circa has formulas integrales consultet indeque pro quovis casu oblato de veritate facile convincetur. Etsi autem illa tractatio huic confirmandae inservit, tamen relationes hic erutae eo maioris sunt momenti, quod in iis certus ordo cernitur eaeque per omnes classes, quantumvis exponentem n accipere lubeat, facili negotio continuentur, in priori vero tractatione calculus pro classibus altioribus continuo fiat operosior et intricatior.

SUPPLEMENTUM
CONTINENS DEMONSTRATIONEM
THEOREMATIS § 53 PROPOSITI

Demonstrationem hanc altius peti convenit; sumatur scilicet aequatio § 25 data, quae posito $f=1$ et mutatis litteris est

$$\frac{\int dx\left(l\frac{1}{x}\right)^{\nu-1}\cdot\int dx\left(l\frac{1}{x}\right)^{\mu-1}}{\int dx\left(l\frac{1}{x}\right)^{\mu+\nu-1}}=\varkappa\int\frac{x^{\varkappa\mu-1}\,dx}{(1-x^\varkappa)^{1-\nu}},$$

1) Vide Commentationem 321 huius voluminis. A. G.

eaque per reductiones notas hac forma repraesentetur

$$\frac{\int dx \left(l\frac{1}{x}\right)^{\nu} \cdot \int dx \left(l\frac{1}{x}\right)^{\mu}}{\int dx \left(l\frac{1}{x}\right)^{\mu+\nu}} = \frac{\varkappa\mu\nu}{\mu+\nu} \int \frac{x^{\varkappa\mu-1}dx}{(1-x^{\varkappa})^{1-\nu}}.$$

Statuatur nunc $\nu = \dfrac{m}{n}$ et $\mu = \dfrac{\lambda}{n}$, tum vero $\varkappa = n$, ut habeamus

$$\frac{\int dx \left(l\frac{1}{x}\right)^{\frac{m}{n}} \cdot \int dx \left(l\frac{1}{x}\right)^{\frac{\lambda}{n}}}{\int dx \left(l\frac{1}{x}\right)^{\frac{\lambda+m}{n}}} = \frac{\lambda m}{\lambda+m} \int \frac{x^{\lambda-1}dx}{\sqrt[\varkappa]{(1-x^{n})^{n-m}}},$$

quae brevitatis gratia more supra usitato ita concinne referatur

$$\frac{\left[\frac{m}{n}\right]\left[\frac{\lambda}{n}\right]}{\left[\frac{\lambda+m}{n}\right]} = \frac{\lambda m}{\lambda+m}\left(\frac{\lambda}{m}\right).$$

Iam loco λ successive scribantur numeri 1, 2, 3, 4, $\cdots$ n omnesque hae aequationes, quarum numerus est $= n$, in se invicem ducantur et aequatio resultans erit

$$\left[\frac{m}{n}\right]^{n} \frac{\left[\frac{1}{n}\right]\left[\frac{2}{n}\right]\left[\frac{3}{n}\right]\cdots\left[\frac{n}{n}\right]}{\left[\frac{m+1}{n}\right]\left[\frac{m+2}{n}\right]\left[\frac{m+3}{n}\right]\cdots\left[\frac{m+n}{n}\right]}$$

$$= m^{n}\, \frac{1}{m+1}\cdot\frac{2}{m+2}\cdot\frac{3}{m+3}\cdots\frac{n}{m+n}\left(\frac{1}{m}\right)\left(\frac{2}{m}\right)\left(\frac{3}{m}\right)\cdots\left(\frac{n}{m}\right)$$

$$= m^{n}\, \frac{1\cdot2\cdot3\cdots m}{(n+1)(n+2)(n+3)\cdots(n+m)}\left(\frac{1}{m}\right)\left(\frac{2}{m}\right)\left(\frac{3}{m}\right)\cdots\left(\frac{n}{m}\right).$$

Simili autem modo pars prior transformetur, ut sit

$$\left[\frac{m}{n}\right]^{n} \frac{\left[\frac{1}{n}\right]\left[\frac{2}{n}\right]\left[\frac{3}{n}\right]\cdots\left[\frac{m}{n}\right]}{\left[\frac{n+1}{n}\right]\left[\frac{n+2}{n}\right]\left[\frac{n+3}{n}\right]\cdots\left[\frac{n+m}{n}\right]},$$

cuius convenientia cum forma praecedente multiplicando per crucem, ut aiunt, sponte se prodit. Cum vero ex natura harum formularum sit

$$\left[\frac{n+1}{n}\right] = \frac{n+1}{n}\left[\frac{1}{n}\right], \quad \left[\frac{n+2}{n}\right] = \frac{n+2}{n}\left[\frac{2}{n}\right], \quad \left[\frac{n+3}{n}\right] = \frac{n+3}{n}\left[\frac{3}{n}\right] \quad \text{etc.,}$$

ob harum formularum numerum $= m$ evadet haec prior pars

$$\left[\frac{m}{n}\right]^{n} \frac{n^{m}}{(n+1)(n+2)(n+3)\cdots(n+m)},$$

quae cum aequalis sit parti alteri ante exhibitae

$$m^{n} \frac{1\cdot 2\cdot 3\cdots m}{(n+1)(n+2)(n+3)\cdots(n+m)} \left(\frac{1}{m}\right)\left(\frac{2}{m}\right)\left(\frac{3}{m}\right)\cdots\left(\frac{n}{m}\right),$$

adipiscimur hanc aequationem

$$\left[\frac{m}{n}\right]^{n} = \frac{m^{n}}{n^{m}}\, 1\cdot 2\cdot 3\cdots m \left(\frac{1}{m}\right)\left(\frac{2}{m}\right)\left(\frac{3}{m}\right)\cdots\left(\frac{n}{m}\right),$$

ita ut sit

$$\left[\frac{m}{n}\right] = m\sqrt[n]{\frac{1\cdot 2\cdot 3\cdots m}{n^{m}} \left(\frac{1}{m}\right)\left(\frac{2}{m}\right)\left(\frac{3}{m}\right)\cdots\left(\frac{n}{m}\right)},$$

quae cum proposita in § 53 ob $\left(\frac{n}{m}\right) = \frac{1}{m}$ omnino congruit, ex quo eius veritas nunc quidem ex principiis certissimis est evicta.

DEMONSTRATIO
THEOREMATIS § 59 PROPOSITI

Etiam hoc theorema firmiori demonstratione indiget, quam ex aequalitate ante stabilita

$$\frac{\left[\frac{m}{n}\right]\left[\frac{\lambda}{n}\right]}{\left[\frac{\lambda+m}{n}\right]} = \frac{\lambda m}{\lambda+m}\left(\frac{\lambda}{m}\right)$$

ita adorno. Existente α communi divisore numerorum m et n loco λ successive scribantur numeri α, 2α, 3α etc. usque ad n, quorum multitudo est $= \frac{n}{\alpha}$, atque omnes aequalitates hoc modo resultantes in se invicem ducantur, ut prodeat haec aequatio

$$\left[\frac{m}{n}\right]^{\frac{n}{\alpha}} \frac{\left[\frac{\alpha}{n}\right]\left[\frac{2\alpha}{n}\right]\left[\frac{3\alpha}{n}\right]\cdots\left[\frac{n}{n}\right]}{\left[\frac{m+\alpha}{n}\right]\left[\frac{m+2\alpha}{n}\right]\left[\frac{m+3\alpha}{n}\right]\cdots\left[\frac{m+n}{n}\right]}$$

$$= m^{\frac{n}{\alpha}} \frac{\alpha}{m+\alpha}\cdot\frac{2\alpha}{m+2\alpha}\cdot\frac{3\alpha}{m+3\alpha}\cdots\frac{n}{m+n} \left(\frac{\alpha}{m}\right)\left(\frac{2\alpha}{m}\right)\left(\frac{3\alpha}{m}\right)\cdots\left(\frac{n}{m}\right).$$

Iam prior pars in hanc formam ipsi aequalem transmutetur

$$\left[\frac{m}{n}\right]^{\frac{n}{\alpha}} \frac{\left[\frac{\alpha}{n}\right]\left[\frac{2\,\alpha}{n}\right]\left[\frac{3\,\alpha}{n}\right]\cdots\left[\frac{m}{n}\right]}{\left[\frac{n+\alpha}{n}\right]\left[\frac{n+2\,\alpha}{n}\right]\left[\frac{n+3\,\alpha}{n}\right]\cdots\left[\frac{n+m}{n}\right]},$$

quae ob $\left[\frac{n+\alpha}{n}\right]=\frac{n+\alpha}{n}\left[\frac{\alpha}{n}\right]$ sicque de ceteris reducitur ad hanc

$$\left[\frac{m}{n}\right]^{\frac{n}{\alpha}} \frac{n}{n+\alpha}\cdot\frac{n}{n+2\,\alpha}\cdot\frac{n}{n+3\,\alpha}\cdots\frac{n}{n+m}\cdot$$

Posterior vero aequationis pars simili modo transformatur in

$$m^{\frac{n}{\alpha}} \frac{\alpha}{n+\alpha}\cdot\frac{2\,\alpha}{n+2\,\alpha}\cdot\frac{3\,\alpha}{n+3\,\alpha}\cdots\frac{m}{n+m}\left(\frac{\alpha}{m}\right)\left(\frac{2\,\alpha}{m}\right)\left(\frac{3\,\alpha}{m}\right)\cdots\left(\frac{n}{m}\right),$$

unde enascitur haec aequatio

$$\left[\frac{m}{n}\right]^{\frac{n}{\alpha}} n^{\frac{m}{\alpha}}=m^{\frac{n}{\alpha}} \alpha\cdot 2\,\alpha\cdot 3\,\alpha\cdots m\left(\frac{\alpha}{m}\right)\left(\frac{2\,\alpha}{m}\right)\left(\frac{3\,\alpha}{m}\right)\cdots\left(\frac{n}{m}\right)$$

hincque

$$\left[\frac{m}{n}\right]=m\sqrt[n]{\frac{1}{n^m}\left(\alpha\cdot 2\,\alpha\cdot 3\,\alpha\cdots m\left(\frac{\alpha}{m}\right)\left(\frac{2\,\alpha}{m}\right)\left(\frac{3\,\alpha}{m}\right)\cdots\left(\frac{n}{m}\right)\right)^{\alpha}},$$

quae expressio cum praecedente comparata praebet hanc aequationem

$$\left(\alpha\cdot 2\,\alpha\cdot 3\,\alpha\cdots m\left(\frac{\alpha}{m}\right)\left(\frac{2\,\alpha}{m}\right)\left(\frac{3\,\alpha}{m}\right)\cdots\left(\frac{n}{m}\right)\right)^{\alpha}=1\cdot 2\cdot 3\cdots m\left(\frac{1}{m}\right)\left(\frac{2}{m}\right)\left(\frac{3}{m}\right)\cdots\left(\frac{n}{m}\right),$$

quod de omnibus divisoribus communibus binorum numerorum m et n est intelligendum.

DE VALORE FORMULAE INTEGRALIS

$$\int \frac{z^{m-1} \pm z^{n-m-1}}{1 \pm z^n}\, dz$$

CASU QUO POST INTEGRATIONEM PONITUR $z = 1$

Commentatio 462 indicis ENESTROEMIANI

Novi commentarii academiae scientiarum Petropolitanae 19 (1774), 1775, p. 3—29

Summarium ibidem p. 5—8

SUMMARIUM

In hac dissertatione Illustr. EULERO propositum est binorum insignium theorematum demonstrationem ex principiis calculi integralis adornare, ad quae theoremata consideratio arcuum circularium, qui eundem habent vel sinum vel tangentem, iam dudum[1]) ipsum perduxerat. Possunt vero haec theoremata ita enunciari, ut valor formulae integralis supra propositae, si I^0 signa superiora adhibeantur, statuatur esse $= \dfrac{\pi}{n \sin. \frac{m\pi}{n}}$, tum vero II^0 si signa inferiora in usum vocentur, adfirmetur esse $= \dfrac{\pi}{n \tan g. \frac{m\pi}{n}}$ integratione a termino $z = 0$ usque ad $z = 1$ instituta et designante π semiperipheriam circuli, cuius radius $= 1$. Occurrunt quidem eorundem theorematum demonstrationes in *Calculo Integrali* Illustr. Auctoris; quum vero subsidia integrationis ex alio Eiusdem opere, *Introductione* nimirum *in Analysin infinitorum*, petantur, hoc loco integrationem formularum ita perficiendam existimavit, ut simul principia, quibus illa innititur, succincte complecteretur; tum vero pro casu, quo post integrationem ponitur $z = 1$, singularia artificia, quibus summatio serierum absolvitur, dilucide exponenda indicavit.

Antequam formulae integralis propositae integratio suscipiatur, formulae hae integrales simpliciores

$$\int \frac{z^{m-1} dz}{1+z^n} \quad \text{et} \quad \int \frac{z^{m-1} dz}{1-z^n}$$

---

1) Vide notam 1 p. 360.　　A. G.

· evolvendae sunt, ubi quidem ante omnia fractio $\dfrac{z^{m-1}}{1 \pm z^n}$ in suas fractiones simplices partiales resolvenda est. Ad hoc autem perficiendum necessum est, ut denominatores $1 + z^n$ et $1 - z^n$ in suos factores simplices reales et imaginarios resolvantur. Prior scilicet $1 + z^n$ casu tantum, quo n numerus impar, unum factorem habet realem $1 + z$, caeterum omnes sunt imaginarii et bini eorum semper in hac forma continebuntur $1 - 2z \cos.\varphi + z^2$. Tum vero $\cos.\varphi$ ita accipi debet, ut fiat $\cos.n\varphi = -1$ et $\sin.n\varphi = 0$, ideoque, quum anguli, quorum cosinus $= -1$, sint π, 3π, 5π, 7π etc., pro φ hinc sequentes deducentur valores $\dfrac{\pi}{n}$, $\dfrac{3\pi}{n}$, $\dfrac{5\pi}{n}$ etc. Posterior $1 - z^n$ factorem semper habet realem $1 - z$, praeterea casu n numeri paris $1 + z$, reliqui vero factores semper sunt imaginarii sub ista forma $1 - 2z \cos.\varphi + z^2$ comprehensi. Tum autem ita φ accipi debet, ut fiat $\cos.n\varphi = 1$, ita ut habeantur pro φ huiusmodi valores $\dfrac{0\pi}{n}$, $\dfrac{2\pi}{n}$, $\dfrac{4\pi}{n}$, $\dfrac{6\pi}{n}$ etc. Inventis factoribus denominatorum simplicibus pro fractionibus partialibus ex illis oriundis quaeri debet numerator, quod hunc in modum perficitur. Sit fractio partialis $\dfrac{\alpha}{z-f}$ facileque demonstrabitur casu $z = f$ esse $\alpha = \dfrac{z^m - fz^{m-1}}{1 + z^n}$, at hoc in casu tam numerator quam denominator evanescit; erit ergo

$$\alpha = \frac{m z^{m-1} - (m-1)fz^{m-2}}{n z^{n-1}},$$

unde, posito $z = f$, $\alpha = \dfrac{1}{n}f^{m-n}$. Inventis fractionibus partialibus reliquum est, ut integratio instituatur et post integrationem ponatur $z = 0$, ex quo, quum integrale evanescere debeat, valor constantis adiiciendae innotescet. Hoc igitur modo Illustr. Auctor invenit binas illas formulas $\dfrac{z^{m-1}dz}{1+z^n}$, $\dfrac{z^{m-1}dz}{1-z^n}$ integratas exhibere valores integrales partim logarithmicos, partim etiam qui arcus circulares involvunt.

Dum autem ad integrationem formulae propositae propius accedit Illustr. EULERUS, primum generatim considerat formulas

$$\frac{z^{m-1} + z^{\mu-1}}{1+z^n} dz \quad \text{et} \quad \frac{z^{m-1} - z^{\mu-1}}{1-z^n} dz$$

existente $m + \mu = n$; pro his scilicet formulis integralia logarithmica se destruent, ita ut sola remaneant quae arcus circulares involvunt. Denique si pro his formulis integratis post integrationem ponatur $z = 1$, integralia per binas progressiones sinuum ex arcubus in arithmetica progressione exprimentur, quarum progressionum summationes singularia requirunt artificia, quibus absolutis ista obtinetur conclusio, quod formulae integralis valor signis adhibitis superioribus sit $\dfrac{\pi}{n \sin.\frac{m\pi}{n}}$ et signis inferioribus $\dfrac{\pi}{n \tan.\frac{m\pi}{n}}$.

1. Hic mihi propositum est duo insignia theoremata, ad quae iam dudum[1]) ex consideratione arcuum circularium, qui vel eundem habent sinum vel tangentem, fueram perductus, ex ipsis principiis calculi integralis demonstrare; duo autem illa theoremata ita se habent:

$$\text{I.} \quad \int \frac{z^{m-1} + z^{n-m-1}}{1+z^n} \, dz = \frac{\pi}{n \sin. \frac{m\pi}{n}},$$

$$\text{II.} \quad \int \frac{z^{m-1} - z^{n-m-1}}{1-z^n} \, dz = \frac{\pi}{n \tan. \frac{m\pi}{n}},$$

siquidem integratio a termino $z = 0$ usque ad terminum $z = 1$ extendatur, ubi π denotat semiperipheriam circuli, cuius radius $= 1$. Has quidem formulas iam integratas dedi in *Calculo integrali*[2]), verum ibi subsidia integrationis, scilicet resolutionem denominatoris $1 \pm z^n$, tum vero etiam resolutionem ipsius fractionis in fractiones partiales ex mea *Introductione in analysin infinitorum*[3]) petivi; nunc autem, ne opus sit haec adminicula aliunde conquirere, in ipsa integratione omnia principia, quibus innititur, succincte complectar; inprimis autem reductio ad casum, quo post integrationem ponitur $z = 1$, peculiaria artificia circa summationem serierum postulat, quae etiam in sequentibus dilucide sum expositurus; quae tractatio eo maioris momenti videtur, quod similis integratio etiam in his formulis multo latius patentibus succedit, cuiusmodi sunt

$$\int \frac{z^{m-1} \pm z^{n-m-1}}{1 \pm z^n} \, dz \, (lz)^{\mu},$$

siquidem exponens μ numeros integros denotet, quemadmodum alia occasione[4]) fusius explicabo.

---

1) Vide Commentationem 59 huius voluminis. A. G.

2) Vide *Institutionum calculi integralis* vol. I, § 77 et seq.; LEONHARDI EULERI *Opera omnia*, series I, vol. 11. A. G.

3) Vide *Introductionis in analysin infinitorum* vol. I, cap. 2 et 9; LEONHARDI EULERI *Opera omnia*, series I, vol. 8. A. G.

4) Vide Commentationes 463 et 464 huius voluminis. A. G.

PROBLEMA

2. *Formulam differentialem* $\dfrac{z^{m-1}dz}{1+z^n}$ *integrare, ubi scilicet esse debet* $m < n$.

SOLUTIO

Hic igitur denominator $1 + z^n$ in suos factores simplices resolvi debet; ubi vero ante omnia notandum est, si n fuerit numerus impar, unum factorem fore $1 + z$; pro reliquis factoribus imaginariis bini contineantur in hac forma

$$pp - 2pz \cos. \varphi + zz,$$

quae posita nihilo aequalis praebet

$$z = p(\cos. \varphi \pm \sqrt{-1} \cdot \sin. \varphi).$$

Iisdem igitur casibus ipse denominator $1 + z^n$ evanescere debet. Cum igitur sit

$$z = p(\cos. \varphi \pm \sqrt{-1} \cdot \sin. \varphi),$$

erit

$$zz = pp(\cos. 2\varphi \pm \sqrt{-1} \cdot \sin. 2\varphi),$$
$$z^3 = p^3(\cos. 3\varphi \pm \sqrt{-1} \cdot \sin. 3\varphi)$$

et

$$z^n = p^n(\cos. n\varphi \pm \sqrt{-1} \cdot \sin. n\varphi);$$

hoc igitur duplici valore loco z^n substituto fiet

$$\text{I.} \quad 1 + z^n = 1 + p^n \cos. n\varphi + p^n \sqrt{-1} \cdot \sin. n\varphi = 0,$$
$$\text{II.} \quad 1 + z^n = 1 + p^n \cos. n\varphi - p^n \sqrt{-1} \cdot \sin. n\varphi = 0,$$

quarum aequationum summa praebet

$$2 + 2p^n \cos. n\varphi = 0,$$

differentia vero earundem

$$2p^n \sqrt{-1} \cdot \sin. n\varphi = 0;$$

ex posteriore sequitur

$$\sin. n\varphi = 0,$$

ex priore vero

$$1 + p^n \cos. n\varphi = 0,$$

id quod fieri nequit in rationalibus, nisi sit $p = 1$ et $\cos. n\varphi = -1$, quo ipso fit $\sin. n\varphi = 0$, uti conditio ex posteriore postulat; omnes autem anguli, quorum cosinus est $= -1$, sunt

$$\pi, \quad 3\pi, \quad 5\pi, \quad 7\pi \quad \text{etc.},$$

quibus ergo angulus $n\varphi$ aequari potest; unde sequentes pro φ obtinebimus valores

$$\frac{\pi}{n}, \quad \frac{3\pi}{n}, \quad \frac{5\pi}{n}, \quad \frac{7\pi}{n} \quad \text{etc.},$$

ex quibus tot capi debent, donec denominator resultet $1 + z^n$, quemadmodum ex singulis casibus facile iudicatur:

I. Si $n = 1$, erit $\varphi = \pi$ hincque

$$1 + z = 1 + z;$$

II. si $n = 2$, erit $\varphi = 90^0$ hincque

$$1 + zz = 1 + zz;$$

III. si $n = 3$, erit $\varphi = 60^0$ et $= 180^0$, hinc

$$1 + z^3 = (1 + z)(1 - z + zz);$$

IV. si $n = 4$, erit $\varphi = 45^0$ et $= 135^0$, hinc

$$1 + z^4 = (1 - z\sqrt{2} + zz)(1 + z\sqrt{2} + zz);$$

V. si $n = 5$, erit $\varphi = 36^0$ et $= 108^0$ et $= 180^0$ hincque

$$1 + z^5 = (1 + z)(1 + 2z \cos. 72^0 + zz)(1 - 2z \cos. 36^0 + zz).$$

Cum igitur in genere denominatoris $1 + z^n$ unus factor duplex sit

$$1 - 2z \cos. \varphi + zz,$$

siquidem angulo φ debitos tribuamus valores, fractio $\frac{z^{m-1}}{1+z^n}$ fractionem involvet partialem huius formae

$$\frac{A + Bz}{1 - 2z \cos. \varphi + zz},$$

ubi totum negotium redit ad coefficientes A et B determinandos. Hi autem facilius reperientur, si factores contemplemur simplices imaginarios, qui sunt

$$\text{I. } z - \cos.\varphi - \sqrt{-1}\cdot\sin.\varphi,$$

$$\text{II. } z - \cos.\varphi + \sqrt{-1}\cdot\sin.\varphi;$$

tum enim fractio proposita tales involvet fractiones partiales

$$\frac{\alpha}{z - \cos.\varphi - \sqrt{-1}\cdot\sin.\varphi} + \frac{\beta}{z - \cos.\varphi + \sqrt{-1}\cdot\sin.\varphi}.$$

Iam pro coefficiente α inveniendo statuatur

$$\frac{z^{m-1}}{1 + z^n} = \frac{\alpha}{z - \cos.\varphi - \sqrt{-1}\cdot\sin.\varphi} + R,$$

ubi R complectitur omnes reliquas fractiones partiales; sit autem brevitatis ergo

$$\cos.\varphi + \sqrt{-1}\cdot\sin.\varphi = f,$$

ut habeamus

$$\frac{z^{m-1}}{1 + z^n} = \frac{\alpha}{z - f} + R$$

seu multiplicando per $z - f$

$$\frac{z^m - f z^{m-1}}{1 + z^n} = \alpha + R(z - f),$$

indeque capiendo $z = f$ habebimus

$$\alpha = \frac{z^m - f z^{m-1}}{1 + z^n}$$

casu $z = f$. Hoc autem casu tam numerator quam denominator evanescit; erit ergo

$$\alpha = \frac{m z^{m-1} - (m-1) f z^{m-2}}{n z^{n-1}}$$

et posito iterum $z = f$

$$\alpha = \frac{f^{m-1}}{n f^{n-1}} = \frac{1}{n} f^{m-n}.$$

Cum igitur sit $f = \cos. \varphi + \sqrt{-1} \cdot \sin. \varphi$, erit

$$f^{m-n} = \cos. (m-n)\varphi + \sqrt{-1} \cdot \sin. (m-n)\varphi$$

hincque

$$\alpha = \frac{1}{n} (\cos. (m-n)\varphi + \sqrt{-1} \cdot \sin. (m-n)\varphi)$$

et

$$\beta = \frac{1}{n} (\cos. (m-n)\varphi - \sqrt{-1} \cdot \sin. (m-n)\varphi);$$

quibus valoribus inventis binae nostrae fractiones partiales erunt

$$\frac{\alpha}{z - \cos. \varphi - \sqrt{-1} \cdot \sin. \varphi} + \frac{\beta}{z - \cos. \varphi + \sqrt{-1} \cdot \sin. \varphi},$$

quae ad eandem denominationem perductae dant

$$\frac{(\alpha + \beta)z - (\alpha + \beta) \cos. \varphi + (\alpha - \beta) \sqrt{-1} \cdot \sin. \varphi}{1 - 2z \cos. \varphi + zz}$$

seu loco α et β valores inventos substituendo

$$\frac{\frac{2z}{n} \cos. (m-n) \varphi - \frac{2}{n} \cos. \varphi \cos. (m-n) \varphi - \frac{2}{n} \sin. \varphi \sin. (m-n)\varphi}{1 - 2z \cos. \varphi + zz};$$

hacque fractione partiali cum supra posita

$$\frac{A + Bz}{1 - 2z \cos. \varphi + zz}$$

comparata colligimus

$$A = -\frac{2}{n} \cos. \varphi \cos. (m-n)\varphi - \frac{2}{n} \sin. \varphi \sin. (m-n)\varphi = -\frac{2}{n} \cos. (m-n-1)\varphi$$

et

$$B = \frac{2}{n} \cos. (m-n)\varphi;$$

cum autem sit

$$\sin. n\varphi = 0 \quad \text{et} \quad \cos. n\varphi = -1,$$

erit

$$\cos. (m-n)\varphi = -\cos. m\varphi \quad \text{et} \quad \sin. (m-n)\varphi = -\sin. m\varphi$$

ideoque

$$A = \frac{2}{n} \cos. (m-1)\varphi \quad \text{et} \quad B = -\frac{2}{n} \cos. m\varphi;$$

consequenter ex hac fractione partiali nascitur integrale

$$Bl\sqrt{(1-2z\cos.\varphi+zz)}+\frac{A+B\cos.\varphi}{\sin.\varphi}\,A\,\text{tang.}\,\frac{z-\cos.\varphi}{\sin.\varphi},$$

ubi si loco A et B valores substituantur, erit hoc integrale

$$-\frac{2}{n}\cos.m\varphi\,l\sqrt{(1-2z\cos.\varphi+zz)}+\frac{2}{n}\sin.m\varphi\,A\,\text{tang.}\,\frac{z-\cos.\varphi}{\sin.\varphi}+C,$$

quae constans ex termino $z=0$ definita praebet integrale hoc determinatum

$$-\frac{2}{n}\cos.m\varphi\,l\sqrt{(1-2z\cos.\varphi+zz)}+\frac{2}{n}\sin.m\varphi\,A\,\text{tang.}\,\frac{z\sin.\varphi}{1-z\cos.\varphi},$$

ubi tantum opus est loco φ debitos suos valores scribere indeque omnia integralia partialia iunctim sumere.

Praeterea vero casibus, quibus denominator $1+z^n$ factorem habet $1+z$, quod evenit, si n fuerit numerus impar, pars integralis inde oriunda adiici debet, quae ita invenitur. Statuatur

$$\frac{z^{m-1}}{1+z^n}=\frac{\alpha}{1+z}+R,$$

unde fit

$$\frac{z^{m-1}+z^m}{1+z^n}=\alpha+R(1+z),$$

factoque $z=-1$ prodit

$$\alpha=\frac{z^{m-1}+z^m}{1+z^n};$$

quia autem hoc casu tam numerator quam denominator evanescit, loco utriusque suum differentiale ponatur fietque

$$\alpha=\frac{(m-1)z^{m-2}+mz^{m-1}}{nz^{n-1}},$$

ubi numerator $z^{m-2}(m-1+mz)$ posito $z=-1$ abit in $-(-1)^m$ et denominator in $+n$ adeoque $\alpha=\frac{-(-1)^m}{n}$; pars igitur integralis hinc nata erit $\frac{-(-1)^m}{n}l(1+z)$; casibus igitur, ubi m est numerus par, hoc integrale erit $-\frac{1}{n}l(1+z)$, sin autem m est numerus impar, fit illud $+\frac{1}{n}l(1+z)$. Quodsi iam loco φ substituamus suos valores

$$\frac{\pi}{n}, \quad \frac{3\pi}{n}, \quad \frac{5\pi}{n}, \quad \frac{7\pi}{n} \quad \text{etc.},$$

integrale quaesitum erit

$$\int \frac{z^{m-1} dz}{1 + z^n} = -\frac{2}{n} \cos.\frac{m\pi}{n} \, l\sqrt{1 - 2z \cos.\frac{\pi}{n} + zz} + \frac{2}{n} \sin.\frac{m\pi}{n} \text{ A tang.} \frac{z \sin.\frac{\pi}{n}}{1 - z \cos.\frac{\pi}{n}}$$

$$-\frac{2}{n} \cos.\frac{3m\pi}{n} \, l\sqrt{1 - 2z \cos.\frac{3\pi}{n} + zz} + \frac{2}{n} \sin.\frac{3m\pi}{n} \text{ A tang.} \frac{z \sin.\frac{3\pi}{n}}{1 - z \cos.\frac{3\pi}{n}}$$

$$-\frac{2}{n} \cos.\frac{5m\pi}{n} \, l\sqrt{1 - 2z \cos.\frac{5\pi}{n} + zz} + \frac{2}{n} \sin.\frac{5m\pi}{n} \text{ A tang.} \frac{z \sin.\frac{5\pi}{n}}{1 - z \cos.\frac{5\pi}{n}}$$

$$\text{etc.,}$$

quibus insuper casu, quo n sit numerus impar, adiungi debet

$$\frac{-(-1)^m}{n} l(1 + z).$$

SCHOLION

3. Ne opus sit integrationem formulae

$$\int \frac{(A + Bz) dz}{1 - 2z \cos.\varphi + zz}$$

aliunde repetere, resolvatur numerator $A + Bz$ in has partes

$$- B \cos.\varphi + Bz \quad \text{et} \quad A + B \cos.\varphi$$

atque ex priore manifesto oritur integrale

$$Bl\sqrt{1 - 2z \cos.\varphi + zz};$$

pro altera autem parte cum sit

$$\int \frac{dz \sin.\varphi}{1 - 2z \cos.\varphi + zz} = \text{Arc. tang.} \frac{z \sin.\varphi}{1 - z \cos.\varphi},{}^{1})$$

---

1) In editione principe praeter $\sqrt{(\ldots)}$ etiam scribitur $\sqrt{\ldots}$ pariterque Arc. tang. et Angl. tang. praeter A tang. Id quod conservandum esse putavimus.   A. G.

altera pars huius integralis

$$(A + B \cos. \varphi) \int \frac{dz}{1 - 2z \cos. \varphi + zz}$$

fiet

$$\frac{A + B \cos. \varphi}{\sin. \varphi} \text{ Arc. tang. } \frac{z \sin. \varphi}{1 - z \cos. \varphi}$$

sicque illius formulae integratio ita se habebit

$$\int \frac{(A + Bz)dz}{1 - 2z \cos. \varphi + zz} = Bl\sqrt{1 - 2z \cos. \varphi + zz} + \frac{A + B \cos. \varphi}{\sin. \varphi} \text{ Arc. tang. } \frac{z \sin. \varphi}{1 - z \cos. \varphi},$$

quod integrale iam evanescit posito $z = 0$, ita ut constantis additione non sit opus.

PROBLEMA

4. *Formulam differentialem* $\dfrac{z^{m-1}dz}{1 - z^n}$ *integrare, ubi scilicet esse debet* $m < n$.

SOLUTIO

Hic observandum est denominatorem semper factorem habere $1 - z$; tum vero, quoties n fuerit numerus par, etiam factor aderit $1 + z$, reliqui autem factores simplices omnes erunt imaginarii, quorum bini talem constituunt factorem duplicem

$$pp - 2pz \cos. \varphi + zz;$$

qui cum evanescat posito vel

$$z = p(\cos. \varphi + \sqrt{-1} \cdot \sin. \varphi)$$

vel

$$z = p(\cos. \varphi - \sqrt{-1} \cdot \sin. \varphi),$$

iisdem casibus ipse denominator $1 - z^n$ evanescet; tum autem erit

$$z^n = p^n(\cos. n\varphi \pm \sqrt{-1} \cdot \sin. n\varphi)$$

ideoque denominator fiet

$$1 - p^n(\cos. n\varphi \pm \sqrt{-1} \cdot \sin. n\varphi);$$

qui cum evanescere debeat, fieri oportet

$$\text{I. } 1 - p^n \cos. n\varphi = 0 \quad \text{et} \quad \text{II. } p^n \sqrt{-1} \cdot \sin. n\varphi = 0,$$

ex quo concludimus

$$\sin. n\varphi = 0 \quad \text{et} \quad \cos. n\varphi = \pm 1;$$

ut autem fiat

$$1 - p^n \cos. n\varphi = 0,$$

capi debet

$$\cos. n\varphi = + 1$$

eritque $p = 1$, ita ut factor duplex sit

$$1 - 2z \cos. \varphi + zz.$$

Loco $n\varphi$ igitur omnes arcus sumi possunt, quorum cosinus $= + 1$, qui sunt

$$0\pi, \quad 2\pi, \quad 4\pi, \quad 6\pi, \quad 8\pi \quad \text{etc.,}$$

valoresque anguli ipsi φ erunt

$$\frac{0\,\pi}{n}, \quad \frac{2\,\pi}{n}, \quad \frac{4\,\pi}{n}, \quad \frac{6\,\pi}{n} \quad \text{etc.}$$

et factores simplices denominatoris hinc oriundi erunt

$$z - \cos\varphi \pm \sqrt{-1} \cdot \sin. \varphi.$$

Ponamus brevitatis gratia

$$f = \cos. \varphi \pm \sqrt{-1} \cdot \sin. \varphi,$$

ita ut f geminum valorem involvat, et factor simplex erit $z - f$; statuatur ergo fractio partialis hinc oriunda $= \frac{\alpha}{z-f}$ ponaturque

$$\frac{z^{m-1}}{1-z^n} = \frac{\alpha}{z-f} + R$$

et per $z - f$ multiplicando erit

$$\frac{z^m - f z^{m-1}}{1 - z^n} = \alpha + R(z-f),$$

hinc sumto $z = f$ invenitur

$$\alpha = \frac{z^m - f z^{m-1}}{1 - z^n}.$$

Casu autem $z=f$ tam numerator quam denominator simul evanescunt ideoque loco utriusque differentiale capi debet reperiturque $\alpha=-\frac{1}{n}f^{m-n}$; cum autem sit $f=\cos.\varphi\pm V-1\cdot\sin.\varphi$, erit

$$f^{m-n}=\cos.(m-n)\varphi\pm V-1\cdot\sin.(m-n)\varphi$$

sive ob

$$\sin.n\varphi=0,\quad \cos.n\varphi=1,\quad \cos.(m-n)\varphi=\cos.m\varphi\ \text{ et }\ \sin.(m-n)\varphi=\sin.m\varphi$$

erit

$$f^{m-n}=\cos.m\varphi\pm V-1\cdot\sin.m\varphi,$$

ex quo duplici factore imaginario hae duae oriuntur fractiones partiales

$$-\frac{1}{n}\cdot\frac{\cos.m\varphi+V-1\cdot\sin.m\varphi}{z-\cos.\varphi-V-1\cdot\sin.\varphi}-\frac{1}{n}\cdot\frac{\cos.m\varphi-V-1\cdot\sin.m\varphi}{z-\cos.\varphi+V-1\cdot\sin.\varphi},$$

quae contrahuntur in hanc

$$-\frac{2}{n}\cdot\frac{z\cos.m\varphi-\cos.\varphi\cos.m\varphi-\sin.\varphi\sin.m\varphi}{1-2z\cos.\varphi+zz};$$

hinc igitur pars integralis nascitur

$$-\frac{2}{n}\int\frac{z\,dz\cos.m\varphi-dz\cos.\varphi\cos.m\varphi-dz\sin.\varphi\sin.m\varphi}{1-2z\cos.\varphi+zz},$$

cuius integrale erit

$$-\frac{2}{n}\cos.m\varphi\,l\sqrt{1-2z\cos.\varphi+zz}+\frac{2}{n}\sin.m\varphi\ \text{Angl. tang.}\ \frac{z-\cos.\varphi}{\sin.\varphi}+C,$$

seu constante definita hocce nanciscimur integrale determinatum

$$-\frac{2}{n}\cos.m\varphi\,l\sqrt{1-2z\cos.\varphi+zz}+\frac{2}{n}\sin.m\varphi\ \text{Angl. tang.}\ \frac{z\sin.\varphi}{1-z\cos.\varphi};$$

casu igitur, quo $\varphi=0$, erit hoc integrale $=-\frac{2}{n}l(1-z)$, cuius autem tantum semissis sumi debet

$$=-\frac{1}{n}l(1-z);$$

casibus autem, quibus n est numerus par et $\varphi=\pi$, haec producitur pars integralis $-\frac{2}{n} \cos. m\pi\, l \sqrt{(1 + 2z + zz)}$, cuius autem iterum tantum semissis

$$-\frac{1}{n} \cos. m\pi\, l(1 + z)$$

capi oportet, ubi notandum, si m sit numerus par, [fore $\cos. m\pi = +1$, sin autem m sit numerus impar] fore $\cos. m\pi = -1$; consequenter integrale quaesitum sequenti modo exprimetur

$$\int \frac{z^{m-1} dz}{1 - z^n} = -\frac{1}{n} l(1 - z)$$

$$-\frac{1}{n} \cos. \frac{2\,m\pi}{n} l \sqrt{1 - 2z \cos. \frac{2\pi}{n} + zz} + \frac{2}{n} \sin. \frac{2\,m\pi}{n} \text{A tang.} \frac{z \sin. \frac{2\pi}{n}}{1 - z \cos. \frac{2\pi}{n}}$$

$$-\frac{1}{n} \cos. \frac{4\,m\pi}{n} l \sqrt{1 - 2z \cos. \frac{4\pi}{n} + zz} + \frac{2}{n} \sin. \frac{4\,m\pi}{n} \text{A tang.} \frac{z \sin. \frac{4\pi}{n}}{1 - z \cos. \frac{4\pi}{n}}$$

$$-\frac{1}{n} \cos. \frac{6\,m\pi}{n} l \sqrt{1 - 2z \cos. \frac{6\pi}{n} + zz} + \frac{2}{n} \sin. \frac{6\,m\pi}{n} \text{A tang.} \frac{z \sin. \frac{6\pi}{n}}{1 - z \cos. \frac{6\pi}{n}}$$

etc.

PROBLEMA

5. *Formulae differentialis*

$$\frac{z^{m-1} + z^{\mu-1}}{1 + z^n} dz$$

integrale invenire existente $m + \mu = n$, *ita tamen, ut tam m quam μ sint numeri positivi.*

SOLUTIO

Hic igitur nil aliud opus est, nisi ut termini integrales formulae $\int \frac{z^{m-1} dz}{1 + z^n}$ supra inventi geminentur, dum altera vice loco m scribitur μ; cum sit pro terminis logarithmicis $\frac{m\pi}{n} + \frac{\mu\pi}{n} = \pi$, erit

$$\cos. \frac{\mu\pi}{n} = -\cos. \frac{m\pi}{n}, \quad \cos. \frac{3\,\mu\pi}{n} = -\cos. \frac{3\,m\pi}{n}, \quad \cos. \frac{5\,\mu\pi}{n} = -\cos. \frac{5\,m\pi}{n} \quad \text{etc.,}$$

unde patet omnes terminos logarithmicos se invicem destruere. Porro vero pro arcubus circularibus cum sit

$$\sin.\frac{\mu\pi}{n} = \sin.\frac{m\pi}{n}, \quad \sin.\frac{3\mu\pi}{n} = \sin.\frac{3m\pi}{n} \quad \text{etc.,}$$

hi termini duplicabuntur, ita ut integrale quaesitum proditurum sit

$$\frac{4}{n}\sin.\frac{\mu\pi}{n}\,\text{A tang.}\,\frac{z\sin.\frac{\pi}{n}}{1-z\cos.\frac{\pi}{n}} + \frac{4}{n}\sin.\frac{3\mu\pi}{n}\,\text{A tang.}\,\frac{z\sin.\frac{3\pi}{n}}{1-z\cos.\frac{3\pi}{n}}$$

$$+ \frac{4}{n}\sin.\frac{5\mu\pi}{n}\,\text{A tang.}\,\frac{z\sin.\frac{5\pi}{n}}{1-z\cos.\frac{5\pi}{n}} + \text{etc.,}$$

quorum terminorum, si i denotet numerum quemcunque imparem, forma generalis erit

$$\frac{4}{n}\sin.\frac{i\mu\pi}{n}\,\text{A tang.}\,\frac{z\sin.\frac{i\pi}{n}}{1-z\cos.\frac{i\pi}{n}};$$

terminos autem eousque continuare oportet, quoad numerus non superet exponentem n, ita ut, si n fuerit numerus impar, ultimus terminus contineat $i=n$, sin autem n sit numerus par, valor futurus ipsius i sit $i=n-1$.

COROLLARIUM

6. Cum casus $n=1$ hinc excludatur, casu $n=2$ integrale erit

$$2\sin.\frac{m\pi}{2}\,\text{A tang}\,z.$$

Casu $n=3$ integrale erit

$$\frac{4}{3}\sin.\frac{m\pi}{3}\,\text{A tang.}\,\frac{z\sqrt{3}}{2-z}$$

et casu $n=4$ erit integrale

$$\sin.\frac{m\pi}{4}\,\text{A tang.}\,\frac{z}{\sqrt{2}-z} + \sin.\frac{3m\pi}{4}\,\text{A tang.}\,\frac{z}{\sqrt{2}+z}.$$

PROBLEMA

7. *Formulae differentialis praecedentis integrale assignare casu, quo $z = 1$, quandoquidem superius integrale ita est sumtum, ut evanescat posito $z = 0$.*

SOLUTIO

Cum integralis quaesiti quaelibet pars hanc habeat formam

$$\frac{4}{n} \sin. \frac{im\pi}{n} \text{ A tang. } \frac{z \sin. \frac{i\pi}{n}}{1 - z \cos. \frac{i\pi}{n}},$$

haec forma posito $z = 1$ abit in hanc

$$\frac{4}{n} \sin. \frac{im\pi}{n} \text{ A tang. } \frac{\sin. \frac{i\pi}{n}}{1 - \cos. \frac{i\pi}{n}};$$

iam vero est

$$\frac{\sin. \frac{i\pi}{n}}{1 - \cos. \frac{i\pi}{n}} = \cot. \frac{i\pi}{2n} = \tang. \left(\frac{\pi}{2} - \frac{i\pi}{2n} \right)$$

ideoque

$$\text{A tang. } \frac{\sin. \frac{i\pi}{n}}{1 - \cos. \frac{i\pi}{n}} = \frac{\pi}{2} - \frac{i\pi}{2n},$$

unde generatim pars integralis erit

$$\frac{4}{n} \sin. \frac{im\pi}{n} \left(\frac{\pi}{2} - \frac{i\pi}{2n} \right) = \frac{2\pi}{n} \sin. \frac{im\pi}{n} - \frac{2i\pi}{nn} \sin. \frac{im\pi}{n};$$

integrale ergo quaesitum per binas sequentes progressiones exprimitur

$$\frac{2\pi}{n} \left(\sin. \frac{m\pi}{n} + \sin. \frac{3m\pi}{n} + \sin. \frac{5m\pi}{n} + \cdots + \sin. \frac{im\pi}{n} \right)$$

$$- \frac{2\pi}{nn} \left(1 \sin. \frac{m\pi}{n} + 3 \sin. \frac{3m\pi}{n} + 5 \sin. \frac{5m\pi}{n} + \cdots + i \sin. \frac{im\pi}{n} \right);$$

ubi si brevitatis gratia scribamus $\frac{m\pi}{n} = \vartheta$, erit integrale istud commodius expressum ita

$$\frac{2\pi}{n}(\sin.\vartheta + \sin.3\vartheta + \sin.5\vartheta + \cdots + \sin.i\vartheta)$$

$$-\frac{2\pi}{nn}(1\sin.\vartheta + 3\sin.3\vartheta + 5\sin.5\vartheta + \cdots + i\sin.i\vartheta),$$

ubi, quoties n fuerit numerus impar, erit $i = n$, sin autem n numerus par, erit $i = n - 1$.

Cum igitur totum negotium huc redeat, ut hae duae series summentur, statuamus

$$s = \sin.\vartheta + \sin.3\vartheta + \sin.5\vartheta + \cdots + \sin.i\vartheta$$

et

$$t = 1\sin.\vartheta + 3\sin.3\vartheta + 5\sin.5\vartheta + \cdots + i\sin.i\vartheta,$$

ita ut nostrum integrale sit

$$\frac{2\pi}{n}s - \frac{2\pi}{nn}t;$$

pro priore serie cum sit

$$2\sin.\vartheta\sin.i\vartheta = \cos.(i-1)\vartheta - \cos.(i+1)\vartheta,$$

erit

$$2s\sin.\vartheta = \cos.0\vartheta - \cos.2\vartheta - \cos.4\vartheta - \cos.6\vartheta - \cdots - \cos.(i+1)\vartheta$$
$$+ \cos.2\vartheta + \cos.4\vartheta + \cos.6\vartheta + \cdots,$$

ita ut sit $2s\sin.\vartheta = 1 - \cos.(i+1)\vartheta$, ergo

$$s = \frac{1}{2\sin.\vartheta} - \frac{\cos.(i+1)\vartheta}{2\sin.\vartheta}.$$

Pro altera autem serie spectemus primum angulum ϑ ut variabilem, et cum sit $d.\cos.i\vartheta = -id\vartheta\sin.i\vartheta$, erit

$$\int id\vartheta\sin.i\vartheta = -\cos.i\vartheta,$$

quo notato reperietur

$$\int t\,d\vartheta = -\cos.\vartheta - \cos.3\vartheta - \cos.5\vartheta - \cdots - \cos.i\vartheta,$$

quae series multiplicetur per $2\sin.\vartheta$, et cum sit

$$2\sin.\vartheta\cos.i\vartheta = -\sin.(i-1)\vartheta + \sin.(i+1)\vartheta,$$

erit

$$2\sin.\vartheta\int t\,d\vartheta = -\sin.(i+1)\vartheta,$$

quocirca habebimus

$$\int t\, d\vartheta = -\frac{\sin.(i+1)\vartheta}{2 \sin. \vartheta}$$

hincque

$$t = -\frac{(i+1)\cos.(i+1)\vartheta}{2 \sin. \vartheta} + \frac{\sin.(i+1)\vartheta \cos. \vartheta}{2 \sin. \vartheta^2},$$

quibus valoribus inventis integrale nostrum ita se habebit

$$\frac{\pi}{n \sin. \vartheta} - \frac{\pi \cos.(i+1)\vartheta}{n \sin. \vartheta} + \frac{\pi(i+1)\cos.(i+1)\vartheta}{nn \sin. \vartheta} - \frac{\pi \sin.(i+1)\vartheta \cos. \vartheta}{nn \sin. \vartheta^2};$$

cum nunc sit vel $i = n - 1$ vel $i = n$, prout n fuerit numerus par vel impar, utrumque casum seorsim evolvamus.

I. Si n sit numerus par, erit $i = n - 1$ et $i + 1 = n$, et quia $\vartheta = \frac{m\pi}{n}$, erit

$$(i+1)\vartheta = m\pi,$$

hinc

$$\sin.(i+1)\vartheta = 0 \quad \text{et} \quad \cos.(i+1)\vartheta = \pm 1;$$

quocirca formula nostra erit $= \frac{\pi}{n \sin. \vartheta}$, consequenter integrale quaesitum hoc casu erit

$$\frac{\pi}{n \sin. \frac{m\pi}{n}}.$$

II. At si sit $i = n$ ideoque $i + 1 = n + 1$, erit angulus

$$(i+1)\vartheta = (n+1)\frac{m\pi}{n} = m\pi + \frac{m\pi}{n} = m\pi + \vartheta,$$

unde fit

$$\cos.(i+1)\vartheta = \pm \cos. \vartheta \quad \text{et} \quad \sin.(i+1)\vartheta = \pm \sin. \vartheta,$$

quibus valoribus substitutis formula evadet

$$\frac{\pi}{n \sin. \vartheta} \mp \frac{\pi \cos. \vartheta}{n \sin. \vartheta} \pm \frac{(n+1)\pi \cos. \vartheta}{nn \sin. \vartheta} \mp \frac{\pi \cos. \vartheta}{nn \sin. \vartheta},$$

quae contrahitur in

$$\frac{\pi}{n \sin. \vartheta} = \frac{\pi}{n \sin. \frac{m\pi}{n}}.$$

Consequenter, sive n sit numerus par sive impar, erit

$$\int \frac{z^{m-1} + z^{\mu-1}}{1 + z^n}\, dz = \frac{\pi}{n \sin. \frac{m\pi}{n}}.$$

COROLLARIUM 1

8. Si ergo fuerit $m + \mu = n$ et post integrationem ita institutam, ut integrale evanescat posito $z = 0$, capiatur $z = 1$, semper fiet

$$\int \frac{z^{m-1} + z^{\mu-1}}{1 + z^n}\, dz = \frac{\pi}{n \sin. \frac{m\pi}{n}}.$$

COROLLARIUM 2

9. Cum per seriem infinitam sit

$$\frac{1}{1 + z^n} = 1 - z^n + z^{2n} - z^{3n} + z^{4n} - z^{5n} + \text{etc.},$$

nostrae formulae integrale in genere erit

$$+ \frac{z^m}{m} - \frac{z^{m+n}}{m+n} + \frac{z^{m+2n}}{m+2n} - \frac{z^{m+3n}}{m+3n} + \frac{z^{m+4n}}{m+4n} - \text{etc.}$$

$$+ \frac{z^\mu}{\mu} - \frac{z^{\mu+n}}{\mu+n} + \frac{z^{\mu+2n}}{\mu+2n} - \frac{z^{\mu+3n}}{\mu+3n} + \frac{z^{\mu+4n}}{\mu+4n} - \text{etc.,}$$

unde posito $z = 1$ sequentis seriei infinitae summatio habebitur

$$\frac{\pi}{n \sin. \frac{m\pi}{n}} = \begin{cases} + \dfrac{1}{m} - \dfrac{1}{m+n} + \dfrac{1}{m+2n} - \dfrac{1}{m+3n} + \dfrac{1}{m+4n} - \text{etc.} \\[2ex] + \dfrac{1}{\mu} - \dfrac{1}{\mu+n} + \dfrac{1}{\mu+2n} - \dfrac{1}{\mu+3n} + \dfrac{1}{\mu+4n} - \text{etc.} \end{cases}$$

vel ob $n = m + \mu$ huius

$$\frac{\pi}{(m+\mu) \sin. \frac{m\pi}{m+\mu}} = \begin{cases} + \dfrac{1}{m} - \dfrac{1}{2m+\mu} + \dfrac{1}{3m+2\mu} - \dfrac{1}{4m+3\mu} + \text{etc.} \\[2ex] + \dfrac{1}{\mu} - \dfrac{1}{2\mu+m} + \dfrac{1}{3\mu+2m} - \dfrac{1}{4\mu+3m} + \text{etc.} \end{cases}$$

EXEMPLA

I. Si $m = 1$ et $\mu = 1$, erit

$$\frac{\pi}{2} = \begin{cases} + 1 - \dfrac{1}{3} + \dfrac{1}{5} - \dfrac{1}{7} + \dfrac{1}{9} - \dfrac{1}{11} + \text{etc.} \\[2mm] + 1 - \dfrac{1}{3} + \dfrac{1}{5} - \dfrac{1}{7} + \dfrac{1}{9} - \dfrac{1}{11} + \text{etc.} \end{cases}$$

ideoque

$$\frac{\pi}{4} = + 1 - \frac{1}{3} + \frac{1}{5} - \frac{1}{7} + \frac{1}{9} - \frac{1}{11} + \text{etc.}$$

II. Si $m = 1$ et $\mu = 2$, erit

$$m + \mu = 3 \quad \text{et} \quad \sin. \frac{m\pi}{m+\mu} = \frac{\sqrt{3}}{2}$$

ideoque

$$\frac{2\pi}{3\sqrt{3}} = \begin{cases} + 1 - \dfrac{1}{4} + \dfrac{1}{7} - \dfrac{1}{10} + \dfrac{1}{13} - \dfrac{1}{16} + \text{etc.} \\[2mm] + \dfrac{1}{2} - \dfrac{1}{5} + \dfrac{1}{8} - \dfrac{1}{11} + \dfrac{1}{14} - \dfrac{1}{17} + \text{etc.} \end{cases}$$

sive

$$\frac{2\pi}{3\sqrt{3}} = 1 + \frac{1}{2} - \frac{1}{4} - \frac{1}{5} + \frac{1}{7} + \frac{1}{8} - \frac{1}{10} - \frac{1}{11} + \frac{1}{13} + \text{etc.}$$

III. Si $m = 1$ et $\mu = 3$, erit

$$\mu + m = 4 \quad \text{et} \quad \sin. \frac{m\pi}{m+\mu} = \frac{1}{\sqrt{2}}$$

ideoque

$$\frac{\pi}{2\sqrt{2}} = \begin{cases} + 1 - \dfrac{1}{5} + \dfrac{1}{9} - \dfrac{1}{13} + \dfrac{1}{17} - \dfrac{1}{21} + \text{etc.} \\[2mm] + \dfrac{1}{3} - \dfrac{1}{7} + \dfrac{1}{11} - \dfrac{1}{15} + \dfrac{1}{19} - \dfrac{1}{23} + \text{etc.} \end{cases}$$

seu

$$\frac{\pi}{2\sqrt{2}} = + 1 + \frac{1}{3} - \frac{1}{5} - \frac{1}{7} + \frac{1}{9} + \frac{1}{11} - \frac{1}{13} - \frac{1}{15} + \text{etc.}$$

Addatur huic series exemplo I inventa prodibitque

$$\frac{\pi}{4} + \frac{\pi}{2\sqrt{2}} = 2 - \frac{2}{7} + \frac{2}{9} - \frac{2}{15} + \frac{2}{17} - \text{etc.}$$

sive

$$\frac{\pi}{8} + \frac{\pi}{4\sqrt{2}} = 1 - \frac{1}{7} + \frac{1}{9} - \frac{1}{15} + \frac{1}{17} - \frac{1}{23} + \text{etc.},$$

ubi termini positivi in forma $8a + 1$, negativi vero in forma $8a - 1$ continentur.

PROBLEMA

10. *Formulam integralem*

$$\int \frac{z^{m-1}-z^{\mu-1}}{1-z^n}\,dz$$

existente $m+\mu=n$ *integrare.*

SOLUTIO

Cum igitur a formula integrali $\int \frac{z^{m-1}dz}{1-z^n}$ haec formula $\int \frac{z^{\mu-1}dz}{1-z^n}$ subtrahi debeat, primi logarithmi se destruunt; id quod ob

$$\frac{2m\pi}{n}+\frac{2\mu\pi}{n}=2\pi$$

et hinc ob

$$\cos.\frac{2m\pi}{n}=\cos.\frac{2\mu\pi}{n}$$

etiam de secundis valet; pro tertiis idem evenit, quia

$$\frac{4m\pi}{n}+\frac{4\mu\pi}{n}=4\pi$$

et hinc quia

$$\cos.\frac{4m\pi}{n}=\cos.\frac{4\mu\pi}{n};$$

atque hoc modo omnes logarithmi plane se destruent; arcus vero circulares, quia

$$\sin.\frac{2\mu\pi}{n}=-\sin.\frac{2m\pi}{n}\quad\text{et}\quad\sin.\frac{4\mu\pi}{n}=-\sin.\frac{4m\pi}{n},$$

omnes manifesto duplicabuntur; unde integrale quaesitum per meros arcus circulares exprimitur eritque

$$\int \frac{z^{m-1}-z^{\mu-1}}{1-z^n}\,dz$$

$$=\frac{4}{n}\sin.\frac{2m\pi}{n}\,\text{A tang.}\frac{z\sin.\frac{2\pi}{n}}{1-z\cos.\frac{2\pi}{n}}+\frac{4}{n}\sin.\frac{4m\pi}{n}\,\text{A tang.}\frac{z\sin.\frac{4\pi}{n}}{1-z\cos.\frac{4\pi}{n}}$$

$$+\frac{4}{n}\sin.\frac{6m\pi}{n}\,\text{A tang.}\frac{z\sin.\frac{6\pi}{n}}{1-z\cos.\frac{6\pi}{n}}+\frac{4}{n}\sin.\frac{8m\pi}{n}\,\text{A tang.}\frac{z\sin.\frac{8\pi}{n}}{1-z\cos.\frac{8\pi}{n}}$$

etc.,

unde, si i denotet numerum parem quemcunque, singuli hi termini in hac forma generali continebuntur

$$\frac{4}{n} \sin. \frac{im\pi}{n} \text{ Arc. tang. } \frac{z \sin. \frac{i\pi}{n}}{1 - z \cos. \frac{i\pi}{n}} \cdot$$

Has autem formulas eousque continuari oportet, quamdiu i non superet exponentem n; quare si n sit numerus par, ultimus valor erit $i = n$, sin autem n sit impar, ultimus ille valor erit $i = n - 1$. Caeterum notasse iuvabit totum hoc integrale evanescere sumto $z = 0$.

PROBLEMA

11. *Praecedentis formulae integralis valorem investigare pro casu, quo ponitur* $z = 1$.

SOLUTIO

Cum omnium partium forma generalis hoc casu abeat in hanc

$$\frac{4}{n} \sin. \frac{im\pi}{n} \text{ A tang. } \frac{\sin. \frac{i\pi}{n}}{1 - \cos. \frac{i\pi}{n}},$$

est vero, uti ante iam vidimus,

$$\frac{\sin. \frac{i\pi}{n}}{1 - \cos. \frac{i\pi}{n}} = \cot. \frac{i\pi}{2n} = \tan. \left(\frac{\pi}{2} - \frac{i\pi}{2n}\right),$$

unde iste arcus erit

$$\frac{\pi}{2} - \frac{i\pi}{2n}$$

ideoque tota forma

$$\frac{2\pi}{n} \sin. \frac{im\pi}{n} - \frac{2i\pi}{nn} \sin. \frac{im\pi}{n},$$

ponamus brevitatis gratia $\frac{m\pi}{n} = \vartheta$, ut habeamus hanc formulam

$$\frac{2\pi}{n} \sin. i\vartheta - \frac{2i\pi}{nn} \sin. i\vartheta;$$

quodsi iam loco i successive scribamus numeros 2, 4, 6, 8 etc. usque ad ultimum i, qui est vel n vel $n - 1$, valor integralis quaesitus per has duas series exprimetur

$$\frac{2\pi}{n}(\sin.2\vartheta + \sin.4\vartheta + \sin.6\vartheta + \cdots + \sin. i\vartheta),$$

$$-\frac{2\pi}{nn}(2\sin.2\vartheta + 4\sin.4\vartheta + 6\sin.6\vartheta + \cdots + i\sin. i\vartheta);$$

statuamus igitur ut supra

$$s = \sin.2\vartheta + \sin.4\vartheta + \sin.6\vartheta + \cdots + \sin. i\vartheta,$$
$$t = 2\sin.2\vartheta + 4\sin.4\vartheta + 6\sin.6\vartheta + \cdots + i\sin. i\vartheta,$$

ita ut valor, quem quaerimus, futurus sit

$$\frac{2\pi}{n}s - \frac{2\pi}{nn}t.$$

Iam seriem priorem multiplicemus per $2\sin.\vartheta$, et cum sit

$$2\sin.\vartheta\sin. i\vartheta = \cos.(i - 1)\vartheta - \cos.(i + 1)\vartheta,$$

erit

$$2s\sin.\vartheta = \cos.\vartheta - \cos.3\vartheta - \cos.5\vartheta - \cos.7\vartheta - \cdots - \cos.(i + 1)\vartheta$$
$$+ \cos.3\vartheta + \cos.5\vartheta + \cos.7\vartheta + \cdots$$

seu

$$2s\sin.\vartheta = \cos.\vartheta - \cos.(i + 1)\vartheta,$$

ergo

$$s = \frac{\cos.\vartheta}{2\sin.\vartheta} - \frac{\cos.(i+1)\vartheta}{2\sin.\vartheta}.$$

Altera series multiplicetur per $d\vartheta$, et cum sit

$$\int i\,d\vartheta\sin. i\vartheta = -\cos. i\vartheta,$$

prodibit integrando

$$\int t\,d\vartheta = -\cos.2\vartheta - \cos.4\vartheta - \cos.6\vartheta - \cdots - \cos. i\vartheta,$$

quae denuo multiplicata per $2\sin.\vartheta$ ob

$$2\sin.\vartheta\cos. i\vartheta = \sin.(i + 1)\vartheta - \sin.(i - 1)\vartheta$$

praebet

$$2\sin.\vartheta\int t\,d\vartheta = \sin.\vartheta - \sin.3\vartheta - \sin.5\vartheta - \sin.7\vartheta - \cdots - \sin.(i + 1)\vartheta$$
$$+ \sin.3\vartheta + \sin.5\vartheta + \sin.7\vartheta + \cdots;$$

48*

hinc per $2\sin.\vartheta$ dividendo fit

$$\int t\, d\vartheta = + \frac{1}{2} - \frac{\sin.(i+1)\vartheta}{2\sin.\vartheta},$$

unde colligimus

$$t = - \frac{(i+1)\cos.(i+1)\vartheta}{2\sin.\vartheta} + \frac{\sin.(i+1)\vartheta\cos.\vartheta}{2\sin.\vartheta^2}.$$

His igitur valoribus s et t inventis integrale quaesitum erit

$$\frac{\pi\cos.\vartheta}{n\sin.\vartheta} - \frac{\pi\cos.(i+1)\vartheta}{n\sin.\vartheta} + \frac{\pi(i+1)\cos.(i+1)\vartheta}{nn\sin.\vartheta} - \frac{\pi\sin.(i+1)\vartheta\cos.\vartheta}{nn\sin.\vartheta^2};$$

cum nunc sit $\vartheta = \frac{m\pi}{n}$, duo casus evolvendi supersunt, alter, quo n est numerus par et $i = n$, alter vero, quo n est numerus impar et $i = n - 1$.

I. Si $i = n$, erit

$$(i+1)\vartheta = m\pi + \frac{m\pi}{n} = m\pi + \vartheta,$$

unde ob $\sin.m\pi = 0$ erit

$$\cos.(i+1)\vartheta = \cos.m\pi\cos.\vartheta \quad \text{et} \quad \sin.(i+1)\vartheta = \cos.m\pi\sin.\vartheta,$$

quibus substitutis habebimus $\frac{\pi\cos.\vartheta}{n\sin.\vartheta}$; reliqua scilicet membra se mutuo destruunt, ita ut valor quaesitus sit $\frac{\pi\cos.\vartheta}{n\sin.\vartheta} = \frac{\pi}{n\,\tan\!g.\vartheta}$.

II. Si $i = n - 1$ ideoque $i + 1 = n$, erit

$$(i+1)\vartheta = m\pi \quad \text{et} \quad \cos.(i+1)\vartheta = \cos.m\pi, \quad \text{at} \quad \sin.(i+1)\vartheta = 0,$$

unde formula nostra fiet $\frac{\pi\cos.\vartheta}{n\sin.\vartheta}$, ubi scilicet reliqui termini praeter hunc sese mutuo destruxerunt.

Unde patet, sive exponens n fuerit par sive impar, utroque casu valorem integralis quaesiti esse

$$= \frac{\pi}{n\,\tan\!g.\dfrac{m\pi}{n}}.$$

COROLLARIUM 1

12. Si ergo fuerit $m + \mu = n$ et post integrationem ita institutam, ut integrale evanescat posito $z = 0$, capiatur $z = 1$, semper fiet

$$\int \frac{z^{m-1} - z^{\mu-1}}{1 - z^n}\, dz = \frac{\pi}{n\,\tan\!g.\dfrac{m\pi}{n}}.$$

COROLLARIUM 2

13. Cum per seriem infinitam sit

$$\frac{1}{1-z^n} = 1 + z^n + z^{2n} + z^{3n} + z^{4n} + z^{5n} + \text{etc.},$$

integrale nostrae formulae erit in genere

$$\frac{z^m}{m} + \frac{z^{m+n}}{m+n} + \frac{z^{m+2n}}{m+2n} + \frac{z^{m+3n}}{m+3n} + \text{etc.}$$
$$- \frac{z^\mu}{\mu} - \frac{z^{\mu+n}}{\mu+n} - \frac{z^{\mu+2n}}{\mu+2n} - \frac{z^{\mu+3n}}{\mu+3n} - \text{etc.},$$

unde posito $z=1$ sequentis seriei infinitae summatio habebitur

$$\frac{\pi}{n \, \text{tang.} \frac{m\pi}{n}} = \begin{cases} \dfrac{1}{m} + \dfrac{1}{m+n} + \dfrac{1}{m+2n} + \dfrac{1}{m+3n} + \dfrac{1}{m+4n} + \text{etc.} \\[2ex] - \dfrac{1}{\mu} - \dfrac{1}{\mu+n} - \dfrac{1}{\mu+2n} - \dfrac{1}{\mu+3n} - \dfrac{1}{\mu+4n} - \text{etc.,} \end{cases}$$

quae series a superiori tantum ratione signorum discrepat; vel cum sit $n = m + \mu$, erit

$$\frac{\pi}{(m+\mu) \, \text{tang.} \frac{m\pi}{m+\mu}} = \begin{cases} \dfrac{1}{m} + \dfrac{1}{2m+\mu} + \dfrac{1}{3m+2\mu} + \dfrac{1}{4m+3\mu} + \text{etc.} \\[2ex] - \dfrac{1}{\mu} - \dfrac{1}{2\mu+m} - \dfrac{1}{3\mu+2m} - \dfrac{1}{4\mu+3m} - \text{etc.} \end{cases}$$

EXEMPLA

I. Quia hae duae series se mutuo destruunt casu $\mu = m$, hoc casu fiet

$$\frac{\pi}{2m \, \text{tang.} \frac{\pi}{2}} = 0.$$

II. Sumamus $m = 1$ et $\mu = 2$ colligiturque

$$\frac{\pi}{3\sqrt{3}} = \begin{cases} + 1 + \dfrac{1}{4} + \dfrac{1}{7} + \dfrac{1}{10} + \dfrac{1}{13} + \dfrac{1}{16} + \dfrac{1}{19} + \text{etc.} \\[2ex] - \dfrac{1}{2} - \dfrac{1}{5} - \dfrac{1}{8} - \dfrac{1}{11} - \dfrac{1}{14} - \dfrac{1}{17} - \dfrac{1}{20} - \text{etc.} \end{cases}$$

sive

$$\frac{\pi}{3\sqrt{3}} = 1 - \frac{1}{2} + \frac{1}{4} - \frac{1}{5} + \frac{1}{7} - \frac{1}{8} + \frac{1}{10} - \frac{1}{11} + \frac{1}{13} - \text{etc.;}$$

si ergo hanc seriem per 2 multiplicemus, habebimus

$$\frac{2\pi}{3\sqrt{3}} = \frac{2}{1} - \frac{2}{2} + \frac{2}{4} - \frac{2}{5} + \frac{2}{7} - \frac{2}{8} + \frac{2}{10} - \text{etc.},$$

supra autem (§ 9) inveneramus

$$\frac{2\pi}{3\sqrt{3}} = 1 + \frac{1}{2} - \frac{1}{4} - \frac{1}{5} + \frac{1}{7} + \frac{1}{8} - \frac{1}{10} - \frac{1}{11} + \text{etc.};$$

hinc, si ab illa serie hanc subtrahamus, prodibit

$$0 = 1 - \frac{3}{2} + \frac{3}{4} - \frac{1}{5} + \frac{1}{7} - \frac{3}{8} + \frac{3}{10} - \frac{1}{11} + \frac{1}{13} - \frac{3}{14} + \text{etc.},$$

quae ita commode in periodos distribuitur

$$0 = \begin{cases} + \dfrac{1}{1} - \dfrac{3}{2} + \dfrac{3}{4} - \dfrac{1}{5} \\[2mm] + \dfrac{1}{7} - \dfrac{3}{8} + \dfrac{3}{10} - \dfrac{1}{11} \\[2mm] + \dfrac{1}{13} - \dfrac{3}{14} + \dfrac{3}{16} - \dfrac{1}{17} \\[2mm] \qquad \text{etc.,} \end{cases}$$

unde sequitur fore

$$1 - \frac{1}{5} + \frac{1}{7} - \frac{1}{11} + \frac{1}{13} - \frac{1}{17} + \frac{1}{19} - \text{etc.} = 3\left(\frac{1}{2} - \frac{1}{4} + \frac{1}{8} - \frac{1}{10} + \frac{1}{14} - \text{etc.}\right).$$

SCHOLION

14. Aequalitas harum duarum serierum eo magis est notatu digna, quod eius veritas non parum abstrusa videtur; rem igitur sequenti modo tentemus. Ponamus pro priore

$$s = \frac{z}{1} - \frac{z^5}{5} + \frac{z^7}{7} - \frac{z^{11}}{11} + \frac{z^{13}}{13} - \frac{z^{17}}{17} + \text{etc.}$$

eritque differentiando

$$\frac{ds}{dz} = 1 - z^4 + z^6 - z^{10} + z^{12} - z^{16} + z^{18} - \text{etc.} = \frac{1 - z^4}{1 - z^6},$$

unde fit

$$s = \int \frac{(1 - z^4)\, dz}{1 - z^6},$$

in quo integrali poni debet $z = 1$; qua forma cum problemate postremo comparata fit $m = 1$, $\mu = 5$ et $n = 6$, ita ut sit $m + \mu = n$; hinc ergo colligitur

$$ s = \frac{\pi}{6 \, \tan. \frac{\pi}{6}} = \frac{\pi}{2 \sqrt{3}}. $$

Pro altera serie ponamus

$$ t = \frac{z^2}{2} - \frac{z^4}{4} + \frac{z^8}{8} - \frac{z^{10}}{10} + \frac{z^{14}}{14} - \text{etc.}, $$

ut posito $z = 1$ fieri debeat $s = 3t$; erit ergo differentiando

$$ \frac{dt}{dz} = z - z^3 + z^7 - z^9 + z^{13} - z^{15} + z^{19} - \text{etc.} = \frac{z - z^3}{1 - z^6}, $$

unde fit

$$ t = \int \frac{(z - z^3) \, dz}{1 - z^6}, $$

qua aequatione cum problemate ultimo comparata ob $m = 2$, $\mu = 4$, $n = 6$ positoque $z = 1$ prodit

$$ t = \frac{\pi}{6 \, \tan. \frac{\pi}{3}} = \frac{\pi}{6 \sqrt{3}}, $$

quocirca erit $3t = \frac{\pi}{2 \sqrt{3}}$ hincque

$$ s = 3t = \frac{\pi}{2 \sqrt{3}}. $$

DE VALORE FORMULAE INTEGRALIS

$$\int \frac{z^{\lambda-\omega} \pm z^{\lambda+\omega}}{1 \pm z^{2\lambda}} \cdot \frac{dz}{z} (lz)^{\mu}$$

CASU QUO POST INTEGRATIONEM PONITUR $z=1$

Commentatio 463 indicis Enestroemiani
Novi commentarii academiae scientiarum Petropolitanae 19 (1774), 1775, p. 30—65
Summarium ibidem p. 8—13

SUMMARIUM

Ex consideratione arcuum circularium, qui eundem habent vel sinum vel tangentem, iam olim[1]) invenit Illustr. huius dissertationis Auctor designantibus m et n numeros quoscunque esse

$$\frac{1}{m} + \frac{1}{n-m} - \frac{1}{n+m} - \frac{1}{2n-m} + \frac{1}{2n+m} + \frac{1}{3n-m} - \text{etc.} = \frac{\pi}{n \sin. \frac{m\pi}{n}}$$

et

$$\frac{1}{m} - \frac{1}{n-m} + \frac{1}{n+m} - \frac{1}{2n-m} + \frac{1}{2n+m} - \frac{1}{3n-m} + \text{etc.} = \frac{\pi}{n \tan. \frac{m\pi}{n}},$$

tum vero easdem quoque series oriri ex evolutione formularum integralium in priori dissertatione consideratarum, si quidem post integrationem ponitur $z = 1$. Quodsi loco n adhibeatur 2λ et m ponatur $= \lambda - \omega$, prodibit

$$\frac{1}{\lambda-\omega} + \frac{1}{\lambda+\omega} - \frac{1}{3\lambda-\omega} - \frac{1}{3\lambda+\omega} + \frac{1}{5\lambda-\omega} + \frac{1}{5\lambda+\omega} - \text{etc.} = \frac{\pi}{2\lambda \cos. \frac{\pi\omega}{2\lambda}} = \int \frac{z^{\lambda-\omega} + z^{\lambda+\omega}}{1+z^{2\lambda}} \cdot \frac{dz}{z}$$

et

$$\frac{1}{\lambda-\omega} - \frac{1}{\lambda+\omega} + \frac{1}{3\lambda-\omega} - \frac{1}{3\lambda+\omega} + \frac{1}{5\lambda-\omega} - \frac{1}{5\lambda+\omega} + \text{etc.} = \frac{\pi}{2\lambda} \tan. \frac{\pi\omega}{2\lambda} = \int \frac{z^{\lambda-\omega} - z^{\lambda+\omega}}{1-z^{2\lambda}} \cdot \frac{dz}{z}.$$

---

1) Vide notam p. 387.   A. G.

In hac igitur dissertatione Illustr. Auctori propositum est, ut ostendat, quomodo ex valoribus harum formularum integralium cognitis illi derivari queant, qui respondent formulis integralibus in fronte huius dissertationis propositis, quod novo et singulari artificio perficit. Posito nimirum

$$\frac{\pi}{2\lambda \cos.\dfrac{\pi\omega}{2\lambda}} = S \quad \text{et} \quad \frac{\pi}{2\lambda} \tang.\frac{\pi\omega}{2\lambda} = T$$

tam in his valoribus quam formulis integralibus, quibus aequantur, non solum quantitatem z, sed etiam ω tamquam variabilem spectat, unde primum differentiando posita sola z variabili colligitur

$$\left(\frac{dS}{dz}\right) = \frac{z^{\lambda-\omega} + z^{\lambda+\omega}}{1 + z^{2\lambda}} \cdot \frac{1}{z},$$

tum vero denuo differentiando posita sola littera ω variabili erit

$$\left(\frac{ddS}{dz\,d\omega}\right) = \frac{-z^{\lambda-\omega} + z^{\lambda+\omega}}{1 + z^{2\lambda}} \cdot \frac{1}{z}\, lz,$$

ex quo vicissim integratione ita instituta, ut sola z habeatur pro variabili, deducitur

$$\left(\frac{dS}{d\omega}\right) = \int \frac{-z^{\lambda-\omega} + z^{\lambda+\omega}}{1 + z^{2\lambda}} \cdot \frac{dz}{z}\, lz = \frac{\pi\pi \sin.\dfrac{\pi\omega}{2\lambda}}{4\lambda\lambda \cos.\dfrac{\pi\omega}{2\lambda}^2} \cdot {}^{1})$$

Simili modo ex altera formula colligitur

$$\left(\frac{dT}{d\omega}\right) = \frac{\pi\pi}{4\lambda\lambda \cos \dfrac{\pi\omega}{2\lambda}^2} = -\int \frac{z^{\lambda-\omega} + z^{\lambda+\omega}}{1 - z^{2\lambda}} \cdot \frac{dz}{z}\, lz.$$

Si nunc ponatur

$$\left(\frac{dS}{d\omega}\right) = S' \quad \text{et} \quad \left(\frac{dT}{d\omega}\right) = T',$$

idem ratiocinium prosequendo obtinebitur

$$\left(\frac{dS'}{d\omega}\right) = \frac{\pi^3}{8\lambda^3}\left(\frac{2}{\cos.\dfrac{\pi\omega}{2\lambda}^3} - \frac{1}{\cos.\dfrac{\pi\omega}{2\lambda}}\right) = \int \frac{z^{\lambda-\omega} + z^{\lambda+\omega}}{1 + z^{2\lambda}} \cdot \frac{dz}{z} (lz)^2,$$

$$\left(\frac{dT'}{d\omega}\right) = \frac{\pi^3}{8\lambda^3} \cdot \frac{2 \sin.\dfrac{\pi\omega}{2\lambda}}{\cos.\dfrac{\pi\omega}{2\lambda}^3} = \int \frac{z^{\lambda-\omega} - z^{\lambda+\omega}}{1 - z^{2\lambda}} \cdot \frac{dz}{z} (lz)^2$$

similique modo pertingere licet ad formulas integrales, quae $(lz)^3$ vel altiores potestates

---

1) $\cos \varphi^2$, $\cos \varphi^3$ etc. hic et in sequentibus formulis idem atque $\cos^2 \varphi$, $\cos^3 \varphi$ etc. significant.

A. G.

ipsius lz involvunt. Sufficit vero heic observasse esse in genere

$$\int \pm \frac{z^{\lambda-\omega}+z^{\lambda+\omega}}{1+z^{2\lambda}} \cdot \frac{dz}{z}(lz)^{\nu} = \left(\frac{d^{\nu} S}{d\omega^{\nu}}\right)$$

posito $S = \dfrac{\pi}{2\lambda \cos.\frac{\pi\omega}{2\lambda}}$; accipiendum vero est signum superius, si fuerit ν numerus par, inferius autem, si impar.

Simili ratione erit

$$\int \pm \frac{z^{\lambda-\omega}-z^{\lambda+\omega}}{1-z^{2\lambda}} \cdot \frac{dz}{z}(lz)^{\nu} = \left(\frac{d^{\nu} T}{d\omega^{\nu}}\right)$$

posito $T = \dfrac{\pi}{2\lambda}$ tang. $\dfrac{\pi\omega}{2\lambda}$ heicque signum $+$ valebit pro ν numero pari, $-$ vero pro ν numero impari. Inventio igitur valorum pro formulis propositis reducitur ad successivas evolutiones differentialium

$$\left(\frac{dS}{d\omega}\right), \quad \left(\frac{ddS}{d\omega^{2}}\right), \quad \left(\frac{d^{3}S}{d\omega^{3}}\right) \text{ etc.}, \quad \left(\frac{dT}{d\omega}\right), \quad \left(\frac{ddT}{d\omega^{2}}\right), \quad \left(\frac{d^{3}T}{d\omega^{3}}\right) \text{ etc.}$$

Deinde si in seriebus, quibus S et T aequantur, variabilitas ipsius ω spectetur, consequemur quoque per successivas differentiationes valores ipsorum $\left(\frac{dS}{d\omega}\right)$, $\left(\frac{ddS}{d\omega^{2}}\right)$ etc., ubi quidem observare convenit generatim haberi

$$\left(\frac{d^{\nu} S}{d\omega^{\nu}}\right) = \nu(\nu-1)(\nu-2)\cdots 1 \left\{ \begin{array}{l} \frac{1}{(\lambda-\omega)^{\nu+1}} \mp \frac{1}{(\lambda+\omega)^{\nu+1}} - \frac{1}{(3\lambda-\omega)^{\nu+1}} \pm \frac{1}{(3\lambda+\omega)^{\nu+1}} \\ + \frac{1}{(5\lambda-\omega)^{\nu+1}} \mp \frac{1}{(5\lambda+\omega)^{\nu+1}} - \text{etc.} \end{array} \right\};$$

et signa superiora valent, si ν numerus impar, inferiora vero, si ν numerus par. Eadem ratione erit

$$\left(\frac{d^{\nu} T}{d\omega^{\nu}}\right) = \nu(\nu-1)(\nu-2)\cdots 1 \left\{ \begin{array}{l} \frac{1}{(\lambda-\omega)^{\nu+1}} \pm \frac{1}{(\lambda+\omega)^{\nu+1}} + \frac{1}{(3\lambda-\omega)^{\nu+1}} \pm \frac{1}{(3\lambda+\omega)^{\nu+1}} \\ + \frac{1}{(5\lambda-\omega)^{\nu+1}} \pm \frac{1}{(5\lambda+\omega)^{\nu+1}} + \text{etc.} \end{array} \right\};$$

de signis eadem regula valet ac supra.

Quemadmodum valores formularum integralium iam propositarum per continuam differentiationem formularum S et T eliciuntur, ita per integrationem earundem formularum, dum in $d\omega$ ductae supponuntur, aliarum formularum integralium valores exhibentur, cuius rei specimen Illustr. Auctor in Additamento dissertationi praesenti subiuncto exponit. Nam si ponatur

$$\frac{z^{\lambda-\omega} \pm z^{\lambda+\omega}}{1 \pm z^{2\lambda}} = V,$$

ubi praeter variabilem z etiam ω ut variabilis consideratur, per naturam formularum integralium duas variabiles involventium erit $\int\!S\,d\omega = \int\frac{dz}{z}\int V\,d\omega$, ubi in integralibus $\int\!S\,d\omega$, $\int V\,d\omega$ sola ω ut variabilis tractatur, tum vero in integratione $\int\frac{dz}{z}\int V\,d\omega$ sola z ut variabilis spectatur. Ex hoc igitur principio consequitur esse

$$\int\!S\,d\omega = l\,\text{tang.}\ \frac{\pi(\lambda + \omega)}{4\lambda} = \int\frac{-z^{\lambda-\omega} + z^{\lambda+\omega}}{1 + z^{2\lambda}}\cdot\frac{dz}{z\,lz}$$

similique modo

$$\int\!T\,d\omega = -l\,\cos.\frac{\pi\omega}{2\lambda} = \int\frac{-z^{\lambda-\omega} - z^{\lambda+\omega}}{1 - z^{2\lambda}}\cdot\frac{dz}{z\,lz},$$

quibus aequari debent expressiones ex seriebus deductae

$$l\,\frac{(\lambda+\omega)(3\lambda-\omega)(5\lambda+\omega)(7\lambda-\omega)\ \text{etc.}}{(\lambda-\omega)(3\lambda+\omega)(5\lambda-\omega)(7\lambda+\omega)\ \text{etc.}}$$

et

$$l\,\frac{\lambda\lambda}{\lambda\lambda-\omega\omega}\cdot\frac{9\lambda\lambda}{9\lambda\lambda-\omega\omega}\cdot\frac{25\lambda\lambda}{25\lambda\lambda-\omega\omega}\cdot\text{etc.}$$

Casuum particularium evolutiones, quae ab Illustr. Auctore propositae sunt, lectores rerum mathematicarum curiosi ex ipsa dissertatione haurire non intermittent.

1. Ex consideratione innumerabilium arcuum circularium, qui communem habent vel sinum vel tangentem, iam olim[1]) summationem duarum serierum infinitarum deduxi, quae ob summam generalitatem maxime memoratu dignae videbantur. Si enim litterae m et n numeros quoscunque denotant, posita diametri ratione ad peripheriam ut 1 ad π illae duae summationes hoc modo se habebant

$$\frac{1}{m} + \frac{1}{n-m} - \frac{1}{n+m} - \frac{1}{2n-m} + \frac{1}{2n+m} + \frac{1}{3n-m} - \text{etc.} = \frac{\pi}{n\,\sin.\frac{m\pi}{n}}$$

et

$$\frac{1}{m} - \frac{1}{n-m} + \frac{1}{n+m} - \frac{1}{2n-m} + \frac{1}{2n+m} - \frac{1}{3n-m} + \text{etc.} = \frac{\pi}{n\,\text{tang.}\frac{m\pi}{n}}$$

atque ex his duabus seriebus iam tum temporis elicueram summationes omnium serierum illarum, quarum denominatores secundum potestates numerorum naturalium progrediuntur, quemadmodum in *Introductione in analysin*

---

1) Vide Commentationem 59 huius voluminis.   A. G.

infinitorum et alibi[1]) fusius exposui. Nunc autem eaedem series me perduxerunt ad integrationem formulae in titulo expressae, quae eo magis attentione digna videtur, quod huiusmodi integrationes aliis methodis neutiquam exsequi liceat.

2. Statim autem patet has duas series infinitas oriri ex evolutione quarundam formularum integralium, si post integrationem quantitati variabili certus valor, veluti unitas, tribuatur; ita prior series deducitur ex evolutione huius formulae integralis

$$\int \frac{z^{m-1} + z^{n-m-1}}{1 + z^n}\, dz,$$

posterior vero ex evolutione istius

$$\int \frac{z^{m-1} - z^{n-m-1}}{1 - z^n}\, dz,$$

siquidem post integrationem statuatur $z = 1$. Deinceps autem ex ipsis principiis calculi integralis demonstravi valorem integralis prioris harum duarum formularum, siquidem ponatur $z = 1$, reduci ad hanc formulam simplicem

$$\frac{\pi}{n \sin. \dfrac{m\pi}{n}},$$

integrale autem posterius eodem casu $z = 1$ ad istam

$$\frac{\pi}{n \tan. \dfrac{m\pi}{n}},$$

ta ut ex ipsis calculi integralis principiis certum sit esse

$$\int \frac{z^{m-1} + z^{n-m-1}}{1 + z^n}\, dz = \frac{\pi}{n \sin. \dfrac{m\pi}{n}},$$

$$\int \frac{z^{m-1} - z^{n-m-1}}{1 - z^n}\, dz = \frac{\pi}{n \tan. \dfrac{m\pi}{n}},$$

---

1) Vide *Introductionis in analysin infinitorum* vol. I, cap. 10, LEONHARDI EULERI *Opera omnia*, series I, vol. 8; vide porro notam p. 392.   A. G.

siquidem post integrationem ita institutam, ut integrale evanescat posito $z=0$, statuatur $z=1$.

3. Quo iam hanc duplicem integrationem ad formam propositam reducamus, faciamus $n=2\lambda$ et $m=\lambda-\omega$, unde binae illae series infinitae hanc induent formam

$$\frac{1}{\lambda-\omega}+\frac{1}{\lambda+\omega}-\frac{1}{3\lambda-\omega}-\frac{1}{3\lambda+\omega}+\frac{1}{5\lambda-\omega}+\frac{1}{5\lambda+\omega}-\text{etc.}$$

et

$$\frac{1}{\lambda-\omega}-\frac{1}{\lambda+\omega}+\frac{1}{3\lambda-\omega}-\frac{1}{3\lambda+\omega}+\frac{1}{5\lambda-\omega}-\frac{1}{5\lambda+\omega}+\text{etc.};$$

harum igitur serierum prioris summa erit

$$\frac{\pi}{2\lambda\sin.\frac{\pi(\lambda-\omega)}{2\lambda}}=\frac{\pi}{2\lambda\cos.\frac{\pi\omega}{2\lambda}},$$

posterioris vero summa erit

$$\frac{\pi}{2\lambda\tan.\frac{\pi(\lambda-\omega)}{2\lambda}}=\frac{\pi}{2\lambda\cot.\frac{\pi\omega}{2\lambda}}=\frac{\pi}{2\lambda}\tan.\frac{\pi\omega}{2\lambda}.$$

Quodsi ergo brevitatis gratia ponamus

$$\frac{\pi}{2\lambda\cos.\frac{\pi\omega}{2\lambda}}=S\quad\text{et}\quad\frac{\pi}{2\lambda}\tan.\frac{\pi\omega}{2\lambda}=T,$$

habebimus sequentes duas integrationes

$$\int\frac{z^{\lambda-\omega}+z^{\lambda+\omega}}{1+z^{2\lambda}}\cdot\frac{dz}{z}=S\quad\text{et}\quad\int\frac{z^{\lambda-\omega}-z^{\lambda+\omega}}{1-z^{2\lambda}}\cdot\frac{dz}{z}=T.$$

4. Circa has binas integrationes ante omnia observo eas perinde locum habere, sive pro litteris λ et ω accipiantur numeri integri sive fracti. Sint enim λ et ω numeri fracti quicunque, qui evadant integri, si multiplicentur per α, quo posito fiat $z=x^{\alpha}$, eritque $\frac{dz}{z}=\frac{\alpha\,dx}{x}$ et potestas quaecunque $z^{\vartheta}=x^{\alpha\vartheta}$; prior igitur formula erit

$$\int\frac{x^{\alpha(\lambda-\omega)}+x^{\alpha(\lambda+\omega)}}{1+x^{2\alpha\lambda}}\cdot\frac{\alpha\,dx}{x};$$

ubi cum iam omnes exponentes sint numeri integri, valor huius formulae posito post integrationem $x = 1$, quandoquidem tunc etiam sit $z = 1$, a praecedente eo tantum differt, quod hic habeamus $\alpha\lambda$ et $\alpha\omega$ loco λ et ω ac praeterea hic adsit factor α, quocirca valor istius formulae erit

$$\alpha \frac{\pi}{2\alpha\lambda \cos. \frac{\pi\omega}{2\lambda}} = \frac{\pi}{2\lambda \cos. \frac{\pi\omega}{2\lambda}},$$

qui ergo valor est $= S$ prorsus ut ante; quae identitas etiam manifesto est in altera formula, unde patet, etiamsi pro λ et ω fractiones quaecunque accipiantur, integrationem hic exhibitam nihilo minus locum esse habituram; quae circumstantia probe notari meretur, quoniam in sequentibus litteram ω tanquam variabilem sumus tractaturi.

5. Postquam igitur binae istae formulae integrales litteris S et T indicatae fuerint integratae ita, ut evanescant posito $z = 0$, integralia spectari poterunt non solum ut functiones quantitatis z, sed etiam ut functiones binarum variabilium z et ω, quandoquidem numerum ω tanquam quantitatem variabilem tractare licet; quin etiam exponentem λ pro quantitate variabili habere liceret; sed quia hinc formulae integrales alius generis essent proditurae, atque hic contemplari constitui, solam quantitatem ω praeter ipsam variabilem z hic ut quantitatem variabilem sum tractaturus.

6. Cum igitur sit

$$S = \int \frac{z^{\lambda-\omega} + z^{\lambda+\omega}}{1 + z^{2\lambda}} \cdot \frac{dz}{z},$$

in qua integratione sola z ut variabilis spectatur, erit utique secundum signandi morem iam satis usu receptum

$$\left(\frac{dS}{dz}\right) = \frac{z^{\lambda-\omega} + z^{\lambda+\omega}}{1 + z^{2\lambda}} \cdot \frac{1}{z};$$

haec iam formula denuo differentietur posita sola littera ω variabili eritque

$$\left(\frac{ddS}{dz\,d\omega}\right) = \frac{-z^{\lambda-\omega} + z^{\lambda+\omega}}{1 + z^{2\lambda}} \cdot \frac{1}{z} lz,$$

quae formula ducta in dz ac denuo integrata sola z habita pro variabili dabit

$$\int dz \left(\frac{ddS}{dz\,d\omega}\right) = \int \frac{-z^{\lambda-\omega} + z^{\lambda+\omega}}{1 + z^{2\lambda}} \cdot \frac{dz}{z} \, lz,$$

ubi notetur esse

$$S = \frac{\pi}{2\lambda \cos.\dfrac{\pi\omega}{2\lambda}},$$

ita ut hinc deducamus

$$\left(\frac{dS}{d\omega}\right) = \frac{\pi\pi \sin.\dfrac{\pi\omega}{2\lambda}}{4\lambda\lambda \cos.\dfrac{\pi\omega^2}{2\lambda}};$$

hoc igitur valore substituto nanciscimur hanc integrationem

$$\int \frac{-z^{\lambda-\omega} + z^{\lambda+\omega}}{1 + z^{2\lambda}} \cdot \frac{dz}{z} \, lz = \frac{\pi\pi \sin.\dfrac{\pi\omega}{2\lambda}}{4\lambda\lambda \cos.\dfrac{\pi\omega^2}{2\lambda}}.$$

7. Quodsi iam altera formula simili modo tractetur, cum sit

$$T = \frac{\pi}{2\lambda} \tang.\frac{\pi\omega}{2\lambda},$$

erit

$$\left(\frac{dT}{d\omega}\right) = \frac{\pi\pi}{4\lambda\lambda \cos.\dfrac{\pi\omega^2}{2\lambda}},$$

ex formula autem integrali erit

$$\left(\frac{dT}{d\omega}\right) = \int \frac{-z^{\lambda-\omega} - z^{\lambda+\omega}}{1 - z^{2\lambda}} \cdot \frac{dz}{z} \, lz,$$

unde colligimus sequentem integrationem

$$\int \frac{z^{\lambda-\omega} + z^{\lambda+\omega}}{1 - z^{2\lambda}} \cdot \frac{dz}{z} \, lz = \frac{-\pi\pi}{4\lambda\lambda \cos.\dfrac{\pi\omega^2}{2\lambda}}.$$

8. Quoniam litteras S et T etiam per series expressas dedimus, erit etiam per similes series

$$\left(\frac{dS}{d\omega}\right) = \frac{1}{(\lambda-\omega)^2} - \frac{1}{(\lambda+\omega)^2} - \frac{1}{(3\lambda-\omega)^2} + \frac{1}{(3\lambda+\omega)^2} + \frac{1}{(5\lambda-\omega)^2} - \text{etc.}$$

$$= \frac{\pi\pi \sin.\frac{\pi\omega}{2\lambda}}{4\lambda\lambda \cos.\frac{\pi\omega^2}{2\lambda}}.$$

Similique modo etiam pro altera serie

$$\left(\frac{dT}{d\omega}\right) = \frac{1}{(\lambda-\omega)^2} + \frac{1}{(\lambda+\omega)^2} + \frac{1}{(3\lambda-\omega)^2} + \frac{1}{(3\lambda+\omega)^2} + \frac{1}{(5\lambda-\omega)^2} + \text{etc.}$$

$$= \frac{\pi\pi}{4\lambda\lambda \cos.\frac{\pi\omega^2}{2\lambda}}$$

sicque summas harum serierum quoque duplici modo repraesentavimus, scilicet per formulam evolutam quantitatem π involventem, tum vero etiam per formulam integralem, quae ita est comparata, ut eius integrale nulla methodo adhuc consueta assignari possit.

9. Applicemus has integrationes ad aliquot casus particulares; ac primo quidem sumamus $\omega = 0$, quo quidem casu prior integratio sponte in oculos incurrit, at posterior praebet

$$\int \frac{2z^\lambda}{1-z^{2\lambda}} \cdot \frac{dz}{z} lz = -\frac{\pi\pi}{4\lambda\lambda}$$

sive

$$\int \frac{z^{\lambda-1} dz\, lz}{1-z^{2\lambda}} = -\frac{\pi\pi}{8\lambda\lambda}$$

hincque simul istam summationem adipiscimur

$$\frac{1}{\lambda\lambda} + \frac{1}{\lambda\lambda} + \frac{1}{9\lambda\lambda} + \frac{1}{9\lambda\lambda} + \frac{1}{25\lambda\lambda} + \frac{1}{25\lambda\lambda} + \text{etc.} = \frac{\pi\pi}{4\lambda\lambda}$$

sive

$$1 + \frac{1}{9} + \frac{1}{25} + \frac{1}{49} + \frac{1}{81} + \text{etc.} = \frac{\pi\pi}{8},$$

id quod iam dudum[1]) a me est demonstratum.

1) Vide L. EULERI Commentationem 41 (indicis ENESTROEMIANI): *De summis serierum reciprocarum*, Comment. acad. sc. Petrop. 7 (1734/5), 1740, p. 123; *LEONHARDI EULERI Opera omnia*, series I, vol. 14. Vide etiam P. STÄCKEL, *Eine vergessene Abhandlung LEONHARD EULERS über die Summe der reziproken Quadrate der natürlichen Zahlen*, Biblioth. Mathem. 8_3, 1907, p. 37.

A. G.

10. Hic statim patet perinde esse, quinam numerus pro λ accipiatur; sit igitur $\lambda = 1$ et habebitur ista integratio

$$\int \frac{dz\, lz}{1-z^2} = -\frac{\pi\pi}{8},$$

ex qua sequentia integralia simpliciora

$$\int \frac{dz\, lz}{1-z} \quad \text{et} \quad \int \frac{dz\, lz}{1+z}$$

derivare licet ope huius ratiocinii; statuatur

$$\int \frac{z\, dz\, lz}{1-zz} = P$$

et posito $zz = v$, ut sit $z\, dz = \frac{dv}{2}$ et $lz = \frac{1}{2}\, lv$, prodibit

$$\frac{1}{4} \int \frac{dv\, lv}{1-v} = P,$$

si scilicet post integrationem fiat $v = 1$, quippe quo casu etiam fit $z = 1$; sic igitur erit

$$\int \frac{dv\, lv}{1-v} = 4P;$$

nunc prior illa formula addatur ad inventam eritque

$$\int \frac{dz\, lz + z\, dz\, lz}{1-zz} = P - \frac{\pi\pi}{8},$$

haec autem formula sponte reducitur ad hanc

$$\int \frac{dz\, lz}{1-z} = P - \frac{\pi\pi}{8};$$

modo autem vidimus esse $\int \frac{dv\, lv}{1-v}$ sive $\int \frac{dz\, lz}{1-z} = 4P$, ita ut sit

$$4P = P - \frac{\pi\pi}{8},$$

unde manifesto fit

$$P = -\frac{\pi\pi}{24},$$

ex quo sequitur fore

$$\int \frac{dz\, lz}{1-z} = -\frac{\pi\pi}{6};$$

simili modo erit

$$\int \frac{dz\, lz - z\, dz\, lz}{1-zz} = -P - \frac{\pi\pi}{8} = -\frac{\pi\pi}{12},$$

quae supra et infra per $1-z$ dividendo praebet

$$\int \frac{dz\, lz}{1+z} = -\frac{\pi\pi}{12},$$

quare iam adepti sumus tres integrationes memoratu maxime dignas

$$\text{I.} \quad \int \frac{dz\, lz}{1+z} = -\frac{\pi\pi}{12},$$

$$\text{II.} \quad \int \frac{dz\, lz}{1-z} = -\frac{\pi\pi}{6},$$

$$\text{III.} \quad \int \frac{dz\, lz}{1-zz} = -\frac{\pi\pi}{8},$$

quibus adiungi potest

$$\text{IV.} \quad \int \frac{z\, dz\, lz}{1-zz} = -\frac{\pi\pi}{24}.$$

11. Quemadmodum igitur hae formulae ex ipsis calculi integralis principiis sunt deductae, ita etiam earum veritas per resolutionem in series facile comprobatur; cum enim sit

$$\frac{1}{1+z} = 1 - z + zz - z^3 + z^4 - z^5 + \text{etc.}$$

et in genere

$$\int z^n dz\, lz = \frac{z^{n+1}}{n+1} lz - \frac{z^{n+1}}{(n+1)^2},$$

qui valor posito $z=1$ reducitur ad $-\frac{1}{(n+1)^2}$, patet fore

$$\int \frac{dz\, lz}{1+z} = -1 + \frac{1}{4} - \frac{1}{9} + \frac{1}{16} - \frac{1}{25} + \text{etc.} = -\frac{\pi\pi}{12}$$

sive

$$1 - \frac{1}{4} + \frac{1}{9} - \frac{1}{16} + \frac{1}{25} - \text{etc.} = \frac{\pi\pi}{12};$$

simili modo ob

$$\frac{1}{1-z} = 1 + z + zz + z^3 + z^4 + \text{etc.}$$

erit

$$\int \frac{dz\, lz}{1-z} = -1 - \frac{1}{4} - \frac{1}{9} - \frac{1}{16} - \frac{1}{25} - \text{etc.} = -\frac{\pi\pi}{6}$$

seu

$$1 + \frac{1}{4} + \frac{1}{9} + \frac{1}{16} + \frac{1}{25} + \text{etc.} = \frac{\pi\pi}{6};$$

tum vero ob

$$\frac{1}{1-zz} = 1 + zz + z^4 + z^6 + z^8 + \text{etc.}$$

erit

$$\int \frac{dz\, lz}{1-zz} = -1 - \frac{1}{9} - \frac{1}{25} - \frac{1}{49} - \frac{1}{81} - \text{etc.} = -\frac{\pi\pi}{8}$$

sive

$$1 + \frac{1}{9} + \frac{1}{25} + \frac{1}{49} + \frac{1}{81} + \text{etc.} = \frac{\pi\pi}{8}.$$

Eodem modo etiam

$$\int \frac{z\, dz\, lz}{1-zz} = -\frac{1}{4} - \frac{1}{16} - \frac{1}{36} - \frac{1}{64} - \text{etc.} = -\frac{\pi\pi}{24}$$

sive

$$\frac{1}{4} + \frac{1}{16} + \frac{1}{36} + \frac{1}{64} + \text{etc.} = \frac{\pi\pi}{24},$$

quae quidem summationes iam sunt notissimae. Neque tamen quisquam adhuc methodo directa ostendit esse

$$\int \frac{dz\, lz}{1+z} = -\frac{\pi\pi}{12}.$$

12. Ponamus nunc $\omega = 1$ et nostrae integrationes has induent formas

$$1^0. \quad \int \frac{-z^{\lambda-2}(1-zz)\, dz\, lz}{1+z^{2\lambda}} = \frac{\pi\pi \sin.\frac{\pi}{2\lambda}}{4\lambda\lambda \cos.\frac{\pi}{2\lambda}^2}$$

et

$$2^0. \quad \int \frac{-z^{\lambda-2}(1+zz)\, dz\, lz}{1-z^{2\lambda}} = +\frac{\pi\pi}{4\lambda\lambda \cos.\frac{\pi}{2\lambda}^2},$$

unde pro diversis valoribus ipsius λ, quos quidem binario non minores accipere licet, sequentes obtinentur integrationes:

I. Si $\lambda = 2$, erit

$$1^{0}. \quad \int \frac{-(1-zz)\,dz\,lz}{1+z^{4}} = \frac{\pi\pi}{8\sqrt{2}},$$

$$2^{0}. \quad \int \frac{-(1+zz)\,dz\,lz}{1-z^{4}} = +\frac{\pi\pi}{8} \quad \text{sive} \quad \int \frac{-dz\,lz}{1-zz} = +\frac{\pi\pi}{8}.$$

II. Si $\lambda = 3$, habebimus

$$1^{0}. \quad \int \frac{-z(1-zz)\,dz\,lz}{1+z^{6}} = \frac{\pi\pi}{54} \quad \text{et} \quad 2^{0}. \quad \int \frac{-z(1+zz)\,dz\,lz}{1-z^{6}} = \frac{\pi\pi}{27}.\,{}^{1)}$$

Hae autem duae formulae ponendo $zz = v$ abibunt in sequentes

$$1^{0}. \quad \int \frac{-dv(1-v)\,lv}{1+v^{3}} = \frac{2\pi\pi}{27} \quad \text{et} \quad 2^{0}. \quad \int \frac{-dv(1+v)\,lv}{1-v^{3}} = \frac{4\pi\pi}{27}.\,{}^{2)}$$

III. Sit $\lambda = 4$ et consequemur

$$1^{0}. \quad \int \frac{-zz(1-zz)\,dz\,lz}{1+z^{8}} = \frac{\pi\pi\sqrt{\dfrac{\sqrt{2}-1}{2\sqrt{2}}}}{16\left(2+\sqrt{2}\right)} = \frac{\pi\pi\sqrt{(2-\sqrt{2})}}{32\left(2+\sqrt{2}\right)}$$

et

$$2^{0}. \quad \int \frac{-zz(1+zz)\,dz\,lz}{1-z^{8}} = \int \frac{-zz\,dz\,lz}{(1-zz)(1+z^{4})} = \frac{\pi\pi}{16\left(2+\sqrt{2}\right)},$$

quae postrema forma reducitur ad hanc

$$\int \frac{-dz\,lz}{1-zz} + \int \frac{(1-zz)\,dz\,lz}{1+z^{4}} = \frac{\pi\pi}{8\left(2+\sqrt{2}\right)};$$

est vero $\int \dfrac{-dz\,lz}{1-zz} = \dfrac{\pi\pi}{8}$, unde reperitur

$$\int \frac{dz\,lz(1-zz)}{1+z^{4}} = -\frac{\pi\pi(1+\sqrt{2})}{8\left(2+\sqrt{2}\right)} = -\frac{\pi\pi}{8\sqrt{2}},$$

qui valor iam in superiori casu $\lambda = 2$ est inventus.

---

1) Editio princeps atque etiam editiones 463a et 463A (indicis ENESTROEMIANI):

$$\int \frac{-z(1+zz)\,dz\,lz}{1-z^{6}} = \int \frac{-z\,dz\,lz}{1-zz+z^{4}} = \frac{\pi\pi}{27}. \qquad \text{Correxit A. G.}$$

2) Editio princeps atque etiam editiones 463a et 463A (indicis ENESTROEMIANI):

$$\int \frac{dv\,lv}{1-v+vv} = \frac{4\pi\pi}{27}. \qquad \text{Correxit A. G.}$$

13. Nihil autem impedit, quominus etiam faciamus $\lambda = 1$, dummodo integralia ita capiantur, ut evanescant posito $z = 0$; tum autem reperiemus

$$1^0. \quad \int \frac{-(1-zz)dz\,lz}{z(1+zz)} = \infty \quad \text{et} \quad 2^0. \quad \int \frac{-(1+zz)dz\,lz}{z(1-zz)} = \infty,$$

unde hinc nihil concludere licet. Ceterum etiam nostrae series supra inventae manifesto declarant earum summas esse infinitas, quandoquidem primus terminus utriusque $\frac{1}{(\lambda - \omega)^2}$ fit infinitus sumto, uti fecimus, $\lambda = 1$ et $\omega = 1$.

14. His casibus evolutis ulterius progrediamur ac ponamus formulas integrales inventas

$$\int \frac{-z^{\lambda-\omega} + z^{\lambda+\omega}}{1+z^{2\lambda}} \cdot \frac{dz}{z}\,lz = S' \quad \text{et} \quad \int \frac{-z^{\lambda-\omega} - z^{\lambda+\omega}}{1-z^{2\lambda}} \cdot \frac{dz}{z}\,lz = T',$$

ita ut sit

$$S' = \frac{\pi\pi \sin.\frac{\pi\omega}{2\lambda}}{4\lambda\lambda \cos.\frac{\pi\omega}{2\lambda}^2} \quad \text{et} \quad T' = \frac{\pi\pi}{4\lambda\lambda \cos.\frac{\pi\omega}{2\lambda}^2},$$

atque ut ante iam differentiemus solo numero ω pro variabili habito; quo facto sequentes nanciscimur integrationes

$$\int \frac{z^{\lambda-\omega} + z^{\lambda+\omega}}{1+z^{2\lambda}} \cdot \frac{dz}{z}(lz)^2 = \left(\frac{dS'}{d\omega}\right) \quad \text{et} \quad \int \frac{z^{\lambda-\omega} - z^{\lambda+\omega}}{1-z^{2\lambda}} \cdot \frac{dz}{z}(lz)^2 = \left(\frac{dT'}{d\omega}\right).$$

Hunc in finem ponamus brevitatis ergo angulum $\frac{\pi\omega}{2\lambda} = \varphi$, ut sit

$$S' = \frac{\pi\pi \sin.\varphi}{4\lambda\lambda \cos.\varphi^2} = \frac{\pi\pi}{4\lambda\lambda} \cdot \frac{\sin.\varphi}{\cos.\varphi^2} \quad \text{et} \quad T' = \frac{\pi\pi}{4\lambda\lambda} \cdot \frac{1}{\cos.\varphi^2},$$

ac reperiemus

$$d.\frac{\sin.\varphi}{\cos.\varphi^2} = \frac{\cos.\varphi^2 + 2\sin.\varphi^2}{\cos.\varphi^3}d\varphi = \frac{1+\sin.\varphi^2}{\cos.\varphi^3}d\varphi,$$

ubi est $d\varphi = \frac{\pi d\omega}{2\lambda}$; unde colligimus

$$\left(\frac{dS'}{d\omega}\right) = \frac{\pi^3}{8\lambda^3}\left(\frac{1+\sin.\frac{\pi\omega}{2\lambda}^2}{\cos.\frac{\pi\omega}{2\lambda}^3}\right) = \frac{\pi^3}{8\lambda^3}\left(\frac{2}{\cos.\frac{\pi\omega}{2\lambda}^3} - \frac{1}{\cos.\frac{\pi\omega}{2\lambda}}\right);$$

simili modo ob $T' = \frac{\pi\pi}{4\lambda\lambda} \cdot \frac{1}{\cos.\varphi^2}$ erit

$$d.\frac{1}{\cos.\varphi^2} = \frac{2\,d\varphi\sin.\varphi}{\cos.\varphi^3}$$

hincque

$$\left(\frac{dT'}{d\omega}\right) = \frac{\pi^3}{8\lambda^3} \cdot \frac{2\sin.\frac{\pi\omega}{2\lambda}}{\cos.\frac{\pi\omega^3}{2\lambda}};$$

consequenter integrationes hinc natae erunt

$$\int \frac{z^{\lambda-\omega}+z^{\lambda+\omega}}{1+z^{2\lambda}} \cdot \frac{dz}{z}(lz)^2 = \frac{\pi^3}{8\lambda^3}\left(\frac{2}{\cos.\frac{\pi\omega^3}{2\lambda}} - \frac{1}{\cos.\frac{\pi\omega}{2\lambda}}\right),$$

$$\int \frac{z^{\lambda-\omega}-z^{\lambda+\omega}}{1-z^{2\lambda}} \cdot \frac{dz}{z}(lz)^2 = \frac{\pi^3}{8\lambda^3}\frac{2\sin.\frac{\pi\omega}{2\lambda}}{\cos.\frac{\pi\omega^3}{2\lambda}}.$$

15. Si iam eodem modo series § 8 inventas denuo differentiemus sumta sola ω variabili, perveniamus ad sequentes summationes

$$\frac{\pi^3}{8\lambda^3}\left\{\frac{2}{\cos.\frac{\pi\omega^3}{2\lambda}} - \frac{1}{\cos.\frac{\pi\omega}{2\lambda}}\right\}$$

$$= \frac{2}{(\lambda-\omega)^3} + \frac{2}{(\lambda+\omega)^3} - \frac{2}{(3\lambda-\omega)^3} - \frac{2}{(3\lambda+\omega)^3} + \frac{2}{(5\lambda-\omega)^3} + \frac{2}{(5\lambda+\omega)^3} - \text{etc.},$$

$$\frac{\pi^3}{8\lambda^3}\cdot\frac{2\sin.\frac{\pi\omega}{2\lambda}}{\cos.\frac{\pi\omega^3}{2\lambda}} = \frac{2}{(\lambda-\omega)^3} - \frac{2}{(\lambda+\omega)^3} + \frac{2}{(3\lambda-\omega)^3} - \frac{2}{(3\lambda+\omega)^3} + \frac{2}{(5\lambda-\omega)^3} - \text{etc.}$$

16. Si iam hic sumamus $\omega = 0$ et $\lambda = 1$, prior integratio hanc induit formam

$$\int \frac{2\,dz(lz)^2}{1+zz} = \frac{\pi^3}{8} = \frac{2}{1^3} + \frac{2}{1^3} - \frac{2}{3^3} - \frac{2}{3^3} + \frac{2}{5^3} + \frac{2}{5^3} - \frac{2}{7^3} - \frac{2}{7^3} + \text{etc.},$$

ita ut sit

$$\frac{1}{1^3} - \frac{1}{3^3} + \frac{1}{5^3} - \frac{1}{7^3} + \frac{1}{9^3} - \frac{1}{11^3} + \text{etc.} = \frac{\pi^3}{32},$$

quemadmodum iam dudum[1]) demonstravi. Altera autem integratio hoc casu

---

1) Vide notam p. 392.   A. G.

in nihilum abit. Ex priori vero integrali

$$\int \frac{dz\,(lz)^2}{1+zz} = \frac{\pi^3}{16}$$

alia derivare non licet, uti supra fecimus ex formula $\int \frac{dz\,lz}{1-zz} = -\frac{\pi\pi}{8}$, propterea quod hic denominator $1+zz$ non habet factores reales.

17. Sumamus igitur $\lambda = 2$ et $\omega = 1$ ac prior integratio dabit

$$\int \frac{(1+zz)dz\,(lz)^2}{1+z^4} = \frac{3\,\pi^3}{32\,\sqrt{2}};$$

series autem hinc nata erit

$$\frac{2}{1^3} + \frac{2}{3^3} - \frac{2}{5^3} - \frac{2}{7^3} + \frac{2}{9^3} + \frac{2}{11^3} - \text{etc.},$$

ita ut sit

$$\frac{1}{1^3} + \frac{1}{3^3} - \frac{1}{5^3} - \frac{1}{7^3} + \frac{1}{9^3} + \frac{1}{11^3} - \text{etc.} = \frac{3\,\pi^3}{64\,\sqrt{2}},$$

quae superiori addita praebet

$$\frac{1}{1^3} - \frac{1}{7^3} + \frac{1}{9^3} - \frac{1}{15^3} + \frac{1}{17^3} - \frac{1}{23^3} + \text{etc.} = \frac{\pi^3(3+2\,\sqrt{2})}{128\,\sqrt{2}}.$$

Altera vero integratio hoc casu dat

$$\int \frac{dz\,(lz)^2}{1+zz} = \frac{\pi^3}{16},$$

quae cum paragrapho praecedenti perfecte congruit, quemadmodum etiam series hinc nata est

$$\frac{2}{1^3} - \frac{2}{3^3} + \frac{2}{5^3} - \frac{2}{7^3} + \frac{2}{9^3} - \frac{2}{11^3} + \frac{2}{13^3} - \text{etc.}$$

18. Quo autem facilius sequentes integrationes per continuam differentiationem elicere valeamus, eas in genere repraesentemus; et cum pro priore sit

$$S = \frac{\pi}{2\,\lambda \cos. \frac{\pi\omega}{2\lambda}},$$

integrationes hinc ortae ita ordine procedent:

$$\text{I.} \quad \int \frac{z^{\lambda-\omega} + z^{\lambda+\omega}}{1 + z^{2\lambda}} \cdot \frac{dz}{z} = S,$$

$$\text{II.} \quad \int \frac{-z^{\lambda-\omega} + z^{\lambda+\omega}}{1 + z^{2\lambda}} \cdot \frac{dz}{z} \, lz \; = \left(\frac{dS}{d\omega}\right),$$

$$\text{III.} \quad \int \frac{z^{\lambda-\omega} + z^{\lambda+\omega}}{1 + z^{2\lambda}} \cdot \frac{dz}{z} (lz)^{2} = \left(\frac{ddS}{d\omega^{2}}\right),$$

$$\text{IV.} \quad \int \frac{-z^{\lambda-\omega} + z^{\lambda+\omega}}{1 + z^{2\lambda}} \cdot \frac{dz}{z} (lz)^{3} = \left(\frac{d^{3}S}{d\omega^{3}}\right),$$

$$\text{V.} \quad \int \frac{z^{\lambda-\omega} + z^{\lambda+\omega}}{1 + z^{2\lambda}} \cdot \frac{dz}{z} (lz)^{4} = \left(\frac{d^{4}S}{d\omega^{4}}\right),$$

$$\text{VI.} \quad \int \frac{-z^{\lambda-\omega} + z^{\lambda+\omega}}{1 + z^{2\lambda}} \cdot \frac{dz}{z} (lz)^{5} = \left(\frac{d^{5}S}{d\omega^{5}}\right),$$

$$\text{VII.} \quad \int \frac{z^{\lambda-\omega} + z^{\lambda+\omega}}{1 + z^{2\lambda}} \cdot \frac{dz}{z} (lz)^{6} = \left(\frac{d^{6}S}{d\omega^{6}}\right).$$

$$\text{etc.}$$

19. Pro his differentiationibus continuis facilius absolvendis ponamus brevitatis ergo $\frac{\pi}{2\lambda} = \alpha$, ut sit

$$S = \frac{\alpha}{\cos. \alpha\omega};$$

tum vero sit

$$\sin. \alpha\omega = p \quad \text{et} \quad \cos. \alpha\omega = q$$

eritque

$$dp = \alpha q d\omega \quad \text{et} \quad dq = -\alpha p d\omega.$$

Praeterea vero notetur esse

$$d. \frac{p^{n}}{q^{n+1}} = \alpha d\omega \left(\frac{np^{n-1}}{q^{n}} + \frac{(n+1)p^{n+1}}{q^{n+2}}\right).$$

His praemissis ob $S = \alpha \cdot \frac{1}{q}$ erit

deinde

$$\left(\frac{dS}{d\omega}\right) = \alpha\alpha\frac{p}{qq},$$

porro

$$\left(\frac{ddS}{d\omega^2}\right) = \alpha^3\left(\frac{1}{q} + \frac{2pp}{q^3}\right),$$

$$\left(\frac{d^3S}{d\omega^3}\right) = \alpha^4\left(\frac{5p}{qq} + \frac{6p^3}{q^4}\right),$$

$$\left(\frac{d^4S}{d\omega^4}\right) = \alpha^5\left(\frac{5}{q} + \frac{28pp}{q^3} + \frac{24p^4}{q^5}\right),$$

$$\left(\frac{d^5S}{d\omega^5}\right) = \alpha^6\left(\frac{61p}{qq} + \frac{180p^3}{q^4} + \frac{120p^5}{q^6}\right),$$

$$\left(\frac{d^6S}{d\omega^6}\right) = \alpha^7\left(\frac{61}{q} + \frac{662pp}{q^3} + \frac{1320p^4}{q^5} + \frac{720p^6}{q^7}\right),$$

$$\left(\frac{d^7S}{d\omega^7}\right) = \alpha^8\left(\frac{1385p}{qq} + \frac{7266p^3}{q^4} + \frac{10920p^5}{q^6} + \frac{5040p^7}{q^8}\right);$$

hi autem valores ob $pp = 1 - qq$ ad sequentes reducuntur

$$S = \alpha\frac{1}{q},$$

$$\left(\frac{dS}{d\omega}\right) = \alpha\alpha p\frac{1}{qq},$$

$$\left(\frac{ddS}{d\omega^2}\right) = \alpha^3\left(\frac{1\cdot 2}{q^3} - \frac{1}{q}\right),$$

$$\left(\frac{d^3S}{d\omega^3}\right) = \alpha^4 p\left(\frac{1\cdot 2\cdot 3}{q^4} - \frac{1}{qq}\right),$$

$$\left(\frac{d^4S}{d\omega^4}\right) = \alpha^5\left(\frac{1\cdot 2\cdot 3\cdot 4}{q^5} - \frac{20}{q^3} + \frac{1}{q}\right),$$

$$\left(\frac{d^5S}{d\omega^5}\right) = \alpha^6 p\left(\frac{1\cdot 2\cdot 3\cdot 4\cdot 5}{q^6} - \frac{60}{q^4} + \frac{1}{qq}\right),$$

$$\left(\frac{d^6S}{d\omega^6}\right) = \alpha^7\left(\frac{1\cdots 6}{q^7} - \frac{840}{q^5} + \frac{182}{q^3} - \frac{1}{q}\right).$$

20. Has posteriores formas reperire licet ope horum duorum lemmatum

$$\text{I. } d\cdot\frac{1}{q^{n+1}} = \alpha d\omega\frac{(n+1)p}{q^{n+2}}, \quad \text{II. } d\cdot\frac{p}{q^{n+1}} = \alpha d\omega\left(\frac{n+1}{q^{n+2}} - \frac{n}{q^n}\right);$$

hinc enim reperiemus

$$S = \alpha \frac{1}{q},$$

$$\left(\frac{dS}{d\omega}\right) = \alpha\alpha \frac{p}{qq},$$

$$\left(\frac{ddS}{d\omega^2}\right) = \alpha^3 \left(\frac{2}{q^3} - \frac{1}{q}\right),$$

$$\left(\frac{d^3S}{d\omega^3}\right) = \alpha^4 \left(\frac{2\cdot 3p}{q^4} - \frac{p}{qq}\right),$$

$$\left(\frac{d^4S}{d\omega^4}\right) = \alpha^5 \left(\frac{2\cdot 3\cdot 4}{q^5} - \frac{20}{q^3} + \frac{1}{q}\right),$$

$$\left(\frac{d^5S}{d\omega^5}\right) = \alpha^6 \left(\frac{2\cdot 3\cdot 4\cdot 5p}{q^6} - \frac{3\cdot 20p}{q^4} + \frac{p}{qq}\right),$$

$$\left(\frac{d^6S}{d\omega^6}\right) = \alpha^7 \left(\frac{2\cdot 3\cdot 4\cdot 5\cdot 6}{q^7} - \frac{840}{q^5} + \frac{182}{q^3} - \frac{1}{q}\right),$$

$$\left(\frac{d^7S}{d\omega^7}\right) = \alpha^8 \left(\frac{2\cdots 7p}{q^8} - \frac{5\cdot 840p}{q^6} + \frac{3\cdot 182p}{q^4} - \frac{p}{qq}\right).$$

21. Ipsae autem series his formulis respondentes [erunt]

$$S = \frac{1}{\lambda-\omega} + \frac{1}{\lambda+\omega} - \frac{1}{3\lambda-\omega} - \frac{1}{3\lambda+\omega} + \frac{1}{5\lambda-\omega} + \frac{1}{5\lambda+\omega} - \text{etc.},$$

$$\left(\frac{dS}{d\omega}\right) = \frac{1}{(\lambda-\omega)^2} - \frac{1}{(\lambda+\omega)^2} - \frac{1}{(3\lambda-\omega)^2} + \frac{1}{(3\lambda+\omega)^2} + \frac{1}{(5\lambda-\omega)^2} - \frac{1}{(5\lambda+\omega)^2} - \text{etc.},$$

$$\left(\frac{ddS}{d\omega^2}\right) = \frac{1\cdot 2}{(\lambda-\omega)^3} + \frac{1\cdot 2}{(\lambda+\omega)^3} - \frac{1\cdot 2}{(3\lambda-\omega)^3} - \frac{1\cdot 2}{(3\lambda+\omega)^3} + \frac{1\cdot 2}{(5\lambda-\omega)^3} + \text{etc.},$$

$$\left(\frac{d^3S}{d\omega^3}\right) = \frac{1\cdot 2\cdot 3}{(\lambda-\omega)^4} - \frac{1\cdot 2\cdot 3}{(\lambda+\omega)^4} - \frac{1\cdot 2\cdot 3}{(3\lambda-\omega)^4} + \frac{1\cdot 2\cdot 3}{(3\lambda+\omega)^4} + \frac{1\cdot 2\cdot 3}{(5\lambda-\omega)^4} - \text{etc.},$$

$$\left(\frac{d^4S}{d\omega^4}\right) = \frac{1\cdot 2\cdot 3\cdot 4}{(\lambda-\omega)^5} + \frac{1\cdot 2\cdot 3\cdot 4}{(\lambda+\omega)^5} - \frac{1\cdot 2\cdot 3\cdot 4}{(3\lambda-\omega)^5} - \frac{1\cdot 2\cdot 3\cdot 4}{(3\lambda+\omega)^5} + \frac{1\cdot 2\cdot 3\cdot 4}{(5\lambda-\omega)^5} + \text{etc.},$$

$$\left(\frac{d^5S}{d\omega^5}\right) = \frac{1\cdot 2\cdot 3\cdot 4\cdot 5}{(\lambda-\omega)^6} - \frac{1\cdot 2\cdot 3\cdot 4\cdot 5}{(\lambda+\omega)^6} - \frac{1\cdot 2\cdot 3\cdot 4\cdot 5}{(3\lambda-\omega)^6} + \frac{1\cdot 2\cdot 3\cdot 4\cdot 5}{(3\lambda+\omega)^6} + \frac{1\cdot 2\cdot 3\cdot 4\cdot 5}{(5\lambda-\omega)^6} - \text{etc.},$$

$$\left(\frac{d^6S}{d\omega^6}\right) = \frac{1\cdots 6}{(\lambda-\omega)^7} + \frac{1\cdots 6}{(\lambda+\omega)^7} - \frac{1\cdots 6}{(3\lambda-\omega)^7} - \frac{1\cdots 6}{(3\lambda+\omega)^7} + \frac{1\cdots 6}{(5\lambda-\omega)^7} - \text{etc.},$$

$$\left(\frac{d^7S}{d\omega^7}\right) = \frac{1\cdots 7}{(\lambda-\omega)^8} - \frac{1\cdots 7}{(\lambda+\omega)^8} - \frac{1\cdots 7}{(3\lambda-\omega)^8} + \frac{1\cdots 7}{(3\lambda+\omega)^8} + \frac{1\cdots 7}{(5\lambda-\omega)^8} - \text{etc.}$$

etc.

Circa hos autem valores probe meminisse oportet esse

$$\alpha = \frac{\pi}{2\lambda}, \quad p = \sin.\alpha\omega = \sin.\frac{\pi\omega}{2\lambda} \quad \text{et} \quad q = \cos.\alpha\omega = \cos.\frac{\pi\omega}{2\lambda}.$$

22. Eodem modo expediamus valores seu formulas integrales alterius generis, pro quibus est

$$T = \frac{\pi}{2\lambda}\,\text{tang.}\,\frac{\pi\omega}{2\lambda},$$

unde continuo differentiando oriuntur sequentes integrationes:

$$\text{I.} \int \frac{z^{\lambda-\omega}-z^{\lambda+\omega}}{1-z^{2\lambda}}\cdot\frac{dz}{z} = T,$$

$$\text{II.} \int \frac{-z^{\lambda-\omega}-z^{\lambda+\omega}}{1-z^{2\lambda}}\cdot\frac{dz}{z}\,lz = \left(\frac{dT}{d\omega}\right),$$

$$\text{III.} \int \frac{z^{\lambda-\omega}-z^{\lambda+\omega}}{1-z^{2\lambda}}\cdot\frac{dz}{z}(lz)^2 = \left(\frac{ddT}{d\omega^2}\right),$$

$$\text{IV.} \int \frac{-z^{\lambda-\omega}-z^{\lambda+\omega}}{1-z^{2\lambda}}\cdot\frac{dz}{z}(lz)^3 = \left(\frac{d^3T}{d\omega^3}\right),$$

$$\text{V.} \int \frac{z^{\lambda-\omega}-z^{\lambda+\omega}}{1-z^{2\lambda}}\cdot\frac{dz}{z}(lz)^4 = \left(\frac{d^4T}{d\omega^4}\right),$$

$$\text{VI.} \int \frac{-z^{\lambda-\omega}-z^{\lambda+\omega}}{1-z^{2\lambda}}\cdot\frac{dz}{z}(lz)^5 = \left(\frac{d^5T}{d\omega^5}\right),$$

$$\text{VII.} \int \frac{z^{\lambda-\omega}-z^{\lambda+\omega}}{1-z^{2\lambda}}\cdot\frac{dz}{z}(lz)^6 = \left(\frac{d^6T}{d\omega^6}\right).$$

23. Ponatur iterum $\frac{\pi}{2\lambda} = \alpha$, $\sin.\alpha\omega = p$ et $\cos.\alpha\omega = q$, ut sit

$$T = \frac{\alpha p}{q},$$

quae formula secundum lemmata § 20 continuo differentiata dabit

$$T = \alpha \frac{p}{q},$$

$$\left(\frac{dT}{d\omega}\right) = \alpha\alpha \frac{1}{qq},$$

$$\left(\frac{ddT}{d\omega^2}\right) = \alpha^3 \frac{2p}{q^3},$$

$$\left(\frac{d^3T}{d\omega^3}\right) = \alpha^4 \left(\frac{6}{q^4} - \frac{4}{qq}\right),$$

$$\left(\frac{d^4T}{d\omega^4}\right) = \alpha^5 \left(\frac{24p}{q^5} - \frac{8p}{q^3}\right),$$

$$\left(\frac{d^5T}{d\omega^5}\right) = \alpha^6 \left(\frac{120}{q^6} - \frac{120}{q^4} + \frac{16}{qq}\right),$$

$$\left(\frac{d^6T}{d\omega^6}\right) = \alpha^7 \left(\frac{720p}{q^7} - \frac{480p}{q^5} + \frac{32p}{q^3}\right),$$

$$\left(\frac{d^7T}{d\omega^7}\right) = \alpha^8 \left(\frac{5040}{q^8} - \frac{6720}{q^6} + \frac{2016}{q^4} - \frac{64}{qq}\right).$$

24. Series autem infinitae, quae hinc nascuntur, erunt

$$T = \frac{1}{\lambda-\omega} - \frac{1}{\lambda+\omega} + \frac{1}{3\lambda-\omega} - \frac{1}{3\lambda+\omega} + \frac{1}{5\lambda-\omega} - \frac{1}{5\lambda+\omega} + \text{etc.,}$$

$$\left(\frac{dT}{d\omega}\right) = \frac{1}{(\lambda-\omega)^2} + \frac{1}{(\lambda+\omega)^2} + \frac{1}{(3\lambda-\omega)^2} + \frac{1}{(3\lambda+\omega)^2} + \frac{1}{(5\lambda-\omega)^2} + \text{etc.,}$$

$$\left(\frac{ddT}{d\omega^2}\right) = \frac{1\cdot2}{(\lambda-\omega)^3} - \frac{1\cdot2}{(\lambda+\omega)^3} + \frac{1\cdot2}{(3\lambda-\omega)^3} - \frac{1\cdot2}{(3\lambda+\omega)^3} + \frac{1\cdot2}{(5\lambda-\omega)^3} - \text{etc.,}$$

$$\left(\frac{d^3T}{d\omega^3}\right) = \frac{1\cdot2\cdot3}{(\lambda-\omega)^4} + \frac{1\cdot2\cdot3}{(\lambda+\omega)^4} + \frac{1\cdot2\cdot3}{(3\lambda-\omega)^4} + \frac{1\cdot2\cdot3}{(3\lambda+\omega)^4} + \frac{1\cdot2\cdot3}{(5\lambda-\omega)^4} + \text{etc.,}$$

$$\left(\frac{d^4T}{d\omega^4}\right) = \frac{1\cdot2\cdot3\cdot4}{(\lambda-\omega)^5} - \frac{1\cdot2\cdot3\cdot4}{(\lambda+\omega)^5} + \frac{1\cdot2\cdot3\cdot4}{(3\lambda-\omega)^5} - \frac{1\cdot2\cdot3\cdot4}{(3\lambda+\omega)^5} + \frac{1\cdot2\cdot3\cdot4}{(5\lambda-\omega)^5} - \text{etc.,}$$

$$\left(\frac{d^5T}{d\omega^5}\right) = \frac{1\cdot2\cdot3\cdot4\cdot5}{(\lambda-\omega)^6} + \frac{1\cdot2\cdot3\cdot4\cdot5}{(\lambda+\omega)^6} + \frac{1\cdot2\cdot3\cdot4\cdot5}{(3\lambda-\omega)^6} + \frac{1\cdot2\cdot3\cdot4\cdot5}{(3\lambda+\omega)^6} + \frac{1\cdot2\cdot3\cdot4\cdot5}{(5\lambda-\omega)^6} + \text{etc.,}$$

$$\left(\frac{d^6T}{d\omega^6}\right) = \frac{1\cdots6}{(\lambda-\omega)^7} - \frac{1\cdots6}{(\lambda+\omega)^7} + \frac{1\cdots6}{(3\lambda-\omega)^7} - \frac{1\cdots6}{(3\lambda+\omega)^7} + \frac{1\cdots6}{(5\lambda-\omega)^7} - \frac{1\cdots6}{(5\lambda+\omega)^7} + \text{etc.}$$

25. Operae pretium erit hinc casus simplicissimos evolvere, qui oriuntur ponendo $\lambda = 1$ et $\omega = 0$, ita ut sit $\alpha = \frac{\pi}{2}$, $p = 0$ et $q = 1$, unde habebimus:

<table>
<tr><td>Pro ordine priore</td><td>Pro ordine posteriore</td></tr>
</table>

$$S = \frac{\pi}{2} \qquad\qquad T = 0$$

$$\left(\frac{dS}{d\omega}\right) = 0 \qquad\qquad \left(\frac{dT}{d\omega}\right) = \frac{\pi\pi}{4}$$

$$\left(\frac{ddS}{d\omega^2}\right) = \frac{\pi^3}{8} \qquad\qquad \left(\frac{ddT}{d\omega^2}\right) = 0$$

$$\left(\frac{d^3 S}{d\omega^3}\right) = 0 \qquad\qquad \left(\frac{d^3 T}{d\omega^2}\right) = \frac{\pi^4}{8}$$

$$\left(\frac{d^4 S}{d\omega^4}\right) = \frac{5\pi^5}{32} \qquad\qquad \left(\frac{d^4 T}{d\omega^4}\right) = 0$$

$$\left(\frac{d^5 S}{d\omega^5}\right) = 0 \qquad\qquad \left(\frac{d^5 T}{d\omega^5}\right) = \frac{\pi^6}{4}$$

$$\left(\frac{d^6 S}{d\omega^6}\right) = \frac{61\pi^7}{128} \qquad\qquad \left(\frac{d^6 T}{d\omega^6}\right) = 0$$

$$\left(\frac{d^7 S}{d\omega^7}\right) = 0 \qquad\qquad \left(\frac{d^7 T}{d\omega^7}\right) = \frac{17\pi^8}{16}$$

$$\text{etc.} \qquad\qquad\qquad \text{etc.}$$

26. Hinc ergo omissis valoribus evanescentibus ex priore ordine habebimus sequentes formulas integrales cum seriebus inde natis

$$\int \frac{dz}{1+zz} = \frac{\pi}{4} = 1 - \frac{1}{3} + \frac{1}{5} - \frac{1}{7} + \frac{1}{9} - \frac{1}{11} + \frac{1}{13} - \text{etc.},$$

$$\int \frac{dz(lz)^2}{1+zz} = \frac{\pi^3}{16} = \frac{2}{1^3} - \frac{2}{3^3} + \frac{2}{5^3} - \frac{2}{7^3} + \frac{2}{9^3} - \frac{2}{11^3} + \frac{2}{13^3} - \text{etc.},$$

$$\int \frac{dz(lz)^4}{1+zz} = \frac{5\pi^5}{64} = \frac{24}{1^5} - \frac{24}{3^5} + \frac{24}{5^5} - \frac{24}{7^5} + \frac{24}{9^5} - \frac{24}{11^5} + \frac{24}{13^5} - \text{etc.},$$

$$\int \frac{dz(lz)^6}{1+zz} = \frac{61\pi^7}{256} = \frac{720}{1^7} - \frac{720}{3^7} + \frac{720}{5^7} - \frac{720}{7^7} + \frac{720}{9^7} - \frac{720}{11^7} + \frac{720}{13^7} - \text{etc.}$$

$$\text{etc.}$$

27. Ex altero autem ordine pro eodem casu oriuntur

$$\int \frac{-dz\,lz}{1-zz} = \frac{\pi\pi}{8} = \frac{1}{1^2} + \frac{1}{3^2} + \frac{1}{5^2} + \frac{1}{7^2} + \frac{1}{9^2} + \frac{1}{11^2} + \frac{1}{13^2} + \text{etc.},$$

$$\int \frac{-dz\,(lz)^3}{1-zz} = \frac{\pi^4}{16} = \frac{6}{1^4} + \frac{6}{3^4} + \frac{6}{5^4} + \frac{6}{7^4} + \frac{6}{9^4} + \frac{6}{11^4} + \frac{6}{13^4} + \text{etc.},$$

$$\int \frac{-dz\,(lz)^5}{1-zz} = \frac{\pi^6}{8} = \frac{120}{1^6} + \frac{120}{3^6} + \frac{120}{5^6} + \frac{120}{7^6} + \frac{120}{9^6} + \frac{120}{11^6} + \frac{120}{13^6} + \text{etc.}$$

$$\text{etc.}$$

28. Quemadmodum ex primo integrali ordinis posterioris deduximus has formulas

$$\int \frac{dz\,lz}{1-z} = -\frac{\pi\pi}{6} \quad \text{et} \quad \int \frac{dz\,lz}{1+z} = -\frac{\pi\pi}{12},$$

similes quoque formulae integrales ex sequentibus deduci possunt; cum enim sit $\int \frac{dz\,(lz)^3}{1-zz} = -\frac{\pi^4}{16}$, ponamus esse

$$\int \frac{z\,dz\,(lz)^3}{1-zz} = P$$

eritque

$$\int \frac{dz\,(lz)^3}{1-z} = P - \frac{\pi^4}{16} \quad \text{et} \quad \int \frac{dz\,(lz)^3}{1+z} = -P - \frac{\pi^4}{16};$$

nunc vero statuatur $zz = v$, ut sit $z\,dz = \frac{1}{2}dv$ et $lz = \frac{1}{2}lv$ ideoque $(lz)^3 = \frac{1}{8}(lv)^3$, quibus substitutis erit

$$P = \frac{1}{16}\int \frac{dv\,(lv)^3}{1-v} = \frac{1}{16}\left(P - \frac{\pi^4}{16}\right),$$

unde fit

$$16P = P - \frac{\pi^4}{16} \quad \text{ideoque} \quad P = -\frac{\pi^4}{240},$$

sicque has duas habebimus integrationes novas

$$\int \frac{dz\,(lz)^3}{1-z} = -\frac{\pi^4}{15} \quad \text{et} \quad \int \frac{dz\,(lz)^3}{1+z} = -\frac{7\pi^4}{120};$$

hinc autem per series erit

$$\int \frac{-dz\,(lz)^3}{1-z} = +\frac{\pi^4}{15} = 6\left(1 + \frac{1}{2^4} + \frac{1}{3^4} + \frac{1}{4^4} + \frac{1}{5^4} + \frac{1}{6^4} + \frac{1}{7^4} + \frac{1}{8^4} + \text{etc.}\right)$$

et

$$\int \frac{-dz\,(lz)^3}{1+z} = +\frac{7\pi^4}{120} = 6\left(1 - \frac{1}{2^4} + \frac{1}{3^4} - \frac{1}{4^4} + \frac{1}{5^4} - \frac{1}{6^4} + \frac{1}{7^4} - \frac{1}{8^4} + \text{etc.}\right).$$

29. Porro $\int \dfrac{dz(lz)^5}{1-zz} = -\dfrac{\pi^6}{8}$; ponamus esse

$$\int \frac{z\,dz(lz)^5}{1-zz} = P,$$

ut hinc obtineamus

$$\int \frac{dz(lz)^5}{1-z} = P - \frac{\pi^6}{8} \quad \text{et} \quad \int \frac{dz(lz)^5}{1+z} = -P - \frac{\pi^6}{8};$$

nunc igitur statuamus $zz = v$ eritque

$$P = \frac{1}{64} \int \frac{dv(lv)^5}{1-v} = \frac{1}{64}\left(P - \frac{\pi^6}{8}\right),$$

unde fit

$$P = -\frac{\pi^6}{504},$$

novaeque integrationes hinc deductae sunt

$$\int \frac{dz(lz)^5}{1-z} = -\frac{8\pi^6}{63} \quad \text{et} \quad \int \frac{dz(lz)^5}{1+z} = -\frac{31\pi^6}{252},$$

at vero per series reperitur

$$\int \frac{dz(lz)^5}{1-z} = -\frac{8\pi^6}{63} = -120\left(1 + \frac{1}{2^6} + \frac{1}{3^6} + \frac{1}{4^6} + \frac{1}{5^6} + \frac{1}{6^6} + \frac{1}{7^6} + \text{etc.}\right)$$

et

$$\int \frac{dz(lz)^5}{1+z} = -\frac{31\pi^6}{252} = -120\left(1 - \frac{1}{2^6} + \frac{1}{3^6} - \frac{1}{4^6} + \frac{1}{5^6} - \frac{1}{6^6} + \frac{1}{7^6} - \text{etc.}\right),$$

ita ut sit

$$1 + \frac{1}{2^6} + \frac{1}{3^6} + \frac{1}{4^6} + \frac{1}{5^6} + \frac{1}{6^6} + \frac{1}{7^6} + \text{etc.} = \frac{\pi^6}{945}$$

et

$$1 - \frac{1}{2^6} + \frac{1}{3^6} - \frac{1}{4^6} + \frac{1}{5^6} - \frac{1}{6^6} + \frac{1}{7^6} - \frac{1}{8^6} + \text{etc.} = \frac{31\pi^6}{30240} = \frac{31\pi^6}{32 \cdot 945}.$$

30. Consideremus etiam casus, quibus $\lambda = 2$ et $\omega = 1$, ita ut sit $\alpha = \dfrac{\pi}{4}$ et $\alpha\omega = \dfrac{\pi}{4}$, hinc $p = q = \dfrac{1}{\sqrt{2}}$, unde pro utroque ordine sequentes habebimus valores:

Pro ordine priore	Pro ordine posteriore
$S = \dfrac{\pi}{2\sqrt{2}}$	$T = \dfrac{\pi}{4}$
$\left(\dfrac{dS}{d\omega}\right) = \dfrac{\pi\pi}{8\sqrt{2}}$	$\left(\dfrac{dT}{d\omega}\right) = \dfrac{\pi\pi}{8}$
$\left(\dfrac{ddS}{d\omega^2}\right) = \dfrac{3\pi^3}{32\sqrt{2}}$	$\left(\dfrac{ddT}{d\omega^2}\right) = \dfrac{\pi^3}{16}$
$\left(\dfrac{d^3S}{d\omega^3}\right) = \dfrac{11\pi^4}{128\sqrt{2}}$	$\left(\dfrac{d^3T}{d\omega^3}\right) = \dfrac{\pi^4}{16}$
$\left(\dfrac{d^4S}{d\omega^4}\right) = \dfrac{57\pi^5}{512\sqrt{2}}$	$\left(\dfrac{d^4T}{d\omega^4}\right) = \dfrac{5\pi^5}{64}$
$\left(\dfrac{d^5S}{d\omega^5}\right) = \dfrac{361\pi^6}{2048\sqrt{2}}$	$\left(\dfrac{d^5T}{d\omega^5}\right) = \dfrac{\pi^6}{8}$
$\left(\dfrac{d^6S}{d\omega^6}\right) = \dfrac{2763\pi^7}{8192\sqrt{2}}$	$\left(\dfrac{d^6T}{d\omega^6}\right) = \dfrac{61\pi^7}{256}$
$\left(\dfrac{d^7S}{d\omega^7}\right) = \dfrac{24611\pi^8}{32768\sqrt{2}}$	$\left(\dfrac{d^7T}{d\omega^7}\right) = \dfrac{17\pi^8}{32}$
etc.	etc.

31. Hinc igitur sequentes integrationes cum seriebus respondentibus resultant; ac primo quidem ex ordine primo

$$\int \frac{(1+zz)dz}{1+z^4} = \frac{\pi}{2\sqrt{2}} = 1 + \frac{1}{3} - \frac{1}{5} - \frac{1}{7} + \frac{1}{9} + \frac{1}{11} - \frac{1}{13} - \text{etc.},$$

$$\int \frac{-(1-zz)dz\, lz}{1+z^4} = \frac{\pi\pi}{2\sqrt{2}} = 1 - \frac{1}{3^2} - \frac{1}{5^2} + \frac{1}{7^2} + \frac{1}{9^2} - \frac{1}{11^2} - \frac{1}{13^2} + \text{etc.},$$

$$\int \frac{(1+zz)dz\,(lz)^2}{1+z^4} = \frac{3\pi^3}{32\sqrt{2}} = \frac{2}{1^3} + \frac{2}{3^3} - \frac{2}{5^3} - \frac{2}{7^3} + \frac{2}{9^3} + \frac{2}{11^3} - \frac{2}{13^3} - \text{etc.},$$

$$\int \frac{-(1-zz)dz\,(lz)^3}{1+z^4} = \frac{11\pi^4}{128\sqrt{2}} = \frac{6}{1^4} - \frac{6}{3^4} - \frac{6}{5^4} + \frac{6}{7^4} + \frac{6}{9^4} - \frac{6}{11^4} - \frac{6}{13^4} + \text{etc.},$$

$$\int \frac{(1+zz)dz\,(lz)^4}{1+z^4} = \frac{57\pi^5}{512\sqrt{2}} = \frac{24}{1^5} + \frac{24}{3^5} - \frac{24}{5^5} - \frac{24}{7^5} + \frac{24}{9^5} + \frac{24}{11^5} - \frac{24}{13^5} - \text{etc.},$$

$$\int \frac{-(1-zz)dz\,(lz)^5}{1+z^4} = \frac{361\pi^6}{2048\sqrt{2}} = \frac{120}{1^6} - \frac{120}{3^6} - \frac{120}{5^6} + \frac{120}{7^6} + \frac{120}{9^6} - \frac{120}{11^6} - \frac{120}{13^6} + \text{etc.},$$

$$\int \frac{(1+zz)dz\,(lz)^6}{1+z^4} = \frac{2763\pi^7}{8192\sqrt{2}} = \frac{720}{1^7} + \frac{720}{3^7} - \frac{720}{5^7} - \frac{720}{7^7} + \frac{720}{9^7} + \frac{720}{11^7} - \frac{720}{13^7} - \text{etc.},$$

$$\int \frac{-(1-zz)dz\,(lz)^7}{1+z^4} = \frac{24611\pi^8}{32768\sqrt{2}} = \frac{5040}{1^8} - \frac{5040}{3^8} - \frac{5040}{5^8} + \frac{5040}{7^8} + \frac{5040}{9^8} - \frac{5040}{11^8} - \frac{5040}{13^8} + \text{etc.}$$

etc.

32. Eodem modo integrationes alterius ordinis cum seriebus erunt

$$\int \frac{dz}{1+zz} = \frac{\pi}{4} = 1 - \frac{1}{3} + \frac{1}{5} - \frac{1}{7} + \frac{1}{9} - \frac{1}{11} + \frac{1}{13} - \text{etc.},$$

$$\int \frac{-dz\,lz}{1-zz} = \frac{\pi\pi}{8} = \frac{1}{1^2} + \frac{1}{3^2} + \frac{1}{5^2} + \frac{1}{7^2} + \frac{1}{9^2} + \frac{1}{11^2} + \frac{1}{13^2} + \text{etc.},$$

$$\int \frac{dz(lz)^2}{1+zz} = \frac{\pi^3}{16} = \frac{2}{1^3} - \frac{2}{3^3} + \frac{2}{5^3} - \frac{2}{7^3} + \frac{2}{9^3} - \frac{2}{11^3} + \frac{2}{13^3} - \text{etc.},$$

$$\int \frac{-dz(lz)^3}{1-zz} = \frac{\pi^4}{16} = \frac{6}{1^4} + \frac{6}{3^4} + \frac{6}{5^4} + \frac{6}{7^4} + \frac{6}{9^4} + \frac{6}{11^4} + \frac{6}{13^4} + \text{etc.},$$

$$\int \frac{dz(lz)^4}{1+zz} = \frac{5\pi^5}{64} = \frac{24}{1^5} - \frac{24}{3^5} + \frac{24}{5^5} - \frac{24}{7^5} + \frac{24}{9^5} - \frac{24}{11^5} + \frac{24}{13^5} - \text{etc.},$$

$$\int \frac{-dz(lz)^5}{1-zz} = \frac{\pi^6}{8} = \frac{120}{1^6} + \frac{120}{3^6} + \frac{120}{5^6} + \frac{120}{7^6} + \frac{120}{9^6} + \frac{120}{11^6} + \frac{120}{13^6} + \text{etc.},$$

$$\int \frac{dz(lz)^6}{1+zz} = \frac{61\pi^7}{256} = \frac{720}{1^7} - \frac{720}{3^7} + \frac{720}{5^7} - \frac{720}{7^7} + \frac{720}{9^7} - \frac{720}{11^7} + \frac{720}{13^7} - \text{etc.},$$

$$\int \frac{-dz(lz)^7}{1-zz} = \frac{17\pi^8}{32} = \frac{5040}{1^8} + \frac{5040}{3^8} + \frac{5040}{5^8} + \frac{5040}{7^8} + \frac{5040}{9^8} + \frac{5040}{11^8} + \frac{5040}{13^8} + \text{etc.}$$

etc.

Hae autem series sunt eae ipsae, quas iam supra (§ 26 et 27) sumus consecuti.

33. Praeterea autem ii casus imprimis notari merentur, quibus formulae integrales in formas simpliciores resolvi possunt. Haec autem resolutio tantum spectat ad fractionem

$$\pm \frac{z^{\lambda-\omega} \pm z^{\lambda+\omega}}{1 \pm z^{2\lambda}}$$

omisso factore $\frac{dz}{z}(lz)^\mu$, ad quod ostendendum sumamus primo $\lambda = 3$ et $\omega = 1$, unde fit $\alpha = \frac{\pi}{6}$, $p = \sin.\frac{\pi}{6}$ et $q = \cos.\frac{\pi}{6}$; tum autem in priori ordine occurrunt alternatim sequentes fractiones

$$\text{I.} \quad \frac{zz(1+zz)}{1+z^6} = \frac{zz}{1-zz+z^4},$$

quae posito $zz = v$ abit in $\frac{v}{1-v+vv}$; ergo cum sit $\frac{dz}{z} = \frac{1}{2} \frac{dv}{v}$ et $lz = \frac{1}{2} lv$, hinc talis forma

$$\frac{1}{2^{2i+1}} \int \frac{dv(lv)^{2i}}{1-v+vv}$$

integrari poterit, casu scilicet $v = 1$;

$$\text{II.} \quad -\frac{zz(1-zz)}{1+z^6} = +\frac{2}{3(1+zz)} - \frac{2-zz}{3(1-zz+z^4)},$$

quae posito $zz = v$ abit in

$$\frac{2}{3(1+v)} - \frac{2-v}{3(1-v+vv)},$$

quae ergo forma ducta in $\frac{dz}{z} (lz)^{2i+1}$ vel in $\frac{1}{2^{2i+2}} \cdot \frac{dv}{v} (lv)^{2i+1}$ semper integrari potest posito $v = 1$.

34. Eodem casu ordo posterior sequentes suppeditat resolutiones

$$\text{I.} \quad \frac{zz(1-zz)}{1-z^6} = \frac{zz}{1+zz+z^4} = \frac{v}{1+v+vv},$$

quae in $\frac{dz}{z} (lz)^{2i}$ vel in $\frac{1}{2^{2i+1}} \frac{dv}{v} (lv)^{2i}$ ducta semper est integrabilis;

$$\text{II.} \quad \frac{-zz(1+zz)}{1-z^6} = \frac{-2}{3(1-zz)} + \frac{2+zz}{3(1+zz+z^4)},$$

quae facto $zz = v$ fit

$$\frac{-2}{3(1-v)} + \frac{2+v}{3(1+v+vv)},$$

quae ergo formulae in $\frac{dv}{v} (lv)^{2i+1}$ ductae fiunt integrabiles; quia autem in hac resolutione numeratores per z vel v dividere non licet, alia resolutione est opus, quae reperitur

$$\frac{-zz(1+zz)}{1-z^6} = \frac{-2zz}{3(1-zz)} - \frac{zz(1+2zz)}{3(1+zz+z^4)}$$

sive

$$\frac{-2v}{3(1-v)} - \frac{v(1+2v)}{3(1+v+vv)},$$

quae formulae ductae in $\frac{dz}{z} (lz)^{2i+1}$ vel in $\frac{1}{2^{2i+2}} \cdot \frac{dv}{v} (lv)^{2i+1}$ integrationem quoque admittunt.

35. Porro manente $\lambda = 3$ sumatur $\omega = 2$, ut sit

$$\alpha = \frac{\pi}{6}, \quad p = \sin.\frac{\pi}{3} \quad \text{et} \quad q = \cos.\frac{\pi}{3},$$

et ex ordine priore orientur sequentes reductiones

$$\text{I.} \quad \frac{z(1+z^4)}{1+z^6} = \frac{2z}{3(1+zz)} + \frac{z(1+zz)}{3(1-zz+z^4)},$$

unde multiplicando per $\frac{dz}{z}(lz)^{2i}$ oriuntur formulae integrationem admittentes casu $z=1$;

$$\text{II.} \quad \frac{-z(1-z^4)}{1+z^6} = -\frac{z(1-zz)}{1-zz+z^4},$$

quae per $\frac{dz}{z}(lz)^{2i+1}$ multiplicata integrari poterit casu $z=1$.

Ex ordine vero posteriore sequentes prodibunt reductiones

$$\text{I.} \quad \frac{z(1-z^4)}{1-z^6} = \frac{z(1+zz)}{1+zz+z^4},$$

quae ducta in $\frac{dz}{z}(lz)^{2i}$ fit integrabilis;

$$\text{II.} \quad \frac{-z(1+z^4)}{1-z^6} = \frac{-2z}{3(1-zz)} - \frac{z(1-zz)}{3(1+zz+z^4)},$$

quae formulae in $\frac{dz}{z}(lz)^{2i+1}$ ductae fiunt integrabiles.

36. Operae iam erit pretium haec integralia actu evolvere, quare ex § 33 eiusque numero I nanciscimur sequentes integrationes

$$1^0. \quad \frac{1}{2}\int \frac{dv}{1-v+vv} = \alpha\frac{1}{q} = \frac{\pi}{3\sqrt{3}},$$

$$2^0. \quad \frac{1}{8}\int \frac{dv(lv)^2}{1-v+vv} = \alpha^3\left(\frac{2}{q^3} - \frac{1}{q}\right) = \frac{5\pi^3}{324\sqrt{3}},$$

deinde vero ex eiusdem paragraphi numero II, ubi etiam haec reductio locum habet

$$-\frac{zz(1-zz)}{1+z^6} = -\frac{2zz}{3(1+zz)} - \frac{zz(1-2zz)}{3(1-zz+z^4)} = -\frac{2v}{3(1+v)} - \frac{v(1-2v)}{3(1-v+vv)},$$

quae ducta in $\frac{1}{4} \cdot \frac{dv}{v} \, lv$ dabit

$$-\frac{1}{6} \int \frac{dv \, lv}{1+v} - \frac{1}{12} \int \frac{dv(1-2v)lv}{1-v+vv} = \alpha\alpha \frac{p}{qq} = \frac{\pi\pi}{54},$$

quarum formularum prior integrationem admittit; est enim

$$\int \frac{dv \, lv}{1+v} = -\frac{\pi\pi}{12},$$

unde invenitur posterior

$$\int \frac{dv(1-2v)lv}{1-v+vv} = -\frac{\pi\pi}{18}.$$

37. Ex § 34 eiusque numero I sequitur

$$1^0. \quad \frac{1}{2} \int \frac{dv}{1+v+vv} = \frac{\alpha p}{q} = \frac{\pi}{6\sqrt{3}},$$

$$2^0. \quad \frac{1}{8} \int \frac{dv(lv)^2}{1+v+vv} = \alpha^3 \frac{2p}{q^3} = \frac{\pi^3}{81\sqrt{3}},$$

deinde vero ex numero II fit

$$-\frac{1}{6} \int \frac{dv \, lv}{1-v} - \frac{1}{12} \int \frac{dv(1+2v)lv}{1+v+vv} = \alpha\alpha \frac{1}{qq} = \frac{\pi\pi}{27};$$

supra autem invenimus esse

$$\int \frac{dv \, lv}{1-v} = -\frac{\pi\pi}{6},$$

quo valore substituto fit

$$\int \frac{dv(1+2v)lv}{1+v+vv} = -\frac{\pi\pi}{9};$$

maxime igitur operae pretium est visum has postremas integrationes evolvisse.

38. Quodsi ambae formulae integrales

$$\int \frac{dv(1-2v)lv}{1-v+vv} \quad \text{et} \quad \int \frac{dv(1+2v)lv}{1+v+vv}$$

in series convertantur, reperitur

$$\int \frac{dv(1-2v)lv}{1-v+vv} = -1 + \frac{1}{4} + \frac{2}{9} + \frac{1}{16} - \frac{1}{25} - \frac{2}{36} - \frac{1}{49} + \text{etc.}$$

et

$$\int \frac{dv(1+2v)lv}{1+v+vv} = -1 - \frac{1}{4} + \frac{2}{9} - \frac{1}{16} - \frac{1}{25} + \frac{2}{36} - \frac{1}{49} + \text{etc.},$$

unde has duas summationes attentione nostra non indignas assequimur

$$\text{I.} \quad 1 - \frac{1}{4} - \frac{2}{9} - \frac{1}{16} + \frac{1}{25} + \frac{2}{36} + \frac{1}{49} - \frac{1}{64} - \frac{2}{81} - \frac{1}{100} + \text{etc.} = \frac{\pi\pi}{18},$$

$$\text{II.} \quad 1 + \frac{1}{4} - \frac{2}{9} + \frac{1}{16} + \frac{1}{25} - \frac{2}{36} + \frac{1}{49} + \frac{1}{64} - \frac{2}{81} + \frac{1}{100} + \text{etc.} = \frac{\pi\pi}{9},$$

quarum prior a posteriore ablata praebet

$$\frac{2}{4} + \frac{2}{16} - \frac{4}{36} + \frac{2}{64} + \frac{2}{100} - \text{etc.} = \frac{\pi\pi}{18},$$

cuius duplum perducit ad hanc

$$1 + \frac{1}{4} - \frac{2}{9} + \frac{1}{16} + \frac{1}{25} - \frac{2}{36} + \text{etc.} = \frac{\pi\pi}{9};$$

quae quoniam cum secunda congruit, veritas utriusque summationis satis confirmatur; quodsi vero secunda a duplo primae subtrahatur, remanebit ista series memorabilis

$$1 - \frac{3}{4} - \frac{2}{9} - \frac{3}{16} + \frac{1}{25} + \frac{6}{36} + \frac{1}{49} - \frac{3}{64} - \frac{2}{81} - \frac{3}{100} + \text{etc.} = 0,$$

quae in periodos 6 terminos complectentes distributa manifestum ordinem in numeratoribus declarat, quippe qui sunt $1, -3, -2, -3, +1, +6$.

ADDITAMENTUM

39. Quemadmodum superiores integrationes per continuam differentiationem formularum S et T deduximus, ita etiam per integrationem alias et prorsus singulares integrationes impetrabimus; si enim ut supra [§ 3] fuerit

$$S = \int \frac{P\,dz}{z}\,^{1)}$$

---

1) Editio princeps: $S = \int \frac{T\,dz}{z}$.   A. G.

existente P formula illa

$$\frac{z^{\lambda-\omega}\pm z^{\lambda+\omega}}{1\pm z^{2\lambda}},$$

quae praeter z etiam exponentem variabilem ω involvere concipitur, erit per naturam integralium duas variabiles involventium

$$\int S d\omega = \int \frac{dz}{z} \int P d\omega,$$

ubi in priore formula integrali $\int S d\omega$, ubi z pro constanti habetur, statim scribi potest $z = 1$; hoc igitur lemmate praemisso, quia est

$$\int P d\omega = \frac{-z^{\lambda-\omega}\pm z^{\lambda+\omega}}{(1\pm z^{2\lambda})lz},$$

ambas formulas supra tractatas, nempe S et T, hoc modo evolvamus, et quia utramque triplici modo expressam dedimus, primo scilicet per seriem infinitam, secundo per formulam finitam ac tertio per formulam integralem, etiam quantitates, quae pro integralibus $\int S d\omega$ et $\int T d\omega$ resultabunt, erunt inter se aequales.

40. Incipiamus a formula S, et cum per seriem fuerit

$$S = \frac{1}{\lambda-\omega} + \frac{1}{\lambda+\omega} - \frac{1}{3\lambda-\omega} - \frac{1}{3\lambda+\omega} + \frac{1}{5\lambda-\omega} + \frac{1}{5\lambda+\omega} - \text{etc.},$$

erit

$$\int S d\omega = -l(\lambda-\omega) + l(\lambda+\omega) + l(3\lambda-\omega) - l(3\lambda+\omega) - \text{etc.} + C,$$

quam constantem ita definire decet, ut integrale evanescat posito $\omega = 0$, quo facto erit

$$\int S d\omega = l\frac{\lambda+\omega}{\lambda-\omega} + l\frac{3\lambda-\omega}{3\lambda+\omega} + l\frac{5\lambda+\omega}{5\lambda-\omega} + l\frac{7\lambda-\omega}{7\lambda+\omega} + \text{etc.},$$

quae expressio reducitur ad sequentem

$$\int S d\omega = l\frac{(\lambda+\omega)(3\lambda-\omega)(5\lambda+\omega)(7\lambda-\omega)(9\lambda+\omega)\cdot\text{etc.}}{(\lambda-\omega)(3\lambda+\omega)(5\lambda-\omega)(7\lambda+\omega)(9\lambda-\omega)\cdot\text{etc.}}.$$

Deinde quia per formulam finitam erat $S = \dfrac{\pi}{2\lambda \cos. \frac{\pi\omega}{2\lambda}}$, erit

$$\int S\,d\omega = \int \frac{\pi\,d\omega}{2\lambda \cos. \frac{\pi\omega}{2\lambda}},$$

ubi si brevitatis gratia ponatur $\dfrac{\pi\omega}{2\lambda} = \varphi$, ut sit $d\omega = \dfrac{2\lambda\,d\varphi}{\pi}$, erit

$$\int S\,d\omega = \int \frac{d\varphi}{\cos.\varphi};$$

quia igitur novimus esse

$$\int \frac{d\vartheta}{\sin.\vartheta} = l\,\tang.\,\frac{1}{2}\,\vartheta,$$

sumamus $\sin.\vartheta = \cos.\varphi$ sive $\vartheta = 90^0 - \varphi = \dfrac{\pi}{2} - \varphi$ eritque $d\vartheta = - d\varphi$, unde fit

$$\int \frac{-\,d\varphi}{\cos.\varphi} = l\,\tang.\left(\frac{\pi}{4} - \frac{1}{2}\,\varphi\right);$$

quoniam autem est $\varphi = \dfrac{\pi\omega}{2\lambda}$, erit

$$\frac{\pi}{4} - \frac{1}{2}\,\varphi = \frac{\pi(\lambda - \omega)}{4\lambda},$$

unde nostrum integrale erit

$$\int S\,d\omega = - l\,\tang.\,\frac{\pi(\lambda - \omega)}{4\lambda} = + l\,\tang.\,\frac{\pi(\lambda + \omega)}{4\lambda};$$

ex tertia autem formula integrali

$$S = \int \frac{z^{\lambda - \omega} + z^{\lambda + \omega}}{1 + z^{2\lambda}} \cdot \frac{dz}{z}$$

colligitur fore

$$\int S\,d\omega = \int \frac{-\,z^{\lambda - \omega} + z^{\lambda + \omega}}{1 + z^{2\lambda} \cdot} \cdot \frac{dz}{z\,lz},$$

quod integrale a termino $z = 0$ usque ad terminum $z = 1$ extendi assumitur; sicque tres isti valores inventi inter se erunt aequales. Ac ne ob constantes forte addendas ullum dubium supersit, singulae istae expressiones sponte evanescunt casu $\omega = 0$.

41. Consideremus hinc primo aequalitatem inter formulam primam et secundam, et quia utraque est logarithmus, erit

$$\operatorname{tang.} \frac{\pi(\lambda+\omega)}{4\lambda} = \frac{(\lambda+\omega)(3\lambda-\omega)(5\lambda+\omega)(7\lambda-\omega)\cdot \text{etc.}}{(\lambda-\omega)(3\lambda+\omega)(5\lambda-\omega)(7\lambda+\omega)\cdot \text{etc.}};$$

cum igitur huius fractionis numerator evanescat casibus vel $\omega = -\lambda$ vel $\omega = +3\lambda$ vel $\omega = -5\lambda$ vel $\omega = +7\lambda$ etc., evidens est iisdem casibus quoque tangentem fieri $= 0$; denominator vero evanescit casibus vel $\omega = \lambda$ vel $\omega = -3\lambda$ vel $\omega = +5\lambda$ vel $\omega = -7\lambda$ etc., quibus ergo casibus tangens in infinitum excrescere debet, id quod etiam pulcherrime evenit. Ceterum haec expressio congruit cum ea, quam iam dudum inveni et in *Introductione* exposui. [1])

42. Productum autem istud infinitum per principia alibi[2]) stabilita ad formulas integrales reduci potest ope huius lemmatis latissime patentis

$$\frac{a(c+b)(a+k)(c+b+k)(a+2k)(c+b+2k)\cdot \text{etc.}}{b(c+a)(b+k)(c+a+k)(b+2k)(c+a+2k)\cdot \text{etc.}} = \frac{\int z^{c-1}dz\,(1-z^{k})^{\frac{b-k}{k}}}{\int z^{c-1}dz\,(1-z^{k})^{\frac{a-k}{k}}},$$

siquidem post utramque integrationem fiat $z = 1$. Nostro igitur casu erit

$$a = \lambda + \omega, \quad b = \lambda - \omega, \quad c = 2\lambda \quad \text{et} \quad k = 4\lambda,$$

unde valor nostri producti erit

$$\frac{\int z^{2\lambda-1}dz(1-z^{4\lambda})^{\frac{-3\lambda-\omega}{4\lambda}}}{\int z^{2\lambda-1}dz(1-z^{4\lambda})^{\frac{-3\lambda+\omega}{4\lambda}}} = \operatorname{tang.} \frac{\pi(\lambda+\omega)}{4\lambda};$$

formulae autem istae integrales concinniores evadunt statuendo $z^{2\lambda} = y$; tum enim erit

$$\operatorname{tang.} \frac{\pi(\lambda+\omega)}{4\lambda} = \frac{\int dy(1-yy)^{\frac{-3\lambda-\omega}{4\lambda}}}{\int dy(1-yy)^{\frac{-3\lambda+\omega}{4\lambda}}},$$

---

1) *Introductio in analysin infinitorum*, t. I cap. XI, § 186; LEONHARDI EULERI *Opera omnia*, series I, vol. 8.   A. G.

2) Vide Lemma 4 Commentationis 59 et notam 2 p. 21.   A. G.

quae expressio utique omni attentione digna videtur. Denique ex formula integrali inventa erit quoque

$$\int \frac{-z^{\lambda-\omega} + z^{\lambda+\omega}}{1+z^{2\lambda}} \cdot \frac{dz}{z\, lz} = l\, \text{tang.}\, \frac{\pi(\lambda+\omega)}{4\lambda}.$$

43. Operae erit pretium etiam aliquot casus particulares evolvere. Sit igitur primo $\lambda = 2$ et $\omega = 1$ ac per expressionem infinitam erit

$$\int S d\omega = l\, \frac{3 \cdot 5}{1 \cdot 7} \cdot \frac{11 \cdot 13}{9 \cdot 15} \cdot \frac{19 \cdot 21}{17 \cdot 23} \cdot \frac{27 \cdot 29}{25 \cdot 31} \cdot \frac{35 \cdot 37}{33 \cdot 39} \cdot \text{etc.},$$

deinde per expressionem finitam habebimus

$$\int S d\omega = l\, \text{tang.}\, \frac{3\pi}{8}$$

ac per formulam integralem

$$\int S d\omega = \int \frac{-(1-zz)}{1+z^4} \cdot \frac{dz}{lz},$$

tum vero ex aequalitate duarum priorum expressionum

$$\text{tang.}\, \frac{3\pi}{8} = \frac{3 \cdot 5}{1 \cdot 7} \cdot \frac{11 \cdot 13}{9 \cdot 15} \cdot \frac{19 \cdot 21}{17 \cdot 23} \cdot \text{etc.}$$

hincque per binas formulas integrales

$$\text{tang.}\, \frac{3\pi}{8} = \frac{\int dy(1-yy)^{-\frac{7}{8}}}{\int dy(1-yy)^{-\frac{5}{8}}}.$$

44. Ponamus nunc esse $\lambda = 3$ et $\omega = 1$ ac per expressionem infinitam erit

$$\int S d\omega = l\, \frac{2 \cdot 4}{1 \cdot 5} \cdot \frac{8 \cdot 10}{7 \cdot 11} \cdot \frac{14 \cdot 16}{13 \cdot 17} \cdot \frac{20 \cdot 22}{19 \cdot 23} \cdot \text{etc.},$$

secundo per expressionem finitam

$$\int S d\omega = l\, \text{tang.}\, \frac{\pi}{3} = l\sqrt{3} = \frac{1}{2}\, l3,$$

ita ut futurum sit

$$\sqrt{3} = \frac{2 \cdot 4}{1 \cdot 5} \cdot \frac{8 \cdot 10}{7 \cdot 11} \cdot \frac{14 \cdot 16}{13 \cdot 17} \cdot \text{etc.},$$

huiusque producti valor per formulas integrales erit

$$\frac{\int dy(1-yy)^{-\frac{5}{6}}}{\int dy(1-yy)^{-\frac{2}{3}}}.$$

Denique formula integralis praebebit

$$\int S d\omega = \int \frac{-z(1-zz)}{1+z^6} \cdot \frac{dz}{lz}.$$

45. Eodem modo etiam evolvamus alteram formulam T, cuius valor per seriem erat

$$T = \frac{1}{\lambda-\omega} - \frac{1}{\lambda+\omega} + \frac{1}{3\lambda-\omega} - \frac{1}{3\lambda+\omega} + \frac{1}{5\lambda-\omega} - \frac{1}{5\lambda+\omega} + \text{etc.};$$

unde fit

$$\int T d\omega = -l(\lambda-\omega) - l(\lambda+\omega) - l(3\lambda-\omega) - l(3\lambda+\omega) - \text{etc.};$$

quae expressio ut evanescat posito $\omega = 0$, erit

$$\int T d\omega = l\frac{\lambda\lambda}{\lambda\lambda-\omega\omega} \cdot \frac{9\lambda\lambda}{9\lambda\lambda-\omega\omega} \cdot \frac{25\lambda\lambda}{25\lambda\lambda-\omega\omega} \cdot \text{etc.};$$

deinde vero cum per formulam finitam fuerit $T = \frac{\pi}{2\lambda}$ tang. $\frac{\pi\omega}{2\lambda}$, erit

$$\int T d\omega = \int \frac{\pi d\omega}{2\lambda} \text{ tang. } \frac{\pi\omega}{2\lambda},$$

ubi posito $\frac{\pi\omega}{2\lambda} = \varphi$ erit

$$\int T d\omega = \int d\varphi \text{ tang. } \varphi = -l \cos.\varphi,$$

ita ut sit

$$\int T d\omega = -l \cos. \frac{\pi\omega}{2\lambda},$$

cuius valor casu $\omega = 0$ fit sponte $= 0$; denique per formulam integralem habebimus

$$\int T d\omega = \int \frac{-z^{\lambda-\omega} - z^{\lambda+\omega}}{1-z^{2\lambda}} \cdot \frac{dz}{z lz};$$

integrale itidem a termino $z = 0$ usque ad terminum $z = 1$ extendi debet.

46. Iam comparatio duorum priorum valorum hanc praebet aequationem

$$\frac{1}{\cos.\frac{\pi\omega}{2\lambda}} = \frac{\lambda\lambda}{\lambda\lambda-\omega\omega}\cdot\frac{9\lambda\lambda}{9\lambda\lambda-\omega\omega}\cdot\frac{25\lambda\lambda}{25\lambda\lambda-\omega\omega}\cdot\frac{49\lambda\lambda}{49\lambda\lambda-\omega\omega}\cdot\text{etc.},$$

$$\cos.\frac{\pi\omega}{2\lambda} = \left(1-\frac{\omega\omega}{\lambda\lambda}\right)\left(1-\frac{\omega\omega}{9\lambda\lambda}\right)\left(1-\frac{\omega\omega}{25\lambda\lambda}\right)\left(1-\frac{\omega\omega}{49\lambda\lambda}\right)\cdot\text{etc.},$$

vel si factores singuli iterum in simplices evolvantur, erit

$$\cos.\frac{\pi\omega}{2\lambda} = \frac{\lambda+\omega}{\lambda}\cdot\frac{\lambda-\omega}{\lambda}\cdot\frac{3\lambda+\omega}{3\lambda}\cdot\frac{3\lambda-\omega}{3\lambda}\cdot\frac{5\lambda+\omega}{5\lambda}\cdot\frac{5\lambda-\omega}{5\lambda}\cdot\text{etc.},$$

quae formula cum reductione generali supra [§ 42] allata comparata dat $a=\lambda+\omega$, $b=\lambda$, $c=-\omega$ et $k=2\lambda$, unde colligimus

$$\cos.\frac{\pi\omega}{2\lambda} = \frac{\int z^{-\omega-1}dz(1-z^{2\lambda})^{-\frac{1}{2}}}{\int z^{-\omega-1}dz(1-z^{2\lambda})^{\frac{\omega-\lambda}{2\lambda}}}.$$

Ut autem exponentes negativos $z^{-\omega-1}$ evitemus, superius productum ita repraesentemus

$$\cos.\frac{\pi\omega}{2\lambda} = \frac{\lambda-\omega}{\lambda}\cdot\frac{\lambda+\omega}{\lambda}\cdot\frac{3\lambda-\omega}{3\lambda}\cdot\frac{3\lambda+\omega}{3\lambda}\cdot\text{etc.}$$

eritque facta comparatione $a=\lambda-\omega$, $b=\lambda$, $c=+\omega$ et $k=2\lambda$ sicque per formulas integrales erit

$$\cos.\frac{\pi\omega}{2\lambda} = \frac{\int z^{\omega-1}dz(1-z^{2\lambda})^{-\frac{1}{2}}}{\int z^{\omega-1}dz(1-z^{2\lambda})^{\frac{-\lambda-\omega}{2\lambda}}},$$

quae expressio ad simpliciorem formam reduci nequit.

47. Sit nunc etiam $\lambda=2$ et $\omega=1$ eruntque ternae nostrae expressiones

I. $\int Td\omega = l\,\dfrac{4}{3}\cdot\dfrac{36}{35}\cdot\dfrac{100}{99}\cdot\dfrac{196}{195}\cdot\text{etc.}$ sive $\int Td\omega = l\,\dfrac{2\cdot2}{1\cdot3}\cdot\dfrac{6\cdot6}{5\cdot7}\cdot\dfrac{10\cdot10}{9\cdot11}\cdot\dfrac{14\cdot14}{13\cdot15}\cdot\text{etc.};$

$$\text{II. }\int Td\omega = -l\cos.\frac{\pi}{4} = +\frac{1}{2}l2,$$

ita ut sit

$$\frac{1}{2}\sqrt{2} = \frac{2\cdot2}{1\cdot3}\cdot\frac{6\cdot6}{5\cdot7}\cdot\frac{10\cdot10}{9\cdot11}\cdot\frac{14\cdot14}{13\cdot15}\cdot\text{etc.},$$

quod productum per formulas integrales ita exprimitur

$$\frac{\int dz(1-z^4)^{-\frac{3}{4}}}{\int dz(1-z^4)^{-\frac{1}{2}}} = \sqrt{2};$$

$$\text{III.} \quad \int Td\omega = \int \frac{-(1+zz)}{1-z^4} \cdot \frac{dz}{lz} = \int \frac{-dz}{(1-zz)lz},$$

quod ergo integrale a termino $z=0$ usque ad $z=1$ extensum praebet eundem valorem $+\frac{1}{2}l2$, cuius aequalitatis ratio utique difficillime patet.

48. Sit denique ut supra $\lambda=3$ et $\omega=1$ ac ternae formulae ita se habebunt

$$\text{I.} \quad \int Td\omega = l\frac{9}{8} \cdot \frac{81}{80} \cdot \frac{225}{224} \cdot \text{etc.} = l\frac{3\cdot 3}{2\cdot 4} \cdot \frac{9\cdot 9}{8\cdot 10} \cdot \frac{15\cdot 15}{14\cdot 16} \cdot \frac{21\cdot 21}{20\cdot 22} \cdot \text{etc.};$$

$$\text{II.} \quad \int Td\omega = -l\cos.\frac{\pi}{6} = -l\frac{\sqrt{3}}{2} = +l\frac{2}{\sqrt{3}},$$

ita ut sit

$$\frac{2}{\sqrt{3}} = \frac{3\cdot 3}{2\cdot 4} \cdot \frac{9\cdot 9}{8\cdot 10} \cdot \frac{15\cdot 15}{14\cdot 16} \cdot \frac{21\cdot 21}{20\cdot 22} \cdot \text{etc.}$$

ideoque per binas formulas integrales

$$\frac{2}{\sqrt{3}} = \frac{\int dz\,(1-z^6)^{-\frac{1}{2}}}{\int dz(1-z^6)^{-\frac{2}{3}}};$$

$$\text{III.} \quad \int Td\omega = \int \frac{-(1+zz)}{1-z^6} \cdot \frac{dz}{lz},$$

quae posito $zz = v$ abit in hanc

$$\int Td\omega = \int \frac{-dv(1+v)}{(1-v^3)lv}.$$

Hinc igitur patet hac methodo plane nova perveniri ad formulas integrales, quas per methodos adhuc cognitas nullo modo evolvere vel saltem inter se comparare licuit.

NOVA METHODUS
QUANTITATES INTEGRALES DETERMINANDI

Commentatio 464 indicis ENESTROEMIANI
Novi commentarii academiae scientiarum Petropolitanae 19 (1774), 1775, p. 66—102
Summarium ibidem p. 13—17

SUMMARIUM

Refert Illustr. huius dissertationis Auctor, dum saepius sibi occurrissent formulae integrales, quae per logarithmum quantitatis variabilis erant divisae, se nunquam perspicere potuisse, ad quodnam genus quantitatum essent referendae. De simplicissima quidem formula huius generis $\int \frac{dz}{lz}$ constabat eam a termino $z = 0$ ad $z = 1$ integratam infinite magnum exhibere. Nunc vero Illustr. Auctori successit evolutio plurium huiusmodi formularum $\int \frac{P\,dz}{lz}$, quae posito post integrationem $z = 1$ valores finitae magnitudinis sortiuntur. Inter simpliciores istarum est haec $\int \frac{(z-1)\,dz}{lz}$, cuius valorem primum quantitatem finitae magnitudinis, deinde reapse ipsi $l2$ aequalem singulari ratiocinio heic ostendit Illustr. Auctor, quo eodem ratiocinio quoque ostendi potest esse $\int \frac{(z^m-1)\,dz}{lz} = l(m + 1)$. Verum quum hoc ratiocinium per quantitates infinite parvas procedat, Illustr. Auctor de planiori methodo sollicitus erat, quam methodum ipsi suppeditavit consideratio functionum binas variabiles involventium. Scopus autem huius dissertationis praecipuus is est, ut methodus ista perspicue explicetur. Ex natura functionum, quae binas variabiles z et u involvunt, colligitur, quodsi P aliqua huiusmodi fuerit functio sitque $\int P\,dz = S$, tum esse

$$\int dz \left(\frac{dP}{du}\right) = \left(\frac{dS}{du}\right)$$

similique modo ulterius procedendo

$$\left(\frac{d\,dS}{du^2}\right) = \int dz \left(\frac{d\,dP}{du^2}\right), \quad \left(\frac{d^3S}{du^3}\right) = \int dz \left(\frac{d^3P}{du^3}\right) \quad \text{etc.}$$

Hoc principium pro praesenti negotio utile evadit, quando functio P ita est comparata, ut casu particulari, quo post integrationem ipsi z certus valor, utpote $z = a$, tribuitur, $S = \int P\,dz$ abeat in functionem solius variabilis u; tum enim integrationes supra memoratae locum habebunt, modo post singulas ponatur $z = a$. Simili quoque modo ex natura functionum binas variabiles involventium deducitur, quod sit

$$\int S\,du = \int dz \int P\,du,$$

ubi in integralibus $\int S\,du$, $\int P\,du$ variabilitas solius u spectatur, tum vero in integrali $\int dz \int P\,du$ variabilitas solius z. Hae vero integrationes repeti quoque possunt, ut sit

$$\int du \int S\,du = \int dz \int du \int P\,du \quad \text{et} \quad \int du \int du \int S\,du = \int dz \int du \int du \int P\,du.$$

Quodsi nunc P eiusmodi sit functio variabilium z et u, ut formulae integralis $\int P\,dz$ valor certo casu, puta $z = a$, commode exhiberi queat per quantitatem S, quae sit functio solius variabilis u, pro eodem casu $z = a$ formularum integralium $\int dz \int P\,du$, $\int dz \int du \int P\,du$ valores determinari possunt, modo formulae $\int S\,du$, $\int du \int S\,du$ integrationem admittant. Usum et applicationem binorum horum principiorum Illustr. Auctor variis exemplis illustravit et pro priori statuendo

$$P = \frac{z^{n-u-1} \pm z^{n+u-1}}{1 \pm z^{2n}}$$

integrationes illae prodeunt, quas in dissertatione praecedenti contemplatus erat. Pro posteriori statuendo $P = z^{u}$ invenitur

$$\int S\,du = l(u + 1) - \int \frac{z^{u}\,dz}{lz},$$

ubi addi debet constans C, cuius valor intelligitur infinitus ob $\frac{z^{u}}{lz}$ infinitum, dum ponitur $z = 1$. At quum valor ipsius C non dependeat ab u, C eundem retinebit valorem, quicquid sit u, ideoque habebitur

$$\int \frac{z^{m}\,dz}{lz} = l(m + 1) + C \quad \text{et} \quad \int \frac{z^{n}\,dz}{lz} = l(n + 1) + C$$

hincque

$$\int \frac{(z^{m} - z^{n})\,dz}{lz} = l\frac{m + 1}{n + 1}.$$

Ascendendo ad alteram integrationem fiet

$$\int du \int P\,du = \frac{z^{u}}{(lz)^{2}} \quad \text{ideoque} \quad \int du \int S\,du = (u + 1)(l(u + 1) - 1) + Cu + D = \int \frac{z^{u}\,dz}{(lz)^{2}};$$

hinc tribus huiusmodi integralibus coniunctis elidi possunt constantes C et D. Deinde si ponatur

$$P = \frac{z^{n-u-1} \pm z^{n+u-1}}{1 \pm z^{2n}},$$

prodibunt formulae integrales, quas Illustr. EULERUS in Additamento prioris dissertationis fusius contemplatus erat. Praecipue vero heic occupatus est in eo, ut principii iam stabiliti adplicationem faciat ad formulas integrales $\int \frac{P\,dz}{z}$, $\int P\,du$ atque $\int \frac{Q\,dz}{z}$, $\int Q\,du$, dum scilicet ponitur

$$P = z \cos. u + z^2 \cos. 2u + z^3 \cos. 3u + z^4 \cos. 4u + \text{etc.}$$

et

$$Q = z \sin. u + z^2 \sin. 2u + z^3 \sin. 3u + z^4 \sin. 4u + \text{etc.}$$

Relationes autem istae horum integralium inveniuntur, ut sit

$$\int \frac{P\,dz}{z} = -\int Q\,du, \quad \int \frac{dz}{z} \int \frac{P\,dz}{z} = -\int du \int P\,du, \quad \int \frac{dz}{z} \int \frac{dz}{z} \int \frac{P\,dz}{z} = +\int du \int du \int Q\,du \quad \text{etc.}$$

nec non

$$\int \frac{Q\,dz}{z} = +\int P\,du, \quad \int \frac{dz}{z} \int \frac{Q\,dz}{z} = -\int du \int Q\,du, \quad \int \frac{dz}{z} \int \frac{dz}{z} \int \frac{Q\,dz}{z} = -\int du \int du \int P\,du \quad \text{etc.}$$

Tum vero si illi valores integralium desiderentur, quos consequuntur posito $z = 1$, in formulis integralibus, ubi solus angulus u pro variabili habetur, ante integrationes iam statuere licebit $z = 1$, ex quo fiet

$$P = \frac{\cos. u - 1}{2(1 - \cos. u)} = -\frac{1}{2}, \quad Q = \frac{1}{2} \cot. \frac{1}{2} u,$$

$$\int P\,du = A - \frac{1}{2} u, \quad \int du \int P\,du = B + Au - \frac{1}{4} u^2,$$

$$\int du \int du \int P\,du = C + Bu + \frac{1}{2} Au^2 - \frac{1}{12} u^3 \quad \text{etc.}$$

nec non

$$\int Q\,du = l \sin. \frac{1}{2} u, \quad \int du \int Q\,du = \int du \, l \sin. \frac{1}{2} u,$$

cuius integralis evolutio non constat. Pro formulis variabilem z involventibus colligitur

$$\int \frac{dz}{z} \int \frac{P\,dz}{z} = -\int \frac{P\,dz}{z} lz, \quad \int \frac{dz}{z} \int \frac{dz}{z} \int \frac{P\,dz}{z} = +\int \frac{P\,dz}{z} (lz)^2 \quad \text{etc.}$$

posito nimirum $z = 1$, ita ut hinc valores integralium

$$\int \frac{P\,dz}{z} (lz)^m \quad \text{vel} \quad \int \frac{Q\,dz}{z} (lz)^m$$

per arcum u expressos assignari liceat casu, quo post integrationem ponitur $z = 1$.

1. Cum mihi saepius[1]) occurrissent formulae differentiales, quae per logarithmum quantitatis variabilis erant divisae, veluti $\frac{P\,dz}{lz}$, nunquam perspicere potui, ad quodnam genus quantitatum earum integralia sint referenda, quin etiam maxime difficile videbatur eorum valores saltem vero proxime assignare. Quod quidem ad formulam integralem simplicissimam huius generis $\int \frac{dz}{lz}$ attinet, facile patet, si eam ita integrari concipiam, ut evanescat posito $z = 0$, tum vero statuatur $z = 1$, quantitatem infinite magnam esse prodituram; quodsi enim variabilis z iam proxime ad unitatem accesserit, ut sit $z = 1 - u$ existente u quantitate infinite parva, tum ob

$$dz = - du \quad \text{et} \quad lz = l(1 - u) = - u$$

haec formula erit $\int \frac{du}{u}$, cuius valor utique fit infinitus. At vero dantur omnino huiusmodi formulae integrales $\int \frac{P\,dz}{lz}$, quae, etiamsi ponatur $z = 1$, tamen valores finitae magnitudinis sortiuntur; quod determinasse eo magis operae pretium videtur, quod nulla adhuc cognita est via istos valores investigandi.

2. Consideremus exempli gratia hanc formulam satis simplicem

$$\int \frac{(z - 1)\,dz}{lz},$$

quae memorata lege integrata valorem finitum habere facile ostendi potest. Posito enim

$$\frac{z - 1}{lz} = y,$$

ut formula nostra fiat $\int y\,dz$ ideoque exprimat aream curvae pro abscissa z applicatam habentis $= y$, ista area a termino $z = 0$ usque ad terminum $z = 1$ extensa utique valorem finitum non multo maiorem quam $\frac{1}{2}$ repraesentabit; posita enim abscissa $z = 0$ fiet etiam applicata $y = 0$, at sumta $z = 1$ pro applicata $y = \frac{z-1}{lz}$ tam numerator quam denominator evanescit, ergo eorum loco substitutis suis differentialibus fiet $y = z = 1$. Pro abscissis autem mediis ponamus $z = e^{-n}$ existente e numero, cuius logarithmus hyperbolicus est unitas; erit

$$y = \frac{e^{-n} - 1}{-n} = \frac{e^{n} - 1}{ne^{n}},$$

---

1) Vide *Institutionum calculi integralis* vol. 1, § 215 et seq. *Leonhardi Euleri Opera omnia*, series I, vol. 11, p. 120.   A. G.

quae, si n fuerit numerus valde magnus, ut abscissa z fiat minima, applicata erit proxime $y = \frac{1}{n}$; qui ergo valor multo maior erit quam abscissa z; forma scilicet huius curvae similis erit figurae adiectae, ubi AP (Fig. 1) denotat abscissam z et PM applicatam y; abscissae vero $AB = 1$ respondet applicata $BC = 1$; qua curva descripta eius area $AMCB$ non multum superabit aream trianguli ABC, quae est $= \frac{1}{2}$.

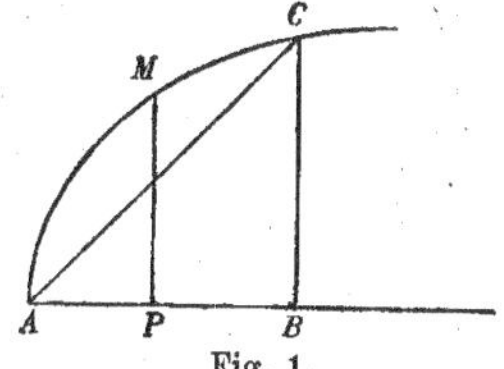

Fig. 1.

3. Nuper autem in aliis investigationibus[1]) occupatus praeter expectationem inveni hanc aream aequalem esse logarithmo hyperbolico binarii, ita ut ea per fractiones decimales sit $l2 = 0{,}6931471805$; sequenti autem ratiocinio huc sum perductus. Cum revera sit $lz = \frac{z^0 - 1}{0}$, quia differentiando utrinque prodit $\frac{dz}{z} = \frac{dz}{z}$ et sumto $z = 1$ utraque expressio evanescit, loco 0 scribo $\frac{1}{i}$ denotante i numerum infinitum eritque $lz = i(z^{\frac{1}{i}} - 1)$ hincque applicata

$$y = \frac{z - 1}{i(z^{\frac{1}{i}} - 1)} = \frac{1 - z}{i(1 - z^{\frac{1}{i}})}$$

et formula integralis $\int \frac{(1 - z)dz}{i(1 - z^{\frac{1}{i}})}$. Nunc igitur statuo $z^{\frac{1}{i}} = x$, ut fiat $z = x^i$, ubi notetur pro utroque integrationis termino $z = 0$ et $z = 1$ etiam fore $x = 0$ et $x = 1$; quia igitur hinc fit $dz = ix^{i-1}dx$, formula integralis evadit

$$\int \frac{x^{i-1}dx(1 - x^i)}{1 - x},$$

quam ergo integrari oportet a termino $x = 0$ usque ad terminum $x = 1$.

4. Spectemus nunc i ut numerum valde magnum et fractio $\frac{1 - x^i}{1 - x}$ resolvitur in hanc progressionem geometricam

$$1 + x + x^2 + x^3 + x^4 + x^5 + x^6 + \cdots + x^{i-1},$$

---

1) Vide Commentationem 463 huius voluminis.   A. G.

cuius singuli termini in $x^{i-1}dx$ ducti et integrati praebent hanc seriem

$$\frac{x^i}{i} + \frac{x^{i+1}}{i+1} + \frac{x^{i+2}}{i+2} + \frac{x^{i+3}}{i+3} + \cdots + \frac{x^{2i-1}}{2i-1},$$

quae utique evanescit facto $x = 0$. Nunc igitur sumatur $x = 1$ et valor quaesitus nostrae formulae integralis erit

$$\frac{1}{i} + \frac{1}{i+1} + \frac{1}{i+2} + \frac{1}{i+3} + \cdots + \frac{1}{2i-1},$$

ubi quidem littera i denotat numerum infinite magnum, ita ut numerus horum terminorum sit revera infinitus. Nihilo vero minus, quia singuli termini sunt infinite parvi, haec series summam habebit finitam, quam sequenti modo ad seriem ordinariam reducere licet.

5. Series inventa spectari potest tanquam differentia inter binas sequentes progressiones harmonicas

$$A = 1 + \frac{1}{2} + \frac{1}{3} + \frac{1}{4} + \frac{1}{5} + \frac{1}{6} + \cdots + \frac{1}{2i-1},$$

$$B = 1 + \frac{1}{2} + \frac{1}{3} + \frac{1}{4} + \frac{1}{5} + \frac{1}{6} + \cdots + \frac{1}{i-1},$$

quandoquidem differentia $A - B$ ipsam seriem inventam exhibet; quia autem numerus terminorum seriei A est $2i - 1$, seriei vero $B = i - 1$, ille duplo maior est quam hic, quocirca, ut seriem regularem obtineamus, singulos terminos seriei B per saltum a seriei A termino secundo, quarto, sexto, octavo etc. auferamus, quo pacto simul ad finem utriusque pervenietur eritque

$$A - B = 1 - \frac{1}{2} + \frac{1}{3} - \frac{1}{4} + \frac{1}{5} - \frac{1}{6} + \text{etc. in infinitum,}$$

cuius ergo valor est $l2$, ita ut nunc quidem solide sit demonstratum formulae integralis propositae $\int \frac{(z-1)dz}{lz}$ casu $z = 1$ valorem revera esse $= l2$.

6. Simile ratiocinium etiam ad formulam integralem generaliorem

$$\int \frac{(z^m - 1)dz}{lz}$$

accommodari potest ac tandem reperietur casu $z = 1$ eius valorem fore

$l(m + 1)$; quia igitur pari modo erit $\int \frac{(z^n - 1)\,dz}{lz} = l(n + 1)$, si hanc ab illa subtrahamus, prodit sequens integratio

$$\int \frac{(z^m - z^n)\,dz}{lz} = l\frac{m + 1}{n + 1},$$

si scilicet integratio a termino $z = 0$ usque ad terminum $z = 1$ extendatur.

7. Quia autem haec demonstratio per quantitates infinitas et infinite parvas procedit, merito aliam methodum planam et consuetam desideramus, quae ad easdem summas perducere valeat; quae quidem investigatio maxime ardua videbitur. Interim tamen, cum nuper[1]) consideratio functionum duas variabiles involventium me ad integrationem formularum differentialium prorsus singularium perduxisset, quae aliis methodis frustra tentantur, ex eodem principio quoque integrationes hic exhibitas derivandas esse intellexi. Hanc igitur methodum tanquam fontem prorsus novum, ex quo integrationes aliis methodis inaccessas haurire liceat, clare et perspicue explicabo, cui negotio istam disquisitionem praecipue destinavi.

LEMMA 1

8. *Si* P *fuerit functio quaecunque duarum variabilium* z *et* u *ac ponatur* $\int P\,dz = S$, *ut etiam* S *sit functio binarum variabilium* z *et* u, *tum erit*

$$\int dz \left(\frac{dP}{du} \right) = \left(\frac{dS}{du} \right).$$

DEMONSTRATIO

Cum in integratione formulae $\int P\,dz$ sola z ut variabilis spectetur, erit $\left(\frac{dS}{dz} \right) = P$, quae formula denuo differentiata sola u pro variabili habita praebet $\left(\frac{d\,dS}{du\,dz} \right) = \left(\frac{dP}{du} \right)$, quae in dz ducta et integrata producit

$$\left(\frac{dS}{du} \right) = \int dz \left(\frac{dP}{du} \right),$$

quandoquidem ex principiis calculi integralis est $\int dz \left(\frac{d\,dS}{dz\,du} \right) = \left(\frac{dS}{du} \right)$.   Q. E. D.

1) Vide Commentationem 463 huius voluminis. A. G.

COROLLARIUM 1

9. Eodem modo per huiusmodi differentialia, ubi tantum u pro variabili spectatur, ulterius progredi licet, unde sequentes oriuntur integrationes

$$\left(\frac{ddS}{du^2}\right) = \int dz\left(\frac{ddP}{du^3}\right)$$

et

$$\left(\frac{d^3S}{du^3}\right) = \int dz\left(\frac{d^3P}{du^3}\right)$$

$$\text{etc.}$$

COROLLARIUM 2

10. Quodsi ergo formula $\int Pdz$ fuerit integrabilis, ita ut eius integrale S exhiberi possit, tum etiam omnes istae formulae integrales

$$\int dz\left(\frac{dP}{du}\right), \quad \int dz\left(\frac{ddP}{du^2}\right), \quad \int dz\left(\frac{d^3P}{du^3}\right) \quad \text{etc.}$$

integrationem admittent atque adeo ipsa integralia exhiberi poterunt.

SCHOLION

11. Ex his quidem formulis, si in genere tractentur, parum utilitatis in calculum integralem redundat. At si functio P ita fuerit comparata, ut integrale $\int Pdz$ casu saltem particulari, quo post integrationem variabili z certus quidam valor, puta $z = a$, tribuitur, commode exhiberi possit, ut hoc casu quantitas S abeat in functionem solius variabilis u satis simplicem, tum integrationes memoratae perinde locum habebunt, si quidem post singulas integrationes ponatur $z = a$, atque hinc ad eiusmodi integrationes plerumque pervenitur, quas aliis methodis vix ac ne vix quidem perficere liceat; atque hinc oritur

PRIMUM PRINCIPIUM INTEGRATIONUM

12. Si P eiusmodi fuerit functio binarum variabilium z et u, ut valor integralis $\int Pdz$ saltem casu certo $z = a$ commode exprimi queat, qui valor sit $= S$, functio scilicet ipsius u tantum, tum etiam sequentia integralia, si

quidem post integrationem pariter statuatur $z = a$, commode exhiberi poterunt, scilicet

$$\int P\,dz = S,$$

$$\int dz\left(\frac{dP}{du}\right) = \left(\frac{dS}{du}\right),$$

$$\int dz\left(\frac{ddP}{du^2}\right) = \left(\frac{ddS}{du^2}\right),$$

$$\int dz\left(\frac{d^3P}{du^3}\right) = \left(\frac{d^3S}{du^3}\right),$$

$$\int dz\left(\frac{d^4P}{du^4}\right) = \left(\frac{d^4S}{du^4}\right)$$

etc.

EXEMPLUM 1

13. Si fuerit $P = z^u$, erit quidem in genere

$$\int P\,dz = \frac{z^{u+1}}{u+1},$$

unde casu $z = 1$ hic valor satis simplex nascitur $\frac{1}{u+1}$, ita ut sit $S = \frac{1}{u+1}$; cum deinde per differentiationes continuas, dum sola u pro variabili habetur, prodeat

$$\left(\frac{dP}{du}\right) = z^u\,lz,$$

tum vero

$$\left(\frac{ddP}{du^2}\right) = z^u(lz)^2,$$

porro

$$\left(\frac{d^3P}{du^3}\right) = z^u(lz)^3, \quad \left(\frac{d^4P}{du^4}\right) = z^u(lz)^4 \quad \text{etc.},$$

hinc sequentes obtinentur valores integrales, si quidem post singulas integrationes statuatur $z = 1$:

$$\int z^u\,dz = + \frac{1}{u+1} \qquad\qquad \int z^u\,dz\,(lz)^4 = + \frac{1\cdot2\cdot3\cdot4}{(u+1)^5}$$

$$\int z^u\,dz\,lz = - \frac{1}{(u+1)^2} \qquad\qquad \int z^u\,dz\,(lz)^5 = - \frac{1\cdot2\cdot3\cdot4\cdot5}{(u+1)^6}$$

$$\int z^u\,dz\,(lz)^2 = + \frac{1\cdot2}{(u+1)^3} \qquad\qquad \int z^u\,dz\,(lz)^6 = + \frac{1\cdot\cdots\cdot6}{(u+1)^7}$$

$$\int z^u\,dz\,(lz)^3 = - \frac{1\cdot2\cdot3}{(u+1)^4} \qquad\qquad \int z^u\,dz\,(lz)^7 = - \frac{1\cdot\cdots\cdot7}{(u+1)^8}$$

unde concludimus generaliter fore

$$\int z^u dz (lz)^n = \pm \frac{1 \cdot 2 \cdot 3 \cdot 4 \cdots n}{(u+1)^{n+1}},$$

ubi signum $+$ valet, si n sit numerus par, alterum vero $-$, si n sit numerus impar. Hae quidem integrationes iam aliunde satis sunt notae, id quod mirum non est, quoniam tam simplicem formulam pro P assumsimus; breviter igitur repetamus eos casus, quos iam nuper[1]) expedivi.

EXEMPLUM 2

14. Si fuerit

$$P = \frac{z^{n-u-1} + z^{n+u-1}}{1 + z^{2n}},$$

iam dudum[2]) demonstravi formulae $\int P dz$ valorem integralem casu, quo post integrationem ponitur $z = 1$, esse

$$S = \frac{\pi}{2n \cos. \frac{\pi u}{2n}};$$

hinc ergo, cum sit

$$\left(\frac{dP}{du}\right) = \frac{-z^{n-u-1} + z^{n+u-1}}{1 + z^{2n}} \, lz,$$

tum vero

$$\left(\frac{ddP}{du^2}\right) = \frac{z^{n-u-1} + z^{n+u-1}}{1 + z^{2n}} \, (lz)^2$$

et

$$\left(\frac{d^3P}{du^3}\right) = \frac{-z^{n-u-1} + z^{n+u-1}}{1 + z^{2n}} \, (lz)^3$$

etc.,

ex cognito valore S sequentes nacti sumus integrationes

----

1) Vide Commentationem 463 huius voluminis.   A. G.
2) Vide p. 29.   A. G.

$$\text{I.} \quad \int \frac{z^{n-u-1}+z^{n+u-1}}{1+z^{2n}}\,dz = S = \frac{\pi}{2\,n\cos.\frac{\pi\,u}{2\,n}},$$

$$\text{II.} \quad \int \frac{-z^{n-u-1}+z^{n+u-1}}{1+z^{2n}}\,dz\,lz = \left(\frac{dS}{du}\right),$$

$$\text{III.} \quad \int \frac{z^{n-u-1}+z^{n+u-1}}{1+z^{2n}}\,dz(lz)^2 = \left(\frac{ddS}{du^2}\right),$$

$$\text{IV.} \quad \int \frac{-z^{n-u-1}+z^{n+u-1}}{1+z^{2n}}\,dz(lz)^3 = \left(\frac{d^3S}{du^3}\right),$$

$$\text{V.} \quad \int \frac{z^{n-u-1}+z^{n+u-1}}{1+z^{2n}}\,dz(lz)^4 = \left(\frac{d^4S}{du^4}\right)$$

$$\text{etc.}$$

EXEMPLUM 3

15. Si fuerit

$$P = \frac{z^{n-u-1}-z^{n+u-1}}{1-z^{2n}},$$

simili modo demonstravi valorem formulae integralis $\int P\,dz$ casu, quo post integrationem ponitur $z = 1$, fore

$$S = \frac{\pi}{2\,n}\,\text{tang.}\frac{\pi\,u}{2\,n};$$

atque hinc sequentes integrationes pro eodem casu $z = 1$ fuerunt deductae

$$\text{I.} \quad \int \frac{z^{n-u-1}-z^{n+u-1}}{1-z^{2n}}\,dz = S = \frac{\pi}{2\,n}\,\text{tang.}\frac{\pi\,u}{2\,n},$$

$$\text{II.} \quad \int \frac{-z^{n-u-1}-z^{n+u-1}}{1-z^{2n}}\,dz\,lz = \left(\frac{dS}{du}\right),$$

$$\text{III.} \quad \int \frac{z^{n-u-1}-z^{n+u-1}}{1-z^{2n}}\,dz(lz)^2 = \left(\frac{ddS}{du^2}\right),$$

$$\text{IV.} \quad \int \frac{-z^{n-u-1}-z^{n+u-1}}{1-z^{2n}}\,dz(lz)^3 = \left(\frac{d^3S}{du^3}\right),$$

$$\text{V.} \quad \int \frac{z^{n-u-1}-z^{n+u-1}}{1-z^{2n}}\,dz(lz)^4 = \left(\frac{d^4S}{du^4}\right)$$

$$\text{etc.}$$

SCHOLION

16. Quo igitur uberiores fructus ex hoc principio expectare queamus, praecipuum negotium huc redit, ut eiusmodi functiones binarum variabilium z et u pro P investigemus, ita ut valor formulae integralis saltem certo quodam casu, puta $z = 1$, succincte assignari possit, quemadmodum in allatis exemplis fieri licuit. Quemadmodum autem hoc principium ex continua differentiatione est deductum, ita eodem modo continua integratio ad usum nostrum accommodari poterit.

LEMMA 2

17. *Si P fuerit functio duarum variabilium z et u ac ponatur $\int P dz = S$, ut etiam S sit functio duarum variabilium z et u, tum erit $\int S du = \int dz \int P du$, ubi in integralibus formulis $\int P du$ et $\int S du$ sola u pro variabili habetur, in formula autem $\int dz \int P du$ sola z.*

DEMONSTRATIO

Ponatur $\int S du = V$, ut sit $S = \left(\frac{dV}{du}\right)$ ideoque $\left(\frac{dV}{du}\right) = \int P dz$, eritque $\left(\frac{ddV}{dz\,du}\right) = P$; unde per du multiplicando et integrando erit $\left(\frac{dV}{dz}\right) = \int P du$, ex quo sequitur $V = \int dz \int P du = \int S du$. Q. E. D.

COROLLARIUM 1

18. Hoc modo etiam integratio repeti potest; unde orietur talis aequatio $\int du \int S du = \int dz \int du \int P du$; hinc autem plerumque parum utilitatis expectari potest, nisi forte istae integrationes commode succedant.

COROLLARIUM 2

19. Quodsi ergo formula $\int P dz$ fuerit integrabilis, scilicet $= S$, altera hinc deducta $\int dz \int P du$ eatenus tantum integrari poterit, quatenus integrale $\int S du$ integrare licet.

SECUNDUM PRINCIPIUM INTEGRATIONUM

20. Si P eiusmodi fuerit functio duarum variabilium z et u, ut formulae integralis $\int P dz$ valor certo saltem casu, puta $z = a$, commode exhiberi queat, ita ut hoc casu quantitas S fiat functio solius variabilis u, tum etiam pro eodem casu $z = a$ huius formulae integralis $\int dz \int P du$ valor assignari poterit, si modo formulam $\int S du$ integrare licuerit.

EXEMPLUM 1

21. Sumamus $P = z^u$ eritque $\int P dz = \frac{z^{u+1}}{u+1}$, quae formula casu $z = 1$ abit in $\frac{1}{u+1}$, quod ergo loco S scribatur. Tum vero quia est

$$\int P du = \int z^u du = \frac{z^u}{lz}$$

et quia $\int S du = l(u + 1)$, erit

$$\int \frac{z^u dz}{lz} = l(u + 1),$$

si quidem post illam integrationem ponatur $z = 1$. Quia autem omnis integratio additionem constantis postulat, hic potius statui oportebit

$$\int \frac{z^u dz}{lz} = l(u + 1) + C$$

atque hic quidem facile intelligitur hanc constantem C esse debere infinitam, quoniam in formula integrali fractio $\frac{z^u}{lz}$ posito $z = 1$ fit infinita, ita ut hinc parum pro instituto nostro sequi videatur.

COROLLARIUM 1

22. Quoniam autem haec constans C non a variabili u pendet, ea retinebit eundem valorem, quicunque numeri determinati pro u accipiantur. Sumamus igitur primo $u = m$, tum vero etiam $u = n$, ut habeamus istos valores

$$\text{I.} \quad \int \frac{z^m dz}{lz} = l(m + 1) + C$$

et

$$\text{II.} \quad \int \frac{z^n dz}{lz} = l(n + 1) + C,$$

quarum altera ab altera subtracta relinquet istam integrationem notatu dignissimam

$$\int \frac{(z^m - z^n)\,dz}{lz} = l\frac{m+1}{n+1},$$

quemadmodum iam supra [§ 6] ex longe aliis principiis demonstravimus.

COROLLARIUM 2

23. Si ad alteram integrationem ascendamus, quia est $\int P du = \frac{z^u}{lz}$, erit

$$\int du \int P du = \frac{z^u}{(lz)^2};$$

tum vero ob $\int S du = l(u+1) + C$ erit

$$\int du \int S du = (u+1)(l(u+1)-1) + Cu + D$$

sicque habebimus

$$\int \frac{z^u\,dz}{(lz)^2} = (u+1)(l(u+1)-1) + Cu + D,$$

ubi constantes C et D non ab u pendent; quare ut eas eliminemus, tres casus determinatos evolvamus

$$\text{I.}\quad \int \frac{z^m\,dz}{(lz)^2} = (m+1)\,l(m+1) - m - 1 + Cm + D,$$

$$\text{II.}\quad \int \frac{z^n\,dz}{(lz)^2} = (n+1)\,l(n+1) - n - 1 + Cn + D,$$

$$\text{III.}\quad \int \frac{z^k\,dz}{(lz)^2} = (k+1)\,l(k+1) - k - 1 + Ck + D$$

eritque

$$\text{I} - \text{III} = (m+1)l(m+1) - (k+1)l(k+1) + k - m + C(m-k)$$

et

$$\text{II} - \text{III} = (n+1)l(n+1) - (k+1)l(k+1) + k - n + C(n-k)$$

hincque deducimus

$$(\text{I} - \text{III})(n-k) - (\text{II} - \text{III})(m-k) = \begin{cases} (m+1)(n-k)l(m+1) \\ -(k+1)(n-k)l(k+1) + (k-m)(n-k) \\ -(n+1)(m-k)l(n+1) - (k-n)(m-k) \\ +(k+1)(m-k)l(k+1) \end{cases}$$

atque hinc deducimus sequentem integrationem

$$\int \frac{dz((n-k)z^m-(m-k)z^n+(m-n)z^k)}{(lz)^2} = \begin{cases} + (m+1)(n-k)l(m+1) \\ - (n+1)(m-k)l(n+1) \\ + (k+1)(m-n)l(k+1) \end{cases}$$

COROLLARIUM 3

24. Operae pretium erit aliquot casus evolvere, ubi quidem numeros m, n et k inter se inaequales accipi convenit, quia aliter omnes termini se destruerent.

I. Sit igitur $m=2$, $n=1$ et $k=0$; erit

$$\int \frac{(z-1)^2 dz}{(lz)^2} = 3l3 - 4l2 = l\frac{27}{16}.$$

II. Sit $m=3$, $n=1$ et $k=0$ eritque

$$\int \frac{(z^3-3z+2)dz}{(lz)^2} = \int \frac{dz(z-1)^2(z+2)}{(lz)^2} = 4l4 - 6l2 = 2l2 = l4.$$

III. Sit $m=3$, $n=2$ et $k=0$ et erit

$$\int \frac{(2z^3-3zz+1)dz}{(lz)^2} = \int \frac{dz(z-1)^2(2z+1)}{(lz)^2} = 8l4 - 9l3 = l\frac{4^8}{3^9}.$$

IV. Sit $m=3$, $n=2$ et $k=1$ et prodit

$$\int \frac{(z^3-2zz+z)dz}{(lz)^2} = \int \frac{z\,dz(z-1)^2}{(lz)^2} = 4l4 - 6l3 + 2l2 = l\frac{2^{10}}{3^6}.$$

COROLLARIUM 4

25. In his casibus notatu dignum occurrit, quod numerator in formulis integralibus factorem habet $(z-1)^2$, quod ideo necessario usu venit, ne valores integralium evadant infiniti. Quia enim denominator $(lz)^2$ evanescit casu $z=1$, si ponamus $z=1-\omega$ existente ω infinite parvo, erit

$$lz = -\omega \quad \text{et} \quad (lz)^2 = +\omega\omega.$$

Necesse ergo est, ut in numeratore adsit factor, qui casu $z=1-\omega$ itidem praebeat $\omega\omega$, quod evenit, si ibi factor fuerit $(z-1)^2$.

SCHOLION

26. Integratio, quam in corollario primo sumus nacti, ideo omni digna videtur attentione, quod valores integrales inde nati casu $z=1$ nullo adhuc modo assignare potuerim, etiamsi tam simpliciter per logarithmos exprimantur. At vero integrationes in corollario secundo inventae, etiamsi multo magis arduae videantur, tamen ex prioribus ope reductionum cognitarum non difficulter derivari possunt; id quod pro unico casu ostendisse sufficiet. Ponamus

$$\int \frac{dz(z-1)^2}{(lz)^2} = \frac{p}{lz} + \int \frac{q\,dz}{lz}$$

eritque differentiando

$$\frac{dz(z-1)^2}{(lz)^2} = \frac{dp}{lz} - \frac{p\,dz}{z(lz)^2} + \frac{q\,dz}{lz},$$

unde aequatis terminis seorsim vel per $(lz)^2$ vel per lz divisis habebimus has duas aequalitates

$$(z-1)^2 = -\frac{p}{z} \quad \text{et} \quad dp = -q\,dz,$$

ex quarum priore oritur $p = -z(z-1)^2$ hincque

$$\frac{dp}{dz} = -3zz + 4z - 1 \quad \text{ideoque} \quad q = 3zz - 4z + 1,$$

ita ut sit

$$\int \frac{dz(z-1)^2}{(lz)^2} = \frac{-z(z-1)^2}{lz} + \int \frac{(3zz - 4z + 1)dz}{lz};$$

hic autem prius membrum posito $z=1$ sponte evanescit; posito enim $z=1-\omega$, ut sit $lz = -\omega$, erit $p = -\omega\omega(1-\omega)$ ideoque $\frac{p}{lz} = \omega(1-\omega) = 0$ ob $\omega = 0$; posterius vero membrum in has partes discerpi potest

$$3\int \frac{(zz-z)\,dz}{lz} - \int \frac{(z-1)\,dz}{lz}.$$

Prioris autem partis integrale est $3l\frac{3}{2}$, posterioris vero $-l l2$ sicque totum hoc integrale erit

$$3l\frac{3}{2} - l2 = 3l3 - 4l2 = l\frac{27}{16},$$

prorsus uti invenimus. Hoc igitur modo si in genere statuamus

$$\int \frac{V\,dz}{(lz)^2} = \frac{p}{lz} + \int \frac{q\,dz}{lz},$$

erit differentiando

$$\frac{V\,dz}{(lz)^2} = \frac{dp}{lz} - \frac{p\,dz}{z(lz)^2} + \frac{q\,dz}{lz},$$

unde istae duae fluunt aequalitates

$$p = -\,Vz \quad \text{et} \quad q = -\,\frac{dp}{dz}.$$

Iam ut terminus $\frac{p}{lz}$ evanescat posito $z = 1$, numerator p factorem habere debet $(z - 1)^2$, qui ergo etiam factor esse debet quantitatis V. Sit igitur

$$V = \frac{U(z - 1)^2}{z}$$

eritque

$$p = -\,U(z - 1)^2,$$

unde fit

$$dp = -\,dU(z - 1)^2 - 2\,U\,dz(z - 1) = (z - 1)(-\,dU(z - 1) - 2\,U\,dz),$$

hincque fit

$$q\,dz = (z - 1)(2\,U\,dz + d\,U(z - 1));$$

quia ergo q factorem habet $z - 1$, formula $\int \frac{q\,dz}{lz}$ semper in partes resolvi potest, quarum integralia per corollarium primum assignare licet, si modo U fuerit aggregatum ex quotcunque potestatibus ipsius z; unde sequens deducitur theorema.

THEOREMA

27. *Si fuerit*

$$P = A z^\alpha + B z^\beta + C z^\gamma + D z^\delta + \text{etc.}$$

ita, ut summa coefficientium

$$A + B + C + D + \text{etc.} = 0,$$

tum erit

$$\int \frac{P\,dz}{lz} = Al(\alpha + 1) + Bl(\beta + 1) + Cl(\gamma + 1) + Dl(\delta + 1) + \text{etc.},$$

siquidem post integrationem statuatur $z = 1$.

DEMONSTRATIO

Cum hoc ipso casu, quo post integrationem ponitur $z = 1$, sit

$$\int \frac{z^n dz}{lz} = l(n+1) + \varDelta$$

denotante $\varDelta$ illam constantem infinitam integratione ingressam, erit

$$A\int \frac{z^\alpha dz}{lz} = Al(\alpha+1) + A\varDelta$$

eodemque modo

$$B\int \frac{z^\beta dz}{lz} = Bl(\beta+1) + B\varDelta$$

etc.;

si haec integralia omnia in unam summam colligantur, erit

$$(A + B + C + D + \text{etc.})\varDelta = 0$$

hincque erit integrale quaesitum

$$\int \frac{P dz}{lz} = Al(\alpha+1) + Bl(\beta+1) + Cl(\gamma+1) + Dl(\delta+1) + \text{etc.}$$

Q. E. D.

COROLLARIUM 1

28. Quia supponimus

$$A + B + C + D + \text{etc.} = 0,$$

evidens est formulam

$$P = Az^\alpha + Bz^\beta + Cz^\gamma + Dz^\delta + \text{etc.}$$

factorem habere $z - 1$, quemadmodum iam ante notavimus.

COROLLARIUM 2

29. Quia est

$$(z-1)^n = z^n - \frac{n}{1} z^{n-1} + \frac{n(n-1)}{1\cdot 2} z^{n-2} - \frac{n(n-1)(n-2)}{1\cdot 2\cdot 3} z^{n-3} + \text{etc.},$$

hoc valore loco P posito erit

$$A = 1 \quad \text{et} \quad \alpha = n,$$

deinde

$$B = -\frac{n}{1} \quad \text{et} \quad \beta = n - 1,$$

porro

$$C = \frac{n(n-1)}{1 \cdot 2} \quad \text{et} \quad \gamma = n - 2 \quad \text{etc.};$$

hinc igitur erit

$$\int \frac{(z-1)^n dz}{lz} = l(n+1) - \frac{n}{1} ln + \frac{n(n-1)}{1 \cdot 2} l(n-1) - \frac{n(n-1)(n-2)}{1 \cdot 2 \cdot 3} l(n-2)$$

$$+ \frac{n(n-1)(n-2)(n-3)}{1 \cdot 2 \cdot 3 \cdot 4} l(n-3) - \text{etc.},$$

si modo exponens n fuerit nihilo maior vel saltem unitate non minor, quia alioquin casu $z = 1$ fractio $\frac{(z-1)^n}{lz}$ fieret infinita; hoc autem non obstante area supra considerata fiet finita, ita ut sufficiat, dummodo sit $n > 0$.

EXEMPLUM 2

30. Sit $P = \dfrac{z^{n-u-1} + z^{n+u-1}}{1 + z^{2n}}$; erit

$$\int P dz = \frac{\pi}{2n \cos. \frac{\pi u}{2n}},$$

siquidem post integrationem ponatur $z = 1$, quem ergo valorem litterae S tribuimus. Nunc spectata z ut constante erit

$$\int P du = \frac{1}{1 + z^{2n}} \left(\int z^{n-u-1} du + \int z^{n+u-1} du \right)$$

ideoque

$$\int P du = \frac{-z^{n-u-1} + z^{n+u-1}}{(1 + z^{2n}) lz},$$

unde fiet

$$\int S du = \int \frac{-z^{n-u-1} + z^{n+u-1}}{1 + z^{2n}} \cdot \frac{dz}{lz};$$

cum igitur sit $\cos.\frac{\pi u}{2n} = \sin.\frac{\pi(n-u)}{2n}$, erit

$$\int S\,du = \int \frac{\pi\,du}{2n\sin.\frac{\pi(n-u)}{2n}};$$

hinc, si ponamus $\frac{\pi(n-u)}{2n} = \varphi$, erit $d\varphi = -\frac{\pi\,du}{2n}$ ideoque

$$\int S\,du = -\int \frac{d\varphi}{\sin.\varphi} = -l\,\tang.\frac{1}{2}\varphi,$$

quocirca habebimus

$$\int S\,du = -l\,\tang.\frac{\pi(n-u)}{4n},$$

ita ut posito post integrationem $z = 1$ assecuti simus hanc integrationem

$$\int \frac{-z^{n-u-1} + z^{n+u-1}}{1 + z^{2n}} \cdot \frac{dz}{lz} = -l\,\tang.\frac{\pi(n-u)}{4n} = +l\,\tang.\frac{\pi(n+u)}{4n}.$$

EXEMPLUM 3

31. Sit $P = \dfrac{z^{n-u-1} - z^{n+u-1}}{1 - z^{2n}}$; erit

$$\int P\,dz = \frac{\pi}{2n}\,\tang.\frac{\pi u}{2n} = S,$$

unde fit

$$\int S\,du = -l\,\cos.\frac{\pi u}{2n};$$

hinc, cum sit

$$\int P\,du = \frac{-z^{n-u-1} - z^{n+u-1}}{(1 - z^{2n})\,lz},$$

nanciscimur sequentem integrationem, siquidem integrale a termino $z = 0$ usque ad terminum $z = 1$ extendatur,

$$\int \frac{z^{n-u-1} + z^{n+u-1}}{1 - z^{2n}} \cdot \frac{dz}{lz} = +l\,\cos.\frac{\pi u}{2n}.$$

Haec quidem duo posteriora exempla iam ante[1]) fusius expedivi; unde iis magis evolvendis non immoror, sed ad sequens problema progredior.

---

1) Vide Additamentum Commentationis **463** huius voluminis.   A. G.

PROBLEMA

32. *Si proponantur hae duae series infinitae*

$$P = z\cos. u + z^2\cos. 2u + z^3\cos. 3u + z^4\cos. 4u + z^5\cos. 5u + \text{etc.}$$

et

$$Q = z\sin. u + z^2\sin. 2u + z^3\sin. 3u + z^4\sin. 4u + z^5\sin. 5u + \text{etc.},$$

quae binas variabiles z et u involvunt, invenire relationes inter formulas integrales $\int\frac{Pdz}{z}$, $\int Pdu$ et $\int\frac{Qdz}{z}$, $\int Qdu$ aliasque formulas integrales per continuam integrationem inde natas.

SOLUTIO

Cum utraque series sit recurrens, reperitur per formulas finitas

$$P = \frac{z\cos. u - zz}{1 - 2z\cos. u + zz} \quad \text{et} \quad Q = \frac{z\sin. u}{1 - 2z\cos. u + zz},$$

unde fit

$$\int\frac{Pdz}{z} = \int\frac{dz\cos. u - zdz}{1 - 2z\cos. u + zz} = -l\sqrt{1 - 2z\cos. u + zz}$$

et

$$\int Qdu = \int\frac{zdu\sin. u}{1 - 2z\cos. u + zz} = +l\sqrt{1 - 2z\cos. u + zz},$$

ita ut sit $\int\frac{Pdz}{z} = -\int Qdu$; tum vero etiam erit

$$\int\frac{Qdz}{z} = \int\frac{dz\sin. u}{1 - 2z\cos. u + zz} = A\tang.\frac{z\sin. u}{1 - z\cos. u};$$

at si iste arcus differentietur sumto solo angulo u variabili, erit

$$\frac{d}{du}A\tang.\frac{z\sin. u}{1 - z\cos. u} = \frac{z\cos. u - zz}{1 - 2z\cos. u + zz},$$

ita ut sit $\int\frac{Qdz}{z} = \int Pdu.$

33. Verum eaedem relationes facilius ex ipsis seriebus derivantur. Cum enim sit

$$P = z\cos. u + z^2\cos. 2u + z^3\cos. 3u + z^4\cos. 4u + \text{etc.},$$

erit

$$\int \frac{P\,dz}{z} = \frac{z\cos.u}{1} + \frac{zz\cos.2u}{2} + \frac{z^3\cos.3u}{3} + \text{etc.}$$

et

$$\int P\,du = \frac{z\sin.u}{1} + \frac{zz\sin.2u}{2} + \frac{z^3\sin.3u}{3} + \text{etc.},$$

et quia est

$$Q = z\sin.u + zz\sin.2u + z^3\sin.3u + \text{etc.},$$

erit

$$\int \frac{Q\,dz}{z} = \frac{z\sin.u}{1} + \frac{zz\sin.2u}{2} + \frac{z^3\sin.3u}{3} + \text{etc.}$$

et

$$\int Q\,du = -\frac{z\cos.u}{1} - \frac{zz\cos.2u}{2} - \frac{z^3\cos.3u}{3} + \text{etc.},$$

unde manifestum est fore

$$\int \frac{P\,dz}{z} = -\int Q\,du \quad \text{et} \quad \int \frac{Q\,dz}{z} = \int P\,du.$$

34. Quo hoc modo ulterius progredi liceat, statuamus brevitatis gratia

$$P' = \frac{z\cos.u}{1} + \frac{zz\cos.2u}{2} + \frac{z^3\cos.3u}{3} + \text{etc.},$$

$$P'' = \frac{z\cos.u}{1^2} + \frac{zz\cos.2u}{2^2} + \frac{z^3\cos.3u}{3^2} + \text{etc.},$$

$$P''' = \frac{z\cos.u}{1^3} + \frac{zz\cos.2u}{2^3} + \frac{z^3\cos.3u}{3^3} + \text{etc.},$$

$$P'''' = \frac{z\cos.u}{1^4} + \frac{zz\cos.2u}{2^4} + \frac{z^3\cos.3u}{3^4} + \text{etc.}$$

$$\text{etc.}$$

et

$$Q' = \frac{z\sin.u}{1} + \frac{zz\sin.2u}{2} + \frac{z^3\sin.3u}{3} + \text{etc.},$$

$$Q'' = \frac{z\sin.u}{1^2} + \frac{zz\sin.2u}{2^2} + \frac{z^3\sin.3u}{3^2} + \text{etc.},$$

$$Q''' = \frac{z\sin.u}{1^3} + \frac{zz\sin.2u}{2^3} + \frac{z^3\sin.3u}{3^3} + \text{etc.},$$

$$Q'''' = \frac{z\sin.u}{1^4} + \frac{zz\sin.2u}{2^4} + \frac{z^3\sin.3u}{3^4} + \text{etc.}$$

$$\text{etc.}$$

et hinc comparationes ante inventae continuabuntur

$$P' = \int \frac{P\,dz}{z} = -\int Q\,du, \qquad Q' = \int \frac{Q\,dz}{z} = \int P\,du,$$

$$P'' = \int \frac{P'\,dz}{z} = -\int Q'\,du, \qquad Q'' = \int \frac{Q'\,dz}{z} = \int P'\,du,$$

$$P''' = \int \frac{P''\,dz}{z} = -\int Q''\,du, \qquad Q''' = \int \frac{Q''\,dz}{z} = \int P''\,du,$$

$$P'''' = \int \frac{P'''\,dz}{z} = -\int Q'''\,du \qquad Q'''' = \int \frac{Q'''\,dz}{z} = \int P'''\,du$$

etc.,   etc.,

unde plures insignes relationes deduci possunt.

35. Maxime autem notatu dignae et ad nostrum institutum accommodatae sunt eae relationes, ubi formulae integrales, in quibus sola z est variabilis, reducuntur ad alias formulas integrales, in quibus sola u est variabilis, cuiusmodi sunt quae sequuntur:

$$P' = \int \frac{P\,dz}{z} = -\int Q\,du,$$

$$P'' = \int \frac{dz}{z} \int \frac{P\,dz}{z} = -\int du \int P\,du,$$

$$P''' = \int \frac{dz}{z} \int \frac{dz}{z} \int \frac{P\,dz}{z} = +\int du \int du \int Q\,du,$$

$$P'''' = \int \frac{dz}{z} \int \frac{dz}{z} \int \frac{dz}{z} \int \frac{P\,dz}{z} = +\int du \int du \int du \int P\,du,$$

$$P^{\mathrm{V}} = \int \frac{dz}{z} \int \frac{dz}{z} \int \frac{dz}{z} \int \frac{dz}{z} \int \frac{P\,dz}{z} = -\int du \int du \int du \int du \int Q\,du$$

etc.

Similique modo pro altero genere

56*

$$Q' = \int \frac{Q\,dz}{z} = + \int P\,du,$$

$$Q'' = \int \frac{dz}{z} \int \frac{Q\,dz}{z} = - \int du \int Q\,du,$$

$$Q''' = \int \frac{dz}{z} \int \frac{dz}{z} \int \frac{Q\,dz}{z} = - \int du \int du \int P\,du,$$

$$Q'''' = \int \frac{dz}{z} \int \frac{dz}{z} \int \frac{dz}{z} \int \frac{Q\,dz}{z} = + \int du \int du \int du \int Q\,du,$$

$$Q^{\mathrm{v}} = \int \frac{dz}{z} \int \frac{dz}{z} \int \frac{dz}{z} \int \frac{dz}{z} \int \frac{Q\,dz}{z} = + \int du \int du \int du \int du \int P\,du$$

etc.

36. Quodsi iam nostrarum serierum sive, quod eodem redit, quantitatum

$$P,\ P',\ P'',\ P''',\ P'''' \text{ etc. et } Q',\ Q'',\ Q''',\ Q'''' \text{ etc.}$$

eos tantum valores desideremus, quos adipiscuntur posito $z = 1$, hoc commodi assequimur, ut in formulis integralibus, ubi solus angulus u pro variabili habetur, statim ante integrationes ponere liceat $z = 1$; hoc autem facto erit

$$P = \frac{\cos. u - 1}{2 - 2\cos. u} = - \frac{1}{2} \quad \text{et} \quad Q = \frac{\sin. u}{2 - 2\cos. u} = \frac{1}{2} \cot. \frac{1}{2} u,$$

tum vero porro

$$\int P\,du = A - \frac{1}{2} u,$$

$$\int du \int P\,du = B + Au - \frac{1}{4} uu,$$

$$\int du \int du \int P\,du = C + Bu + \frac{1}{2} Auu - \frac{1}{12} u^3,$$

$$\int du \int du \int du \int P\,du = D + Cu + \frac{1}{2} Buu + \frac{1}{6} Au^3 - \frac{1}{48} u^4;$$

at pro formulis, ubi est Q, calculus non tam concinne succedit; erit enim

$$Q = \frac{1}{2}\cot.\frac{1}{2}u,$$

$$\int Q\,du = l\sin.\frac{1}{2}u,$$

$$\int du \int Q\,du = \int du\, l\sin.\frac{1}{2}u;$$

quae formula cum omnem integrationem respuat, vix ulterius progredi licet; interim tamen erit

$$\int du \int du \int Q\,du = \int du \int du\, l\sin.\frac{1}{2}u,$$

$$\int du \int du \int du \int Q\,du = \int du \int du \int du\, l\sin.\frac{1}{2}u.$$

37. Quod ad priores formulas variabilem z involventes attinet, per notas reductiones elicitur

$$\int\frac{P'dz}{z} = \int\frac{dz}{z}\int\frac{Pdz}{z} = lz\int\frac{Pdz}{z} - \int\frac{Pdz}{z}lz,$$

ubi prius membrum $lz\int Pdz$ evanescit posito $z = 1$, tum vero

$$\int\frac{dz}{z}\int\frac{P'dz}{z} = \int\frac{dz}{z}\int\frac{dz}{z}\int\frac{Pdz}{z} = +\int\frac{Pdz}{z}\frac{(lz)^2}{2},$$

quibus expressionibus ulterius exhibitis colligimus fore

$$P' = +\int\frac{Pdz}{z} \qquad\qquad Q' = +\int\frac{Qdz}{z}$$

$$P'' = -\int\frac{Pdz}{z}lz \qquad\qquad Q'' = -\int\frac{Qdz}{z}lz$$

$$P''' = +\int\frac{Pdz}{z}\frac{(lz)^2}{1\cdot2} \qquad\qquad Q''' = +\int\frac{Qdz}{z}\frac{(lz)^2}{1\cdot2}$$

$$P^{\mathrm{IV}} = -\int\frac{Pdz}{z}\frac{(lz)^3}{1\cdot2\cdot3} \qquad\qquad Q^{\mathrm{IV}} = -\int\frac{Qdz}{z}\frac{(lz)^3}{1\cdot2\cdot3}$$

etc.   etc.

38. Ex his igitur sequentium formularum integralium valores assignare possumus casu, quo $z = 1$.

$$P = -\frac{1}{2},$$

$$P' = \int \frac{P\,dz}{z} = - l \sin. \frac{1}{2} u,$$

$$P'' = -\int \frac{P\,dz}{z} \, lz = - B - Au + \frac{1}{4} uu,$$

$$P''' = +\int \frac{P\,dz}{z} \cdot \frac{(lz)^2}{1 \cdot 2} = \int du \int du \, l \sin. \frac{1}{2} u,$$

$$P^{\mathrm{IV}} = -\int \frac{P\,dz}{z} \cdot \frac{(lz)^3}{1 \cdot 2 \cdot 3} = D + Cu + \frac{1}{2} Buu + \frac{1}{6} Au^3 - \frac{1}{48} u^4,$$

$$P^{\mathrm{V}} = +\int \frac{P\,dz}{z} \cdot \frac{(lz)^4}{1 \cdot 2 \cdot 3 \cdot 4} = \int du \int du \int du \int du \, l \sin. \frac{1}{2} u$$

etc.

Eodemque modo

$$Q = \frac{1}{2} \cot. \frac{1}{2} u,$$

$$Q' = \int \frac{Q\,dz}{z} = A - \frac{1}{2} u,$$

$$Q'' = -\int \frac{Q\,dz}{z} \cdot \frac{lz}{1} = -\int du \, l \sin. \frac{1}{2} u,$$

$$Q''' = +\int \frac{Q\,dz}{z} \cdot \frac{(lz)^2}{2} = - C - Bu - \frac{1}{2} Auu + \frac{1}{12} u^3,$$

$$Q^{\mathrm{IV}} = -\int \frac{Q\,dz}{z} \cdot \frac{(lz)^3}{6} = \int du \int du \int du \, l \sin. \frac{1}{2} u,$$

$$Q^{\mathrm{V}} = +\int \frac{Q\,dz}{z} \cdot \frac{(lz)^4}{24} = E + Du + \frac{1}{2} Cuu + \frac{1}{6} Bu^3 + \frac{1}{24} Au^4 - \frac{1}{240} u^5$$

etc.

39. Cum igitur sit

$$P = \frac{z \cos. u - zz}{1 - 2z \cos. u + zz} \quad \text{et} \quad Q = \frac{z \sin. u}{1 - 2z \cos. u + zz},$$

hactenus id sumus assecuti, ut harum duarum formularum integralium

$$\int \frac{dz(\cos.u - z)}{1 - 2z\cos.u + zz}(lz)^n \quad \text{et} \quad \int \frac{dz\sin.u}{1 - 2z\cos.u + zz}(lz)^n$$

valores casu $z = 1$ commode per angulum u assignare valeamus, si modo constaret, quo facto quantitates A, B, C, D etc. determinari oporteat, id quod vix alio modo nisi per ipsas series, unde hae quantitates sunt natae, fieri posse videtur.

40. Omissis igitur formulis integralibus, quae quantitatem Q involvunt, quippe quarum integratio minus succedit, alteras tantum consideremus et posito statim $z = 1$, ubi fit $P = -\frac{1}{2}$, ita ut sit

$$\cos.u + \cos.2u + \cos.3u + \cos.4u + \text{etc.} = -\frac{1}{2},$$

si per du multiplicemus et integremus, habebimus

$$Q' = \frac{\sin.u}{1} + \frac{\sin.2u}{2} + \frac{\sin.3u}{3} + \frac{\sin.4u}{4} + \frac{\sin.5u}{5} + \text{etc.} = A - \frac{1}{2}u,$$

quae constans nihilo aequalis videri potest, quia posito $u = 0$ summa seriei evanescere videtur; at sumto angulo u infinite parvo series praebebit

$$u + u + u + u + u + u + \text{etc. in infinitum;}$$

notum autem est talem seriem summam finitam habere posse, unde hoc casu omisso statuamus $u = \pi$ seu potius $u = \pi + \omega$ prodibitque haec series existente ω angulo infinite parvo

$$-\omega + \omega - \omega + \omega - \omega + \omega - \omega + \text{etc.;}$$

ubi quia signa alternantur, nullum est dubium, quin summa seriei evanescat; quae cum esse debeat $A - \frac{\pi}{2}$, evidens est fieri constantem $A = \frac{1}{2}\pi$, ita ut iam habeamus

$$Q' = \frac{\sin.u}{1} + \frac{\sin.2u}{2} + \frac{\sin.3u}{3} + \frac{\sin.4u}{4} + \frac{\sin.5u}{5} + \text{etc.} = \frac{\pi - u}{2}.$$

Hoc modo constantem determinandi Illustr. DANIEL BERNOULLI[1]) primus est usus, qui praeterea multa praeclara circa indolem harum serierum annotavit.

---

1) D. BERNOULLI, *De indole singulari serierum infinitarum, quas sinus vel cosinus angulorum arithmetice progredientium formant, earumque summatione et usu.* Novi Comment. acad. sc. Petrop. **17** (1772), 1773, p. 3.   A. G.

41. Multiplicemus porro hanc ultimam seriem per $-du$ et integratio dabit

$$P'' = \frac{\cos.u}{1^2} + \frac{\cos.2u}{2^2} + \frac{\cos.3u}{3^2} + \frac{\cos.4u}{4^2} + \text{etc.} = B - \frac{\pi u}{2} + \frac{uu}{4},$$

ad quam constantem inveniendam ponamus primo $u = 0$ fietque

$$\frac{1}{1^2} + \frac{1}{2^2} + \frac{1}{3^2} + \frac{1}{4^2} + \frac{1}{5^2} + \frac{1}{6^2} + \text{etc.} = B.$$

Cuius seriei summam iam pridem[1]) primus demonstravi esse $= \frac{\pi\pi}{6}$; verum si haec veritas nobis esset ignota, egregia illa methodo a magno BERNOULLIO adhibita utamur ac ponamus $u = \pi$ eritque

$$-\frac{1}{1^2} + \frac{1}{2^2} - \frac{1}{3^2} + \frac{1}{4^2} - \frac{1}{5^2} + \frac{1}{6^2} - \text{etc.} = B - \frac{\pi\pi}{2} + \frac{\pi\pi}{4} = B - \frac{\pi\pi}{4};$$

ambae hae series additae dabunt

$$\frac{2}{2^2} + \frac{2}{4^2} + \frac{2}{6^2} + \frac{2}{8^2} + \text{etc.} = 2B - \frac{\pi\pi}{4},$$

cuius duplum praebet

$$\frac{1}{1^2} + \frac{1}{2^2} + \frac{1}{3^2} + \frac{1}{4^2} + \frac{1}{5^2} + \frac{1}{6^2} + \text{etc.} = 4B - \frac{\pi\pi}{2} = B,$$

unde colligitur $B = \frac{\pi\pi}{6}$, ita ut sit

$$P'' = \frac{\cos.u}{1^2} + \frac{\cos.2u}{2^2} + \frac{\cos.3u}{3^2} + \frac{\cos.4u}{4^2} + \text{etc.} = \frac{\pi\pi}{6} - \frac{\pi u}{2} + \frac{uu}{4}.$$

42. Eodem modo ulterius progrediamur et denuo per du multiplicando et integrando adipiscimur

$$Q''' = \frac{\sin.u}{1^3} + \frac{\sin.2u}{2^3} + \frac{\sin.3u}{3^3} + \frac{\sin.4u}{4^3} + \text{etc.} = C + \frac{\pi\pi u}{6} - \frac{\pi uu}{4} + \frac{u^3}{12};$$

ubi si statuatur $u = 0$, summa seriei manifesto evanescit; prodiret enim posito $u = \omega$

$$\frac{\omega}{1^2} + \frac{\omega}{2^2} + \frac{\omega}{3^2} + \frac{\omega}{4^2} + \text{etc.} = \frac{\omega\pi\pi}{6},$$

---

1) Vide notam p. 392.   A. G.

quae ob $\omega = 0$ fit $= 0$, sicque erit $C = 0$ ideoque

$$Q''' = \frac{\sin. u}{1^3} + \frac{\sin. 2u}{2^3} + \frac{\sin. 3u}{3^3} + \frac{\sin. 4u}{4^3} + \text{etc.} = \frac{\pi\pi u}{6} - \frac{\pi uu}{4} + \frac{u^3}{12}.$$

43. Ducatur haec series in $- du$ et integratio praebebit

$$P^{\text{IV}} = \frac{\cos. u}{1^4} + \frac{\cos. 2u}{2^4} + \frac{\cos. 3u}{3^4} + \frac{\cos. 4u}{4^4} + \text{etc.} = D - \frac{\pi\pi uu}{12} + \frac{\pi u^3}{12} - \frac{u^4}{48};$$

hinc sumto $u = 0$ fiet

$$\frac{1}{1^4} + \frac{1}{2^4} + \frac{1}{3^4} + \frac{1}{4^4} + \frac{1}{5^4} + \text{etc.} = D;$$

nunc vero fiat etiam $u = \pi$ fietque

$$-\frac{1}{1^4} + \frac{1}{2^4} - \frac{1}{3^4} + \frac{1}{4^4} - \frac{1}{5^4} + \text{etc.} = D - \frac{\pi^4}{48};$$

hae autem ambae series additae dant

$$\frac{2}{2^4} + \frac{2}{4^4} + \frac{2}{6^4} + \frac{2}{8^4} + \text{etc.} = 2D - \frac{\pi^4}{48},$$

quae octies sumta, ut numeratores fiant $= 2^4$, praebebit

$$\frac{1}{1^4} + \frac{1}{2^4} + \frac{1}{3^4} + \frac{1}{4^4} + \text{etc.} = 16D - \frac{\pi^4}{6},$$

unde oritur $D = \frac{\pi^4}{90}$, quae est eadem summa seriei

$$\frac{1}{1^4} + \frac{1}{2^4} + \frac{1}{3^4} + \frac{1}{4^4} + \text{etc.},$$

quam iam dudum[1]) inveneram; habebimus iam

$$P'''' = \frac{\cos. u}{1^4} + \frac{\cos. 2u}{2^4} + \frac{\cos. 3u}{3^4} + \frac{\cos. 4u}{4^4} + \text{etc.} = \frac{\pi^4}{90} - \frac{\pi^2 u^2}{12} + \frac{\pi u^3}{12} - \frac{u^4}{48}.$$

---

1) Vide notam p. 392. A. G.

44. Multiplicando iterum per du et integrando consequimur

$$Q^{\mathrm{v}} = \frac{\sin. u}{1^5} + \frac{\sin. 2u}{2^5} + \frac{\sin. 3u}{3^5} + \frac{\sin. 4u}{4^5} + \text{etc.} = E + \frac{\pi^4 u}{90} - \frac{\pi^2 u^3}{36} + \frac{\pi u^4}{48} - \frac{u^5}{240},$$

ubi uti in casu penultimo constans E iterum fit $= 0$, ita ut habeamus

$$Q^{\mathrm{v}} = \frac{\sin. u}{1^5} + \frac{\sin. 2u}{2^5} + \frac{\sin. 3u}{3^5} + \frac{\sin. 4u}{4^5} + \text{etc.} = \frac{\pi^4 u}{90} - \frac{\pi^2 u^3}{36} + \frac{\pi u^4}{48} - \frac{u^5}{240}.$$

45. Multiplicemus denuo per $-du$ prodibitque integrando

$$P^{\mathrm{vi}} = \frac{\cos. u}{1^6} + \frac{\cos. 2u}{2^6} + \frac{\cos. 3u}{3^6} + \frac{\cos. 4u}{4^6} + \text{etc.}$$

$$= F - \frac{\pi^4}{90} \cdot \frac{uu}{2} + \frac{\pi\pi}{6} \cdot \frac{u^4}{24} - \frac{\pi}{2} \cdot \frac{u^5}{120} + \frac{1}{2} \cdot \frac{u^6}{720},$$

ubi ad constantem determinandam ponatur $u = 0$ eritque

$$\frac{1}{1^6} + \frac{1}{2^6} + \frac{1}{3^6} + \frac{1}{4^6} + \text{etc.} = F;$$

tum vero sumatur $u = \pi$ et fiet

$$-\frac{1}{1^6} + \frac{1}{2^6} - \frac{1}{3^6} + \frac{1}{4^6} - \text{etc.} = F - \frac{\pi^6}{480},$$

quae additae dant

$$\frac{2}{2^6} + \frac{2}{4^6} + \frac{2}{6^6} + \frac{2}{8^6} + \text{etc.} = 2F - \frac{\pi^6}{480},$$

quae multiplicetur per 32, ut omnes numeratores fiant $64 = 2^6$, et orietur

$$\frac{1}{1^6} + \frac{1}{2^6} + \frac{1}{3^6} + \frac{1}{4^6} + \text{etc.} = 64F - \frac{\pi^6}{15} = F,$$

unde colligitur $F = \frac{\pi^6}{945}$, ita ut sit

$$P^{\mathrm{vi}} = \frac{\cos. u}{1^6} + \frac{\cos. 2u}{2^6} + \frac{\cos. 3u}{3^6} + \frac{\cos. 4u}{4^6} + \text{etc.}$$

$$= \frac{\pi^6}{945} - \frac{\pi^4}{90} \cdot \frac{u^2}{2} + \frac{\pi^2}{6} \cdot \frac{u^4}{24} - \frac{\pi}{2} \cdot \frac{u^5}{120} + \frac{1}{2} \cdot \frac{u^6}{720}.$$

46. Has series ulterius continuare superfluum foret, cum lex progressionis iam satis sit manifesta, praecipue si in subsidium vocentur summationes potestatum reciprocarum parium, quas olim[1]) usque ad potestatem trigesimam supputatas dedi. Quod quo clarius perspiciatur, istas summas sequenti modo repraesentemus

$$\frac{1}{1^2}+\frac{1}{2^2}+\frac{1}{3^2}+\frac{1}{4^2}+\frac{1}{5^2}+\frac{1}{6^2}+\text{etc.}=\alpha\pi\pi, \quad \text{ut sit}\quad \alpha=\frac{1}{6},$$

$$\frac{1}{1^4}+\frac{1}{2^4}+\frac{1}{3^4}+\frac{1}{4^4}+\frac{1}{5^4}+\frac{1}{6^4}+\text{etc.}=\beta\pi^4, \quad \text{ut sit}\quad \beta=\frac{1}{90},$$

$$\frac{1}{1^6}+\frac{1}{2^6}+\frac{1}{3^6}+\frac{1}{4^6}+\frac{1}{5^6}+\frac{1}{6^6}+\text{etc.}=\gamma\pi^6, \quad \text{ut sit}\quad \gamma=\frac{1}{945},$$

$$\frac{1}{1^8}+\frac{1}{2^8}+\frac{1}{3^8}+\frac{1}{4^8}+\frac{1}{5^8}+\frac{1}{6^8}+\text{etc.}=\delta\pi^8, \quad \text{ut sit}\quad \delta=\frac{1}{9450},$$

$$\text{etc.}$$

atque his positis sequentes habebimus integrationes, pro casu scilicet $z=1$,

$$Q'=\int\frac{dz\,\sin.u}{1-2z\cos.u+zz}=\frac{1}{2}\pi-\frac{1}{2}u=\text{A tang.}\frac{\sin.u}{1-\cos.u},$$

$$P''=-\int\frac{dz\,(\cos.u-z)}{1-2z\cos.u+zz}\cdot\frac{lz}{1}=\alpha\pi\pi-\frac{1}{2}\pi u+\frac{1}{2}\cdot\frac{uu}{2},$$

$$Q'''=+\int\frac{dz\,\sin.u}{1-2z\cos.u+zz}\cdot\frac{(lz)^2}{2}=\alpha\pi\pi\frac{u}{1}-\frac{1}{2}\pi\frac{uu}{2}+\frac{1}{2}\cdot\frac{u^3}{6},$$

$$P^{IV}=-\int\frac{dz\,(\cos.u-z)}{1-2z\cos.u+zz}\cdot\frac{(lz)^3}{6}=\beta\pi^4-\alpha\pi\pi\frac{uu}{2}+\frac{1}{2}\pi\frac{u^3}{6}-\frac{1}{2}\cdot\frac{u^4}{24},$$

$$Q^{V}=+\int\frac{dz\,\sin.u}{1-2z\cos.u+zz}\cdot\frac{(lz)^4}{24}=\beta\pi^4\frac{u}{1}-\alpha\pi\pi\frac{u^3}{6}+\frac{1}{2}\pi\frac{u^4}{24}-\frac{1}{2}\cdot\frac{u^5}{120},$$

$$P^{VI}=-\int\frac{dz\,(\cos.u-z)}{1-2z\cos.u+zz}\cdot\frac{(lz)^5}{120}=\gamma\pi^6-\beta\pi^4\frac{uu}{2}+\alpha\pi\pi\frac{u^4}{24}-\frac{1}{2}\pi\frac{u^5}{120}+\frac{1}{2}\cdot\frac{u^6}{720},$$

$$Q^{VII}=+\int\frac{dz\,\sin.u}{1-2z\cos.u+zz}\cdot\frac{(lz)^6}{720}=\gamma\pi^6\frac{u}{1}-\beta\pi^4\frac{u^3}{6}+\alpha\pi\pi\frac{u^5}{120}-\frac{1}{2}\pi\frac{u^6}{720}+\frac{1}{2}\cdot\frac{u^7}{5040}$$

$$\text{etc.}$$

---

1) *Introductio in analysin infinitorum*, t. I cap. 15, ubi EULERUS summationes adeo usque ad potestatem trigesimam sextam supputatas dedit; LEONHARDI EULERI *Opera omnia*, series I, vol. 8.

A. G.

57*

47. Operae pretium erit aliquos casus, quibus angulo u datus valor tribuitur, ob oculos exponere. Ponamus igitur $u = 0$, quo casu formulae nostrae alternatim evanescunt, reliquae vero praebebunt

$$-\int \frac{dz}{1-z}\, lz \;\;=\; \alpha\pi\pi = \frac{\pi\pi}{6},$$

$$-\int \frac{dz}{1-z} \cdot \frac{(lz)^3}{6} = \beta\pi^4 = \frac{\pi^4}{90},$$

$$-\int \frac{dz}{1-z} \cdot \frac{(lz)^5}{120} = \gamma\pi^6 = \frac{\pi^6}{945};$$

his affines sunt formulae, quae oriuntur ex positione $u = \pi$, ubi iterum abeunt alternae sinum u involventes et remanebunt sequentes

$$\int \frac{dz}{1+z}\, lz \;\;=\; -\frac{\pi\pi}{12} = -\frac{1}{2}\,\alpha\pi\pi,$$

$$\int \frac{dz}{1+z} \cdot \frac{(lz)^3}{6} = -\frac{7\pi^4}{720} = -\frac{7}{8}\,\beta\pi^4,$$

$$\int \frac{dz}{1+z} \cdot \frac{(lz)^5}{120} = -\frac{31}{32}\,\gamma\pi^6,$$

$$\int \frac{dz}{1+z} \cdot \frac{(lz)^7}{5040} = -\frac{127}{128}\,\delta\pi^8.$$

48. Hic notatu dignum occurrit, quod valores alterni, quos hic omisimus, etiam evanescant posito $u = \pi$; deinde non minus notatu dignum est easdem formulas quoque evanescere posito $u = 2\pi$, sola prima excepta, quippe quae etiam non evanescit posito $u = 0$; reliquae vero, scilicet tertia, quinta, septima etc., certe evanescunt casibus $u = 0$ et $u = \pi$, quin etiam $u = 2\pi$. Quod quo clarius appareat, has formulas per factores repraesentemus eritque tertiae valor

$$= \frac{1}{12}\, u(\pi - u)(2\pi - u),$$

quintae vero valor reperitur

$$\frac{u}{720}\,(\pi - u)(2\pi - u)(4\pi\pi + 6\pi u - 3uu),$$

quod etiam in sequentibus usu venit. In genere autem observari meretur omnes nostras formulas sola prima excepta eosdem sortiri valores, sive ponatur $u = 0$ sive $u = 2\pi$, quippe quibus tam idem sinus quam cosinus respondet. Videtur quidem eundem consensum locum habere debere, si ponatur $u = 4\pi$ et $u = 6\pi$; verum Illustr. BERNOULLIUS iam luculenter ostendit angulum u in his valoribus non ultra quatuor rectos augeri posse. Huiusmodi autem anomalia etiam in omnibus vulgaribus seriebus, quibus arcus exprimuntur, occurrit atque adeo in LEIBNIZIANA[1]), in qua est

$$u = \frac{\mathrm{tang.}\,u}{1} - \frac{(\mathrm{tang.}\,u)^3}{3} + \frac{(\mathrm{tang.}\,u)^5}{5} - \frac{(\mathrm{tang.}\,u)^7}{7} + \frac{(\mathrm{tang.}\,u)^9}{9} - \mathrm{etc.},$$

angulum u non ultra 180^0 augere licet. Si enim poneremus $u = 180^0 + u$, foret utique $\mathrm{tang.}\,u = \mathrm{tang.}\,u$ neque tamen series illa exprimeret arcum $\pi + u$, sed tantum arcum u, cuiusmodi phaenomena etiam in aliis similibus seriebus locum habent. Quod autem prima series hinc plerumque excipi debeat, ratio in eo est sita, quod in formula integrali posito $u = 0$ denominator fiat $1 - z$, qui casu $z = 1$ evanescit, ideoque formula in infinitum excrescit, id quod in sequentibus, quae per lz sunt multiplicatae, non amplius evenit, quia $\frac{lz}{1-z}$ casu $z = 1$ non amplius fit infinitus, sed tantum $= -1$, et si maior potestas logarithmi adsit, fit adeo $= 0$.

49. Ponamus nunc etiam $u = 90^0$ seu $u = \frac{\pi}{2}$, ut sit $\cos.\,u = 0$ et $\sin.\,u = 1$, hocque casu omnes formulae generales sequentes obtinebunt valores

$$\int \frac{dz}{1+zz} = \frac{\pi}{4},$$

$$\int \frac{z\,dz}{1+zz}\,lz = -\frac{\pi\pi}{48},$$

$$\int \frac{dz}{1+zz}\cdot\frac{(lz)^2}{2} = \frac{\pi^3}{32},$$

$$\int \frac{z\,dz}{1+zz}\cdot\frac{(lz)^3}{6} = -\frac{7\,\pi^4}{90\cdot128}.$$

---

1) Vide epistolas scriptas ab OLDENBURG ad LEIBNIZ d. 12. Apr. 1675, a LEIBNIZ ad OLDEN-BURG d. 27. Aug. 1676 et a NEWTON ad LEIBNIZ d. 24. Oct. 1676; *LEIBNIZ mathematische Schriften* 1. Abt. Bd. 1 (1849), p. 62, 114, 144; vide porro ibidem Bd. 5 (1858), p. 81: *De quadratura arithmetica circuli, ellipseos et hyperbolae.*   A. G.

50. Consideremus etiam casum $u = 60^0$ sive $u = \frac{\pi}{3}$, ut sit cos. $u = \frac{1}{2}$ et sin. $u = \frac{\sqrt{3}}{2}$, et formulae generales perducent ad sequentia integralia

$$\frac{\sqrt{3}}{2} \int \frac{dz}{1 - z + zz} = \frac{\pi}{3},$$

$$-\frac{1}{2} \int \frac{dz(1 - 2z)}{1 - z + zz} lz = \frac{\pi\pi}{36},$$

$$\frac{\sqrt{3}}{2} \int \frac{dz}{1 - z + zz} \cdot \frac{(lz)^2}{2} = \frac{5\pi^3}{162}.$$

Simili modo si ponamus $u = 120^0 = \frac{2\pi}{3}$, ut sit cos. $u = -\frac{1}{2}$ et sin. $u = \frac{\sqrt{3}}{2}$, sequentes integrationes istis affines prodibunt

$$\frac{\sqrt{3}}{2} \int \frac{dz}{1 + z + zz} = \frac{\pi}{6},$$

$$\frac{1}{2} \int \frac{dz(1 + 2z)}{1 + z + zz} lz = -\frac{\pi\pi}{18},$$

$$\frac{\sqrt{3}}{2} \int \frac{dz}{1 + z + zz} \cdot \frac{(lz)^2}{2} = \frac{2\pi^3}{81};$$

sicque pro lubitu numerus huiusmodi integrationum specialium augeri poterit.

51. Quemadmodum istae integrationes memorabiles ex priore serie nostra P posito $z = 1$ sunt deductae, ita eodem modo alteram seriem Q pertractemus. Cum igitur sit

$$Q = \sin. u + \sin. 2u + \sin. 3u + \sin. 4u + \text{etc.} = \frac{1}{2} \cot. \frac{1}{2} u,$$

si per $- du$ multiplicemus et integremus, reperitur series

$$P' = \frac{\cos. u}{1} + \frac{\cos. 2u}{2} + \frac{\cos. 3u}{3} + \frac{\cos. 4u}{4} + \text{etc.} = - l \sin. \frac{1}{2} u + A,$$

pro qua constante determinanda ponatur $u = \pi$, ut sit

$$-1 + \frac{1}{2} - \frac{1}{3} + \frac{1}{4} - \frac{1}{5} + \frac{1}{6} - \text{etc.} = A,$$

quocirca fit $A = -l2$, ita ut habeamus

$$P' = \frac{\cos u}{1} + \frac{\cos 2u}{2} + \frac{\cos 3u}{3} + \frac{\cos 4u}{4} + \text{etc.} = -l2 \sin \frac{1}{2}u,$$

pro quo valore scribamus brevitatis gratia $\varDelta : u$, siquidem eum spectamus tanquam certam ipsius u functionem, ita ut sit $P' = \varDelta : u$.

52. Multiplicando porro per du et integrando nanciscimur hanc seriem

$$Q' = \frac{\sin u}{1^2} + \frac{\sin 2u}{2^2} + \frac{\sin 3u}{3^2} + \frac{\sin 4u}{4^2} + \text{etc.} = \int du \varDelta : u = \varDelta' : u,$$

ubi haec formula integralis involvet certam constantem, quam facile definire licet ex casu $u = 0$; quia enim series evanescit, fieri debet $\varDelta' : 0 = 0$ sicque integratio plene determinatur.

53. Si eodem modo ulterius progrediamur multiplicando per $- du$, prodibit haec series

$$P''' = \frac{\cos u}{1^3} + \frac{\cos 2u}{2^3} + \frac{\cos 3u}{3^3} + \frac{\cos 4u}{4^3} + \text{etc.} = -\int du \varDelta' : u = \varDelta'' : u.$$

Iam ad constantem, quae in hac expressione continetur, definiendam sit $I^0\ u = 0$ eritque

$$\frac{1}{1^3} + \frac{1}{2^3} + \frac{1}{3^3} + \frac{1}{4^3} + \frac{1}{5^3} + \text{etc.} = \varDelta'' : 0;$$

II^0 sit $u = \pi$ et fiet

$$-\frac{1}{1^3} + \frac{1}{2^3} - \frac{1}{3^3} + \frac{1}{4^3} - \frac{1}{5^3} + \text{etc.} = \varDelta'' : \pi,$$

quibus additis prodit

$$\frac{2}{2^3} + \frac{2}{4^3} + \frac{2}{6^3} + \frac{2}{8^3} + \text{etc.} = \varDelta''0 + \varDelta'' : \pi,$$

hacque quater sumta erit

$$\frac{1}{1^3} + \frac{1}{2^3} + \frac{1}{3^3} + \frac{1}{4^3} + \text{etc.} = 4\varDelta'' : 0 + 4\varDelta'' : \pi - \varDelta'' : 0,$$

unde oritur $3\varDelta'' : 0 + 4\varDelta'' : \pi = 0$, ex qua constans in formulam nostram integralem $\varDelta'' : u = -\int du \varDelta' : u$ ingressa determinari debet.

54. Multiplicemus denuo per du et integremus prodibitque

$$Q^{\mathrm{IV}} = \frac{\sin. u}{1^4} + \frac{\sin. 2u}{2^4} + \frac{\sin. 3u}{3^4} + \frac{\sin. 4u}{4^4} + \text{etc.} = \int du \, \varDelta'' : u = \varDelta''' : u$$

atque haec functio $\varDelta''' : u$ ita debet determinari, ut evanescat sumto $u = 0$ sive ut fiat $\varDelta''' : 0 = 0$.   Eodem modo ulterius progrediendo fiet

$$P^{\mathrm{V}} = \frac{\cos. u}{1^5} + \frac{\cos. 2u}{2^5} + \frac{\cos. 3u}{3^5} + \frac{\cos. 4u}{4^5} + \text{etc.} = -\int du \, \varDelta''' : u = \varDelta^{\mathrm{IV}} : u$$

huiusque functionis indoles sequenti modo determinabitur. Ponatur scilicet ut hactenus $u = 0$ et $u = \pi$ eritque

$$\frac{1}{1^5} + \frac{1}{2^5} + \frac{1}{3^5} + \frac{1}{4^5} + \frac{1}{5^5} + \text{etc.} = \varDelta^{\mathrm{IV}} : 0$$

et

$$-\frac{1}{1^5} + \frac{1}{2^5} - \frac{1}{3^5} + \frac{1}{4^5} - \frac{1}{5^5} + \text{etc.} = \varDelta^{\mathrm{IV}} : \pi,$$

hinc addendo

$$\frac{2}{2^5} + \frac{2}{4^5} + \frac{2}{6^5} + \frac{2}{8^5} + \text{etc.} = \varDelta^{\mathrm{IV}} : 0 + \varDelta^{\mathrm{IV}} : \pi$$

et multiplicando per 16

$$\frac{1}{1^5} + \frac{1}{2^5} + \frac{1}{3^5} + \frac{1}{4^5} + \text{etc.} = 16 \varDelta^{\mathrm{IV}} : 0 + 16 \varDelta^{\mathrm{IV}} : \pi = \varDelta^{\mathrm{IV}} : 0$$

sicque fieri debebit $15 \varDelta^{\mathrm{IV}} : 0 + 16 \varDelta^{\mathrm{IV}} : \pi = 0$ etc.

55. Hinc igitur sequentes adipiscemur integrationes pro casu $z = 1$

$$\text{I.} \quad -\int \frac{dz \, (\cos. u - z)}{1 - 2z \cos. u + zz} = -l2 \sin. \tfrac{1}{2} u = \varDelta : u,$$

$$\text{II.} \quad \int \frac{dz \sin. u}{1 - 2z \cos. u + zz} \, lz = \int du \, \varDelta : u = \varDelta' : u,$$

$$\text{III.} \quad -\int \frac{dz \, (\cos. u - z)}{1 - 2z \cos. u + zz} \cdot \frac{(lz)^2}{2} = -\int du \, \varDelta' : u = \varDelta'' : u,$$

$$\text{IV.} \quad \int \frac{dz \sin. u}{1 - 2z \cos. u + zz} \cdot \frac{(lz)^3}{6} = \int du \, \varDelta'' : u = \varDelta''' : u,$$

$$\text{V.} \quad -\int \frac{dz\,(\cos. u - z)}{1 - 2z\cos. u + zz} \cdot \frac{(lz)^4}{24} = -\int du\,\varDelta''' : u = \varDelta^{\mathrm{IV}} : u,$$

$$\text{VI.} \quad \int \frac{dz\,\sin. u}{1 - 2z\cos. u + zz} \cdot \frac{(lz)^6}{120} = \int du\,\varDelta^{\mathrm{IV}} : u = \varDelta^{\mathrm{V}} : u$$

etc.

Has autem expressiones facile, quousque libuerit, continuare licet, si modo integratio cuiusque integralis rite instituatur; conditiones autem, quas impleri oportet, sequenti modo referri possunt.

$$\varDelta' : 0 = 0 \qquad\qquad 3\varDelta'' : 0 + \quad 4\varDelta'' : \pi = 0$$
$$\varDelta''' : 0 = 0 \qquad\qquad 15\varDelta^{\mathrm{IV}} : 0 + \quad 16\varDelta^{\mathrm{IV}} : \pi = 0$$
$$\varDelta^{\mathrm{V}} : 0 = 0 \qquad\qquad 63\varDelta^{\mathrm{VI}} : 0 + \quad 64\varDelta^{\mathrm{VI}} : \pi = 0$$
$$\varDelta^{\mathrm{VII}} : 0 = 0 \qquad\qquad 255\varDelta^{\mathrm{VIII}} : 0 + 256\varDelta^{\mathrm{VIII}} : \pi = 0$$

etc. | etc.

Caeterum quia posteriores integrationes absolvere non licet, hinc parum utilitatis exspectare possumus.

56. Caeterum methodus, qua hic sumus usi ad constantes per quamque integrationem ingressas determinandas, a celeberrimo BERNOULLIO[1]) primum est adhibita atque eo maiori attentione digna est aestimanda, quod eius ope summationes meae serierum reciprocarum potestatum obtineri possunt, quandoquidem credideram eas non aliter nisi ex consideratione infinitorum arcuum, qui vel eodem sinu vel cosinu gaudent, demonstrari posse.

---

1) Vide notam p. 447.   A. G.

Verlag von B. G. TEUBNER in LEIPZIG und BERLIN

BURKHARDT, H., Vorlesungen über die Elemente der Differential- und Integralrechnung und ihre Anwendung zur Beschreibung von Naturerscheinungen. Mit 38 Fig. [IX u. 352 S.] gr. 8. 1907. Geb. . . . . . n. $\mathcal{M}$ 6.—

CESÀRO, E., elementares Lehrbuch der algebraischen Analysis und der Infinitesimalrechnung. Deutsche Ausgabe von G. Kowalewski. [VI u. 894 S.] gr. 8. 1904. Geb. n. $\mathcal{M}$ 15.—

CZUBER, EM., Vorlesungen über Differential- und Integralrechnung. 2 Bände. gr. 8.
  I. Band: Differentialrechnung. 3. Aufl. Mit 126 Fig. [XIV u. 605 S.] 1912. Geb. n. $\mathcal{M}$ 12.—
  II. Band: Integralrechnung. 3. Aufl. Mit 103 Fig. [X u. 590 S.] 1912. Geb. n. $\mathcal{M}$ 12.—

DINI, U., Grundlagen für eine Theorie der Funktionen einer veränderlichen reellen Größe. Mit Genehmigung des Verfassers deutsch von J. Lüroth und A. Schepp. [XVIII u. 554 S.] gr. 8. 1906. Geh. n. $\mathcal{M}$ 12.—, geb. n. $\mathcal{M}$ 13.—

GENOCCHI, A., Differentialrechnung und Anfangsgründe der Integralrechnung, herausg. von G. Peano. Autorisierte deutsche Übersetzung von G. Bohlmann und A. Schepp. Mit Vorwort von A. Mayer. [VII u. 399 S.] gr. 8. 1899. Geb. . . . . n. $\mathcal{M}$ 12.—

HILBERT, D., Grundzüge einer allgemeinen Theorie der linearen Integralgleichungen. [XXVI u. 282 S.] gr. 8. 1912. *FMW 3.* Steif geh. n. $\mathcal{M}$ 11.—

JAHNKE, E., und **F. EMDE,** Funktionentafeln mit Formeln und Kurven. Mit 53 Fig. [XII u. 176 S.] gr. 8. 1909. *MPS 5.* Geb. . . . . . n. $\mathcal{M}$ 6.—

KLEIN, F., autographierte Vorlesungshefte. 4. geh.
Über die hypergeometrische Funktion (W.-S. 1893/94.) Neuer unveränderter Abdruck. [IV u. 568 S.] 1906 . . . . n. $\mathcal{M}$ 9.—

KOWALEWSKI, G., Grundzüge der Differential- und Integralrechnung. Mit 31 Figuren. [VI u. 452 S.] gr. 8. 1909. Geb. . . . . . . n. $\mathcal{M}$ 12.—
—— die komplexen Veränderlichen und ihre Funktionen. Mit 124 Figuren. [IV u. 455 S.] gr. 8. 1911. Geh. n. $\mathcal{M}$ 12.—, geb. . . . . n. $\mathcal{M}$ 13.—
—— Einführung in die Infinitesimalrechnung mit einer historischen Übersicht. 2. Aufl. Mit 22 Figuren. [IV u. 106 S.] 8. 1913. *ANG 197.* geb. n. $\mathcal{M}$ 1.—, geb. . . . . n. $\mathcal{M}$ 1.25

KRONECKER, L., Vorlesungen über die Theorie der einfachen und der vielfachen Integrale, herausgegeben von E. Netto. [X u. 346 S.] gr. 8. 1894. Geh. . . . . n. $\mathcal{M}$ 12.—

NIELSEN, N., Handbuch der Theorie der Zylinderfunktionen. [XIV u. 408 S.] gr. 8. 1904. Geb. . . . . n. $\mathcal{M}$ 14.—

—— Handbuch der Theorie der Gammafunktion. [X u. 326 S.] gr. 8. 1906. Geb. . . . . n. $\mathcal{M}$ 12.—

—— Theorie des Integrallogarithmus und verwandter Transzendenten. [VI u. 106 S.] gr. 8. 1906. Geh. . . . . n. $\mathcal{M}$ 3.60